책 구입 시 드리는 혜택
❶ 우수회원 인증 후 필기 및 실기
  3개년 추가 기출문제(해설 포함) 제공
❷ 필기(CBT) 및 실기 복원 기출문제 수록

2025
개정 15판

한권으로 필기와 실기를 끝내는

가스기능장
필기 + 실기

꼭! 합격
하세요

에너지관리기능장 / 위험물기능장 / 가스기능장
최갑규 저

가스기능장 필기, 실기 대비 핵심 이론 제공
우수회원 인증 후 3개년 기출문제(해설 포함) 추가 제공
최근 기출문제 수록 및 완벽 해설
문제 해설을 이해하기 쉽도록 자세히 설명

www.sejinbooks.kr

머리말

안녕하십니까? 저자 최갑규입니다.

이번에 가스기능장 필기+실기를 출간하게 되었습니다.

오랜 강의 경험과 노하우를 이용하여 단원마다 핵심요약정리를 충분히 하여 수험생들에게 상세하게 설명함으로써 독학으로 충분히 가스기능장 시험에 합격할 수 있도록 서술하였습니다.

[본서의 특징]

1. 기존의 수험서보다 핵심 내용과 문제를 쉽게 접할 수 있습니다.
2. 가스기능장 필기와 실기를 한 권의 책으로 끝낼 수 있도록 많은 예상문제를 수록하고 상세히 해설하였습니다.
3. 기출문제를 최근 연도까지 수록하였고 상세한 해설로 수험생 여러분들이 자격증을 손쉽게 취득할 수 있도록 하였습니다.

단기간에 핵심내용과 문제 해설을 공부할 수 있도록 하여 가스기능장 시험에 대비할 수 있도록 하였으니 이 교재로 공부하시는 모든 수험생 여러분의 합격을 기원하며 추후 부족한 부분이 있으면 보강할 것을 약속하며 여러분의 건승을 빕니다.

끝으로 물심양변으로 본 교재를 집필하는데 도움을 주신 세진북스 홍세진 대표와 임직원 여러분께 감사의 말씀을 전하며 이 책으로 공부하시는 여러분의 합격에 영광이 함께 하시길 기원합니다.

저자 최갑규

1. 필 기

직무분야	안전관리	중직무분야	안전관리	자격종목	가스기능장	적용기간	2024. 1. 1.~2027. 12. 31.

- **직무내용**: 가스에 관한 최상급 숙련기능을 가지고 산업현장에서 작업관리, 기능자의 지도 및 감독, 훈련, 안전관리 등의 업무를 수행하는 직무이다.

필기검정방법	객관식	문제수	60	시험시간	1시간

필기 과목명	문제수	주요항목	세부항목	세세항목
가스이론, 가스의 제조 및 설비, 가스안전관리 및 공업경영에 관한 사항	60	1. 가스이론	1. 가스의 성질	1. 기체의 법칙 2. 기체 이론 3. 기체의 특성 4. 기체의 유동(흐름)현상
			2. 가스의 연소와 분석	1. 연소 · 폭발 2. 반응속도 및 평형 3. 가스분석 4. 가스계측
		2. 가스의 제조 및 설비	1. 가스의 제조 및 용도	1. 고압가스 2. 액화석유가스 3. 도시가스
			2. 가스설비	1. 가스설비 재료의 성질 2. 가스설비 재료의 강도 3. 가스설비 용접 및 비파괴검사 4. 가스 제조 설비 5. 가스 저장 및 충전 설비 6. 가스 배관 설비 7. 가스용품 및 기기 8. 정압기 9. 펌프 및 압축기 10. 압력용기 및 기화장치 11. 전기방폭 설비 12. 내진설비 및 기술사항
			3. 가스 발생 설비의 구조 및 원리	1. 공기액화 분리장치 2. 저온장치 및 반응기 3. 고온장치 및 반응기 4. 가스 계측 설비 5. 냉동사이클
		3. 가스 관련 법규	1. 고압가스 관계법규	1. 고압가스안전관리법 및 시행령에 관한 사항 2. 고압가스안전관리법 시행규칙 및 고시에 관한 사항 3. 가스기술기준(KGS Code)에 관한 사항
			2. 도시가스 관계법규	1. 도시가스사업법 및 시행령에 관한 사항 2. 도시가스사업법 및 시행규칙 및 고시에 관한 사항 3. 가스기술기준(KGS Code)에 관한 사항
			3. 액화석유가스 관계 법규	1. 액화석유가스의 안전관리 및 사업법, 시행령에 관한 사항 2. 액화석유가스의 안전관리 및 사업법, 시행규칙 및 고시에 관한 사항 3. 가스기술기준(KGS Code)에 관한 사항
			4. 수소경제 육성 및 수소안전관리에 관한 법률 관계법규	1. 수소경제 육성 및 수소 안전관리에 관한 법률에 관한 사항 2. 수소경제 육성 및 수소 안전관리에 관한 법률 및 시행령, 시행규칙 및 고시에 관한 사항 3. 가스기술기준(KGS Code)에 관한 사항
			5. 가스안전관리	1. 가스제조 설비 2. 가스 충전 및 저장 3. 가스 공급 설비 4. 부식 및 방식 5. 가스운반 및 취급 6. 재해시 응급조치 7. 예방대책 8. 위험성 평가
		4. 공업경영	1. 품질관리	1. 통계적 방법의 기초 2. 샘플링 검사 3. 관리도
			2. 생산관리	1. 생산계획 2. 생산통제
			3. 작업관리	1. 작업방법연구 2. 작업시간연구
			4. 기타 공업경영에 관한 사항	1. 기타 공업경영에 관한 사항

2. 실 기

| 직무분야 | 안전관리 | 중직무분야 | 안전관리 | 자격종목 | 가스기능장 | 적용기간 | 2024. 1. 1. ~ 2027. 12. 31. |

- **직무내용**: 가스에 관한 최상급 숙련기능을 가지고 산업현장에서 작업관리, 기능자의 지도 및 감독, 훈련, 안전관리 등의 업무를 수행하는 직무이다.
- **수행준거**: 1. 가스제조에 대한 고도의 전문적인 지식 및 기능을 가지고 각종 가스를 제조할 수 있다.
  2. 가스설비, 운전, 저장 및 공급에 대한 취급과 가스장치의 고장 진단 및 유지관리를 할 수 있다.
  3. 가스기기 및 설비에 대한 검사업무 및 가스안전관리에 관한 업무를 수행할 수 있다.

| 실기검정방법 | 복합형 | 시험시간 | 필답형 1시간 30분   작업형 1시간 30분 정도 |

실기과목명	주요항목	세부항목	세세항목
가스 실무	1. 가스제조설비의 취급	1. 가스 제조하기	1. 가스의 성질 및 용도를 알 수 있다. 2. 가스의 제조 및 충전을 할 수 있다. 3. 제조 가스의 분석을 할 수 있다.
		2. 가스설비, 운전 저장 및 공급에 따른 취급하기	1. 가스저장과 취급에 따른 운전사항을 점검할 수 있다. 2. 고압가스, 액화석유가스 저장과 취급을 할 수 있다. 3. 도시가스, 기타 가스저장과 취급을 할 수 있다.
	2. 가스제조 설비의 유지관리	1. 가스장치의 고장 진단 및 유지관리하기	1. 제조, 저장, 충전설비의 고장·진단, 수리 및 조작할 수 있다. 2. 가스배관 및 설비의 부식방지 조치를 할 수 있다. 3. 각종밸브, 가스계측기기, 부속부품의 유지관리를 할 수 있다.
		2. 가스용기, 가스부품, 특정설비 기계구조 및 성능검사하기	1. 용기재료에 대하여 알 수 있다. 2. 가스용기의 종류를 알 수 있다. 3. 특정설비구조 및 성능을 알 수 있다. 4. 가스계측기기의 종류 및 특성을 알 수 있다.
	3. 가스안전관리	1. 가스저장운반 취급에 관한 안전사항 관리하기	1. 가스운반 용기 취급에 관한 안전관리를 할 수 있다. 2. 가스저장 취급에 관한 안전관리를 할 수 있다. 3. 각종 가스의 설비장치의 안전관리를 할 수 있다.
		2. 가스 안전검사 수행하기	1. 가스관련 안전인증대상 기계·기구와 자율안전 확인 대상 기계·기구 등을 구분할 수 있다. 2. 가스관련 의무안전인증 대상 기계·기구와 자율안전 확인 대상 기계·기구 등에 따른 위험성의 세부적인 종류, 규격, 형식의 위험성을 적용할 수 있다. 3. 가스관련 안전인증 대상 기계·기구와 자율안전 대상 기계·기구 등에 따른 기계·기구에 대하여 측정장비를 이용하여 정기적인 시험을 실시할 수 있도록 관리계획을 작성할 수 있다. 4. 가스관련 안전인증 대상 기계·기구와 자율안전 대상 기계·기구 등에 따른 기계·기구 설치방법 및 종류에 의한 장단점을 조사할 수 있다. 5. 공정진행에 의한 가스관련 안전인증 대상 기계·기구와 자율안전 확인 대상 기계·기구 등에 따른 기계기구의 설치, 해체, 변경 계획을 작성할 수 있다.
		3. 가스 안전조치 실행하기	1. 가스설비의 설치 중 위험성의 목적을 조사하고 계획을 수립할 수 있다. 2. 가스설비의 가동 전 사전 점검하고 위험성이 없음을 확인하고 가동할 수 있다. 3. 가스설비의 변경 시 주의 사항의 기본 개념을 조사하고 계획을 수립할 수 있다. 4. 가스설비의 정기, 수시, 특별 안전점검의 목적을 확인하고 계획을 수립할 수 있다. 5. 점검 이후 지적사항에 대한 개선방안을 검토하고 권고할 수 있다.

차례

제 1 부 핵심요점정리

주요공식 ··· 13

제 1 장 가스 일반 및 연소 ·· 21
   1.1 가스의 개론 / 21
   1.2 가스의 특성 / 29

제 2 장 가스 안전 관리 ··· 43
제 3 장 가스 계측기기 ·· 72
제 4 장 고압 장치 설비 ··· 90
제 5 장 배관일반 ·· 117
제 6 장 공업경영 ·· 126

   편하게 보세요 ·· 136

제 2 부 필기 기출문제

2018년도 제 62 회 ··· 161
         제 64 회 ··· 185
2019년도 제 65 회 ··· 208
         제 66 회 ··· 228
2020년도 제 67 회 ··· 250
         제 68 회 ··· 272
2021년도 제 69 회 ··· 294
         제 70 회 ··· 319

2022년도	제 71 회	342
	제 72 회	364
2023년도	제 73 회	388
	제 74 회	409
2024년도	제 75 회	431
	제 76 회	451

제 3 부 실기 필답형 예상문제

필답형 예상문제	제 01 회	475
	제 02 회	483
	제 03 회	490
	제 04 회	498
	제 05 회	506
	제 06 회	513
	제 07 회	521
	제 08 회	528
	제 09 회	535
	제 10 회	542
	제 11 회	549
	제 12 회	556
	제 13 회	564
	제 14 회	571
	제 15 회	579
	제 16 회	586

제 4 부   실기 작업형 예상문제 / 595

제 5 부   실기 기출문제

2018년도	제 63 회 필답형	691
	작업형	696
	제 64 회 필답형	700
2019년도	제 65 회 필답형	705
	제 66 회 필답형	710
2020년도	제 67 회 필답형	715
	제 68 회 필답형	720
2021년도	제 69 회 필답형	726
	작업형	732
	제 70 회 필답형	738
	작업형	743
2022년도	제 71 회 필답형	749
	작업형	754
	제 72 회 필답형	759
	작업형	765

Contents

2023년도 제 73 회 필답형 ·· 770
          작업형 ·· 776

          제 74 회 필답형 ·· 784
          작업형 ·· 789

2024년도 제 75 회 필답형 ·· 796
          작업형 ·· 800

          제 76 회 필답형 ·· 805
          작업형 ·· 810

가스기능장

제 1 부

핵심요점정리

해조류학

주요공식 ★★★★

1. 입상 배관에 의한 압력손실

$$H = 1.293(S-1)h$$

H : 가스의 압력손실(수주[mm])
S : 가스비중
h : 입상 높이[m]

2. 노즐에서 LP가스 분출량

$$Q = 0.009 D^2 \sqrt{\frac{h}{d}}$$

Q : 분출가스량[m³/hr]
D : 노즐지름[mm]
h : 노즐직전의 가스압력(수주[mm])
　　 일반가스 기구는 $h = 280$
d : 가스의 비중

3. 배관굵기 결정식

① 저압배관 굵기 결정식

$$Q = K\sqrt{\frac{D^5 \cdot H}{S \cdot L}}$$

② 중 · 고압 배관 굵기 결정식

$$Q = K\sqrt{\frac{D^5(P_1^2 - P_2^2)}{S \cdot L}}$$

Q : 가스유량[m³/hr]
K : 유량계수
D : 관의 안지름[cm]
L : 관의 길이[m]
S : 가스의 비중
P_1^2 : 초압[kg/cm² abs]
P_2^2 : 종압[kg/cm² abs]

4. 마찰손실수두[m]

$$h_L = \lambda \times \frac{l}{d} \times \frac{V^2}{2g}$$

h_L : 마찰손실수두[m]
λ : 마찰계수
l : 길이[m]
d : 지름[m]
V : 속도[m/sec]
g : 중력가속도 9.8[m/sec²]

5. 배관두께 결정식

$$t = \frac{D}{2}\left(\sqrt{\frac{25 \times f \cdot \eta + P}{25 \times f \cdot \eta - P}} - 1\right) + C$$

t : 두께[mm]
D : 안지름[mm]
P : 상용압력[kg/cm^2]
η : 용접효율
C : 부식여유[mm]
f : 재료의 항복점×1.6
 (또는 인장강도[kg/cm^2])

6. 왕복동 압축기의 피스톤 압출량

$$Q = \frac{\pi}{4} D^2 \times L \times N \times n \times 60$$

Q : 피스톤 압출량[m^3/hr]
D : 지름[m]
L : 행정거리[m]
n : 기통수
N : 압축기의 매분 회전수[rpm]

7. 액화가스용기 저장능력 산정기준

$$G = \frac{V}{C}[kg]$$

G : 액화가스 질량[kg]
V : 내용적[l]
C : 가스정수

8. 액화가스 저장설비 저장능력 산정기준

$$W = 0.9wV$$

W : 저장설비의 저장능력[kg]
w : 액화가스의 비중[kg/l]
V : 저장설비의 내용적[l]

9. 압축가스용기 저장능력 산정기준

$$V = \frac{M}{P}[l]$$

V : 용기 내용적[l]
M : 대기압하에서 가스용적[l]
P : 35[℃]에서 최고충전압력[kg/cm^2]

10. 압축가스 저장설비 산정기준

$$Q = (P+1)V[m^3]$$

Q : 저장설비의 저장능력[m^3]
P : 35[℃]에서의 저장설비의 최고충전 압력[kg/cm^2]
V : 저장설비의 내용적[m^3]

11. 원통형 탱크의 내용적

$$V = \frac{\pi}{4}d^2 \cdot L$$

V : 탱크의 내용적[m³]
L : 동판부의 길이[m]
d : 탱크의 안지름[m]

12. 구형 탱크의 내용적

$$V = \frac{4}{3}\pi r^3 \text{ 또는 } \frac{\pi D^3}{6}$$

V : 내용적[m³]
r : 구의 반지름[m]

13. 정압비열과 정적비열

$$C_P = \frac{K}{K-1}AR$$
$$C_V = \frac{1}{K-1}AR$$
$$C_P = C_V + AR$$

C_P : 정압비열[kcal/kg℃]
C_V : 정적비열[kcal/kg℃]
K : 비열비 $= \frac{C_P}{C_V}$
A : 일의 열당량($\frac{1}{427}$[kcal/kg℃])
R : 가스의 정수($\frac{848}{분자량}$)

14. 비속도(비교 회전수)

$$N_s = \frac{N\sqrt{Q}}{\left(\frac{H}{n}\right)^{3/4}}$$

N : 임펠러의 회전속도[rpm]
Q : 토출량[m³/min]
H : 양정[m]
n : 단수

15. 전동기의 회전수

$$N = \frac{120f}{P}\left(1 - \frac{S}{100}\right)$$

N : 회전수[rpm]
P : 극수
f : 주파수(Hz)
S : 미끄럼률[%]

16. 수관속의 압력파의 전파속도

$$a = \sqrt{\frac{\frac{K}{\rho}}{1 + \frac{K}{E} \cdot \frac{D}{\delta}}} \text{ [m/sec]}$$

a : 음속(전파속도)[m/sec]
ρ : 물의 밀도[kg·s²/m⁴]
D : 관의 안지름[m]
K : 물의 체적탄성계수[kg/cm²]
E : 관의 종탄성계수[kg/cm²]
δ : 벽의 두께[m]

17. 용기의 두께 계산식

① 산소용기일 경우 $t = \dfrac{PD}{200S\eta}$

② 염소용기일 경우 $t = \dfrac{PD}{200S}$

③ 프로판용기일 경우 $t = \dfrac{PD}{50S\eta - P} + C$

t : 두께[mm]
P : 최고충전압력[kg/cm^2]
S : 인장강도[kg/mm^2]
D : 지름[mm]
η : 용접효율
C : 부식여유값

18. 용접용기 두께

① 동판 두께 $t = \dfrac{PD}{200S\eta - 1.2P} + C$

② 접시형 경판 두께 $t = \dfrac{PDW}{200S\eta - 0.2P} + C$

③ 반타원형체 두께 $t = \dfrac{PDV}{200S\eta - 0.2P} + C$

t : 용기 두께[mm]
S : 허용응력[kg/mm^2]
η : 용접효율
P : 최고충전압력[kg/cm^2]
D : 안지름[mm]
C : 부식여유
$V : \dfrac{2+m^2}{6}$
m : 장축부와 단축부와의 길이비

19. 인장강도

응력 $\sigma = \dfrac{P}{A}$ [kg/mm^2]

σ : 인장강도[kg/mm^2]
P : 하중[kg]
A : 단면적[mm^2]

20. 얇은 원통의 강도계산

① 원주방향 응력 : $\sigma = \dfrac{PD}{2t}$

② 길이방향 응력 : $\sigma = \dfrac{PD}{4t}$

σ : 응력[kg/cm^2]
P : 압력[kg/cm^2]
D : 안지름[cm]
t : 두께[mm]

21. 개방연소기 배기통 유효 단면적

$$A = \dfrac{20KQ}{1,400\sqrt{H}}$$

A : 유효단면적[cm^2]
K : 폐가스량
Q : 유량[kg/h]
H : 높이[m]

22. 반밀폐형 연소기 배기통의 세로길이

$$\begin{aligned} \text{곡면계수 } 2\text{개} &\rightarrow 1.4L \\ 3\text{개} &\rightarrow 1.4L + 12D \\ 4\text{개} &\rightarrow 1.4L + 24D \end{aligned}$$

L : 가로길이[m]
D : 배기통 지름[m]

23. 노즐의 인풋(input)량

$$I = 0.011 D^2 \cdot K \cdot WI \cdot \sqrt{P}$$

I : 입력[kcal/h]
WI : 웨베지수
D : 노즐의 구멍지름[mm]
P : 가스압력[mmH$_2$O]
K : 유량계수

24. 연소속도

$$C_P = K \frac{1.0 H_2 + 0.6(CO + C_m H_n) + 0.3 CH_4}{\sqrt{d}}$$

C_P : 연소속도
H_2 : 도시가스 중의 수소함유율[%]
CO : 도시가스 중 일산화탄소 함유율[%]
$C_m H_n$: 도시가스 중 메탄을 제외한 탄화수소 함유율[%]
CH_4 : 도시가스 중 메탄의 함유율[%]
d : 가스비중
K : 산소 함유율에 따라 정하는 정수
  K값 ┌ −10[%] 이하 : 1
       ├ 10[%]~15[%] : 1.5
       └ 15[%] 이상 : 2

25. 펌프의 상사법칙

① 토출량 $Q' = Q\left(\dfrac{N}{N'}\right)$ ② 전양정 $H' = H\left(\dfrac{N}{N'}\right)^2$

③ 축동력 $P' = P\left(\dfrac{N}{N'}\right)^3$ ④ 효율 $\eta' = \eta$ (일정하다)

26. 내압 시험압력(Tp)

① C$_2$H$_2$ 가스일 경우 내압시험압력(Tp) $Tp = Fp \times 3$배

② 초·저온용기일 경우 내압시험압력(Tp) $Tp = Fp \times \dfrac{5}{3}$배

③ 기타 가스일 경우 내압시험압력(Tp) $Tp = Fp \times \dfrac{5}{3}$배

27. 기밀 시험압력(Ap)

① C_2H_2 가스일 경우 기밀시험압력(Tp)　　$Ap = $ 최고충전압력(Fp) $\times 1.8$배
② 초·저온용기일 경우 기밀시험압력(Ap)　　$Ap = Fp \times 1.1$배
③ 기타 가스일 경우 내압시험압력(Ap)　　$Ap = Tp \times \dfrac{3}{5}$배

28. 레이놀드수

$$ReNo = \frac{D \cdot \rho \cdot V}{\mu}$$

$ReNo$: 레이놀드수(무차원)
D : 안지름[cm]
ρ : 밀도[g/cm^3]
V : 유속[cm/sec]
μ : 점도[g/cm·sec]

29. 노즐의 변경률

$$\frac{D_2}{D_1} = \frac{\sqrt{WI_1}\sqrt{P_1}}{WI_2\sqrt{P_2}}$$

D_1 : 변경 전 노즐구멍의 지름[mm]
D_2 : 변경 후 노즐구멍의 지름[mm]
P_1 : 변경 전 가스의 압력[mmH$_2$O]
P_2 : 변경 후 가스의 압력[mmH$_2$O]
WI_1 : 변경 전 웨베지수
WI_2 : 변경 후 웨베지수

30. 가스홀더 가동용량

$$\Delta H = \frac{\pi}{6} D^3 (P_1 - P_2)$$

ΔH [Nm^3]
D : 지름[m]
P_1 : 최대사용압력[atm]
P_2 : 최저사용압력[atm]

31. 웨베지수

$$WI = \frac{H_g}{\sqrt{d}}$$

WI : 웨베지수
H_g : 도시가스의 발열량[kcal/m^3]
d : 가스의 비중

32. 폭발성 혼합가스의 폭발범위 [르샤틀에의 법칙]

$$\frac{100}{L} = \frac{V_1}{L_1} + \frac{V_2}{L_2} + \frac{V_3}{L_3} \cdots\cdots$$

$L_1, L_2, L_3 \cdots$: 각 성분 단독의 폭발한계 값[%]
$V_1, V_2, V_3 \cdots$: 각 성분 체적[%]
L : 혼합가스의 폭발한계값

33. 실제기체의 방정식

① 실제기체 1몰[mol]의 경우
$$\left(P+\frac{a}{V^2}\right)(V-b) = RT$$

② 실제기체 n몰[mol]일 때
$$\left(P+\frac{n^2a}{V^2}\right)(V-nb) = nRT$$

$P+\dfrac{a}{V^2} \to P$, $\dfrac{a}{V^2}$: 기체 분자간의 인력

$V-b \to V$, b : 기체 자신이 차지하는 부피

34. 펌프의 축동력(펌프의 소요동력[kW])

① $[kW] = \dfrac{1,000 \times Q \times \gamma \times H}{102 \times 60 \times \eta}$

  $= \dfrac{0.163 \times Q \times H \times \gamma}{\eta}$

② $[kW] = \dfrac{1.63 \times P \times Q'}{\eta}$

Q : 토출량[m³/min]
H : 전양정[m]
γ : 액의 비중[kg/l]
η : 펌프의효율
P : 전압[mmAq]
Q' : 송풍량[m³/min]

35. 최저온용기의 침입열량

$$Q = \frac{W \times q}{H \times \Delta t \times V}$$

Q : 침입열량[kcal/hr·℃·l]
W : 측정 중의 기화가스량[kg]
H : 측정시간[hr]
Δt : 시험용 저온액화가스의 비점과 외기와의 온도차[℃]
V : 용기 내용적[l]
q : 시험용 액화가스의 기화잠열 [kcal/kg]

36. 확산 법칙

$$\frac{U_A}{U_B} = \frac{\sqrt{d_A}}{\sqrt{d_B}} = \frac{\sqrt{M_A}}{\sqrt{M_B}}$$

U_A, U_B : A 및 B 기체의 확산속도
d_A, d_B : A 및 B 기체의 밀도
M_A, M_B : A 및 B 기체의 분자량

37. 열효율(η)

$$\eta = \frac{G \times C \times \Delta t}{Q \times W}$$

G : 질량[kg]
Q : 열량
Δt : 온도차[℃]
C : 물질의 비열[kcal/kg·℃]
W : 물질의 소비량

38. 안전밸브 작동압력

$$\text{상용압력} \times 1.5\text{배} \times \frac{8}{10}\text{배 또는, 내압시험압력}(Tp) \times \frac{8}{10}\text{배}$$

39. 압축기 안전밸브의 최소 분출면적

$$a = \frac{W}{230P\sqrt{\frac{M}{T}}}$$

a : 분출부의 유효면적[cm^2]
W : 1시간당 분출가스량[kg/hr]
P : 안전밸브 작동압력[kg/cm^{2}abs]
M : 가스 분자량
T : 분출직전의 가스 절대온도[°K]

40. 최고충전압력(Fp)

① C_2H_2 용기일 경우 $Fp = Tp \times 1/3$배
② 기타 용기일 경우 $Fp = Tp \times 3/5$배
③ 저온 및 초저온용기일 경우 $Fp = Tp \times 3/5$배

41. 회전 베인형 압축기의 시간당 압출량

$$Q[\text{m}^3/\text{hr}] = 0.785(D^2 - d^2) \cdot t \cdot n \times 60$$

Q : 시간당 피스톤 압출량[m^3/hr]
D : 실린더의 안지름[m]
d : 회전 피스톤의 바깥지름[m]
t : 회전 피스톤의 가스 압축부분의 두께[m]
n : 회전 피스톤의 1분간의 표준회전수[rpm]

42. 압축기 토출가스 온도

$$T_2 = T_1 \times \left(\frac{P_2}{P_1}\right)^{\frac{k-1}{k}}$$

T_1 : 흡입 절대온도[°K]
T_2 : 토출 절대온도[°K]
P_1 : 흡입압력[kg/cm^{2}a]
P_2 : 토출압력[kg/cm^{2}a]

제1장 가스 일반 및 연소

1.1 가스의 개론

1. 상태에 따른 분류

① 압축가스 : 상온 또는 35℃에서 10kg/cm² 이상
　산소(-183℃), 수소(-252℃), 질소(-196℃), 이산화탄소(-78.5℃)
② 액화가스 : 상온 또는 35℃에서 2kg/cm² 이상
　프로판(-42℃), 부탄(-0.5℃), 암모니아(-33.3℃), 에탄(-88.6℃),
　시안화수소(25.6℃), 염소(-34℃)
③ 용해가스 : 상온 또는 15℃에서 0kg/cm² 이상
　아세틸렌(-84℃)

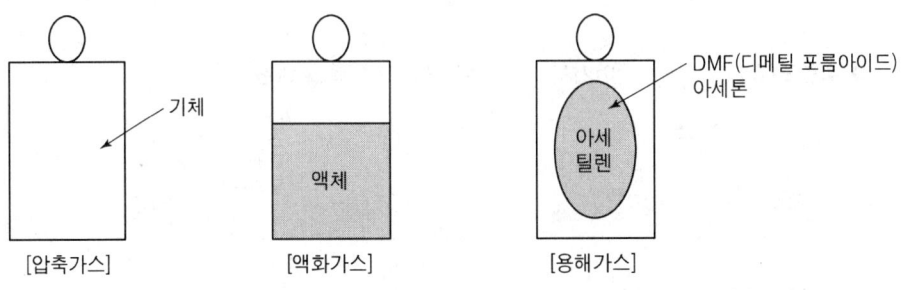

> ✪ 액화가스 중 HCN (시안화수소), C₂H₄O (산화에틸렌), CH₃Br (브롬화메탄)
> 　상용온도에서 0kg/cm² 이상

2. 성질에 따른 분류

① 가연성 가스 : 폭발 하한이 10% 이하 이거나, 하한과 상한의 차가 20% 이상인 가스

이 름	화 학 식	범 위	외우는 법
헥 산		1.2~6.1 %	헥일이육일
가 솔 린		1.4~7.6 %	가일사칠육
이황화탄소	CS_2	1.2~44 %	일 이 사 사
부 탄	C_4H_{10}	1.8~8.4 %	부 일 팔 사
아세틸렌	C_2H_2	2.5~81 %	아이오팔일
프 로 판	C_3H_8	2.1~9.5 %	프이일구오
에 탄	C_2H_6	3~12.5 %	에삼일이오
산화에틸렌	C_2H_4O	3~80 %	산 삼 팔 공
에 틸 렌	C_2H_4	3.1~32 %	털삼일삼이
수 소	H_2	4~75 %	수 사 칠 오
메 탄	CH_4	5~15 %	메 오 일 오
시안화수소	HCN	6~41 %	시 육 사 일
일산화탄소	CO	12.5~74 %	일이오칠사
브롬화 메탄	CH_3Br	13.5~14.5 %	브일삼오브일사오
벤 젠	C_6H_6	1.4~7.1 %	벤일사칠일
황화수소	H_2S	4.3~45.5 %	황사삼사오오
메 탄 올	CH_3OH	7.3~36 %	올칠삼삼육

❂ 위험도$(H) = \dfrac{u-L}{L}$ 여기서, u : 폭발 상한, L : 폭발 하한

① $C_2H_2 = \dfrac{81-2.5}{2.5} = 31.4$ ② $C_3H_8 = \dfrac{9.5-2.1}{2.1} = 3.52$

③ $CH_4 = \dfrac{15-5}{5} = 2$ ④ $C_4H_{10} = \dfrac{8.4-1.8}{1.8} = 3.67$

② 조연성 가스(지연성 가스)

  공기, 불소, 염소, 이산화질소, 산소 (공불염이산)

③ 불연성 가스

  질소, 이산화탄소, 헬륨, 네온, 아르곤 (이질헤네아)

④ 독성가스 : 허용 농도가 200ppm 이하 인 가스

이름	화학식	PPM값	외우는법
니켈카보닐	$Ni(CO)_4$	0.001 ppm 이하	니천
포스겐	$COCl_2$	0.1 ppm 이하	포점영일
오존, 브롬, 불소	O_3, Br_2, F_2	0.1 ppm 이하	오비에프점일
인화수소=포스핀	PH_3	0.3 ppm 이하	인공삼
염소	Cl_2	1 ppm 이하	염일
불화수소	HF	3 ppm 이하	불삼
이산화황, 염화수소 포름 알데히드	SO_2, HCl HCHO	5 ppm 이하	이염포오
벤젠, 시안화수소 황화수소	C_6H_6, HCN H_2S	10 ppm 이하	벤시황일공
아크릴로니트릴 브롬화 메탄	CH_2CHCN CH_3Br	20 ppm 이하	아브이공
일산화탄소 산화에틸렌	CO C_2H_4O	50 ppm 이하	일산오공
아세트 알데히드	CH_3CHO	100 ppm 이하	알빵빵
메탄올	CH_3OH	200 ppm 이하	메이공공
이산화탄소	CO_2	5,000 ppm 이하	이오공공공
이황화탄소	CS_2	10 ppm 이하	이일공

✪ 독성가스는 숫자가 작을수록 맹독성 가스이다.

⑤ 가연성 가스이며 독성가스

벤젠(C_6H_6), 시안화수소(HCN), 황화수소(H_2S), 브롬화메탄(CH_3Br), 일산화탄소(CO), 산화에틸렌(C_2H_4O), 메탄올(CH_3OH), 이황화탄소(CS_2), 암모니아(NH_3)

3. 몰(mol)

$$몰(mol) = \frac{W(질량)}{M(분자량)} = \frac{체적(부피)}{22.4l}$$

✪ 아보가드로 법칙
  표준상태(0℃, 1atm)에서 모든 기체의 체적은 1mol당 22.4l 이고 분자수는 6.02×10^{23} 개다.
  (1kmol 22.4Nm^3)

4. 실제 기체가 이상 기체를 만족 시키는 조건 (실제로는 존재하지 않는다)

실제기체 $\xrightleftharpoons[\text{저온, 고압}]{\text{고온, 저압}}$ 이상기체 (완전가스)
(액체)   (기체)

5. 이상 기체의 성질

① 기체 분자 상호간의 작용하는 인력과 분자의 크기 무시, 분자간의 충돌은 완전 탄성체로 이루어짐
② 보일-샬의 법칙을 만족
③ 아보가드로 법칙을 따른다.
④ 온도에 관계없이 비열비 일정
⑤ 내부 에너지는 체적에 관계없이 온도에 의해서만 결정 (주울의 법칙 성립)

6. 이상 기체의 법칙($P = V = T$)

① 보일의 법칙(온도 T = 일정)
   온도가 일정할 때 기체의 체적은 압력에 반비례한다.

$$P_1 V_1 = P_2 V_2 \qquad V_2 = \frac{P_2 \times V_1}{P_2}$$

② 샬의 법칙(압력 P = 일정)
   압력이 일정할 때 기체의 체적은 절대온도에 비례한다.

$$\frac{V_1}{T_1} = \frac{V_2}{T_2} \qquad V_2 = \frac{V_1 \times T_2}{T_1}$$

③ 보일-샬의 법칙
   기체의 체적은 압력에 반비례하고, 절대 온도에 비례한다.

$$\frac{P_1 \times V_1}{T_1} = \frac{P_2 \times V_2}{T_2} \qquad V_2 = \frac{P_1 \times V_1 \times T_2}{P_2 \times T_1}$$

7. 이상 기체 상태 방정식(온도, 압력, 부피와의 관계)

$$PV = nRT \qquad PV = \frac{WRT}{M} \qquad PV = GRT$$

$$PV = RT \qquad\qquad\qquad\qquad WRT = PVM$$

$$W = \frac{PVM}{RT} \qquad R = \frac{PVM}{WT} \qquad T = \frac{PVM}{WR}$$

$$P = \frac{WRT}{VM} \qquad V = \frac{WRT}{PM} \qquad M = \frac{WRT}{PV}$$

여기서, $n(몰수) = \frac{W(질량)}{M(분자량)}$ (질량)

R(기체상수) : $0.082 l \cdot atm/mol \cdot °K$
$T(°K)$
P : 압력(atm)
V : 부피(l)
G : 질량(kg)
$R = \frac{848}{M}$

8. 돌턴의 분압 법칙

기체 혼합물의 전체 압력은 각 성분 기체의 분압의 합과 같다.

$$분압 = 전압 \times \frac{성분\ 기체\ 몰수}{전몰수}$$

$$= 전압 \times \frac{성분\ 기체\ 부피}{전부피}$$

$$= 전압 \times \frac{성분\ 기체\ 분자량}{전분자량}$$

[예제] H₂ 8mol, N₂ 12mol, 18atm일 때 H₂의 분압은?
$$\frac{18 \times 8mol}{12mol} = 12기압$$

9. 혼합 기체의 전압

$$PV = P_1V_1 + P_2V_2 \qquad P_2 = \frac{P_1V_1 + P_2V_2}{V}$$

여기서, V : 전체부피
P_1 : 처음 압력, P_2 : 나중 압력
V_1 : 처음 체적, V_2 : 나중 체적

10. 기체의 확산 속도의 법칙으로부터 구하는 법

$$\frac{U_B}{U_A} = \sqrt{\frac{M_A}{M_B}} = \frac{t_A}{t_B}$$ 즉, 분자량이 적을수록 확산 속도비는 커진다.

11. 헨리의 법칙

① 정의 : 일정한 온도에서 용매에 용해하는 기체의 질량은 압력에 정비례 한다.
② 용해도가 작은 기체만 적용 : O_2, H_2, N_2, CO_2(압축가스)
③ 용해도가 큰 기체는 적용불가 : HCl, NH_3, SO_2, H_2S

12. 연소의 3요소

① 가연물
② 산소 공급원 : 공기, 일산화질소, 염소, 불소
③ 점화원 : 화기, 전기불꽃,마찰,충격,산화 열

13. 연소의 형태

① 표면 연소 : 코크스, 목탄, 숯
② 분해 연소 : 석탄, 목재, 종이, 플라스틱
③ 증발 연소 : 알콜, 에테르, 등유, 경유, 휘발유 (액체연료) 나프탈렌, 송지, 장뇌, 파라핀, 양초 (고체연료)
④ 자기 연소 :
  니트로 셀룰로오스, 니트로 글리세린, 트리니트로 톨루엔, 트리니트로 페놀
  $(C_6H_7O_2CONO_2)n$ $C_3H_5(ONO_2)_3CH_3$ $C_6H_2(NO_2)_3CH_3$ $C_6H_2(NO_2)_3OH$
⑤ 확산 연소 : 수소, 아세틸렌
⑥ 예혼합 연소 : 수소, 아세틸렌

14. 폭발의 유형

① 산화 폭발 : 프로판, 부탄, 에탄, 에틸렌 ……
② 분해 폭발 : 아세틸렌, 히드라진, 산화에틸렌
③ 중합 폭발 : 수분 2% 함유 시 중합열에 의한 폭발 (시안화수소, 산화에틸렌)
④ 촉매 폭발 : 직사 일광에 의한 폭발 (염소와 수소, 염소와 아세틸렌, 염소와 암모니아)
⑤ 분진 폭발 : Mg분, Al분

✪ 정촉매 : 반응을 활성화   ✪ 부촉매 : 반응을 억제

15. 폭굉(detonation)

가스 중의 화염의 전파속도가 음속보다 빠른 경우의 폭발로서 파면 선단에 충격파라고 하는 압력파가 생겨 격렬한 파괴 작용을 일으키는 현상으로서 폭굉 속도는 1,000 ~3,500m/sec 이다.

① 폭굉 유도 거리가 짧아지는 조건 (고정관점)
  ㉠ 고압일수록
  ㉡ 정상 연소 속도가 큰 혼합 가스 일수록
  ㉢ 관 속에 방해물이 있거나 관경이 가늘수록
  ㉣ 점화원의 에너지 클수록
② 폭굉 유도거리 (DID) : 최초의 완만한 연소가 격렬한 폭굉으로 발전 할 때까지의 거리
③ 파면 압력 : 2배
④ 온도 10~20% 상승
⑤ 밀폐된 공간 : 7~8배
⑥ 폭굉파가 벽에 부딪히면 : 2.5배

16. 발화점에 영향을 주는 인자 (원인)

① 가연성 가스와 공기의 혼합비
② 발화가 생기는 공간의 형태와 크기
③ 가열 속도와 지속 시간
④ 기벽의 재질과 촉매 효과
⑤ 점화원 종류와 에너지 투여법

17. 가연성 물질의 착화온도 (발화온도)

① 프로판 : 460~520℃
② 부탄 : 430~510℃
③ 아세틸렌 : 400~440℃
④ 수소 : 580~590℃
⑤ 메탄 : 615~682℃
⑥ 에틸렌 : 500~519℃

18. 르 샤틀리의 법칙

$$\frac{100}{L} = \frac{V_1}{L_1} + \frac{V_2}{L_2} + \frac{V_3}{L_3} + \cdots\cdots + \frac{V_n}{L_n}$$

여기서, L : 혼합 가스의 폭발 한계 값
L_1, L_2, L_3 : 각 성분의 폭발 한계 값
V_1, V_2, V_3 : 각 성분의 체적

19. 압력의 영향

① 일산화탄소와 공기의 혼합 가스는 압력이 높을수록 폭발 범위는 좁아진다.
② 수소와 공기의 혼합 가스는 10atm 까지는 좁아지다가 그 이상 시 다시 넓어진다.
③ 일반적으로 압력이 높을수록 폭발 범위는 넓어진다.

20. 안전 간격

8l의 구형 용기 안에 폭발성 혼합 가스를 채우고 점화시켜 발생된 화염이 용기 외부의 폭발성 혼합 가스에 전달되는가의 여부를 측정 하였을 때 화염을 전달시킬 수 없는 한 계의 틈 (안전 간격이 적을수록 위험 하다)

21. 폭발 등급

① 폭발 1등급 (0.6mm 초과 시)
   아세톤, 가솔린, 벤젠, 일산화탄소, 암모니아, 에탄, 메탄, 프로판, 부탄
② 폭발 2등급 (0.4mm 초과 0.6mm 이하 시)
   에틸렌, 석탄 가스
③ 폭발 3등급 (0.4mm 이하)
   수소, 수성 가스, 아세틸렌, 이황화탄소

22. 안전 공간

액화가스 충전 용기나 탱크에서 온도 상승에 따른 가스의 팽창을 고려한 공간

★ 일반 충전 용기 : 10% (90%)   소형 저장 탱크 : 15% (85%)

1.2 가스의 특성

1. 수소 (H_2)

(1) 일반적 성질

① 수소 취성 : 고온, 고압 일 때 발생 (탈탄작용)
  ㉠ 반응식 : $Fe_3C + 2H_2 \rightarrow 3Fe + CH_4$
  ㉡ 탈탄 방지 원소(수소 취성)
     바나듐(V), 몰리브덴(Mo), 티탄(Ti), 텅스텐(W), 크롬(Cr)
  ㉢ 탈탄 방지 재료
     5~6% 크롬강, 18 - 8 스텐레스강 (오스테나이트 스텐레스강)
② 확산 속도가 가장 빠르다. (분자량이 적을수록 빠르다)
③ $2H_2 + O_2 \rightarrow 2H_2O + 136.6kcal$ (수소 폭명기)
  $H_2 + Cl_2 \rightarrow 2HCl + 44kcal$ (염소 폭명기)
  $H_2 + F_2 \rightarrow 2HF + 128kcal$ (불소 폭명기)
④ 고온에서 금속 산화물 환원시킴 : $CuO + H_2 \rightarrow Cu + H_2O$
⑤ 고온, 고압에서 질소와 반응해서 NH_3 생성
  $N_2 + 3H_2 \rightarrow 2NH_3 + 24kcal$
⑥ 탈탄 촉진 조건 : 고온, 고압, 탄소 함유량이 많을수록

(2) 공업적 제조법

① 물의 전기 분해 (수전 해법)
  ㉠ 순도 높은 수소 제조
  ㉡ 소요 전력 많이 소요
  ㉢ 음극 (H_2), 양극 (O_2) 2 : 1 비율로 발생
     $2H_2O \rightarrow 2H_2 + O_2$
  ㉣ 전해액 : 농도 20% 정도의 수산화나트륨
  ㉤ 전극은 니켈 도금한 강판
② 천연가스 분해법
  ㉠ 수증기 개질법 (온도 1,400℃, 압력 10kg/cm^2)
     $CH_4 + H_2O \leftrightarrows CO + 3H_2 - 49.3kcal$
  ㉡ 부분 산화법 (파우더 법) (온도 800~1,000℃, 압력 15kg/cm^2)
     $2CH_4 + O_2 \leftrightarrows 2CO + 4H_2 + 17kcal$

③ 석유 분해법 : $C_3H_8 + 3H_2O \rightarrow 3CO + 7H_2$
④ 일산화탄소 전화법 : $CO + H_2O \leftrightarrows CO_2 + H_2 + 9.8kcal$
  ㉠ 제 1단계 전화 반응 (고온 전화 반응)
    촉매 : Fe_2O_3(산화철), Cr_2O_3(산화크롬)
    온도 : 350~500℃
  ㉡ 제 2단계 전화 반응 (저온 전화 반응)
    촉매 : CuO(산화구리), ZnO (산화아연)
    온도 : 200~250℃
⑤ 수성 가스법 (석탄 또는 코크스의 가스화 법)
  ㉠ $C + H_2O \rightarrow CO + H_2 - 31.4kcal$
  ㉡ $C + H_2O \rightarrow CO + H_2 - 29.6kcal$
  ㉢ $C + 1/2\ O_2 \rightarrow CO + 26.4kcal$

(3) 수소의 용도

① 로켓 추진 연료 ($2H_2 + O_2 \rightarrow 2H_2O$)
② 암모니아 합성 원료 가스 ($N_2 + 2H_2 \rightarrow 2NH_3$)
③ 환원성 이용한 금속 제련 ($CuO + H_2 \rightarrow Cu + H_2O$)
④ 메탄올의 합성 원료 ($CO + 2H_2 \rightarrow CH_3OH$)
⑤ 윤활유 정제용, 나프타 중유 등의 수소화 탈황
⑥ 비점 : -252.5℃
⑦ 임계 압력 : 12.8atm
⑧ 임계 온도 : -239.9℃

2. 아세틸렌 (C_2H_2)

(1) 다공질물의 구비조건 *(고기가안경화)*

① 고 다공도 일 것
② 기계적 강도가 있을 것
③ 가스의 이 충전이 쉬울 것
④ 안전성이 있을 것
⑤ 경제적 일 것
⑥ 화학적으로 안정할 것

(2) 다공도

75% 이상~92% 미만

(3) 다공질 물

석회, 석면, 목탄, 탄산마그네슘, 산화철, 다공성 플라스틱

(4) 화학적 성질

① 흡열 화합물 이므로 압축하면 분해 폭발

$C_2H_2 \rightarrow 2C + H_2 + 54.2kcal$

② Cu, Ag, Hg 등의 금속과 화합 시 폭발성 물질인 아세틸 라이드 생성
(62% 미만의 동 및 동 합금 사용)

$C_2H_2 + 2Cu \rightarrow Cu_2C_2 + H_2$ (동 아세틸 라이드)

$C_2H_2 + 2Ag \rightarrow Ag_2C_2 + H_2$ (은 아세틸 라이드)

$C_2H_2 + 2Hg \rightarrow Hg_2C_2 + H_2$ (수은 아세틸 라이드)

(5) 물리적 성질

① 무색의 기체로 약간 에테르 향기가 있고, 불순물로 인해 특이한 냄새가 남
② 고체 아세틸렌은 승화함
③ 액체 보다 고체 아세틸렌이 안전하다.
④ 물에는 거의 녹지 않고 유기용매 (아세톤, D.M.F)에 용해

(6) 제조법

① 카바나이트에 물을 가하여 제조 : $CaC_2 + 2H_2O \rightarrow Ca(OH)_2 + C_2H_2 \uparrow$

② 석유 크레킹으로 제조 : $C_3H_8 \xrightarrow[1,000 \sim 1,200℃]{Creaking} C_2H_2 \uparrow + CH_4 + H_2$

(7) 가스 발생기를 압력에 따라 구분 하면

① 저압식 : $0.07kg/cm^2$ 미만
② 중압식 : $0.07 \sim 1.3kg/cm^2$ 미만
③ 고압식 : $1.3kg/cm^2$ 이상

(8) 아세틸렌 청정제

에퓨렌, 카타리솔, 리카솔

(9) 가스 발생기 자체로서 구비조건

① 안전기를 갖추고, 산소 역류, 역화 시 발생기에 위험이 미치지 않을 것
② 가스 수요에 맞고 일정한 압력을 유지할 것
③ 가열, 지연 발생이 적을 것
④ 구조가 간단하고 취급이 간단할 것
⑤ 발생기의 적당한 온도 : 50~60℃, 습식 아세틸렌 발생기 표면 온도 : 70℃

(10) 쿨러

수분, 암모니아 제거

(11) 가스 청정기 (불순물 제거)

① 불순물 : PH_3, H_2S, N_2, O_2, NH_3, H_2, CO, CH_4
② 불순물 존재 : 아세틸렌의 순도 저하
　　　　　　　　아세틸렌의 용해도 저하
　　　　　　　　아세틸렌의 악취 발생

(12) 유 분리기 (오일 세퍼레이터)

압축기에서 압축된 가스 중의 오일 제거

(13) 건조기

$CaCl_2$로 수분 제거

(14) 아세틸렌 압축기

① 윤활유 : 양질의 광유 (공기, 수소, 아세틸렌)
② 온도 상승 방지 위해 압축기는 수중에서 작동
③ 충전 중 온도에 불구하고 $25kg/cm^2$ 압력으로 할 것
　　(온도가 15℃ 일 때는 $15.5kg/cm^2$ 압력으로 할 것)
　희석제 (CH_4, CO, C_2H_4, N_2) 첨가

(15) 용도

용접 및 절단용

(16) 가스 발생기

① 주수식, 침지식, 투입식
② 이중 투입식이 공업적으로 가장 많이 사용

(17) 다공도 측정 방법

$$\frac{V-E}{V} \times 100 = 다공도(\%)$$

여기서, V : 다공질 물의 용적
E : 아세톤 침윤 잔용적

3. 산소 (O_2)

(1) 일반적 성질

① 공기 중 21% 함유. 무색, 무미, 무취
② 조연성 가스로 자신은 연소하지 않음.
③ 유기물의 분해, 합성
④ 용제, 유지류 (가연성 물질)는 산화 폭발 위험
⑤ 액체가 기화 되면 800배 체적의 기체가 됨
⑥ 산소 또는 공기 중 방전 시키면 O_3(오존) 생성

(2) 연소에 관한 성질

① 고압에서 산소 사용 시 유지류나 유기물 접촉 시 산화 폭발 : 사염화탄소 세척제 사용
② 공기 중 산소 농도 증가 시
  ㉠ 연소 속도 증가   ㉡ 화염 온도 상승
  ㉢ 발화 온도 저하   ㉣ 화염 길이 감소
  ㉤ 비점 : -183℃   ㉥ 임계 압력 : 50.1atm
  ㉦ 임계 온도 : -118.4℃

(3) 산소 취급상 주의 사항

① 가연성 가스 용기와 구분하여 저장
② 용기나 계기류 : 윤활유, 그리스 부착 不
③ 압력계는 '금유'라는 표시 있는 산소 전용 압력계
④ 용기는 보일러, 화기 등과 멀리 떨어져야 함

(4) 산소 용기 : 이음매 없는 용기

① 용기 재질 : Mn 강, Cr 강, 18-8 스텐레스 강
② 최고 충전 압력 : 150kg/cm^2
③ 안전밸브 : 파열판 식
④ 용기 도색 : 녹색 (의료용 : 백색)
⑤ 윤활유 : 물 또는 10% 이하의 묽은 글리세린 수

✪ 용접 용기 : 프로판, 아세틸렌
　이음매 없는 용기 : 산소, 질소, 수소, CO_2……

- **내압 시험 압력** C_2H_2 = FP (최고 충전 압력)×3
  기타 (산소, 수소, 질소) = FP×5/3

- **기밀시험 압력** C_2H_2 = FP×1.8
  초저온 및 저온 = FP×1.1
  기타 (프로판) = FP 이상

- C_2H_2 : 15.5kg/cm² ┐
  산소, 수소, 질소 : 150kg/cm² ├ 최고 충전 압력
  프로판 (C_3H_8) : 15.6kg/cm² ┘

(5) 공기 액화 분리 장치 세척

1년 1회 (사염화탄소)

4. 질소 (N_2)

(1) 일반적 성질

① Mg, Li, Ca 등과 화합하여 질화마그네슘(Mg_3N_2), 질화리듐(Li_3N_2), 질화 칼슘(Ca_3N_2) 생성

② $N_2 + 3H_2 \xrightarrow[550℃, 250atm]{Fe_2O_3,\ Al_2O_3} 2NH_3$

③ 비점(-195.8℃) : 극저온 냉매로 이용

④ 임계 온도 : -147.0℃, 임계 압력 : 33.5atm

(2) 용 도

① 암모니아 합성 원료 가스
② 가연성 가스 장치 퍼지용
③ 액화 질소 : 식품 등의 급속 동결용
④ 기밀시험용 및 치환용
⑤ 금속의 산화 방지용 및 전구의 필라멘트 보호제

5. 희 가스 (Rare gas)

(1) 일반적 성질

① 주기율 표 18족 다른 원소와 거의 화합하지 않는 불활성 가스 이다.

② 희 가스 방전 시키면 특유의 빛

　㉠ 헬륨 (He) : 황백색　　㉡ 네온 (Ne) : 주황색
　㉢ 아르곤 (Ar) : 적색　　㉣ 크립톤 (Kr) : 녹자색
　㉤ 크세논 (Xe) : 청자색　㉥ 라돈 (Rn) : 청록색

③ 물질의 비점

종류 및 온도	기화순서	액화순서
Ar : -186℃	②	④
N_2 : -196℃	①	⑤
O_2 : -183℃	③	③
CO_2 : -78.5℃	④	②
C_3H_8 : -42.1℃	⑤	①

(2) 용도

① 네온사인 용
② 가스 크로마토 그래피 분석 캐리어 가스용

> ● 캐리어 가스 : 수소, 헬륨, 질소, 아르곤

③ 형광등의 방전관용
④ 금속의 제련 및 열처리 등에서 보호 가스용

6. 염소 (Cl_2)

(1) 일반적 성질

① 자극성 냄새나는 황록색 기체
② 조연성 가스
③ 수분을 함유하면 철 등의 금속과 반응, 부식 발생 (온도 120℃ 이상)
　㉠ $Cl_2 + H_2O \rightarrow HCl + HClO$ (차아염소산)
　㉡ $SO_2 + H_2O \rightarrow H_2SO_3$ (황산)
　㉢ $CO_2 + H_2O \rightarrow H_2CO_3$ (탄산)
　㉣ $COCl_2 + H_2O \rightarrow CO_2 + 2HCl$ (염산)
④ HClO (차아염소산) 생성 : 살균, 표백 작용
⑤ $H_2 + Cl_2 \rightarrow 2HCl$ (염소 폭명기)
⑥ 비점 : -34.05℃, 임계 압력 : 76.1atm

(2) 특징

① 용기 재질 : 탄소강, 이음매 없는 용기
② 도색 : 갈색
③ 밸브 재질 : 황동
④ 안전밸브 : 가용전 (65~68℃ 용융)
⑤ 염소 재해제 (중화제)
  소석회 ($Ca(OH)_2$), 가성 소다수 용액 (NaOH), 탄산 소다수 용액 (Na_2CO_3)
⑥ 용도
  ㉠ 종이, 펄프, 포스겐의 원료·염화 비닐·염화수소
  ㉡ 상수도 : 살균용
  ㉢ 섬유 : 표백용
  ㉣ 금속 티탄 : 알루미늄 공업용

> ❂ 재해제 (중화제)
> ① 염소 : 소석회 (620kg), 가성소다 (670kg), 탄산소다 (870kg)
> ② 황화수소 : 가성소다 (1,140kg), 탄산소다 (1,500kg)
> ③ 포스겐 : 가성소다 (390kg), 소석회 (360kg)
> ④ 시안화수소 : 가성소다 (250kg)
> ⑤ 아황산가스 : 물, 가성소다 (530kg), 탄산소다 (700kg)
> ⑥ 암모니아, 산화에틸렌, 염화 메탄 : 다량의 물

7. 암모니아 (NH_3) – 독성이며 가연성 가스

(1) 일반적 성질

① 무색, 자극성의 기체, 물에 잘 용해
  $NH_3 + H_2O \rightarrow NH_4OH$ (암모니아 수)
  용해량 : 물 1CC (800~900CC)
② 상온 : 8.64atm 액화
③ 증발 잠열 크므로 대형 냉매 사용
④ 비점 : –33.3℃, 임계 압력 : 111.3atm
⑤ 허용 농도 : 25ppm, 폭발 범위 : 15~28%

(2) 암모니아 합성 공정에 따른 분류

① **저압법** : 150kg/cm² 전, 후 (구우데 법, 케로그 법) (감자케구)
② **중압법** : 300kg/cm² 전, 후 (뉴 파우더 법, IG 법, 동공시 법, 케미그 법, 신 파우

더 법, J.C.I 법) (뉴우아미제동)
③ **고압법** : 600~1,000kg/cm² 전, 후 (클로드 법, 카쟈레 법) (키가클카)

(3) 누설 검사
① 네슬러 시약 : 소량 (황색), 다량 (자색)
② 적색 리트머스 시험지 : 청색
③ 염화수소 (HCL) : 백색 연기
④ 페놀프탈렌지 : 홍색
⑤ 취기

(4) 화학적 성질
① 염화수소 (HCL)와 만나면 흰 연기를 낸다.
$$NH_3 + HCl \rightarrow NH_4Cl$$
② 암모니아는 동 (Cu)이나 동 합금과 반응하여 착염 생성하여 완전하게 보관 할 수 없다.
$$Cu(OH)_2 + 4NH_3 \rightarrow Cu(NH)^{+2}_4 + 2OH^-$$

> ✪ **동 및 동 합금 사용금지**
> ① 암모니아 (착이온 생성 = 부식)
> ② 아세틸렌 (폭발성 물질인 동 아세틸 라이드 생성)
> ③ 황화수소 (황화 부식)

③ 용기 재질 : 탄소강

> ✪ **탄소강을 사용** : 염소, 암모니아, 프로판
> 망간, 크롬강, 18 - 8 스텐레스강 : 산소, 수소, 질소

④ 고온, 고압 하 강재를 질화, 취화 시키므로 18 - 8 스텐레스강 사용

(5) 공업적 제조법
하버 보시법
$$N_2 + 3H_2 \leftrightarrows 2NH_3 + 22kcal$$
(조건) 450~550℃, 촉매 : Fe + Al_2O_3, 200~1,000atm

(6) 용도
① 드라이 아이스 제조
② 요소, 질소 비료 제조 (가장 많이 사용)

③ 대형 냉매 사용 (소형 : 프레온)
④ 탄산마그네슘, 탄산암모늄 등 탄산염 제조

8. L.P.G

(1) 주성분

프로판(C_3H_8), 프로필렌(C_3H_6), 부탄(C_4H_{10}), 부틸렌(C_4H_8), 부타디엔(C_4H_6), 프로틴(C_3H_4)

(2) 특성

① 무색, 무미, 무취 이다.
  (사람이 감지 할 수 있도록 메르캅탄 첨가. 공기 중의 1/1,000 상태 [0.1%])
② 발열량이 크다.
  $C_3H_8 + 5O_2 \rightarrow 3CO_2 + 4H_2O + 530kcal/mol$
  $C_4H_{10} + 6.5O_2 \rightarrow 4CO_2 + 5H_2O + 700kcal/mol$
③ 연소 범위가 좁다 : C_3H_8 : 2.1~9.5%, C_4H_{10} : 1.8~8.4%
④ 발화 온도가 높다 : C_3H_8 : 460~520℃, C_4H_{10} : 430~510℃
⑤ 공기 보다 무겁다. (1.52배) : 누설 시 낮은 곳에 모여 인화의 위험성 크다.
⑥ 액체 상태 물보다 가볍다. (물의 비중 : $1kg/l$)
  C_3H_8 : 0.509 C_4H_{10} : 0.582
⑦ 기화하면 체적은 250배 정도 늘어 남

> ✪ **액체 $1l$가 기화 할 때 나오는 양**
> 프로판 : $250l$, 도시가스 : $600l$, 산소 : $800l$, 부탄 : $224l$

⑧ 기화, 액화가 용이하다.
  1atm 상태 : 프로판 -42.1℃, 부탄 : -0.5℃, 냉각 시 액화
⑨ 기화 잠열이 크다. (누설 시 주의, 열량을 빼앗아 용기 주위 서리가 생김)
  C_3H_8 : 101.8kcal/kg, C_4H_{10} : 92kcal/kg
⑩ 용해성이 있다 : 물에 녹지 않고, 에테르, 알콜 등에 녹고, 천연 고무를 녹임
  (그러므로, 실리콘 고무를 사용)
⑪ 프로판 1kg이 완전 연소할 경우 $1,000g/44g \times 530kcal = 12,000kcal/kg$
  프로판 $1m^3$이 완전 연소할 경우 $1,000l/22.4l \times 530kcal = 24,000kcal/m^3$
⑫ 연소 시 다량의 공기가 필요하다.

(3) 탄화수소의 분류

① 알칸족($2n+2$) : C_nH_n

  CH_4, C_2H_6, C_3H_8, C_4H_{10}, C_5H_{12} (펜탄)

② 알켄족($2n$)

  C_2H_4, C_3H_6, C_4H_8, C_5H_{10} (펜텐)

③ 알킨족($2n-2$)

  C_2H_2, C_4H_6

9. 프레온 (CHClF)

(1) 일반적 성질

① 무색, 무미, 무취
② 불연성, 비 폭발성, 열에 대한 안정
③ 액화 쉽고, 증발 잠열이 커서 냉매로 사용

○ 냉매 : CO_2(-78.5℃), 프레온 (-41℃), 암모니아 (-33.3℃)

프레온 1 2 : CCl_2F_2
프레온 2 2 : $CHClF_2$
프레온 1 3 : $CClF_3$

○ 할론 (CFClBr) : 할론 1 3 0 1 (CF_3Br), 할론 1 2 1 1 (CF_2ClBr)

④ 800℃의 불에 접촉하면 포스겐의 유독 가스 발생
⑤ 전기적 절연 내력이 크다.
⑥ 천연 고무나 수지 침식
  Mg 및 Mg을 2% 함유한 Al 합금 부식

(2) 누설 검사

① 비눗물의 기포 발생 유, 무
② 헤라이드 토치램프의 불꽃색으로 검사
  ㉠ 누설 없을 때 : 청색
  ㉡ 소량 누설 시 : 녹색
  ㉢ 다량 누설 시 : 자색 (보라색)
  ㉣ 극심할 때 : 불이 꺼짐

(3) 용도

① 가정용 냉장고, 공기 조화용, 제빙기 등의 냉매
② 에어졸 용제

10. 시안화수소 (HCN) – 독성이며 가연성 가스

(1) 일반적 성질

① 오래된 시안화수소는 급격한 중합에 의해 폭발 위험이 있으므로 충전 후 60일을 넘지 않도록 한다.
② 안정제 : 황산, 아황산가스, 염화칼슘, 인산 (H_3PO_4), 오산화인 (P_2O_5), 동망(Cu)
  (오염인아동황)
③ 무색이고, 복숭아 냄새가 나는 기체, 독성이 강하다 (10ppm)
④ 휘발하기 쉽고, 물에 잘 용해된다.
⑤ 인화성 액체
⑥ 아세틸렌과 반응하여 아크릴 로니트닐을 만들 수 있다.
$$C_2H_2 + HCN \rightarrow CH_2CHCN$$

(2) 용도

살충제, 아크릴 섬유의 원료

11. 일산화탄소 (CO)

(1) 물리적 성질

① 비점 : $-192°C$
② 독성 가스 : 50ppm
③ 연소 범위 : 12.5~74%

(2) 화학적 성질

① 염소와 반응, 포스겐 생성 : $CO + Cl \rightarrow COCl_2$
② 고온, 고압 하에서 카보닐 (부식) 생성
  ㉠ $Ni + 4CO \rightarrow Ni(CO)_4$ (니켈 카보닐)
  ㉡ $Fe + 5CO \rightarrow Fe(CO)_5$ (철 카보닐)
③ 카보닐 방지 원소 : 은, 동, Al 등으로 라이닝

12. 이산화탄소 (CO_2)

(1) 드라이아이스 제조

CO_2 기체를 100atm 까지 액화한 후 -25℃ 까지 냉각하여 단열팽창 시키면 됨

(2) 특성

비점 : -78.5℃, 임계 압력 : 72.9atm

(3) 배관속의 CO_2가 습기와 반응, 부식

$CO_2 + H_2O \rightarrow H_2CO_3$(탄산)

(4) 용도

① 드라이 아이스 제조
② 요소($(NH_2)_2CO$)의 원료
③ 소화제
④ 탄산수, 사이다 등의 청량제에 이용

13. 산화에틸렌 (C_2H_4O) - 독성이며 가연성 가스

① 50ppm 이하, 연소 범위 : 3~80%
② 분해 폭발 및 중합 폭발
③ 물과 반응하여 에틸렌 글리콜 생성

$C_2H_4O + H_2O \rightarrow C_2H_4(OH)_2$ (에틸렌 글리콜) - 부동액

14. 황화수소 (H_2S) - 독성이며 가연성 가스

① 달걀 썩은 냄새
② 연소 범위 : 4.3~45.5%
③ 10ppm 이하, 비점 : -61.80℃
④ 연당지($CH_2(OO)_2Pb$) 와 반응 : 흑색으로 변화 시킨다.

15. 이황화탄소 (CS_2) - 독성이며 가연성 가스

① 연소 범위 : 1.2~44%, 독성 : 20ppm 이하
② 무색, 투명 또는 담황색 액체
③ 인화점 -30℃, 발화 온도 100℃로 전구 표면이나 증기 파이프에 접촉만 해도 발화한다.

✪ 시험지 명 및 변색 상태

종 류	시험지 명	변색 상태
암모니아	적색 리트머스 시험지	청색
염소	KI 전분지 (요오드 칼륨 전분지)	
시안화수소	질산구리 벤젠지	
일산화탄소	염화 파라듐지	흑색
황화수소	연당지	
포스겐	하리슨 시험지	심등색 (오렌지색)
아세틸렌	염화 제1동 착염지	적색
아황산가스	암모니아 적신 헝겊	흰 연기

제 2 장 가스 안전 관리

1. 초저온 용기란

임계 온도가 -50℃ 이하인 액화 가스를 충전하기 위한 용기로서, 단열재로 피복하여 용기내의 가스 온도가 상용의 온도 (20℃)를 초과하지 않도록 한 용기

2. 충전 용기

고압가스의 충전, 질량 또는 충전 압력이 1/2 이상 충전 되어 있는 상태

3. 잔 가스 용기

고압가스의 충전, 질량 또는 충전 압력이 1/2 미만 충전 되어 있는 상태

4. 처리 설비

압축, 액화 그 밖의 방법으로 가스를 처리 할 수 있는 설비 중 '고압가스를 제조하기 위한 설비' 및 저장 탱크에 부속된 펌프, 압축기, 기화 장치

5. 처리 능력

처리 설비 또는 감압 설비가 압축 액화 그 밖의 방법으로 1일에 처리할 수 있는 가스의 양 (0℃, 0kg/cm²g)

6. 불연 재료

콘크리트, 벽돌, 기와, 철재, 알루미늄 등 그 밖에 이와 유사한 것으로서 불에 타지 않는 것

7. 제 1종 보호 시설

① 유치원, 병원, 새마을 유아원, 학교, 도서관, 시장, 공중 목욕탕, 호텔
  (유병새학도시공호)
② 사람을 수용하는 건축물로서, 연 면적이 1,000m² 이상일 것
③ 아동복지시설 또는 장애인 복지 시설로서 수용 인원이 20인 이상인 건축물
  (아장시설20인)
④ 극장, 교회, 공회당, 기타 이와 유사한 시설로서, 수용 인원이 300인 이상인 건축물
  (장교회 300인)
⑤ 문화재 보호법에 의해 지정된 건축물

8. 제 2종 보호 시설

① 주택
② 사람을 수용하는 건축물로서 연 면적이 100m² 이상 1,000m² 미만 시

9. 다른 고압가스 설비와의 거리

① 가연성 가스 제조 시설의 고압가스 설비는 다른 가연성 가스 제조 시설 고압가스 설비 : 5m 이상 (가고5m)
② 가연성 가스 제조 설비의 고압가스 설비와 화기 취급 장소와의 거리 : 8m 이상
  (가화)
③ 산소 제조 시설의 고압가스 설비 : 10m 이상 (산고10m)

10. 방호벽

① C_2H_2 가스 압축기와 충전 장소 사이
② C_2H_2 가스 압축기와 충전 용기 보관 장소 사이
③ 용기 보관실 벽 (액화 가스 저장 능력 300kg, 압축가스 60m³ 이상)
④ 충전 장소와 충전 용기 보관 장소 사이
⑤ 기화 설비 주위
⑥ 압력이 100kg/cm² 이상의 압축가스를 용기에 충전하는 압축기와 충전 장소 사이
⑦ 압력이 100kg/cm² 이상의 압축가스와 충전 용기 보관 장소 사이
⑧ 방호벽 규격

종류	두께	높이	외우는 법
콘크리트 블럭	15cm 이상	2m 이상	(콘일오)
철근 콘크리트	12cm 이상	2m 이상	(철완투)
후 강 판	6mm 이상	2m 이상	(후육자식)
박 강 판	3.2mm 이상	2m 이상	(빡삼이)

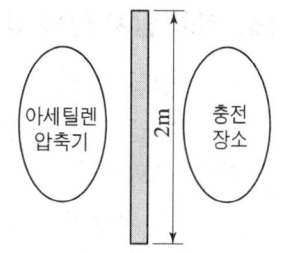

11. 안전거리

처리능력 및 저장능력 (액화가스 kg, 압축가스 m³)	독성 및 가연성		산 소		기타가스(질소)	
	1종	2종	1종	2종	1종	2종
1만 이하	17m	12m	12m	8m	8m	5m
2만 이하	21m	14m	14m	9m	9m	7m
3만 이하	24m	16m	16m	11m	11m	8m
4만 이하	27m	18m	18m	13m	13m	9m
5만 이하	30m	20m	20m	14m	14m	10m

12. 가연성 가스

저장 탱크 외부를 은백색으로 도색 후 가스의 명칭을 적색으로 표시하고, 전기 설비는 방폭 설비 할 것 (단, 제외 대상 : 암모니아, 브롬화 메탄)

13. 가스 설비 및 저장 설비

① 외면과 화기 취급 장소까지 2m 이상 유지
② 가연성 가스 및 산소가스 저장 시설 우회 거리 8m 이상 유지
    (단, 가스 계량기 우회 거리는 2m 이상 유지)

14. 고압가스 설비 시험

① 내압시험 : 상용 압력 × 1.5
② 기밀시험 : 상용 압력 이상

15. 가스 방출 장치

내용적 5m³ 이상의 가스를 저장 하는 저장 탱크 및 가스 홀더

16. 역화 방지 장치 설치 (오고수아)

① 가연성 가스를 압축하는 압축기와 오토 클레이브 (고온, 고압 시 화학적인 합성 반응을 위한 가마)와의 사이
② 아세틸렌의 고압 건조기와 충전용 교체 밸브 사이
③ 수소 화염 또는 산소 아세틸렌 화염을 사용하는 시설
④ 아세틸렌 충전용 지관

17. 유지 거리

① 300m³ (3톤) 이상의 저장 탱크와 다른 저장 탱크간의 거리 : 1m 이상
② 두 저장 탱크 최대 지름을 합산한 길이의 1/4중 큰 수치

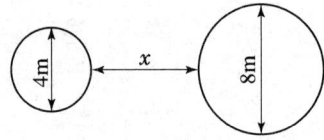

$$l = \frac{D_1 + D_2}{4} = \frac{4+8}{4} = 3m$$

18. 방류둑 (방류제)

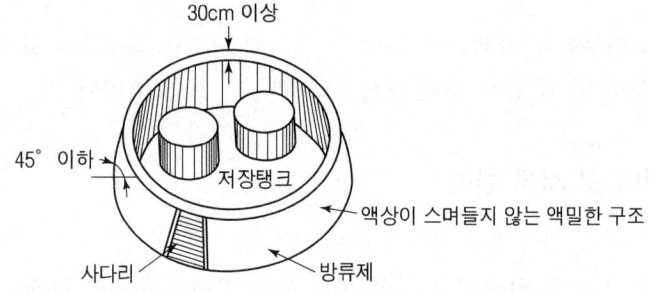

① 용량
  ㉠ 가연성 (L.P.G 포함), 산소 : 1,000Ton 이상
  ㉡ 독성 : 5ton 이상
  ㉢ 특정 제조 시설의 가연성 가스 : 500ton
  ㉣ 액화 가스 저장 탱크 : 저장 능력 상당 용적의 60%
② 방류제 내면과 그 외면 10m 이내에는 : 저장 탱크 부속 설비 이외의 것 설치 금지
③ 구조 및 기준
  ㉠ 성토는 수평에 대하여 45° 이하의 구배를 가지고 정상부 폭은 30cm 이상 일 것

ⓒ 가연성 및 독성 또는 가연성과 조연성의 액화 가스 방류둑을 혼합 배치 금지
ⓒ 높이에 상당하는 당해 가스 액두압에 견딜 것
ⓒ 액이 체류하는 표면적은 가능한 적게 할 것
ⓒ 재료는 철근 콘크리트, 금속, 흙 등 이들을 혼합한 것
ⓗ 방류둑의 계단 및 사다리는 출, 입구 둘레 50m 마다 1개 이상 설치하고, 50m 미만인 경우 2개 이상 설치

19. 고압가스 설비

상용 압력의 2배 이상에서 항복 (깨지는 것)을 일으키지 않는 두께

20. 압력계

① 상용 압력 1.5~2배 이하 (눈금 범위)
② 1일 100m³ 이상인 사업소는 2개 이상의 표준 압력계 설치

21. 안전밸브, 파열판 (안전밸브 작동 압력)

① 내압 시험 압력 8/10배 이하 (가연성, 독성)
② 산소 : 상용 압력 × 1.5 작동

22. 역류 방지 밸브 설치 (유충압독)

① 아세틸렌 압축기의 유 분리기와 고압 건조기 사이
② 가연성 가스 압축기와 충전용 주관과의 사이
③ 암모니아 메탄올의 합성탑이나, 정제탑과 압축기 사이
④ 독성 가스 감압 설비 뒤의 배관

23. 공기 액화 분리기

① 액화 산소 통내의 액화 산소는 1일 1회 이상 분석
② 액화 공기탱크와 액화 산소 증발기 사이에는 여과기 설치
   (공기 압축량 1,000m³/h 이하 제외)
③ 액화 산소 5l 중 C_2H_2 질량 5mg 또는 탄화수소의 탄소질량 500mg을 넘을 때에는 운전 정지 후 액화 산소 방출

24. 공기 액화 분리 장치 폭발원인 (오질탄아)

① 액화 공기 중의 오존의 혼입
② 공기 중의 질소 화합물 혼입
③ 압축기용 윤활유 분해에 따른 탄화수소 생성
④ 공기 중의 아세틸렌 혼입

25. 압축기 윤활유

① 공기, 수소 아세틸렌 압축기 : 양질의 광유
② 산소 : 물 또는 10% 이하의 묽은 글리세린 수
③ LP 가스 : 식물성 유
④ 염소 : 농황산
⑤ 염화 메탄, 아황산가스 : 화이트 유

26. 아세틸렌 제조를 위한 설비

① 습식 아세틸렌 발생기 표면 온도 70℃ 이하
② 충전 시 온도에 불구하고 $25kg/cm^2$ 이하로 하며 이때, 메탄, 일산화탄소, 에틸렌, 질소, 수소, 프로판 희석제 첨가
③ 미리 용기에 다공질물 (75% 이상 92% 미만)을 채운 후 아세톤 또는 디메틸 포름아이드를 고루 침윤 시킨 후 충전
④ 충전 용기 관에는 탄소 함유량이 0.1% 이하의 강 사용
⑤ 62% 이하의 동 합금 사용 : 동, 수은, 은 등과 폭발성 물질 생성

27. 산화에틸렌

① 충전 용기는 45℃에서 $4kg/cm^2$ 이상이 되도록 질소, 탄산가스를 충전
② 질소 탄산가스로 치환하고, 항상 5℃ 이하로 유지

28. 시안화수소

① 충전 후 24시간 정지 후 누설검사 및 충전 년, 월, 일을 면기한 표지 부착
② 용기에 충전된 시안화수소는 60일이 경과되기 전 다른 용기에 충전
   (순도가 98%로 착색 되지 아니한 것은 제외)
③ 저장 시 1일 1회 이상 질산구리 벤젠지로 누설검사
④ 충전 시 순도는 98% 이상이고, 안정제 첨가

29. 긴급 차단 장치

① 동력원 : 액압, 기압, 전기, 스프링
② $5m^3$ 이상의 가연성, 독성 저장 탱크의 가스 이, 충전 배관
③ 일반 제조 시설 5m 이상에서 조작 (특정 제조 10m 이상)
④ 온도는 110℃에서 작동

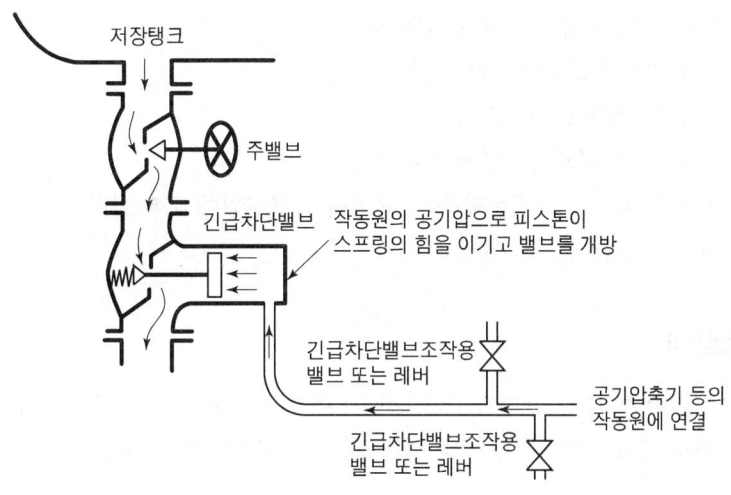

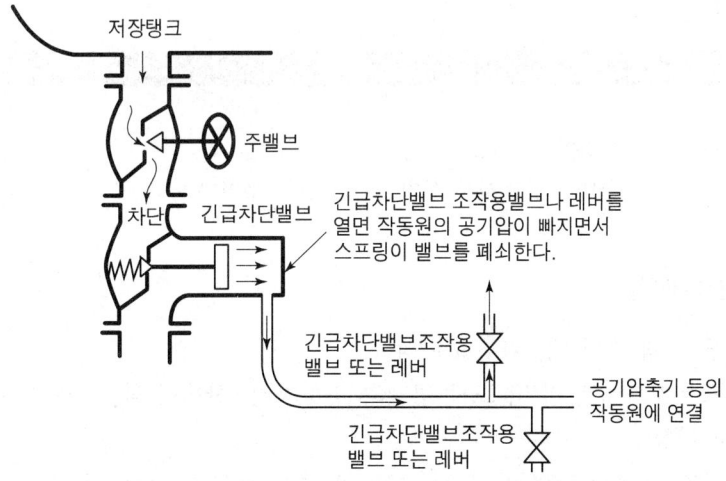

30. 2중 배관으로 해야 할 독성가스 (포항시 아산암모니아 발생)

포스겐, 황화수소, 시안화수소, 아황산가스, 산화에틸렌, 암모니아, 염화메탄, 염소

31. 액화가스 용량

① 액화가스 용량이 상용 온도에서 90% 초과 충전 금지
   (독성은 90% 초과 충전 시 과 충전 방지 장치 설치)
② 산소 압축기의 내부 윤활유 : 석유류, 유지류, 글리세린 유 사용금지
③ 드레인 세퍼레이터 : 산소 또는 천연 메탄을 수송하기 위한 배관과 이에 접촉하는 압축 기와의 사이에 설치, 수분 제거
④ 충전용 주관의 압력계 매월 1회 이상 ┐
   기타 압력계 3개월에 1회 이상 ───── 검사
⑤ 작동 압력 조정 (안전밸브)
   ㉠ 압축기 최 종단 : 1년에 1회 이상
   ㉡ 냉동 설비로 쓰이는 압축기 최 종단 : 6개월에 1회 이상
   ㉢ 기타는 2년에 1회 이상

32. 압축금지

① 가연성 가스 중의 산소가 또는 산소 중의 가연성 가스가 4% 이상 시
② 에틸렌, 수소, 아세틸렌 중의 산소가 또는 산소 중의 그 합이 2% 이상 시

33. 배 관

가스종류	시 설 물	수평거리
독성가스	건축물	1.5m 이상
	지하가 및 터널	10m 이상
	수도 시설로서 독성가스가 혼합할 우려가 있는 곳	300m 이상

34. 배관의 매설

① 공동 주택 부지 내 : 0.6m 이상
② 철도부지와 수평거리, 도로 경계와 수평거리, 산이나 들, 도로 폭이 8m 미만 : 1m 이상
③ 시가지 외 도로 노면 밑, 인도, 보도, 방호 구조물 내, 도로 폭이 8m 이상 : 1.2m 이상
④ 시가지의 도로 노면 밑 : 1.5m 이상
⑤ 철도부지 및 매설 시 궤도 중심과 4m 이상

35. 지상 설치 시 상용 압력에 따른 공지 보유

① 상용 압력 $2kg/cm^2$ 미만 : 5m
② 상용 압력 $2kg/cm^2$ 이상~상용 압력 $10kg/cm^2$ 미만 : 9m
③ 상용 압력 $10kg/cm^2$ 이상 : 15m

36. 저장 능력의 산정 기준

① 액화가스 저장 탱크

$$W = 0.9dV_2$$

여기서, W : 저장 능력(kg)
d : 액화 가스 비중(kg/l)
V_2 : 내용적(l)

② 압축가스 저장 탱크

$$Q = (P+1)V_1$$

여기서, Q : 저장 능력(m^3)
V_1 : 내용적(m^3)
P : 35℃에서 최고 충전 압력(kg/cm^2)
(C_2H_2는 15℃)

③ 액화가스 용기 및 차량에 고정된 탱크 용적

$$G = \frac{V}{C}$$

여기서, G : 저장 능력(kg)
V : 내용적(l)
C : 정수 - 프로판 : 2.35, 부탄 : 2.05,
암모니아 : 1.86, 탄산가스 : 1.34

37. 차량 정지목 설치

① 해저 설치 시 다른 배관과 수평거리 : 30m 이상 유지
② 차량 정지 목 : 2,000l 이상, L.P.G : 5,000l 이상

38. 충전 용기 보관 기준

① 직사광선을 피하고, 항상 40℃ 이하 유지
② 충전 용기와 빈 용기는 각각 구분

③ 주위 2m 이내에는 화기 또는 인화성 발화성 물질 금지
④ 작업에 필요한 물건 (계량기, 휴대용 손전등) 이외에는 두지 않을 것
⑤ 가연성 독성 및 산소 용기는 각각 구분 할 것
⑥ 5*l*를 넘는 충전 용기는 전도, 전락 등의 난폭한 취급 금지

39. 에어졸의 제조

① 35℃에서 내압이 8kg/cm² 이하, 용량은 용기 내용적 90% 이하
② 온수 시험 탱크 46℃ 이상 50℃ 미만에서 에어졸이 누설되지 않도록 할 것
③ 에어졸 충전 용기 저장소는 화기 또는 인화성 물질과 8m 이상의 우회 거리
④ 에어졸 분사제는 독성 가스 또는 가연성 가스가 아닐 것
⑤ 용기 기준
　㉠ 두께 0.125mm 이상 유리제 용기는 합성 수지제로 내, 외면 피복
　㉡ 30m³ 이상인 용기는 에어졸 제조에 사용된 일이 없을 것
　㉢ 100cm³ 초과 용기는 강 또는 경금속 사용
　㉣ 100m³ 초과 용기는 제조자의 명칭, 기호 명시

40. 제조 설비 사이의 거리

① 제조 설비는 제조소 경계와 : 20m 이상 유지 (제경이)
② 고압가스 설비와 다른 고압가스 설비 : 30m 이상 유지 (고고삼)
③ 가연성 가스 저장 탱크와 처리 능력이 20만m³ 인 압축기 : 30m 이상 유지 (가이십만삼)

41. 고압가스 충전 용기의 운반 작업

① 차량 전, 후 경계 표시 : 적색으로 '위험 고압가스' 표시
② 자전거, 오토바이 적재금지 (충전용기) : 시, 도지사 인정 시 가능
③ 가연성과 산소 : 서로 마주 보지 않게 하고 적재 가능
④ 염소와 아세틸렌, 염소와 수소, 염소와 암모니아 : 동일 차량 적재금지 (촉매폭발하기 때문)

42. 운반 책임자 동승 기준

성 질	압 축 가 스	액 화 가 스
독 성	100m³ 이상	1ton 이상 (1,000kg)
가연성	300m³ 이상	3ton 이상 (3,000kg)
조연성	600m³ 이상	6ton 이상 (6,000kg)

43. 차량 전, 후 경계 표시

① 가로 치수 : 차체 폭의 30% 이상
　세로 치수 : 가로 치수의 20% 이상
② 부득이한 경우 정 사각형이나 이에 가까운 형상으로 600cm² 이상

44. 2개 이상의 저장 탱크 동일 차량에 고정 운반 시

① 충전관 : 안전밸브, 압력계, 긴급 탈압 밸브 설치
② 저장 탱크마다 주 밸브 설치

45. 초과 운반 금지

① 가연성, 산소 : 18,000l 이하 (L.P.G 제외)
② 독성 : 12,000l 이하 (암모니아 제외)

46. 방파판

① 설치 : 액면 요동 방지
② 내용적 : 3m³ 이하 (3,000l 이하)

47. 후 범퍼와의 거리

① 조작 상자와 후 범퍼 : 20cm 이상 *(조이공)*
② 저장 탱크 후면과 후 범퍼 : 30cm 이상 *(후삽공)*
③ 주 밸브와 후 범퍼 : 40cm 이상 *(주사공)*
④ 안전밸브 : 액화가스 저장 능력이 300kg 이상
⑤ 안전거리 : 저장 능력이 500kg 이상인 액화 염소 저장 시설 (방호벽은 300kg)

48. 품질 검사 방법

① 산소
  ㉠ 순도 : 99.5% 이상
  ㉡ 동 암모니아 시약의 오르잣트 법
  ㉢ 최고 충전 압력 $120kg/cm^2$ 이상
② 수소
  ㉠ 순도 : 98.5% 이상
  ㉡ 피롤카롤 또는 하이드로 설파이드 시약의 오르잣트 법
  ㉢ 최고 충전 압력 $120kg/cm^2$ 이상
③ 아세틸렌
  ㉠ 순도 : 98% 이상
  ㉡ 발연 황산 시약의 오르잣트 법, 브롬 시약의 뷰렛 법, 질산은 시약의 정성 시험에 합격할 것
  ㉢ 가스 충전은 3kg 이상

49. 용 기

① 용기재료 (스텐레스 강, 알루미늄 합금)
  ㉠ 용접 용기 : C (0.33%), P (0.04%), S (0.05%)
  ㉡ 이음매 없는 용기 : C (0.55%), P (0.04%), S (0.05%)
② 용기 동판 : 최대와 최소 두께의 차이는 평균 구께의 20% 이하
③ 초저온 용기 : 오스테 나이트계 합금강, 알루미늄 합금강, 동 합금강
④ 동판 두께 구하는 식

$$t = \frac{PD}{200\,Sn - 1.2P} + C$$

여기서, P : 최고 충전 압력(kg/cm^2)
D : 관 내경(mm)
S : 허용응력 $= \dfrac{인장강도}{안전율}$ (kg/mm^2)
n : 효율
C : 부식 여부치

⑤ 부식 여부치 (mm)
  ㉠ 암모니아 ─ 1,000l 이하 : 1mm
           └ 1,000l 초과 : 2mm

ⓒ 염소 ─┬─ 1,000*l* 이하 : 3mm
　　　　　　　└─ 1,000*l* 초과 : 5mm
　⑥ **용접부 시험** : 3개의 시험편으로 −150℃ 이하에서 충격값 최저 2kg · m/cm² 이상, 평균 3kg · m/cm² 이상
　⑦ **단열 성능 시험**
　　　㉠ 1,000*l* 이하 : 0.0005kcal/*l*h℃
　　　㉡ 1,000*l* 초과 : 0.002kcal/*l*h℃
　⑧ 특정 설비 제조의 8mm 미만 판에는 스테이 부착 금지
　⑨ 500*l* 미만인 용기는 제조 시 각인 질량의 95% 이상인 것을 합격
　　　(영구 증가율이 6% 이하 시 90% 이상 → 합격)

50. 비열 처리 재료

용기 재료로서 오스테 나이트계 합금강, 내식 알루미늄 합금강, 내식 알루미늄 합금 단조품, 기타 열처리가 필요 없는 것

51. 내압 시험 압력

　① 아세틸렌 = $FP \times 3$
　② 기타(압축, 액화가스) = $FP \times \dfrac{5}{3}$

52. 기밀시험 압력

　① 아세틸렌 = $FP \times 1.8$
　② 초저온 및 저온 = $FP \times 1.1$
　③ 기타 = FP 이상

53. 불합격 용기의 파기

　① 3일전 까지 용기 검사 신청인에게 통지하고, 검사원이 검사 장소에서 직접 파기
　② 파기 용기는 인수시한(1개월) 내에 인수치 않으면 임의로 매각 처분
　③ 절단 등의 방법으로 파기하여 원형으로 가공 할 수 없도록 한다.
　④ 잔류 가스 전부 제거 후 절단

54. 합격 용기의 각인 또는 표시

① TP : 내압시험 압력
② AP : 기밀시험 압력
③ FP : 최고 충전 압력
④ TW : 아세틸렌 용기, 밸브, 다공질물 및 용제 질량
⑤ W : 용기 질량

55. 용기 부속품 기호

① AG : 아세틸렌 가스를 충전하는 용기 부속품
② PG : 압축가스를 충전하는 용기 부속품
③ LT : 초저온 및 저온 가스를 충전하는 용기 부속품
④ L.P.G : 액화 석유 가스를 충전하는 용기 부속품
⑤ LG : 액화 석유 가스 외의 가스를 충전하는 용기 부속품

56. 용기 도색 (공업용)

청 탄산 산록에서 황아세 안주삼아 수주잔 높이들고 백암산 바라보니,
　①　　　②　　　　③　　　　　　　④　　　　　　　⑤
염소는 갈색으로 보이고, 쥐들은 기타를 치더라.
　⑥　　　　　　　　　　　⑦

① 탄산가스 : 청색　　② 산소 : 녹색
③ 아세틸렌 : 황색　　④ 수소 : 주황
⑤ 암모니아 : 백색　　⑥ 염소 : 갈색
⑦ 기타 : 쥐색 (회색)

> ✪ 가스 명칭
> ① 아세틸렌, 암모니아 : 흑색　② L. P. G : 적색　③ 기타 : 백색

57. 용기 도색 (의료용)

질흑 같은 밤에자고 탄회를 싸게 주면 청아한 산소에서 백로가 헬기로 갈아채 가더라.
　①　　　　②　　　③　　④　　　⑤　　　⑥　　　　⑦

① 질소 : 흑색　　② 에틸렌 : 자색
③ 탄산가스 : 회색　　④ 싸이크로 프로판 : 주황색
⑤ 아산화질소 : 청색　　⑥ 산소 : 백색
⑦ 헬륨 : 갈색

✪ 가스 명칭
　① 산소 : 녹색　　　② 기타 : 백색

58. 용기 충전 시설

① 저장 능력 및 사업소 경계와의 거리

저 장 능 력	사업소 경계와의 거리
10ton 이하	17m
10ton 초과 20ton 이하	21m
20ton 초과 30ton 이하	24m
30ton 초과 40ton 이하	27m
40ton 초과	30m

② 냉각 살수 장치 : 저장 탱크 외면으로부터 5m 위치
③ 물분무 장치 : 저장 탱크 외면으로부터 15m 위치

59. 저장 탱크를 지하에 묻을 때 기준

① 저장 탱크 정상부와 지면과의 거리 60cm 이상
② 안전밸브에는 지상에서 5m 이상의 가스 방출관 설치
③ 저장 탱크 주위에는 마른 모래 채울 것
④ 저장 탱크 외면에는 부식 방지 코팅을 하고 천정, 벽 및 바닥의 두께가 각각 30cm 이상의 방수 조치한 철근 콘크리트로 한다.

60. 각 조건

① 안전밸브 분출 면적 : 배관 최대 지름부 단면적의 1/10 이상
② 충전 시설은 : 연간 10,000ton의 LPG를 처리할 수 있는 규모
③ 폭발 방지 장치 설치
　주거지역, 상업지역에 설치하는 저장 능력 10ton 이상 시

61. 자동차 용기 충전 시설

① 충전소에는...
　㉠ 충전 중 (주유 중) 엔진 정지 : 황색 바탕에 흑색 글씨 *(주황흑)*
　㉡ 화기 엄금 : 백색 바탕에 적색 글씨 *(화백적)*

② 충전기 충전 호스 길이 : 5m 이내
③ 충전 가스 주입기는 원터치 형
④ 충전기 주위에는 가스 누설 경보기 설치

62. 조 건

① 저장 설비 주위 : 1.5m 높이의 경계책 설치
② 용기 보관실 면적 : $19m^2$
③ 사무실 면적 : $9m^2$

63. 압력 조정기의 입구 및 조정 압력 (출구 압력)

종 류	입 구	조 정 압 력
2단 1차용 조정기	$1.0\sim15.6kg/cm^2$	$0.57\sim0.83kg/cm^2$
자동 교체식 분리형 조정기	$1.0\sim15.6kg/cm^2$	$0.32\sim0.83kg/cm^2$
1단 저압 조정기	$0.7\sim15.6kg/cm^2$	$230\sim330mmH_2O$
2단 2차용 조정기	$0.25\sim3.5kg/cm^2$	$230\sim330mmH_2O$
자동 교체식 일체형 조정기	$1.0\sim15.6kg/cm^2$	$255\sim330mmH_2O$
1단 준 저압 조정기	$1.0\sim15.6kg/cm^2$	$500\sim3,000mmH_2O$

64. 기밀시험 합격 기준

조 정 기	입구 측	출구 측
1단 저압 조정기	$15.6kg/cm^2$ 이상	$550mmH_2O$
1단 준 저압 조정기	$15.6kg/cm^2$ 이상	조정 압력의 2배 이상
2단 감압 1차용 조정기	$18kg/cm^2$ 이상	$1.5kg/cm^2$ 이상
자동 교체식 분리형 조정기	$18kg/cm^2$ 이상	$1.5kg/cm^2$ 이상
자동 교체식 일체형 조정기	$18kg/cm^2$ 이상	$550mmH_2O$
2단 감압 2차용 조정기	$5kg/cm^2$ 이상	$550mmH_2O$

65. 조정기 최대 폐쇄 압력 (정지 압력)

① 1단 감압식 저압 조정기, 2단 감압 2차용 조정기, 자동 교체식 일체형 조정기 : $350mmH_2O$
② 2단 감압 1차용 조정기, 자동 교체식 분리형 조정기 : $0.95kg/cm^2$ 이하
③ 1단 감압식 준 조정기 : 조정 압력의 1.25배 이하

66. 조정 압력이 330mmH₂O 이하인 조정기의 안전장치 작동 압력 (정개프)

① 작동 정지 압력 : 504mmH₂O~840mmH₂O (5.04kPa~8.4kPa)
② 작동 개시 압력 : 560mmH₂O~840mmH₂O (5.6kPa~8.4kPa)
③ 작동 표준 압력 : 700mmH₂O (7.0kPa)

67. 조 건

① 염화 비닐 호스의 안지름 : 1종 (6.3mm), 2종 (9.5mm), 3종 (12.7mm)
② 검사자의 자격 (LPG) : 공급 가구 수 4천 가구당 1인 이상

68. 가스 공급 시 마다 실시하는 점검 (설화배용)

① 충전 용기의 설치 위치
② 충전 용기와 화기와의 거리
③ 가스 용품의 관리 및 작동 상태
④ 충전 용기 및 배관의 설치 상태

69. 액화 석유 가스 사용 시설에 관한 안전

① 안전장치 설치 : 저장 능력 250kg 이상인 고압 배관
② 가스 사용 시설의 저압부 배관은 8kg/cm² 이상의 내압 시험에 합격한 것일 것
③ 가스 사용 시설 시공 후 조정기 출구로부터 연소기까지 이르는 배관에 840~1,000mmH₂O의 압력으로 기밀시험에 이상이 없을 것
(요즈음에는 1,500mmH₂O로 나옴)

70. 가스 계량기 설치 장소

① 가스 계량기는 화기와 2m 이상의 우회 거리 유지
② 설치 높이는 지면으로부터 1.6m 이상 2m 이내
③ 각 설치 거리
  ㉠ 전선 : 15cm 이상
  ㉡ 접속기, 점멸기, 굴뚝 : 30cm 이상
  ㉢ 안전기, 계량기, 개폐기 : 60cm 이상

71. 배관의 고정

① 관경이 13mm 미만 : 1m 마다
② 관경이 13mm 이상 33mm 미만 : 2m 마다
③ 관경이 33mm 이상 : 3m 마다

72. 배관의 표시

① 지상 배관의 표면 색상 : 황색
② 매몰 배관 : 적색 또는 황색
③ 가스 사용 시설 중 호스의 길이는 3m 이내로 하며, 'T'형으로 연결하지 말 것
④ 가스 사용 시설 중 저장 설비, 감압 설비 및 배관은 화기 취급 장소와 8m(주거용 2m) 이상의 우회 거리 유지

73. 가스 도매 사업의 가스 공급 시설

① 액화 천연 가스 저장 설비 및 처리 설비는 그 외면으로부터 사업소 경계까지 : 50m 이상 거리 유지
② 유지거리$(L) = C\sqrt[3]{143,000\,W}$

  여기서, L : 유지거리
  C : 저압 지하식 저장 탱크(0.24)
  W : 저장 능력의 제곱근

③ 액화 석유 가스 저장 설비 및 처리 설비는 그 외면으로부터 제1종 및 제2종 보호 시설까지 : 30m 이상 거리 유지
④ 고압인 가스 공급 시설은 안전 구역 내에 설치하되 그 면적은 2만m^2 미만일 것

74. 제조 시설의 구조 및 원리

① 액화가스 저장 탱크로서 5,000l 이상의 것에 설치한 배관에는 저장 탱크 외면으로부터 10m 위치에서 조작할 수 있는 긴급 차단 장치 설치 (일반 제조는 5m)
② 정압기
  ㉠ 작동 상황 점검 : 1주일에 1회 이상
  ㉡ 분해 점검 : 2년에 1회 이상
③ 배관의 누설 검사
  ㉠ 매몰한 날 이후 3년에 1회 이상
  ㉡ 최고 사용 압력이 고압인 경우 1년에 1회 이상

75. 도시가스의 유해성분, 열량, 압력 및 연소성의 측정

① 압력측정 : 가스홀더 출구, 정압기 출구, 가스 공급시설의 끝 부분에서 자기 압력계 사용

❂ 가스 압력은 일반 가정용 100mmH₂O~250mmH₂O 이내 유지

② 열량측정 : 매일 06 : 30~09 : 00, 17 : 00~20 : 30
제조소의 배송기 또는 압송기 출구에서 자동 열량 측정기 이용 측정

③ 연소성의 측정 : 매일 06 : 30~09 : 00, 17 : 00~20 : 30
1회 가스 홀더 출구 및 정압기 출구에서 측정
웨버 지수가 표준 웨버 지수의 ± 4.5% 이내

$$웨버\ 지수 = \frac{Hg}{\sqrt{d}}$$

여기서, Hg : 도시가스 총 발열량(kcal/m³)
d : 도시가스의 공기에 대한 비중

④ 도시가스 유해 성분의 양 *(황암수)*
 ㉠ 황전량 : 0.5g 이하
 ㉡ 암모니아 : 0.2g 이하
 ㉢ 황화수소 : 0.02g 이하

76. 일반 도시가스 사업의 공급 시설

① 비상 공급 시설은 그 외면으로부터
 ㉠ 1종 보호 시설까지 : 15m 이상
 ㉡ 2종 보호 시설까지 : 10m 이상
② 가스 혼합기, 가스 정제 설비, 배송기, 압송기, 그 밖에 가스 공급 시설의 부대설비는 외면으로부터 사업소 경계까지의 거리 : 3m 이상 유지 *(혼정배압 3m)*
(단, 최고 사용 압력이 고압 : 20m 이상, 제 1종 보호 시설 : 30m 이상)
③ 가스 발생 및 가스 홀더는 그 외면으로부터 사업장 경계까지의 거리
 ㉠ 고압인 경우 : 20m 이상
 ㉡ 중압인 경우 : 10m 이상
 ㉢ 저압인 경우 : 5m 이상
④ 정압기 조명도 : 150lux(룩스) 이상일 것

77. 독성가스의 식별 표지 및 위험 표지

① 위험 표지 :

> 독성 가스 누설 (주의) 부분

　㉠ 백색 바탕에 흑색 글씨 (주의는 적색)
　㉡ 문자의 크기 : 가로 및 세로 각각 5cm 이상
　㉢ 식별 거리 : 10m 이상

② 식별 표지 :

> 독성 가스 (염소) 제조시설

　㉠ 백색 바탕에 흑색 글씨 (가스 명칭은 적색)
　㉡ 문자의 크기 : 가로 및 세로 10cm 이상
　㉢ 식별 거리 : 30m 이상

78. 운전 중 점검사항

① 저장 탱크의 액면 지시
② 계기류의 지시, 경보, 제어 상태
③ 가스 누설 경보 장치 및 가스 경보기 상태
④ 제조 설비의 외부, 부식, 마모 균열
⑤ 제조 설비 등으로 부터의 누설 점검
⑥ 제조 설비 등의 온도, 압력, 유량, 조업 조건 변동사항

79. 제조 설비 등의 사용 종료 시 점검사항

① 개방하는 제조 설비와 다른 제조 설비 등과의 차단 상황
② 제조 설비 내의 가스 액 등의 불활성 가스 등에 의한 치환 상황
③ 부식, 마모, 손상, 폐쇄, 결합부의 풀림 상태
④ 설비 내로 사람이 들어간 경우 공기로의 치환 상황

80. 제조 설비 사용 개시 전 점검사항

① 제조 설비 등의 내용물의 상황
② 제조 설비 등 당해 설비의 전반적인 누설 유, 무
③ 비상 전력 등의 준비 상황
④ 회전 기계의 윤활유 보급 상황 및 회전 구동 상황
⑤ 안전용 불활성 가스 등의 점검상황

81. 인체용 에어졸

① 가능한 한 인체에서 20cm 이상 떨어져 사용할 것
② 특정 부위에 계속해서 장시간 사용 금지
③ 온도 40℃ 이상의 장소에 보관 금지

82. 통신 시설

통신범위	사업소 내 전체	사무소와 사무소간	종업원 상호간
통신설비	- 사이렌 - 휴대용 확성기 - 구내방송 설비 - 페이징 설비 - 메가폰 (사휴방페메)	- 인터폰 - 구내전화 - 구내방송 설비 - 페이징 설비 (인구구방페)	- 페이징 설비 - 휴대용 확성기 - 메가폰 - 트란시바 (종이성메트)

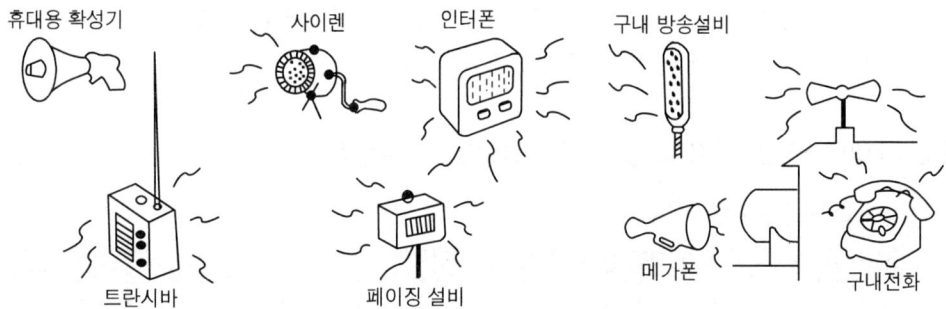

83. 방호 구조물 내 설치 (포황시아염불아)

포스겐, 황화수소, 시안화수소, 아황산가스, 염소, 불소, 아크릴 로니트릴

84. 물 분무 장치 1m²당 분무량 (노준내눈 8654)

① 노출된 경우 : 8l/분
② 준 내화 구조 : 6.5l/분
③ 내화 구조 : 4l/분

85. 저장 탱크 주위의 온도 상승 방지 조치기준 적용 범위

① 방류둑을 설치한 가연성 가스 저장 탱크 : 방류둑 외면 10m 이내

② 방류둑을 설치하지 아니한 가연성 가스 저장 탱크 : 방류둑 외면 20m 이내
③ 가연성 물질을 취급하는 설비 : 외면으로부터 20m 이내

86. 각 설비의 작업할 수 있는 허용 농도

① 가연성 가스 : 폭발 하한의 1/4 이하
② 독성가스 : 허용 농도 이하
③ 산소가스 : 18~22% 이하

87. 가스 설비 내를 대기압 이하까지 가스 치환 생략하는 경우

① 사람이 그 설비 밖에서 작업하는 경우
② 당해 가스 설비 내용적이 $1m^3$ 이하인 것
③ 화기를 사용하지 아니하는 작업일 것
④ 설비의 간단한 청소 또는 가스켓의 교환, 기타 이들에 준하는 경미한 작업인 것
⑤ 출입구의 밸브가 확실히 폐지되어 있으며, 내용적이 $5m^3$ 이상의 가스 설비에 이르는 사 이에 2개 이상의 밸브를 설치 한 것

88. 아세톤 및 DMF (디메틸 포름 아이드)의 충전량

① 아세톤의 충전량 (75%~92% 미만)

다공질물의 다공도	내용적 10/ 이하	다공질물의 다공도	내용적 10/ 초과
90% 이상 92% 미만	41.8% 이하 (-3.3)	90% 이상 92% 미만	43.4%
83% 이상 90% 미만	38.5% 이하 (-1.4)	87% 이상 90% 미만	42.0%
80% 이상 83% 미만	37.1% 이하 (-2.3)	75% 이상 87% 미만	40.0%
75% 이상 80% 미만	34.8% 이하		

② DMF의 최대 충전량

다공질물의 다공도	내용적 10/ 이하	내용적 10/ 초과
90% 이상 92% 미만	43.5% 이하 (-2.4)	43.7% 이하 (-0.9)
85% 이상 90% 미만	41.1% 이하 (-2.4)	42.8% 이하 (-2.5)
80% 이상 85% 미만	38.7% 이하 (-2.4)	40.3% 이하 (-2.5)
75% 이상 80% 미만	36.3% 이하	37.8% 이하

89. 정전기 방지책

① 접지를 한다.
② 공기를 이온화 한다.
③ 상대 습도를 70% 이상으로 한다.

90. 정전기 제거 기준

① 접지 단면적 : $5.5mm^2$ 이상
② 피뢰 설비 : 10Ω 이하
③ 접지 저항치 총합 : 100Ω 이하

91. 안전밸브 분출부의 유효면적

$$a = \frac{W}{230P\sqrt{\frac{M}{T}}}$$

여기서, W : 1시간에 분출하는 가스량(kg/h)
M : 가스 분자량
T : 분출 시 가스 절대 온도
P : 분출 압력($kg/cm^2 \cdot a$)

92. 통풍 구조 및 강제통풍 시설 기준

① 액화 석유 가스
  ㉠ 지상의 실
    ⓐ 실의 바닥 면적 $1m^2$당 $300cm^2$ (3%) 이상의 통풍구 면적
    ⓑ 사방이 둘러쌓인 실은 2방향 이상 분사된 통풍구
    ⓒ 통풍구는 바닥면에 접하고, 외기에 면할 것
  ㉡ 지하실 또는 충분한 통풍구를 갖지 못하는 실 (강제통풍장치)
    ⓐ 실의 바닥 면적 $1m^2$당 $0.5m^3$/min 이상일 것
    ⓑ 배가스 방출구는 지상 5m 이상의 안전한 위치
    ⓒ 배기가스 중 당해 농도 0.5% 정도 이상일 경우, 가스 누설 장소를 정밀 조사하여 즉시 보수 할 것
② 냉동 제조 시설
  ㉠ 자연통풍 : 냉동 능력 1 RT당 $0.5m^2$ 이상의 개구부 (창, 문)
  ㉡ 강제통풍 : 냉동 능력 1 RT당 $2m^3$/min 이상의 통풍 능력

✪ 1RT : 0℃ 물 1ton을 0℃ 얼음으로 24시간 동안 만들 때 필요한 열량 (3320kcal/h)

93. 독성가스의 제독 조치 기준

① 가스별 제독제 및 보유량
　㉠ 염소 : 소석회(620kg), 가성소다(670kg), 탄산소다(870kg) (염소가탄)
　㉡ 황화수소 : 가성소다(1,140kg), 탄산소다(1,500kg) (황가탄)
　㉢ 포스겐 : 가성소다(390kg), 소석회(360kg) (포가소)
　㉣ 시안화수소 : 가성소다(250kg) (시가)
　㉤ 아황산가스 : 물, 가성소다(530kg), 탄산소다(700kg) (아물가탄)
　㉥ 암모니아, 산화에틸렌, 염화 메탄 : 다량의 물 (암산염 다량의 물)

② 제독에 필요한 공구
　㉠ 긴급 작업에 종사하는 종업원 : 보호복, 공기 호흡기, 송기식 마스크
　㉡ 독성가스를 취급하는 전 종업원 수량 : 보호 장갑, 보호 장화, 격리식 방독 마스크

③ 보호구 장착 훈련 : 작업원에게 3개월 마다 1회 이상 실시

94. 급배기 장치의 설치 기준

① 배기통의 가로 기준 : 5m 이하
② 배기통의 굴곡수 : 4개 이하
③ 배기통의 높이 10m를 넘는 경우 보온 조치
④ 상부 환기구 면적 : 가스 소비량 1,000kcal/h당 유효 개구부 면적 10cm^2 이상

95. 합격용기의 표시 방법 및 재검사 표시

① 가연성 가스 용기 : '연' 자로 표시
② 독성가스 용기 : '독' 자로 표시
③ 고압가스 용기에 표시하는 색상
　㉠ 일반 공업용

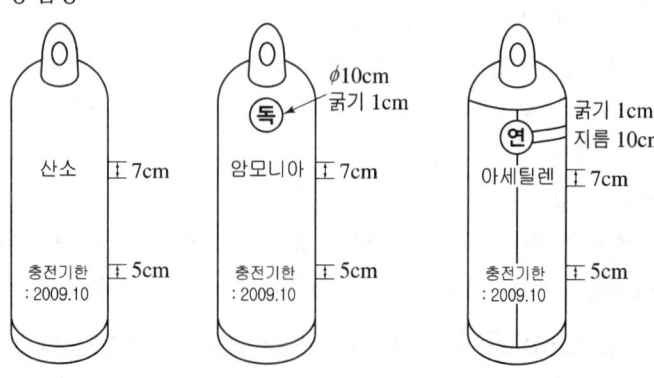

ⓒ 의료용

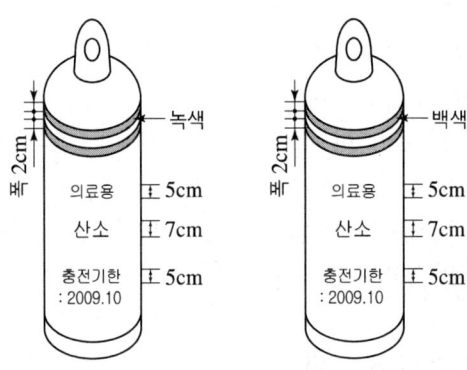

96. 독성가스 운반 시 휴대하는 보호구 및 자재

① 휴대 설비 : 약제 (상자에 넣어두어 휴대)

> ★ 소석회 (운반하는 독성 가스량)
> 액화가스 질량 1,000kg 미만 : 20kg 이상
> 액화가스 질량 1,000kg 이상 : 40kg 이상

② 보호구 : 보호의, 보호 장갑, 보호 장화, 방독 마스크, 공기 호흡기
③ 자재
    ㉠ 로프 : 15m 이상
    ㉡ 누설 검지액 : 비눗물, 5% 염산, 10% 암모니아 수
    ㉢ 휴대용 손전등, 메가폰, 휴대용 확성기

97. 초저온 용기의 단열 성능 시험 기준

① 시험용 저온 액화가스
    ㉠ 액화 산소 : -183℃, 기화 잠열 51kcal/kg
    ㉡ 액화 아르곤 : -186℃, 기화 잠열 38kcal/kg
    ㉢ 액화 질소 : -196℃, 기화 잠열 48kcal/kg

② 시험 시 충전량 : 저온 액화가스 용기 내용적의 1/3 이상 1/2 이하가 되도록 충전

③ 판정식 $(Q) = \dfrac{Wq}{H \Delta t V}$ 여기서, Q : 침입 열량(kcal/lh℃)
                                            W : 측정 중의 기화 가스량(kg)
                                            H : 측정 시간(h)
                                            Δt : 시험용 저온 액화가스의 비점과 외기와의 온도차
                                            V : 용기 내용적(l)
                                            q : 시험용 액화가스의 기화 잠열(kcal/kg)

98. 기화 장치의 성능

① 온수 가열 방식 : 80℃ 이하
② 증기 가열 방식 : 120℃ 이하
③ 접지 저항 값 : 10Ω 이하
④ 압력계 눈금 범위 : 상용 압력의 1.5배~2배 이하
⑤ 안전장치(안전밸브 작동 압력과 동일) : 내압 시험 압력의 8/10배 이하에서 작동
⑥ 내압 시험 : 상용 압력의 1.5배 이상

99. 통풍 구조 및 강제통풍 시설

① 통풍 가능 면적 : $1m^2$당 $300cm^2$ 이상 (3%)
② 1개 환기구 면적 : $2,400cm^2$ 이하
③ 강제통풍장치 설치
　㉠ 통풍 능력 : $1m^2$당 $0.5m^3$/분 이상
　㉡ 흡입구 및 배기구의 관 지름 : 100mm 이상
　㉢ 배기구는 바닥면 가까이에 설치
　㉣ 공기보다 무거운 경우 : 배기가스 방출구는 지면에서 5m 이상 높이에 설치
　㉤ 공기보다 가벼운 경우 : 배기가스 방출구는 지면에서 3m 이상 높이에 설치

100. 가스 누설 검지 경보장치의 설치

① 경보기 정밀도
　㉠ 가연성 가스용 : ± 25% 이하 (0~25%)
　㉡ 독성 가스용 : ± 30% 이하 (0~30%)
② 지시계의 눈금
　㉠ 가연성 가스용 : 0~폭발 하한계 값
　㉡ 독성 가스용 : 0~허용 농도 3배 값
③ 암모니아를 실내에서 사용하는 경우 150ppm을 각각의 눈금 범위에 명확히 지시하는 것일 것
④ 전원, 전압 등 변동이 ± 10% 정도 일 때에도 경보기 정밀도가 저하되지 않을 것
⑤ 검지 경보장치의 검지에서 발생까지 걸리는 시간은 경보 농도의 1.6배 농도에서 보통 30초 이내 일 것 (단, 일산화탄소, 암모니아는 1분 이내)

101. 가스 누설 자동 차단장치 용어의 정의

① **검지부** : 누설된 가스를 검지하여 제어부로 신호를 보내는 기능을 가진 것
② **차단부** : 제어부로부터 보내진 신호에 따라 가스의 유로를 개폐하는 기능
③ **제어부** : 차단부에 차단 신호를 보내는 기능

102. 배관 내용적에 따른 기밀시험 압력 유지 시간

당해 배관의 내용적	기밀시험 압력 유지 시간
10l 이하	5분
10l 초과 15l 이하	10분
15l 초과	24분
(휴전선 155마일)	(51024)

103. 긴급용 벤트스텍

벤트스텍의 방출구 위치는 작업원이 정상 작업을 하는데 필요한 장소 및 작업원이 항시 통행하는 장소로부터 10m 이상 떨어진 곳에 설치

104. 플레어 스텍

플레어 스텍의 위치 및 설치 높이는 플레어 스텍 바로 밑 지표면에 미치는 복사열이 4,000kcal/m^{2}h 이하가 되도록 할 것

105. 시험지 명 및 변색 상태

종 류	시험지 명	변색 상태
암모니아	적색 리트머스 시험지	청색변
염 소	KI 전분지 (요오드 칼륨 전분지)	청색변
시안화수소	질산구리 벤젠지	
일산화탄소	염화 피라듐지	흑색변
황화수소	연 당 지	흑색변
포 스 겐	하리슨 시험지	심등색 (오렌지색)변
아세틸렌	암모니아성 염화 제1동 착염지	적색변
아황산가스	암모니아 적신 헝겊	흰 연기

106. 전기 설비의 방폭 성능 기준

① 압력 방폭 구조 (p)
　용기 내부에 보호 가스(N_2, 공기)를 압입하여 내부 압력을 유지함으로서 가연성 가스가 용기 내부로 유입되지 않도록 한 구조

② 내압 방폭 구조 (d)
　용기 내부에서 가연성 가스 폭발 시 그 용기가 폭발 압력에 견디고, 접합면 및 개구부 등을 통하여 외부의 가연성 가스에 인화되지 않도록 한 구조

③ 유입(油入) 방폭 구조 (o)
　용기 내부에 기름을 주입하여 불꽃, 아크 또는 고온 발생 부분이 기름속에 잠기게 함으로서 기름면 위에 존재하는 가연성 가스에 인화되지 않도록 한 구조

④ 본질 안전 방폭 구조 (ia 또는 ib)
　정상 시 및 사고(단선, 단락) 시에 발생하는 전기 불꽃, 아크 또는 고온부에 의하여 가연성 가스가 점화되지 아니하는 것이 점화 시험, 기타 방법에 의해 확인된 구조

⑤ 특수 방폭 구조 (s)
　가연성 가스에 점화를 방지할 수 있다는 것이 시험, 기타 방법에 의해 확인된 구조

⑥ 안전 증 방폭 구조 (e)
　정상 운전 중에 가연성 가스의 점화원이 될 전기 불꽃, 아크 또는 고온 부분 등의 발생을 방지하기 위하여 기계적, 전기적 구조상 또는 온도 상승에 대해 특히 안전도를 증가 시킨 구조

107. 위험 장소

① 0종 장소
　상용 상태에서 가연성 가스의 농도가 연속해서 폭발 하한계 이상으로 되는 장소

② 1종 장소
　㉠ 상용 상태에서 가연성 가스가 체류하여 위험하게 될 우려가 있는 장소
　㉡ 정비, 보수, 또는 누설 등으로 인하여 종종 가연성 가스가 체류하여 위험하게 될 우려가 있는 장소

③ 2종 장소
　㉠ 1종 장소 주변 또는 인접한 실내에서 위험한 농도의 가연성 가스가 종종 침입할 우려가 있는 장소
　㉡ 환기 장소 이상이나 사고가 발생한 경우 가연성 가스가 체류하여 위험하게 될 우려가 있는 장소

ⓒ 밀폐된 용기 또는 설비 내에 밀봉된 가연성 가스가 그 용기 또는 그 설비의 사고로 인해 파손 되거나 오 조작의 경우에만 누설 할 위험이 있는 장소

108. 차량에 고정된 탱크를 운행할 경우 구비할 서류 (차량운이자)

① 차량 운행 일지
② 용량 환산표
③ 운전 면허증
④ 이동 계획서
⑤ 자격증

109. 냉동기에 사용하는 재료 중 금지할 재료

① 암모니아 : 동 및 동 합금 (착 이온 생성＝부식)
② 프레온 : Mg 및 Mg을 2% 함유한 알루미늄 합금을 부식시킴
③ 염화메탄 : 알루미늄 합금을 부식시킴

110. 적재 방법

① 충전 용기를 적재한 차량 : 1종 보호 시설과 15m 이상 이격
② 압축가스의 충전 용기는 원칙적으로 눕혀서 적재할 것
③ 아세틸렌 및 액화가스의 충전 용기 등은 세워서 적재할 것

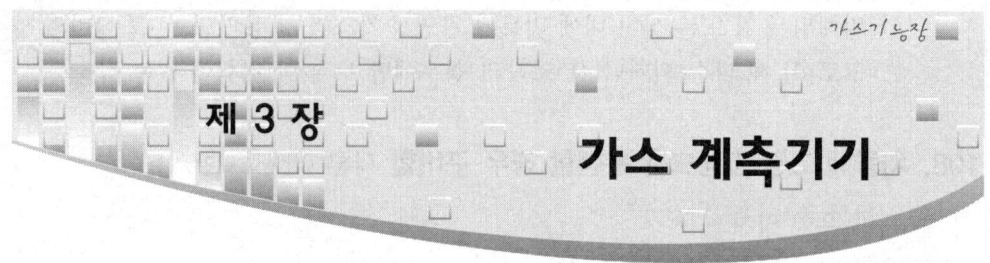

제 3 장 가스 계측기기

1. 가스미터의 종류

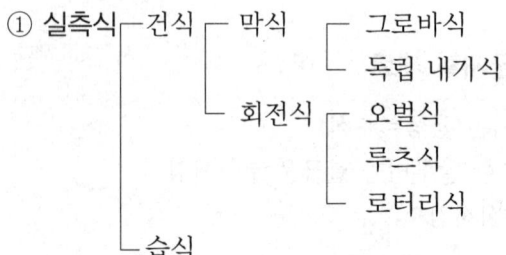

② 추측식 (추량식) : 터빈, 오리피스, 벤튜리, 선근차식 (터오벤)

2. 가스미터의 구비조건 (오정수내감소)

① 오차 조정이 용이할 것.
② 정확히 계량할 것.
③ 수리가 쉬울 것.
④ 내구성이 있을 것.
⑤ 감도가 예민하고 정밀성이 있을 것.
⑥ 소형, 경량이며 용량이 클 것.

3. 차압식 유량계 (전, 후 압력을 측정)

① 벤튜리 미터 (벤튜리 미터의 반대는 오리피스 미터 이다)
  ㉠ 압력 손실이 가장 적다.
  ㉡ 정밀도가 좋고 내구성이 있다.
  ㉢ 침전물 생성 우려가 없고 대형이다.
  ㉣ 구조가 복잡하고 교환이 어렵다.
  ㉤ 가격이 비싸다.

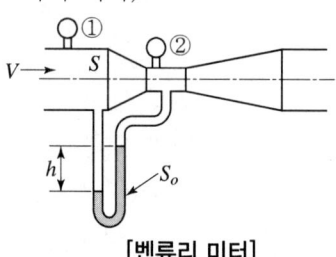

[벤튜리 미터]

② 플로우 미터
    ㉠ 고압 유체나 슬러지 유체 측정
    ㉡ 오리피스에 비해 압력 손실이 적다.
    ㉢ 동일 조건 하에서 오리피스보다 유량 통과량이 많다.
③ 오리피스 미터
    ㉠ 좁은 장소 설치 가능
    ㉡ 구조가 간단, 제작, 장착용이
    ㉢ 침전물 생성 우려가 있다.
    ㉣ 베루누이 정리 이용
    ㉤ 유체의 압력 손실이 가장 크다.

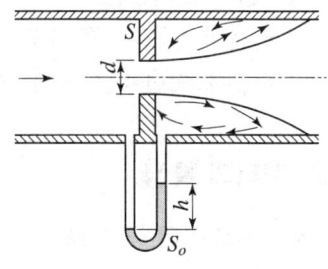

[오리피스 미터]

4. 열전대 온도계

※ 두 금속의 열기전력을 이용 측정하고, 제백 효과 이용
※ 접촉식 온도계 중 가장 높은 온도 측정

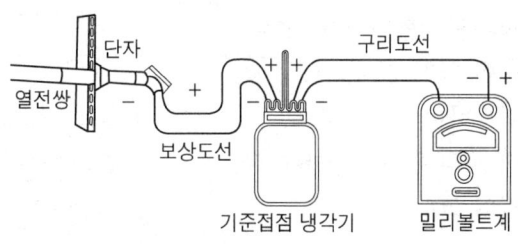

[열전 온도계의 구성]

① PR (백금 – 백금로듐)
    ㉠ 백금 87% (+극), 백금로듐 13% (-극)
    ㉡ 열전대 온도계 중 가장 고온 측정 (0~1,600℃)
    ㉢ 금속 증기에 침식
    ㉣ 환원성 분위기에 약하다.
    ㉤ 산화성 분위기에 가장 강하다.
② CA (크로멜 – 알루멜)
    ㉠ 산화 분위기에 약하다.
    ㉡ 크로멜 (Ni 90% + Cr 10%)
        알루멜 (Ni 94% + Mn 2.5% + Al 2.0% + Fe 0.5%) (니망알철)
    ㉢ 온도 : 0~1,200℃

③ IC (철 – 콘스탄탄)
　㉠ 콘스탄탄 (Cu 55% + Ni 45%)
　㉡ 환원성 분위기에 가장 강하다.
　㉢ 온도 : $-20 \sim 850\,℃$
④ CC (동 – 콘스탄탄)
　㉠ 열전대 온도계 중 가장 저온 측정용 ($-200 \sim 350\,℃$)
　㉡ 수분에 의한 내식성이 크다.

5. 가스 미터의 특징

① 막식 가스미터 (가정용) *(저부대가)*
　㉠ 저가이다.
　㉡ 부착 후 유지 관리에 시간을 요하지 않는다.
　㉢ 대용량에 부적당하다.
　㉣ 가정용
　㉤ 유량은 $1.5 \sim 200\,m^3/h$
② 습식 가스미터 (드럼형) *(기계수면실)*
　㉠ 기차 변동이 거의 없다.
　㉡ 계량이 정확하다.
　㉢ 수위 조정 등의 관리가 필요하다.
　㉣ 설치 면적이 크다.
　㉤ 실험실 용
　㉥ 유량은 $0.2 \sim 3,000\,m^3/h$

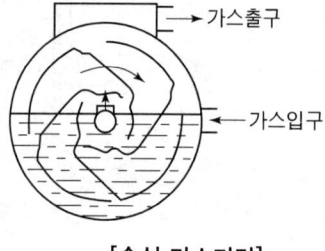
[습식 가스미터]

③ 루츠식 가스미터 (공업용) *(대중적, 소스)*
　㉠ 대 유량 가스 측정 적합
　㉡ 중압 가스 계량 가능
　㉢ 설치 면적이 적다.
　㉣ 소 유량에서는 부동의 우려가 있다.
　㉤ 스트레이너 설치 후 유지 관리 필요
　㉥ 유량은 $100 \sim 5,000\,m^3/h$

6. 가스미터 설치 장소

① 지면으로부터 1.6m 이상 2m 이내
② 전선과 15cm 이상, 접속기, 점멸기, 굴뚝 30cm 이상, 안정기, 계량기, 개폐기

60cm 이상
　③ 부식성 가스가 없는 곳
　④ 검침, 수리가 편리한 곳
　⑤ 통풍이 양호한 실 외
　⑥ 진동이나 충격을 받지 않는 곳

7. 2차 압력계의 특징

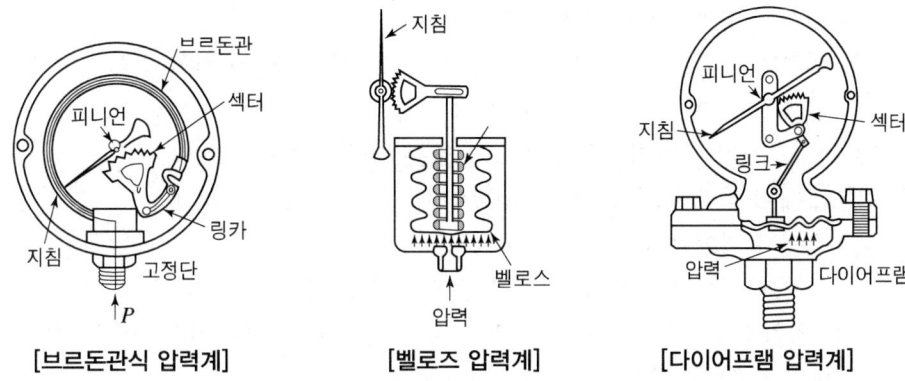

[브르돈관식 압력계]　　[벨로즈 압력계]　　[다이어프램 압력계]

① 브르돈관식 압력계 (대표적인 압력계)
　㉠ 브르돈관의 재질
　　ⓐ 저압인 경우 : 황동, 청동, 인청동
　　ⓑ 고압인 경우 : 니켈강, 특수강
　㉡ 암모니아, 아세틸렌 용 압력계는 Cu 및 Cu 합금을 사용하지 않고, 연강제 사용
　㉢ 산소 압력계는 '금유'라고 표시되어 있는 "산소 전용 압력계" 사용
　㉣ 고압 측정용 : $0.5 \sim 3,000 kg/cm^2$
　㉤ 2차 압력계의 대표적인 것으로서 고압 장치에 가장 많이 사용
② 다이어 프램식 압력계 (격막식 압력계) (미부온정이)
　㉠ 미소 압력 측정
　㉡ 부식성 유체 측정 가능
　㉢ 온도의 영향을 받기 쉽다.
　㉣ 측정의 응답 속도가 빠르다.
　㉤ 이상 압력으로 파손 되어도 위험성이 적다.
　㉥ 재질 : 고무, 테프론, 양은, 스텐레스
　㉦ 측정 가능 범위 : 20~5,000mmAq

③ 벨로우즈식 압력계
　　㉠ 측정 압력은 0.01~10kg/cm^2
　　㉡ 유체 내의 먼지 등의 영향이 적고, 압력 변동에 적응하기 어렵다.
　　㉢ 신축에 의한 압력 이용

8. 가스미터의 고장 및 원인

① 부동 : 가스가 가스미터를 통과 하지만 미터의 지침이 작동하지 않는 현상 (지계값)
　㉠ 지시 장치의 톱니바퀴의 불량
　㉡ 계량막의 파손, 밸브의 탈착, 밸브와 밸브시트 사이에서의 누설
　㉢ 감속 또는 지시 장치의 기어 물림 불량
② 불통 : 가스가 가스미터를 통과하지 않는 현상 (날회타)
　㉠ 날개 조절기 등의 납땜이 떨어진 경우
　㉡ 회전자 베어링의 마모에 의한 접촉 시
　㉢ 밸브와 밸브시트가 타르, 수분 등에 의해 고착 또는 동결 시
③ 기차 불량 : 부품의 마모 등에 의해 기차가 변화하는 경우, 계량법에 규정된 사용 공차가 ± 4%를 넘어서는 현상 (신마때)
　㉠ 계량막이 신축하여 부피가 변화하는 경우
　㉡ 회전 부분의 마찰 저항 증가에 의한 진동
　㉢ 밸브와 밸브시트 사이 또는 패킹 부에서의 누설

9. 가연성 가스 검출기

① 간섭계 형 : 가스의 굴절율 차를 이용 농도를 측정하는 방법으로서 메탄 외의 가연성 가 스에도 사용
② 안전등 형 : 불꽃 길이를 측정하여 CH_4의 농도를 측정하는 방법으로 탄광 내에서 메탄 의 발생을 검출 하는데 사용

10. 기기 분석법 - 가스 크로마토 그래피

① 캐리어 가스 : 수소, 헬륨, 질소, 아르곤 (수헬질아)
② 충진제 : 활성탄, 실리카겔, 뮬레큘러시브, 소바이드
③ 부품 : 기록계, 압력계, 분리관(컬럼), 유량 조절기, 항온조
④ 종류
　㉠ 염광광도 검출기(FPD) : 황화 화합물이나 인화합물 검출

ⓒ 열 전도도형 검출기(TCD)
　　　　ⓐ 일반적으로 널리 사용
　　　　ⓑ 금속 피라멘트의 저항 변화 이용
　　ⓒ 수소 이온화 검출기(FID)
　　　　ⓐ 탄화수소에서 감도가 최고 이다.
　　　　ⓑ 전기 전도도가 증가 하는 것 이용
　　　　ⓒ 산소, 수소, 이산화탄소, 일산화탄소, 아황산가스 등은 감도가 적다.
　　ⓔ 전자포획 이온화 검출기(ECD)
　　　　ⓐ 이온 전류가 감소하는 것 이용
　　　　ⓑ 할로겐 및 산화물에서는 감도가 최고

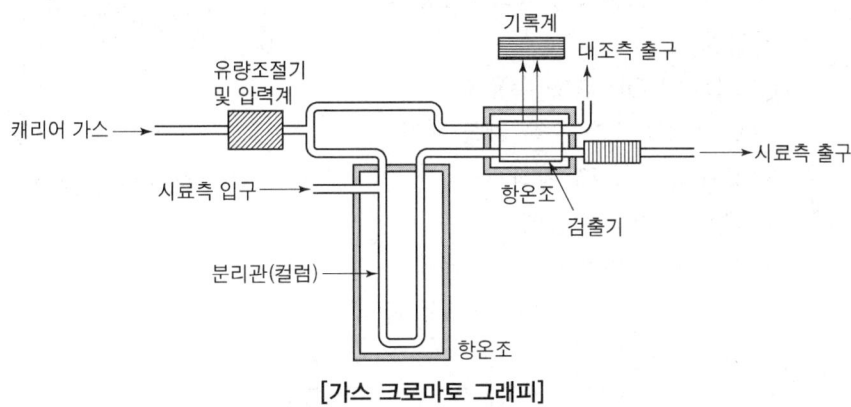

[가스 크로마토 그래피]

11. 서보기구 (Servo mechanism)

제어량이 물체의 기계적인 위치, 방위, 자세 혹은 그 변화로서 있을 때의 피드백 제어를 총칭하는 것 (선박, 항공기의 방향 제어, 레이더의 방향)

12. 감도 유량 : 가스미터가 작동할 수 있는 최소 유량

① 막식 : $3l/h$ 이하
② LP 가스미터 : $15\ l/h$ 이하

13. 가스미터와 조정기의 능력

① 가스미터 : 최대 소비량 120% 이상 (1.2배)
② 조정기 : 최대 소비량 150% 이상 (1.5배)

14. 가스 분석법

① 흡수 분석법

  ㉠ 오르잣트 법

    ⓐ CO_2 : KOH 30% 수용액
    ⓑ O_2 : 알카리성 피롤카롤 용액
    ⓒ CO : 암모니아성 염화제 1동 용액

  ㉡ 헴펠법

    ⓐ CO_2 : KOH 30% 수용액
    ⓑ C_mH_n (C_2H_2) : 발연 황산 25%
    ⓒ O_2 : 알카리성 피롤카롤 용액
    ⓓ CO : 암모니아성 염화제 1동 용액

  ㉢ 게겔법

    ⓐ CO_2 : KOH 30% 수용액
    ⓑ C_2H_2 : 요오드 수은 칼륨 용액
    ⓒ $\eta - C_4H_8$: 87% 황산
    ⓓ C_2H_4 : 취소 수용액
    ⓔ O_2 : 알카리성 피롤카롤 용액
    ⓕ CO : 암모니아성 염화제 1동 용액

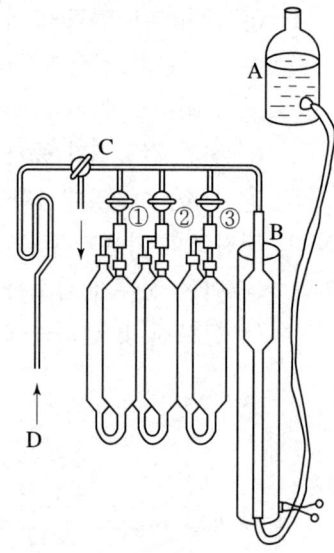

[오르잣트 분석기]

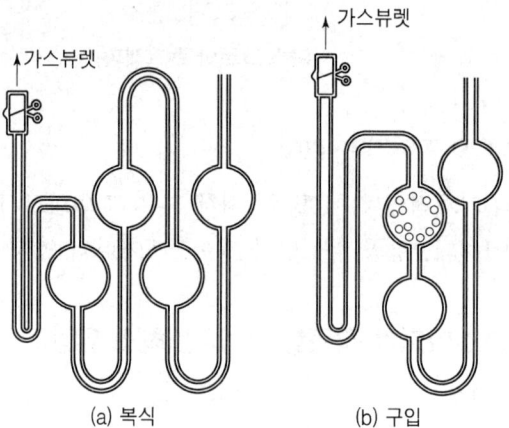

(a) 복식   (b) 구입

[헴펠의 흡수피펫]

② 화학 분석법

  ㉠ 요오드 적정법 : 황화수소의 적량을 구하는 방법
  ㉡ 중화 적정법 : 연소 가스 중에 있는 NH_3를 황산에 흡수시켜 나머지 황산을 가

성소다용액으로 적정
ⓒ 중량법 : 황산 바륨 침전법
ⓔ 흡광광도법 : 광전관 온도계를 사용 흡광도 측정
③ 연소 분석법
㉠ 분별 연소법 : 일산화탄소와 수소 가스만을 분별적으로 완전 산화 시키는 방법
㉡ 폭발성 : 뷰렛에 일정량의 가연성 시료를 넣고, 적당량의 공기 또는 산소를 혼합하여 폭발 피펫에 옮겨 전기 스파크로 폭발

15. 액면계

① 액면계의 구비조건
㉠ 구조가 간단할 것
㉡ 고온, 고압에 견딜 것
ⓒ 연속 측정이 가능할 것
ⓔ 자동제어 장치에 적용이 가능할 것
㉤ 지시, 기록, 원격 측정이 가능할 것
㉥ 내구성, 내식성이 있을 것

② 액면계의 종류
㉠ 햄프슨식 액면계 (차압식) : 액화 산소 등과 같은 극저온 저장 탱크의 액면 측정
㉡ 플로우트식 액면계 (부자식) : 저장 탱크 내에 부자를 띄워 놓고 그 움직임을 철사줄을 이용, 외부로 전하여 액면 측정
ⓒ 초음파식 액면계 : 저장 탱크 기상부에 초음파 발진기를 두고 초음파가 왕복하는 시간을 측정하여 액면까지의 길이를 제어 액면 측정

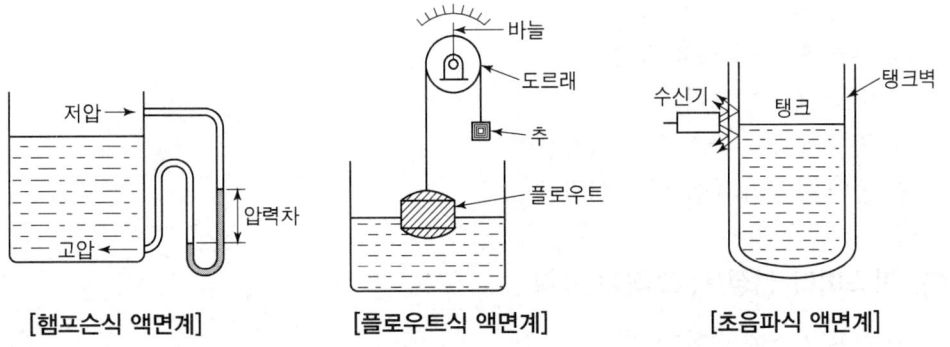

[햄프슨식 액면계]   [플로우트식 액면계]   [초음파식 액면계]

㉣ 벨로우즈식 액면계 : 햄프슨식과 더불어 극 저온 저장 탱크의 액면 측정
㉤ 슬립 튜브식, 회전 튜브식, 고정 튜브식 액면계 : 가연성, 독성 액체의 액면 측정에 부적합
㉥ 클린카식 액면계 : 저장 탱크 내의 액면을 직접 읽을 수 있으므로 고압 장치에 널리 사용되는 액면계로 유리판의 파손을 방지하기 위해 피복을 해두며, 프로텍트 및 자동식, 수동식 스톱 밸브로 구성되어 있다.

16. 유량계의 종류

① **차압식 유량계** : 벤튜리 미터, 플로우 미터, 오리피스 미터
② **용접식 유량계** : 습식, 건식, 오우벌식, 루츠식, 로터리 피스톤, 로터리 베인
③ **유속식 유량계** : 피토우관, 임펠러식
④ **면적식 유량계** : 로터 미터, 피스톤식

17. 가스 성분과 분석 방법

① **암모니아** : 중화 적정법, 인도 페놀 흡광광도법
② **황화수소** : 옥소 적정법, 메티렌 블루 흡광광도법, 초산염 시험지
③ **수분** : 노점법, 흡수 정량법
④ **전유황** : 과염소산 바륨법, 흡광광도법, 디메틸슬포나조법
⑤ **나프탈렌** : 가스 크로마토 그래피

18. 더미스터 (온도계의 일종)

① 철, 구리, 망간, 니켈, 코발트를 소결 시켜 만듬
② 측정 온도 : $-100 \sim 300°C$
③ 수분 흡수 시 오차 발생
④ 온도 계수가 크다.
⑤ 좁은 장소의 국소 온도 측정용이
⑥ 동일 특성의 것을 얻기 어렵다.

19. 가스미터 선정 시 고려할 사항

① 사용 가스에 적합할 것
② 계량법에 정한 유효 기간을 만족할 것
③ 용량에 여유가 있을 것

20. 미연소 가스계 (CO + H₂)

① 가스 중에서 미연소 물질인 CO, H₂ 측정
② 촉매로 백금이 사용되고, 백금선에 정전류를 흘려보내 고온 가열

21. 조작량의 변화

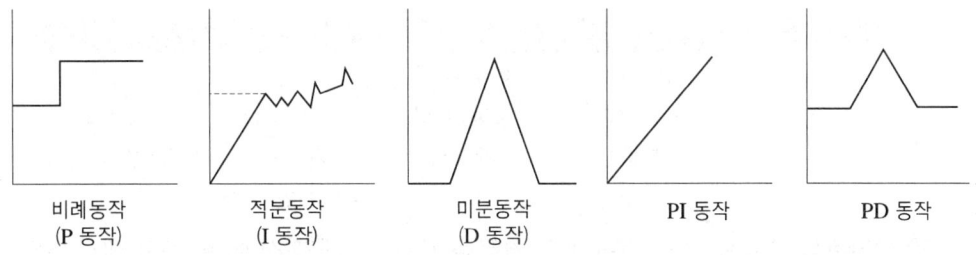

비례동작　　　　적분동작　　　　미분동작　　　　PI 동작　　　　PD 동작
(P 동작)　　　　(I 동작)　　　　(D 동작)

22. 비 접촉식 온도계

① 광고 온도계 : 피 측정체에서 발하는 화염의 휘도와 전구 내 필라멘트 휘도를 비교하여 필라멘트가 상에 들어가 보이지 않을 때 지시 온도 측정

[특징] ㉠ 온도는 700~3,000℃ 고온 측정용
　　　 ㉡ 구조가 간단, 휴대가 편리
　　　 ㉢ 연속 측정이나 자동제어는 이용이 곤란
　　　 ㉣ 측정에 시간을 요하며, 개인차가 크다.

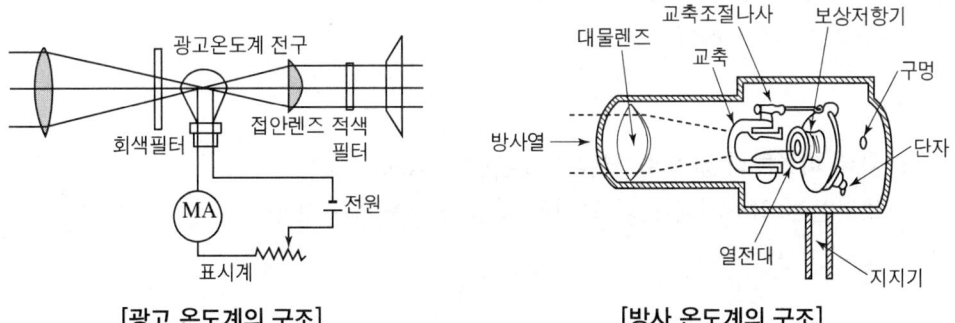

[광고 온도계의 구조]　　　　　　[방사 온도계의 구조]

② 방사 온도계 : 측정 물체에서 방사되는 전 방사 에너지를 렌즈 또는 반사경을 이용 온도측정 (스테판 볼쯔만의 법칙 이용)

[특징] ㉠ 온도는 -50~3,000℃ 까지 측정
　　　 ㉡ 이동 물체 온도 측정에 적합

ⓒ 측정 거리에 따라 오차 발생
ⓔ 연속 측정을 할 수 있고, 기록이나 제어에 적합

③ 색 온도계

[특징] ㉠ 온도는 700~3,000℃ 까지 측정
㉡ 휴대 및 취급이 용이
㉢ 개인 오차 발생

[색깔과 온도]

온도	색	온도	색
600℃	어두운 색	800℃	적색
1,000℃	오렌지 색	1,200℃	노란색
1,500℃	황백색	2,000℃	눈 부신 흰색
2,500℃	푸른기가 있는 황백색		

④ 광전관식 온도계 : 광고 온도계의 결점을 보완한 자동화식이며, 육안 대신 2개의 광전 관을 배열하여 측정

[특징] ㉠ 온도는 700~3,000℃ 측정
㉡ 구조가 복잡하다.
㉢ 응답 시간이 빠르다.
㉣ 이동 물체 측정 적당

23. 1차 압력계 : 액주계, 자유 피스톤식 압력계

① 액주계 (마노미터) (유단경이)
㉠ U자관식, 단관식, 경사관식, 2액 마노미터
㉡ $P_2 = P_1 + r \times h$

여기서, P_1 : 대기압, r : 밀도, h : 높이

② 자유 피스톤식 압력계 (부유 피스톤형 압력계)
브르돈관 압력계의 눈금 교정용 및 연구실용으로 사용

㉠ $P = \dfrac{W + W_1}{A} + P_1$ $A = \dfrac{\pi D^2}{4}$

여기서, P : 절대 압력(kg/cm^2)
D : 실린더 지름(cm)
P_1 : 대기압($1.0332 kg/cm^2$)
A : 실린더 단면적(cm^2)
W : 피스톤의 무게(kg)
W_1 : 추의 무게(kg)

ⓒ 2차 압력계의 오차(%)

$$\text{오차} = \frac{\text{측정값} - \text{참값}}{\text{참값}} \times 100$$

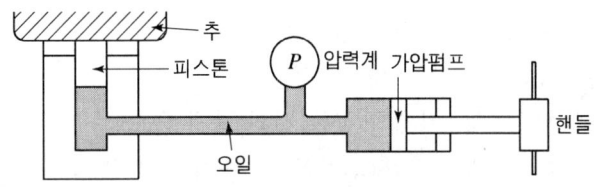

[자유피스톤형 압력계]

24. 다음의 설명 사항

① 습식 가스미터 원리 : 드럼형

② API 도 $= \dfrac{141.5}{\text{비중}} - 131.5$

③ 피에조 전기 압력계 : 수정이나 롯셀염 등의 결정체의 특정 방향에 압력을 가하면 그 표 면에 전기가 생겨 순간적인 압력을 측정

④ 감도 $= \dfrac{\text{지시량의 변화}}{\text{측정량의 변화}}$

⑤ 시정수 (Time constant) : 출력이 최대 출력의 63%에 이를 때까지의 시간

⑥ 펄스 (Pirse) : 극히 짧은 시간 동안 흐르는 신호용 약 전류

⑦ 토마스식 유량계 : 가스의 유량 측정

⑧ 토크미터 : 동력을 측정

⑨ 비중 측정에 필요한 기구 : 스톱 와치 (Stop wateh)

⑩ 절대 습도 : 건조 공기 1kg당 수증기의 질량 (kg · H_2O/kg · dryair)

⑪ 건습도 : 온도계로 측정

⑫ 상대 온도 : 습 공기의 수증기 분압과 그 온도와 같은 온도의 포화 증기의 수증기 분압 과의 비를 백분율로 표시

⑬ 습구 온도 : 온도계 감열부를 물에 젖은 헝겊으로 싼 상태에서 가르치는 온도

⑭ 노점 온도 : 수증기가 응결을 시작하는 공기의 온도

⑮ 루츠미터 : 두 개의 회전체가 강체 케이스관에 있어서 빈 공간 사이로 유체를 퍼내는 형식

⑯ 터빈 유량계 : 날개에 부딪히는 유체의 운동량으로 회전체를 회전 시켜 가스 흐름 측정

⑰ 환상 천평식 압력계
　　㉠ 저압 기체의 배기가스 압력 측정
　　㉡ 부식성 가스나 습기가 적은 곳
⑱ 바이메탈 온도계
　　㉠ 두 금속의 열팽창 계수차이 이용
　　㉡ 온도는 -50~500℃ 까지 측정
⑲ 삼중점 : 액체, 고체, 기체가 공존 시의 상태 온도
⑳ 열 유량 측정 : 윤켈스식, 시그마식 (기체 유량 측정)
㉑ 유체의 밀도 측정 : 피크노 미터
㉒ 아르키메데스 원리 이용 : 침종식 압력계, 편위식 액면계
㉓ 편위법 : 스프링 저울에 의한 측정법
㉔ 습도를 측정하는 가장 간편한 방법 : 노점을 측정
㉕ 회전체의 회전 속도를 측정하여 단위 시간당 유량을 알 수 있는 유량계 : 오벌식 유량계

25. 연속 동작

① P 동작 (비례동작)
　　㉠ 잔류 편차 남는 동작
　　㉡ 부하 변화가 적은 프로세스 이용
　　㉢ 조작량은 제어 편차의 변화 속도에 비례한 동작
② I 동작 (적분동작)
　　㉠ 잔류 편차 남지 않는 동작
　　㉡ 제어의 안전성이 떨어지고, 일반적으로 진동함
③ D 동작 (미분동작) : 편차가 변화하는 속도에 비례해서 조작량 가감

26. 불연속 동작 (on - off 동작)

① 이 위치 동작 : 조작량이 정해진 두 값 중 하나를 취하여 밸브가 열리고 닫히는 이 위치제어
② 다 위치 동작 : 동작 신호의 크기에 따라 조작량이 셋 이상의 정해진 값 중 하나를 취하는 것
③ 불연속 속도 조작

27. 프로세스 제어

도시가스 공업, 석유 공업, 화학 공업 등의 프로세스 공업에 있어서 제품 처리를 할 때의 상태량 (온도, 유량, 압력, 농도, 점도, 습도)을 제어량으로 하는 제어

28. 자동 조절

부하의 전력, 전류, 전압, 주파수 등의 제어 원동기가 전동기의 속도 제어 및 발전기의 전압, 전류 등의 제어에 사용

29. 유 량

① 체적 유량 (Q) m³/sec $= A \times V$
② 중량 유량 (Q) kg/sec $= r \times A \times V$

여기서, r : 밀도, 비중량(kg/m³)

30. 유 속

V(m/sec)$= 2gh$

여기서, g : 중력 가속도(9.8m/sec)
h : 높이(m)
V : 유속(m/sec)

31. 접촉식 온도계

① 유리온도계
  ㉠ 수은 유리온도계 : $-35 \sim 350℃$
  ㉡ 알콜온도계 : $-100℃$, 저온측정용
  ㉢ 베크만온도계 : $150℃$ 이내
② 바이메탈식온도계 : $-50 \sim 500℃$, 선팽창계수가 다른 두 종류의 금속판을 하나로 합쳐 온도차이에 따라 정도가 다른 점을 이용
③ 전기저항온도계
  ㉠ 백금저항온도계 : $-200 \sim 500℃$
  ㉡ 니켈저항온도계 : $-50 \sim 150℃$
  ㉢ 더미스터온도계 : $-100 \sim 300℃$

④ 열전대온도계
  ㉠ PR(백금-백금로듐) : 0~1600℃
  ㉡ CA(크로멜-알루멜) : 0~1200℃
  ㉢ CC(동-콘스탄탄) : -200~350℃
  ㉣ IC(철-콘스탄탄) : -20~850℃

32. 비접촉식온도계

① 광고온도계 : 700~3000℃
② 방사온도계 : 500~3000℃
③ 색온도계 : 600~3500℃
④ 광전광식온도계 : 700~300℃

33. 전기저항온도계

금속의 도체 및 반도체의 온도상승에 의해 전기저항이 증가하여 변화하는 현상 이용
① 저항온도계 특징
  ㉠ 원격조정이 가능
  ㉡ 자동제어 및 기록이 용이
  ㉢ 정도가 높다.
  ㉣ 비교적 낮은 온도를 정밀하게 측정
② 저항선의 조건
  ㉠ 동일 특성의 성질을 얻기 쉬운 금속일 것
  ㉡ 온도 및 전기저항의 관계가 안정될 것
  ㉢ 온도 이외의 조건에서 변화하지 않을 것
  ㉣ 저항의 온도계수가 가능한 크고 내식성이 좋을 것

34. 면적식 유량계

교축기구, 전·후의 압력차를 일정하게 유지하도록 교축의 면적을 측정하여 순간유량 알아내는 방법, 베루누이 정리 이용
① 종류 : 로터미터, 피스톤식
② 특징 : ㉠ 고정도 및 소량의 유체에 대한 측정이 가능하다.
       ㉡ 부식성 유체나 슬러리 유체측정 적합
       ㉢ 유량에 따른 균등 눈금을 읽는다.
       ㉣ 압력손실이 적으며 정도가 ±1~2%이다.

35. 용적식 유량계

용적과 시간의 적산에 의한 측정
① 종류 : 습식, 건식, 오우벌식, 루트식, 로터리피스톤, 로터리베인
② 특징 : ㉠ 고형물의 혼입을 막기 위해 입구 측에 반드시 여과기 설치
㉡ 고점도 유체측정에 적합
㉢ 회전자의 재질은 주철, 포금, 스텐레스

36. 차압식유량계

교축기구의 전 후 압력차에 의한 측정, 베루누이 정리 이용
① 벤츄리미터
㉠ 구조가 복잡하다.   ㉡ 침전물생성이 없고 대형이다.
㉢ 압력손실이 가장 적다.   ㉣ 정밀도가 높고 내구성이 좋다.
㉤ 가격이 고가이며 교환이 어렵다.
② 플로우미터
㉠ 측정 유량이 오리피스보다 많다.
㉡ 고압유체측정 용이(레이놀드수가 클때)
㉢ 다소의 슬러리 유체에도 사용
③ 오리피스미터
㉠ 구조가 간단하다.   ㉡ 압력손실이 가장 크다.
㉢ 제작 및 부착이 쉽다.

37. 유속식유량계

임펠러의 회전변환으로 회전수의 적산에 의한 측정
종류 : 수도미터, 축류익차식

38. 전자식 유량계

전자유도에 의한 페러데이 법칙 이용
특징 : ㉠ 도전성의 유체측정
㉡ 고점도 및 슬러리 유체측정에 정도가 높다.
㉢ 유량에 대한 직선의 눈금을 얻을 수 있다.
㉣ 검출의 시간지연이나 압력손실이 거의 없다.

39. 피토우관식 유량계

유속측정에 의한 측정

① $V = \dfrac{\sqrt{2g(P_1-P_2)}}{r} = 2gh$

여기서, $Q = A \times C \times V$ 에서

$= A \times C \times \dfrac{\sqrt{2g(P_1-P_2)}}{r}$

② 특징 : ㉠ 유체의 흐름방향에 평행하게 피토우관 설치
　　　　 ㉡ 더스트, 미스트 등이 많은 유체의 측정은 부적합
　　　　 ㉢ 기체의 속도가 5m/sec 이하는 부적합

40. 와류 유량계

유체의 흐름 속에 원주나 각주 등을 두면 인위적으로 와류가 형성되어 유체가 진동하는 것은 이용 유량측정

41. 직접식 액면측정

① 직관식 액면계
② 부자식 액면계(플로우트식)

42. 가스분석기의 특징

① 선택성에 대한 고려
② 교정시 표준시료 가스 사용
③ 가스의 온도, 압력, 유속변화에 의한 오차에 주의
④ 다른 계측기에 비해 구조가 복잡하다.

43. 더미스터 온도계

온도변화에 따른 저항체가 크게 변하는 일종의 반도체로서 더미스터의 저항체는 측정이 가능하고, 온도계수가 크며(백금의 약 10배) 응답속도가 매우 빠르다. 또한 좁은 측정범위에서는 국부적인 온도측정에 적합하여 온도의 범위는 −100~300℃이다.

44. 비금속 보호관

① 석영관(1000~1050℃)
  ㉠ 내산, 내열성이 좋아 기계적 강도가 크다.
  ㉡ 환원성 가스에 기밀성이 약간 떨어진다.
② 자기관(1450~1550℃)
  ㉠ 내열성 및 알카리에 약함
  ㉡ 용융금속 등 연소가스에 강하다.
③ 카보란담(1600~1700℃)
  ㉠ 2중 보호관 및 방사 고온도계용
  ㉡ 다공질로서 급냉, 급열에 강함

45. 제겔콘 온도계

내화물의 내화도 측정, 측정범위는 600~2000℃

46. 액주식 압력계

① u자관식 압력계
② 단관식 압력계
③ 경사관식 압력계 : 미소차압을 측정하기 위해 수직거리에 높이를 경사 된 길이로 나타냄으로 작은 미압도 큰 거리의 차로 측정
$$P_1 = P_2 + r \times h = P_2 + r\sin\theta x$$
여기서, $h = \sin\theta x$

④ 2액마노미터 : 경계면이 명확한 두 가지 액을 이용 그 때에 나타나는 차압이 높이의 차로 현시한 압력계 유량계측에도 사용
$$\Delta P(압력차) = P_1 - P_2 = (\rho_1 - \rho_2)gh$$

⑤ 기준분동식 압력계(표준분동식) : 일반 압력계의 기준으로 사용하며 교정 및 검정용 표준기로 사용

제 4 장 고압 장치 설비

1. 부취제(향료)

① 부취제의 구비조건 *(독도는 도보가하물)*
  ㉠ 독성 및 가연성이 아닐 것
  ㉡ 도관을 부식 시키지 말 것
  ㉢ 도관 내의 상용 온도에서 응축 되지 말 것
  ㉣ 보통 존재하는 냄새와 명확히 구별 될 것
  ㉤ 가스관이나 가스 미터에 흡착 되지 말 것
  ㉥ 화학적으로 안정 할 것
  ㉦ 물에 녹지 말 것

② 종류 (취기의 강도 : TBM 〉 THT 〉 DMS)
  ㉠ THT (테트라 히드로 티오펜) : 석탄 가스 냄새
  ㉡ TBM (터시어리 부틸 메르캅탄) : 양파 썩는 냄새
  ㉢ DMS (디메칠 썰 파이드) : 마늘 냄새

③ 부취제가 누설 시 제거하는 방법 *(활학연)*
  ㉠ 활성탄에 의한 흡착
  ㉡ 화학적 산화 처리
  ㉢ 연소법

④ 부취제 주입 설비

> ◆ 액체 주입 방식 : 가스 흐름에 부취제를 액체 상태 그대로 직접 주입
>   ① 펄프 주입 방식 : 소 용량의 다이어프램 펌프 등으로 직접 주입
>   ② 적하 주입 방식 : 부취제 주입 용기를 가스 압력으로 균형을 유지시켜 중력에 의해떨어지게 하는 방식
>   ③ 미터 연결 바이패스 방식 : 오리피스의 차압으로 가스의 유량을 변화시켜 가스 흐름 중에 주입

⑤ 공기 중의 1/1,000 상태에서 감지 (0.1%)

제 4 장 고압 장치 설비

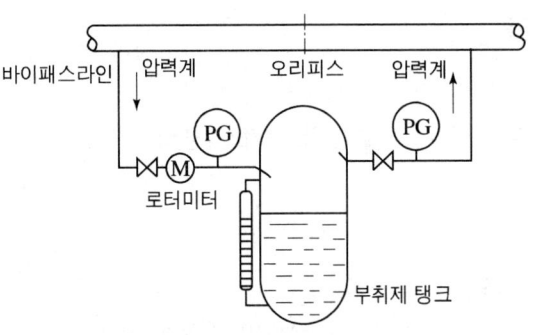

[미터 연결 바이패스 방식]

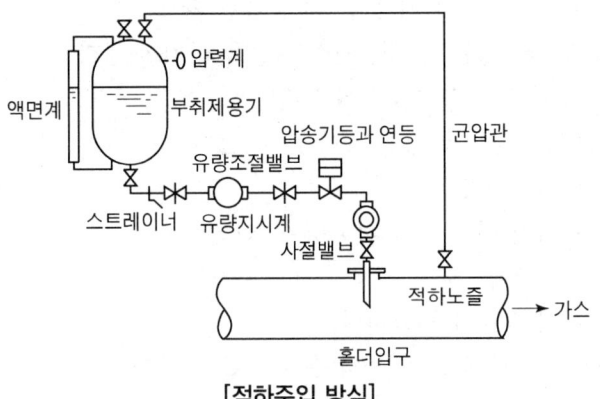

[적하주입 방식]

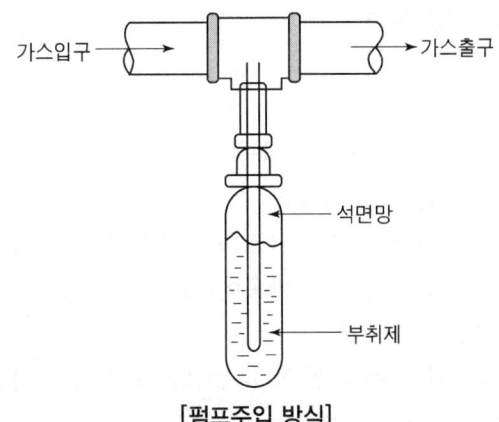

[펌프주입 방식]

2. 저압·고압 공급

① 저압 공급 : 근 거리 지역에 소량의 가스 공급
② 고압 공급 : 원 거리 지역에 대량의 가스 공급

3. 가스 홀더

① 가스 홀더의 종류
  ㉠ 유수식   ㉡ 무수식   ㉢ 고압 (구형) 홀더
② 가스 홀더의 기능 (일제공피)
  ㉠ 일시적 중단 시 공급량 확보
  ㉡ 제조가 수요를 따르지 못할 때 공급량 확보
  ㉢ 공급 가스의 성분, 열량, 연소성 등을 균일화 한다.
  ㉣ 피크 시 배관 수송량을 감소시킨다.
③ 유수식 가스 홀더의 특징 (제구기동가)
  ㉠ 제조 설비가 저압인 경우 사용
  ㉡ 구형 홀더에 비해 유효 가동량이 크다.
  ㉢ 기초비가 크다.
  ㉣ 동결 방지 장치가 필요하다.
  ㉤ 가스가 건조해 있으면 물의 수분을 흡수 한다.

4. 도시가스 제조

① 원료 송입법에 의한 분류 (연배사)
  ㉠ 연속식 : 원료를 연속적으로 공급
  ㉡ 배치식 : 원료를 일정하게 투입 시킨 다음 가스 발생
  ㉢ 사이클링식 : 연속식과 배치식의 중간
② 가열 방식에 의한 분류 (부자외축)
  ㉠ 부분 연소식 : 원료 일부에 산소를 공급하여 연소시켜 열 이용
  ㉡ 자열식 : 산화나 수첨 분해 반응에 의한 발열 반응
  ㉢ 외열식 : 외부에서 가열
  ㉣ 축열식 : 반응기 내에서 연소 후 연료를 송입하여 열원으로 사용
③ 가스 제조 방식 (접대부를 수열하라)
  ㉠ 열 분해 프로세스 : 나프타, 경유, 중유 등의 분자량이 큰 탄화수소를 800~900℃로 분해하여 10,000kcal/m^3 정도의 고 열량 가스를 제조하는 방식

ⓒ 접촉 분해 프로세스 : 사용 온도 400~800℃에서 탄화수소와 수증기와 반응, H_2, CH_4, CO, C_2H_4, CO_2, C_2H_6, C_3H_6 등의 저급 탄화수소로 변환

> ★ **종류**
> 저온 수증기 개질 공정, 중온 수증기 개질 공정, 고온 수증기 개질 공정, 사이클링 접촉 분해 공정

ⓒ 수소화 분해 프로세스 : 탄화수소 원료를 열 분해 또는 접촉 분해하여 메탄을 주성분으로 하는 고 열량 가스 제조
ⓔ 부분 연소 프로세스 : 부분 연소에 의한 가스 제조는 메탄에서 원유까지는 원료를 가스화 하는 것으로 산소 또는 공기 및 수증기를 이용하여 메탄, 일산화탄소, 수소, 이산화탄소로 변화하는 방법
ⓜ 대체 천연 가스 프로세스

5. 나프타란

원유의 상압 종류에 얻어지는 비점이 200℃ 이하의 유분을 말하며, 도시가스, 석유화학, 합성 비료의 원료로 널리 사용

① PONA 값
  ㉠ P : 파라핀계 탄화수소   ㉡ O : 올레핀계 탄화수소
  ㉢ N : 나프탄계 탄화수소   ㉣ A : 방향족계 탄화수소

② $\dfrac{C}{H}\left(\dfrac{탄소}{수소}\right)$ 비

③ $\dfrac{C}{H}$ 가 약 3에 가까운 쪽이 가스화가 용이

6. 액화 천연 가스 (L.N.G)

① 비점 : -161.5℃
② 주성분 : CH_4(메탄)
③ 액화하면 체적이 1/600로 줄어든다.
④ 전처리 : 제진 → 탈유 → 탈황 → 탈수 → 탈습
⑤ 단열 팽창법 : 압축가스를 단열 팽창 시키면 온도와 압력이 내려간다. (쥬울 톰슨 효과)
⑥ 폭발 한계 5~15%, 연소 속도가 느리다 (4.45)
⑦ 공기보다 가볍고, 액 비중은 0.425 (프로판 : 0.508, 부탄 : 0.582)
⑧ 천연 가스를 도시가스로 공급하는 방법
  ㉠ 천연 가스를 그대로 공급한다.

ⓒ 천연 가스를 공기로 희석하여 공급
ⓒ 종래의 도시가스에 혼입 공급
ⓔ 종래의 도시가스와 유사한 성질의 가스로 개질하여 공급
⑨ 정유 가스 (off 가스) : 석유 정제 또는 석유 화학 계열공장에서 부생되는 가스로서 석유정제 시 수소 66%, 메탄 19%, 발열량 9,800kcal/m^3 이다.

7. 급배기 방식에 따른 연소기구의 종류

① **개방형 연소기구** : 실내에서 공기를 흡입하여 연소하고, 폐가스를 실내에 방출 (가스난로, 석유난로, 가스렌지, 소형 순간온수기)
② **반 밀폐형 연소기구** : 실내에서 공기를 흡입하여 연소하고, 폐가스를 배기통에 의해 옥외로 방출 (가스 온수기, 소형 가스보일러)
③ **밀폐형 연소기구** : 공기를 옥외에서 흡입하고, 폐가스도 옥외로 방출 (대형 온수기나 대형 가스보일러)

8. 연소의 이상 현상

① **선화 (Lifting)** : 가스의 유출 속도가 연소 속도에 비해 크게 되었을 때, 불꽃이 염공을 떠나 공중에서 연소되는 현상
   [원인] ㉠ 가스의 공급 압력이 높은 경우
          ㉡ 노즐 구경이 큰 경우
          ㉢ 염공이 적은 경우
          ㉣ 배기 불충분이나, 환기 불충분
          ㉤ 댐퍼를 너무 많이 열었을 때
② **역화 (Back fire)** : 가스의 연소 속도가 유출 속도에 비해 크게 되었을 때, 불꽃이 염공 에서 연소기 내부로 침입하는 현상
   [원인] ㉠ 가스의 공급 압력이 낮은 경우
          ㉡ 노즐 구경이 작은 경우
          ㉢ 염공이 큰 경우
          ㉣ 콕이 충분히 열리지 않은 경우
          ㉤ 콕에 먼지나 이물질 부착 시
③ **블로우 오프** : 불꽃의 기저부에 대한 공기의 움직임이 세어지면, 불꽃이 노즐에서 정착하지 않고 떨어지게 되어 꺼져 버리는 현상
④ **불완전 연소의 원인** *(공가배례)*
   ㉠ 공기 공급량 부족 시

ⓒ 가스 조성이 맞지 않을 때 (가스 기구나, 연소 기구가 맞지 않을 때)
　　ⓓ 배기 및 환기 불충분 시
　　ⓔ 후레임의 냉각 시
　　ⓕ 과다한 가스량이 공급될 때

9. LP 가스 연소기구가 갖추어야할 조건

　① LP 가스를 완전 연소 시킬 수 있을 것
　② 열을 가장 유효하게 이용할 수 있을 것
　③ 취급이 간편하고 안전성이 있을 것

10. LP 가스 연소 방법 (적분세일)

　① 적화식 연소법
　　㉠ 가스를 그대로 대기 중에 분출하여 연소
　　㉡ 불꽃색은 적황색으로서 2차 공기만 사용
　　㉢ 특징　ⓐ 불꽃의 온도가 낮다. (900℃)
　　　　　　ⓑ 역화 현상이 거의 없다.
　　　　　　ⓒ 가스 압력이 낮은 곳에서도 사용할 수 있다.
　　　　　　ⓓ 자동 온도 조절 장치 사용 용이
　② 분젠식 연소법 (온수기, 가스렌지)
　　[특징]　㉠ 1차 공기량 60%, 2차 공기량 40%로 연소
　　　　　 ㉡ 1차 공기량 조절 위해 댐퍼 필요
　　　　　 ㉢ 리프팅 현상과 소음이 발생
　③ 세미 분젠식 연소법
　　[특징]　㉠ 1차 공기량 50%, 2차 공기량 50%로 연소
　　　　　 ㉡ 소형 온수기
　　　　　 ㉢ 온도 : 1,000℃
　④ 전 1차 공기식 연소법 : 1차 공기 100%로 연소

11. 가스미터 부착 기준

　① 수평으로 부착 할 것
　② 입구와 출구의 구분을 혼돈치 말 것
　③ 가스미터 입구 배관에는 드레인을 부착 할 것

④ 가스미터 또는 배관의 상호에 부당한 힘이 가해지지 않도록 할 것
⑤ 배관에 접촉 할 때는 이 물질 배제 후 부착

12. 용기 본수의 설계

① 최대 소비수량 = 평균 가스 소비량 × 세대수 × 평균 가스 소비율
② 피크 시의 평균 가스 소비량 = 1호당 평균 가스 소비량 × 세대수 × 평균 가스 소비율
③ 필요 최저 용기 개수 = $\dfrac{평균 \ 가스 \ 소비량}{가스 \ 발생 \ 능력}$
④ 2일 분의 용기 개수 = $\dfrac{1호당 \ 1일 \ 평균 \ 가스 \ 소비량 \times 2일 \times 호수(세대수)}{용기의 \ 질량}$
⑤ 표준 용기 설치 개수 = 필요 최저 용기 개수 + 2일 분의 용기 개수
⑥ 2열의 합계 용기 개수 = 표준 용기 설치 개수 × 2

13. 가스미터의 성능

① 막식 가스미터의 검정 유효 기간 : 7년
② 감도 유량
  ㉠ 막식 가스미터 : 3l/h
  ㉡ LP 가스미터 : 15l/h
③ 가스미터의 기밀 시험 : 1,000mmH$_2$O (최근에는 1,500mmH$_2$O로 나옴)
④ 사용 공차 : 실제 사용되고 있는 상태에서 ± 4%
⑤ 검정 공차 : 사용 최대 유량의 20~80% 범위에서 1.5%

14. 가스미터의 표시

① 0.5l/rev : 계량실 1주기 체적이 0.5l
② Max 1.5m^3/h : 사용 최대 유량이 1.5m^3/h (시간당 1.5m^3 이다)

15. 방식법

① 유전 양극법
  ㉠ 장점 : ⓐ 시공이 단순하다.
           ⓑ 소규모 설비에는 경제적이다.
           ⓒ 다른 매설 금속체에 방해 작용이 없다.
           ⓓ 과방식의 염려가 없다.

ⓛ 단점 : ⓐ 방식 범위가 좁다.
　　　　ⓑ 대규모 설비 시는 시설비가 많이 든다.
　　　　ⓒ 정기적으로 양극 보충 필요
　　　　ⓓ 강한 전식에는 무력
　　　　ⓔ 전류 조절이 불가능 하다.
② 외부 전원법
　㉠ 장점 : ⓐ 방식 범위가 넓다.
　　　　ⓑ 대형 설비에 있어서는 전원 장치 수를 적게 할 수 있어 경제적 이다.
　　　　ⓒ 전압, 전류 조정이 가능
　　　　ⓓ 전극 수명이 길다.
　㉡ 단점 : ⓐ A.C 전원이 필요하다.
　　　　ⓑ 강력한 다른 매설체의 간섭 우려 있다.
　　　　ⓒ 초기 시공비가 많이 든다.
③ 선택 배류법
　㉠ 장점 : ⓐ 전철 운행 동안에는 자연히 방식된다.
　　　　ⓑ 시공비가 별도로 들지 않는다.
　　　　ⓒ 전철의 전류를 활용할 수 있으므로 별도의 유지비가 필요 없다.
　㉡ 단점 : ⓐ 전철의 휴지 기간 또는 레위 전위가 높은 경우에는 효과가 없다.
　　　　ⓑ 과방식의 우려가 있다.
　　　　ⓒ 전철과의 관계 위치에 의한 효과 범위가 변화 될 수 있다.
　　　　ⓓ 다른 매설 금속체의 간섭 우려가 없다.

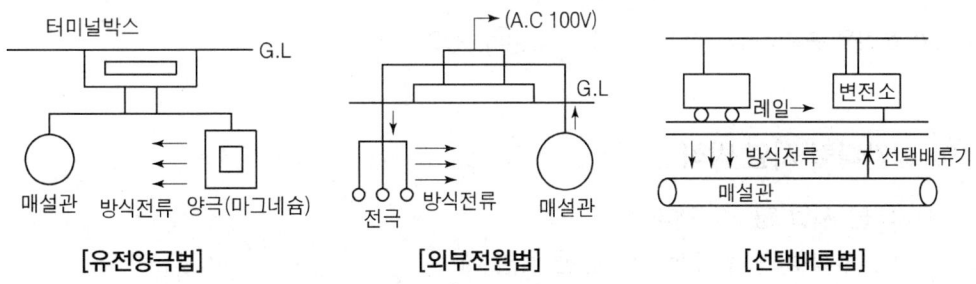

[유전양극법]　　　[외부전원법]　　　[선택배류법]

④ 강제 배류법
　㉠ 장점 : ⓐ 외부 전원 방식에 대한 유지비용이 적다.
　　　　ⓑ 전류, 전압 조정이 용이하며, 효과가 좋다.
　　　　ⓒ 전철의 휴지 기간 중에도 방식 가능

ⓒ 단점 : ⓐ 전원이 별도 필요
　　　　 ⓑ 전철의 신호 장애에 관한 검토 필요
　　　　 ⓒ 다른 매설 금속체의 간섭에 대해 검토 필요

16. 구형 저장 탱크의 특징 (강용형토기)

① 강도가 크다.
② 용량이 크다.
③ 형태가 아름답다.
④ 표면적이 적어도 된다.
⑤ 기초구조 단순, 공사가 용이

17. Gas 액화 분리 장치의 구성요소 (한정불)

① 한냉 발생 장치
② 정류 장치
③ 불순물 제거 장치

18. 저조의 단열법

① 상압 단열법
② 진공 단열법 : ㉠ 고 진공 단열법 : 10^{-3} Torr
　　　　　　　　 ㉡ 다층 진공 단열법 : 10^{-5} Torr
　　　　　　　　 ㉢ 분말 진공 단열법 : 10^{-2} Torr

✪ 충진용 분말 : 퍼어 라이트, 규조토, 알루미늄 분말

19. 메카니컬 시일 방식

① 더블 시일 형 (인기 보내누)
　㉠ 인화성 또는 유독액이 강한 액일 때
　㉡ 기체를 시일 할 때
　㉢ 보온, 보냉이 필요할 때
　㉣ 내부가 고 진공 시
　㉤ 누설되면 응고 되는 액일 때
② 밸런스 시일 (내하액)

㉠ 내압이 4~5kg/cm² 일 때
㉡ 하이드로 카본일 때
㉢ L.P.G 액화 가스와 같이 낮은 비점의 액일 때
③ 아웃 사이더 형
㉠ 구조제, 스프링 제가 액의 내식성에 문제가 있을 때
㉡ 스타핑 박스 내가 고 진공 시
㉢ 점성 계수 100cp를 초과하는 액일 때
㉣ 저 응고점의 액일 때

20. 2단 감압법의 장·단점

① 장점 : ㉠ 공급 압력이 일정하다.
㉡ 중간 배관이 가늘어도 된다.
㉢ 배관 입상에 의한 압력 강하를 보정할 수 있다.
㉣ 각 연소기구에 알맞은 압력으로 공급이 가능
② 단점 : ㉠ 재 액화 우려가 있다.
㉡ 조정기가 많이 든다.
㉢ 검사 복잡
㉣ 설비비가 많이 든다.

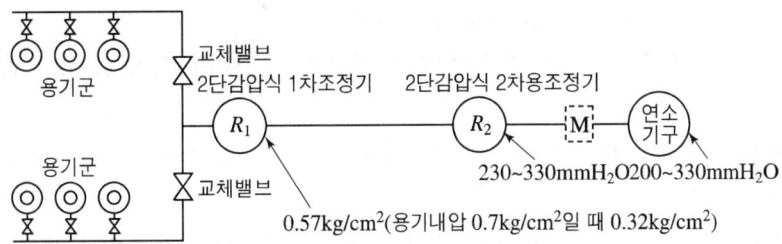

[2단 감압식 조정기의 성능]

21. 정압기 특성

① 정 특성 : 유량과 2차 압력의 관계 (이유정)
② 동 특성 : 부하 변화가 큰 곳 (동부)
③ 유량 특성 : 메인 밸브 열림과 유량과의 관계 (유메)
④ 사용 최대 차압 및 최소 차압

❂ 정압기 분해 점검 : 2년에 1회 이상

22. 오토 클레이브

고온, 고압 장치에서 화학적인 합성 반응을 위한 고압 반응 가마 (솥)

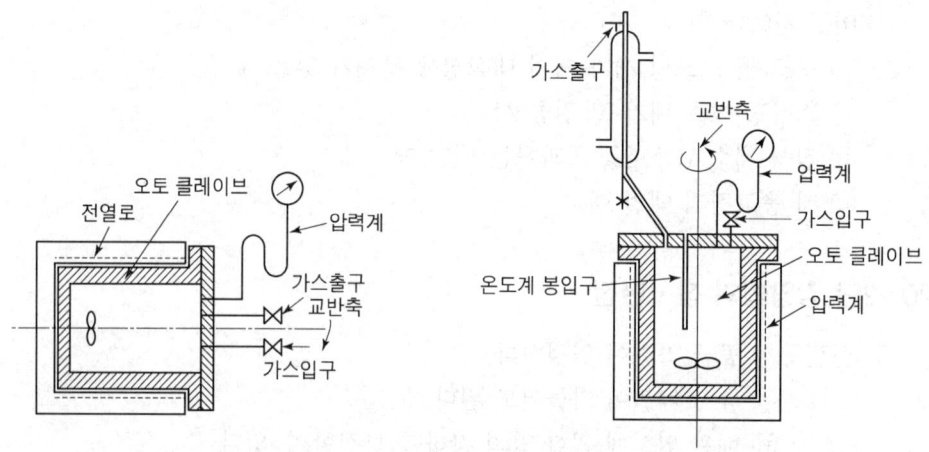

[교반형 오토 클레이브의 구조]

① **진탕형** : 횡형 오토 클레이브 전체가 수평, 전, 후 운동을 함으로서 내용물을 교반 시키는 형식으로 가장 일반적이다.
   [특징] ㉠ 장치 전체가 진동함으로 압력계는 본체로부터 떨어져 설치
          ㉡ 고 압력에 사용할 수 있고, 반응물의 오손이 없다.
          ㉢ 가스 누설의 가능성이 없다.
          ㉣ 뚜껑판 뚫어진 구멍에 (안전밸브, 압력계 등의 연결구) 끼워 들어갈 염려가 있다.
② **Gas 교반형** : 가늘고 긴 수직형 반응기로 유체가 순환됨으로서 교반이 행해지는 방식
③ **회전형** : 오토 클레이브 자체가 회전하는 형식으로 고체를 액체로 처리 할 때나 액체에기체를 작용 시키는 경우에 사용
④ **교반형** : 교반기에 의해 내용물의 혼합을 균일하게 하는 것
   [특징] ㉠ 교반축의 패킹에 사용한 이 물질이 내부에 들어갈 가능성이 있다.
          ㉡ 회전 속도를 증가 하거나 압력을 올리면 누설되기 쉬우므로 압력과 회전 속도에 제한이 있다.

23. 아세틸렌 제조 방식

① **투입식** : 물에 카바이트를 넣는 방법으로서 가장 많이 사용

㉠ 공업적으로 대량 생산에 적합
㉡ 카바이트가 수중에 있으므로 온도 상승이 적다.
㉢ 카바이트 투입량에 의해 아세틸렌가스 발생량을 조절 할 수 있다.
㉣ 불순 가스 발생은 적지만 잔류 가스 발생
② **주수식** : 카바이트에 물을 넣는 방식
㉠ 주수량의 가감에 의해 가스 발생량 조절
㉡ 카바이트 교체 시 공기 혼입의 우려가 있다.
㉢ 온도 상승으로 분해 및 중합의 우려가 있다.
㉣ 불순 가스의 발생이 적고, 잔류 가스 발생이 적다.
③ **침지식** : 물과 카바이트를 소량씩 접촉 시키는 방식
㉠ 발생기 온도 상승이 쉽다.
㉡ 카바이트 교체 시 공기 혼입 우려가 있다.
㉢ 가스 발생량을 자동으로 조절 할 수 있다.

24. LP 가스 누설 시 조치사항 (주요창단)

① 주위의 화기를 제거 한다.
② 용기의 원 밸브를 닫는다.
③ 창문을 열고 환기를 시킨다.
④ 판매점에 연락하여 조치를 취한다.

25. LP 가스 용기 구분

① 용기의 종류 : 용접 용기
② 용기의 도색 : 회색
③ 안전밸브 형식 : 스프링 식
④ 최고 충전 압력 / 기밀 시험 압력 : $15.6 kg/cm^2$
⑤ 내압 시험 압력 : $26 kg/cm^2$
⑥ 용기의 재질 : 탄소강 (C : 0.03%, P : 0.04%, S : 0.05%)

26. LP 가스 용기 설치 시 주의사항

① 가능한 용기를 옥외에 설치 할 것
② 충전 용기는 40℃ 이하 온도 유지
③ 용기 주위 2m 이내에는 화기 취급 금지

④ 설치 장소는 통풍이 잘 되고 직사광선을 받지 않을 것
⑤ 용기 교환 후 비눗물 등으로 누설 검사 실시

27. 압축기 사용 시 장·단점

① 장점 : ㉠ 이송 시간이 짧다.
㉡ 잔 가스 회수가 용이 하다.
㉢ 베이퍼 록의 우려가 없다.
② 단점 : ㉠ 재 액화 우려가 있다.
㉡ 드레인 우려가 있다.

28. 펌프 사용 시 장, 단점

① 장점 : ㉠ 재 액화 우려가 없다.
㉡ 드레인 우려가 없다.
② 단점 : ㉠ 이송 시간이 길다.
㉡ 잔 가스 회수 불가능
㉢ 베이퍼 록의 우려가 있다.

29. 공기 혼합 공급 목적 *(재발누소)*

① 재 액화 방지　　　② 발열량 조절
③ 누설 시 손실 감소　④ 소요 공기량 보충

30. LP 가스를 변성하여 도시가스 제조하는 방법 *(변공직)*

① 변성 혼합 방식
② 공기 혼합 방식
③ 직접 혼합 방식

31. LP 가스 공급 방식 *(생공변)*

① 생 가스 공급 방식 : 기화기에 의해 기화된 가스를 그대로 공급하는 방식으로서 0℃ 이하가 되면, 재 액화가 쉽기 때문에 가스 배관은 보온 처리
② 공기 혼합 가스 공급 방식 : 기화한 부탄에 공기를 혼합하여 공급하는 방식으로 부탄을 대량 소비하는 경우 사용

③ 변성 가스 공급 방식 : 부탄을 고온의 촉매로서 분해하여 메탄, 일산화탄소, 수소 등의 연질 가스로 변성 시켜 공급

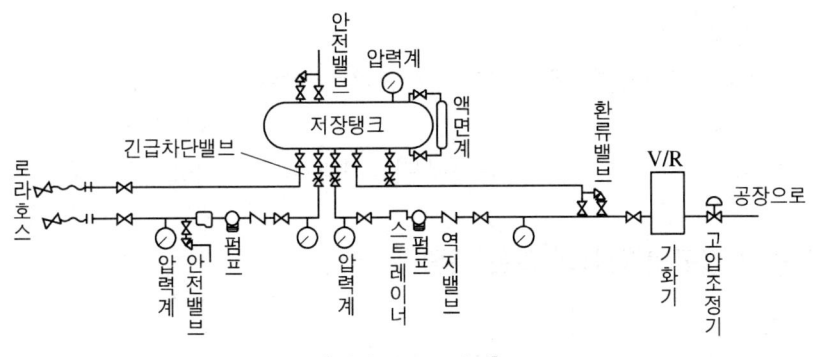

[생가스 공급방식]

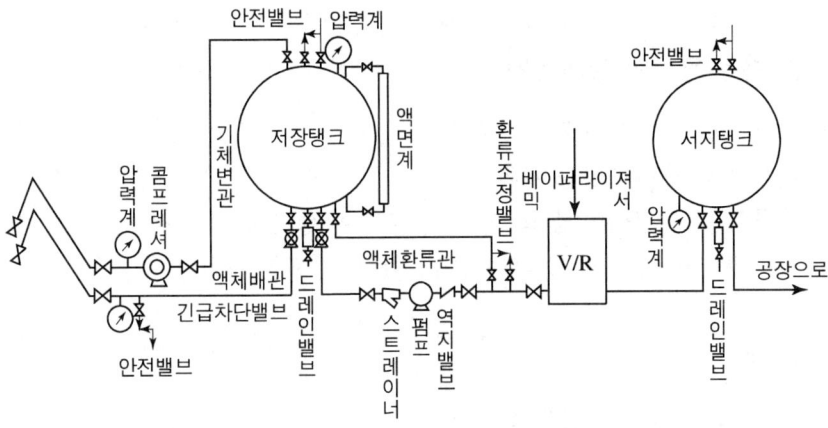

[공기 혼합가스 공급방식(부탄)]

32. 용기의 신규 검사

① 초 저온 용기 (인기내외용단압)
    ㉠ 인장시험　　㉡ 기밀시험　　㉢ 내압시험
    ㉣ 외관검사　　㉤ 용접부에 관한시험　　㉥ 단열 성능시험
    ㉦ 압궤시험

② 강으로 제조한 용접 용기의 신규 검사 항목 (인기내외용충압)
    ㉠ 인장시험　　㉡ 기밀시험　　㉢ 내압시험
    ㉣ 외관검사　　㉤ 용접부에 관한시험　　㉥ 충격시험
    ㉦ 압궤시험

③ 강으로 제조한 이음매 없는 용기의 신규 검사 항목 *(인기내외파충압)*
  ㉠ 인장시험   ㉡ 기밀시험   ㉢ 내압시험
  ㉣ 외관검사   ㉤ 파열시험   ㉥ 충격시험
  ㉦ 압궤시험

④ Al 합금으로 제조한 용접 용기의 신규 검사 항목 *(인기내외용압)*
  ㉠ 인장시험   ㉡ 기밀시험   ㉢ 내압시험
  ㉣ 외관검사   ㉤ 용접부에 관한시험   ㉥ 압궤시험

33. 가스 충전구의 형식에 의한 분류

① A형 : 가스 충전구가 숫 나사인 경우
② B형 : 가스 충전구가 암 나사인 경우
③ C형 : 가스 충전구에 나사가 없는 것

34. 고압가스 용기의 구비조건 *(경내가저온)*

① 경량이고 충분한 강도를 가질 것
② 내식성 및 내마모성을 가질 것
③ 가공성 및 용접성이 좋고, 가공 중 결함이 생기지 않을 것
④ 저온 및 사용 온도에 견디는 연성, 점성, 강도를 가질 것

35. 수조식

용기를 수조에 넣고 수압으로 가압

$$항구(영구)증가율 = \frac{항구\ 증가량}{전\ 증가량} \times 100$$

항구 증가율이 10% 이하 시 내압 시험에 합격한 것으로 본다.

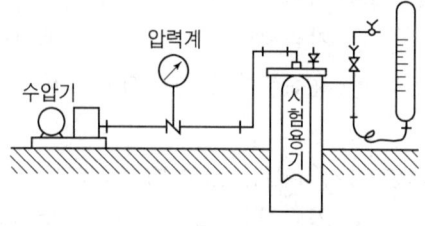

[수조식 내압시험장치]

36. 구형 저장 탱크의 내용적

$$V = \frac{\pi D^3}{6} = \frac{4\pi r^3}{3}$$

여기서, D : 구형 탱크의 지름(m)
r : 구형 탱크의 반지름(m)

37. 다단 압축의 목적 (소가힘이)

① 소요 일량을 줄일 수 있다.
② 가스의 온도 상승을 피할 수 있다.
③ 힘의 평형 유지
④ 이용 효율 증대

38. 단수 결정 시 고려할 사항 (쳐연동취)

① 최종 토출 압력
② 연속 운전 여부
③ 동력 및 제작의 경제성
④ 취급 가스량과 취급 가스의 종류

39. 윤활유 구비조건 (사인점수정안)

① 사용 가스와 화학적으로 안정할 것
② 인화점이 높을 것, 응고점이 낮을 것
③ 점도가 적당 할 것
④ 수분 및 산 등의 불순물이 적을 것
⑤ 정제도가 높을 것
⑥ 안전성이 있을 것

40. 저온 장치에서 열의 침입 원인 (안지연외단)

① 안전밸브, 밸브 등에 의한 열전도
② 지지요크 등이 의한 열전도
③ 연결되는 파이프를 따라 오는 열전도
④ 외면으로부터의 열 복사
⑤ 단열재를 충전 한 공간에 남은 가스 분자의 열전도

41. 비 파괴 검사 (와초방 : 내부 검사, 와자침 : 표면 검사)

① 방사선 투과 검사 : X선이나 γ선을 투과하여 결함의 유, 무 검출하는 방법으로 용접부 결함 검사에 적합
  ㉠ 장점 : ⓐ 결과의 기록이 가능
           ⓑ 필름에 의해 내부의 결함, 모양, 크기 등을 관찰 할 수 있다.
  ㉡ 단점 : ⓐ 두께가 두꺼운 개소에는 검출 불가능
           ⓑ 취급상 신체의 방호가 필요하다.
           ⓒ 장치가 크므로 가격이 비싸다.
           ⓓ 선에 평행한 크랙을 찾기 어렵다.
② 초음파 검사 : 0.5~15μ의 초음파를 피 검사물의 내부에 침투시켜 반사판을 이용하여 내부의 결함과 불 균일층의 존재 여부를 검사하는 방법
  ㉠ 장점 : ⓐ 균열을 검출하기 쉽다.
           ⓑ 고압 장치의 판 두께를 측정할 수 있다.
           ⓒ 검사 비용이 싸고 결과가 신속하다.
  ㉡ 단점 : ⓐ 결함의 형태가 부 적당하다.
           ⓑ 결과의 보존성이 없다.
③ 자분 검사 : 피 검사물을 자석화 시켜 자분의 밀집 여부로 검사
  ㉠ 장점 : ⓐ 표면 균열의 검사는 x 선이나 초음파 보다 정밀도가 높다.
           ⓑ 균열, 손상, 블로우 홀 등을 검사
  ㉡ 단점 : ⓐ 종료 후 탈지 처리 필요
           ⓑ 내부 검사 불가능
           ⓒ 비 자정체 에는 미적용
           ⓓ 전원이 반드시 필요
④ 침투 검사
⑤ 음향 검사
⑥ 와류 검사

42. 내압 용기의 강도

① 원주 방향 응력(σ) = $\dfrac{PD}{2t}$

　　여기서, P : 내압(kg/cm^2), D : 안지름, t : 두께

② 축 방향 응력(σ) = $\dfrac{PD}{4t}$

③ 동판 두께(t) $= \dfrac{PD}{200SE - 1.2P}$

여기서, t : 동판의 최소 두께(mm)
D : 동판의 안지름(mm)
E : 용접 이음 효율
P : 설계 압력(kg/cm^2)
S : 허용 응력(kg/cm^2) = 인장강도의 1/4
C : 부식 여부치

43. 방식 (부인피전)

① 부식 환경 처리에 의한 방법
② 인히비터에 의한 방법
③ 피복에 의한 방법
④ 전기 방식법 : ㉠ 강제 배류법   ㉡ 유전 양극법
              ㉢ 선택 배류법   ㉣ 외부 전원법

44. 부식의 원인 (미국박이농)

① 미주 전류에 의한 부식   ② 국부 전지에 의한 부식
③ 박테리아에 의한 부식   ④ 이종 금속간에 의한 부식
⑤ 농염 전지에 의한 부식

45. 열처리

① 담금질 (퀜칭 = 소입) : 경도 및 강도 증가 (담경강)
② 뜨임 (템퍼링 = 소려) : 인성 증가 (뜨인)
③ 풀림 (어닐링 = 소둔) : 가공 응력 및 내부 응력제거 (풀가내)
④ 불림 (노멀라이징 = 소준) : 조직의 미세화 및 편석이나 잔류 응력제거 (불미편잔)

46. 특수강에 각종 원소가 미치는 영향

① S (황) : 적열 취성의 원인, 인장강도, 연산율, 측정 값 등을 매우 저하시킴
         절삭성 좋아짐
② P (인) : 상온 취성의 원인
③ Mo (몰리브덴) : 뜨임 취성 방지, 고온에서 인장강도 증가
④ Ni (니켈) : 인성 증가, 저온에서 충격 저항 증가
⑤ Cr (크롬) : 내식성, 내마모성, 내열성, 담금질 증가

47. 다음의 설명

① 황동 : 동+아연의 합금
② 청동 : 동 + 주석의 합금
③ 구 밸브 : 점성액이나 고형물이 들어간 액에 적합
④ 원추 밸브 : 고압에 적합한 밸브

48. 펌프 가액을 토출하지 않는 원인

① 흡입측에 누설 개소가 있다.
② 흡입 관로가 막혀 있다.
③ 탱크 내의 액면이 낮아졌다.

49. 회전 펌프

① 종류 : 베인 펌프, 기어 펌프, 나사 펌프 (베기나)
② 특징
   ㉠ 점성이 있는 액체 이송이 좋다.
   ㉡ 흡입, 토출 밸브가 없고, 연속 회전 하므로 토출액의 맥동이 적다.
   ㉢ 고압용 유압 펌프로 널리 사용

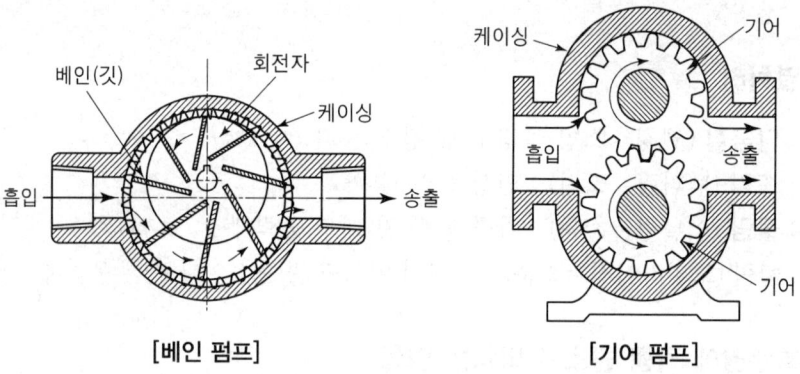

[베인 펌프]　　　　[기어 펌프]

50. 왕복 펌프 (피플다)

① 피스톤 펌프 : 비교적 용량이 크고, 압력이 낮은 경우
② 플런저 펌프 : 비교적 용량이 작고, 압력이 높은 경우
③ 다이어프램 펌프 : 진흙이나 모래가 많은 물 또는 특수 용액 등을 이송하는데 주로 사용

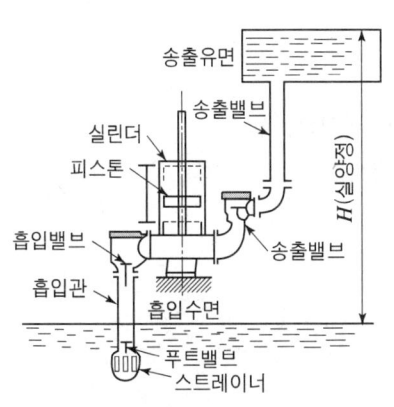

[왕복 펌프의 계통도]

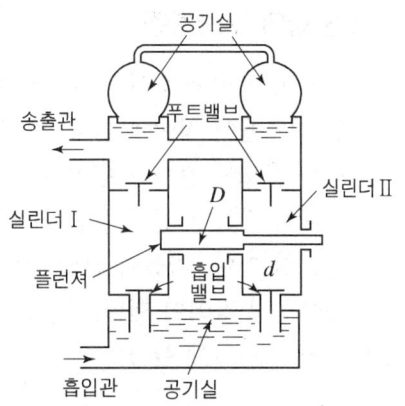

[왕복(복동식) 펌프의 구조]

51. 비교 회전도

① 1단일 때 = $\dfrac{N \times \sqrt{Q}}{H^{\frac{3}{4}}}$

② 다단일 때 = $\dfrac{N \times \sqrt{Q}}{\left(\dfrac{H}{n}\right)^{\frac{3}{4}}}$

여기서, N : 임펠러의 회전수(rpm)
Q : 토출량(m^3/min)
H : 양정(m)
n : 단수

52. 펌프의 종류

① **터보형** : 원심식(볼류트, 터빈), 사류식, 축류식 *(원사축)*
② **용적형** : 왕복식(피스톤, 플런저, 다이어프램), 회전식(베인, 기어, 나사) *(왕회)*
③ **특수 펌프** : 마찰, 제트, 기포, 수격 (마제기수)

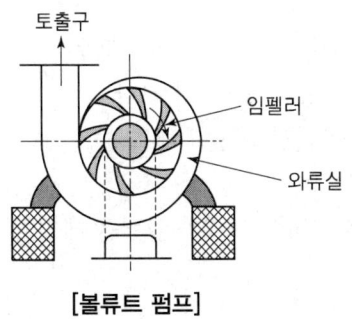

[볼류트 펌프]

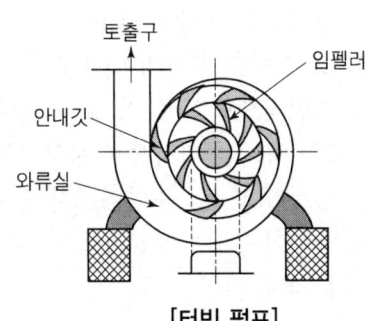

[터빈 펌프]

53. 보온재의 구비조건

① 비중이 적어야 한다. (가벼워야 한다)
② 열 전도율이 적어야 한다. (보온 능력이 커야 한다)
③ 사용 온도에 견디고 변질 되지 말아야 한다.
④ 기계적 강도가 있어야 한다.
⑤ 다공질 이며, 기공이 균일해야 한다.
⑥ 흡습성이 적어야 한다.
⑦ 시공이 쉬워야 한다.

54. 개방형 압축기와 밀폐형 압축기의 특징

① 개방형 압축기 : ㉠ 소음과 진동이 크다.
㉡ 압축기와 전동기를 별도로 사용 가능
㉢ 보수, 점검, 취급이 간편
② 밀폐형 압축기 : ㉠ 소음과 진동이 작다.
㉡ 압축기와 전동기 일체형
㉢ 압축기 회전수를 바꿀 수 없다.

55. 다음의 설명

① 정압기 이상감압 대처 방법 (2정저)
㉠ 2차측 압력 감시 장치
㉡ 정압기 2계열 설치
㉢ 저압 배관 루프화
② 가스 분출 시 정전기가 발생하기 쉬운 경우 : 가스 속의 액체나 고체의 미립자가 있는 경우
③ 고압식 액체 산소 분리 장치에서 산소를 분리할 때 원료 공기 압축기에서의 압축 압력 : 150~200atm
④ LPG 수송 배관의 이음부에 사용할 수 있는 패킹 : 실리콘 고무
⑤ 일반적으로 LPG 용 노즐 보다 도시가스 용 노즐이 더 크다.
⑥ 1차 공기를 다량으로 사용하는 경우 사용하는 노즐 : 평 노즐
⑦ 냉동 효과란 : 증발기에서 흡수한 열량
⑧ 다이어 프램 : 정압기에서 2차 압력을 감지하여 그 2차 압력을 메인 밸브로 전하는 부분

⑨ 필립스식 사이클 : 수소나 헬륨을 냉매로 한 공기 액화 사이클
⑩ 디스펜서에 남아 있는 자동 온도 보정 장치의 기준 온도 : 15℃
⑪ 겨울철 한랭 시 LPG 용기에 액체가 남아 있다면 : 부탄
⑫ 액화 천연 가스 대량 저장 시 : 돔 루프 저장 탱크 (구면 지붕형 저장 탱크)

56. 고압 또는 중압인 가스 홀더

① 응축액을 외부로 뽑을 수 있는 장치를 할 것
② 맨홀 또는 검사를 설치 할 것
③ 응축액 동결을 방지하는 조치를 할 것
④ 관의 입구 및 출구에는 온도 또는 압력의 변화에 의한 신축을 흡수하는 조치를 할 것

57. 고압 장치 배관계에 생기는 응력 (열내용냉배)

① 열팽창에 의한 응력
② 내압에 의한 응력
③ 용접에 의한 응력
④ 냉간 가공에 의한 응력
⑤ 배관 부속물인 밸브, 플렌지 등에 의한 응력

58. 배관의 진동 원인

① 안전밸브 분출에 의한 진동
② 관에 흐르는 유체의 압력 변화에 의한 진동
③ 압축기 및 펌프의 구동에 의한 진동
④ 관의 굽힘에 의해 생기는 힘의 영향에 의한 진동

59. 캐비테이션 (공동현상)

급격한 압력 강하로 인하여 액체로 부터 기포가 분리 되면서 소음, 진동, 충격을 발생하는 현상

① **영향** : ㉠ 소음과 진동 발생
㉡ 양정 곡선과 효율 곡선 저하
㉢ 깃에 대한 침식

② 발생 조건 : ㉠ 과속으로 유량이 증가 될 때
　　　　　　　㉡ 관로 내의 온도 상승 시
　　　　　　　㉢ 흡입 양정이 지나치게 길 때
　　　　　　　㉣ 흡입관 입구 등에서 마찰 저항 증가 시
③ 방지 대책 : ㉠ 양흡입 펌프를 사용한다.
　　　　　　　㉡ 두 대 이상의 펌프를 사용한다.
　　　　　　　㉢ 회전수를 줄인다.
　　　　　　　㉣ 회전자를 완전히 액 중에 잠기게 한다.
　　　　　　　㉤ 관경을 크게 하고 유속을 줄인다.

✪ 날개의 선단 상면에서 공동현상이 발생한다.

60. 기화기(=베이퍼 라이져) 사용 시 이점 (한국가스)

① 한랭 시에도 충분한 가스를 연속적으로 공급 할 수 있다.
② 공급 가스의 조성이 일정하다.
③ 기화량 가감이 용이 하다.
④ 설치 면적이 적다.

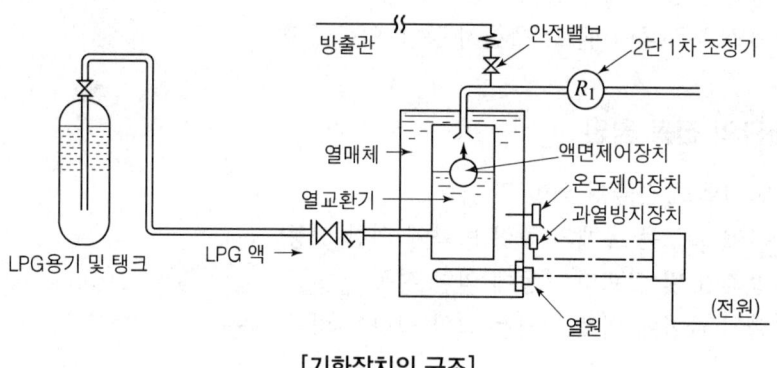

[기화장치의 구조]

61. 정압기 종류

① 레이놀드 식
② 피셔 식
③ 엑셀 플로우 식

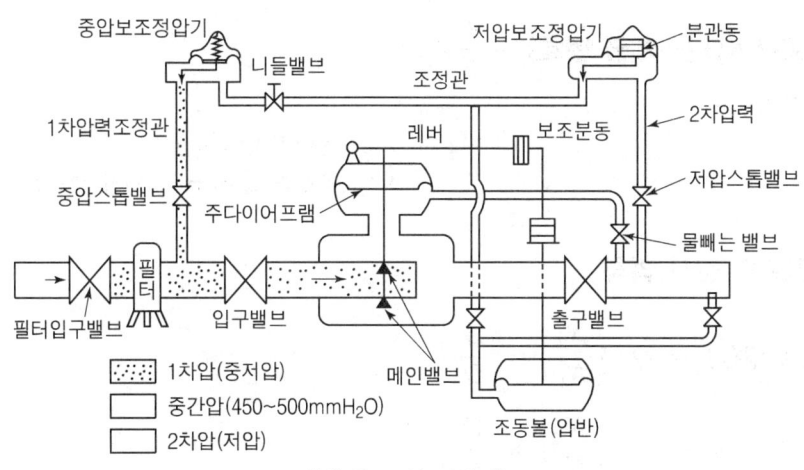

[레이놀드식 정압기]

62. 고압가스에서 안전밸브 설치 장소

① 반응관, 반응탑
② 저장 탱크의 상부
③ 왕복 압축기 각단
④ 압축기, 펌프의 흡입 및 토출측
⑤ 액봉의 우려 있는 배관

63. 배관용 강관

① SPP (배관용 탄소 강관) : 사용 압력이 $10 kg/cm^2$ 이하 인 증기, 기름, 물 배관에 사용
② SPPS (압력 배관용 탄소 강관) : 사용 압력이 $10 kg/cm^2$ 이상 $100 kg/cm^2$ 미만
③ SPPH (고압 배관용 탄소 강관) : 사용 압력이 $100 kg/cm^2$ 이상 시 사용
④ SPLT (저온 배관용 탄소 강관) : 0℃ 이하의 빙점 이하의 관 사용
⑤ SPHT (고온 배관용 탄소 강관) : 350℃ 이상의 배관에 사용
⑥ SPA (배관용 합금 강관)

64. 배관 재료의 구비조건 (점토관외)

① 절단 가공이 용이 할 것
② 토양, 지하수 등에 내식성이 있을 것
③ 관의 유통이 원활하고, 가스의 누설이 없을 것
④ 외부로 부터의 하중 및 충격 하중에 견디는 구조

65. SCH NO (스케줄 번호) $= \dfrac{P}{S} \times 10$

관의 두께 표시

여기서, P : 사용압력(kg/cm^2)

S : 허용응력(kg/mm^2) = 인장강도/안전율(4)

66. 펌프의 상사 법칙

① 유량$(Q') = Q \times \left(\dfrac{N_2}{N_1}\right)^1 \times \left(\dfrac{D_2}{D_1}\right)^3$

② 양정$(H') = H \times \left(\dfrac{N_2}{N_1}\right)^2 \times \left(\dfrac{D_2}{D_1}\right)^2$

③ 동력$(kW') = kW \times \left(\dfrac{N_2}{N_1}\right)^3 \times \left(\dfrac{D_2}{D_1}\right)^5$

67. 펌프의 마력과 동력

① $ps = \dfrac{r \times Q \times H}{75 \times E} = \dfrac{r \times Q \times H}{75 \times E \times 60} = \dfrac{r \times Q \times H}{75 \times E \times 3,600}$

② $kW = \dfrac{r \times Q \times H}{102 \times E} = \dfrac{r \times Q \times H}{102 \times E \times 60} = \dfrac{r \times Q \times H}{102 \times E \times 3,600}$

68. 송출량 및 피스톤 압축량

① Q(m^3/min) 송출량 $= F \cdot S \cdot N \cdot E$

② 왕복동 압축기 피스톤 압축량 $= \dfrac{\pi D^2}{4} L \cdot N \cdot R \cdot E$

여기서, F : 면적, L : 행정, S : 행정

R : 단수, N : 회전수, E : 효율

69. 왕복동 압축기 용량 제어 방법

① 회전수를 가감하는 방법
② 타임드 밸브에 의한 방법
③ 바이패스 밸브에 의해 압축가스를 흡입측으로 되돌리는 방법
④ 흡입 주 밸브를 폐쇄하는 방법

70. 압축기 안전장치 (두고안)

① 안전두 = 정상 압력 + 3kg/cm² 작동
② 고압 스위치 = 정상 압력 + 4kg/cm² 작동
③ 안전밸브 = 정상 압력 + 5kg/cm² 작동

71. 용기의 재료

① 탄소강 : LPG, 염소, 아세틸렌, 암모니아
② 망간강 : 산소, 수소, 질소
③ 알루미늄 합금강 : 산소, 질소 탄산가스
④ 초 저온 용기 : 오스테나이트계 스텐레스 강 (18-8 스텐레스 강)

72. 가스 배관 경로 선정 4요소 (최온구가)

① 최단 거리로 할 것
② 은폐 하거나 매설을 피 할 것
③ 구부러 지거나 오르 내림을 적게 할 것
④ 가능한 옥외에 설치 할 것

73. 노즐에 의한 LP 가스 분출량 계산식

① $Q = 0.009 D^2 \sqrt{\dfrac{h}{d}}$ ② $Q = 0.011 KD^2 \sqrt{\dfrac{h}{d}}$

여기서, Q : 가스 분출량(m³/h)
D : 노즐 지름(mm)
h : 노즐 직경의 가스압(mmH₂O)
d : 가스 비중

74. 저압 배관 및 중, 고압 배관의 가스 유량 공식

① 저압유량 공식 = $Q [\text{m}^3/\text{h}] = K \sqrt{\dfrac{D^5 \cdot h}{S \cdot L}}$

여기서, K : 유량계수(0.707), D : 관내경
S : 가스비중, L : 관길이, h : 허용압력손실

② 중·고압 배관 유량 공식 = $Q\,[\mathrm{m^3/h}] = K\sqrt{\dfrac{D^5(P_1^2 - P_2^2)}{S \cdot L}}$

여기서, K : 유량계수(52.31), S : 가스비중
L : 관길이, P_1 : 초압, P_2 : 종압

75. 허용 압력 손실

$$h\,[\mathrm{mmH_2O}] = \dfrac{Q^2 \times S \times L}{K^2 \times D^5}$$

여기서, h : 배관의 입상 높이(mmH₂O)
S : 가스 비중

① 유량의 제곱에 비례 한다.
② 가스 비중이 비례 한다.
③ 관 길이에 비례 한다.
④ 유량계의 제곱에 반비례 한다.
⑤ 관 내경의 5승에 반비례 한다.

76. LP 가스 공급 소비 설비의 압력 손실 요인 (입가엘직)

① 입상 배관에 의한 압력 손실
② 가스미터, 콕 등에 의한 압력 손실
③ 엘보우, 티 등에 의한 압력 손실
④ 직선 배관에 의한 압력 손실

77. 압력 강하 산출 공식

① 프로판 사용 : $H = 1.293(S-1)h$
② 메탄만 사용 : $H = 1.293(1-S)h$

여기서, h : 배관의 입상 높이(mmH₂O)
S : 가스 비중

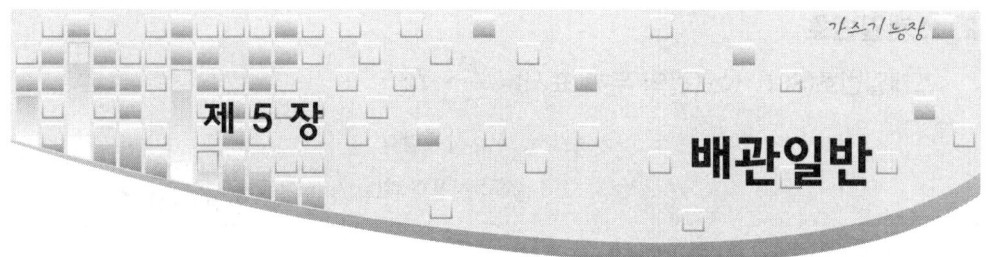

제 5 장 배관일반

1. 강관의 종류와 용도

① 배관용강관
- ㉠ SPP(배관용탄소강관) 사용압력이 10kg/cm^2 이하인 증기, 기름, 물 배관에 사용
- ㉡ SPPS(압력배관용탄소강관) 사용압력이 10kg/cm^2 이상 100kg/cm^2 미만
- ㉢ SPPH(고압배관용탄소강관) 사용압력이 100kg/cm^2 이상시 사용
- ㉣ SPHT(고온배관용탄소강관) 사용온도가 350℃ 이상시 사용
- ㉤ SPA(배관용합금강강관)
- ㉥ SPLT(저온배관용탄소강관) 빙점 이하의 관사용
- ㉦ SPS×T(배관용스텐레스강관)

② 수도용
- ㉠ SPPW(수도용아연도금강관)
- ㉡ STPG(수도용도복장강관)

③ 열전달용
- ㉠ STH(보일러열교환기용 탄소강강관)
- ㉡ STHB(보일러열교환기용 합금강강관)
- ㉢ STS×TB(보일러열교환기용 스테인레스강관)

④ 구조용
- ㉠ STS(일반구조용 탄소강관)
- ㉡ SM(기계구조용 탄소강관)
- ㉢ STA(구조용 합금강강관)

2. 스케일번호

스케일번호(SCh, No)(관의 두께 표시) = $\dfrac{P}{S} \times 10$

여기서, P : 사용압력

S : 허용응력(kg/mm^2) = $\dfrac{\text{인장강도}}{\text{안전율}(4)}$

3. 동관의 분류

① 터프피치동관 : 1종과 2종이 있고 전기 및 열전도성이 좋아 열교환기용관, 급수관, 급유관, 압력계관 및 기타화학공업용으로 사용
② 인탈산동관 : 용접성이 우수하여 수도용, 냉난방용기기, 열교환기용, 급수관, 송유관, 급탕관에 사용
③ 황동관 : 동과 아연의 합금으로 기계적 성질, 내식성이 우수하여 구조용, 열교환기 각종기기의 부품으로 사용
④ 단동관 : 아연을 10~15% 포함한 황동관으로 내구성이 특히 강하다.
⑤ 규소청동관 : 규소(Si) 2.5~3.5%를 포함한 청동관으로 내산성이 특히 강하다.
⑥ 니켈동합금강 : 니켈 63~70%를 포함한 합금동관으로 내식 및 기계적 강도가 크다.

4. 동관의 특징

① 알카리에는 강하나 산에는 약하다.
② 전연성이 풍부하고 가공이 용이하다.
③ 무게는 가벼우나 외부충격에 약하다.
④ 유기약품에 침식되지 않아 화학공업용으로 사용
⑤ 연수에 부식되는 성질이 있어 증류수 및 증기관에는 부적합
⑥ 전기 및 열전도성이 좋아 열교환기용으로 우수하게 사용

5. 석면시멘트관(에터니트관)

석면과 시멘트를 1 : 5로 혼합하여 로울러로 압력을 가해 성형시킨 관이다.

6. 관이음 재료

① 관 끝을 막을때 : 플러그, 캡
② 배관방향을 바꿀때 : 엘보우 벤드
③ 관을 도중에서 분기할 때 : 티이, 와이, 크로스
④ 같은 지름의 관을 직선 연결할 때 : 소켓, 유니온, 플랜지, 니플
⑤ 서로 다른 지름의 관을 연결할 때 : 이경소켓, 이경엘보우, 이경티, 부싱

7. 이음의 크기를 표시하는 방법

① 구경이 3개인 경우

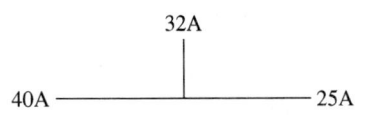

예) 40A×25A×32A

② 구경이 4개인 경우

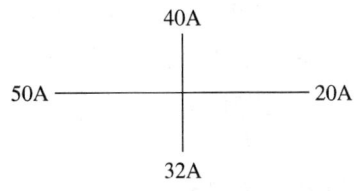

예) 50A×20A×40A×32A

8. 관용공구

① **파이프바이스** : 관의 절단, 나사작업시 관이 움직이지 않도록 고정하는 것
　(크기 : 고정 가능한 파이프 지름의 치수)
② **수평바이스** : 관의 조립, 열간 벤딩시 관이 움직이지 않도록 고정하는 것
　(크기 : 조우(jew)의 폭)
③ **파이프커터** : 강관의 절단공구로 1개의 날과 2개의 로울러의 것과 3개의 날로 되어진 두 종류가 있으며 날의 전진과 커터의 호전에 의해 절단되므로 거스러미가 생기는 결점이 있다.
④ **파이프렌치** : 관의 결합 및 해체시 사용하는 공구로 200mm 이상의 강관은 체인 파이프렌치를 사용
　(크기 : 입을 최대로 벌려놓은 전장)
⑤ **파이프리이머** : 거스러미 제거
⑥ **동력용나사절삭기**
　㉠ 다이헤드식 나사절삭기 : 나사절삭, 파이프절단, 거스러미제거
　㉡ 오스타식 나사절삭기
　㉢ 호브식 나사절삭기
⑦ **고속숫돌절단기** : 두께가 0.5~3mm 정도의 얇은 연삭 원판을 고속회전시켜 재료를 절단하는 기계로 숫돌그라인더, 연삭절단기, 커터그라인더라고 한다.

9. 관 벤딩용 기계

① **램식(유압식)** : 유압펌프를 이용 관을 구부리는 것으로 현장용이다.
② **로우터리식** : 관에 심봉을 넣어 구부리는 것으로 대량생산용으로 단면의 변형이 없으며 두께에 관계없이 상온에서 어느 관이라도 가공할 수 있으며 굽힘반경은 관지름의 2.5배 이상

10. 동관용 공구

① 플레어링투울 : 동관의 압축 접합용 공구
② 익스펜더 : 동관의 확관용 공구
③ 튜브벤더 : 동관굽힘용 공구
④ 사이징투울 : 동관 끝을 정확하게 원형으로 가공하는 공구

11. 연관용 공구

① 봄보올 : 주관에 구멍을 뚫을 때 사용
② 드레서 : 연관 표면의 산화피막을 제거하는 공구
③ 벤드벤 : 연관의 굽힘 작업에 사용
④ 마이레트 : 나무해머

12. 주철관용공구

① 클립 : 소켓 접합시 용해된 납물의 비산방지
② 링크형커터 : 주철관 절단 전용공구
③ 코킹정 : 소켓 접합시 다지기에 사용하는 정

13. 관의 접합

파이프나사는 관용테이퍼나사로 테이퍼가 $\frac{1}{16}$(각도 55°)의 것으로 절삭됨

① 나사접합 　　② 용접접합 　　③ 플랜지접합

14. 곡관부 길이 계산

$$l = \frac{2\pi RQ}{360}$$

여기서, R : 곡률반지름(mm), Q : 각도

15. 열간굽힘

① 동관 : 600~700℃
② 연관 : 700~800℃
③ 강관 : 800~900℃

16. 주철관의 접합

① 소켓 접합 : 허브에 스피고트(spigot)를 삽입 얀을 단단히 꼬아 감고 정으로 다진 후 납을 채워 다시 정으로 다져 접합하는 방법
(얀은 기밀유지 및 굽힘성을 부여하고 납은 얀의 이탈을 방지)
② 기계적 접합 : 플랜지 접합과 소켓 접합의 장점을 취한 것으로 150mm 이하의 수도관에 사용. 스패너 하나만으로도 시공할 수 있고, 수중작업에도 용이
③ 플랜지 접합 : 플랜지가 달린 주철관을 서로 맞추어 볼트로 죄어 접합하는 것
④ 빅토리 접합 : 빅토리형 주철관을 고무링과 금속재 칼라를 이용 접합하는 곳으로 특히 관내의 압력이 증가함에 따라 고무링이 관벽에 밀착하여 더욱 더 기밀 유지
⑤ 타이톤 접합 : 원형의 고무링 하나 만으로 접합하는 방법

17. 동관의 접합

① 플레어 접합 : 동관 끝을 플레어링 투울 셋으로 넓혀 플레어로 접합하는 방식으로 일명 압축접합이라고도 한다. 관의 점검 및 보수를 위한 해체할 곳에 사용
② 납땜이음
  ㉠ 연납땜 : 유체의 온도(120℃ 이하) 및 사용압력이 낮은 곳에 사용하는 방식으로 익스펜더로 관을 확관하여 연결할 관을 끼워 용제를 바른 뒤 플라스턴을 용해하여 틈새에 채워 접합. 가열온도 200~300℃
  ㉡ 경납땜 : 고온 및 사용압력이 높은 곳에 사용하는 방식으로 인동납, 은납을 틈새에 채워 접합하는 방법. 이 때의 가열온도 700~850℃
③ 용접 접합
④ 플랜지 접합

18. 연관의 접합

플라스턴 접합 : 플라스턴(Sn 40%, Pb 60%)를 녹여 232℃로 접합하는 것

19. 행거(hanger)

배관의 하중을 위에서 잡아주는 장치
① 스프링행거 : 턴버클 대신 스프링을 사용한 것
② 리지드행거 : I비임에 턴버클 이용 지지하는 것으로 상하방향에 변위에 없는 곳에 사용
③ 콘스탄트 행거 : 배관의 상·하 이동에 관계없이 관지지력이 일정한 것으로

20. 리스트레인

열팽창에 의한 배관의 이동을 구속 또는 제한하는 장치
① 앵커 : 관의 이동 및 회전을 방지하기 위해 지지점에 완전히 고정하는 장치
② 스톱 : 배관의 일정한 방향과 회전만 구속하고 다른 방향은 자유롭게 이동하게 하는 장치
③ 가이드 : 배관의 곡관 부분이나 신축조인트 부분에 설치하는 것으로 회전을 제한하거나 축방향의 이동을 허용하여 직각방향으로 구속하는 장치

21. 브레이스

펌프, 압축기 등에서 발생하는 진동, 서어징, 수격작용 등에 의한 진동, 충격 등을 완화하는 완충기이다.

22. 서포트

배관의 하중을 밑에서 떠 받쳐 지지해 주는 장치
① 스프링서포트 : 스프링의 탄성에 의해 상하 이동을 허용한 것
② 리지드서포드 : H 비임이나 I 비임으로 받침을 만들어 지지
③ 롤러서포트 : 관의 축방향의 이동을 허용한 지지구이다.
④ 파이프슈 : 관에 직접 접속하는 지지구로 수평배관과 수직배관의 연결부에 사용

23. 플랜지 패킹

① 고무패킹
    ㉠ 산이나 알카리에는 강하나 기름에 침식된다.
    ㉡ 100℃ 이상의 고온배관에는 사용금지
    ㉢ 네오플렌의 합성고무는 내열범위가 $-46 \sim 121℃$로 증기배관 사용
② 오일시일패킹 : 한지를 내유 가공한 것으로 내열도가 낮아 펌프, 기어 박스에 사용
③ 합성수지패킹 : 가장 우수한 것으로 테프론이 있으며 내열범위 $-260 \sim 260℃$까지이다.
④ 석면 조인트시트 : 광물질의 미세한 섬유로 450℃의 고온배관에도 사용

24. 글랜드패킹

① 아마죤패킹 : 면포와 내열고무 콤파운드를 가공 성형한 것으로 압축기용 글랜드에 사용

② 모울드패킹 : 석면, 흑연, 수지를 배합 성형한 것으로 밸브, 펌프 등의 글랜드에 사용
③ 석면각형패킹 : 석면을 각형으로 짜서 만든 것으로 내열, 내산성이 좋아 대형밸브 글랜드로 사용
④ 석면얀 : 석면을 꼬아서 만든 것으로 소형밸브, 수면계, 콕크 등 주로 소형밸브 글랜드에 사용

25. 나사용패킹
① 일산화연 : 페인트에 소량의 일산화연을 혼합 사용하여 냉매 배관사용
② 액상합성수지 : 내열범위가 $-30 \sim 130℃$ 정도로 약품에 강하고 내유성이 강해 증기, 기름, 약품배관에 사용

26. 방청용도료
① 광명단 도료 : 연단을 아마인유와 혼합한 것으로 녹을 방지하기 위해 페인트밑칠용 사용
② 산화철도료 : 산화제2철을 보일유나 아마인유에 혼합한 것으로 도막이 부드럽고 가격이 싸지만 녹 방지가 완벽하지 못하다.
③ 알루미늄도료(은분) : 알루미늄분말을 유성바니스에 혼합한 것으로 열을 잘 반사하여 방열기에 사용. $400 \sim 500℃$의 내열성을 가지며 방청효과가 매우 좋다.

27. 보온재의 구비조건
① 열전도율이 적어야 한다.(보온능력이 커야 한다.)
② 비중이 적어야 한다.(가벼워야 한다.)
③ 사용온도에 견디고 변질되지 않아야 한다.
④ 기계적 강도가 있어야 한다.
⑤ 다공질이며 기공이 균일해야 한다.

28. 유기질 보온재
① 폼류   ㉠ 경질우레탄 폼
         ㉡ 염화비닐폼 $80℃$ 이하
         ㉢ 폴리스틸렌폼
② 펠트류 ㉠ 양모펠트
         ㉡ 우모펠트 $100℃$ 이하

③ 텍스류　㉠ 톱밥
　　　　　　㉡ 녹재　┐120℃ 이하
　　　　　　㉢ 펄프
④ 콜크류　탄화콜크 : 130℃ 이하
⑤ 기포성수지

29. 무기질 보온재

① 탄산마그네슘
　㉠ 염기성 탄산마그네슘에 석면을 8~15% 정도 혼합하여 만든 것
　㉡ 안전사용온도 : 250℃
② 그라스울(유리섬유)
　㉠ 유리를 용융시켜 압축 공기나 원심력을 주어 섬유화한 것
　㉡ 안전사용온도 : 300℃
③ 석면(아스베스토질)
　㉠ 진동을 받는 부분에 사용
　㉡ 석면 가루는 폐암 유발
　㉢ 안전사용온도 : 400℃
④ 규조토
　㉠ 진동을 받는 부분에 사용 못함
　㉡ 안전사용온도 : 500℃
⑤ 암면
　㉠ 꺾어지기 쉽다.
　㉡ 흡습성이 적고 산에 약하다.
　㉢ 안전사용온도 : 600℃
⑥ 규산칼슘
　㉠ 규산분말에 소석회와 35% 석면을 가하여 성형
　㉡ 압축강도가 크며, 내수, 내구성 크다.
　㉢ 시공이 용이하다.
　㉣ 안전사용온도 : 650℃
⑦ 실리카화이버
　㉠ SiO_2를 주성분으로 압축성형
　㉡ 안전사용온도 : 1100℃

⑧ 세라믹화이버
  ㉠ ZrO_2(산화지르코늄)를 주성분으로 압축성형
  ㉡ 안전사용온도 : 1300℃

30. 높이표시

① EL표시 : 배관의 높이를 관의 중심을 기준으로 표시
② BOP(Bottom ofpipe) : 지름이 서로 다른 관의 높이 표시방법으로 관 바깥 지름의 아랫면까지의 높이를 기준으로 표시한 것
③ TOP(Top of pipe) : 관의 바깥 지름의 윗면을 기준으로 표시

31. 유체의 종류와 기호

① A : 공기   ② G : 가스   ③ O : 유류
④ S : 수증기   ⑤ W : 물

제 6 장 공업경영

1. 도수분포표

임금, 점수, 키, 몸무게 등 통계에서 조사된 요소의 수량
즉, 수량화된 조사결과를 변량이라고 하고 그 변량을 적당한 폭으로 구분했을 때 그 개개의 구분을 계급이라 하며 각 계급에 속하는 요소의 수를 조사하여 이것을 계열화한 것을 변량의 도수분포를 표로 나타낸 것

① **모드** : 도수가 최대인 곳의 대표치
② **첨도** : 뽀족한정도, 정규분포의 경우를 표준으로 한다.
③ **비대칭도** : 비대칭의 방향 및 정도

2. 비 용

① **비용구배(비용경사)** : 일정통제를 할 때 1일당 그 작업을 단축하는데 소요되는 비용의 증가
② **총비용** : 직접비와 간접비의 합

3. 가공시간

① 서블릭기호는 동작분석에 사용
② 가공시간 = 준비작업시간 + {로트수 × 정비작업시간(1 + 여유율)}

4. 모집단(population)

어떤 집단을 통제적으로 관찰하여 평균이나 분산 등을 조사할 때 관찰의 대상이 되는 집단 전체를 조사하는 것이 여러 가지 이유로 어려울 경우에 전체에서 일부를 추출하여 그것을 조사함으로서 전체의 성질을 추정하는 방법

① **정확도(치우침)** : 어떤 측정방법으로 동일시료를 무한횟수 측정하였을 때 데이터 분포의 평균치와 참값과의 차

② 정밀도(산포도) : 어떤 측정방법으로 동일시료를 무한횟수 측정하였을 때 얻어진 데이터는 반드시 흩어지는데 그 데이터 분포의 폭의 크기를 뜻함
③ 오차 : 모집단의 참값과 측정데이터의 차이
④ 신뢰성 : 데이터를 신뢰할 수 있는가 없는가의 문제

5. 관리도(control chart)

제품의 품질특성(무게, 강도, 치수 등)을 세로축에 생산일자를 가로축으로 하여 한계로 하는 일정의 특성을 가로축에 잡아 그 하한과 상한의 두 선을 가로축에 평형하게 그어 전 관리한계선을 이루게 한다.
① 런(run) : 관리도내에서 점이 관리한계 내에 있고 중심선 한 쪽에 연속해서 나타나는 점
② 경향 : 연속 7점 이상의 점이 점점 올라가거나 내려가는 상태
③ 주기 : 점이 주기적으로 상하로 변동하여 파형을 나타내는 경우

6. 샘플링 검사

① 규준형 샘플링 검사 : 공급자에 대해 보호와 구입자에 대한 보증의 정도를 규정해 두고 공급자의 요구와 구입자의 요구 양쪽을 만족하도록 하는 샘플링 검사 방식
② 상대적열화 : 설비의 구식화에 의한 열화

7. 수요예측기법

① 최소자승법 : 동적 평균선을 관찰자와 경향치와의 편차자승의 총합계가 최소가 되도록 구하고 희귀직선을 연장해서 예측하는 방법
② 지수평활법 : 과거의 자료에 따라 예측을 행할 경우 현시점에 가장 가까운 자료에 가장 비중을 많이 주고 과거로 거슬러 올라갈수록 그 비중을 지수적으로 감소해 가는 소위 지수형의 가중이동 평균법
③ 이동평균법 : 평균을 취하는 N개의 함수의 각 데이터에 대해 가중치를 부여하는 방법

8. 도수분포표를 만드는 목적

① 원데이터를 규격과 대조하고 싶을 때
② 데이터의 흩어진 모양을 알고 싶을 때
③ 많은 데이터로부터 평균치와 표준편차를 구할 때

9. 스톱워치(stop watch)법

실제로 현장에서 이루어지는 모든 작업공정에 대해 사전에 미리 구분하여 별도의 측정 표준을 통해 표준시간을 산정하는 방법

① WS(work sampling method)법 : 측정자는 무작위로 현장에서 작업자가 작업하는 내용에 대해 측정율 및 가동시간에 대한 측정결과를 조합하여 표준시간을 설정하는 방법

② PTS(predetermuned time standards)법 : 기본적인 작업방법에 대해 미리 절차를 수립하여 생산시 미리 설정해 놓은 간을 가감해서 표준시간을 산정하는 방법

10. 실패코스트

품질관리활동의 초기단계에서 가장 큰 비율로 들어가는 코스트

① 의견 분석 : 신제품에 적합한 수요예측방법
② PERT/CPM에서 네트워크 작도시 무엇을 나타내는가 : 명목상의 활동

11. 관리도

① 관리도는 표준화가 불가능한 공정에는 사용할 수 없다.
② 관리도는 공정의 관리만이 아니라 공정의 해석에도 이용된다.
③ 관리도는 과거의 데이터해석에도 이용된다.

12. 워크샘플링법

① 기초이론은 확률이다.
② 업무나 활동의 비율을 알 수 있다.
③ 관측대상의 작업을 모집단으로 하고 임의의 시점에서 작업 내용을 샘플로 한다.

13. 관리도

① P_n 관리도 : 관리한계선을 구하는데 이항분포를 이용하여 관리선을 구하는 관리도
② u 관리도 : 평균결점수 관리도
③ $\overline{X}$ 관리도 : 평균값과 범위 관리도
④ X 관리도 : 결점수 관리도

14. 로트수

일정한 제조회수를 표기하는 개념

로트의 크기 = $\dfrac{\text{예정생산 목표량}}{\text{로트수}}$

15. 공정분석도와 공정분석기호

① 작업(operation) : ◯
② 운반(transportation) : ⇒
③ 검사(Inspection) : ☐
④ 지연(Delay) : D
⑤ 저장(storage) : ▽

16. 응용기호와 보조기호

① 폐기 : ✻
② 공정도생략 : ╪
③ 소관구분 : ≈
④ 양의검사 : ☐
⑤ 질의검사 : ◇
⑥ 양과 질의 검사 : ◇
⑦ 공정간의 대기 : ▽
⑧ 작업 중 일시대기 : ✡

17. 샘플링 검사의 목적

① 품질 향상의 자극
② 나쁜 품질인 로트의 불합격
③ 검사비용의 절감

18. 핵심 내용 설명

① TQC(Total Quality Control) : 전사적인 품질 정보를 교환으로 품질향상을 기도하는 기법
② P 관리도 : 계수값 관리도
③ 더미활동(dummy activity) : 실제활동은 아니며 활동의 선행조건을 네트워크에 명확히 표현하기 위한 활동
④ 검사항목에 의한 분류 : ㉠ 수량검사 ㉡ 중량검사 ㉢ 성능검사
　　　　　　　　　　　　㉣ 치수검사 ㉤ 외관검사

19. 핵심 내용 설명

① 단순지수 평활법을 이용하여 금월의 수요를 예측하려 한다면 이 때 필요한 자료
  ㉠ 지수평활계수   ㉡ 전월의 예측치와 실제치
② 검사를 판정의 대상에 의한 분류
  ㉠ 전수 검사   ㉡ 로트별 샘플링 검사   ㉢ 관리 샘플링 검사
③ 제품공정분석법 : 원재료가 제품화 되어가는 과정 즉, 가공, 검사, 운반, 지연, 저장에 대한 정보를 수집하여 분석하고 검토를 행하는 것

20. 파레토도

제품의 불량이나 결점 등의 데이터를 그 내용이나 원인별로 분류하여 발생 상황의 크기를 차례로 놓아 기둥모양으로 나타낸 그림

① 파레토그림에서 나타난 1~2개 부적합품(불량) 항목만 없애면 부적합 품률은 크게 감소한다.
② 현재의 중요문제점을 객관적으로 발견할 수 있으므로 관리방침을 수립할 수 있다.
③ 도수분포의 응용수법으로 중요한 문제점을 찾아내는 것으로서 현장에서 널리 사용

21. 설비보존 조직

① **부분보존** : 공장의 보존요원을 각 제조부분의 감독자 아래 배치
② **지역보존** : 지역별로 책임자를 두고 보존요원이 활동
③ **절충보존** : 지역보존 또는 부분보존과 집중보존을 결합하여 장점을 살리고 결점을 보완한다.
④ **집중보존** : 공장의 모든 보존 요원을 한 사람의 관리자 밑에 두고 활동

22. 핵심 내용 설명

① 시계열 분석에서 시계열 변동
  ㉠ 순환변동   ㉡ 계절변동   ㉢ 추세변동
② R 관리도 : 계량치 관리도
③ 여력 = $\dfrac{\text{능력} - \text{부하}}{\text{능력}} \times 100$

23. 설비보존의 종류

① 예방보존(Preventive Maintenance) : 설비를 사용 중에 예방보존을 실시하는 쪽이 사후 보존을 하는 것보다 비용이 적게 드는 설비에 대해서 정기적인 점검 및 검사와 조기수리를 행함으로서 생산활동 중에 기계고장을 방지하는 방법
② 보존예방(Maintenance Prevention) : 설비의 설계 및 설치시에 고장이 적은 설비를 선택해서 설비의 신뢰성과 보존성을 향상시키는 방법
③ 사후보전(Breakdown Maintenance) : 고장이 난 후에 보존하는 쪽이 비용이 적게 드는 설비에 적용하는 방식으로 설비의 열화정도가 수리한계를 지난 경우에 사용하는 기법
④ 개량보존(Corrective Maintenance) : 고장원인을 분석하여 보존비용이 적게 들도록 설비의 기능일부를 개량해서 설비 그 자체의 체질을 개선하는 기법

24. PERT Network 관한 내용

① 네트워크는 일반적으로 활동과 단계의 상관관계로 구성된다.
② 명목상의 활동은 점선화살표(→)로 표시한다.
③ 활동은 하나의 생산작업요소로서 원(○)으로 표시한다.

25. 공수계획

① 공수계획 : 생산 계획을 완성하는데 필요한 인원과 계의 부하를 결정하여 이를 현재인원 및 기계의 능력과 비교하여 조정하는 것
② $\overline{X} - R$ 관리도 : 축의 완성지름, 철사의 인장강도, 아스피린 순도와 같은 데이터를 관리

26. TPM 활동의 3정 5S

① 3정
 ㉠ 정품 : 제품을 규격화하여 일정규격을 유지하는 것
 ㉡ 정량 : 최소량과 최대량을 항상 일정하게 유지하는 것
 ㉢ 정위치 : 필요제품의 위치를 표시하여 항상 제품을 일정한 장소에 위치하는 것
② 5S
 ㉠ 정리 ㉡ 정돈 ㉢ 청소 ㉣ 청결 ㉤ 생활화

27. 절차계획에서 다루어지는 중요한 내용
① 각 작업에 필요한 기계와 공구
② 각 작업의 실시순서
③ 각 작업의 소요시간

28. 핵심 내용 설명
① 작업자공정분석 : 작업자가 장소를 이동하면서 작업을 수행하는 경우에 그 과정을 가공, 검사, 운반, 저장 등의 기호를 사용하여 분석
② 관리사이클 : 계획 → 실행 → 검토 → 조처
③ u 관리도의 관리상한선과 관리하한선을 구하는 식 : $\bar{u} \pm 3\sqrt{\dfrac{u}{n}}$

29. 샘플링방법
① 층별샘플링 : 모집단을 몇 개의 층으로 나누고 각 층으로부터 각각 랜덤하게 시료를 뽑는 샘플링 방법
② 단순샘플링 : 랜덤샘플링은 모집단의 어느 부분도 같은 확률로 시료 중에 뽑혀지도록 하는 샘플링 방법
③ 2단계샘플링 : 공정이나 로트와 같은 모집단으로부터 샘플을 뽑는 것을 샘플링이라 하며 2단계 샘플링은 각종 샘플링법의 종류
④ 계통샘플링 : 모집단으로부터 시간적 또는 공간적으로 일정한 간격을 두고 샘플링하는 방법

30. 위험물 평가법
① FTA(결합수 분석기법) : 하나의 특정한 사고 원인의 관계를 논리게이트를 이용하여 도해적으로 분석하여 연역적, 정량적 기법으로 해석해 가면서 위험성 평가
② PHA(예비위험 분석기법) : 시스템 안전프로그램에 있어서 최초개발단계의 분석으로 위험요소가 얼마나 위험한 상태인가를 정성적으로 평가
③ ETA(사건수 분석기법) : 미국에서 개발되어 변천해 온 것으로 설비의 설계, 심사, 제작, 검사, 보전, 운전, 안전대책의 과정에서 그 대응조치가 성공인가 실패인가를 확대해 가는 과정검토

31. 관리도

① C 관리도 : M타입의 자동차 또는 LCD TV를 조립, 완성한 후 부적합수(결점수)를 점검한 데이터
② P 관리도 : 공정을 불량률 P에 의거 관리할 경우에 사용하며 작성의 방법을 Pn 관리도와 같으나 다만 관리한계의 계산식이 약간 다르며 시료의 크기가 다를 때는 n에 따라서 한계의 폭이 변한다.
③ $\overline{X}-R$ 관리도 : 공정에서 채취한 시료의 길이, 무게, 시간, 강도, 성분, 수확률 등의 계량치 데이터에 대해서 공정을 관리하는 관리도
④ nP 관리도 : 공정을 불량개수 nP에 의해 관리할 경우에 사용하며 이 경우에 시료의 크기는 일정하지 않으면 안된다.

32. 핵심 내용 설명

① 검사를 판정의 대상에 의한 분류
  ㉠ 자주검사   ㉡ 무검사   ㉢ 전수검사
  ㉣ 관리 샘플링검사   ㉤ 로트별 샘플링검사
② 샘플링검사의 목적에 따른 분류
  ㉠ 조정형   ㉡ 선별형
  ㉢ 표준형   ㉣ 연속생산형
③ ZD란 : 무결점운동
④ 가공시간 기입법 = $\dfrac{1개당 \ 가공시간 \times 1로트의 \ 수량}{1로트의 \ 총가공시간}$

33. 경제적 주문량

경제적 주문량 $(Q) = \sqrt{\dfrac{2RP}{CI}}$

여기서, Q : 로트의 크기(경제적 발주량)
R : 소비예측(연간소비량)
P : 준비비(1회 발주비용)
C : 단위비(구입단가)
I : 단위당 연간재고유지(이자, 보관, 손실)

34. 설비 열화형의 종류

① 화폐적 열화 : 신설비의 구입을 위한 구설비와의 가격차
② 물리적 열화 : 시간의 경과로 노후화하여 지능 저하형의 열화 발생
③ 기술적 열화 : 신설비의 출현으로 인한 구설비의 상대적 열화, 절대적 열화
④ 기능적 열화 : 기능적 저하가 별로 없이 조업 정지되는 지능정지형

35. 수요예측방법의 분류

① 시계열 분석 : 시계열에 따라 과거의 자료로부터 그 추세나 경향을 알아서 미래를 예측하는 것
② 회귀분석 : 과거의 자료부터 회귀방정식을 도출하고 이를 검정하여 미래를 예측
③ 구조분석 : 수요상황을 산정하는 구조모델을 추정하고 이것으로부터 미래를 예측하는 것
④ 의견분석 : 신제품의 경우와 같이 일반사용자의 의견을 집계 분석하여 미래를 예측하는 것

36. 핵심 내용 설명

① 로트의 크기 = $\dfrac{\text{예정생산목표량}}{\text{로트수}}$

② 기계능력 = 유효가동시간 × 대수 = 월간실가동시간 × 가동율 × 대수

③ 가동율 = 출근율 × (1 − 간접작업률)

④ 인원능력 = 환산인원 × 취업시간 × 실동률
　　　　　 = 월간실가동시간 × 출근율 × 인원수

37. 공수계획의 기본적인 방침

① 가동률의 향상　　　　　　② 일정별 부하의 변동방지
③ 적성배치와 전문화의 촉진　④ 여유성
⑤ 부하와 능력의 균형화

38. 검사 분류

① 검사가 행해지는 공정에 의한 분류
　㉠ 수입검사　　㉡ 공정검사　　㉢ 최종검사　　㉣ 출하검사

② 검사 성질에 의한 분류
  ㉠ 파괴검사   ㉡ 비파괴검사   ㉢ 관능검사

39. 관리도 종류

① 계량치관리도 : ㉠ $\bar{x}-R$ 관리도   ㉡ x 관리도
                ㉢ $x-R$ 관리도
② 계수치관리도 : ㉠ C 관리도   ㉡ P 관리도
                ㉢ u 관리도   ㉣ P_n 관리도

40. TMU

① 1TMU(Time Measurement Unit)=0.00001시간
② 1TMU=0.0006분   ③ 1TMU=0.036초
④ 1초=27.8TMU   ⑤ 1분=1666.7TMU
⑥ 1시간=100000TMU

41. 검사공정에 의한 분류

① 공정검사   ② 출하검사   ③ 수입검사

42. 계수치 관리도

① P 관리도   ② C 관리도   ③ u 관리도

43. 품질관리 기능의 사이클

품질설계 → 공정관리 → 품질보증 → 품질개선

44. 반즈의 동작 경제 원칙

① 신체의 사용에 관한 원칙
② 작업장의 배치에 관한 원칙
③ 공구 및 설비의 디자인에 관한 원칙

 편하게 보세요 ★★★★

1. 프로판 용기의 제조에 사용하는 금속 : 탄소강
2. 물질의 연소 : 연소열, 발화온도, 최소 점화에너지
3. 가스의 폭발 범위에 영향을 주는 입자 : 온도, 압력, 농도, 가스량
4. 종업원 상호간의 연락 : 페이징 설비, 휴대용 확성기, 메가폰, 트란시바
5. 가연성가스이며 독성가스 및 폭발범위, 독성, 비점, 임계압력

원소명	폭발범위(%)	독성(ppm)	비점(℃)	임계압력(atm)
$COCl_2$		0.1		
O_3, Br_2, F_2		0.1		
Cl_2		1	−34	76.1
SO_2		5		
HCl		5		
C_6H_6	1.4~7.1	10		
HCN	6~41	10	25.7	
H_2S	4.3~45.5	10		88.9
NH_3	15~28	25	−33.3	111.3
CO	12.5~74	50		35
C_2H_4O	3~80	50		
CH_3CHO	4.1~57	100		
CS_2	1.2~44	10		
CH_3OH	7.3~36	200		
C_4H_{10}	1.8~8.4		−0.5	42
C_2H_2	2.5~81		−84	
C_3H_8	2.1~9.5		−42.1	37.5
C_2H_6	3~12.5			
C_2H_4	3.1~32			50
H_2	4~75			
CH_4	5~15			45.8
CO_2			−78.5	72.9
O_2			−183	50.1
Ar			−186	40
N_2			−196	33.5
H_2			−253	12.8

6. 폭발 범위가 가장 큰 가스 : 아세틸렌(2.5~81%)

7. 2단 감압 조정기의 장점
   ① 공급압력 일정
   ② 중간 배관이 가늘어도 됨
   ③ 각 연소기구에 알맞은 압력으로 가스 공급이 가능

8. 고압 배관용 탄소 강관의 기호 : SPPH

9. 독성가스 운반시 휴대해야 할 용구 : 고무장갑, 장화, 방독면, 해독제

10. 염소 가스는 공기보다 무겁다.

11. 독성이 강한 순서 : $COCl_2(0.1)$ > $Cl_2(1)$ > $HCN(10)$ > $NH_3(25)$

12. ① 보일의 법칙(온도 T=일정) : 온도가 일정할 때 기체의 체적은 압력에 반비례한다.

$$P_1 V_1 = P_2 V_2 \qquad V_2 = \frac{P_1 \times V_1}{P_2}$$

② 샬의 법칙(압력 P=일정) : 압력이 일정할 때 기체의 체적은 절대온도에 비례한다.

$$\frac{V_1}{T_1} = \frac{V_2}{T_2} \qquad V_2 = \frac{V_1 \times T_2}{T_1}$$

③ 보일-샬의 법칙 : 기체의 체적은 압력에 반비례하고, 절대온도에 비례한다.

$$\frac{P_1 \times V_1}{T_1} = \frac{P_2 \times V_2}{T_2} \qquad V_2 = \frac{P_1 \times V_1 \times T_2}{P_2 \times T_1}$$

13. 포화온도 : 액체가 증발하기 시작할 때의 온도

14. 얼음의 융해열 : 79.68kcal/kg

15. 독성가스 제독제 중 물을 사용할 수 있는 것 : 암모니아, 산화에틸렌, 염화메틸

16. LP 가스 수송관의 이음부분 : 실리콘 고무 사용

17. 방류둑 설치기준
    ① 가연성, 산소 : 1,000ton 이상   ② 독성 : 5ton 이상
    ③ 수액기 내용적 : 10,000l 이상   ④ 특정제조 : 500ton 이상

18. 복식 정류탑에서 얻어지는 질소의 순도 : 99~99.8%

19. 진공 단열법 : 다층진공, 분말진공, 고진공 단열법

20. 독성가스 제독 작업에 갖추어야 할 보호구 : 공기 호흡기, 격리식 방독 마스크, 고무 장화, 비닐장갑

21. 기동성 있는 장, 단거리 어느 쪽에도 적당하고, 용기에 비해 다량 수송이 가능한 방법 : 탱크로리에 의한 방법

22. 일산화탄소 전화법에 의해 얻고자 하는 가스 : 수소

23. 내압이 4~5kg/cm² 이상이고, LPG나 액화가스와 같이 저 비점의 액체일 때 사용되는 터보식 펌프의 메카니컬 시일 형식 : 밸런스 시일

24. 가스 설비를 수리할 때 산소 농도가 18~22%가 되어야 하는데, 산소 결핍이 되는 산소 농도는 : 16%

25. 아세틸렌 제조에 사용되는 카바이드 중 1급에 의해 발생되는 가스 발열량 : 280l/kg

26. 초대형 지하 탱크의 액면을 측정 : 부자식 액면계

27. 다공성 물질 : 다공성 플라스틱, 목탄, 탄산마그네슘, 규조토, 산화철, 석회, 석면
희석제 : 메탄, 일산화탄소, 에틸렌, 질소, 수소, 프로판
청정제 : 에퓨렌, 리카솔, 카타리솔
안정제(HCN) : 오산화인, 염화칼슘, 인산, 아황산가스, 동망, 황산

28. 정지압력 : 504~840mmH$_2$O (5.04~8.4kPa)
개시압력 : 560~840mmH$_2$O (5.6~8.4kPa)
표준압력 : 700mmH$_2$O (7kPa)

29. 중합폭발 : HCN, C$_2$H$_4$O, CH$_2$Cl(염화비닐)
분해폭발 : C$_2$H$_2$, C$_2$H$_4$O, C$_2$H$_4$, N$_2$H$_4$(히드라진)
촉매폭발 : 염소와 수소, 염소와 암모니아, 염소와 아세틸렌

30. 프레온가스가 눈에 들어갔을 때 눈 세척에 쓰이는 약품 : 희붕산 용액

31. 온도 상승에 따른 순 백금선(동, 니켈)의 전기 저항이 증가하는 현상을 이용한 온도계 : 저항 온도계

32. 압축가스 : 산소, 수소, 질소, 이산화탄소

33. 액화되어 나오는 순서 : O$_2$(-183℃) - Ar(-186℃) - N$_2$(-196℃)

34. 시험지 변색표

종류	시험지 명	변색 상태
암모니아	적색 리트머스 시험지	청색변
염소	KI 전분지(요오드 칼륨 전분지)	
시안화수소	질산구리 벤젠지	
일산화탄소	염화 피라듐지	흑색변
황화수소	연당지	
포스겐	하리슨 시험지	심등색(오렌지색)변
아세틸렌	암모니아성 염화 제1동 착염지	적색변
아황산가스	암모니아 적신 헝겊	흰 연기

35. 다공질물의 다공도 : 75% 이상~92% 미만

36. 상온 상압의 물 1cc에 녹는 기체 암모니아의 양 : 800cc 용해

37. 온도 상승 방지 조치기준 시 방류둑을 설치한 경우 : 10m 이내

38. 천연 가스의 주성분 : 메탄(CH_4)

39. 전자식 유량계 : 페레데이의 전자유도 법칙

40. 유량계의 종류
    ① 차압식 : 벤튜리, 플로우, 오리피스 미터
    ② 용적식 : 습식, 건식, 오우벌식, 루츠식, 로터리피스톤, 로터리베인
    ③ 유속식 : 수도미터
    ④ 면적식 : 로터미터

41. 플레어스텍 : 지표면 복사열 $4,000kcal/m^2h$ 이하
    긴급용 벤트스텍 : 10m 이상
    안전밸브 작동 압력 : $TP \times 8/10$ 이하

42. 운전 책임자 동승 기준

성 질	압축가스	액화가스
독 성	$100m^3$ 이상	1ton 이상(1,000kg)
가연성	$300m^3$ 이상	3ton 이상(3,000kg)
조연성	$600m^3$ 이상	6ton 이상(6,000kg)

43. 시안화수소 장기간 저장하지 못하는 이유 : 중합폭발(수분 2% 함유시)

44. 저장탱크 열 침입 원인
    ① 안전밸브, 밸브 등에 의한 열전도
    ② 지지요크에 의한 열전도

제1부 핵심요점정리

③ 연결되는 파이프를 따라오는 열전도
④ 외면으로부터 열복사
⑤ 단열재를 충전한 공간에 남은가스 분자의 열전도

45. **독성가스 가스누설 대비책** : 흡수장치, 중화장치 설치

46. **베이퍼록** : 저비점 액체이송 시 펌프 입구쪽에서 액체가 끓는 현상
   원인 ① 관경이 적은 경우   ② 펌프의 회전수가 큰 경우
         ③ 유속이 큰 경우   ④ 배관을 단열하지 않은 경우

47. 기체의 체적이 커지면 밀도는 작아진다.

48. 일산화탄소와 염소가 반응하면 포스겐이 생성된다.

49. 암모니아를 사용하는 냉동장치의 시운전시 사용해서는 안 되는 것 : 산소

50. **접촉 온도계** : 수은, 유리, 베크만, 알콜, 열전대, 바이메탈, 전기저항, 피에조 전기 압력계
   비 접촉 온도계 : 광고, 방사, 색, 광전관식(700~3,000℃)

51. **자연발화** : 분해열에 의한 발화, 산화열에 의한 발화, 미생물에 의한 발화, 흡착물에 의한 발화, 중합열에 의한 발화

52. **수소취성(탈탄작용)**
   ① 고온, 고압시 탄소 함유량 많을 시
   ② 방지원소 : 바나듐, 몰리브덴, 티탄, 텅스텐, 크롬(바몰티텅크)

53. **충전용 분말** : 규조토, 알루미늄 분말, 퍼얼 라이트

54. 가스설비 및 저장설비, 용기 보관장소, 가스 계량기 : 2m 이상

55. **압축기 윤활유**
   ① 공기, 수소, 아세틸렌 압축기 : 양질의 광유
   ② 산소 : 물 또는 10% 이하의 묽은 글리세린 수
   ③ LP 가스 : 식물성 유
   ④ 염소 : 농황산
   ⑤ 염화 메탄, 아황산가스 : 화이트 유

56. **가연성가스** : 전부 왼나사(NH_3, CH_3Br 제외)
   기타가스 : 오른 나사

57. **아세틸렌의 폭발** : 산화폭발, 분해폭발, 화합폭발

58. 수분이 존재하면 부식을 일으키는 가스 : Cl_2, $COCl_2$, SO_2, CO_2

59. 초저온 용기의 단열 시험용 저온 액화 가스 : 산소, 아르곤, 질소

60. 오르잣트 법
    ① CO_2 : KOH 30% 수용액
    ② O_2 : 알카리성 피롤카롤 용액
    ③ CO : 암모니아성 염화제 1동 용액

    헴펠법
    ① CO_2 : KOH 30% 수용액
    ② $CmHn(C_2H_2)$: 발연 황산 25%
    ③ O_2 : 알카리성 피롤카롤 용액
    ④ CO : 암모니아성 염화제 1동 용액

    게겔법
    ① CO_2 : KOH 30% 수용액
    ② C_2H_2 : 요드 수은 칼륨 용액
    ③ $n-C_4H_8$: 87% 황산
    ④ C_2H_4 : 취소 수용액
    ⑤ O_2 : 알카리성 피롤카롤 용액
    ⑥ CO : 암모니아성 염화제 1동 용액

61. 암모니아 : 중화 적정법

62. 특정설비 : 저장탱크, 긴급차단장치, 역화방지장치, 역류방지밸브, 안전밸브, 기화기

63. 밀도의 단위 : g/cm^3, kg/m^3

64. 유수식 가스 홀더의 특징(제구기동가)
    ① 제조 설비가 저압인 경우 사용
    ② 구형 가스 홀더에 비해 유효 가동량이 크다.
    ③ 기초비가 많이 든다.
    ④ 동결 방지 장치 필요
    ⑤ 가스가 건조해 있으면 수분 흡수

65. 고압식 액화 산소 분리 장치에서 원료 공기는 압축기에서 어느 정도 압축 하는가?
    150~200atm

66. ① 부취제의 구비조건(독도는 도보가능)
    ㉠ 독성 및 가연성이 아닐 것
    ㉡ 도관을 부식 시키지 말 것
    ㉢ 도관 내의 상용 온도에서 응축 되지 말 것
    ㉣ 보통 존재하는 냄새와 명확히 구별 될 것
    ㉤ 가스관이나 가스 미터에 흡착되지 말 것

② 종류 (취기의 강도 : TBM > THT > DMS)
　㉠ THT(테트라 히드로 티오펜) : 석탄 가스 냄새
　㉡ TBM(터시어리 부틸 메르캅탄) : 양파 썩는 냄새
　㉢ DMS(디메칠 썰 파이드) : 마늘 냄새
③ 부취제가 누설 시 제거하는 방법 (활학연)
　㉠ 활성탄에 의한 흡착
　㉡ 화학적 산화처리
　㉢ 연소법
④ 부취제 주입 설비
　㉠ 펌프 주입 방식 : 다이어프램 펌프 사용
　㉡ 적하 주입 방식 : 중력을 이용
　㉢ 미터 연결 바이패스 방식 : 오리피스의 차압 이용
⑤ 공기중의 1/1,000 상태에서 감지(0.1%)

67. 공업용 용기 도색
　청 탄산 산록에서 황아세 안주삼아 수주잔 높이들고 백암산 바라보니,
　　① 　②　　　　③　　　　　④　　　　　⑤
　염소는 갈색으로 보이고, 쥐들은 기타를 치더라.
　　⑥　　　　　　　　　　⑦
　① 탄산가스 : 청색　　② 산소 : 녹색
　③ 아세틸렌 : 황색　　④ 수소 : 주황
　⑤ 암모니아 : 백색　　⑥ 염소 : 갈색
　⑦ 기타 : 쥐색 (회색)
　※ 가스명칭 : ① 아세틸렌, 암모니아 : 흑색 ② LPG : 적색 ③ 기타 : 백색

68. 용기 도색(의료용)
　질흑 같은 밤에자고 탄희를 싸게 주면 청아한 산소에서 백르가 헬기로 갈아채 가더라.
　　①　　　　②　　　③　　　④　　　⑤　　　　⑥　　　⑦
　① 질소 : 흑색　　　　② 에틸렌 : 자색
　③ 탄산가스 : 회색　　④ 싸이크로 프로판 : 주황색
　⑤ 아산화질소 : 청색　⑥ 산소 : 백색
　⑦ 헬륨 : 갈색
　※ 가스 명칭 : ① 산소 : 녹색 ② 기타 : 백색

69. 부탄의 기화열 : 92.1kcal/kg　임계압력 : 37.5atm
　　　프로판의 기화열 : 101.8kcal/kg 임계압력 : 42atm

70. 가스미터의 기밀시험 : 1,000mmH$_2$O (요즘은 1,500 mmH$_2$O)

71. 경보장치의 경보기가 울리기 시작한 압력 = 상용압력 + 2kg/cm^2
72. 방호벽 설치 : 저장탱크 저장량 300kg 이상 (압축가스 60m^3 이상)
    ① 용기 보관실 벽 ② 기화설비 주위 ③ 압축기와 충전 장소 사이 ④ 충전 장소와 충전 용기 보관 장소 사이 ⑤ 압축기와 충전 용기 보관 장소 사이
73. 안전밸브 설치 : 저장량 300kg 이상
74. 액화 염소 안전거리 유지 : 저장량 500kg 이상
75. 폭발등급
    ① 1등급(0.6mm 초과 시) : 아세톤, 가솔린, 벤젠, 일산화탄소, 암모니아, 에탄, 메탄, 프로판, 부탄
    ② 2등급(0.4mm 초과 0.6mm 이하 시) : 에틸렌, 석탄가스
    ③ 3등급(0.4mm 이하) : 수소, 수성가스, 아세틸렌, 이황화탄소
76. LPG 충전기의 충전 호스 길이 : 5m 이내
    가정용 충전기의 충전 호스 길이 : 3m 이내
77. 구형 저장탱크의 특징
    ① 강도가 크다.   ② 용량이 크다.
    ③ 형태가 아름답다.   ④ 표면적이 적어도 된다.
    ⑤ 기초구조 단순, 공사 용이
78. 정압기의 조도 : 150lux 이상
79. 펌프를 직렬로 연결 : 유량 일정, 양정 증가
    펌프를 병렬로 연결 : 유량 증가, 양정 일정
80. 고압가스 일반 제조시험의 처리 설비실은 천정, 벽, 바닥의 두께 : 30cm 이상
81. 다단 압축기의 단수 결정 사항(최연동취)
    ① 최종 토출 압력 ② 연속 운전 여부
    ③ 동력의 경제성 ④ 취급가스의 종류 및 취급 가스량
82. 수분 2% 함유시 중합폭발 : HCN
83. 재해제(중화제)
    ① 염소 : 소석회, 가성소다, 탄산소다(염소가탄)
    ② 황화수소 : 가성소다, 탄산소다(황가탄)
    ③ 포스겐 : 가성소다, 소석회(포가소)
    ④ 시안화수소 : 가성소다(시가)
    ⑤ 아황산가스 : 물, 가성소다, 탄산소다(아물가탄)

⑥ 암모니아, 산화에틸렌, 염화 메탄 : 다량의 물(암산염물)

84. 아세톤의 충전량

다공질물의 다공도	내용적 10ℓ 이하	다공질물의 다공도	내용적 10ℓ 초과
90% 이상 92% 미만	41.8% 이하(−3.3)	90% 이상 92% 미만	43.4%
83% 이상 90% 미만	38.5% 이하(−1.4)	87% 이상 90% 미만	42.0%
80% 이상 83% 미만	37.1% 이하(−2.3)	75% 이상 87% 미만	40.0%
75% 이상 80% 미만	34.8% 이하		

85. DMF 충전량

다공질물의 다공도	내용적 10ℓ 이하	내용적 10ℓ 초과
90% 이상 92% 미만	43.5% 이하(−2.4)	43.7% 이하(−0.9)
85% 이상 90% 미만	41.1% 이하(−2.4)	42.8% 이하(−2.5)
80% 이상 85% 미만	38.7% 이하(−2.4)	40.3% 이하(−2.5)
75% 이상 80% 미만	36.3% 이하	37.8% 이하

86. 제조소 경계와 : 20m 이상 유지(제경이)
    고압가스 설비와 다른 고압가스 설비 : 30m 이상 유지(고고삽)
    처리 능력이 20만m³인 압축기 : 30m 이상 유지

87. 고압가스 공급자의 안전점검 기준(설화배가)
    ① 충전 용기의 설치 위치
    ② 충전 용기와 화기와의 거리
    ③ 충전 용기와 배관의 설치 상태
    ④ 가스 용품의 관리 및 작동 상태

88. 정전기 제거 기준
    ① 접지를 한다.
    ② 공기를 이온화 한다.
    ③ 상대 습도를 70% 이상으로 한다.

89. 합격 용기의 각인 또는 표시
    TP = 내압시험 압력
    AP = 기밀시험 압력
    FP = 최고 충전 압력
    TW = 아세틸렌 용기, 밸브, 다공질물 및 용제 질량
    W = 용기 질량
    V = 내용적

90. 용기 부속품 기호
　　AG : 아세틸렌 가스를 충전하는 용기 부속품
　　PG : 압축가스를 충전하는 용기 부속품
　　LT : 초저온 및 저온 가스를 충전하는 용기 부속품
　　LPG : 액화 석유 가스를 충전하는 용기 부속품
　　LG : 액화 석유 가스 외의 가스를 충전하는 용기 부속품

91. 성질에 따른 분류 : 가연성 가스, 조연성 가스, 불연성 가스
　　상태에 따른 분류 : 압축 가스, 액화 가스, 용해 가스

92. 기능검사
　　충전용 주관 압력계 : 월 1회 이상
　　기타 압력계 : 3월에 1회 이상

93. 과산화수소와 동, 망간 등의 접촉 시 폭발 : 분해폭발

94. 가스미터의 사용 공차 : ±4%, 가스미터의 검정 공차 : 1.5%

95. 관내를 흐르는 유체의 압력 강하에 관한 설명
$$h[\text{mmH}_2\text{O}] = \frac{Q^2 \times S \times L}{K^2 \times D^5}$$
　① 유량의 제곱에 비례한다.
　② 가스 비중이 비례한다.
　③ 관 길이에 비례한다.
　④ 유량계의 제곱에 반비례 한다.
　⑤ 관 내경의 5승에 반비례한다.

96. 공기 액화 분리장치 폭발 원인(오질탄아)
　① 액체 공기 중의 오존의 혼입
　② 공기 중에 질소 산화물 혼입
　③ 압축기용 윤활유 분해에 따른 탄화수소 생성
　④ 공기중 아세틸렌의 혼입

97. 다이어프램 압력계의 특징(미부온정이)
　① 미소 압력 측정
　② 부식성 유체 측정 가능
　③ 온도의 영향을 받기 쉽다.
　④ 측정의 응답 속도가 빠르다.
　⑤ 이상 압력으로 파손 되어도 위험성이 적다.

98. 정압기의 특성
   정 특성 : 유량과 2차 압력의 관계(이유정)
   동 특성 : 부하 변화가 큰 곳(동부)
   유량 특성 : 메인 밸브 열림과 유량과의 관계(유메)
   사용 최대 차압 및 최소 차압
   ※ 정압기 분해 점검 : 2년에 1회 이상

99. 정압기의 종류 : 레이놀드식, 피셔식, 엑셀 플로우식

100. 불꽃방지 공구 : 플라스틱, 나무, 고무, 베릴륨, 베아론 합금, 가죽

101. 조작 상자와 후 범퍼 : 20cm 이상(조이꽁)
   저장 탱크 후면과 후 범퍼 : 30cm 이상(후삼꽁)
   주 밸브와 후 범퍼 : 40cm 이상(주사꽁)

102. 용적형 압축기의 종류 : 왕복식, 회전식, 스크류식

103. 저압인 가스정제 설비에서 압력의 이상 상승 방지기 : 수봉기

104. 기준 냉동 싸이클에서 토출가스 온도가 가장 높은 냉매는? NH_3

105. 가스설비 및 저장설비, 용기보관 장소, 가스계량기 : 우회거리 2m 이상

106. 건조한 도시가스 $1m^3$당
   ① 황전량 : 0.5g 이하
   ② 암모니아 : 0.2g 이하
   ③ 황화수소 : 0.02g 이하

107. 메탄(0.42kg/l), 프로판(0.508kg/l), 부탄(0.582kg/l) : 물보다 가볍다

108. 냉동기 냉매로 쓰이는 것 : 프레온, 이산화탄소, 암모니아

109. 압력 조정기 출구에서 연소기 입구까지의 배관 및 호스 : 840~1,000mmH_2O

110. 수소, 헬륨을 냉매로 하는 것이 특징이며, 장치가 소형인 액화장치 필립스식 액화장치

111. LPG 충전 및 저장 시설 내압 시험 시 공기를 사용하는 경우 우선 상용 압력의 몇 %까지 승압하는가? 상용 압력의 50% 까지

112. 압축기 실린더 상부에 스프링을 지지시켜 실린더 내의 액이나 이물질이 침입하여 압축시 압축기가 파손되는 것을 방지하는 보호장치 : 안전두

113. 열전대온도계
   두 금속의 열기전력을 이용 측정하고, 제백 효과 이용

① PR(백금-백금로듐) : 고온 측정용(0~1,600℃)
　　　　　　　　　　금속 증기에 침식
　　　　　　　　　　산화성 분위기에 가장 강하다.
② CA(크로멜-알루멜) : 0~1,200℃
　　　　　　　　　　산화성 분위기에 노화가 빠르다.
③ IC(철-콘스탄탄)　 : -20~850℃
　　　　　　　　　　환원성 분위기에 가장 강하다.
④ CC(동-콘스탄탄)　 : 저온 측정용(-200~350℃)
　　　　　　　　　　수분에 의한 내식성이 강하다.

114. 암모니아 합성공정
① 저압법 : 150kg/cm² 전, 후(케로그 법, 구우데 법)
② 중압법 : 300kg/cm² 전, 후(뉴우데 법, IG 법, 케미그 법, J.C.I 법, 동공시 법)
③ 고압법 : 600~1,000kg/cm² 전, 후(클로드 법, 카쟈레 법)

115. 0족 (18족) 상온에서 안정된 가스 : 헬륨(황색), 네온(주황색), 아르곤(적색), 크립톤, 크세논, 라돈(헬네아크세라)

116. 냉매로 사용하는 무독성 기체 : CCl_2F_2(프레온 12)

117. 내압시험 압력　- C_2H_2 = FP(최고 충전압력) × 3
　　　　　　　　　- 기타(산소, 수소, 질소) = FP × 5/3
　　기밀시험 압력　- C_2H_2 = FP × 1.8
　　　　　　　　　- 초저온 및 저온 = FP × 1.1
　　　　　　　　　- 기타(프로판) = FP 이상

118. 최고충전압력 : C_2H_2(15.5kg/cm²), 산소, 수소, 질소(150kg/cm²)
　　프로판(C_3H_8) : 15.6kg/cm²

119. 안전밸브 작동 압력 = TP × 8/10배 이상

120. 고압시험의 내압 시험 압력 = 사용 압력 × 1.5배 이상

121. 에노우드 → 캐소우드로 하는 전기 방식법 : 외부 전원법

122. 운행 중 가스의 온도 : 40℃ 이하 유지
　　습식 아세틸렌 가스 발생기의 표면 온도 : 70℃ 이하 유지

123. LPG 충전 집단 공급 저장시설의 공기 내압시험 시 상용 압력의 일정 압력이상 승압 후 단계적으로 승합 시킬 때 : 상용압력의 10%씩 증가

124. 2중 배관으로 해야 할 독성가스(포황시 아산암메염 발생)
포스겐, 황화수소, 시안화수소, 아황산가스, 산화에틸렌, 암모니아, 염화메탄, 염소
방호 구조물 내 설치(포황시 아염불아)
포스겐, 황화수소, 시안화수소, 아황산가스, 염소, 불소, 아크릴 로니트릴

125. 아세틸렌은 몇 기압 이상이면 위험한가? 1.5 기압 이상

126. 절토한 경사면 부근에 배관을 매설할 경우 미끄럼면의 안전율 : 1.3 이상

127. LPG의 주성분 : 프로판, 프로필렌, 프로틴, 부탄, 부틸렌
(C_3H_8, C_3H_6, C_3H_4, C_4H_{10}, C_4H_8)

128. 확인주기

액화산소 동내의 액화산소	1일 1회 이상 분석
시안화수소 저장 시 질산구리 벤젠지로 누설검사	1일 1회 이상
충전 설비 점검	1일에 1회
고압가스의 품질 검사	1일에 1회
보호구 장착 훈련	3개월마다 1회 이상 실시
충전용 주관의 압력계	매월 1회 이상
기타 압력계	3개월에 1회 이상
압축기 최종단	1년에 1회 이상
냉동 설비로 쓰이는 압축기 최종단	6개월에 1회 이상
기타	2년에 1회 이상
정압기 작동 상황 점검	1주일에 1회 이상
정압기 분해 점검	2년에 1회 이상
공기 액화 분리 장치 세척	1년에 1회(사염화탄소)
배관의 누설 검사는 매몰한 날 이후	3년에 1회 이상
최고 사용 압력이 고압인 경우	1년에 1회 이상

129. 가스미터의 특징
① 막식 가스미터(가정용) (저부대가)
  ㉠ 저가이다.
  ㉡ 부착 후 유지 관리에 시간을 요하지 않는다.
  ㉢ 대용량에 부적당하다.
  ㉣ 가정용이다.
  ㉤ 유량은 1.5~200m³/h
② 습식 가스미터(드럼형) (기계수면실)
  ㉠ 기차 변동이 거의 없다.
  ㉡ 계량이 정확하다.

ⓒ 수위 조정 등의 관리가 필요하다.
　　② 설치 면적이 크다.
　　⑩ 실험실 용
　　⑭ 유량은 0.2~3,000m³/h
③ 루츠식 가스미터(공업용) (대중적소스)
　　㉠ 대유량 가스 측정 적합
　　ⓒ 중압 가스 계량 가능
　　ⓒ 설치 면적이 적다.
　　② 소 유량에서는 부동의 우려가 있다.
　　⑩ 스트레이너 설치 후 유지관리 필요
　　⑭ 유량은 100~5,000m³/h

130. 캐리어가스 : 수소, 헬륨, 질소, 아르곤(수헬질아)

131. 폭발범위는 공기 중에서 보다 산소 중에서 넓어진다.

132. 고압가스 냉매설비의 기밀시험 시 압축 공기를 공급할 때 공기 온도 : 140℃ 이하

133. 공기를 함유하지 않은 할로겐 가스에는 내식성이 크지만 습 할로겐 가스에는 부식이 되는 관 : 동관

134. 염소 가스를 취급 하다가 눈이 중독되어 충혈 되었을 때 응급처리 붕산수 3% 정도로 씻어낸다.

135. 아세틸렌은 몇 % 이상의 구리 합금을 사용해서는 안되는가? 62%

136. 도시가스 배관을 보호하기 위하여 설치하는 희생 양극법에 의한 전위 측정용 터미널 : 300m 이내의 간격으로 설치, 유전양극법(300m 이내), 선택배류법(500m 이내)

137. 폭속(폭굉) : 가스중의 화염의 전파 속도가 음속보다 빠른 경우의 폭발로서, 파면 선단에 충격파라고 하는 압력파가 생겨 격렬한 파괴 작용을 일으키는 것으로서, 속도는 1,000~3,500m/sec 이다.
폭굉 유도거리가 짧아지는 조건(고정관점)
① 고압일수록
② 정상연소 속도가 클수록
③ 관속에 방해물이 있거나 관경이 가늘수록
④ 점화원의 에너지가 클수록
파면압력 : 2배 상승
폭굉되어 벽에 부딪히면 : 3.5배 상승
밀폐된 공간 : 7~8배

138. 강제 기화장치 중 온수를 매체로 하는 기화 방식 : 전기, 증기, 가스 가열식
139. LPG 누설시 가장 쉬운 식별 방법 : 냄새로서 식별
140. 안전거리

처리능력 및 저장능력 (액화가스 kg, 압축가스 [m³])	독성 및 가연성		산소		기타(질소)	
	1종	2종	1종	2종	1종	2종
1만 이하	17m	12m	12m	8m	8m	5m
2만 이하	21m	14m	14m	9m	9m	7m
3만 이하	24m	16m	16m	11m	11m	8m
4만 이하	27m	18m	18m	13m	13m	9m
5만 이하	30m	20m	20m	14m	14m	10m

141. 수성가스 : $CO + H_2$
142. 특정 고압가스 : 산소, 수소, 아세틸렌, 액화 염소, 액화 암모니아
143. 소석회 : 1,000kg 미만 (20kg 이상), 1,000kg 이상 (40kg 이상)
144. 고압가스 운반시 휴대하여야 할 것(차용운이자)
    차량 운행일지, 용량 환산표, 운전 면허증, 이동 계획서, 자격증
145. 연소의 형태
    ① 표면 연소 : 코크스, 목탄, 숯, 금속분
    ② 분해 연소 : 석탄, 목재, 종이, 플라스틱
    ③ 증발 연소 : 알콜, 에테르, 등유, 경유, 휘발유(액체연료)
              나프탈렌, 송지, 장뇌, 파라핀, 양초(고체연료)
    ④ 자기 연소 : 니트로 셀룰로오스, 피크린산, TNT
    ⑤ 확산 연소 : 수소, 아세틸렌, 역화위험 없다.
    ⑥ 예혼합 연소 : 수소, 아세틸렌, 역화위험 있다.
146. 용기 보관실 : 반드시 휴대용 손전등 외 휴대 금지, 설치 금지
147. 산화에틸렌의 저장 탱크는 그 내부의 질소가스, 탄산가스 및 산화 에틸렌 가스의 분위기 가스를 질소가스 또는 탄산가스로 치환하고 몇 ℃ 이하로 유지해야 하는가? 5℃
148. 초저온 용기 : -50℃ 이하,
    충전용기 : 1/2 이상, 잔 가스 용기 : 1/2 미만
149. 배관의 매설
    ① 공동 주택 부지내 : 0.6m 이상

② 철도부지와 수평거리, 도로 경계와 수평거리, 산이나 들, 도로폭이 8m 미만 : 1m 이상 (철도산 도로폭 8m 미만)
③ 시가지 외 도로 노면 밑, 인도, 보도, 방화 구조물 내, 도로 폭이 8m 이상 : 1.2m 이상 (시인방 도로폭 8m 이상)
④ 시가지의 도로 노면 밑 : 1.5m 이상
⑤ 철도부지 및 매설시 궤도 중심과 4m 이상

배관과 수평거리
① 지하 및 터널 : 10m 이상
② 수도 시설로서 독성가스 혼입이 있는 곳 : 300m 이상
③ 건축물 : 1.5m 이상

150. 액화 석유가스의 판매 업소의 용기 보관실의 면적 : $19m^2$ 이상

151. 가스 누설 경보장치로 실내 사용 암모니아 검출 시 지시계 눈금범위 : 150ppm

152. 도시가스 배관의 보호판의 재료로 사용할 수 있는 것 : KSD 3503

153. 펌프의 특성 곡선상 체절운전이란 : 유량이 0일 때 양정이 최대가 되는 운전

154. 압축가스 또는 이산화탄소 등의 고압 액화가스를 충전하는데 사용되는 용기 : 이음매 없는 용기(무계목 용기)

155. 450℃, $200kg/cm^2$의 가스에 사용하는 오토 클레이브의 덮개 : 동

156. 고온 배관용 탄소 강관의 KS 규격 기호 : SPHT

157. 극저온 저장 탱크의 측정 및 차압을 이용 : 햄프슨식 압력계

158. 수송할 가스량이 많고 원거리 이동시 주로 쓰는 방식 : 고압공급

159. 단단 감압식 저압 조정기의 성능에서 조정기 입구측 기밀 시험 압력 : $15.6kg/cm^2$ 이상

160. 고온, 고압 하에서 화학적인 합성이나 반응을 하기 위한 고압 반응솥 : 오토클레이브

161. SNG : 대체 천연가스 또는 합성 천연가스를 말한다.

162. 헨리의 법칙
용해도가 작은 기체만 적용 : O_2, H_2, N_2, CO_2(압축가스)
용해도가 큰 기체는 적용불가 : HCl, NH_3, SO_2, H_2S

163. 공기 액화분리 장치의 액화 산소 방출
액화 산소 $5l$ 중 – 아세틸렌 질량 5mg 초과 시, 탄화수소와 탄소질량 500mg 초과시 운전을 정지하고, 액화산소 방출

164. 통풍구의 크기 : $1m^2 = 300cm^2$ ∴ $3m^2 = 900cm^2$

165. 수소와 산소의 비가 얼마일 때 수소 폭명기라 하는가? 2 : 1

166. 가용전의 재료 : 구리, 주석, 망간, 비스무트

167. 역화방지 장치 설치(｡ㅗ수아)
① 가연성 가스를 압축하는 압축기와 오토 클레이브와의 사이
② 아세틸렌의 고압 건조기와 충전용 교체 밸브 사이
③ 수소 화염 또는 산소 아세틸렌 화염을 사용하는 시설
④ 아세틸렌 충전용 지관

168. 액화 석유가스 저장소 : 내용적 $1l$ 미만 → 총량 250kg 이상

169. 호스가 절단 또는 파손으로 다량의 가스 누설시 자동으로 차단하는 장치 : 휴즈 코크

170. 품질 검사방법
① 산소
　㉠ 순도 : 99.5% 이상
　㉡ 동 암모니아 시약의 오르잣트 법
　㉢ 최고 충전 압력 $120kg/cm^2$ 이상
② 수소
　㉠ 순도 : 98.5% 이상
　㉡ 피롤카롤 또는 하이드로 설파이드 시약의 오르잣트 법
　㉢ 최고 충전 압력 $120kg/cm^2$ 이상
③ 아세틸렌
　㉠ 순도 : 98% 이상
　㉡ 발연 황산 시약의 오르잣트 법
　㉢ 가스 충전은 3kg 이상

171. 보온재의 구비조건(비열사기다흡시)
① 비중이 적어야 한다. (가벼워야 한다.)
② 열 전도율이 적어야 한다. (보온 능력이 커야 한다.)
③ 사용 온도에 견디고 변질되지 말아야 한다.
④ 기계적 강도가 있어야 한다.
⑤ 다공질이며, 기공이 균일해야 한다.
⑥ 흡습성이 적어야 한다.
⑦ 시공이 쉬워야 한다.

172. 카피쟈 공기액화사이클 : 공기의 압축압력 : 7atm
    필립스 공기액화사이클 : 수소나 헬륨을 냉매로한 공기 액화 싸이클
    카스 게이트 액화사이클 : 다량의 메탄을 액화시킴

173. 탄성식 압력계 : 브르돈관, 벨로우즈, 다이어 프램(캡슐식)

174. 저장조 상부로부터 끄집어 낸 압력과 저장조 상부로부터 끄집어 낸 압력의 차로서 액면을 측정 : 차압식 액면계

175. 건조제로 쓰이는 것 : 가성소다, 실리카겔, 활성 알루미나, 활성탄

176. 토출측과 흡입측을 전환 시키며 액송과 가스 회수를 한동작으로 조작이 용이한 것 : 사로밸브

177. 가용전을 사용할 때 용융 온도 - 염소가스 : 65~68℃
                                  - 아세틸렌 : 105±5℃

178. 화기엄금 : 백색바탕에 적색글씨
    충전 중 엔진정지 : 황색바탕에 흑색글씨

179. 도시가스 배관색 : 황색, 매몰배관 : 적색 또는 황색

180. 탱크의 산정식
    압축가스$(Q) = (P+1)V$, 액화가스$(W) = 0.9dV$
    용기 질량 및 차량에 고정된 탱크$(G) = V/C$

181. 상온에서 비교적 용이하게 가스를 압축 액화 상태로 용기에 충전할 수 없는 가스 : 메탄(CH_4)

182. 와류검사, 초음파검사, 방사선검사 : 내부검사 (와초방)
    와류검사, 자분검사, 침투검사 : 외부검사 (와자침)

183. 독성가스 : 허용농도가 200ppm 이하의 것

184. 가연성 가스가 폭발할 위험이 있는 장소의 분류
    0종 장소(가장 위험한 장소), 1종 장소, 2종 장소

185. 일산화탄소 용기 : Ni, Fe, Co 사용금지(카보닐을 생성하기 때문)

186. 진공압력 : kg/cm^2V, 게이지 압력 : kg/cm^2g, 절대압력 : kg/cm^2a

187. 저압식 공기 액화 분리장치의 정류탑 하부의 압력 : 5기압 (5atm)

188. 펌프의 종류
   ① 터보형 : 원심식, 사류식, 축류식   (원사축)
            (볼류트, 터빈)
   ② 용적형 : 왕복식,   회전식   (왕회)
            (피스톤, 플런저, 다이어프램) (베인, 기어, 나사)
   ③ 특수 펌프 : 마찰, 제트, 기포, 수격   (마제기수)

189. 저온 장치에 많이 사용되는 팽창기 : 터보식 팽창기

190. 습성 천연가스 및 원유로부터 LP 가스 제조법 : 흡수법, 냉각법, 흡착법

191. 고온, 고압 하에서 암모니아 가스 장치에 사용하는 금속 : 오스테 나이트계 스텐레스 강

192. $1RT = 2m^3/min$(환기능력), $1RT = 0.5m^2$(개구부),
    통풍능력 : $1m^2$당 $0.5m^3/min$

193. 연소의 3요소 : 가연물, 산소 공급원, 점화원

194. 암모니아 냉매 누설 검지법
   ① 네슬러시약 – 소량 누설시 : 황색
                – 다량 누설시 : 자색
   ② 적색 리트머스지 : 청색
   ③ 염화수소 : 흰 연기
   ④ 페놀프 탈레인 : 홍색

195. 프레온 냉매 누설 검지법(헤라이드 토치램프의 불꽃색으로 검사)
   ① 누설이 없을 때 : 청색   ② 소량 누설시 : 녹색
   ③ 다량 누설시 : 자색   ④ 극심할 때 : 불이꺼짐

196. 물 분무 장치 방사량
    노출된 경우 : $8l/min$, 준 내화구조 : $6.5l/min$, 내화구조 : $4l/min$

197. 고압가스를 운반하는 때에는 운반 중 재해 방지를 위하여 주요사항을 기재한 서면을 휴대하여야 하는 내용 : 고압가스의 명칭, 고압가스의 성질, 고압가스의 주의사항

198. 왕복 펌프 유량의 맥동을 감소시키기 위해 설치하는 것 : 공기실

199. 다단 압축을 하는 목적 (소가힘이)
   ① 소요일량을 줄일 수 있다.
   ② 가스의 온도 상승을 피할 수 있다.
   ③ 힘의 평형 유지
   ④ 이용 효율 증가

200. 연소 방식 : 적화식(1차 공기 0%, 2차 공기 100%)
　　　　　　　분젠식(1차 공기 60%, 2차 공기 40%)
　　　　　　　세미 분젠식(1차 공기 50%, 2차 공기 50%)
　　　　　　　전 1차 공기식(1차 공기 100%, 2차 공기 0%)

201. 저온 장치용 금속재료 : 18-8 스텐레스강, 9% 니켈강, 알루미늄 합금강, 동합금강

202. 고순도 수소를 제조하기 위해 수소중의 산소를 제거하는 방법 : 심랭분리

203. 사용금지
　　프레온 : Mg 및 Mg을 2% 함유한 알루미늄 합금 부식
　　암모니아 : 동, 동합금 사용금지
　　염화메틸 : 알루미늄 사용금지

204. 바퀴 고정목 : LPG(5,000l), 독성(2,000l)

205. 분자 구조가 복잡할수록 착화 온도는 낮아진다.

206. 방폭 전기기기 구조별 표시방법
　　내압 방폭구조 : d, 유입 방폭구조 : o, 압력 방폭구조 : p,
　　본질 안전증 방폭구조 : ia 또는 ib, 안전증 방폭구조 : e, 특수 방폭구조 : s

207. 방호벽, 안전밸브 : 저장 능력 300kg 이상 시
　　안전거리(액화염소) : 저장 능력 500kg 이상 시

208. 왕복식 압축기의 간극용적 : 피스톤이 상사점에 있을 때 가스가 차지하는 체적

209. 수소를 취급하는 고온, 고압 장치용 재료 : 18-8 스텐레스강, 크롬-바나듐강

210. 액화 석유가스 용기에 사용되고 있는 조정기 : 유출 압력을 조정

211. 엔탈피의 차를 측정하여 노즐로부터의 분출 증기 속도 등을 쉽게 알 수 있는 것 : $i-s$ 선도

212. 압축 일량이 가장 큰 것 : 단열 압축

213. 비체적 m^3/kg : 단위 중량당 체적

214. 대기압보다 낮은 상태의 압력 : 진공압력

215. 표준 대기압에서 순수한 물 1lb를 1℃ 변화 시키는 열량 : 1CHU

216. 표준대기압 : 공기가 지구 표면을 내려 누르는 힘
　　$1atm(atmosphere) = 76cmHg = 760mmHg = 0.76mHg = 1033.2g/cm^2$
　　　　　　　　　　　$= 1.0332kg/cm^2 = 10332kg/m^2 = 1033.2cmH_2O$
　　　　　　　　　　　$= 10332mmH_2O = 10.332mH_2O$

$$= 14.7\text{Lb/in}^2(\text{파운드 퍼 스퀘어 인치})$$
$$= 30\text{inHg}(29.92\text{inHg}) = 1.013\text{bar}(\text{바})$$
$$= 1013\text{mbar}(\text{미리바}) = 101325\text{Pa}(\text{파스칼})$$
$$= 101325\text{N/m}^2(\text{뉴턴}) = 101325\text{kPa}(\text{킬로 파스칼})$$
$$= 0.10332\text{MPa}(\text{메가 파스칼})$$

217. 액화 산소 저장 탱크 방류둑의 저장 능력 상당용적 : 60% 이상

218. 가스 폭발 등과 같이 급속한 압력 변화를 측정하는 압력계 : 피에조 전기 압력계

219. 용기 밸브의 그랜드 너트의 6각 모서리의 V형의 홈을 낸 것 : 왼 나사임을 표시

220. 스케줄 번호가 의미 하는 것 : 파이프의 두께

221. 공기 액화 분리법으로 얻는 것 : 산소, 질소, 아르곤

222. 압력이 높으면 연소 범위가 좁아지는 가스 : CO(일산화탄소)

223. 도시가스 사용 시설의 기밀시험 압력 : 최고 사용 압력의 1.1배 또는 8.4kPa 중 높은 압력 이상

224. 산소 저장 설비 : 5m 이내 취급금지

225. 도시가스 배관의 보호판의 도막 두께는 몇 μm 이상 되도록 방청도료를 코팅하는가? $80\mu m$

226. 도시가스 배관이 하천을 횡단하는 배관 주위의 흙이 사절토의 경우 방호 구조물의 비중 : 물의 비중 이상

227. 도시가스의 공급 지역이 넓어 수요가 증가함으로서 가스 압력이 부족하게 될 때 사용되는 가스 공급 시설 : 압송기

228. 펌프의 토출구 및 흡입구에서 압력계의 바늘이 흔들리는 동시에 유량이 감소되는 현상 : 맥동 현상

229. 프레온가스의 원소 성분 : C, H, Cl, F

230. 아세틸렌은 동, 은, 수은 등과 화합하여 폭발성 물질인 아세틸라이드를 생성 위험 하므로 사용금지

231. 철도 부지 밑 : 1.2m 이상(시, 인, 방, 도로폭 8m 이상)

232. 과 충전 방지 장치
 일반적 용량의 저장 탱크 : 90%
 소형 저장 탱크 : 85%

233. **위험 표지**
   ① 백색 바탕에 흑색 글씨(주의는 적색)
   ② 문자의 크기 : 가로 및 세로 각각 5cm 이상
   ③ 식별 거리 : 10m 이상

   식별 표지
   ① 백색 바탕에 흑색 글씨(가스 명칭은 적색)
   ② 문자의 크기 : 가로 및 세로 10cm 이상
   ③ 식별 거리 : 30m 이상

234. **경보 설정 값**
   수소 : 4~75% (폭발 하한의 1/4 = 4 × 1/4 = 1%)
   아세틸렌 : 2.5×81% (폭발 하한의 1/4 = 2.5 × 1/4 = 0.625%)
   암모니아 : 독성가스(허용 농도 이하) 25ppm
   일산화탄소 : 독성가스(허용 농도 이하) 50ppm

235. **특정 고압가스** : 산소, 수소, 아세틸렌, 염소, 암모니아, 천연가스

236. 저압 압축기로서 대용량을 취급할 수 있는 압축기의 형식 : 원심식

237. 주철관 접합법 : 소켓, 타이톤, 빅토리, 기계적 플랜지 접합

238. 촉매를 사용하여 사용 온도 400~800℃에서 탄화수소와 수증기를 반응시켜 메탄, 수소, 일산화탄소, 이산화탄소로 변화하는 방법 : 접촉 분해 공정

239. 원유, 중유, 나프타 등의 원료를 800~900℃의 고온으로 분해하여 높은 열량(10,000kcal)의 가스를 제조하는 방법 : 열분해 공정

240. **대기 중에 존재하는 원소**
   N_2 : 78%, O_2 : 21%, Ar : 0.97%, CO_2 : 0.03%

241. 공기를 압축시 주로 사용되는 압축기의 형식 : 왕복동식 압축기

242. 산화 철이나 산화 알루미늄에 의해 중합 반응을 생성하는 가스 : 산화에틸렌

243. 안전밸브 – 파열판식 : 압축가스(산소, 수소, 질소)
   – 스프링식 : LPG
   – 가용전식 : Cl_2, C_2H_2

244. 액화 석유가스 저장 능력이 500kg 이상인 고속도로 휴게소에는 소형 저장 탱크를 설치한다.

245. 관의 구부러진 부분의 접합에 사용 되는 것 : 엘보

246. 강관의 녹을 방지하기 위해 페인트를 칠하기 전에 먼저 사용되는 도료 : 광명단 도료

247. 압축기 사용시 장점(이잔베)
① 이, 충전 시간이 짧다.
② 잔 가스 회수 가능
③ 베이퍼록의 우려가 없다.
압축기 사용시 단점
① 액화의 우려가 있다.
② 드레인의 우려가 있다.

248. 1차 압력계 - 액주계(U자관, 단관식, 경사관식, 이액마노미터)
        - 부유 피스톤식 압력계(브르돈관 압력계 눈금 교정용)
    2차 압력계 - 브르돈관, 벨로우즈, 다이어프램 압력계

249. 부식성 유체나 고 점도의 유체 및 소량의 유체 측정에 가장 적합한 유량계 : 면적식 유량계

250. 급 배기 방식에 따른 연소기구 중 실내에서 연소용 공기를 흡입하여 실내로 방출하는 방식 : 개방형

251. 극성 : 물에 녹는 것
    무극성 : 물에 녹지 않는 것

252. 유리병에 보관해서는 안되는 가스 : HF(불화수소)

가스기능장

제 2 부

필기 기출문제

밀기울초무침

2018년도 제 63 회

문제 01 Dalton의 법칙에 대한 설명으로 옳지 않은 것은?

① 모든 기체에 대해 정확히 성립한다.
② 혼합기체의 전압은 각 기체의 분압의 합과 같다.
③ 실제기체의 경우 낮은 압력에서 적용할 수 있다.
④ 한 기체의 분압과 전압의 비는 그 기체의 몰수와 전체 몰수의 비와 같다.

[해설] **달톤의 분압법칙** : 혼합기체의 전체압력은 각 성분기체 분압의 총압과 같다.

$$\text{분압} = \text{전압} \times \frac{\text{성분기체 몰수}}{\text{전 몰수}} = \text{전압} \times \frac{\text{성분기체 부피}}{\text{전 부피}}$$

$$= \text{전압} \times \frac{\text{성분기체 분자량}}{\text{전 분자량}}$$

문제 02 완전가스의 비열비(specific heat ratio)에 대한 설명 중 틀린 것은?

① 비열비 k는 $\dfrac{C_p}{C_v}$로 나타낸다.
② 비열비는 온도에 관계없이 일정하다.
③ 공기의 비열비는 1.4 정도이다.
④ 단원자보다 3원자 분자 이상 기체의 비열비가 크다.

[해설] 비열비(k)는 항상 1보다 크다.

$k = \dfrac{C_p}{C_v} > 1$

① 단원자분자 : 1.66
② 2원자분자 : 1.4
③ 3원자분자 : 1.3

해답 01. ① 02. ④

제 2 부   필기 기출문제

 **03** 열역학 제2법칙에 대한 설명으로 옳은 것은?

① 일을 소비하지 않고 열을 저온체에서 고온체로 이동시키는 것은 불가능하다.
② 열이 높은 쪽에서 낮은 쪽으로 이동하여 마침내 온도의 차가 없는 열평형을 이룬다.
③ 온도가 일정한 조건에서 기체의 체적은 압력에 반비례한다.
④ 절대온도 0도에서는 엔트로피도 0이다.

해설 **열역학 제2법칙**(엔트로피의 법칙) : 일을 할 수 있는 능력에 관한 법칙
① 열의 그 자신으로는 다른 물체에 아무런 변화도 주지 않고 저온의 물체에서 고온의 물체로 이동하지 않는다.(클라우시스)
② 켈빈플랭크 : 고온체로부터 받은 열량을 전부 일로 전화시키는 열기관은 있을 수 없으며 그 일부는 반드시 저온체로 전달되어야 한다.
∴ 열효율이 100%인 기관은 만들 수 없다.

 **04** 이상기체 n몰에 대한 상태방정식으로 가장 옳은 것은?

① $PV = RT$
② $PV = nRT$
③ $PV = R$
④ $\dfrac{V}{T} = R$

해설 **이상기체상태방정식**
① $PV = nRT$ ② $PV = \dfrac{WRT}{M}$ ③ $PV = \dfrac{ZWRT}{M}$ ④ $PV = GRT$
여기서, P : 압력(atm), V : 체적(L), n : 몰수(mol) W : 질량(g)
R : 기체상수 0.082(L·atm/mol·°K), T : 절대온도(°K)

05 산화에틸렌에 대한 설명으로 가장 거리가 먼 것은?

① 폭발범위는 약 3.0~80%이다.
② 공업적 제법으로는 에틸렌을 산소로 산화해서 합성한다.
③ 액체 상태에서 열이나 충격 등으로 폭약과 같이 폭발을 일으킨다.
④ 철, 주석, 알루미늄의 무수염화물, 산·알칼리, 산화알루미늄 등에 의하여 중합발열한다.

해답   03. ①   04. ②   05. ③

해설 산화에틸렌은 분해폭발, 중합폭발을 한다.

문제 06
다음 각 가스의 성질에 대한 설명 중 옳지 않은 것은?
① 일산화탄소는 독성가스이고 또한 가연성가스이다.
② 암모니아는 산이나 할로겐과 잘 화합하고 고온, 고압에서는 강재를 침식한다.
③ 산소는 반응성이 강한 가스로서 가연성 물질을 연소시키는 조연성(助燃性)이 있다.
④ 질소는 안정한 가스로서 불활성 가스라고도 하는데 고온하에서도 금속과 화합하지 않는다.

해설 질소는 금속과 반응을 한다.
① $Mg_3 + N_2 \rightarrow Mg_3N_2$ (질화마그네슘)
② $Li_3 + N_2 \rightarrow Li_3N_2$ (질화리튬)

문제 07
포스겐($COCl_2$) 가스를 검지할 수 있는 시험지는?
① 리트머스 시험지   ② 염화파라듐지
③ 하리슨 시험지   ④ 연당지

해설 **시험지명 및 변색상태**

가스	시험지	변색
암모니아	적색 리트머스 시험지	청색
염소	KI 전분지	
시안화수소	질산구리 벤젠지	
일산화탄소	염화파라듐지	흑색
황화수소	연당지(초산납시험지)	
포스겐	하리슨 시험지	오렌지색(심등색변)
아**세**틸렌	염화제1동 착염지	적색변
아**황**산가스	암모니아 적신 헝겊	흰 연기

해답 06. ④ 07. ③

 **문제 08** 다음 중 중합폭발을 일으키는 가스는?

① 오존 ② 시안화수소
③ 아세틸렌 ④ 히드라진

해설
산화폭발 : 프로판, 부탄, 메탄 등
분해폭발 : 아세틸렌, 산화에틸렌, 히드라진
중합폭발 : 산화에틸렌, 시안화수소
촉매폭발 : 염소와 아세틸렌, 염소와 수소, 염소와 암모니아

 **문제 09** 1[torr]는 약 몇 [Pa]인가?

① 14.5 ② 133.3
③ 750.0 ④ 760.0

해설
1atm = 760Torr = 101325Pa = 76cmHg = 760mmHg
760Torr = 101325Pa
1Torr = x

$\therefore x = \dfrac{1\text{Torr} \times 101325\text{Pa}}{760\text{Torr}} = 133.32\text{Pa}$

 **문제 10** 어떤 기체 100mL를 취해서 가스분석기에서 CO_2를 흡수시킨 후 남은 기체는 88mL이며, 다시 O_2를 흡수시켰더니 54mL이 되었다. 여기서 다시 CO를 흡수시키니 50mL가 남았다. 잔존 기체가 질소일 때 이 시료기체 중 O_2의 용적백분율[%]은?

① 34% ② 38%
③ 46% ④ 50%

해설 O_2 용적백분율 $= \dfrac{88-54}{100} \times 100 = 34\%$

08. ② 09. ② 10. ①

문제 11

같은 조건에서 수소의 확산속도는 산소의 확산속도보다 몇 배가 빠른가?

① 2
② 4
③ 8
④ 16

해설
$$\frac{U_{H_2}}{U_{O_2}} = \sqrt{\frac{M_{O_2}}{M_{H_2}}}$$

$$U_{H_2} = \sqrt{\frac{M_{O_2}}{M_{H_2}}} \times U_{O_2} = \sqrt{\frac{32}{2}} \times U_{O_2} = 4O_2$$

∴ 수소가 산소보다 4배 빠르다.

문제 12

다음 중 화학 친화력을 나타내는 것으로서 가장 적절한 것은?

① ΔH
② ΔG
③ ΔS
④ ΔU

문제 13

다음 중 가연성이면서 독성가스인 것은?

① 산화에틸렌
② 아황산가스
③ 프로판
④ 염소

해설 가연성이며 독성가스
① 산화에틸렌 : 50PPM 이하, 3~80%
② 시안화수소 : 10PPM 이하, 6~41%
③ 벤젠   : 10PPM 이하, 1.4~7.1%
④ 황화수소   : 10PPM 이하, 4.3~45.5%
⑤ 일산화탄소 : 50PPM 이하, 12.5~74%
⑥ 이황화탄소 : 10PPM 이하, 1.2~44%
⑦ 암모니아   : 25PPM 이하, 15~28%

해답 11. ② 12. ② 13. ①

문제 14

이상기체 상태방정식에서 기체상수(R)값을 [J/gmol · K]의 단위로 나타낸 것은?

① 0.082
② 1.987
③ 8.314
④ 848

해설 기체상수값
① 0.082l · atm/mol · K
② 1.987cal/mol · K
③ 8.314J/mol · K
④ 848kg · m/kmol · K

문제 15

3단 압축기에서 2단 토출도관의 안전밸브가 열렸다. 가장 먼저 점검해야 할 곳은?

① 1단 압축기의 토출밸브
② 2단 압축기의 흡입밸브
③ 2단 압축기의 토출밸브
④ 3단 압축기의 흡입밸브

해설 중간압력 이상 상승원인
① 다음 단의 흡입토출밸브의 불량
② 다음 단의 피스톤링의 마모
③ 다음 단의 클리어런스 밸브의 불완전폐쇄
④ 중간 단의 바이패스 순환
⑤ 중간 단의 냉각기의 능력 저하

문제 16

비철금속 중 구리관 및 구리합금관의 특징에 대한 설명 중 틀린 것은?

① 황산 등의 산화성 산에 의해 부식된다.
② 알칼리의 수용액과 유기화합물에 내식성이 강하다.
③ 산화제를 함유한 암모니아수에 의해 부식된다.
④ 연수에 대하여 내식성이 크나 담수에는 부식된다.

해답 14. ③   15. ④   16. ④

동 및 동합금의 특징
① 연수에는 부식이 되고 담수에는 부식이 안 된다.
② 산화제를 함유한 암모니아수에 의해 부식이 된다.
③ 황산동의 산화성 산에 의해 부식이 된다.
④ 알칼리 수용액과 유기화합물에 내식성이 강하다.
⑤ 외부충격에 약하다.
⑥ 관 내부 마찰저항이 적다.
⑦ 열전도율이 좋다.
⑧ 가공성이 좋아 시공이 용이하다.

문제 17

배관의 수직 방향에 의하여 발생하는 압력손실을 계산하려고 할 때 반드시 고려되어야 하는 것은?

① 입상 높이, 가스 비중
② 가스 유량, 가스 비중
③ 가스 유량, 입상 높이
④ 관 길이, 입상 높이

 입상배관에 의한 압력손실$(H) = 1.293(S-1)h$ (C_3H_8인 경우)
$= 1.293(1-S)h$ (CH_4인 경우)
여기서, S : 가스의 비중, h : 입상높이

 $\dfrac{298}{22.4l} = 1.293 g/l$

문제 18

역화방지장치를 반드시 설치하여야 할 위치가 아닌 것은?

① 아세틸렌 충전용 지관
② 아세틸렌 고압건조기와 충전용 교체밸브 사이의 배관
③ 가연성가스를 압축하는 압축기와 오토클레이브와의 사이의 배관
④ 아세틸렌을 압축하는 압축기와 유분리기와 고압건조기와의 사이

역화방지장치 설치장소
① 가연성가스를 압축하는 압축기와 오토클레이브와의 사이
② 아세틸렌의 고압건조기와 충전용 교체밸브와의 사이
③ 수소화염 또는 산소-아세틸렌화염 사용시설
④ 아세틸렌 충전용 지관

해답 17. ① 18. ④

보충 역화방지밸브 설치장소
① 가연성가스를 압축하는 압축기와 충전용 주관과의 사이
② 암모니아 또는 메탄올의 합성탑 및 정제탑과 압축기 사이의 배관
③ 아세틸렌을 압축하는 압축기와 유분리기와 고압건조기 사이의 배관
④ 독성가스 감압설비 뒤의 배관

문제 19 다음 중 개스켓의 소재가 아닌 것은?
① 고무류　　　　　　② 오일류
③ 섬유류　　　　　　④ 금속류

해설 개스켓의 소재 : 고무류, 섬유류, 금속류

문제 20 배관에서 지름이 다른 관을 연결하는데 주로 사용하는 것은?
① 플러그　　　　　　② 리듀서
③ 플랜지　　　　　　④ 캡

해설 배관이음쇠의 용도에 따른 분류
① 동일 지름의 관을 연결할 때 : 소켓, 니플, 유니온
② 관 끝을 막을 때 : 플러그, 캡
③ 지름이 서로 다른 관 연결 시 : 이경엘보, 이경티, 이경소켓, 레듀샤, 부싱
④ 관을 도중에서 분기 시 : 티, 와이, 크로스

문제 21 순수한 수소와 질소를 고온, 고압에서 다음의 반응에 의해 암모니아를 제조한다. 반응기에서의 수소의 전화율은 10%이고, 수소는 30kmol/s, 질소는 20kmol/s로 도입될 때 반응기에서의 배출되는 질소의 양은 몇 kmol/s인가?

$$3H_2 + N_2 \rightarrow 2NH_3$$

① 3　　　　　　　　② 19
③ 27　　　　　　　　④ 37

해답　　　　　　　　　　　　　　　　　19. ②　20. ②　21. ②

해설 $3H_2 + N_2 \rightarrow 2NH_3$
       3   1   2
∴ 30kmol/s × 0.1 = 3kmol/s (반응) (수소)
   20kmol/s − 1kcal = 19kmol/s   (질소)

문제 22

석유를 분해해서 얻은 수소와 공기를 분리하여 얻은 질소를 반응시켜 제조할 수 있는 것은?

① 프로필렌   ② 황화수소
③ 아세틸렌   ④ 암모니아

해설 $N_2 + 3H_2 \rightarrow 2NH_3$ (하버–보시법)

문제 23

배관의 이음방법 중 플랜지를 접합하는 방법이 아닌 것은?

① 나사식   ② 노허브식
③ 블라인드식   ④ 소켓용접식

해설 **플랜지를 접합하는 방법**: 나사식, 블라인드식, 소켓용접식, 맞대기용접식, 나사결합형

문제 24

가스시설의 전기 방식(防蝕)에 대한 설명으로 틀린 것은?

① 직류 전철 등에 의한 영향이 없는 경우에는 외부전원법 또는 희생양극법으로 한다.
② 직류 전철 등의 영향을 받는 배관에는 배류법으로 한다.
③ 전위측정용 터미널은 희생양극법에 의한 배관에는 300m 이내의 간격으로 설치한다.
④ 전위측정용 터미널은 외부전원법에 의한 배관에는 300m 이내의 간격으로 설치한다.

해답   22. ④   23. ②   24. ④

> **해설** 전위측정용 터미널 설치 간격
> ① 선택배류법, 희생양극법(유전양극법) : 300m 이내
> ② 외부전원법 : 500m 이내

문제 25 고압가스를 취급하였을 때 다음 중 가장 위험하지 않은 경우는?

① 산소 10%를 함유한 CH₄를 10.0MPa까지 압축하였다.
② 산소 제조장치를 공기로 치환하지 않고 용접 수리하였다.
③ 수분을 함유한 염소를 진한 황산으로 세척하여 고압용기에 충전하였다.
④ 시안화수소를 고압용기에 충전하는 경우 수분을 안정제로 첨가하였다.

> **해설** $Cl_2 + H_2O \rightarrow HCl + HClO$
> 염산을 생성하여 배관의 부식을 일으킴

문제 26 산소압축기에 대한 설명으로 가장 거리가 먼 것은?

① 제조된 산소를 용기에 충전하는 목적에 쓰인다.
② 윤활제로는 기름 또는 10% 이하의 묽은 글리세린수를 사용한다.
③ 압축기와 충전용기 주관에는 수분리기(drain separator)를 설치한다.
④ 최근에는 산소압축기에 래비런스 피스톤을 사용하는 무급유를 작동한다.

> **해설** 압축기 윤활유
> ① 산소압축기 : 물 또는 10% 이하의 묽은 글리세린수
> ② 공기, 수소 아세틸렌 압축기 : 양질의 광유
> ③ 염소압축기 : 농황산
> ④ LP가스 압축기 : 식물성유

해답 25. ③ 26. ②

문제 27
가스액화 분리장치의 구성기기 중 축냉기의 축냉체로 주로 사용되는 것은?

① 구리 ② 물
③ 공기 ④ 자갈

해설 **축냉기의 구조**
① 축냉기 내부에는 표면적이 넓고 열용량이 큰 충전물이 들어 있다.
② 충냉체(충전물)에는 주름이 있는 알루미늄 리본이 사용되었으나 현재는 자갈을 사용한다.
③ 축냉기는 열교환기이다.

문제 28
공기를 압축하여 냉각시키면 액화된다. 다음 중 옳은 설명은?

① 질소를 먼저 액화한다.
② 산소를 먼저 액화한다.
③ 산소와 질소가 동시에 액화된다.
④ 산소와 질소의 액화 온도 차이는 약 50℃ 정도이다.

해설 질소가 먼저 기화하고 산소가 먼저 액화한다.

문제 29
압축기의 흡입 및 토출밸브의 구비조건으로 가장 옳은 것은?

① 개폐의 지연이 있어야 좋다.
② 통과 면적은 작고, 유체저항은 커야 한다.
③ 개폐의 지연이 없고 작동이 양호해야 한다.
④ 압축기의 기동 중에도 분해 조립할 수 있어야 한다.

해설 **압축기의 흡입 및 토출밸브의 구비조건**
① 개폐의 지연이 없고 작동이 양호해야 한다.
② 운전 중 분해가 없어야 한다.
③ 누설이 없고 마모 및 파손에 강해야 한다.
④ 충분한 통과 단면적을 가져야 한다.
⑤ 유체저항이 적어야 한다.

해답 27. ④ 28. ② 29. ③

문제 30 터보형 압축기의 특징에 대한 설명 중 틀린 것은?

① 압축비가 크고, 용량조정범위가 넓다.
② 비교적 소형이며, 대용량에 적합하다.
③ 연속토출이 되므로 맥동현상이 적다.
④ 전동기의 회전축에 직결하여 구동할 수 있다.

해설 터보형 압축기의 특징
① 무급유식이며 원심형이다.
② 기체의 맥동이 없고 연속적이다.
③ 서징현상이 있으므로 운전 중 주의해야 한다.
④ 고속회전이므로 형태가 적고 경량이다.
⑤ 용량조절이 가능하나 비교적 어렵고 범위도 좁다.
⑥ 대용량에 적당하고 설치면적이 적다.
⑦ 효율이 낮으며 압축비가 작다.

보충 왕복압축기의 특징
① 고압을 얻을 수 있다.
② 용량조절이 용이하고 범위가 넓다.
③ 용적형이다.
④ 압축기의 효율이 높다.
⑤ 기체의 송출에 맥동이 있으므로 방진장치가 필요하다.
⑥ 저속회전이며 형태가 크다.
⑦ 중량이 무겁고 고가이며 설치면적이 크다.

문제 31 다음 중 냉매배관용 밸브가 아닌 것은?

① 팩드밸브 ② 팩리스밸브
③ 플랩밸브 ④ 플로트밸브

해설 냉매배관용 밸브
① 팩드밸브 : 밸브봉의 둘레에 석면, 흑연, 합성고무 등을 채워 글랜드를 조임으로써 냉매가 누설되는 것을 방지
② 플로트밸브 : 만액식 증발기에서 냉매유량 제어용으로 사용
③ 팩리스밸브 : 글랜드패킹을 사용하지 않고 벨로우즈나 다이어프램을 사용하여 외부와 완전히 격리시켜 누설 방지

해답 30. ① 31. ③

문제 32

전기 방식(防蝕) 중 외부전원법에 사용되는 정류기가 아닌 것은?

① 정전류형
② 정전압형
③ 정저항형
④ 정전위형

해설 전기 방식 중 외부전원법에 사용되는 정류기 : 정전류형, 정전압형, 정전기형

문제 33

두 축의 축선이 약간의 각을 이루어 교차하고 그 사이의 각도가 운전 중에 다소 변하더라도 자유롭게 운동을 전달할 수 있는 이음은?

① 기어 이음(gear joint)
② 머프 커플링(muff coupling)
③ 플랜지 커플링(flange coupling)
④ 유니버설 조인트(universal joint)

해설 유니버설 조인트 : 두 축의 축선이 약간의 각을 이루어 교차하고 그 사이의 각도가 운전 중에 다소 변하더라도 자유롭게 운동을 전환할 수 있는 이음

문제 34

NH_3의 냉매번호는 R-717이다. 백단위의 7은 무기물질을 뜻하는데 그 뒤 숫자 17은 냉매의 무엇을 뜻하는가?

① 냉동계수
② 증발잠열
③ 분자량
④ 폭발성

해설 무기물질 냉매 표시 방법
① NH_3(암모니아) : R-717
② 공기 : R-719
③ 물 : R-718
④ CO_2 : R-744
⑤ SO_2 : R-764
여기서, 백단위 7 : 무기물질, 17 : 분자량

해답 32. ③   33. ④   34. ③

문제 35

차량에 고정된 고압가스 용기 운반 시 운반책임자를 반드시 동승시켜야 하는 경우는? (단, 독성가스는 허용농도가 100만분의 1000인 가스이다.)

① 압축가스 중 용적이 400m³인 산소
② 압축가스 중 용적이 50m³인 독성가스
③ 액화가스 중 질량이 2000kg인 프로판가스
④ 액화가스 중 질량이 2000kg인 독성가스

해설 운반책임자 동승기준

가스종류	압축가스	액화가스
독성	100m³ 이상	1ton 이상(1000kg 이상)
가연성	300m³ 이상	3ton 이상(3000kg 이상)
조연성	500m³ 이상	6ton 이상(6000kg 이상)

문제 36

가연성가스 또는 독성가스를 충전하는 차량에 고정된 탱크 및 용기에는 안전밸브가 부착되어야 한다. 그 성능기준으로 옳은 것은?

① 내압시험압력의 10분의 6 이하의 압력에서 작동할 수 있는 것일 것
② 내압시험압력의 10분의 7 이하의 압력에서 작동할 수 있는 것일 것
③ 내압시험압력의 10분의 8 이하의 압력에서 작동할 수 있는 것일 것
④ 내압시험압력의 10분의 9 이하의 압력에서 작동할 수 있는 것일 것

해설 안전밸브 작동압력 = $TP \times 0.8$배 이하 = 상용압력 $\times 1.5 \times 0.8$배 이하

문제 37

고압가스 일반 제조시설에서 저장탱크의 가스방출장치는 몇 m³ 이상의 가스를 저장하는 곳에 설치하여야 하는가?

① 3m³
② 5m³
③ 7m³
④ 10m³

해설 저장탱크의 가스방출장치는 5m³ 이상의 가스를 저장하는 곳에 사용한다.

해답 35. ④ 36. ③ 37. ②

 **38** 도시가스를 사용하는 공동주택 등에 압력조정기를 설치할 수 있는 경우의 기준으로 옳은 것은?

① 공동주택 등에 공급되는 가스압력의 중압 이상으로서 전체 세대수가 150세대 미만인 경우
② 공동주택 등에 공급되는 가스압력의 중압 이상으로서 전체 세대수가 200세대 미만인 경우
③ 공동주택 등에 공급되는 가스압력의 저압으로서 전체 세대수가 200세대 미만인 경우
④ 공동주택 등에 공급되는 가스압력의 저압으로서 전체 세대수가 300세대 미만인 경우

해설 공동주택 등에 압력조정기 설치
① 저압 : 250세대 미만   ② 중압 : 150세대 미만

 **39** 고압가스 운반차량의 기준에서 용기 주밸브, 긴급차단장치에 속하는 밸브 그 밖의 중요한 부속품이 돌출된 저장탱크는 그 부속품을 차량의 좌측면이 아닌 곳에 설치한 단단한 조작상자 내에 설치한다. 이 경우 조작상자와 차량의 뒷범퍼와는 수평거리로 얼마 이상을 이격하여야 하는가?

① 20cm   ② 30cm
③ 40cm   ④ 60cm

해설 뒷 범퍼와 수평거리
① 조작상자 : 20cm 이상   ② 주밸브 : 40cm 이상
③ 저장탱크 후면 : 30cm 이상

 **40** 고압가스 냉동제조시설에서 항상 물에 접촉되는 부분에 사용할 수 없도록 규정된 재료는?

① 순도 60% 미만의 동합금   ② 순도 61% 미만의 마그네슘
③ 순도 99.7% 미만의 청동   ④ 순도 99.7% 미만의 알루미늄

해답　　　　　　　　　　　　　　　　38. ①　39. ①　40. ④

해설 냉동제조시설에서 사용금지
① 암모니아 : 동 및 동합금 사용금지
② 염화메탄 : 알루미늄 합금
③ 프레온 : 2%를 넘는 마그네슘을 함유한 알루미늄 합금

문제 41 가연성가스 저온저장탱크에서 내부의 압력이 외부의 압력보다 낮아져 저장탱크가 파괴되는 것을 방지하기 위한 조치로서 적당하지 않은 것은?

① 압력계를 설치한다.　② 압력경보설비를 설치한다.
③ 진공안전밸브를 설치한다.　④ 압력방출밸브를 설치한다.

해설 부압을 방지하는 조치
① 압력계
② 압력경보설비
③ 진공안전밸브
④ 균압관
⑤ 압력과 연동되는 긴급차단장치를 설치한 송액밸브
⑥ 압력과 연동하는 긴급차단창지를 설치한 냉동제어밸브

문제 42 다음 고압가스 중 상용 온도에서 그 압력이 0.2MPa 이상이 되어야 고압가스 범위에 해당하는 것은?

① 액화 시안화수소　② 액화 브롬화메탄
③ 액화 산화에틸렌　④ 액화 산소

해설 고압가스 범위
① 압축가스 : 35℃에서 압력이 1MPa 이상인 것
② 액화가스 : 35℃에서 압력이 0.2MPa 이상인 것
③ 용해가스 : 15℃에서 압력이 0MPa 이상인 것
④ 브롬화메탄, 산화엔틸렌, 시안화수소 : 35℃에서 압력이 0MPa 이상인 것

해답　41. ④　42. ④

 에어졸 제조기준에 대한 설명으로 틀린 것은?

① 내용적이 100cm³를 초과하는 용기는 그 용기제조자의 명칭 또는 기호가 표시되어 있어야 한다.
② 에어졸 충전용기 저장소는 인화성 물질과 8m 이상의 우회거리를 유지한다.
③ 내용적이 30cm³ 이상인 용기는 에어졸 제조에 재사용하지 아니한다.
④ 40℃에서 용기 안의 가스압력의 1.5배의 압력을 가할 때 파열되지 아니하여야 한다.

해설 에어졸 제조기준
① 35℃에서 내압이 8kg/cm² 이하 내용적 90% 이하
② 온수시험탱크의 수온 46℃ 이상~50℃ 미만에서는 에어졸이 분출되지 않을 것
③ 에어졸 제조시설 및 충전용기 저장장소는 화기 또는 인화성물질과 8m 이상 우회거리
④ 용기기준 : ㉠ 용기내용적은 1L 이하
　　　　　　 ㉡ 두께는 0.125mm의 유리제공기 합성수지
　　　　　　 ㉢ 100cm³ 초과 용기 : 강 또는 경금속 사용
　　　　　　 ㉣ 100cm³ 초과 용기 : 제조자 명칭, 기호 명시
　　　　　　 ㉤ 내용적이 30cm² 이상 용기 : 에어졸 제조에 사용된 일이없을 것

 가스공급시설 중 최고사용압력이 고압인 가스홀더 2개가 있다. 2개의 가스홀더의 지름이 각각 20m, 40m일 경우 두 가스홀더의 간격은 몇 m 이상을 유지하여야 하는가?

① 10m　　　　　　② 15m
③ 20m　　　　　　④ 30m

해설 유지거리= $\dfrac{D_1+D_2}{4} = \dfrac{20+40}{4} = 15m$

 43. ④　44. ②

문제 45
흡수식 냉동설비의 냉동능력 정의로 옳은 것은?

① 발생기를 가열하는 24시간의 입열량 6천640kcal를 1일의 냉동능력 1톤으로 본다.
② 발생기를 가열하는 1시간의 입열량 3천320kcal를 1일의 냉동능력 1톤으로 본다.
③ 발생기를 가열하는 1시간의 입열량 6천640kcal를 1일의 냉동능력 1톤으로 본다.
④ 발생기를 가열하는 24시간의 입열량 3천320kcal를 1일의 냉동능력 1톤으로 본다.

해설 흡수식 냉동설비의 냉동능력
① 흡수식 냉동설비 : 발생기를 가열하는 1시간의 입열량 6640kcal를 1일의 냉동능력 1톤으로 본다.
② 원심식 압축기 : 압축기 원동기의 정격출력 1.2kW
③ 재생기(발생기) → 응축기 → 증발기 → 흡수기
④

냉매	흡수제
물(H_2O)	LiBr
NH_3	물(H_2O)

문제 46
액화석유가스 저장탱크를 지상에 설치하는 경우 냉각살수 장치를 설치하여야 한다. 구형저장탱크에 설치하여야 하는 살수장치는?

① 살수관식　　② 확산판식
③ 노즐식　　　④ 분무관식

해설 구형저장탱크에 설치하여 하는 살수장치 : 확산판식

문제 47
고압가스 시설에 설치하는 방호벽의 높이와 두께로 옳은 것은?

① 높이 1.5m 이상, 두께 10cm 이상의 철근 콘크리트 벽
② 높이 1.5m 이상, 두께 12cm 이상의 철근 콘크리트 벽
③ 높이 2m 이상, 두께 10cm 이상의 철근 콘크리트 벽
④ 높이 2m 이상, 두께 12cm 이상의 철근 콘크리트 벽

해답 45. ③　46. ②　47. ④

해설

구분	규격 두께	규격 높이	구조
콘크리트블록	15cm 이상	2m 이상	9mm 이상의 철근을 40×40cm 이하의 간격으로 배근결속
철근콘크리트	12cm 이상	2m 이상	9mm 이상의 철근을 40×40cm 이하의 간격으로 배근결속
후강판	6mm 이상	2m 이상	1.8m 이하의 간격으로 지주를 세운다.
박강판	3.2mm 이상	2m 이상	30×30mm 이상의 앵글강을 40×40cm 이하의 간격으로 용접 보강하고 1.8m 이하의 간격으로 지주를 세운다.

문제 48 액화석유가스 저장탱크의 설치에 대한 설명으로 옳지 않은 것은?

① 지상에 설치하는 저장탱크 및 지주는 내열성의 구조로 한다.
② 저장탱크 외면으로부터 2m 이상 떨어진 위치에서 조작할 수 있는 냉각장치를 한다.
③ 지지구조물과 기초는 지진에 견딜 수 있도록 설계한다.
④ 저장탱크 외면에는 부식방지 조치를 한다.

해설 냉각살수장치 설치기준
① 조작위치 : 5m 이상
② 준내화구조 저장탱크 : $2.5L/m^2 \cdot min$ 이상

문제 49 액화천연가스의 저장설비 및 처리설비는 그 외면으로부터 사업소 경계까지 일정 규모 이상의 안전거리를 유지하여야 한다. 이때 사업소 경계가 (   )의 경우에는 이들의 반대편 끝을 경계로 보고 있다. (   )에 들어 갈 수 있는 경우로 적합하지 않은 것은?

① 산　　　　　　　② 호수
③ 하천　　　　　　④ 바다

해설 도시가스 도매사업의 사업소 경계를 반대편 끝으로 하는 경우
① 바다, 호수, 하천　② 도로, 철도
③ 연못　　　　　　④ 수로 또는 공업용수도

48. ②　49. ①

문제 50
액화석유가스의 안전관리 및 사업법에서 규정하고 있는 안전관리자의 직무범위가 아닌 것은?

① 회사의 가스영업 활동
② 가스용품의 제조공정 관리
③ 사업소의 종업원에 대한 안전관리를 위하여 필요한 사항의 지휘·감독
④ 정기검사 및 수시검사 결과 부적합 판정을 받은 시설의 개선

해설 안전관리자의 직무범위
① 사고의 통보
② 정기검사 및 수시검사 결과 부적합 판정을 받은 시설의 개선
③ 안전관리규정의 실시기록의 작성보존
④ 가스용품의 제조공정관리
⑤ 공급자의 의무이행 확인

문제 51
도시가스사업법의 목정에 포함되지 않는 것은?

① 공공의 안전을 확보
② 도시가스 사용자의 이익을 보호
③ 도시가스 사업을 합리적으로 조정, 육성
④ 가스 품질의 향상과 국가 기간산업의 발전을 도모

해설 도시가스사업법의 목적
① 공공의 안전을 확보
② 도시가스사용자의 이익을 보호
③ 도시가스사업을 합리적으로 조정, 육성

문제 52
고압가스 취급소 등에서 폭발 및 화재의 원인이 되는 발화원으로 가장 거리가 먼 것은?

① 충격
② 마찰
③ 방전
④ 접지

해설 발화원 : 마찰, 정전기, 열복사, 전기불꽃, 자외선, 충격파

해답 50. ① 51. ④ 52. ④

 **53** 액화석유가스 소형 저장탱크의 설치기준에 대한 설명 중 옳은 것은?

① 충전질량이 2000kg 이상인 것은 탱크 간 거리를 1m 이상으로 하여야 한다.
② 동일 장소에 설치하는 탱크의 수는 6기 이하로 하고 충전질량 합계는 6000kg 미만이 되도록 하여야 한다.
③ 충전질량 1000kg 이상인 탱크는 높이 1m 이상의 경계책을 만들고 출입구를 설치하여야 한다.
④ 소형 저장탱크는 그 바닥이 지면보다 10cm 이상 높게 설치된 콘크리트 바닥 등에 설치하여야 한다.

해설 **소형저장탱크의 설치기준**
① 소형저장탱크의 탱크간 거리
  ㉠ 충전질량 1000kg 미만 : 0.3m 이상
  ㉡ 충전질량 1000kg 이상 : 0.5m 이상
② 충전질량 1000kg 이상인 탱크는 높이 1m 이상의 경계책을 만들고 출입구 설치
③ 소형저장탱크는 그 바닥이 지면보다 5cm 이상 높게 설치된 일체형 콘크리트 기초에 설치
④ 동일장소에 설치하는 탱크의 수는 6기 이하로 하고 충전질량 합계는 5000kg 미만이 되도록 한다.

 **54** 지하에 매몰할 수 없는 배관은?

① 도시가스용 탄소강관
② 가스용 폴리에틸렌관
③ 폴리에틸렌 피복강관
④ 분말 용착시 폴리에틸렌 피복강관

해설 **지하에 매몰하는 배관**
① 가스용 폴리에틸렌관
② 폴리에틸렌 피복강관
③ 분말용착식 폴리에틸렌 피복강관

53. ③ 54. ①

문제 55

전수검사와 샘플링검사에 관한 설명으로 맞는 것은?

① 파괴검사의 경우에는 전수검사를 적용한다.
② 검사항목이 많을 경우 전수검사보다 샘플링검사가 유리하다.
③ 샘플링검사는 부적합품이 섞여 들어가서는 안 되는 경우에 적합하다.
④ 생산자에게 품질향상의 자극을 주고 싶을 경우 전수검사가 샘플링검사보다 더 효과적이다.

해설 샘플링 검사가 유리한 경우
① 검사항목이 많은 경우 ② 검사비용이 적은 편이 이익이 많을 때
③ 대량생산품이고 연속 제품일 때 ④ 물품의 검사가 파괴검사일 때
⑤ 다수, 다량의 것으로 불량품이 있어도 문제가 없는 경우
⑥ 품질향상에 대해 생산자에게 자극이 필요할 때
⑦ 불안전한 전수검사에 비해 높은 신뢰성이 있을 때

보충 전수검사가 유리한 경우
① 전수검사를 쉽게 할 수 있을 때
② 검사비용에 비해 효과가 클 때
③ 불량품이 혼합되면 안 될 때
④ 불량품이 들어가면 안전에 중대한 영향을 미칠 때
⑤ 물품의 크기가 작고 파괴검사가 아닐 때

문제 56

다음 데이터의 제곱합(sum of squares)은 약 얼마인가?

[데이터] 18.8 19.1 18.8 18.2 18.4 18.3
         19.0 18.6 19.2

① 0.129
② 0.338
③ 0.359
④ 1.029

해설
평균값 = $\dfrac{18.8+19.1+18.8+18.2+18.4+18.3+19.0+18.6+19.2}{9} = 18.71$

제곱합 = $(18.8-18.71)^2 + (19.1-18.71)^2 + (18.8-18.71)^2$
       $+ (18.2-18.71)^2 + (18.4-18.71)^2 + (18.3-18.71)^2$
       $+ (19.0-18.71)^2 + (18.6-18.71)^2 + (19.2-18.71)^2$
       $= 1.029$

55. ② 56. ④

 **57** Ralph M, Barnes 교수가 제시한 동작경제의 원칙 중 작업장 배치에 관한 원칙(arrrangement of the workplace)에 해당되지 않는 것은?

① 가급적이면 낙하산 운반방법을 이용한다.
② 모든 공구나 재료는 지정된 위치에 있도록 한다.
③ 적절한 조명을 하여 작업자가 잘 보면서 작업할 수 있도록 한다.
④ 가급적 용이하고 자연스런 리듬을 타고 일할 수 있도록 작업을 구성하여야 한다.

해설 동작경제의 원칙
① 신체사용에 관한 원칙
  ㉠ 손의 동작은 작업을 수행할 수 있는 최소 동작 이상을 하여서는 안 된다.
  ㉡ 양팔은 각기 반대방향에서 대칭적으로 동시에 움직여야 한다.
  ㉢ 휴식시간 이외에 양손이 동시에 노는 시간이 있어서는 안 된다.
  ㉣ 양손은 동시에 동작을 시작하고 또 끝마쳐야 한다.
  ㉤ 작업동작은 율동이 맞아야 한다.
  ㉥ 직선동작보다는 연속적인 곡선동작을 취하는 것이 좋다.
② 작업장 배치에 관한 원칙
  ㉠ 공구 및 재료는 동작에 가장 편리한 순서로 배치한다.
  ㉡ 가능하면 낙하시키는 방법을 이용하여야 한다.
  ㉢ 공구와 재료는 작업이 용이하도록 작업자의 주위에 있어야 한다.
  ㉣ 모든 공구와 재료는 일정한 위치에 정돈되어야 한다.
  ㉤ 채광 및 조명장치를 하여야 한다.
③ 공구 및 설비의 설계에 관한 원칙
  ㉠ 공구류는 될 수 있는 대로 두 가지 이상의 기능을 조합한 것을 사용한다.
  ㉡ 공구류 및 재료는 될 수 있는 대로 다음에 사용하기 쉽도록 놓아두어야 한다.
  ㉢ 각종 손잡이는 손에 가장 알맞게 고안함으로써 피로를 감소시킬 수 있다.
  ㉣ 각 손가락이 사용되는 작업에서는 각 손가락의 힘이 같지 않음을 고려하여야 한다.

 **58** 직물, 금속, 유리 등의 일정 단위 중 나타나는 흠의 수, 핀홀 수 등 부적합수에 관한 관리도를 작성하려면 가장 적합한 관리도는?

① c 관리도
② np 관리도
③ p 관리도
④ $\overline{X} - R$ 관리도

57. ④ 58. ①

해설 c 관리도 : 직물, 금속, 유리 등의 일정 단위 중 나타나는 흠의 수, 핀홀 수 등 부적합수에 관한 관리도를 작성

문제 59

국제 표준화의 의의를 지적한 설명 중 직접적인 효과로 보기 어려운 것은?

① 국제 간 규격통일로 상호 이익도모
② KS 표시품 수출 시 상대국에서 품질인증
③ 개발도상국에 대한 기술개발의 촉진을 유도
④ 국가 간의 규격상이로 인한 무역장벽의 제거

해설 국제 표준화의 의의 직접적인 효과
① KS 표시품 수출 시 상대국에서 품질인증
② 국가 간의 규격상이로 인한 무역장벽의 제거
③ 국제 간 규격통일로 상호 이익도모

문제 60

어떤 회사의 매출액이 80,000원, 고정비가 15,000원, 변동비가 40,000원일 때 손익분기점 매출액은 얼마인가?

① 25,000원 ② 30,000원
③ 40,000원 ④ 55,000원

해설 손익분기점 $= \dfrac{고정비}{\left(1 - \dfrac{변동액}{매출액}\right)} = \dfrac{15000}{\left(1 - \dfrac{40000}{80000}\right)} = 30000$원

해답 59. ② 60. ②

2018년도 제 64 회

CBT 시행

본 문제는 복원 기출문제입니다. 실제 문제와 다를 수 있으니 양해바랍니다.

문제 01 도시가스사업자가 관계법에서 정하는 규모 이상의 가스 공급시설의 설치공사를 할 때 신청서에 첨부할 서류 항목이 아닌 것은?

① 공사계획서
② 공사공정표
③ 시공관리자의 자격을 증명할 수 있는 사본
④ 공급조건에 관한 설명서

해설 규모 이상의 가스공급시설의 설치공사시 신청서에 첨부할 서류항목
① 시공관리자의 자격을 증명할 수 있는 사본
② 공사공정표
③ 공사계획

문제 02 옥탄(C_8H_{18})이 완전연소하는 경우의 공기-연료비는 약 몇 [kg] 공기 [kg]연료인가? (단, 공기의 평균분자량은 28.97로한다.)

① 15.1
② 22.6
③ 59.5
④ 70.5

해설

C_8H_{18} + 12.5O_2 → 8CO_2 + 9H_2O
114kg 12.5×32kg 8×44kg 9×18kg
22.4Nm³ 12.5×22.4Nm³ 8×22.4Nm³ 9×22.4Nm³

∴ 114kg = 12.5×32kg
   1kg = x

$x = \dfrac{1kg \times 12.5 \times 32kg}{114kg} = 3.51 kg/kg$

∴ A_o(이론공기량) = $\dfrac{3.51 kg/kg}{0.232}$ = 15.12 kg/kg

해답 01. ④ 02. ①

제 2 부 필기 기출문제

문제 03 물의 전기분해로 수소를 얻고자 할 때에 대한 설명으로 옳은 것은?

① 황산을 전해액으로 사용하면 수소는 (+)극, 산소는 (-)극에서 발생한다.
② 수산화나트륨을 전해액으로 사용하면 수소는 (-)극, 산소는 (+)극에서 발생한다.
③ 물에 염화나트륨 용액을 넣고 교류전류를 통하면 수소만 발생한다.
④ 전해조를 이용하여 수소와 산소의 혼합가스로 발생한 것을 분리시킨다.

해설
① $2H_2O \rightarrow 2H_2 + O_2$
　　　　　　(-)극　(+)극
② $2NaCl + 2H_2O \rightarrow \underline{2NaOH} + \underline{H_2} + \underline{Cl_2}$
　　　　　　　　　　　(-)극　　　　(+)극

문제 04 1[kg]의 공기가 90℃에서 열량 300[kcal]를 얻어 등온팽창 시킬 때 엔트로피 변화량은 약 몇 [kcal/kg·K]인가?

① 0.643　　② 0.723
③ 0.826　　④ 0.917

해설 $\Delta S = \dfrac{\Delta Q}{T} = \dfrac{300 kcal}{(273+90)°K} = 0.826 kcal/kg°K$

문제 05 가스용품제조사업의 기술기준으로 조정압력이 3.3[kPa] 이하인 조정기 안전장치의 작동 표준압력은 몇 [kPa]로 되어 있는가?

① 2.8　　② 3.5
③ 4.6　　④ 7.0

해설
① 작동정지압력 : 504mmH₂O~840mmH₂O(5.04kPa~8.4kPa)
② 작동개시압력 : 560mmH₂O~840mmH₂O(5.6kPa~8.4kPa)
③ 작동표준압력 : 700mmH₂O(7kPa)

해답　03. ②　04. ③　05. ④

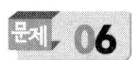 **06** 다음 관의 신축량에 대한 설명으로 옳은 것은?

① 신축량은 관의 열팽창계수, 길이, 온도차에 비례한다.
② 신축량은 관의 열팽창계수, 길이, 온도차에 반비례한다.
③ 신축량은 관의 열팽창계수에 비례하고 온도차, 길이에 반비례한다.
④ 신축량은 관의 길이, 온도차에는 비례하고 열팽창 계수에 반비례한다.

해설 신축량 : 관의열팽창계수, 길이, 온도차에 비례한다.
$\Delta l = \alpha \cdot l \cdot \Delta t(t_2 - t_1)$
여기서, α : 관의 열팽창계수, l : 관길이, Δt : 온도차

 **07** 허가를 받지않고 LPG 충전사업, LPG 집단공급사업, 가스용품 제조사업을 영위한 자에 대한 벌칙으로 옳은 것은?

① 1년 이하의 징역, 1000만원 이하의 벌금
② 2년 이하의 징역, 2000만원 이하의 벌금
③ 1년 이하의 징역, 3000만원 이하의 벌금
④ 2년 이하의 징역, 5000만원 이하의 벌금

해설 허가를 받지 않고 LPG 충전사업, LPG 집단공급사업, 가스용품제조사업을 영위한자에 대한 벌칙 : 2년 이하의 징역 또는 2천만원 이하의 벌금

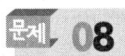 **08** 다음 [보기]에서 독성이 강한 순서대로 나열된 것은?

[보기] ① 염소 ② 이황화탄소 ③ 포스겐 ④ 암모니아

① ①-③-④-② ② ③-①-②-④
③ ③-①-④-② ④ ①-③-②-④

해설 독성가스
① 염소 : 1PPM 이하 ② 이황화탄소 : 10PPM 이하
③ 포스겐 : 0.1PPM 이하 ④ 암모니아 : 25PPM 이하
⑤ 일산화탄소 : 50PPM 이하 ⑥ 산화에틸렌 : 50PPM 이하
⑦ 아세트알데히드 : 100PPM 이하 ⑧ 아황산가스 : 5PPM 이하
⑨ 염화수소 : 5PPM 이하

해답 06. ① 07. ② 08. ②

 **09** 액화탄산가스 100[kg]을 용적 50[L]의 용기에 충전시키기 위해서는 몇 개의 용기가 필요한가? (단, 가스충전계수는 1.47이다.)

① 1 ② 3
③ 5 ④ 7

 $G = \dfrac{V}{C} = \dfrac{50}{1.47} = 34 \text{kg/개}$

1개 = 34kg
$x = 100\text{kg}$ $x = \dfrac{1개 \times 100\text{kg}}{34\text{kg}} = 2.94$ ∴ 3개

 10 $PV^n = C$에서 이상기체의 등온변화의 폴리트로픽 지수(n)는? (단, k는 비열비이다.)

① k ② ∞
③ 0 ④ 1

해설 폴리트로픽지수(n)

정(압)변화 : 0   등(온)변화 : 1
단(열)변화 : k 정(적)변화 : ∞

 **11** 비중량이 1.22[kgf/m³], 동점성계수가 0.15×10^{-4} m²/s인 건조 공기의 점성계수는 약 몇 poise인가?

① 1.83×10^{-4} ② 1.23×10^{-6}
③ 1.23×10^{-4} ④ 1.83×10^{-6}

 점성계수 = $\dfrac{비중량 \times 동점성계수}{g} = \rho \times v$

$= 1.22 \times 0.15 \times 10^{-4} = 1.83 \times 10^{-5} \text{kg/sec/m}^2$

$= \dfrac{1.83 \times 10^{-5} \times 10^5 \text{dyne} \times \sec \times \left(\dfrac{1}{100}\right)^2 \text{m}^2}{\text{m}^2 \times \text{cm}^2}$

$= 1.83 \times 10^{-4} \text{dyne} \cdot \sec/\text{cm}^2$ (여기서) $1\text{kgf} = 10^5 \text{dyne}$

해답 09. ② 10. ④ 11. ①

관의 절단, 나사절삭, 거스러미(butt)제거 등의 일을 연속적으로 할 수 있으며, 관을 물린 척(chuck)을 저속회전시키면서 나사를 가공하는 동력나사절삭기의 종류는?

① 다이헤드식 ② 호브식
③ 오스터식 ④ 피스톤식

[해설] **다이헤드식 나사절삭기** : 관의 절단, 나사절삭, 거스러미제거등의 일을 연속적으로 할 수 있으며 관을 물린척을 저속회전시키면서 나사를 가공

다음 중 에틸렌의 공업적 제법으로 가장 적당한 방법은?

① 나프타의 수첨분해 반응 ② 나프타의 고리화 반응
③ 나프타의 열분해 반응 ④ 나프타의 이성화 반응

[해설] **에틸렌의 공업적 제법**
① 나프타의 열분해반응
② 탄화수소의 열분해반응

다음 중 고압가스 제조설비의 사용개시 전 점검사항이 아닌 것은?

① 제조설비 등에 있는 내용물의 상황
② 비상전력 등의 준비사항
③ 개방하는 제조설비와 다른 제조설비 등과의 차단사항
④ 제조설비 등 당해 설비의 전반적인 누출 유무

[해설] **제조설비 사용개시전 점검사항**
① 제조설비 등의 내용물의 상황
② 비상전력등의 준비상황
③ 제조설비 등 당해설비의 전반적인 누출유무
④ 안전용 불활성가스등의 점검사항
⑤ 회전기계의 윤활유 보급상황 및 회전구동상황
⑥ 가연성가스 및 독성가스가 체류하기 쉬운곳의 당해가스 농도
⑦ 인터록, 긴급용 시퀀스, 경보 및 자동제어 장치의 기능

12. ① 13. ③ 14. ③

문제 15

다음 중 가장 고압의 측정에 사용되는 압력계는?

① 벨로우즈식　　　　② 침종식
③ 다이어프램식　　　④ 브르돈관식

> **해설** 고압측정에 사용하는 압력계 : 브르돈관식압력계($0.5 \sim 3000 kg/cm^2$)

문제 16

내용적 40[L]의 용기에 20℃에서 게이지압력으로 139기압까지 충전된 수소가 공기 중에서 연소했다고 하면 약 몇 [kg]의 물이 생성되는가? (단, 이상기체로 간주하고, 표준상태에서 연소하는 것으로 한다.)

① 2.1　　　　② 4.2
③ 116.5　　　④ 233

> **해설**
> $$2H_2 + O_2 \rightarrow 2H_2O$$
> $$4g \quad\quad 32g \quad\quad\quad 2\times 18g$$
> $$2\times 22.4l \quad 22.4l \quad 2\times 22.4l$$
> $$PV = \frac{wRT}{M} \quad w = \frac{PVM}{RT} = \frac{139 \times 40 \times 2}{0.082 \times (273+20)} = 462.83g$$
> $$\therefore \quad 4g = 2\times 18g$$
> $$462.83g = x$$
> $$x = \frac{462.83 \times 2 \times 18}{4g} = 4165.47g = 4.165kg$$

문제 17

다음 아세틸렌의 성질에 대한 설명 중 틀린 것은?

① 아세틸렌을 수소첨가반응시키면 벤젠이 얻어진다.
② 비점과 융점의 차가 적으므로 고체 아세틸렌은 승화한다.
③ 물에는 녹지 않으나 아세톤에는 잘 녹는다.
④ 공기 중에서 연소시키면 3500℃ 이상의 고온을 얻을 수 있다.

> **해설** 아세틸렌은 중합반응시키면 벤젠이 된다.　$3C_2H_2 \rightarrow C_6H_6$

15. ④　16. ②　17. ①

문제 18 나사압축기의 특징에 대한 설명으로 옳은 것은?

① 용량의 조정이 용이하다.
② 소음방지 장치가 필요없다.
③ 저속회전이므로 소용량에 적합하다.
④ 토출압력의 변화에 의한 용림 변화가 적다.

해설 나사압축기의 특징
① 용량조정이용하지 못하다.
② 토출압력 변화에 의한 용량 변화가 적다.
③ 소음방지장치가 필요하다.
④ 저속회전이고 중, 대형에 적합

문제 19 도시가스의 부취제에 대한 설명으로 옳은 것은?

① TBM(tertiary buthyl mercaptan)은 보통 충격의 석탄 가스 냄새가 난다.
② DMS(dimothyl sulfide)는 공기중에서 일부 산화되며, 내산화성이 약한 단점이 있다.
③ THT(tetra hydro thipphen)는 화학적으로 안정한 물질이므로 산화, 중합 등이 일어나지 않는다.
④ DMS(dimethyl sulfide)는 토양투과성이 낮아 흡착되기가 쉽다.

해설 무취제
① THT(테트라히드로티보펜) : 석탄가스냄새, 화학적으로 안정한 물질이므로 산화, 중합등이 일어나지 않는다.
② TBM(터시어리부틸메르캅탄) : 양파썩는냄새
③ DMS(디메칠썰파이드) : 마늘냄새, 토양에 대한 토과성이 크다.

문제 20 증기압축 냉동기에서 등엔탈피 과정인 곳은?

① 팽창밸브   ② 응축기
③ 증발기   ④ 압축기

해답 18. ④ 19. ③ 20. ①

해설 ① **압축기** : 등엔트로피과정
② **팽창밸브** : 등엔탈피과정

문제 21 강의 결정조직을 미세화하고 냉간가공, 단조 등에 의한 잔류응력을 제거하며 결정조직, 기계적·물리적 성질 등을 표준화시키는 열처리는?

① 어닐링 ② 노멀라이징
③ 퀜칭 ④ 댐퍼링

해설 **열처리**
① 담금질＝퀜칭＝소입 : 강의 경도 및 강도증가
② 뜨임＝탬퍼링＝소려 : 인성증가
③ 풀림＝어닐링＝소둔 : 가공응력 및 내부응력제거
④ 불림＝노멀라이징＝소준 : 조직의 미세화 및 편석이나 잔류응력 제거

문제 22 액화석유가스 충전사업의 용기충전 시설기준으로 옳지 않은 것은?

① 주거지역 또는 상업지역에 설치하는 저장능력 10[ton] 이상의 저장탱크에는 폭발방지장치를 설치할 것
② 방류둑의 내측과 그 외면으로부터 10[m] 이내에는 그 저장탱크의 부속설비 외의 것을 설치하지 말 것
③ 충전장소 및 저장설비에는 불연성의 재료 또는 난연성의 재료를 사용한 무거운 지붕으로 하여 멀리 비산되는 것을 방지할 것
④ 저장설비실에 통풍이 잘 되지 않을 경우에는 강제통풍 시설을 설치할 것

해설 **액화석유가스 충전사업의 용기충전시설기준**
① 주거지역 또는 상업지역에 설치하는 저장능력 10Ton 이상의 저장탱크에는 폭발방지 장치 설치
② 방류둑내측과 그 외면으로부터 10m 이내에는 그 저장탱크 부석설비외의 것을 설치하지 말 것
③ 저장설비에 통풍이 잘되지 않을 경우에는 강제통풍시설을 설치할 것
④ 충전장소 및 저장설비에는 불연성의 재료 또는 단연성의 재료를 사용한 가벼운 지붕으로 할 것

해답 21. ② 22. ③

문제 23 비철금속 중 구리관 및 구리합금관의 특징에 대한 설명 중 틀린 것은?

① 초산, 황산 등의 산화성 산에 의해 부식된다.
② 알칼리의 수용액과 유기화합물에 내식성이 강하다.
③ 산화제를 함유한 암모니아수에 의해 부식된다.
④ 연수에 대하여 내식성은 크나 담수에는 부식된다.

[해설] 연수에는 부식이 되고 담수에는 부식이 되지 않는다.

문제 24 다음 중 용기부속품의 기호표시로 틀린 것은?

① AG : 아세틸렌가스를 충전하는 용기의 부속품
② PG : 압축가스를 충전하는 용기의 부속품
③ LT : 초저온용기 및 저온용기의 부속품
④ LG : 액화석유가스를 충전하는 용기의 부속품

[해설] 용기부속품의 기호
① AG : 아세틸렌가스를 충전하는 용기부속품
② PG : 압축가스를 충전하는 용기부속품
③ LT : 초저온 및 초저가스를 충전하는 용기부속품
④ LPG : 액화석유가스를 충전하는 용기부속품
⑤ LG : 액화석유가스외의 가스를 충전하는 용기부속품

문제 25 다음 중 암모니아의 공업적 제조법에 해당하는 것은?

① 오스트발트(Ostwaid)법
② 하버-보시(Haber-Bosch)법
③ 피셔 트롭시(Fisher-Tropsh)법
④ 프리델 크라프트(Friedel-Kraft)법

[해설] 암모니아의 공업적 제법

① 하버보시법 $N_2 + 3H_2 \xrightarrow[450\sim550℃,\ 200\sim1000atm]{Fe_2O_3,\ Al_2O_3} 2NH_3$

[해답] 23. ④ 24. ④ 25. ②

② 석회질소법 $CaCO_3 \rightarrow CaO + CO_2$
$CaO + 3C \rightarrow CaC_2 + CO$
$CaC_2 + N_2 \rightarrow CaCN_2 + C$
$CaCN_2 + 3H_2O \rightarrow CaCl_3 + 2NH_3$

문제 26 압력조정기의 제조 기술기준에 대한 설명 중 틀린 것은?

① 사용상태에서 충격에 견디고 빗물이 들어가지 아니하는 구조일 것
② 입구측에 황동선망 또는 스테인리스강선망을 사용한 스트레이너를 내장 또는 조립할 수 있는 구조일 것
③ 용량 10[kg/h] 이상의 1단감압식 저압조정기인 경우에 몸통과 덮개를 몽키렌치, 드라이버 등 일반공구로 분리할 수 없는 구조일 것
④ 자동절세식 조정기는 가스공급 방향을 알 수 있는 표시기를 구비할 것

문제 27 길이 4[m], 지름 3.5[cm]의 연강봉에 4200[kgf]의 인장하중에 갑자기 작용하였을 때 충격하중에 의하여 늘어나는 인장길이는 약 몇 [mm]인가? (단, $E=2.1\times 10^6$[kgf/cm²]이다.)

① 0.83
② 1.66
③ 3.32
④ 6.65

해설 $\tau = \dfrac{w}{A} = \dfrac{(4200kg)^2}{0.785 \times 3.5^2 cm^2} = 873.53 kg/cm^2$

∴ $L = \dfrac{400cm \times 873.52 kg/cm^2}{2.1 \times 10^6 kg/cm^2} = 0.166 cm = 1.66 mm$

26. ③ 27. ②

 **28** 다음 중 암모니아의 누출식별 방법이 아닌 것은?

① 석회수에 통과시키면 육안의 백색침전이 생긴다.
② HCl과 반응하여 백색의 연기를 낸다.
③ 리트머스시험지를 새는 곳에 대면 청색이 된다.
④ 내슬러시약을 시료에 떨어뜨리면 암모니아량이 적을 때 황색, 많을 때 다갈색이 된다.

해설 암모니아 누설검사
① 네슬러시약 : 소량누설시(황색), 다량누설시(자색)
② 적색리트머스시험지 : 청색
③ 염화수소 : 백색연기
④ 페놀프탈렌지 : 홍색
⑤ 취기

 **29** 다음 [보기]에서 설명하는 신축이음 방법은?

[보기] - 신축량이 크고 신축으로 인한 응력이 생기지 않는다.
 - 직선으로 이용하므로 설치공간이 비교적 적다.
 - 배관에 곡선부분이 있으면 비틀림이 생긴다.
 - 장기간 사용시 패킹재의 마모가 생길 수 있다.

① 슬리브형 ② 벨로우즈형
③ 루프형 ④ 스위블형

해설 슬리브형(미끄럼형)
① 장기간 사용시 패킹제의 마모가 생길 수 있다.
② 배관에 곡선부분이 있으면 비틀림이 생긴다.
③ 직선으로 이음하므로 설치공간이 비교적 적다.
④ 신축량이 크고 신축으로 인한 응력이 생기지 않는다.

해답 28. ① 29. ①

문제 30

고압가스 용기제조의 기술기준에 있어서 용기의 재료로서 스테인리스강, 알루미늄합금, 탄소·인 및 황의 함유량을 옳게 나타낸 것은? (단, 이음매 없는 용기는 제외한다.)

① 스테인리스강 : 0.33[%] 이하, 알루미늄합금 : 0.04[%] 이하, 탄소·인 및 황 : 0.05[%] 이하
② 스테인리스강 : 0.35[%] 이하, 알루미늄합금 : 0.4[%] 이하, 탄소·인 및 황 : 0.02[%] 이하
③ 스테인리스강 : 0.55[%] 이상, 알루미늄합금 : 0.04[%] 이상, 탄소·인 및 황 : 0.05[%] 이상
④ 스테인리스강 : 0.33[%] 이하, 알루미늄합금 : 0.04[%] 이하, 탄소·인 및 황 : 5[%] 이하

해설 용접용기   C : 0.33% 이하
              P : 0.04% 이하
              S : 0.05% 이하
      이음매 없는 용기   C : 0.55% 이하
                        P : 0.04% 이하
                        S : 0.05% 이하

문제 31

가연성 가스 검출기에 대한 설명으로 옳은 것은?

① 안전등형은 황색불꽃의 길이로서 C_2H_2의 농도를 알 수 있다.
② 간섭계형은 주로 CH_4의 측정에 사용되나 가연성가스에도 사용이 가능하다.
③ 간섭계형은 가스 전도도의 차를 이용하여 농도를 측정하는 방법이다.
④ 열선형은 리액턴스회로의 정전전류에 의하여 가스의 농도를 측정하는 방법이다.

해설 가연성가스 검출기
① 간섭계형 : 가연성가스의 굴절율 차이를 이용농도를 측정
② 안전등형 : 메탄이 존재할 때 발열량이 증가하여 불꽃의 길이 등이 커지는 것을 이용하여 주로 탄관내에서 메탄의 농도 측정

30. ①   31. ②

 **32** 가연성가스의 발화도 범위가 135℃ 초과 200℃ 이하에 대한 방폭전기기기의 온도등급은?

① T3
② T4
③ T5
④ T6

해설 방폭전기기기의 온도등급
① T6 : 85℃ 초과 100℃ 이하
② T5 : 100℃ 초과 135℃ 이하
③ T4 : 135℃ 초과 200℃ 이하
④ T3 : 200℃ 초과 300℃ 이하

 **33** 다음 시안화수소에 대한 설명 중 틀린 것은?

① 액체는 무색·투명하며 복숭아 냄새가 난다.
② 액체는 끓는점이 낮아 휘발하기 쉽고, 물에 잘 용해되며 이 수용액은 약산성을 나타낸다.
③ 자체의 열로 인하여 오래된 시안화수소는 중합폭발의 위험성이 있기 때문에 충전한 후 60일이 경과되기 전에 다른 용기에 옮겨 충전하여야 한다.
④ 염화제일구리, 염화암모늄의 염산산성용액 중에서 아세틸렌과 반응하여 메틸아민이 된다.

해설 시안화수소
① 무색이고, 복숭아 냄새가 나는 기체로서 독성이 강하다(10PPM 이하)
② 휘발하기 쉽고, 물에 잘 녹는다.
③ 오래된 시안화수소는 급격한 중합에 의해 폭발의 위험이 있으므로 충전후 60일을 넘지 않도록 한다.
④ 시안화수소 안정제 : 오산화인, 염화칼슘, 인산, 아황산가스, 동망, 황산
⑤ 아세틸렌과 반응 아크릴로 니트릴 만들 수 있다.

32. ② 33. ④

 **34** 지하철 주변에 도시가스 배관을 매설하려고 한다. 이 때 다음 중 어느 것이 가장 문제가 되는가?

① 대기부식 ② 미주전류부식
③ 고온부식 ④ 응력부식균열

 **35** 10[kW]는 약 몇 HP인가?

① 5.13 ② 13.4
③ 22.5 ④ 31.6

 1kW = 102kg · m/sec
1HP = 76kg · m/sec
∴ 10kW × 102kg · m/sec = $\dfrac{1020 \text{kg} \cdot \text{m/sec}}{76 \text{kg} \cdot \text{m/sec}}$ = 13.42

 **36** 다음[보기] 중 공기 중에서 폭발하한계 값이 작은것에서 큰 순서로 옳게 나열된 것은?

[보기] ① 아세틸렌 ② 수소 ③ 프로판 ④ 일산화탄소

① ①-②-③-④ ② ①-②-④-③
③ ②-①-③-④ ④ ③-①-②-④

① **프로판** : 2.1%~9.5%
② **아세틸렌** : 2.5%~81%
③ **수소** : 4%~74%
④ **일산화탄소** : 12.5%~74%

34. ② 35. ② 36. ④

문제 37

가스액화분리장치의 구성기기 중 왕복동식 팽창기에 대한 설명으로 틀린 것은?

① 팽창기의 흡입압력 범위가 좁다.
② 팽창비는 크지만 효율은 낮다.
③ 가스처리량이 크게 되면 다기통이 된다.
④ 기통 내의 윤활에 오일이 사용된다.

해설 왕복동식 팽창기
① 기통내의 윤활에 오일이 사용된다.
② 가스처리량이 크게 되면 다기통이 된다.
③ 팽창비는 크지만 효율은 낮다.

문제 38

아세틸렌을 용기에 충전할 때 충전 중의 압력은 얼마 이하로 하여야 하는가?

① 1.5[MPa]   ② 2.5[MPa]
③ 3.5[MPa]   ④ 4.5[MPa]

해설 충전중의 압력은 $25kg/cm^2$로 압축시 희석제 첨가(메탄, 일산화탄소, 에틸렌, 질소, 수소, 프로판)

문제 39

다음 중 특정고압가스로만 짝지어진 것은?

① 수소, 산소, 아세틸렌
② 액화염소, 액화암모니아, 액화프로판
③ 수소, 산소, 시안화수소
④ 수소, 에틸렌, 포스겐

해설 특정고압가스
① 산소 ② 수소 ③ 아세틸렌 ④ 액화염소 ⑤ 액화암모니아 ⑥ 액화천연가스

해답 37. ① 38. ② 39. ①

40 TNT 1000[kg]이 폭발했을 때 그 폭발중심에서 100[m] 떨어진 위치에서 나타나는 폭풍효과(피크압력)는 같은 TNT 125[kg]이 폭발했을 때 폭발 중심에서 몇 [m] 떨어진 위치에서 동일하게 나타나는가? (단, 폭풍효과에 관한 3승근 법칙이 적용되는 것으로 한다.)

① 30　　　　　　② 50
③ 70　　　　　　④ 80

 $\sqrt[3]{1000 \times 125} = 50\,m$

 **41** 도시가스의 유해성분 측정 시 도시가스 1[m³]당 황화수소는 얼마를 초과해서는 안되는가?

① 0.02[g]　　　　② 0.2[g]
③ 0.5[g]　　　　　④ 1.0[g]

 유해성분의 양(0℃, 1.013250bar)
① 황 : 0.5g 이하
② 암모니아 : 0.2g 이하
③ 황화수소 : 0.02g 이하

 **42** 가스가 65[kcal]의 열량을 흡수하여 10,000[kg·m]의 일을 했다. 이 때 가스의 내부에너지 증가는 약 몇 [kcal]인가?

① 32.4　　　　　② 38.7
③ 41.6　　　　　④ 57.2

H(엔탈피) = 내부에너지 + APV

∴ **내부에너지** = $\left(65\text{kcal} - \dfrac{1\text{kcal}}{427\text{kg}\cdot\text{m}} \times 10000\text{kg}\cdot\text{m}\right) = 41.6\text{kcal}$

40. ②　**41.** ①　**42.** ③

문제 43 다음 중 압력에 대한 Pa(Pascal)의 단위로서 옳은 것은?

① $[N/m^2]$ ② $[N^2/m]$
③ $[Nbar/m^3]$ ④ $[N/m]$

해설 $1atm = 101325Pa = 101325N/m^2 = 1.0332kg/cm^2 = 1033.2g/cm^2$
$= 76cmHg = 760mmHg = 0.76mHg = 10.332mH_2O$
$= 10332mmH_2O = 1033.2cmHg = 14.7PSI = 30inHg$
$= 101.325kPa = 0.10332MPa$

문제 44 다음 LP가스의 특성에 대한 설명 중 틀린 것은?

① 상온에서 기체로 존재하지만 가압시키면 쉽게 액화가 가능하다.
② 연소시 다량의 공기가 필요하다.
③ 액체 상태의 LP가스는 물보다 무겁다.
④ 연소속도가 늦고 발화온도는 높다.

해설 LP가스의 특성
① 액체상태의 LP가스는 물보다 가볍다(0.508)
② 연소속도 늦고 발화온도 높다.
③ 연소시 다량의 공기가 필요하다.
④ 상온에서 기체로 존재하지만 $7kg/cm^2$로 가압시 쉽게 액화
⑤ 연소범위가 좁다.
⑥ 공기보다 무겁다.
⑦ 기화시체적이 250배 늘어난다.
⑧ 기화잠열이 크다(101.8kcal/kg)

문제 45 다음 중 초저온 액화가스 취급시 생기기 쉬운 사고발생의 원인으로 가장 거리가 먼 것은?

① 가스에 의한 질식사고
② 화학적 변화에 따른 사고
③ 저온 때문에 생기는 물리적 변화에 의한 사고
④ 가스의 증발에 따른 압력의 이상 상승에 의한 사고

43. ①   44. ③   45. ④

[해설] 초저온액화가스취급시 사고발생 원인
① 동상　　　　　　　② 질식
③ 화학적 변화에 의한 원인　④ 물리적 변화에 의한 원인

문제 46 다음 정압기의 유량특성에 대한 설명 중 틀린 것은?

① 유량특성이라 함은 메인밸브의 열림과 유량과의 관계를 말한다.
② 직선형은 메인밸브 개구부의 모양이 장방형의 슬릿(slit)으로 되어 있을 경우에 생긴다.
③ 2차형은 개구부의 모양이 접시형의 메인밸브로 되어 있을 경우에 생긴다.
④ 평방근형은 신속하게 열(開) 필요가 있을 경우에 사용하며, 다라서 다른 것에 비하여 안정성이 좋지 않다.

[해설] 유량특성(정압기)
① 평방근형은 신속하게 열 필요가 있을 경우에 사용하며 따라서 다른것에 비해 안전성이 좋지 않다.
② 유량 특성이란 메인밸브의 열림과 유량과의 관계
③ 직선형은 메인밸브의 개구부의 모양이 장방형의 슬릿으로 되어 있을 경우 생긴다.

문제 47 도시가스사업법에서 정의하는 보호시설 중 제2종 보호시설은?

① 문화재보호법에 의하여 지정문화재로 지정된 건축물
② 사람을 수용하는 건축물로서 사실상 독립된 부분의 연면적이 100[m²] 이상 1000[m²] 미만인 것
③ 아동·노인·모자·장애인 기타 사회복지사업을 위한 시설로서 수용 능력이 20인 이상인 건축물
④ 극장·교회 및 교회당 그 밖에 유사한 시설로서 수용능력이 300인 이상인 건축물

[해설] 2종 보호시설
① 주택
② 연면적 100m² 이상 1000m² 미만

해답　46. ③　47. ②

 48 다음 독성가스와 제독제가 옳지 않게 짝지어진 것은?

① 염소-가성소다 및 탄산소다 수용액
② 암모니아-염산 및 질산 수용액
③ 시안화수소-가성소다 수용액
④ 아황산가스-가성소다 수용액

해설 제독제
① 염소 : 소석회, 가성소다, 탄산소다
② 포스겐 : 가성소다, 소석회
③ 황화수소 : 가성소다, 탄산소다
④ 시안화수소 : 가성소다
⑤ 아황산가스 : 물, 가성소다, 탄산소다
⑥ 암모니아, 산화에틸렌, 염화메탄 : 다량의 물

 49 고압가스 일반제조시설의 저장탱크에 설치하는 긴급차단 장치의 설치기준으로 옳은 것은?

① 특수반응설비 또는 고압가스설비에 설치할 경우 상용압력의 1.1배 이상의 압력에 견디어야 한다.
② 액상의 가연성가스 또는 독성가스를 이입하기 위해 설치된 배관에는 역류방지밸브로 대신할 수 있다.
③ 긴급차단장치에 속하는 밸브 외 1개의 밸브를 배관에 설치하고 항상 개방시켜 둔다.
④ 가연성가스 저장탱크의 외면으로부터 10[m] 이상 떨어진 위치에 설치해야 한다.

해설 긴급차단 장치
① 저장탱크 외면으로부터 5m 이상
② 동력원 : 액압, 기압, 전기, 스프링
③ 가용전식이고 110℃에서 자동작동
④ 액상의 가연성가스 또는 독성가스를 이입하기 위해 설치된 배관에는 역류방지밸브로 대신할 수 있다.

해답 48. ② 49. ②

문제 50
이상기체의 상태변화에서 내부에너지 변화가 없는 것은?

① 등압변화 ② 등적변화
③ 등온변화 ④ 단열변화

해설 이상기체 상태변화에서 내부에너지 변화가 없는 것 : 등온변화

문제 51
다음 중 공기를 분리하여 얻을 수 없는 가스는?

① 산소 ② 질소
③ 암모니아 ④ 아르곤

해설 공기를 분리하여 얻을 수 있는 가스 : ① 산소 ② 질소 ③ 아르곤

문제 52
용기의 검사기준에서 내압시험압력이 2.5[MPa]인 용기에 압축가스를 충전할 때 그 최고충전압력은? (단, 아세틸렌가스 외의 압축가스이다.)

① 1.5[MPa] ② 2.0[MPa]
③ 3.13[MPa] ④ 4.17[MPa]

해설
$$TP = FP \times \frac{5}{3}$$
$$\therefore FP = \frac{TP \times 3}{5} = \frac{2.5 \times 3}{5} = 1.5 \text{MPa}$$

문제 53
3×10^4[N·mm]의 비틀림 모멘트와 2×10^4[N·m]의 굽힘모멘트를 동시에 받는 축의 상당 굽힘모멘트는 약 몇 [N·m]인가?

① 25000 ② 28028
③ 50000 ④ 56056

해설 굽힘모멘트 $= \frac{1}{2}(20000 + \sqrt{30000^2 + 20000^2}) = 28027.75 \text{N} \cdot \text{m}$

해답 50. ③ 51. ③ 52. ① 53. ②

문제 54 다음 중 가장 낮은 온도에서 사용이 가능한 보냉재는?

① 폴리우레탄 ② 탄산마그네슘
③ 펠트 ④ 폴리스틸렌

 ① 폼류 : ㉠ 경질우레탄폼
㉡ 폴리스틸렌폼 80℃ 이하
㉢ 염화비닐폼
② 펠트류 : ㉠ 양모 ㉡ 우모펠트 : 100℃ 이하
③ 텍스류 : ㉠ 톱밥
㉡ 녹재 120℃ 이하
㉢ 펄프
④ 콜크류 : 탄화콜크 : 130℃ 이하 ⑤ 탄산마그네슘 : 250℃ 이하
⑥ 그라스울 : 300℃ 이하 ⑦ 석면 : 400℃ 이하
⑧ 규조토 : 500℃ 이하 ⑨ 암면 : 600℃ 이하
⑩ 규산칼슘 : 650℃ 이하 ⑪ 실리카화이버 : 1100℃ 이하
⑫ 세라믹화이버 : 1300℃ 이하

문제 55 로트로부터 시료를 샘플링해서 조사하고, 그 결과를 로트의 판정기준과 대조하여 그 로트의 합격, 불합격을 판정하는 검사를 무엇이라 하는가?

① 샘플링검사 ② 전수검사
③ 공정검사 ④ 품질검사

 **샘플링검사** : 로트로부터 시료를 샘플링해서 조사하고 그 결과를 로트의 판전기준과 대조하여 그 로트의 합격, 불합격을 판정하는 검사

문제 56 일반적으로 품질코스트 가운데 가장 큰 비율을 차지하는 코스트는?

① 평가코스트 ② 실패코스트
③ 예방코스트 ④ 검사코스트

실패코스트 : 품질코스트 가운데 가장 큰 비율차지

54. ① 55. ① 56. ②

문제 57

일정 통제를 할 때 1일당 그 작업을 단축하는데 소요된 비용의 증가를 의미하는 것은?

① 비용구배(Cost slope)
② 정상소요시간(Normal duration time)
③ 비용견적(Cost estimation)
④ 총비용(Total cost)

해설 비용구배
일정통제를 할 때 1일당 그 작업을 단축하는데 소요되는 비용의 증가

문제 58

다음 중 데이터를 그 내용이나 원인 등 분류 항목별로 나누어 크기의 순서대로 나열하여 나타낸 그림을 무엇이라 하는가?

① 히스토그램(histogram)
② 파레토도(pareto diagram)
③ 특성요인도(causes and effects diagram)
④ 체크시트(check sheet)

해설 파레토도 : 데이터를 그 내용이나 원인 등 분류항목별로 나누어 크기의 순서대로 나열하여 나타낸 그림

문제 59

c 관리도에서 $k=20$인 군의 총부적합(결점)수 합계는 58이었다. 이 관리도의 UCL, LCL을 구하면 약 얼마인가?

① UCL=6.92, LCL=0
② UCL=4.90, LCL=고려하지 않음
③ UCL=6.92, LCL=고려하지 않음
④ UCL=8.01, LCL=고려하지 않음

해답 57. ① 58. ② 59. ④

문제 60. 모든 작업을 기본동작으로 분해하고, 각 기본 동작에 대하여 성질과 조건에 따라 미리 정해 놓은 시간치를 적용하여 정미시간을 산정하는 방법은?

① PTS법 ② WS법
③ 스톱워치법 ④ 실적자료법

해설 ① **PTS법** : 모든 작업을 기본동작으로 분해하고 각 기본동작에 대해 성질과 조건에 따라 정해놓은 시간치를 적용하여 정미시간을 산정하는 방법
② **스톱와치법** : 실제로 현장에서 이루어지는 모든작업공정에 대해 사전에 미리 구분하여 별도의 측정표를 통해 표준시간 산정
③ **WS법** : 측정자는 무작위로 현장에서 작업자가 작업하는 내용에 대해 측정율 및 가동시간에 대한 측정결과를 조합하여 표준시간 설정

해답 60. ①

제 2 부 필기 기출문제

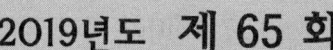

2019년도 제 65 회 (CBT 시행)

본 문제는 복원 기출문제입니다. 실제 문제와 다를 수 있으니 양해바랍니다.

 **01**

도시가스 누출 시 냄새에 의한 감지를 위하여 냄새나는 물질을 첨가하는 올바른 방법은?

① 1/100의 상태에서 감지 가능할 것
② 1/500의 상태에서 감지 가능할 것
③ 1/1000의 상태에서 감지 가능할 것
④ 1/2000의 상태에서 감지 가능할 것

해설 부취제

① $\frac{1}{1000}$ 상태에서 감지가 가능할 것
② 종류 : ㉠ THT(테트라히드로티오펜) 석탄가스 냄새
    ㉡ TBM(터시어리부틸메르캅탄) 양파썩는 냄새
    ㉢ DMS(디메틸썰파이드) 마늘냄새
③ 구비조건 : ㉠ 독성 및 가연성이 아닐 것
    ㉡ 토양에 대한 투과성이 클 것
    ㉢ 도관을 부식시키지 말 것
    ㉣ 가스관이나 가스미터에 흡착되지 말 것
    ㉤ 보통 존재하는 냄새와 명확히 구별될 것
    ㉥ 가격이 쌀 것
    ㉦ 극히 낮은 농도에서도 냄새를 확인할 수 있을 것

 **02**

지상에 설치하는 액화석유가스의 저장탱크 안전밸브에 가스 방출관을 설치하고자 한다. 저장탱크의 정상부가 지상에서 8m 일 경우 방출관의 높이는 지상에서 몇 미터 이상이여야 하는가?

① 2m ② 5m
③ 8m ④ 10m

해답 01. ③ 02. ④

 저장탱크의 정상부가 지상에서 8m일 경우 방출관의 높이는 지상에서 10m 이상이어야 한다.

문제 03 도시가스사업 구분에 따라 선임하여야 할 안전관리자별 선임 인원과 선임 가능한 자격이 잘못 짝지어진 것은? (단, 안전관리자의 자격은 선임 가능한 자격 중 1개만이 제시되어 있다.)

① 가스도매사업 : 안전관리책임자 – 사업장마다 1인 – 가스기술사
② 가스도매사업 : 안전관리원 사업장마다 10인 이상 – 가스기능사
③ 일반도시가스사업 : 안전관리책임자 – 사업장마다 1인 – 가스기능사
④ 일반도시가스사업 : 안전관리원 – 5인 이상(배관길이가 200km 이하인 경우) – 가스기능사

 **안전 관리자 선임**
① 가스도매사업 : 안전관리 책임자 사업장마다 1인, 가스기술사
② 가스도매사업 : 안전관리원 사업장마다 10인 이상, 가스기능사
③ 일반도시가스사업 : 안전관리원 5인 이상(배관길이 200m 이하인 경우) 가스기능자

문제 04 표준기압 1atm은 몇 kgf/cm^2인가? (단, Hg의 밀도는 13595.1kg/m^3, 중력가속도는 9.80665m/s^2 이다.)

① 0.9806 ② 1.0332
③ 1013.25 ④ 10332

 표준대기압 $= 1atm = 1.0332 kgf/cm^2 = 10332 kgf/m^2 = 1033.2 g/cm^2$
$= 76 cmHg = 760 mmH_2O = 14.7 PSI = 29.921 inHg$
$= 10.332 mH_2O = 1033.2 cmH_2O = 10332 mmH_2O$
$= 101325 pa = 101325 N/m^2 = 1.013 bar = 1013 mbar$
$= 101.3 kPa = 0.10332 MPa$

03. ③ 04. ②

문제 05

다음 중 와류의 규칙성과 안전성을 이용하는 유량계는?

① 델타미터
② 로터미터
③ 전자식 유량계
④ 열선식 유량계

해설 **델타미터** : 와류의 규칙성과 안전성을 이용하는 유량계

문제 06

도시가스 성분 중 일산화탄소의 함유율은 몇 vol%를 초과하지 아니하여야 하는가?

① 1
② 3
③ 5
④ 7

해설 도시가스성분 중 일산화탄소의 함유율은 7%를 초과하지 아니하여야 한다.

문제 07

가스나 체류된 작업장에서의 허용농도가 가장 낮은 것은?

① 시안화수소
② 황화수소
③ 산화에틸렌
④ 포스겐

해설 **허용농도**
① 시안화수소 : 10PPM 이하
② 황화수소 : 10PPM 이하
③ 산화에틸렌 : 50PPM 이하
④ 포스겐 : 0.1PPM 이하

문제 08

가연성가스(LPG 제외) 및 산소의 차량에 고정된 저장탱크 내용적의 기준으로 옳은 것은?

① 저장탱크의 내용적은 10000L를 초과할 수 없다.
② 저장탱크의 내용적은 12000L를 초과할 수 없다.
③ 저장탱크의 내용적은 15000L를 초과할 수 없다.
④ 저장탱크의 내용적은 18000L를 초과할 수 없다.

해답 05. ① 06. ④ 07. ④ 08. ④

 **저장탱크 내용적**
① 가연성 산소 : 18000*l* 이하(LPG제외)
② 독성 : 12000*l* 이하(NH_3제외)

 09 어떤 용기에 액체질소 56kg이 충전되어 있다. 외부에서의 열이 매시간 10kcal 씩 액체질소에 공급될 때 액체질소가 28kg으로 감소되는데 걸리는 시간은? (단, N_2의 증발잠열은 1600cal/mol이다.)

① 16시간　　　　　　　　② 32시간
③ 160시간　　　　　　　　④ 320시간

 $28g/mol = 1600cal$
$28 \times 1000g = x$
$x = \dfrac{28 \times 1000g \times 1600cal}{28g/mol} = 1600000cal$
∴ $\dfrac{1600000cal}{10 \times 1000cal/h} = 160$시간

10 가연성 가스 검출기에 대한 설명으로 옳은 것은?

① 안전등형은 황색불꽃의 길이로서 C_2H_2의 농도를 알 수 있다.
② 간섭계형은 주로 CH_4의 측정에 사용되나 가연성 가스에도 사용이 가능하다.
③ 간섭계형은 가스 전도도의 차를 이용하여 농도를 측정하는 방법이다.
④ 열선형은 리액턴스회로의 정전전류에 의하여 가스의 농도를 측정하는 방법이다.

간섭계형 : 주로 메탄의 농도 측정에 사용
안전등형 : 가스의 굴절율차를 이용 측정

09. ③　10. ②

 **문제 11**

LPG 1L는 기체 상태로 변하면 250L가 된다. 20kg의 LPG가 기체 상태로 변하면 부피는 약 몇 m³가 되는가? (단, 표준상태이며, 액체의 비중은 0.5이다.)

① 1
② 5
③ 7.5
④ 10

[해설]
$1l = 0.5\text{kg}$
$x = 20\text{kg}$ $x = \dfrac{1l \times 20\text{kg}}{0.5\text{kg}} = 40l$

$\therefore\ 1l = 250l$
$\ \ 40l = x$ $x = \dfrac{40l \times 250l}{1l} = 10000l = 10\text{m}^3$

 **문제 12**

고압가스 냉동 제조의 시설 및 기술기준에 대한 설명으로 틀린 것은?

① 냉매설비에는 긴급사태가 발생하는 것을 방지하기 위하여 자동제어 장치를 설치할 것
② 독성가스를 사용하는 내용적이 1만 L 이상의 수액기 주위에는 액상의 가스가 누출될 경우에 그 유출을 방지하기 위한 조치를 마련할 것
③ 안전밸브 또는 방출밸브에 설치된 스톱밸브는 그 밸브의 수리 등을 위하여 특별히 필요한 때를 제외하고는 항상 닫아둘 것
④ 냉매설비에는 그 설비안의 압력이 상용압력을 초과하는 경우 즉시 그 압력을 상용압력 이하로 되돌릴 수 있는 안전장치를 설치할 것

[해설] 안전밸브 또는 방출밸브에 설치된 스톱밸브는 항상 열어둘 것

문제 13

고압가스 냉동제조시설의 냉매설비와 이격거리를 두어야 할 화기설비의 분류 기준으로 맞지 않는 것은?

① 제1종 화기설비 : 전열면적이 14m^2를 초과하는 온수보일러
② 제2종 화기설비 : 전열면적이 8m^2 초과, 14m^2 이하인 온수보일러
③ 제3종 화기설비 : 전열면적이 10m^2 이하인 온수보일러
④ 제1종 화기설비 : 정격 열출력이 500,000kcal/h를 초과하는 화기설비

[해답] 11. ④ 12. ③ 13. ③

해설 화기설비의 종류
① 제1종 화기설비 : ㉠ 전열면적이 $14m^2$를 초과하는 온수보일러
㉡ 정격출력이 50만 kcal/h를 초과하는 화기설비
② 제2종 화기설비 : ㉠ 전열면적이 $8m^2$를 초과하는 온수 보일러
㉡ 정격출력이 30만 kcal/h 초과 50만 kcal/h 이하
③ 제3종 화기설비 : ㉠ 전열면적이 $8m^2$를 초과하는 온수 보일러
㉡ 정격출력이 30만 kcal/h이하인 화기설비

문제 14 가스가 65kcal의 열량을 흡수하여 10000kgf·m의 일을 하였다. 이때 가스의 내부에너지 증가는 약 몇 kcal 인가?
① 32.4
② 38.7
③ 41.6
④ 57.2

해설 내부에너지 $= \left(65 - \dfrac{10000 \text{kgf} \cdot \text{m}}{427 \text{kcal/kgf} \cdot \text{m}}\right) = 41.6 \text{kcal}$

문제 15 다음 가스 중 공기와 혼합하였을 때 폭발성 혼합 가스를 형성할 수 있는 것은?
① 산화질소
② 염소
③ 암모니아
④ 질소

해설 암모니아 : 독성 및 가연성 가스

문제 16 지구 온실효과를 일으키는 주된 원인이 되는 가스는?
① CO_2
② O_2
③ NO_2
④ N_2

해설 지구온실 효과는 일으키는 주된 원인 : CO_2

해답 14. ③ 15. ③ 16. ①

문제 17

저장능력이 30톤인 저장탱크를 지하에 설치하였다. 점검구의 설치기준에 대한 설명으로 틀린 것은?

① 점검구는 2개소를 설치하였다.
② 점검구는 저장탱크 측면 상부의 지상에 설치하였다.
③ 점검구는 저장탱크실 상부 콘크리트 타설 부분에 맨홀형태로 설치하였다.
④ 사각형 모양의 점검구로서 0.6m×0.6m의 크기로 하였다.

문제 18

도시가스 사업 허가의 세부기준이 아닌 것은?

① 도시가스가 공급 권역안에서 안정적으로 공급될 수 있도록 할 것
② 도시가스 사업계획이 확실히 수행될 수 있을 것
③ 도시가스를 공급하는 권역이 중복되지 않을 것
④ 도시가스 공급이 특정지역에 집중되어 있어야 할 것

해설 **도시가스 사업허가의 세부기준**
① 도시가스를 공급하는 권역이 중복되지 않을 것
② 도시가스 사업계획이 확실히 수행될 수 있을 것
③ 도시가스가 공급 권역 안에서 안정적으로 공급될 수 있도록 할 것

문제 19

배관의 수직상향에 의한 압력손실을 계산하려고 할 때 반드시 고려되어야 하는 것은?

① 입상 높이, 가스 비중
② 가스 유량, 가스 비중
③ 가스 유량, 입상 높이
④ 관 길이, 입상 높이

해설 **입상배관 압력손실** $H = 1.293(S-1)h = 1.293(1-S)h$
여기서, S : 가스비중, h : 입상높이

해답 17. ④ 18. ④ 19. ①

문제 20

이상기체를 일정한 온도 조건하에서 상태 1에서 상태 2로 변화시켰을 때 최종 부피는 얼마인가? (단, 상태 1에서의 부피 및 압력은 V_1과 P_1이며, 상태 2에서의 부피와 압력은 각각 V_2와 P_2이다.)

① $V_2 = V_1 \times \dfrac{P_2}{P_1}$ ② $V_2 = V_1 \times \dfrac{P_1}{P_2}$

③ $V_2 = V_1 \times \dfrac{T_2}{T_1} \times \dfrac{P_2}{P_1}$ ④ $V_2 = V_1 \times \dfrac{T_1}{T_2}$

[해설] $V_2 = V_1 \times \dfrac{P_1}{P_2}$

문제 21

대기압 750mmHg 하에서 게이지 압력이 2.5kgf/cm² 이다. 이 때 절대압력은 약 몇 kgf/cm²인가?

① 2.6 ② 2.7
③ 3.1 ④ 3.5

[해설] 절대압력 = 게이지압력 + 대기압
$= 2.5 \text{kgf/cm}^2 + \dfrac{750}{760} \times 1.0332 \text{kgf/cm}^2$
$= 3.519 \text{kgf/cm}^2$

문제 22

양단이 고정된 20cm 길이의 환봉을 10℃에서 80℃로 가열하였을 때 재료내부에서 발생하는 열응력은 약 몇 MPa인가? (단, 재료의 선팽창계수는 11.05×10^{-6}/℃이며, 탄성계수 E는 210GPa이다.)

① 69.62 ② 162.44
③ 696.15 ④ 2784.60

[해답] 20. ② 21. ④ 22. ②

 비소모성 텅스텐 용접봉과 모재간의 아크열에 의해 모재를 용접하는 방법으로 용접부의 기계적 성질이 우수하나 용접속도가 느린 용접은?

① TIG 용접 ② 아크 용접
③ 산소 용접 ④ 서브머지드 아크 용접

[해설] **TIG 용접** : 비소모성 텅스텐 용접봉과 모재간의 아크열에 의해 모재를 용접하는 방법으로 용접부의 기계적 성질이 우수하다 용접속도가 느림
서브머지아크 용접 : 용접봉을 용제속에 넣고 아크를 일으켜 용접
스터드 용접 : 볼트나 환봉등을 피스톤형 홀더에 끼우고 모재와 환봉사이에서 순간적으로 아크를 발생시켜 용접

 고압가스 제조설비의 가스설비 점검 중 사용개시 전 점검 사항이 아닌 것은?

① 가스설비의 전반에 대한 부식, 마모, 손상 유무
② 독성가스가 체류하기 쉬운 곳의 해당가스 농도
③ 각 배관계통에 부착된 밸브 등의 개폐상황
④ 가스설비의 전반적인 누출 유무

[해설] **가스설비 점검 중 사용 개시전 점검 사항**
① 가스설비의 전반적인 누출 유무
② 각 배관계통에 부착된 밸브 등의 개폐상황
③ 독성가스가 체류하기 쉬운 곳의 해당가스 농도

 크리프(Creep)는 재료가 어떤 온도하에서는 시간과 더불어 변형이 증가되는 현상인데, 일반석으로 철강재료 중 크리프 영향을 고려해야 할 온도는 몇 ℃ 이상일 때 인가?

① 50℃   ② 150℃
③ 250℃ ④ 350℃

[해설] **크리프 현상** : 재료가 350℃이하에서 시간의 경과와 더불어 변형이 증대하는 현상

해답　　　　　　　　　　　　　　　23. ①　24. ①　25. ④

문제 26 다음 중 외압이나 지진 등에 대하여 가요성이 가장 우수한 주철관 이음은?

① 메카니컬 이음 ② 소켓 이음
③ 빅토릭 이음   ④ 플랜지 이음

해설 외압이나 지진 등에 대하여 가요성이 가장 우수한 주철관 이음, 메카니컬 이음

문제 27 모노게르만 가스의 특징이 아닌 것은?

① 가연성, 독성가스이다.
② 자극적인 냄새가 난다.
③ 전지산업의 도핑용액으로 주로 사용된다.
④ 공기보다 가벼워 대기 중으로 확산 한다.

해설 모노게르만 가스의 특징
① 전자산업의 도핑용액으로 주로 사용된다.
② 자극적인 냄새가 난다.
③ 가연성, 독성가스이다.

문제 28 다음 ( )안의 온도와 압력으로 맞는 것은?

아세틸렌을 용기에 충전할 때 충전 중의 압력은 2.5MPa 이하로 하고, 충전 후의 압력이 ( )℃에서 ( )MPa 이하로 될 때까지 정치하여 둔다.

① 5, 1.0   ② 15, 1.5
③ 20, 1.0   ④ 20, 1.5

해설 아세틸렌을 용기에 충전시 충전중의 압력은 2.5MPa 이하로 하고 충전후의 압력이 (15℃)에서 (1.5)MPa 이하로 될 때까지 정지하여 둔다.

해답 26. ① 27. ④ 28. ②

문제 29
다음 수소의 성질 중 화재, 폭발 등의 재해발생 원인이 아닌 것은?

① 임계압력이 12.8atm 이다.
② 가벼운 기체로 미세한 간격으로 퍼져 확산하기 쉽다.
③ 고온, 고압에서 강철에 대하여 수소취성을 일으킨다.
④ 공기와 혼합할 경우 연소범위가 4~75% 이다.

해설 수소의 성질 중 화재, 폭발 등 재해 발생원인
① 공기와 혼합할 경우 연소 범위가 4~75%이다.
② 고온, 고압에서 강철에 대하여 수소취성(탈탄작용)을 일으킨다.
③ 가벼운 기체로 미세한 간격으로 퍼져 확산하기 쉽다.

문제 30
가스 정압기에서 메인밸브의 열림과 유량과의 관계를 의미하는 것은?

① 정특성   ② 동특성
③ 유량특성   ④ 사용압력공차

해설 정압기 특성
① 정특성 : 2차 압력과 유량과의 관계
② 유량특성 : 메인밸브 열림과 유량과의 관계
③ 동특성 : 부하 변동이 심한 곳
④ 사용 최대차압과 최소차압

문제 31
독성가스 사용설비에서 가스누출에 대비하여 반드시 설치하여야 하는 장치는?

① 살수장치   ② 액화방지장치
③ 흡수장치   ④ 액화수장치

해설 독성가스 사용설비에서 가스 누출에 대비하여 반드시 설치하여야 하는 장치
흡수장치, 중화설비

 해답   29. ① 30. ③ 31. ③

내용적 5L인 용기에서 에탄 1500g을 충전하였다. 용기의 온도가 100℃일 때 압력은 220atm을 표시하였다. 이때 에탄의 압축계수는 얼마인가?

① 0.03   ② 0.60
③ 0.72   ④ 2.68

해설 $PV = \dfrac{2WRT}{M}$ $Z = \dfrac{PVM}{WRT} = \dfrac{220 \times 5 \times 30}{1500 \times 0.082 \times (273+100)} = 0.719$

내용적이 1800L인 저장탱크에 LPG를 저장하려고 한다. 이 탱크의 저장능력(kg)은? (단, LPG의 비중은 0.5이다.)

① 790   ② 810
③ 820   ④ 900

해설 $S = 0.9dV_2 = 0.9 \times 0.5 \times 1800 = 810\,\text{kg}$

1000rpm으로 회전하는 펌프를 2000rpm으로 변경하였다. 이 경우 펌프 동력은 몇 배가 되겠는가?

① 1   ② 2
③ 4   ④ 8

해설 동력 $= KW \times \left(\dfrac{N_2}{N_1}\right)^3 = \left(\dfrac{2000}{1000}\right)^3 = 8$

다음 중 품질 코스트(Cost)의 구성이 아닌 것은?

① 예방 코스트   ② 평가 코스트
③ 실패 코스트   ④ 설계 코스트

해설 품질 코스트의 구성 : ① 평가 코스트   ② 실패 코스트   ③ 예방 코스트

해답   32. ③   33. ②   34. ④   35. ④

문제 36
일반도시가스사업자의 가스공급시설 중 정압기의 시설 및 기술기준에 대한 설명으로 틀린 것은?

① 단독사용자의 정압기에는 경계책을 설치하지 아니 할 수 있다.
② 단독사용자의 정압기실에는 이상압력통보설비를 설치하지 아니할 수 있다.
③ 단독사용자의 정압기에는 예비정압기를 설치하지 아니할 수 있다.
④ 단독사용자의 정압기에는 비상전력을 갖추지 아니할 수 있다.

해설 단독사용자의 정압기로 이상압력 통보설비를 설치하여야 한다.

문제 37
도시가스 배관의 전기방식에 대한 내용 중 틀린 것은?

① 직류전철 등에 의한 누출전류의 영향을 받지 않는 배관에는 배류법으로 한다.
② 배류법에 의한 배관에는 300m 이내의 간격으로 T/B를 설치한다.
③ 배관 등과 철근콜트리트구조물 사이에는 절연조치를 한다.
④ 전기방식이란 배관의 외면에 전류를 유입시켜 양극반응을 저지하는 것이다.

해설 직류전철 등에 의한 누출전류의 영향을 받는 곳에 배류법 사용

문제 38
공기 중에서 프로판가스의 폭발 범위의 값으로 옳은 것은?

① 1.8~8.4%   ② 2.2~9.5%
③ 3.0~12.5% ④ 5.3~14%

해설 폭발범위(연소범위)
① C_3H_8 : 2.1~9.5%   ② C_4H_{10} : 1.8~8.4%
③ C_2H_2 : 2.5~81%   ④ H_2 : 4~75%
⑤ CH_4 : 5~15%   ⑥ C_2H_6 : 3~12.5%

해답 36. ②   37. ①   38. ②

 아세틸렌 제조 시 청정제로 사용되지 않는 것은?

① 리가슬 ② 카타리솔
③ 에퓨렌 ④ 카보퓨란

해설 청정제
① 에퓨렌 ② 리카솔 ③ 카타리솔

 외경 15cm, 내경 8cm의 중공원통(中空圓筒)에 축방향으로 60ton의 압축하중이 작용할 때 생기는 응력은?

① $327 kg/cm^2$ ② $474 kg/cm^2$
③ $547 kg/cm^2$ ④ $1560 kg/cm^2$

해설 응력 $= \dfrac{60 \times 1000}{(0.785 \times 15^2 - 0.785 \times 8^2)} = 474.75\,kg/cm^2$

 압축비가 클 때 압축기에 미치는 영향으로 틀린 것은?

① 체적효율 증대 ② 소요동력 증대
③ 토출가스 온도 상승 ④ 윤활유 열화

해설 압축비가 클 때 압축기에 미치는 영향
① 체적 효율 감소 ② 윤활유 열화 및 탄화
③ 토출가스 온도 상승 ④ 소요동력 증대

 액화산소를 저장하는 저장능력 10톤인 저장탱크를 2기 설치하려고 한다. 각각의 저장탱크 최대지름이 3m일 경우 저장탱크 간의 최소거리는 몇 m 이상 유지하여야 하는가?

① 1 ② 1.5
③ 2 ④ 3

해답 39. ④ 40. ② 41. ① 42. ②

해설 유지거리 $= \dfrac{D_1+D_2}{4} = \dfrac{3+3}{4} = 1.5m$

문제 43 굴착공사로 인하여 15m 이상 노출된 도시가스배관 주위 조명은 최소 얼마 이상으로 하여야 하는가?

① 70Lx 이상　　② 80Lx 이상
③ 90Lx 이상　　④ 100Lx 이상

해설 굴착공사로 인하여 15m 이상 노출된 도시가스 배관 주의 조명은 최소 70Lx 이상으로 한다.

문제 44 일반도시가스사업자 엉압기 입구측의 압력이 0.6MPa일 경우 안전밸브 분출부의 크기는 얼마 이상으로 하여야 하는가?

① 30A 이상　　② 50A 이상
③ 80A 이상　　④ 100A 이상

문제 45 이상기체의 상태방정식 $PV=nRT$에서 R의 단위가 J/mol·K 이면 기체상수(R) 값은 얼마인가?

① 0.082　　② 1.987
③ 8.314　　④ 848

해설 기체 상수값
① 0.082l·atm/mol·°K　② 1.987cal/mol·°K
③ 8.314J/mol·°K　　　 ④ 848kg·m/kg·°K

해답 43. ①　44. ②　45. ③

 **46** 처리능력 25톤인 액화석유가스 탱크 2개가 있다. 이 때 제 2종 보호시설과의 거리는 얼마 이상 유지하여야 하는가?

① 14m ② 16m
③ 18m ④ 20m

해설 안전거리

저장능력 압축가스(m³) 액화가스(kg)	독성, 가연성		산소		기타	
	1종	2종	1종	2종	1종	2종
1만 이하	17m	12m	12m	8m	8m	5m
2만 이하	21m	14m	14m	9m	9m	7m
3만 이하	24m	16m	16m	11m	11m	8m
4만 이하	27m	18m	18m	13m	13m	9m
4만 초과	30m	20m	20m	14m	14m	10m

액화석유가스는 가연성가스이므로 25톤은 25000kg이므로 3만 이하에 해당하므로 16m이다.

 **47** 고압가스 운반 시 가스누출사고가 발생하였다. 이 부분의 수리가 불가능한 경우 재해발생 또는 확대를 방지하기 위한 조치사항으로 볼 수 없는 것은?

① 착화된 경우 소화작업을 실시한다.
② 상황에 따라 안전한 장소로 운반한다.
③ 비상 연락망에 따라 관계업소에 원조를 의뢰한다.
④ 부근의 화기를 없앤다.

해설 재해발생 도는 확대를 방지하기 위한 조치사항
① 부근의 화기를 없앤다.
② 비상 연락망에 따라 관계 업소에 원조를 의뢰한다.
③ 상황에 따라 안전한 장소로 운반한다.

46. ② **47.** ①

문제 48

N₂ 70mol, O₂ 50mol로 구성된 혼합가스가 용기에 7kgf/cm²의 압력으로 충전되어 있다. N₂의 분압은?

① 3kgf/cm² ② 4kgf/cm²
③ 5kgf/cm² ④ 6kgf/cm²

해설 분압= 전압 × $\dfrac{성분기체몰수}{전몰수}$ = 7kgf/cm² × $\dfrac{70\text{mol}}{120\text{mol}}$ = 4.08kgf/cm²

문제 49

기체의 열용량에 대한 설명으로 맞는 것은?

① 열용량이 작으면 온도를 변화시키기 어렵다.
② 이상기체의 정압열용량(C_p)과 정적열용량(C_v)의 차는 기체상수 R과 같다.
③ 공기에 대한 정압비열과 정적비열의 비(C_p/C_v)는 2.4 이다.
④ 정압 몰 열용량은 정압비열을 몰질량으로 나눈 값이다.

문제 50

30℃, 2atm에서 산소 1mol 이 차지하는 부피는 얼마인가? (단, 이상기체의 상태방정식에 따른다고 가정한다.)

① 6.2 L ② 8.4 L
③ 12.4 L ④ 24.8 L

해설 $PV = nRT$
$V = \dfrac{nRT}{P} = \dfrac{1 \times 0.082 \times (273+20)}{2\text{atm}} = 12.013 l$

문제 51

표준상태에서 질소 5.6L 중에 있는 질소 분자수는 다음의 어느 것과 같은가?

① 0.5g 수소분자 ② 16g의 산소분자
③ 1g 산소원자 ④ 4g의 수소분자

48. ② 49. ② 50. ③ 51. ①

아보가드로 법칙 : 표준상태에서 모든 기체의 체적은 1mol당 22.4l이고 분자수는 6.02×10^{23}개이다.

$2g = 22.4l$
$0.5g = x$ $x = \dfrac{0.5g \times 22.4l}{2g} = 5.6l$

문제 52 초저온 용기의 단열성능시험에 대한 설명으로 옳은 것은?

① 기화량은 저울 또는 유량계를 사용하여 측정한다.
② 100개의 용기기준으로 10개를 샘플링하여 검사한다.
③ 검사에 부적합된 용기는 전량 폐기한다.
④ 시험용 가스는 액화 프로판을 사용하여 실시한다.

 기화량은 유량계를 사용하여 측정한다.

문제 53 독성가스 검지법에 의한 가스별 착색반응지와 색깔의 연결이 잘못된 것은?

① 일산화탄소 : 염화파라듐지 – 흑색
② 염소 : KI전분지 – 청색
③ 황화수소 : 연당지 – 황갈색
④ 아세틸렌 : 리트머스시험지 – 청색

시험지명 및 변색상태

암모니아	적색리트머스시험지	청색
염소	KI전분지	
시안화수소	질산구리벤젠지	
일산화탄소	염화파라듐지	흑색
황화수소	연당지	
포스겐	하리슨시험지	심등색
아세틸렌	염화제1동착염지	적색
아황산가스	암모니아 적신형겊	흰연기

52. ① 53. ④

제 2 부 필기 기출문제

문제 54 완전가스의 상태변화에서 가열량 변화가 내부에너지 변화와 같은 것은?

① 등압변화(等壓變化) ② 등적변화(等積變化)
③ 등온변화(等溫變化) ④ 단열변화(斷熱變化)

해설) 완전가스의 상태변화에서 가열량 변화가 내부에너지 변화와 같은 것 : 등적변화

문제 55 여유시간이 5분, 정미시간이 40분일 경우 내경법으로 여유율을 구하면 약 몇 % 인가?

① 6.33% ② 9.05%
③ 11.11% ④ 12.50%

해설) 여유율 = $\dfrac{\text{등적변화 여유시간}}{\text{정미시간 + 여유시간}} \times 100 = \dfrac{5}{40+5} \times 100 = 11.11\%$

문제 56 로트에서 랜덤하게 시료를 추출하여 검사한 후 그 결과에 따라 로트의 합격, 불합격을 판정하는 검사방법을 무엇이라 하는가?

① 자주검사 ② 간접검사
③ 전수검사 ④ 샘플링 검사

해설) 로트에서 랜덤하게 시료를 추출하여 검사한 후 그 결과에 따라 로트의 합격 불합격을 판정하는 검사방법을 샘플링 검사라 한다.

문제 57 다음과 같은 [데이터]에서 5개월 이동평균법에 의하여 8월의 수요를 예측한 값은 얼마인가?

월	1	2	3	4	5	6	7
판매실적	100	90	110	100	115	110	100

① 103 ② 105
③ 107 ④ 109

해답   54. ② 55. ③ 56. ④ 57. ③

해설 8월의 수요예측 = $\frac{1}{5}(110+100+115+110+100) = 107$

문제 58 관리 사이클의 순서를 가장 적절하게 표시한 것은? (단, A는 조치(Act), C는 체크(Check), D는 실시(Do), P는 계획(Plan)이다.

① P → D → C → A
② A → D → C → P
③ P → A → C → D
④ P → C → A → D

해설 관리사이클의 순서 : 계획 → 실시 → 체크 → 조치

문제 59 다음 중 계량값 관리도만으로 짝지어진 것은?

① c 관리도, u 관리도
② $x - R_s$ 관리도, P 관리도
③ $\bar{x} - R$ 관리도, nP 관리도
④ $Me - R$ 관리도, $\bar{x} - R$ 관리도

해설 계량값 관리도 : Me-R관리도, $\bar{x}$-R관리도

문제 60 다음 중 모집단위 중심적 경향을 나타낸 측도에 해당하는 것은?

① 범위(Range)
② 최빈값(Mode)
③ 분산(Variance)
④ 변동계수(Coefficient of variation)

해설 최빈값 : 모집단위 중심적 경향을 나타낸 측도

해답 58. ① 59. ④ 60. ②

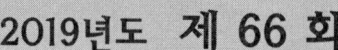

본 문제는 복원 기출문제입니다. 실제 문제와 다를 수 있으니 양해바랍니다.

 공기를 압축하여 냉각시키면 액체공기로 된다. 다음 설명 중 옳은 것은?

① 산소가 먼저 액화된다.
② 질소가 먼저 액화된다.
③ 산소와 질소가 동시에 액화된다.
④ 산소와 질소의 액화온도 차이가 매우 크다.

해설 산소가 먼저 액화하고 질소가 먼저 기화한다.

 다음 [보기]의 특징을 가지는 물질은?

[보기] – 무색투명하나 시판품은 흑회색의 고체이다.
       – 물, 습기, 수증기와 직접 반응한다.
       – 고온에서 질소와 반응하여 석회질소로 된다.

① CaC_2　　　　　　② P_4S_3
③ $NaOCl$　　　　　 ④ KH

해설 CaC_2(**탄화칼슘 = 칼슘카바이트**)
① 무색투명하나 시판품은 흑회색의 고체이다.
② 물, 습기, 수증기와 직접 반응한다.
$CaC_2 + 2H_2O \rightarrow Ca(OH)_2 + C_2H_2$
③ 고온에서 질소와 반응하여 석회질소로 된다.
$CaC_2 + N_2 \rightarrow CaCN_2$

 01. ①　02. ①

문제 03 굴착공사에 의한 도시가스배관 손상방지 기준 중 굴착공사자가 공사 중에 시행하여야 할 기준에 대한 설명으로 틀린 것은?

① 가스안전 영향평가 대상 굴착공사 중 가스배관의 수직, 수평변위 및 지반침하의 우려가 있는 경우에는 가스배관변형 및 지반침하 여부를 확인한다.
② 가스배관 주위에서는 중장비의 배치 및 작업을 제한하여야 한다.
③ 계절 온도변화에 따라 와이어 로프 등의 느슨해짐을 수정하고 가설구조물의 변형유무를 확인하여야 한다.
④ 굴착공사에 의해 노출된 가스배관과 가스안전영향평가 대상범위 내의 가스배관은 주간 안전점검을 실시하고 점검표에 기록한다.

문제 04 다음 [그림]과 같이 수직하방향의 하중 Q kg을 받고 있는 사각나사의 너트를 그림과 같은 방향의 회전력 P kg을 주어 풀고자 한다. 필요한 힘 P 를 구하는 식은? (단, 나사는 1줄 나사이며, 나사의 경사각, α, 마찰각은 ρ 이다.)

① $P = Q \cdot \tan(\alpha - \rho)$
② $P = Q \cdot \tan(\alpha + \rho)$
③ $P = Q \cdot \tan(\rho - \alpha)$
④ $P = Q \cdot \tan\left(1 - \dfrac{\rho}{\alpha}\right)$

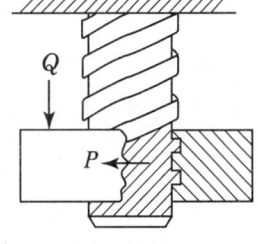

해설 $P = Q \cdot \tan(\rho - \alpha)$

문제 05 다음 중 고압가스 제조설비의 사용개시 전 점검사항이 아닌 것은?

① 가스설비에 있는 내용물의 상황
② 비상전력 등의 준비상항
③ 개방하는 가스설비와 다른 가스설비와의 차단상항
④ 가스설비의 전반적인 누출 유무

해답 03. ④ 04. ③ 05. ③

해설 **고압가스 제조설비의 사용개시 전 점검사항**
① 제조설비등의 내용물의 상황
② 인터록, 긴급용시퀀스, 경보 및 자동제어 장치의 기능
③ 배관계통에 부착된 밸브 등의 개폐상황 및 명판의 탈착현상
④ 회전기계의 윤활유 보급상황 및 회전구동상황
⑤ 제조설비등 당해설비의 전반적인 누설유무
⑥ 가연성가스 및 독성가스가 체류하기 쉬운 곳 당해가스 농도
⑦ 안전용 불활성가스등의 준비상황
⑧ 비상전력등의 준비

보충 **제조설비등의 사용종료시 점검사항**
① 제조설비 내의 가스액 등의 불활성가스등에 의한 치환상황
② 개방하는 제조설비와 다른 제조설비등과의 차단상황
③ 부식, 마모, 손상, 폐쇄, 결합부의 풀림, 기초의 경사 및 침하

문제 06
질소의 정압 몰열용량 C_p[J/mol·K]가 다음과 같고 1mol의 질소를 1atm하에서 600℃로부터 20℃로 냉각하였을 때 발생하는 열량은 약 몇 kJ 인가? (단, R은 이상기체상수이다.)

$$\frac{C_p}{R} = 3.3 + 0.6 \times 10^{-3} T$$

① 15.6 ② 16.6
③ 17.6 ④ 18.6

문제 07
이동식 부탄연소기용 용접용기에의 액화석유가스 충전기준으로 틀린 것은?

① 제조 후 15년이 지나지 않은 용접용기일 것
② 용기의 상태가 4급에 해당하는 흠이 없을 것
③ 캔 밸브는 부착한지 2년이 지나지 않을 것
④ 사용상 지장이 있는 흠, 우그러짐, 부식 등이 없을 것

해답 06. ③ 07. ①

해설 이동식 부탄연소기용 용접용기에의 액화석유가스 충전기준
① 사용상 지장이 있는 흠, 우그러짐, 부식 등이 없을 것
② 캔 밸브는 부착한지 2년이 지나지 않을 것
③ 용기의 상태가 4급에 해당하는 흠이 있을 것

문제 08 다음 중 가스저장 용기 내에서 폭발성 혼합가스가 생성하는 주된 원인이 되는 경우는?

① 물 전해조의 고장에 의한 산소 및 수소의 혼합 충전
② 잔류 산소가 있는 용기 내에 아르곤의 충전
③ 잔류 천연가스 용기 내에 메탄의 충전
④ 유기액체를 흔입한 용기 내에 탄산가스의 충전

해설 폭발성 혼합가스가 생성하는 주된 이유 : 물 전해조의 고장에 의한 산소 및 수소의 혼합 충전

문제 09 $Q = (U_2 - U_1) + AW$는 열역학 제1법칙의 식이다. 다음 중 틀린 것은?

① A : 열의 일당량
② Q : 물질에 주어진 열량
③ $(U_2 - U_1)$: 내부에너지의 변화
④ W : 물질계가 외부로 한 일

해설 A : 일의 열량량 $\left(\dfrac{1\text{kcal}}{427\text{kg} \cdot \text{m}}\right)$

문제 10 용기·냉동기 또는 특정설비(이하 '용기등') 검사의 일부를 생략할 수 있는 경우는?

① 시험·연구개발용으로 수입하는 것
② 수출용으로 제조하는 것
③ 용기 등의 제조자 또는 수입업자가 견본으로 수입하는 것
④ 검사를 실시함으로써 용기 등에 손상을 입힐 우려가 있는 것

해답 08. ① 09. ① 10. ④

해설 용기·냉동기 또는 특정설비 검사의 일부를 생략할 수 있는 경우 : 검사를 실시함으로써 용기 등에 손상을 입힐 우려가 있는 것

문제 11 어떤 기체 100mL를 취해서 가스분석기에서 CO_2를 흡수시킨후 남은 기체는 88mL이며, 다시 O_2를 흡수시켰더니 54mL가 되었다. 여기서 다시 CO를 흡수시키니 50mL가 남았다. 잔존 기체가 질소일 때 이 시료기체 중 O_2의 용적백분율(%)은?

① 34% ② 38%
③ 46% ④ 50%

해설
$$CO_2 = \frac{100-88}{100} \times 100 = 12\%$$
$$O_2 = \frac{88-54}{100} \times 100 = 34\%$$
$$CO = \frac{54-50}{100} \times 100 = 4\%$$
$$\therefore N_2 = 100 - (CO_2 + O_2 + CO) = 100 - (12+34+4) = 50\%$$

문제 12 다음 기체 중 금속과 결합하여 착이온을 만드는 것은?

① CH_4 ② CO_2
③ NH_3 ④ O_2

해설 금속과 결합하여 착이온을 만드는 기체 : NH_3(암모니아)

문제 13 온도 32℃의 외기 1000kg/h와 온도 26℃의 환기 3000kg/h를 혼합할 때 혼합공기의 온도는 얼마인가?

① 26℃ ② 27.5℃
③ 29.0℃ ④ 30.2℃

해설 혼합공기의 온도 $= \frac{32 \times 1000 + 26 \times 3000}{1000 + 3000} = 27.5℃$

해답   11. ①   12. ③   13. ②

문제 14 액화석유가스 저장탱크를 지상에 설치하는 경우 냉각살수 장치를 설치하여야 한다. 구형저장탱크에 설치하여야 하는 살수장치는?

① 살수관식　　② 확산판식
③ 노즐식　　　④ 분무관식

해설 구형저장탱크에 설치하여야 하는 살수장치는 확산판식

문제 15 LP 가스의 일반적인 성질로서 옳지 않은 것은?

① 물에는 녹지 않으나, 알콜과 에테르에는 용해한다.
② 액체는 물보다 가볍고, 기체는 공기보다 무겁다.
③ 기화는 용이하나, 기화하면 체적의 팽창율은 적다.
④ 증발잠열이 커서 냉매로도 사용할 수 있다.

해설 LP 가스의 일반적인 성질
① 기화가 용이하고 액체 1l 기화시 250l의 기체생성
② 증발잠열이 커서 냉매로도 사용할 수 있다.
③ 물에는 녹지 않으나, 알콜과 에테르에는 용해한다.
④ 액체는 물보다 가볍고, 기체는 공기보다 무겁다.
⑤ 연소 시 다량의 공기가 필요하다.
⑥ 연소범위가 좁다.

문제 16 아세틸렌에 대한 설명으로 옳은 것은?

① 아세틸렌에 접촉하는 부분에 사용되는 재료 중 동 또는 동 함유량이 52%를 초과하는 동합금을 사용하지 아니한다.
② 아세틸렌의 충전용 교체밸브는 충전하는 장소에서 격리하여 설치한다.
③ 아세틸렌을 1.5MPa 의 압력으로 압축하는 때에는 아황산가스를 희석제로 첨가한다.
④ 아세틸렌 등의 산소용량이 전체 용량의 4% 이상인 경우에는 압축하지 아니한다.

해답　14. ②　15. ③　16. ②

해설 아세틸렌
① 아세틸렌에 접촉하는 부분에 사용되는 재료 중 동 또는 동 함유량이 62%를 초과하는 동합금 사용금지
② 아세틸렌의 희석제는 메탄, 일산화탄소, 에틸렌, 질소 등이 있다.
③ 아세틸렌 등의 산소용량이 전체 용량의 2% 이상인 경우에는 압축금지

문제 17 압축기에서 윤활의 목적이 아닌 것은?
① 마찰시 생기는 열을 제거한다.
② 소요 동력을 감소시킨다.
③ 실린더의 벽과 피스톤의 마찰로 인한 마모를 방지한다.
④ 기계효율을 감소시킨다.

해설 윤활의 목적
① 기계효율 증가시킨다.
② 실린더의 벽과 피스톤의 마찰로 인한 마모를 방지한다.
③ 소요 동력을 감소시킨다.
④ 마찰시 생기는 열을 제거한다.

문제 18 가스 배관의 관경을 구하는 식으로 옳은 것은?
① $d = \dfrac{\sqrt{4r}}{\pi Q}$
② $d = \dfrac{\sqrt{4\pi}}{VQ}$
③ $d = \dfrac{\sqrt{4Q}}{\pi V}$
④ $d = \dfrac{\sqrt{4VQ}}{\pi}$

해설 가스 배관 관경
$Q = A \times V$에서 $\dfrac{\pi d^2}{4} \times V$
$Q = \dfrac{\pi d^2}{4} \times V \qquad d^2 = \dfrac{4Q}{\pi V} \qquad d = \sqrt{\dfrac{4Q}{\pi V}}$

해답 17. ④ 18. ③

 **19** 고압가스 특정제조 시설에서 산소의 저장능력이 4만 m^3를 초과한 경우 제2종 보호시설까지의 안전거리는 몇 m 이상을 유지하여야 하는가?

① 8
② 12
③ 14
④ 16

해설 안전거리

저장능력 압축가스(m^3) 액화가스(kg)	독성, 가연성		산소		기타	
	1종	2종	1종	2종	1종	2종
1만 이하	17m	12m	12m	8m	8m	5m
2만 이하	21m	14m	14m	9m	9m	7m
3만 이하	24m	16m	16m	11m	11m	8m
4만 이하	27m	18m	18m	13m	13m	9m
4만 초과	30m	20m	20m	14m	14m	10m

산소이며 2종보호시설로서 4만 m^3 초과이므로 14m이다.

 **20** 용접이음이 리벳이음과 비교한 장점이 아닌 것은?

① 기밀성이 좋다.
② 조인트 효율이 높다.
③ 변형하기 어렵고 잔류응력을 남기지 않는다.
④ 리벳팅과 같이 소음을 발생시키지는 않는다.

해설 용접이음의 장점
① 이음효율이 좋다.　② 기밀성, 수밀성, 유밀성이 좋다.
③ 조인트 효율이 높다.　④ 리벳팅과 같이 소음을 발생시키지 않는다.
⑤ 중량이 가벼워진다.　⑥ 이종금속으로 용접할 수 있다.
⑦ 작업공정이 간단하다.　⑧ 재료의 두께에 제한이 없다.

해답 19. ③　20. ③

문제 21

어떠한 변화를 과정 중에 PV/T가 일정하게 유지되는 어떤 기체가 0℃, 1atm에서 2.5m³ · mol⁻¹의 체적을 가지고 있다. 이 기체의 초기조건 0℃, 1atm에서 25℃, 5atm으로 압축될 때 최종 부피는 약 몇 m³이 되는가? (단, 절대온도는 273.15K 이다.)

① 0.24m³
② 0.55m³
③ 0.83m³
④ 1.10m³

해설

$$\frac{P_1 V_1}{T_1} = \frac{P_2 V_2}{T_2}$$

$$V_2 = \frac{P_1 \times V_1 \times T_2}{P_2 \times T_1} = \frac{1 \times 2.5 \times (273+25)}{5 \times (273+0)} = 0.545 \text{m}^3$$

문제 22

냉매의 구비조건 중 화학적 성질에 대한 설명으로 옳은 것은?

① 불활성이 아니고 부식성이 있을 것
② 윤활유에 용해할 것
③ 인화 및 폭발의 위험성이 없을 것
④ 증기 및 액체의 점성이 클 것

해설 냉매의 구비조건
① 비체적이 적을 것
② 독성 및 가연성이 아닐 것
③ 인화 및 폭발의 위험성이 없을 것
④ 증발잠열이 클 것
⑤ 악취가 없을 것
⑥ 응축온도가 낮을 것
⑦ 응고온도가 낮을 것

문제 23

온도 200℃, 부피 400L의 용기에 질소 140kg을 저장할 때 필요한 압력을 Van der Waals 식을 이용하여 계산하면 약 몇 atm인가? (단, $a = 1.351 \text{atm} \cdot \text{L}^2/\text{mol}^2$, $b = 0.0386\text{L/mol}$이다.)

① 36.3
② 363
③ 72.6
④ 726

해답   21. ②   22. ③   23. ④

해설

$$P = \frac{nRT}{V-nb} - \frac{n^2a}{V^2}$$

$$= \frac{\frac{140000}{28} \times 0.082 \times (273+200)}{400 - \frac{140000}{28} \times 0.0386} - \frac{\left(\frac{140000}{28}\right)^2 \times 1.351}{400^2}$$

$$= \frac{193930}{207} - \frac{33775000}{160000}$$

$$= (936.85 - 211.09) = 725.76 \text{atm}$$

문제 24

Methane 80%, Ethane 15%, Propane 4%, Butane 1%의 혼합가스의 공기 중 폭발 하한계 값은? (단, 폭발 하한계 값은 Methane 5.0%, Ethane 3.0%, Propane 2.1%, Butane 1.8% 이다.)

① 2.15%   ② 4.26%
③ 5.67%   ④ 10.28%

해설 폭발 하한값 : $\frac{100}{L} = \frac{V_1}{L_1} + \frac{V_2}{L_2} + \frac{V_3}{L_3} \cdots \frac{V_n}{L_n}$

$$\frac{100}{L} = \left(\frac{80}{5} + \frac{15}{3} + \frac{4}{2.1} + \frac{1}{1.8}\right)$$

$$\frac{100}{L} = 23.46$$

$$\therefore L = \frac{100}{23.46} = 4.26\%$$

문제 25

가연성가스 또는 특성가스 설비 등의 수리를 할 때에는 그 내부의 가스를 불활성가스 등으로 치환하여야 한다. 가스설비의 내용적이 몇 m^3 이하인 것에 대하여는 가스치환작업을 아니할 수 있는가?

① 0.5   ② 1
③ 3   ④ 5

해설 가스설비의 내용적이 $1m^3$ 이하인 경우 가스치환 생략

해답 24. ② 25. ②

문제 26
염소가스는 수은법에 의한 식염의 전기분해로 얻을 수 있다. 이 때 염소가스는 어느 곳에서 주로 발생하는가?

① 수은
② 소금물
③ 나트륨
④ 인조흑연(탄소판)

해설 염소가스는 인조흑연(탄소판에서 발생)

문제 27
다음 중 고압가스 충전용기에 대한 정의로써 옳은 것은?

① 고압가스의 충전질량 또는 충전압력의 1/2 미만이 충전되어 있는 상태의 용기
② 고압가스의 충전질량 또는 충전압력의 1/2 이상이 충전되어 있는 상태의 용기
③ 고압가스의 충전무게 또는 충전부피의 1/2 미만이 충전되어 있는 상태의 용기
④ 고압가스의 충전무게 또는 충전부피의 1/2 이상이 충전되어 있는 상태의 용기

해설 **충전용기** : 고압가스의 충전질량 또는 충전압력의 1/2 이상이 충전되어 있는 상태의 용기
잔가스용기 : 고압가스의 충전질량 또는 충전압력의 1/2 미만이 충전되어 있는 상태의 용기

문제 28
압력의 단위인 torr에 대하여 바르게 나타낸 것은?

① 표준중력장에서 25℃의 수은 1mm 에 해당하는 압력
② 표준중력장에서 0℃의 수은 1mm 에 해당하는 압력
③ 표준중력장에서 25℃의 수은 760mm 에 해당하는 압력
④ 표준중력장에서 0℃의 수은 760mm 에 해당하는 압력

해설 **1torr** : 표준 중력장에서 0℃의 수은 1mm에 해당하는 압력

해답 26. ④ 27. ② 28. ②

문제 29

액화석유가스저장탱크를 지하에 설치할 경우에는 집수구를 설치하여야 한다. 이에 대한 설명으로 옳은 것은?

① 집수구는 가로, 세로, 깊이가 각각 50cm 이상의 크기로 한다.
② 집수관은 직경을 80A 이상으로 하고, 집수구 바닥에 고정한다.
③ 검지관은 직경 30A 이상으로 3개소 이상 설치한다.
④ 집수구는 저장탱크 바닥면보다 높게 설치한다.

해설 집수관은 직경을 80A 이상으로 하고, 집수구 바닥에 고정한다.

문제 30

지하에 설치하는 고압가스 저장탱크의 설치기준에 대한 설명으로 틀린 것은?

① 저장탱크실은 일정규격을 가진 수밀콘크리트로 시공한다.
② 지면으로부터 저장탱크의 정상부까지의 깊이는 60cm 이상으로 한다.
③ 저장탱크를 2개 이상 인접하여 설치하는 경우에는 상호간에 1m 이상의 거리를 유지한다.
④ 저장탱크의 외면에는 부식방지코팅 등 화학적 부식방지를 위한 조치를 한다.

해설 지하에 설치하는 고압가스 저장탱크의 설치기준
① 저장탱크 외면에는 부식방지 코팅을 한다.
② 저장탱크를 2개 이상 인접하여 설치하는 경우에는 상호간에 1m 이상의 거리를 유지한다.
③ 지면으로부터 저장탱크의 길이는 60cm 이상으로 한다.
④ 저장탱크실은 일정규격을 가진 수밀콘크리트로 시공한다.

문제 31

동일한 부피를 가진 수소와 산소의 무게를 같은 온도에서 측정하였더니 같은 값이었다. 수소의 압력이 2atm 이라면 산소의 압력은 몇 atm 인가?

① 0.0625 ② 0.125
③ 0.25   ④ 0.5

해답 29. ② 30. ④ 31. ②

산소의 압력 $= \dfrac{2 \times 2}{32} = 0.125$

비리알 전개(Virial expansion)는 다음 식으로 표현된다. 차수가 높을수록 Z는 어떻게 되는가?

$$Z = 1 + \dfrac{B}{V} + \dfrac{C}{V^2} + \dfrac{D}{V^3} + \cdots\cdots$$

① 비례적으로 증가한다.　　② 지수함수로 증가한다.
③ 차수와 무관하다.　　　　④ 급격히 감소한다.

CH_4, CO_2 및 수증기(H_2O)의 생성열을 각각 17.9, 94.1, 57.8kcal/mol 이라 할 때 메탄의 연소열은 몇 kcal/mol 인가?

① 39.4　　　　② 54.2
③ 191.8　　　　④ 234.7

 $CH_4 + 2O_2 \rightarrow CO_2 + 2H_2O$
17.9　　　　　94.1　57.8
연소열 = 생성열 − 반응열 = $(94.1 + 2 \times 57.8 - 17.9)$
　　　　= 191.8 kcal/mol

다음 중 energy의 형태가 아닌 것은?

① 일　　　　② 열
③ 엔트로피　　④ 전기

 에너지의 형태
① 전기　② 열　③ 일

 　　　　　　　　　　　　　　　32. ③　33. ③　34. ③

문제 35 카르노(carnot) 사이클의 과정 순서로 옳은 것은?

① 등온팽창-등온압축-단열팽창-단열압축
② 등온팽창-단열팽창-등온압축-단열압축
③ 등온팽창-단열압축-단열팽창-등온압축
④ 등온팽창-등온압축-단열압축-단열팽창

해설 카르노사이클의 과정 : 등온팽창-단열팽창-등온압축-단열압축

문제 36 다음 가스의 비열에 관한 설명 중 틀린 것은?

① 정압비열(C_p)은 일정압력 조건에서 측정한다.
② 정적비열(C_v)과 정압비열(C_p)의 단위는 같다.
③ C_p/C_v를 비열비라고 한다.
④ 정압비열(C_p)은 정적비열(C_v)보다 항상 작다.

해설 정압비열은 정적비열보다 항상 크다.

문제 37 다음은 분젠식 연소방식의 가스(제조가스, 천연가스, LP가스)에 따른 연소특성에 대한 그림이다. 이 중 LP가스에 해당하는 것은?

① A
② B
③ C
④ D

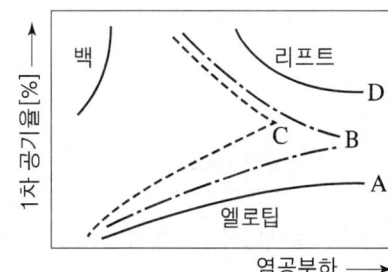

35. ② 36. ④ 37. ③

38 산업통상자원부장관이 도시가스 사업자에게 조정명령을 할 수 없는 사항은?

① 가스공급 계획의 조정
② 도시가스 요금 등 공급 조건의 조정
③ 도시가스의 열량·압력 및 연소성의 조정
④ 대표자 변경의 조정

해설 산업통상자원부장관이 도시가스 사업자에게 조정명령을 할 수 있는 경우
① 도시가스의 열량·압력 및 연소성의 조정
② 도시가스 요금 등 공급 조건의 조정
③ 가스공급 계획의 조정

 39 다음 중 내부결함 검사에 사용하는 비파괴 검사방법으로 가장 적합한 것은?

① 초음파탐상 검사
② 자기(자분)탐상 검사
③ 침투탐상 검사
④ 육안 검사

해설 내부결함 검사 : 방사선 검사, 초음파탐상 검사
표면결함 검사 : 자분검사, 침투검사

 40 게이지 압력으로 30cmHg는 절대압력으로 몇 mbar에 해당하는가?

① 1096mbar
② 1205mbar
③ 1359mbar
④ 1413mbar

해설 절대압력 = 게이지압력 + 대기압
= 30cmHg + 76cmHg = 106cmHg
∴ 76cmHg = 1013mbar
106cmHg = x $x = \dfrac{106\text{cmHg} \times 1013\text{mbar}}{76\text{cmHg}} = 1412.86\text{mbar}$

38. ④ 39. ① 40. ④

 **41** 다음 독성가스와 제독제가 옳지 않게 짝지어진 것은?

① 염소-가성소다 및 탄산소다 수용액
② 암모니아-염산 및 질산 수용액
③ 시안화수소-가성소다 수용액
④ 아황산가스-가성소다 수용액

해설 독성가스제독제
① 염소 : 소석회, 가성소다, 탄산소다
② 암모니아, 산화에틸렌, 염화메탄 : 다량의 물
③ 시안화수소 : 가성소다
④ 아황산가스 : 물, 가성소다, 탄산소다.

 **42** 암모니아 제법 중 공업적 제법이 아닌 것은?

① 글로우드법　　② 석회질소법
③ 뉴우데법　　　④ 파우서법

해설 암모니아 제법
① 고압법(600kg/cm² 전.후) : 클로드법, 카자레법
② 중압법(300kg/cm² 전.후) : 뉴우데법, IG법, J.C.I법, 동공시법
③ 저압법(150kg/cm² 전.후) : 케로그법, 구우데법

 **43** 가스의 폭발에 대한 설명으로 틀린 것은?

① 이황화탄소, 아세틸렌, 수소는 위험도가 커서 위험하다.
② 혼합가스의 폭발범위는 르샤틀리에 법칙을 적용한다.
③ 발열량이 높을수록 발화온도는 낮아진다.
④ 압력이 높아지면 일반적으로 폭발범위가 좁아진다.

해설 압력이 높아지면 일반적으로 폭발범위가 넓어진다.

해답　41. ②　42. ④　43. ④

 아세틸렌 제조를 위한 설비 중 아세틸렌에 접촉하는 부분의 충전용 지관에는 탄소의 함유량이 얼마 이하의 강을 사용하여야 하는가?
① 0.01
② 0.1
③ 0.3
④ 3

해설 충전용 지관의 탄소함유량 : 0.1% 이하

 다음 중 배관 진동의 원인으로 가장 거리가 먼 것은?
① 왕복 압축기의 맥동류
② 직관내의 압력 강하
③ 안전밸브 작동
④ 지진

해설 배관의 진동 원인
① 지진에 의한 진동
② 압축기에 의한 진동
③ 펌프에 의한 진동
④ 안전밸브 분출에 의한 진동
⑤ 파이프 내의 유체 압력변화에 의한 진동

 고압가스 저장소를 설치하려는 자 또는 고압가스를 판매하려는 자의 허가 및 등록사항에 대한 설명으로 옳은 것은?
① 시장·군수 또는 구청장의 허가를 받아야 한다.
② 시장·군수 또는 구청장에게 등록하여야 한다.
③ 관할 소방서장의 허가를 받아야 한다.
④ 산업통상자원부장관에게 등록하여야 한다.

해설 허가 및 등록사항 : 시장·군수 또는 구청장의 허가를 받아야 한다.

해답 44. ② 45. ② 46. ①

문제 47 다음의 각 가스와 제조법을 연결한 것 중 틀린 것은?

① 수소 – 수성가스법, CO전화법
② 시안화수소 – 앤드류소오법, 폼아미드법
③ 염소 – 합성법, 석회질소법
④ 산소 – 전기분해법, 공기액화분리법

해설) 염소 : 격막법, 수은법

문제 48 다음 가스 중 임계온도가 높은 것부터 나열된 것은?

① $O_2 > Cl_2 > N_2 > H_2$
② $Cl_2 > O_2 > N_2 > H_2$
③ $N_2 > O_2 > Cl_2 > H_2$
④ $H_2 > N_2 > Cl_2 > O_2$

해설) 임계온도가 높은 순서
① 염소(Cl_2) : 144℃
② 산소(O_2) : -118.4℃
③ 질소(N_2) : -147℃
④ 수소(H_2) : -239.9℃

문제 49 전기방식 중 효과범위가 넓고, 전압 및 전류의 조정이 쉬우나, 초기 투자비가 많은 단점이 있는 방법은?

① 전류양극법
② 외부전원법
③ 선택배류법
④ 강제배류법

해설) 외부전원법
① 장점 : ㉠ 방식 범위가 넓다.
　　　　㉡ 대형설비는 전원장치수는 적게 할 수 있어 경제적이다.
　　　　㉢ 전극수명이 길다.
　　　　㉣ 전류, 전압 조정이 가능하다.
② 단점 : ㉠ 초기 시공비가 많이 든다.
　　　　㉡ 강력한 다른 매설체의 간섭의 우려가 있다.
　　　　㉢ AC전원이 필요하다.

해답　47. ③　48. ②　49. ②

문제 50

가스는 최초의 완만한 연소에서 격렬한 폭굉으로 발전될 때까지의 거리가 짧은 가연성 가스일수록 위험하다. 유도거리가 짧아질 수 있는 조건이 아닌 것은?

① 압력이 높을수록
② 점화원의 에너지가 강할수록
③ 관속에 방해물이 있을 때
④ 정상 연소속도가 낮을수록

해설 폭굉 유도거리가 짧아질 수 있는 조건
① 고압일수록
② 정상 연소속도가 큰 혼합가스 일수록
③ 관속에 방해물이 있거나 관경이 가늘수록
④ 점화원의 에너지가 클수록

문제 51

밸브봉을 돌려 열 때 밸브 좌면과 직선적으로 미끄럼운동을 하는 밸브로서 고압에 견디고 유체의 마찰저항이 적은 특징을 가지는 밸브는?

① 앵글 밸브(Angle valve)
② 글로브 밸브(glove valve)
③ 슬루스 밸브(sluice valve)
④ 스톱 밸브(stop valve)

해설 슬로우스밸브(=게이트밸브=사절밸브) : 밸브봉을 돌려 열 때 밸브좌면과 직선적으로 미끄럼운동을 하는 밸브로서 고압에 견디고 유체의 마찰저항이 적은 특징을 가짐

문제 52

가스보일러의 설치기준에 따라 반드시 내열 실리콘으로 마감 조치를 하여 기밀이 유지되도록 하여야 하는 부분은?

① 배기통과 가스보일러의 접속부
② 배기통과 배기통의 접속부
③ 급기통과 배기통의 접속부
④ 가스보일러와 급기통의 접속부

해설 가스보일러의 설치기준에 따라 반드시 내열 실리콘으로 마감 조치를 하여 기밀이 유지되도록 하여야 하는 부분
배기통과 가스보일러의 접속부

해답 50. ④ 51. ③ 52. ①

문제 53 아세틸렌(C_2H_2) 가스는 다음 중 무엇으로 주로 제조하는가?

① 탄화칼슘 ② 탄소
③ 카타리솔 ④ 암모니아

해설) $CaC_2 + 2H_2O \rightarrow Ca(OH)_2 + C_2H_2 \uparrow$

문제 54 독성가스배관의 접합은 용접으로 하는 것이 원칙이나 다음의 경우에는 플랜지접합으로 할 수 있다. 다음 중 잘못된 것은?

① 부식되기 쉬운 곳으로써 수시로 점검이 필요한 부분
② 정기적으로 분해하여 청소·점검·수리를 하여야 하는 반응기, 탑, 저장탱크, 열교환기 또는 회전기계 전·후의 첫 번째 접합 부분
③ 호칭지름이 50mm 이하인 배관 접합 부분
④ 신축이음매의 접합 부분

해설) 호칭지름이 50mm 이상이 배관 접합 부분

문제 55 준비작업시간 100분, 개당 정미작업시간 15분, 로트 크기 20일 때 1개당 소요작업시간은 얼마인가? (단, 여유시간은 없다고 가정한다.)

① 15분 ② 20분
③ 35분 ④ 45분

해설) 1개당 소요작업시간 = $\dfrac{100}{20} + 15 = 20$분

문제 56 작업시간 측정방법 중 직접측정법은?

① PTS법 ② 경험견적법
③ 표준자료법 ④ 스톱워치법

해설) 작업시간 측정방법 중 직접측정법 : 스톱워치법

해답) 53. ① 54. ③ 55. ② 56. ④

 **57** 다음 중 샘플링 검사보다 전수검사를 실시하는 것이 유리한 경우는?

① 검사항목이 많은 경우
② 파괴검사를 해야 하는 경우
③ 품질특성치가 치명적인 결점을 포함하는 경우
④ 다수 다량의 것으로 어느 정도 부적합품이 섞여도 괜찮을 경우

해설 샘플링 검사보다 전수검사를 실시하는 것이 유리한 경우
품질특성치가 치명적인 결점을 포함하는 경우

 **58** 소비자가 요구하는 품질로서 설계와 판매정책에 반영되는 품질을 의미하는 것은?

① 시장품질
② 설계품질
③ 제조품질
④ 규격품질

해설 **시장품질** : 소비자가 요구하는 품질로서 설계와 판매정책에 반영되는 품질

 **59** 축의 완성지름, 철사의 인장강도, 아스피린 순도와 같은 데이터를 관리하는 가장 대표적인 관리도는?

① C 관리도
② nP 관리도
③ U 관리도
④ $\bar{x}$-R 관리도

해설 $\bar{x}$-R 관리도 : 축의 완성지름, 철사의 인장강도, 아스피린 순도와 같은 데이터를 관리하는 가장 대표적인 관리도

해답 57. ③ 58. ① 59. ④

문제 60 로트의 크기가 시료의 크기에 비해 10배 이상 클 때, 시료의 크기와 합격판정개수를 일정하게 하고 로트의 크기를 증가시킬 경우 검사특성곡선의 모양 변화에 대한 설명으로 가장 적절한 것은?

① 무한대로 커진다.
② 별로 영향을 미치지 않는다.
③ 샘플링 검사의 판별 능력이 매우 좋아진다.
④ 검사특성곡선의 기울기 경사가 급해진다.

해답 60. ②

CBT 시행 2020년도 제 67 회

본 문제는 복원 기출문제입니다. 실제 문제와 다를 수 있으니 양해바랍니다.

문제 01

질소 14g과 수소 4g을 혼합하여 내용적이 4000mL인 용기에 충전하였더니 용기 내의 온도가 100℃로 상승하였다. 용기 내 수소의 부분압력은 약 몇 atm인가? (단, 이 혼합기체는 이상기체로 간주한다.)

① 4.4
② 12.6
③ 15.3
④ 19.9

해설

$$PV = nRT \qquad P = \frac{nRT}{V} = \frac{\frac{4}{2} \times 0.082 \times (273+100)}{4L} = 15.29 \text{atm}$$

보충 $1l = 1000ml$

문제 02

액화석유가스 집단 공급시설에서 배관을 지하에 매설할 때 차량이 통행하는 도로에는 몇 m 이상의 깊이로 하여야 하는가?

① 0.6m
② 1.0m
③ 1.2m
④ 1.5m

해설 배관을 지하에 매설할 경우 차량이 통행하는 도로에는 1.2m 이상의 깊이로 매설

보충 배관의 매설
① 공동 주택 부지 내 : 0.6m 이상
② 철도부지와 수평거리, 도로 경계와 수평거리, 산이나 들, 도로 폭이 8m 미만 : 1m 이상
③ 시가지 외 도로 노면 밑, 인도, 보도, 방호 구조물 내, 도로 폭이 8m 이상 : 1.2m 이상
④ 시가지의 도로 노면 밑 : 1.5m 이상

해답 01. ③ 02. ③

 초저온 용기란 얼마 이하의 온도에서 액화가스를 충전하기 위한 용기를 말하는가?

① 상용의 온도 ② -30℃
③ -50℃ ④ -100℃

해설 초저온 용기 : -50℃ 이하의 온도에서 액화가스를 충전하기 위한 용기로서 단열재로 피복하에 용기 내의 기존 온도가 상용의 온도를 초과하지 아니하도록 한 용기

보충 충전용기 : 충전 질량 또는 충전 압력이 1/2 미만인 용기
잔가스용기 : 충전 질량 또는 충전 압력이 1/2 이상인 용기
처리능력 : 처리 설비 또는 감압 설비가 압축 액화 그 밖의 방법으로 1일에 처리할 수 있는 가스의 양(0℃, 0kg/cm²g)

 기체의 유속은 마하(Mach)수로 나타내며 압축성 유체의 유속계산에 사용된다. 마하수에 대한 표현으로 옳은 것은? (단, 마하수는 M, 유체속도는 V, 음속은 C이다.)

① $M = V \times C$ ② $M = \dfrac{V}{C}$
③ $M = \dfrac{C}{V}$ ④ $M = V + C$

해설 $M(마하수) = \dfrac{유체의\ 속도}{음속}$ 유체의 속도 $= \sqrt{kgRT}$
여기서, $M > 1$: 초음속, $M < 1$: 아음속

 가스 중의 황화수소 제거법 중 알칼리물질로 암모니아 또는 탄산소다를 사용하며, 촉매는 티오비산염을 사용하는 방법은?

① 사이록스법 ② 진공카보네이트법
③ 후막스법 ④ 타카학스법

03. ③ 04. ② 05. ①

해설 **사이록스법** : 황화수소 제거법 중 알칼리물질로 암모니아 또는 탄산소다를 사용하며, 촉매는 티오비산염을 사용

문제 06 1torr는 약 몇 Pa인가?
① 14.5   ② 133.3
③ 750.0 ④ 760.9

해설
760torr = 101325Pa
1Torr = x
$x = \dfrac{1\text{torr} \times 101325\text{Pa}}{760\text{torr}} = 133.32\text{Pa}$

문제 07 고압가스안전관리법에서 정한 용기제조자의 수리범위에 해당되는 것은?
① 냉동기 용접부분의 용접   ② 냉동기 부속품의 교체, 가공
③ 특정설비의 부속품 교체   ④ 아세틸렌 용기 내의 다공질물 교체

해설 **용기제조자의 수리범위**(아저용)
① 아세틸렌 용기 내의 다공질물 교체
② 저온 또는 초저온 용기의 단열체 교체
③ 용기 부속품의 부속품의 교체 및 가공
④ 용기 몸체의 용접 가공
⑤ 용기의스커트, 넥크링의 가공

보충 **냉동기제조자** : ① 냉동기 용접 부분의 용접 가공
② 냉동기 부속품의 교체민 가공
③ 냉동기 내외 단열재 교체
특정설비 제조자 : ① 저온 또는 초저온탱크의 단열재 교체
② 특정설비 몸체의 용접 가공
③ 특정설비 부속품의 부품교체 및 가공

해답 06. ② 07. ④

2020년도 제 67 회

왕복동 압축기의 용량제어 방법이 아닌 것은?

① 클리어런스(Clearance)포켓을 설치하여 클리어런스를 증대시키는 방법
② 안내깃(Vane)의 경사도를 변화시키는 방법
③ 바이-패스(By-pass)밸브에 의해 압축가스를 흡입쪽에 복귀시키는 방법
④ 언로더(Unloader)장치에 의해 흡입밸브를 개방하는 방법

해설 왕복동 압축기의 용량제어 방법 (회타바흡언클)
① 회전수를 가감하는 방법
② 타임드밸브에 의한 방법
③ 흡입주밸브를 폐쇄시키는 방법
④ 바이패스밸브에 의한 압축가스를 흡입측으로 되돌리는 방법
⑤ 언로드장치에 의해 흡입밸브를 개방하는 방법
⑥ 클리어런스 포켓을 사용 클리어런스를 증대시키는 방법

다음 중 전기 방식(防蝕)의 기준으로 틀린 것은?

① 직류 전철 등에 의한 영향이 없는 경우에는 외부전원법 또는 희생양극법으로 할 것
② 직류 전철 등의 영향을 받는 배관에는 배류법으로 할 것
③ 전위측정용 터미널은 희생양극법에 의한 배관에는 300m 이내의 간격으로 설치할 것
④ 전위측정용 터미널은 외부전원법에 의한 배관에는 300m 이내의 간격으로 설치할 것

해설 전위측정용 터미널은 외부전원법에 의한 배관에는 500m 이내의 간격을 유지할 것
선택배류법, 희생양극법 : 300m 이내 (선희)
전기방식법 : 강유선외

08. ② 09. ④

문제 10

총발열량이 10400kcal/m³, 비중이 0.64인 가스의 웨베지수는 얼마인가?

① 6656
② 9000
③ 13000
④ 16250

해설 웨버지수 $= \dfrac{Hg}{\sqrt{d}} = \dfrac{10400}{\sqrt{0.64}} = 13000$

문제 11

암모니아 가스의 공기 중 폭발범위(vol%)에 해당하는 것은?

① 15~28
② 2.5 81
③ 4.1~57
④ 1.2~44

해설 폭발범위
① 암모니아 : 15~28%
② 아세틸렌 : 2.5~81%
③ 아세트알데히드 : 4.1~57%
④ 이황화탄소 : 1.2~44%
⑤ 메탄 : 5~15%
⑥ 프로판 : 2.1~9.5%
⑦ 수소 : 4~75%
⑧ 부탄 : 1.8~8.4%
⑨ CO : 12.5~74%
⑩ NH_3 : 15~28%

문제 12

다음 중 도시가스시설의 설치공사 또는 변경공사를 하는 때에 이루어지는 전공정시공감리 대상으로 적합한 것은?

① 도시가스사업자외의 가스공급시설설치자의 배관설치공사
② 가스도매사업자의 가스공급시설 설치공사
③ 일반도시가스사업자의 정압기 설치공사
④ 일반도시가스사업자의 제조소 설치공사

해설 **전공정시공감리 대상** : 도시가스사업자의 가스공급시설설치자의 배관설치공사

해답   10. ③   11. ①   12. ①

문제 13
다음 독성가스 배관용 밸브 중 검사대상이 아닌 것은?
① 볼밸브   ② 니들밸브
③ 게이트밸브   ④ 글로우브밸브

해설 독성가스 배관용 밸브 중 검사대상
① 글로우브밸브 ② 볼밸브 ③ 게이트밸브

문제 14
가스 배관 장치에서 주로 사용되고 있는 부르동관 압력계 사용시의 주의사항에 대한 설명 중 틀린 것은?
① 안전장치가 되어 있는 것을 사용할 것
② 압력계의 폐지시에는 조용히 조작할 것
③ 정기적으로 검사를 하여 지시의 정확성을 미리 확인하여 둘 것
④ 압력계는 온도나 진동, 충격 등의 변화에 관계없이 선택할 것

해설 압력계는 온도, 진동, 충격 등을 고려하여 선택할 것
① 저압 : 황동, 청동, 인청동
② 고압 : 니켈강, 특수강
③ 암모니아, 아세틸렌 압력계는 구리 및 구리합금 사용금지
④ 압력계 눈금범위 : 상용압력×1.5~2배

보충
① **다이어 프램식 압력계**(격막식 압력계)
  ㉠ 미소 압력 측정
  ㉡ 부식성 유체 측정 가능
  ㉢ 온도의 영향을 받기 쉽다.
  ㉣ 측정의 응답 속도가 빠르다.
  ㉤ 이상 압력으로 파손 되어도 위험성이 적다.
  ㉥ 재질 : 고무, 테프론, 양은, 스텐레스
  ㉦ 측정 가능 범위 : 20~5,000mmAq
② **벨로우즈식 압력계**
  ㉠ 측정 압력은 0.01~10kg/cm^2
  ㉡ 유체 내의 먼지 등의 영향이 적고, 압력 변동에 적응하기 어렵다.
  ㉢ 신축에 의한 압력 이용

해답 13. ② 14. ④

문제 15

철근콘크리트제 방호벽의 설치기준 중 틀린 것은?

① 방호벽의 두께는 120mm 이상, 높이는 2000mm 이상일 것
② 방호벽은 직경 6mm 이상의 철근을 가로·세로 500mm 이하의 간격으로 배근할 것
③ 기초는 일체로 된 철근콘크리트 기초일 것
④ 기초의 높이는 350mm 이상, 되메우기 깊이는 300mm 이상일 것

해설 방호벽은 9mm 이상의 철근을 40cm×40cm 이하의 간격으로 배근할 것

보충
콘크리트 블록 15cm 이상 : 9mm 이상 철근을 40×40cm 이하의 간격으로 결속
철근 콘크리트 12cm 이상 : 9mm 이상 철근을 40×40cm 이하의 간격으로 결속
박강판 3.2mm 이상 : 30×30mm 이상의 앵글을 40×40cm 이하 간격으로 용접 보강하고 1.8m 이하의 간격으로 지주를 세운다.
후강판 6mm 이상

문제 16

다음은 이동식 압축천연가스자동차충전시설을 점검한 내용이다. 기준에 부적합한 경우는?

① 이동충전차량과 가스배관구를 연결하는 호스 길이가 6m이었다.
② 가스배관구 주위에는 가스배관구를 보호하기 위하여 높이 40cm, 두께 13cm인 철근콘크리트 구조물이 설치되어 있었다.
③ 이동충전차량과 충전설비 사이 거리는 7m이었고, 이동충전차량과 충전설비 사이에 강판제 방호벽이 설치되어 있었다.
④ 충전설비 근처 및 충전설비에서 6m떨어진 장소에 수동긴급차단장치가 각각 설치되어 있었으며 눈에 잘 띄었다.

해설 이동충전차량과 가스배관구를 연결하는 호스의 길이가 5m였다.

해답 15. ② 16. ①

문제 17

축에 동력(PS)이 전달되는 경우 전달마력을 H(kgf·m/sec), 1분간 회전수를 N(rpm)이라고 할 때 비틀림 모멘트 T(kgf·cm)를 구하는 식은?

① $T = 716.2 \dfrac{H}{N}$ ② $T = 9740 \dfrac{H}{N}$

③ $T = 71620 \dfrac{H}{N}$ ④ $T = 97400 \dfrac{H}{N}$

해설 비틀림 모멘트를 구하는 식 $= 71620 \times \dfrac{H}{N}$

문제 18

다음 중 동관의 종류에 해당되지 않는 것은?

① 이음매 없는 단동관   ② 이음매 없는 인탈산동관
③ 이음매 없는 황동관   ④ 이음매 없는 무질소동관

해설 동관의 종류
① 이음매 없는 황동관 ② 이음매 없는 단동관 ③ 이음매 없는 인탈산동관

보충 터프터치동관, 규소청동관(2.5~3.5%), 니켈동합금강(Ni63~70%)

문제 19

NH_4OH, NH_4Cl, $CuCl_2$을 가지고 가스흡수제를 조제하였다. 어떤 가스가 가장 잘 흡수 되겠는가?

① CO   ② CO_2
③ CH_4 ④ C_2H_6

문제 20

포화증기를 단열압축하면 어떻게 되는가?

① 포화액체가 된다.   ② 과열증기가 된다.
③ 압축액체가 된다.   ④ 증기의 일부가 액화한다.

해설 포화증기를 단열압축하면 과열증기가 된다.

17. ③   18. ④   19. ①   20. ②

문제 **21** 다음 용어의 정의를 설명한 것이다. 틀린 것은?

① 액화석유가스란 프로판, 부탄을 주성분으로 한 가스를 액화한 것을 말한다.
② 액화석유가스 충전사업은 저장시설에 저장된 액화석유가스를 용기에 충전하여 공급하는 사업을 뜻한다.
③ 액화석유가스판매사업은 용기에 충전된 액화석유가스를 판매하는 것을 뜻한다.
④ 가스용품제조사업이란 일반고압가스를 사용하기 위한 기기를 제조하는 사업을 뜻한다.

해설 용어의 정의
① 액화석유가스판매사업 : 용기에 충전된 액화석유가스를 판매하는 것을 뜻한다.
② 액화석유가스 충전사업 : 저장시설에 저장된 액화석유가스를 용기에 충전하여 공급하는 사업
③ 액화석유가스 : 프로판, 부탄을 주성분으로 한 가스를 액화한 것을 말한다.
④ 가스용품제조사업 : 액화석유가스 또는 도시가스 사업법에의한 연료용가스를 사용하기 위한 기기를 제조하는 사업을 말한다.

문제 **22** 이상기체(Perfect gas)의 비열비(k) 관계식을 옳게 표시한 것은? (단, C_p는 정압비열, C_v는 정적비열을 나타낸다.)

① $k = \dfrac{C_p}{C_v}$ ② $k = \dfrac{C_v}{C_p}$

③ $k = C_p \times C_v$ ④ $k = \dfrac{1}{C_p \times C_v}$

해설 $K = \dfrac{정압비열}{정적비열}$ 비열비는 항상 1보다 크다.
(kcal/kg℃ : 어떤 물질 1kg을 1℃ 올리는데 필요한 열량)

21. ④ 22. ①

문제 23 다음 [보기]에서 설명하는 소화약제의 명칭은?

[보기]
- 상온, 상압에서 액체로 존재한다.
- 분해성이 적고 화학적으로 안정하다.
- 독성이 있으므로 한시적으로 사용된다.
- 액체 상태로 방사되므로 방사거리가 비교적 길다.

① Halon 1301　　② Halon 1211
③ Halon 2402　　④ Halon 104

해설 할론 2402
① 액체 상태로 방사되므로 방사거리가 비교적 길다.
② 독성이 있으므로 한시적으로 사용된다.
③ 분해성이 적고 화학적으로 안정하다.
④ 상온, 상압에서 액체로 존재한다.

문제 24 공기 중에 누출되었을 때 낮은 곳에 체류하는 가스로만 짝지어진 것은?

① 프로판, 염소, 포스겐　　② 프로판, 수소, 아세틸렌
③ 아세틸렌, 염소, 암모니아　　④ 아세틸렌, 포스겐, 암모니아

해설 공기보다 무거운 가스 찾으면 됨
① 프로판(C_3H_8) = $12 \times 3 + 8 = 44g \div 29 = 1.521$
② 염소(Cl_2) = $35.5 \times 2 = 71g \div 29 = 2.448$
③ 포스겐($COCl_2$) = $12 + 16 + 35.5 \times 2 = 99 \div 29 = 3.413$

문제 25 어떤 계측기기의 진공압력이 57cmHg이었을 때 절대압력으로 환산하면 약 몇 kgf/cm²abs가 되는가?

① 0.258kgf/cm²abs　　② 0.516kgf/cm²abs
③ 1.033kgf/cm²abs　　④ 2.066kgf/cm²abs

해설 절대압력 = $\frac{19 cmHg}{76 cmHg} \times 1.0332 kg/cm^2 \cdot a = 0.2583 kg/cm^2 \cdot a$
$76 cmHg - 57 cmHg = 19 cmHg$

 23. ③　24. ①　25. ①

문제 26 같은 조건에서 수소의 확산속도는 산소의 확산속도보다 몇 배가 빠른가?

① 2
② 4
③ 8
④ 16

해설
$$\frac{U_B}{U_A} = \sqrt{\frac{MA}{MB}} = \frac{t_A}{t_b}$$

$$\frac{H_2}{O_2} = \sqrt{\frac{32}{2}} = \frac{4}{1} \qquad \therefore 1:4$$

문제 27 냉매는 암모니아를 사용하고, 증발 −15℃, 응축 30℃인 사이클에서 1냉동톤의 능력을 발휘하기 위하여 냉매의 순환량은 얼마로 하여야 하는가? (단, 응축온도와 포화액선의 교점 엔탈피는 134kcal/kg이고, 증발온도와 포화증기선의 교점 엔탈피는 397kcal/kg이다.)

① 5.6kg/h
② 5.6kg/day
③ 12.6kg/h
④ 12.6kg/day

해설
냉매순환량 $= \dfrac{냉동톤}{ia-lb} = \dfrac{3320}{397-134} = 12.623 \text{kg/h}$

1RT(냉동톤=냉동능력)=3320kcal/h

문제 28 다음 중 가연성이면서 독성가스로 분류되는 것은?

① 산화에틸렌
② 아세틸렌
③ 부타디엔
④ 프로판

해설 가연성이며 독성가스
① 산화에틸렌 ② 벤젠 ③ 황화수소
④ 일산화탄소 ⑤ 메탄올 ⑥ 시안화수소
⑦ 이황화탄소 ⑧ 아크릴로니트릴 ⑨ 암모니아

포황시 아산암메염 발생 : 2중 배관으로 해야 할 독성가스

해답 26. ② 27. ③ 28. ①

문제 29 지름 d인 중심축이 비틀림 모멘트 T를 받을 때 생기는 최대 전단응력을 1이라 하면 비틀림 모멘트 T와 동일한 굽힘 모멘트 M을 받을 때 생기는 최대 전단응력은 얼마인가?

① 1.2
② $\sqrt{2}$
③ $\sqrt{3}$
④ 2

문제 30 일반용 액화석유가스 압력조정기의 제조 기술기준에 대한 설명 중 틀린 것은?

① 사용 상태에서 충격에 견디고 빗물이 들어가지 아니하는 구조로 한다.
② 용량 100kg/h 이하의 압력조정기는 입구 쪽에 황동선망 또는 스테인리스강선망을 사용한 스트레이너를 내장하는 구조로 한다.
③ 용량 10kg/h 이상의 1단 감압식 저압조정기인 경우에 몸통과 덮개를 몽키렌치, 드라이버 등 일반공구로 분리할 수 없는 구조로 한다.
④ 자동절체식 조정기는 가스공급 방향을 알 수 있는 표시기를 갖춘다.

[해설] 용량 10kg/h 이상의 1단 감압식 저압조정기인 경우에 몸통과 덮개를 몽키렌치, 드라이버 등 일반공구로 분리할 수 있는 구조로 하여야 한다.

문제 31 1kcal에 대한 정의로서 가장 적절한 것은? (단, 표준기압하에서의 기준이다.)

① 순수한 물 1kg을 100℃만큼 변화시키는데 필요한 열량
② 순수한 물 1lb를 32°F에서 212°F까지 높이는데 필요한 열량
③ 순수한 물 1lb를 1℃만큼 변화시키는 데 필요한 열량
④ 순수한 물 1kg을 14.5℃에서 15.5℃까지 높이는데 필요한 열량

[해설] 1kcal : 순수한 물 1kg을 14.5℃에서 15.5℃까지 높이는데 필요한 열량
BTU/lb℃ : 순수한 물 1lb을 1°F(60.5~61.5) 상승시키는데 필요한 열량
CHU/lb℃ : 순수한 물 1lb을 1℃(14.5~15.5) 상승시키는데 필요한 열량

해답 29. ② 30. ③ 31. ④

 **32** 허가를 받지 않고 LPG 충전사업, LPG 집단공급사업, 가스용품 제조사업을 영위한 자에 대한 벌칙으로 옳은 것은?

① 1년 이하의 징역, 1000만원 이하의 벌금
② 2년 이하의 징역, 2000만원 이하의 벌금
③ 1년 이하의 징역, 3000만원 이하의 벌금
④ 2년 이하의 징역, 5000만원 이하의 벌금

해설 허가를 받지 않고 LPG 충전사업, LPG 집단공급사업, 가스용품 제조사업을 영위한 자에 대한 벌칙 : 2년 이하의 징역, 2천만원 이하의 벌금

 **33** 독성가스란 공기 중에 일정량 이상 존재하는 경우 인체에 유독한 독성을 지닌 가스로서 허용농도(해당가스를 성숙된 흰쥐 집단에게 대기중에서 1시간 동안 계속하여 노출시킨 경우 14일 이내에 그 흰쥐의 2분의 1 이상이 죽게 되는 농도)가 백만분의 얼마 이하인 것을 말하는가?

① 200
② 500
③ 2000
④ 5000

해설 $\frac{5000}{100만}$ 이하인 것

 **34** 고압가스 탱크의 수리를 위하여 내부 가스를 배출하고, 불활성가스로 치환한 후 다시 공기로 치환하여 분석하였더니 분석결과가 보기와 같았다. 다음 중 안전작업 조건에 해당하는 것은?

① 산소 30%
② 수소 10%
③ 일산화탄소 200ppm
④ 질소 80%, 나머지 산소

해설 안전작업 조건 : 질소 80%, 산소 20%

보충 산소 : 18% 이상~22% 이하
수소 : 폭발한계의 1/4 이하 = $4 \times \frac{1}{4}$ = 1% 이하
CO : 허용농도 이하(50ppm 이하)

해답 32. ② 33. ④ 34. ④

문제 35 배관재료에 대한 설명으로 옳은 것은?

① 배관용 탄소강 강관은 암모니아 배관에서 10kg/cm² 이상의 고압배관에 사용된다.
② 배관용 탄소강 강관은 프레온 배관에서 −10℃에서는 10kg/cm² 이하의 압력 배관에 사용할 수 있다.
③ 압력배관용 탄소강 강관은 저온배관용 강관이 아니므로 −30℃의 암모니아 배관에 사용할 수 없다.
④ 저온배관용 강관은 저온제한이 없다.

 압력배관용 탄소강관
사용압력이 10kg/cm² 이상~100kg/cm² 미만시 사용. 저온배관용 부적합.

문제 36 어떤 물질 1kgf가 압력 1kgf/cm², 체적 0.86m³의 상태에서 압력 5kgf/cm², 체적 0.4m³의 상태로 변화하였다. 이 변화에는 내부에너지에는 변화가 없다고 하면 엔탈피의 증가는 몇 kcal/kg인가?

① 3.28 ② 6.84
③ 26.7 ④ 32.6

 $(5 \times 10^4 \times 0.4 - 1 \times 10^4 \times 0.86) = 11400$ kg · m
11400 kg · m ÷ $427 = 26.697$ kcal/kg

문제 37 3×10^4 N · mm의 비틀림 모멘트와 2×10^4 N · mm의 굽힘모멘트를 동시에 받는 축의 상당 굽힘모멘트는 약 몇 N · mm인가?

① 25000 ② 28028
③ 50000 ④ 56056

상당 굽힘모멘트 $= \frac{1}{2}\left(M + \sqrt{M^2 + T^2}\right)$
$= \frac{1}{2}\left(20000 + \sqrt{20000^2 + 30000^2}\right) = 28027.75$ N · mm
여기서, M : 굽힘모멘트, T : 비틀림모멘트

해답 35. ③　36. ③　37. ②

 **38** 1kg의 공기가 일정온도 200℃에서 팽창하여 처음 체적의 6배가 되었다. 이 때 소비된 열량은 약 몇 kJ인가?

① 128 ② 143
③ 187 ④ 243

$$W = nRT \ln\left(\frac{V_2}{V_1}\right)$$
$$= 1000g \times \frac{1mol}{29g} \times 8.314 J/mol°K \times (273+200) \times \ln\left(\frac{6}{1}\right)$$
$$= 218220 J = 218.22 kJ$$

 **39** LP가스의 저장설비실 바닥면적이 15m²이라면 외기에 면하여 설치된 환기구의 통풍가능 면적의 합계는 몇 cm² 이상이어야 하는가?

① 3000 ② 3500
③ 4000 ④ 4500

 통풍가능 면적의 합계 : 1m²당 = 300cm²이므로
∴ 1m² = 300cm²
   15m² = x
   $x = \dfrac{15m^2 \times 300cm^2}{1m^2} = 4500cm^2$

 강제통풍장치

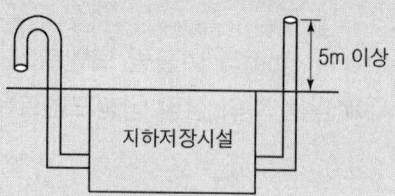

① 통풍능력이 바닥면적 1m² 마다 0.5m³/분 이상으로 할 것
② 배기구는 바닥면 가까이 설치할 것
③ 배기가스 방출구는 지면에서 5m(공기보다 비중이 가벼운 경우 3m) 이상의 높이에 설치할 것

38. ④ 39. ④

문제 40 줄-톰슨 계수는 이상기체의 경우 어떤 값을 가지는가?

① 0이다.   ② +값을 갖는다.
③ -값을 갖는다.   ④ 1이 된다.

해설 줄 톰슨 계수는 이상기체의 경우 0이다.
압축가스를 단열팽창시키면 온도와 압력이 내려간다.

문제 41 초저온 용기의 단열시험용으로 사용하지 않는 가스는?

① 액화아르곤   ② 액화산소
③ 액화질소   ④ 액화천연가스

해설 초저온 용기의 단열시험용 가스
① 액화산소 : -183℃   ② 액화아르곤 : -186℃   ③ 액화질소 : -196℃

문제 42 관을 용접으로 이음하고 용접부를 검사하는데 다음 중 비파괴 검사법에 속하지 않는 것은?

① 음향검사   ② 침투탐상검사
③ 인장시험검사   ④ 자분탐상검사

해설 비파괴 검사법
① RT : 방사선투과법   ② PT : 침투탐상법
③ UT : 초음파탐상법   ④ MT : 자분탐상법
⑤ LT : 누설검사법   ⑥ VT : 육안검사법

문제 43 도시가스사업의 변경허가대상이 아닌 것은?

① 가스발생설비의 종류 변경
② 비상공급시설의 종류 · 설치장소 · 수 변경
③ 가스홀더의 수 변경
④ 액화가스저장탱크의 설치장소 변경

해답   40. ①   41. ④   42. ③   43. ②

> **해설** 도시가스사업의 변경허가대상
> ① 가스홀더의 수의 변경
> ② 액화가스저장탱크의 설치장소 변경
> ③ 가스발생설비의 종류 변경

문제 44 다음 용매 중 아세틸렌가스에 용해도가 가장 큰 것은?

① 아세톤 ② 벤젠
③ 이황화탄소 ④ 사염화탄소

> **해설** 아세틸렌 용해도
> ① 아세톤 : 25배 ② 알콜 : 6배
> ③ 석유 : 2배   ④ 벤젠 : 4배

문제 45 가스액화분리장치의 구성기기 중 왕복동식 팽창기에 대한 설명으로 틀린 것은?

① 팽창기의 흡입압력 범위가 좁다.
② 팽창비는 크지만 효율은 낮다.
③ 가스처리량이 크게 되면 다기통이 된다.
④ 기통 내의 윤활에 오일이 사용된다.

> **해설** 왕복동식 팽창기의 설명
> ① 팽창기의 흡입압력 범위가 넓다.
> ② 팽창비는 크지만 효율은 낮다.
> ③ 가스처리량이 크게 되면 다기통이 된다.
> ④ 기통 내의 윤활에 오일이 사용된다.

문제 46 코크스와 수증기를 원료로 하여 얻을 수 있는 가스는?

① $CO_2 + H_2$ ② $CH_4 + O_2$
③ $CH_4 + CO$ ④ $H_2 + CO$

> **해설** $C + H_2O \rightarrow \underset{\text{수성가스}}{CO + H_2}$

해답 44. ① 45. ① 46. ④

문제 47 인장응력이 10kgf/mm² 인 연강봉이 3140kgf의 하중을 받아 늘어났다면 이 봉의 지름은 몇 mm인가?

① 10 ② 20
③ 25 ④ 30

해설
$$\sigma = \frac{P}{A} = \frac{P}{\frac{\pi D^2}{4}} \quad \sigma = \frac{P}{0.785 \times D^2}$$

$$D = \sqrt{\frac{3140}{10 \times 0.785}} = 20\,mm$$

문제 48 공기액화 분리장치의 밸브에서 열손실을 줄이는 방법으로 가장 거리가 먼 내용은?

① 단축밸브로 하여 열의 전도를 방지한다.
② 열전도율이 적은 재료를 밸브봉으로 사용한다.
③ 밸브 본체의 열용량을 가급적 적게 한다.
④ 누출이 적은 밸브를 사용한다.

해설 **공기액화 분리장치의 밸브에서 열손실을 줄이는 방법**
① 장축밸브로 하여 열의 전도를 방지한다.
② 열전도율이 적은 재료를 밸브봉으로 사용한다.
③ 밸브 본체의 열용량을 가급적 적게 한다.
④ 누출이 적은 밸브를 사용한다.

문제 49 액화석유가스 공급자의 의무사항이 아닌 것은?

① 6개월에 1회 이상 가스사용시설의 안전관리에 관한 계도물 작성, 배포
② 수요자의 가스사용시설에 대하여 6개월에 1회 이상 안전점검을 실시
③ 수요자에게 위해예방에 필요한 사항을 계도
④ 가스보일러가 설치된 후 매 1년에 1회 이상 보일러성능 확인

해답 47. ② 48. ① 49. ④

해설 액화석유가스 공급자 의무사항
① 수요자에게 위해예방에 필요한 사항을 계도
② 수요자의 가스사용시설에 대하여 6개월에 1회 이상 안전점검 실시
③ 6개월에 1회 이상 가스사용시설의 안전관리에 관한 계도를 작성 배포
④ 가스보일러가 설치된 후 매 2년에 1회 이상 보일러성능 확인

문제 50

도시가스사업자가 관계법에서 정하는 규모 이상의 가스공급시설의 설치공사를 할 때 신청서에 첨부할 서류항목이 아닌 것은?

① 공사계획서
② 공사공정표
③ 시공관리자의 자격을 증명할 수 있는 사본
④ 공급조건에 관한 설명서

해설 규모 이상의 가스공급시설의 설치공사를 할 때 신청서에 첨부할 서류항목
① 시공관리자의 자격을 증명할 수 있는 사본
② 공사공정표
③ 공사계획서

문제 51

가스용 콕에 대한 설명 중 틀린 것은?

① 콕은 1개의 핸들로 1개의 유로를 개폐하는 구조로 한다.
② 완전히 열었을 때의 핸들의 방향은 유로의 방향과 직각인 것으로 한다.
③ 과류차단안전기구가 부착된 콕의 작동유량은 입구압이 1±0.1kPa인 상태에서 측정하였을 때 표시유량의 ±10% 이내인 것으로 한다.
④ 콕의 핸들 회전력은 0.588N·m 이하인 것으로 한다.

해설 가스용 콕
① 완전히 열었을 때의 핸들의 방향은 유로의 방향과 평행인 것으로 한다.
② 콕의 핸들 회전력은 0.588N·m 이하인 것으로 한다.
③ 과류차단안전기구가 부착된 콕의 작동유량은 입구압이 1±0.1kPa인 상태에서 측정하였을 때 표시유량의 ±10% 이내인 것으로 한다.
④ 콕은 1개의 핸들로 1개의 유로를 개폐하는 구조로 한다.

해답 50. ④ 51. ②

시안화수소(HCN)에 대한 설명으로 옳은 것은?

① 허용 농도는 10ppb이다.
② 충전 시 수분이 존재하면 안정하다.
③ 충전한 후 90일을 정치한 후 사용한다.
④ 누출 검지는 질산구리벤젠지로 한다.

해설 시안화수소
① 허용 농도는 10PPM 이하이다.
② 충전 시 수분이 존재하면 중합폭발의 위험이 있다.
③ 충전후 60일을 넘지 않도록 한다.
④ 누설검지는 질산구리 벤젠지로 한다.
⑤ 안정제 : 오산화인, 염화칼슘, 인산, 아황산가스, 동, 황산(2염인아동황)

이상기체 n몰에 대한 상태방정식으로 가장 옳은 식은?

① $PV = RT$
② $PV = nRT$
③ $PV = R$
④ $\dfrac{V}{T} = R$

해설 이상기체 n몰에 대한 상태방정식 $PV = nRT$

가스배관의 누출방지대책은 누출의 발생을 사전에 방지하는 대책과 발생한 누출을 조기에 발견하여 수리하는 대책으로 대별 할 수 있다. 다음 중 누출발생을 사전에 방지하는 방법이 아닌 것은?

① 노후관의 조사 및 교체
② 매설위치가 불량한 배관에 대한 조사 및 교체
③ 타공사(굴착공사)에 대한 입회, 순회와 시공전 안전 조치
④ 누출부를 굴착, 노출시켜서 보수

해설 누출발생을 사전에 방지하는 방법
① 노후관의 조사 및 교체
② 매설위치가 불량한 배관에 대한 조사 및 교체
③ 타공사에 대한 입회, 순회와 시공전 안전 조치

해답 52. ④ 53. ② 54. ④

문제 55

단계여유(slack)의 표시로 옳은 것은? (단, TE는 가장 이른 예정일, TL은 가장 늦은 예정일, TF는 총 여유시간, FF는 자유여유시간 이다.)

① TE-TL   ② TL-TE
③ FF-TF   ④ TE-TF

해설 단계여유 = 가장 늦은 예정일 − 가장 이른 예정일

문제 56

테일러(F.W. Taylor)에 의해 처음 도입된 방법으로 작업시간을 직접 관측하여 표준시간을 설정하는 표준시간 설정기법은?

① PTS법   ② 실적자료법
③ 표준자료법   ④ 스톱워치법

해설 **스톱워치법**: 테일러에 의해 처음 도입된 방법으로 작업시간을 직접 관측하여 표준시간을 설정하는 표준시간 설정기법
PTS법: 모든 동작을 기본 동작으로 분해하고 각 기본동작에 대해 성질과 조건에 따라 미리 정해 놓은 시간치를 적용하여 정미시간을 산정하는 방법
워크샘플링법: 측정자는 무작위로 현장에서 작업자가 작업하는 내용에 대해 측정률 및 가동시간에 대한 측정결과를 조합하여 표준시간을 설정하는 방법

문제 57

다음 중 브레인스토밍(Brainstorming)과 가장 관계가 깊은 것은?

① 파레토도   ② 히스토그램
③ 회귀분석   ④ 특성요인도

해설 **특성요인도**: 문제가 되는 결과와 이에 대응하는 원인과의 관계를 알기쉽게 도표로 나타낸 것으로 브레인스토밍과 관련이 있다.

해답 55. ② 56. ④ 57. ④

문제 58 검사의 분류 방법 중 검사가 행해지는 공정에 의한 분류에 속하는 것은?

① 관리 샘플링검사 ② 로트별 샘플링검사
③ 전수검사 ④ 출하검사

해설 검사를 판정에 의한 분류
① 관리 샘플링검사 ② 로트별 샘플링검사 ③ 전수검사
④ 무검사 ⑤ 자주검사

문제 59 공정 중에 발생하는 모든 작업, 검사, 운반, 저장, 정체등이 도식화 된 것이며 또한 분석에 필요하다고 생각되는 소요시간, 운반거리 등의 정보가 기재된 것은?

① 작업분석(Operation Analysis)
② 다중활동분석표(Multiple Activity Chart)
③ 사무공정분석(Form Process Chart)
④ 유통공정도(Flow Process Chart)

해설 유통공정도 : 공정 중에 발생하는 모든 작업, 검사, 운반, 저장, 정체 등이 도식화 된 것이며 또한 분석에 필요하다고 생각되는 소요시간, 운반거리 등의 정보가 기재

문제 60 c관리도에서 시료군수 $k=20$인 군의 총 부적합수 합계는 58이었다. 이 관리도의 UCL, LCL을 계산하면 약 얼마인가?

① UCL=2.90, LCL=고려하지 않음
② UCL=5.90, LCL=고려하지 않음
③ UCL=6.92, LCL=고려하지 않음
④ UCL=8.01, LCL=고려하지 않음

해설
① 중심선(CL)= $\bar{c} = \dfrac{\sum c}{k} = \dfrac{58}{20} = 2.9$
② 관리상한선(UCL)= $\bar{c} + \sqrt[3]{\bar{c}} = 2.9 + \sqrt[3]{2.9} = 8.61$
③ 관리하한선(LCL)= $\bar{c} - \sqrt[3]{\bar{c}} = 2.9 - \sqrt[3]{2.9} = -2.2$ (고려하지 않음)
여기서, c : 부적합수 합계

해답 58. ④   59. ④   60. ④

CBT 시행 2020년도 제 68 회

본 문제는 복원 기출문제입니다. 실제 문제와 다를 수 있으니 양해바랍니다.

문제 01
다음은 비파괴검사에 대한 내용이다. ( )안에 들어갈 내용으로 가장 알맞은 것은?

> 검사할 재료의 한쪽면의 발진장치에서 연속적으로 ( )을(를) 보내고, 수신장치에서 신호를 받을 때 결함에 의한 ( )의 도착에 이상이 생기므로 이것으로부터 결함의 위치와 크기 등을 판정하는 검사방법으로서 용입부족 및 용입결함을 검출할 수 있으며 검사비용이 저렴하나 검사결과의 보존성이 없다.

① X-선
② γ-선
③ 초음파
④ 형광

해설 **초음파검사** : 검사할 재료의 한쪽면의 발진장치에서 연속적으로 초음파를 보내고, 수신장치에서 신호를 받을 때 결함에 의한 초음파의 도착에 이상이 생기므로 이것으로부터 결함의 위치와 크기 등을 판정하는 검사방법
[장점] ① 고압장치의 판두께를 측정할 수 있다. (검2균)
② 균열을 검출하기 쉽다.
[단점] ① 결함의 행태가 부적당하다. ② 결과의 보존성이 없다.

보충 **방사선검사** : ① 장치가 크므로 가격이 비싸다.
② 선에 평행한 크랙은 찾기 힘들다.
③ 두께가 두꺼운 개소에는 검출이 곤란하다.
④ 취급상 신체의 방호가 필요하다. (장선두신)

문제 02
고압가스사업자는 안전관리규정을 언제 허가관청·신고관청 또는 등록관청에 제출하여야 하는가?

① 완성검사시
② 정기검사시
③ 허가신청시
④ 사업개시시

해답 01. ③ 02. ④

해설 고압가스사업자는 안전관리규정을 사업개시시 허가관청 또는 등록관청에 제출

문제 03 고압식 공기액화분리장치에 대한 설명으로 옳은 것은?

① 완료공기는 압축기에 흡입되어 150~200atm으로 압축된다.
② 탈습된 완료공기는 전부 팽창기로 이송되어 하부탑에서 압력이 5atm으로 단열팽창되어 −50℃의 저온이 된다.
③ 상부탑에는 다수의 정류판이 있어서 약 5atm의 압력으로 정류된다.
④ 하부탑에서는 약 0.5atm의 압력으로 정류된다.

해설 하부탑에서 압력이 5atm으로 단열팽창되어 −150℃의 저온이 된다.
상부탑에는 다수의 정류판이 있어서 약 0.5atm의 압력이 된다.
하부탑에서는 약 5atm의 압력으로 정류된다.

보충 **카피쟈 공기액화사이클** : 공기의 압축압력이 7atm 정도
필립스 공기액화사이클 : 수소나 헬륨을 냉매로 한 효율적인 냉동방식

문제 04 수소 제조의 석유분해법에서 수증기 개질법의 원료로 가장 적당한 것은?

① 원유   ② 중유
③ 경유   ④ 나프타

해설 **수증기 개질법의 원료** : 나프타

보충 ① 물의 전기분해 : $2H_2O \rightarrow 2H_2(-) + O_2(+)$, 농도 20% 정도의 NHOH을 전해액으로 사용
② 수성가스법 : $C + H_2O \rightarrow CO + H_2$
③ 석유분해법 : $C_3H_8 + 3H_2O \rightarrow 3CO + 7H_2$
④ 천연가스분해법 : $CH_4 + H_2O \rightarrow CO + 3H_2$(수증기 개질법)
⑤ 일산화탄소전화법 : $CO + H_2O \rightarrow CO + H_2O$
1단계 전화반응(고온) - 촉매 : Fe_2O_3, Cr_2O_3, 온도 : 350~500℃
2단계 전화반응(저온) - 촉매 : CuO, ZnO, 온도 : 200~250℃

  03. ① 04. ④

문제 05

암모니아 1톤을 내용적 50ℓ의 용기에 충전하고자 한다. 필요한 용기는 몇 개인가? (단, 암모니아의 충전점수는 1.86이다.)

① 11　　② 38
③ 47　　④ 20

해설
$G = \dfrac{V}{C} = \dfrac{50}{1.86} = 26.88\,\text{kg/개}$

1개 = 26.88kg
x = 1000kg
$x = \dfrac{1개 \times 1000\text{kg}}{26.88\text{kg}} = 37.2 \fallingdotseq 38개$

문제 06

공기액화 분리장치의 폭발 원인으로 가장 거리가 먼 것은?

① 액체 공기 중의 오존(O_3)의 흡입
② 공기 취임구에서 사염화탄소(CCl_4)의 흡입
③ 압축기용 윤활유의 분해에 의한 탄화수소의 생성
④ 공기 중에 있는 산화질소(NO), 관산화질소(NO_2)등 질화물의 흡입

해설 공기액화 분리장치의 폭발 원인 (오질탄아)
① 액체 공기 중의 오존의 혼입
② 공기중의 질소화합물 혼입
③ 압축기용 윤활유의 분해에 따른 탄화수소의 생성
④ 공기중의 아세틸렌의 혼입

문제 07

부탄용 가스설비에 부착되어 있는 안전벨브의 설정압력은 몇 MPa 이하로 하여야 하는가?

① 1.8　　② 2.0
③ 2.2　　④ 2.5

해답　05. ②　06. ②　07. ①

문제 08
폴라트로픽 지수의 크기가 비열비의 크기와 동일할 때의 변화를 무슨 변화라고 하는가?

① 등적변화 ② 단열변화
③ 등온변화 ④ 등압변화

해설 폴라트로픽 지수의 크기가 비열비의 크기와 동일할 때의 변화를 단열변화라 한다.

문제 09
다음 각 가스의 제조에 대한 설명으로 틀린 것은?

① 암모니아(ammonia)sms 산소와 수소로 제조한다.
② 아세틸렌은 탄화칼슘을 물에 반응시켜 제조한다.
③ 산소는 공기를 액화 분리하여 제조한다.
④ 수소는 석유를 분해하여 제조한다.

해설 암모니아제조 : $N_2 + 3H_2 \rightarrow 2NH_3$

문제 10
안전관리자의 직무범위가 아닌 것은?

① 사업소 또는 사용 신고시설의 종사자에 대한 안전관리를 위하여 필요한 지휘·감독
② 공급자의 의무이행 확인
③ 용기 등의 제조공정 관리
④ 용기기기, 기구의 입·출고 관리

해설 안전관리자의 직무범위(지용안공검)
① 용기 등의 제조공정 관리
② 공급자의 의무이행 확인
③ 사업소 또는 사용 신고시설의 종사자에 대한 안전관리를 위하여 필요한 지휘·감독
④ 검사기록의 작성보존
⑤ 안전관리 규정의 시행 및 실시기록의 보존

08. ② 09. ① 10. ④

문제 11 도시가스가 누출될 경우 조기에 발견하여 중독과 폭발을 방지하려고 공급가스를 부취시킨다. 이 때 부취제의 성질과 무관한 것은?

① 독성이 없을 것
② 낮은 농도에서도 냄새가 확인될 것
③ 완전연소 후에 냄새를 남길 것
④ 화학적으로 안정될 것

해설 부취제의 성질 (독도가완학부극)
공기 중 1/1,000 상태(0.1%)
① 독성 및 가연성이 아닐 것
② 도관을 부식시키지 말 것
③ 도관내의 상용온도에서 응축되지 말 것
④ 가스관이나 가스미터에 부착되지 말 것
⑤ 부식성이 없을 것
⑥ 극히 낮은 농도에서도 냄새를 확인할 수 있을 것
⑦ 화학적으로 안정할 것
⑧ 완전 연소 후에는 냄새가 나지 않을 것

부취제의 종류
① THT(테트라 히드로 티오펜) : 석탄 가스 냄새
② TBM(터시어리 부틸 메르캅탄) : 양파 썩는 냄
③ DMS(디메칠 썰 파이드) : 마늘 냄새

문제 12 어떤 냉동기에서 0℃의 물로 얼음 2ton을 만드는데 50kWh의 일이 소요되었다면 이 냉동기의 성적계수는? (단, 물의 융해잠열은 80kcal/kg이다.)

① 2.32
② 2.67
③ 3.72
④ 105

해설
성적계수 = $\dfrac{Q_2}{A_w} = \dfrac{160000}{50 \times 860} = 3.7209$

Q_2 : 0℃물 → 0℃얼음 ($Q = G \cdot r = 2 \times 1000 \text{kg} \times 80 = 160000$)

보충
1kwh = 860kcal/h
1kwh = $102 \text{kg} \cdot \text{m/m/sec} \times \dfrac{1\text{kcal}}{42715\text{h}} \times 2600 \text{sec}/1\text{h} = 860\text{kcal/h}$

해답 11. ③ 12. ③

문제 13 긴급이송설비에 부속된 처리설비는 이송되는 설비 안의 내용물을 다음 중 한가지 방법으로 처리할 수 있어야 한다. 이에 대한 설명으로 틀린 것은?

① 플레어스텍에서 안전하게 연소시킨다.
② 벤트스텍에서 안전하게 방출시킨다.
③ 액화가스는 용기로 이송한 후 소분시킨다.
④ 독성가스는 제독 조치 후 안전하게 폐기시킨다.

해설 처리설비
① 벤트스텍에서 안전하게 방출시킨다.
② 플레어스텍에서 안전하게 연소시킨다.
③ 독성가스는 제독 조치 후 안전하게 폐기시킨다.

문제 14 이상기체(perfect gas)의 열역학적 성질 중 온도에 따라서만 변화하는 것이 아닌 것은?

① 내부에너지   ② 엔탈피
③ 엔트로피   ④ 비열

해설 온도에 따라 변하는 것
① 비열 ② 엔탈피 ③ 내부에너지 ④ 압력

문제 15 액화석유가스의 사용시설에 대한 설명으로 틀린 것은?

① 벨브 또는 배관을 가열하는 때에는 열습포나 40℃ 이하의 더운 물을 사용할 것
② 용접작업 중인 장소로부터 5m 이내에서는 불꽃을 발생시킬 우려가 있는 행위를 금할 것
③ 내용적 20ℓ 이상의 충전용기를 옥외로 이동하면서 사용할 때에는 용기운반전용 장비에 견고하게 묶어서 사용할 것
④ 사이폰 용기는 보온장치가 설치되어 있는 시설에서만 사용할 것

해설 사이폰 용기는 보온장치가 설치되어 있지 않아도 사용

해답 13. ③ 14. ③ 15. ④

문제 16
L · atm과 단위가 같은 것은?

① 힘
② 에너지
③ 동력
④ 밀도

해설 힘 : kg · m 에너지 : $l \cdot atm$
동력 : kg · m/sec 밀도 : kg/m^3

문제 17
안전관리자는 해당분야의 상위 자격자로 할 수 있다. 다음 중 가장 상위인 자격은?

① 가스기능사
② 가스기사
③ 가스산업기사
④ 가스기능장

해설 가스기능장 > 가스기사 > 가스산업기사 > 가스기능사

문제 18
왕복동식 압축기에서 흡입온도의 상승원인이 아닌 것은?

① 전단의 쿨러 과냉
② 관로에 수열이 있을 경우
③ 전단 냉각기의 능력 저하
④ 흡입밸브 불량에 의한 역화

해설 왕복동식 압축기에서 흡입온도의 상승원인
① 전단의 쿨러가 냉각이 되지 않을 때
② 흡입밸브 불량에 의한 역화
③ 전단 냉각기의 능력 저하
④ 관로에 수열이 있을 경우

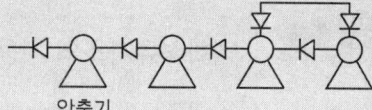
압축기

문제 19
열선형 흡인식 가스 검지기로 LP가스의 누출을 검사하였더니 L.E.L (Limit Explosion Low)검지농도가 0.03%를 가리켰다. 이 가스 검지기의 공기 흡입량이 1초에 4cm이라면 이때의 가스 누출량(cm^2/s)은?

① 1.2×10^{-3}
② 2×10^{-3}
③ 2.4×10^{-3}
④ 5×10^{-3}

해답 16. ② 17. ④ 18. ① 19. ①

 누출량 $= 0.03 \times \dfrac{4}{100} = 1.2 \times 10^{-3}(0.0012)$

문제 20 냉동용 압축기를 분해, 수리할 때 주의사항에 대한 설명으로 틀린 것은?

① 부품을 분해할 때에는 흠이 나지 않도록 다룰 것
② 볼트의 조임 토크는 취급설명서에 지시된 값에 준할 것
③ 조임 볼트는 사용부분을 변경하지 않도록 할 것
④ 패킹을 붙일 때에는 우선 모든 기계 가공면에 광명단을 바른 다음에 패킹을 올려놓을 것

해설 광명단은 페인트 밑칠용으로 패킹은 그대로 사용

문제 21 도시가스배관의 이음부(용접이음매제외)와 절연전선과는 얼마 이상 떨어져야 하는가?

① 30cm　　② 20cm
③ 15cm　　④ 10cm

해설
• 도시가스배관의 용접이음 매체와 절연전선과는 10cm 이상
• 접속기, 점멸기, 굴뚝 : 30cm 이상
• 안전기, 계량기, 개폐기, 콘센트 : 60cm 이상

문제 22 고압차단 스위치에 대한 설명으로 맞는 것은?

① 작동압력은 정상고압보다 10kgf/cm^{2}정도 높다.
② 전자밸브와 조합하여 고속다기통 압축기의 용량 제어용으로 주로 이용된다.
③ 압축기 1대마다 설치시에는 토출 스톱밸브 후단에 설치한다.
④ 작동 후 복귀 상태에 따라 자동복귀형과 수동복귀형이 있다.

해답　20. ④　21. ④　22. ④

해설 작동압력은 정상고압보다 4kgf/cm² 높다. 작동 후 복귀 상태에 따라 자동복귀형과 수동복귀형이 있다.
① **안전두** : 정상 압력+3kg/cm² 작동 (두고안)
② **고압 스위치** : 정상 압력+4kg/cm² 작동
③ **안전밸브** : 정상 압력+5kg/cm² 작동

문제 23
폭굉이 전하는 연소 속도를 폭속(폭굉속도)라 하는데 폭굉 파의 속도(m/s)는 약 얼마인가?

① 0.03~10
② 20~100
③ 150~200
④ 1000~3500

해설 **연소속도** : 0.03~10m/sec
폭굉속도 : 1000~3500m/sec

보충 **폭굉** : 가스 중의 화염의 전파속도가 음속보다 빠른 경우의 폭발로서 파면 선단에 충격파라고 하는 압력파가 생겨 격렬한 파괴작용을 일으키는 현상
폭굉 유도 거리가 짧아지는 조건 (고정관점)
① 고압일수록
② 정상 연소 속도가 큰 혼합 가스 일수록
③ 관 속에 방해물이 있거나 관경이 가늘수록
④ 점화원의 에너지 클수록

문제 24
상용압력 5MPa로 사용하는 내경 65cm의 용접제 원통형 고압가스 설비 동판의 두께는 최소한 얼마가 필요한가? (단, 재료는 인장강도 600 N/min의 강을 사용하고, 용접 효율은 0.75, 부식여유는 2mm로 한다.)

① 11mm
② 14mm
③ 17mm
④ 20mm

해설
$$t = \frac{PD}{200SE - 1.2P} + C = \frac{50 \times 650}{200 \times \frac{61.22}{4} \times 0.75 - 1.2 \times 50} + 2$$

$= 16.54mm ≒ 17mm$
$1kg = 9.8N$

$x = 600N \qquad x = \frac{1kg \times 600N}{9.8N} = 61.22$

해답 23. ④ 24. ③

문제 25

특정고압가스에 대한 설명으로 옳은 것은?

① 특정고압가스를 사용하고자 하는 자는 산업통상자원부령이 정하는 기준에 맞도록 사용시설을 갖추어야 한다.
② 특정고압가스를 사용하고자 하는 자는 대통령령이 정하는 바에 의하여 미리 도지사에게 신고하여야 한다.
③ 특정고압가스 사용신고를 받은 도지사는 그 신고를 받은 날로부터 10일 내에 관할 소방서장에게 그 신고 사항을 통보하여야 한다.
④ 수소, 산소, 염소, 포스겐, 시안화수소 등이 특정 고압가스이다.

해설 특정고압가스를 사용하고자 하는 자는 산업통상자원부령이 정하는 기준에 맞도록 사용시설을 갖추어야 한다.

보충 **특정 고압가스** : 산소, 수소, 아세틸렌, 압축모노실란, 압축디보레인, 액화알진, 포스핀, 셀렌화수소, 게르만, 디실란, 오불화비소, 오불화인, 삼불화인, 삼불화질소, 사불화황, 사불화질소, 액화염소, 액화암모니아

문제 26

10kW는 약 몇 HP인가?

① 51.3 ② 134
③ 225 ④ 316

해설
$1kW = 102kg \cdot m/sec \times 10 = 1020$
$1HP = 76kg \cdot m/sec \times 10 = 760$
$\therefore \dfrac{1020}{760} = 1.34$

문제 27

강(鋼)의 부식 특성에 대한 설명으로 틀린 것은?

① 강 부식의 양극반응 $FE \rightarrow Fe^{2+} + 2e^-$ 이다.
② 양극반응은 대부분의 부식용액에서 빠르게 진행된다.
③ 강이 부식될 때의 속도는 양극반응에 의해서 지배를 받는다.
④ 공기와 접촉하고 있지 않은 용액에서 음극반응은 산(酸)에서 빠르게 진행된다.

해답 25. ① 26. ② 27. ③

해설 강이 부식될 때의 속도는 음극반응에 의해서 지배를 받는다.

문제 28
고압가스 저장의 기준으로 틀린 것은?
① 충전용기는 항상 40℃ 이하의 온도를 유지할 것
② 가연성가스를 저장하는 곳에는 방폭형 휴대용 손전등 외의 등화를 휴대하지 아니할 것
③ 시안화수소를 용기에 충전한 후 60일을 초과하지 아니할 것
④ 시안화수소를 저장하는 때에는 1일 1회 이상 피로카톨 등으로 누출시험을 할 것

해설 시안화수소를 저장하는 때에는 1일 1회 이상 질산구리벤젠지 등으로 누출시험을 할 것

문제 29
가스홀더의 내용적이 1800l, 가스홀더의 최고사용 압력이 3MPa로 압축가스를 충전 및 저장할 때에 이 설비의 저장 능력은 몇 m³인가?
① 10.8 ② 30.6
③ 55.8 ④ 76.6

해설 $Q = (P+1)V_1 = (30+1) \times 1800 = 55800l = 55.8\text{m}^3$

문제 30
한 물체의 가역적인 단열 변화에 대한 엔트로피(entropy)의 변화 ΔS는?
① $\Delta S > 0$ ② $\Delta S < 0$
③ $\Delta S = 0$ ④ $\Delta S = \infty$

해설 한 물체의 가역적인 단열 변화에 대한 엔트로피 변화 $\Delta S : \Delta S = 0$

해답 28. ④ 29. ③ 30. ③

문제 31 특정설비 재검사 면제대상이 아닌 것은?

① 차량에 고정된 탱크
② 초저온 압력용기
③ 역화방지장치
④ 독성가스배관용 밸브

해설 특정설비 재검사 면제대상
① 초저온 압력용기 ② 역화방지장치 ③ 독성가스배관용 밸브
④ 역류방지밸브 ⑤ 저장탱크

문제 32 암모니아용 냉동기에서 팽창밸브 직전 액냉매의 엔탈피가 110 kcal/kg, 흡입증기 냉매의 엔탈피가 360kcal/kg일 때 10RT의 냉동능력을 얻기 위한 냉매 순환량은 약 몇 kg/h인가? (단, 1RT는 3320 kcal/kg이다.)

① 65.7
② 132.8
③ 263.6
④ 312.8

해설 냉매순환량 = $\dfrac{10 \times 3320}{360 - 110}$ = 132.8kg/h

문제 33 설치가 완료된 배관의 내압시험 방법에 대한 설명으로 틀린 것은?

① 내압시험은 원칙적으로 기체의 압력으로 실시한다.
② 내압시험은 상용압력의 1.5배 이상으로 한다.
③ 규정압력을 유지하는 시간은 5분에서 20분간을 표준으로 한다.
④ 내압시험은 해당설비가 취성파괴를 일으킬 우려가 없는 온도에서 실시한다.

해설 배관의 내압시험 방법
① 내압시험은 상용압력의 1.5배 이상으로 한다.
② 규정압력을 유지하는 시간은 5분에서 20분간을 표준으로 한다.
③ 내압시험은 해당설비가 취성파괴를 일으킬 우려가 없는 온도에서 실시한다.
④ 내압시험은 원칙적으로 물의 압력으로 실시한다.

해답 31. ① 32. ② 33. ①

 **34**

TNT1000kg이 폭발했을 때 그 폭발중심에서 100m 떨어진 위치에서 나타나는 폭풍효과(피크압력)는 같은 TNT125g이 폭발했을 때 폭발 중심에서 몇 m 떨어진 위치에서 동일하게 나타나는가? (단, 폭풍효과에 관한 3승근 법칙이 적용되는 것으로 한다.)

① 30
② 50
③ 70
④ 80

해설 $\sqrt[3]{1000} = 100\mathrm{m}$

$\sqrt[3]{125} = x$ $\qquad x = \dfrac{5 \times 100}{10} = 50\mathrm{m}$

 **35**

반데르발스의 식은 $\left(P + \dfrac{n^2 a}{V^2}\right)(V - nb) = nRT$로 나타낸다. 메탄가스를 150atm, 40$l$, 30℃의 고압용기에 충전할 때 들어갈 수 있는 가스의 양은? (단, $a = 2.26\mathrm{L}^2\mathrm{atm/mol}$, $b = 4.30 \times 10^{-2}\mathrm{L/mol}$이다.)

① 29mol
② 32mol
③ 45mol
④ 304mol

해설 $\left(P + \dfrac{n^2 a}{V^2}\right)(V - nb) = nRT$

$P = \dfrac{nRT}{V - nb} - \dfrac{n^2 a}{V^2}$

$150 = \dfrac{n \times 0.082 \times (273 + 30)}{40 - n \times 4.30 \times 10^{-2}} - \dfrac{n^2 \times 2.26}{40^2} = 0.6218 - 0.0014125 n^2$

$149.378 = 0.0014125 n^2$

$n = \sqrt{\dfrac{149.378}{0.0014125}} = 323.76$

해답　　34. ②　35. ④

문제 36

정제, 증류제조 설비를 자동으로 제어하는 시설에는 정전등으로 인하여 그 설비의 기능이 상실되지 않도록 비상전력설비를 설치하여야 한다. 다음 중 비상전력설비를 설치하지 아니할 수 있는 제조시설은?

① 산소 제조시설 ② 아세틸렌 제조시설
③ 수소 제조시설 ④ 불소 제조시설

해설 비상전력설비를 설치하는 제조설비
① 산소 제조시설 ② 수소 제조시설 ③ 불소 제조시설

문제 37

섭씨온도(℃)의 정의로 옳은 것은?

① 표준대기압(1atm)하에서 순수한 물의 빙점을 0℃로, 비점을 100℃로 정한 다음 이 사이를 100등분한 것이다.
② 표준대기압(1atm)하에서 알코올의 빙점을 0℃로, 비점을 100℃로 정한 다음 이 사이를 100등분한 것이다.
③ 압력을 1.0kgf/cm로 하고, 순수한 물의 빙점을 0℃로, 비점을 100℃로 정한 다음 이 사이를 100등분한 것이다.
④ 압력을 1bar 하에서 순수한 물의 빙점을 0℃로, 비점을 100℃로 정한 다음 이 사이를 100등분한 것이다.

해설 섭씨온도 : 표준대기압(1atm)하에서 순수한 물의 빙점을 0℃로, 비점을 100℃로 정한 다음 그 사이를 100등분한 값
화씨온도 : 순수한 물의 빙점을 32°F, 비점을 212°F 그 사이를 180등분한 값

문제 38

유전양극법에 대한 설명으로 옳은 것은?

① Zn합금 양극에서 가장 나쁜 불순물은 Fe이다.
② 순 Al은 부동태화가 안되므로 그대로 유전양극으로 사용이 가능하다.
③ Mg합금 양극은 전극단위가 1.5V(SCE)정도로 고전위이므로 지중 등 비저항이 큰 환경에는 부적합하다.
④ Mg합금 양극은 1500Ω · cm 이하의 부식성이 강한 환경에 적합하다.

해설 아연합금 양극에서 가장 나쁜 불순물은 철이다.

36. ② 37. ① 38. ①

문제 39

용기·냉동기 또는 특정설비를 제조하는 자는 시장·군수 또는 구청장에게 등록하여야 한다. 등록한 사항 중 중요 사항을 변경하고자 할 때에도 변경등록을 하도록 규정하고 있다. 다음 중 변경등록 대상범위의 항목이 아닌 것은?

① 저장설비의 교체 설치
② 사업소의 위치 변경
③ 용기 등의 제조공정의 변경
④ 용기 등의 종류 변경

해설 변경등록 대상범위
① 용기 등의 종류 변경
② 용기 등의 제조공정의 변경
③ 사업소의 위치 변경

문제 40

압축계수 Z는 이상기체 법칙 $PV = ZnRT$로 정의된 계수이다. 다음 중 맞는 것은?

① 이상기체의 경우 $Z = 1$이다.
② 실제기체의 경우 $Z = 1$이다.
③ Z는 그 단위가 R의 역수이다.
④ 일반화시킨 환산변수로는 정의할 수 없으며 이상기체의 경우 $Z = 0$이다.

해설 이상기체의 경우 $Z = 1$이다.

문제 41

열기관에서 1사이클당 효율을 높이는 방법으로 가장 적절한 것은?

① 급열 온도를 낮게 한다.
② 동작 유체의 양을 증가시킨다.
③ 카르노 사이클에 가깝게 한다.
④ 동작 유체의 양을 감소시킨다.

해설 **열기관에서 1사이클당 효율을 높이는 방법**: 카르노사이클에 가깝게 한다.

해답 39. ① 40. ① 41. ③

 **42** LP가스를 자동차용 연료로 사용할 때의 장점이 아닌 것은?

① 배기가스가 깨끗하여 독성이 적다.
② 균일하게 연소하므로 열효율이 좋다.
③ 완전연소에 의해 탄소의 퇴적이 적어 엔진의 수명이 연장 된다.
④ 유류탱크보다 연료의 중량 및 체적이 적으므로 차량의 무게가 가벼워진다.

해설 LP가스를 자동차용 연료로 사용 시 장점
① 배기가스가 깨끗하여 독성이 적다.
② 균일하게 연소하므로 열효율이 좋다.
③ 완전연소에 의해 탄소의 퇴적이 적어 엔진의 수명이 연장 된다.
④ 발열량이 높고 기체로 되기 때문에 완전연소 한다.
⑤ 엔진의 출력은 가솔린의 경우와 같다.
⑥ 엔진오일을 희석하지 않으므로 오일 소비량이 가솔린 엔진의 경우에 비해 아주 적어진다.

 **43** 작동하고 있는 펌프에서 소음과 진동이 발생하였다. 점검을 위해 고려할 사항으로 가장 거리가 먼 것은?

① 서징의 발생 ② 캐비테이션의 발생
③ 액비중의 증대 ④ 임펠러에 이물질 혼입

해설 소음과 진동이 발생시 점검사항
① 서징 현상의 발생
② 캐비테이션의 발생
③ 임펠러에 이물질 혼입

 **44** 혼합가스 중의 아세틸렌가스를 헴펠법으로 정량분석하고자 한다. 이 때 사용되는 흡수제는?

① KOH 수용액 ② $NH_4Cl + CuCl_2$ 수용액
③ KOH + 피로카롤 수용액 ④ 발연황산

42. ④ 43. ③ 44. ④

해설 **헴펠법**
CO_2 : KOH 30% 수용액
C_mH_n : 발연황산 25%
O_2 : 알카리성 피롤카롤 용액
CO : 암모니아성 염화제1동 용액
게겔법
C_2H_2 : 요오드 수은 칼륨 용액
$n-C_4H_8$: 87% 황산
에틸렌 : 취소 수용액

LPG저장탱크를 지하에 설치 시 저장탱크실 재료의 규격으로 틀린 것은?

① 굵은 골재의 최대치수-25mm
② 설계 강도-21MPa 이상
③ 슬럼프(Slump)-120~150mm
④ 공기량-1% 미만

해설 **LPG저장탱크를 지하에 설치시 저장탱크실 재료규칙**
① 공기량 : 1% 이상   ② 슬럼프 : 120mm~150mm
③ 설계강도 : 21MPa 이상   ④ 굵은 골재의 최대치수 : 25m

다음 중 액화석유가스 용기충전시설의 저장탱크에 폭발방지장치를 의무적으로 설치하여야 하는 경우는? (단, 저장탱크는 저온저장탱크가 아니며, 물분무장치 설치기준을 충족하지 못하는 것으로 가정한다.)

① 상업지역에 저장능력 15톤 저장탱크를 지상에 설치하는 경우
② 녹지지역에 저장능력 20톤 저장탱크를 지상에 설치하는 경우
③ 주거지역에 저장능력 5톤 저장탱크를 지상에 설치하는 경우
④ 녹지지역에 저장능력 30톤 저장탱크를 지상에 설치하는 경우

해설 상업지역에 저장능력 10톤 이상 저장탱크를 지상에 설치

해답 45. ④   46. ①

문제 47

재료의 세로탄성 계수가 $2 \times 10^5 \text{kgf/cm}^2$, 가로 탄성계수가 8×10^5 kgf/cm² 라고 하면 이 재료의 포아송비는 얼마인가?

① 0.11
② 0.25
③ 0.38
④ 1.25

해설 포아송비 = $\dfrac{\text{세로 탄성계수}}{\text{가로 탄성계수}} = \dfrac{2 \times 10^5}{8 \times 10^5} = 0.25$

문제 48

액화석유가스 집단공급사업자 등 액화석유가스 공급자의 공급자 의무에 대한 설명으로 틀린 것은?

① 6개월에 1회 이상 가스사용시설의 안전관리에 관한 계도물을 작성, 배포한다.
② 6개월에 1회 이상 가스사용시설에 대한 안전점검을 실시한다.
③ 다기능가스계량기가 설치된 시설에 공급하는 경우에는 2년에 1회 이상 안전점검을 실시한다.
④ 액화석유가스 자동차 안전점검표는 안전점검결과 이상이 있는 경우에만 작성한다.

해설 다기능가스계량기가 설치된 시설이 공급하는 경우에는 1년에 1회상 안전점검 실시

문제 49

산소 용기에 산소를 충전하고 용기 내의 온도와 밀도를 측정하였더니 각각 20℃, 0.1kg/L이었다. 용기내의 압력은 약 얼마 인가? (단, 산소는 이상기체로 가정한다.)

① 0.075기압
② 0.75기압
③ 7.5기압
④ 75기압

해설 밀도 = $\dfrac{PM}{RT}$

$P = \dfrac{\text{밀도} \times R \times T}{M} = \dfrac{100 \times 0.082 \times (273+20)}{32} = 75\text{atm}$

밀도 = 0.1kg/l ∴ 0.1kg = 1l, $x = 1000l$, $x = 100\text{kg/m}^3$

해답 47. ② 48. ③ 49. ④

문제 50
다음 중 소석회에 의해 제독이 가능한 가스는?

① 염소 ② 황화수소
③ 암모니아 ④ 시안화수소

해설 ① **염소** : 소석회, 가성소다, 탄산소다(620, 670, 870)
② **황화수소** : 가성소다, 탄산소다(1140, 1500)
③ **시안화수소** : 가성소다(250)
④ **포스겐** : 가성소다, 소석회(390, 360)
⑤ **암모니아, 산화에틸렌, 염화메탄** : 다량의 물 (*암산염 다량의 물*)

문제 51
냉동장치의 배관에서 증발압력 조정밸브를 설치하는 주된 목적은?

① 증발압력이 설정된 최소치 이상을 유지하도록
② 증발압력이 설정된 최소치 이하를 유지하도록
③ 증발압력이 설정된 최고치 이상을 유지하도록
④ 증발압력이 설정된 최고치 이하를 유지하도록

해설 냉동장치의 배관에서 증발압력 조정밸브를 설치하는 주된 목적 : 증발압력이 설정된 최소치 이상을 유지하도록

문제 52
특정 고압가스를 사용하고자 하는 자로서 일정규모 이상의 저장능력을 가진 자 등 산업통상자원부령이 정하는 자는 사용신고를 언제 하여야 하는가?

① 사용개시 7일전까지 ② 사용개시 15일전까지
③ 사용개시 20일전까지 ④ 사용개시 1개월전까지

해설 특정 고압가스 사용신고는 사용개시 7일전까지

해답 50. ① 51. ① 52. ①

문제 53

일산화탄소(CO)의 허용농도는 50ppm이다. 이것을 퍼센트(%)로 나타내면 얼마인가?

① 0.5
② 0.05
③ 0.005
④ 0.0005

해설 퍼센트(%) = $\frac{50}{100}$ = 0.5 ÷ 100 = 0.005

문제 54

다음 중 중합폭발을 일으키는 가스는?

① 오존
② 시안화수소
③ 아세틸렌
④ 히드라진

해설 중합폭발을 일으키는 가스
① HCN(시안화수소)
② C_2H_4O(산화에틸렌)

보충 분해폭발 : C_2H_2, C_2H_4O
촉매폭발 : 염소와 수소, 염소와 아세틸렌, 염소와 암모니아
분진폭발 : Mg분, Al분

문제 55

예방보전(Preventive Maintenance)의 효과가 아닌 것은?

① 기계의 수리비용이 감소한다.
② 생산시스템의 신뢰도가 향상된다.
③ 고장으로 인한 중단시간이 감소한다.
④ 잦은 정비로 인해 제조원단위가 증가한다.

해설 예방보존효과
① 고장으로 인한 중단시간이 감소한다.
② 기계의 수리비용이 감소한다.
③ 생산시스템의 신뢰도가 향상된다.

해답 53. ③ 54. ② 55. ④

문제 56

부적합수 관리도를 작성하기 위해 $\Sigma c=559$, $\Sigma n=222$를 구하였다. 시료의 크기가 부분군마다 일정하지 않기 때문에 U관리도를 사용하기로 하였다. $n=10$일 경우 U관리도의 UCL값은 약 얼마인가?

① 4.023　　② 2.518
③ 0.502　　④ 0.252

해설

관리상한선 $UCL = \bar{u} + 3\sqrt{\dfrac{\bar{u}}{n}}$　　관리하한선 $LCL = \bar{u} - 3\sqrt{\dfrac{\bar{u}}{n}}$

① $\bar{u} = \dfrac{\Sigma c}{\Sigma n} = \dfrac{559}{222} = 2.518$

② $UCL = 2.518 + 3\sqrt{\dfrac{2.518}{10}} = 4.023$

문제 57

이항분포(Binomial distribution)의 특징에 대한 설명으로 옳은 것은?

① $P = 0.01$일 때는 평균치에 대하여 좌·우 대칭이다.
② $P \leq 0.1$이고, $nP = 0.1 \sim 10$일 때는 포아송 분포에 근사한다.
③ 부적합품의 출현 개수에 대한 표준편차는 $D(x) = nP$이다.
④ $P \leq 0.5$이고, $nP \leq 5$일 때는 정규 분포에 근사한다.

문제 58

모집단으로부터 공간적, 시간적으로 간격을 일정하게하여 샘플링하는 방식은?

① 단순랜덤샘플링(simple random sampling)
② 2단계샘플링(two-stage sampling)
③ 취락샘플링(cluster sampling)
④ 계통샘플링(systematic sampling)

해설 계통샘플링 : 모집단으로부터 공간적, 시간적으로 간격을 일정하게 하여 샘플링하는 방식

해답 56. ①　57. ②　58. ④

작업방법 개선의 기본 4원칙을 표현한 것은?
① 층별-랜덤-재배열-표준화 ② 배제-결합-랜덤-표준화
③ 층별-랜덤-표준화-단순화 ④ 배제-결합-재배열-단순화

해설 **작업방법 개선의 기본 4원칙**
배제 – 결합 – 재배열 – 단순화

제품공정도를 작성할 때 사용되는 요소(명칭)가 아닌 것은?
① 가공   ② 검사
③ 정체   ④ 여유

해설 **제품공정도를 작성시 사용되는 요소**
① 가공 ② 검사 ③ 지연(정체) ④ 운반 ⑤ 저장

59. ④ 60. ④

2021년도 제 69 회

CBT 시행

본 문제는 복원 기출문제입니다. 실제 문제와 다를 수 있으니 양해바랍니다.

문제 01 Orifice 유량계는 어떤 원리를 이용한 것인가?

① 베르누이 정리　　② 토리첼리 정리
③ 플랑크의 법칙　　④ 보일-샤를의 원리

해설 차압식 유량계
① 벤투리미터 : (가정압칠구)
　㉠ 압력손실이 가장 적다.
　㉡ 가격이 고가이며, 교환이 어렵다.
　㉢ 정밀도가 높고, 내구성이 좋다.
　㉣ 구조가 복잡하다.
　㉤ 침전물 생성이 없고, 대형이다.
② 플로미터 : (가2다측)
　㉠ 고압 유체 측정 용이
　㉡ 다소의 슬러지 유체에도 사용
　㉢ 측정유량이 오리피스보다 많다.
　㉣ 가격 및 압력손실은 중간 정도이다.
③ 오리피스미터 : (배압구제)
　㉠ 베르누이 정리 이용
　㉡ 압력손실이 가장 크다.
　㉢ 제작 및 부착이 쉽고 경제적이므로 널리 사용된다.
　㉣ 구조가 간단하여 동심, 편심으로 제작

보충 베르누이의 정리
$$\frac{V^2}{2g_1}+\frac{P_1}{\gamma_1}+Z_1=\frac{V^2}{2g_2}+\frac{P_2}{\gamma_2}+Z_2$$
속도수두, 압력수두, 위치수두의 합은 같다.

문제 02 밀폐된 용기 중에서 공기의 압력이 15atm일 때 N_2의 분압은 약 몇 atm인가? (단, 공기 중 질소는 79%, 산소는 21% 존재한다.)

① 7.9　　② 9.1
③ 11.8　　④ 12.7

해답 01. ① 02. ③

해설 N2의 분압 = 15 × 0.79 = 11.85
O2의 분압 = 15 × 0.21 = 3.15

문제 03

다음 중 특정고압가스가 아닌 것은?

① 수소 ② 산소
③ 프로판 ④ 아세틸렌

해설 **특정고압가스** : ① 산소 ② 수소 ③ 아세틸렌
④ 액화염소 ⑤ 액화암모니아 ⑥ 디보레인
⑦ 모노실란 등 ⑧ 액화알진 ⑨ 포스핀
⑩ 셀렌화수소 ⑪ 게르만 ⑫ 디실란 등

문제 04

지름이 다른 강관을 직선으로 이음하는 데 주로 사용되는 것은?

① 부싱 ② 티
③ 크로스 ④ 엘보

해설 **강관 표시**

① 부싱 :   ② 티 : 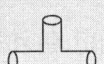 ③ 크로스 :   ④ 엘보 :

문제 05

다음 [보기]에서 설명하는 강(鋼)으로 가장 옳은 것은?

[보기] – 인성, 연성, 내식성이 우수하다.
– 결정구조는 FCC이고 비자성이다.
– 대표 강으로는 18-8 스테인리스강이 있다.

① 구리-아연강(Cu-Zn steel)
② 구리-주석강(Cu-Sn steel)
③ 몰리브덴-크롬강(Mo-Cr steel)
④ 크롬-니켈강(Cr-Ni steel)

해답 03. ③ 04. ① 05. ④

해설 **크롬-니켈강**
① 대표 강으로는 18-8 스테인리스강이 있다.(Cr : 18, Ni : 9)
② 결정구조는 FCC이고 비자성체이다.
③ 인성, 연성, 내식성이 우수하다.

문제 06 공기액화분리장치의 폭발 원인과 대책으로 틀린 것은?

① 공기 취입구에서 아세틸렌이 혼입된다.
② 압축기용 윤활유의 분해에 따라 탄화수소가 생성된다.
③ 흡입구 부근에서는 아세틸렌 용접을 금지한다.
④ 분리장치는 연 1회 정도 내부를 세척하고 세정액으로는 양질의 광유를 사용한다.

해설 **공기액화분리장치의 폭발 원인**
① 공기중의 아세틸렌의 혼입
② 액체 공기 중의 오존의 혼입
③ 공기 중의 질소화합물 혼입
④ 압축기용 윤활유 분해에 따른 탄화수소의 생성

문제 07 일산화탄소의 제법에 대한 설명으로 옳은 것은?

① 수소가스 제조 시의 부산물로 제조된다.
② 코크스에 산소를 사용하여 불완전 연소시켜 제조한다.
③ 알코올 발효 시의 부산물로 제조된다.
④ 석회석의 연소에 의해 생성된 가스를 압축하여 제조한다.

해설 **일산화탄소의 제법** : 코크스에 산소를 사용하여 불완전연소시켜 제조
• 공업적 제조법 : $C + \frac{1}{2}O_2 \rightarrow CO$
$C + H_2O \rightarrow CO + H_2$
$CH_4 + H_2O \rightarrow CO + 3H_2$

해답 06. ④ 07. ②

문제 08

재충전 금지용기는 그 용기의 안전을 확보하기 위하여 기준에 적합하여야 한다. 그 기준으로 틀린 것은?

① 용기와 용기부속품을 분리할 수 없는 구조일 것.
② 최고충전압력[MPa]의 수치와 내용적[L]의 수치를 곱한 값이 100 이하일 것.
③ 최고충전압력이 22.5MPa 이하이고 내용적이 15L 이하일 것.
④ 최고충전압력이 3.5MPa 이상인 경우에는 내용적이 5L 이하일 것.

해설 재충전 금지용기의 안전기준
① 최고충전압력이 3.5MPa 이상인 경우에는 내용적이 5l 이하일 것.
② 최고충전압력의 수치와 내용적의 수치를 곱한 값이 100 이하일 것.
③ 용기와 용기 부속품을 분리할 수 없는 구조일 것.

문제 09

냉동배관에서 압축기 다음에 설치하는 유분리기의 분리 방법에 따른 종류가 아닌 것은?

① 전기식
② 원심식
③ 가스 충돌식
④ 유속 감소식

해설 유분리기의 분리 방법
① 유속 감소식   ② 가스 충돌식   ③ 원심식

문제 10

공기 중에서 폭발하한계 값이 작은 것부터 큰 순서로 옳게 나열된 것은?

[보기] ㉠ 아세틸렌 ㉡ 수소 ㉢ 프로판 ㉣ 일산화탄소

① ㉠-㉡-㉢-㉣
② ㉠-㉡-㉣-㉢
③ ㉡-㉠-㉢-㉣
④ ㉢-㉠-㉡-㉣

해설 폭발범위
| | 하한 상한 | | 하한 상한 |
① 프로판 : 2.1~9.5%   ② 아세틸렌 : 2.5~81%
③ 수소 : 4~75%   ④ 일산화탄소 : 12.5~74%
⑤ 메탄 : 5~15%   ⑥ 부탄 : 1.8~8.4%
⑦ 시안화수소 : 6~41% 등

해답 08. ③ 09. ① 10. ④

문제 11
다음 용어의 정의 중 틀린 것은?

① 저장소라 함은 산업통상자원부령이 정하는 일정량 이상의 고압가스를 용기 또는 저장탱크에 의하여 저장하는 일정한 장소를 말한다.
② 용기라 함은 고압가스를 충전하기 위한 것으로서 이동할 수 없는 것을 말한다.
③ 저장탱크라 함은 고압가스를 저장하기 위한 것으로서 일정한 위치에 고정설치된 것을 말한다.
④ 냉동기라 함은 고압가스를 사용하여 냉동을 하기 위한 기기로서 산업통상자원부령이 정하는 냉동능력 이상인 것을 말한다.

해설 용어의 정의
① 용기라 함은 고압가스를 충전하기 위한 것으로서 이동할 수 있는 것을 말한다.
② 냉동기라 함은 고압가스를 사용하여 냉동을 하기 위한 기기로서 산업통상자원부령이 정하는 냉동능력 이상인 것을 말한다.
③ 저장탱크라 함은 고압가스를 저장하기 위한 것으로서 일정한 위치에 고정설치된 것을 말한다.
④ 저장소라 함은 산업통상자원부령이 정하는 일정량 이상의 고압가스를 용기 또는 저장탱크에 의하여 저장하는 일정한 장소를 말한다.

문제 12
교축과정에서 일어나는 현상으로 틀린 것은?

① 엔탈피가 증가한다.　② 엔트로피가 증가한다.
③ 압력이 감소한다.　④ 난류현상이 일어난다.

해설 교축과정에서 일어나는 현상
① 엔탈피가 감소한다.　② 엔트로피가 증가한다.
③ 압력이 감소한다.　④ 난류현상이 일어난다.

문제 13
암모니아 가스 누출 시험에 사용할 수 없는 것은?

① 염화수소　② 네슬러 시약
③ 리트머스 시험지　④ 헤라이드 토치

해답 11. ② 　12. ① 　13. ④

해설 **암모니아 누설 검사**
① 네슬러 시약 : 소량(황색), 다량(자색)
② 적색 리트머스 시험지 : 청색
③ 염화수소 : 백색 연기
④ 페놀프탈렌지 : 홍색

문제 14 정전기 재해 방지 조치에는 정전기 발생 억제, 정전기 완화 촉진, 폭발성 가스의 형성 방지로 나눌 수 있다. 이 중 정전기 완화를 촉진시켜 정전기를 방지하는 방법이 아닌 것은?
① 접지, 본딩
② 공기 이온화
③ 습도 부여
④ 유속 제한

해설 **정전기를 방지하는 방법**
① 공기를 이온화한다.
② 상대습도를 70% 이상으로 한다.
③ 접지를 한다.

문제 15 온도 298K, 부피 0.248L의 용기에 메탄 1mol을 저장할 때 Van der Waals 식을 이용하여 계산한 압력[bar]은? (단, $a=2.29 L^2 \cdot bar \cdot mol^{-2}$, $b=0.0428 L \cdot mol^{-1}$, $R=0.08314 L \cdot bar \cdot K^{-1} \cdot mol^{-1}$이다.)
① 8.35
② 83.5
③ 835
④ 8350

해설 **반데르 발스의 방정식** (실제기체 n몰의 경우)

$$\left(P+\frac{n^2 a}{V^2}\right)(V-nb)=nRT$$

$$P = \frac{nRT}{V-nb} - \frac{n^2 a}{V^2}$$

$$= \frac{1 \times 0.08314 \times 298}{0.248 - 1 \times 0.0428} - \frac{1^2 \times 2.29}{0.248^2} = 83.50 \, atm$$

해답 14. ④ 15. ②

문제 16

다음 중 압력이 가장 높은 것은?

① $2000 kgf/m^2$
② 20psi
③ 20000Pa
④ $20mH_2O$

해설) 압력이 높은 순서

① $20mH_2O$:
$1atm = 10.332mH_2O$
$x = 20mH_2O$

$$x = \frac{1\,atm \times 20\,mH_2O}{10.332\,mH_2O} = 1.935\,atm$$

② 20PSI :
$1atm = 14.7PSI$
$x = 20PSI$

$$x = \frac{1\,atm \times 20\,PSI}{14.7\,PSI} = 1.36\,atm$$

③ $2000kgf/m^2$:
$1atm = 10332kgf/m^2$
$x = 2000kgf/m^2$

$$x = \frac{1\,atm \times 2000\,kgf/m^2}{10332\,kgf/m^2} = 0.193\,atm$$

④ 20000Pa :
$1atm = 101325Pa$
$x = 20000Pa$

$$x = \frac{1\,atm \times 20000\,Pa}{101325\,Pa} = 0.197\,atm$$

문제 17

산업통상자원부장관은 가스의 수급상 필요하다고 인정되면 도시가스사업자에게 조정을 명령할 수 있다. "조정명령" 사항이 아닌 것은?

① 가스공급 계획의 조정
② 가스요금 등 공급조건의 조정
③ 가스공급시설 공사계획의 조정
④ 가스사업의 휴지, 폐지, 허가에 대한 조정

해설) 조정명령 사항
① 가스공급시설 공사계획의 조정
② 가스요금 등 공급조건의 조정
③ 가스공급계획의 조정

해답 16. ④ 17. ④

 **18** 도시가스공급시설 중 정압기(지)의 기준에 대한 설명으로 옳지 않은 것은?

① 정압기를 설치한 장소는 계기실·전기실 등과 구분하고 누출된 가스가 계기실 등으로 유입되지 아니하도록 한다.
② 정압기의 입구측·출구측 및 밸브기지는 최고사용압력의 1.25배 이상에서 기밀성능을 가지는 것으로 한다.
③ 지하에 설치하는 정압기실은 천장, 바닥 및 벽의 두께가 각각 30cm 이상의 방수조치를 한 콘크리트로 한다.
④ 정압기의 입구에는 수분 및 불순물 제거장치를 설치한다.

해설 정압기의 기준
① 정압기의 입구에는 수분 및 불순물 제거장치를 설치한다.
② 지하에 설치하는 정압기실은 천장, 바닥 및 벽의 두께가 각각 30cm 이상의 방수조치를 한 콘크리트로 한다.
③ 정압기를 설치한 장소는 계기실, 전기실 등과 구분하고 누출된 가스가 계기실 등으로 유입되지 않도록 한다.
④ 정압기 입구 및 출구에는 가스차단장치를 설치한다.
⑤ 정압기실에 설치하는 전기설비는 방폭구조일 것.
⑥ 정압기 출구에는 가스의 압력을 측정기록할 수 있는 장치를 설치할 것.
⑦ 정압기는 설치 후 2년에 1회 이상 분해점검, 1주일에 1회 이상 작동상황 점검할 것.
⑧ 침수 위험이 있는 지하에 설치하는 정압기는 침수방지 조치를 할 것.

 **19** 액화석유가스 충전사업자는 수요자의 시설에 대하여 안전점검을 실시하고 안전관리 실시 대장을 작성하여 몇 년간 보존하여야 하는가?

① 1년 ② 2년
③ 3년 ④ 5년

해설 안전관리 실시 대장 : 2년간 보존

18. ② 19. ②

문제 20

초저온가스용 용기 제조 시 기밀시험압력이란?

① 최고충전압력의 1.1배의 압력을 말한다.
② 최고충전압력의 1.5배의 압력을 말한다.
③ 상용압력의 1.1배의 압력을 말한다.
④ 상용압력의 1.5배의 압력을 말한다.

해설 조저온가스 용기 제조 시 기밀시험압력 : 최고충전압력의 1.1배의 압력

보충 TP : $C_2H_2 = FP \times 3$
　　　기타 $= FP \times \dfrac{5}{3}$
　　AP : $C_2H_2 = FP \times 1.8$
　　　초저온, 저열 $= FP \times 1.1$
　　　기타 $= FP$ 이상

문제 21

독성가스를 사용하는 냉매설비를 설치한 곳에는 냉동능력 얼마 이상의 면적을 갖는 환기구를 직접 외기에 닿도록 설치하여야 하는가?

① $0.05m^2/ton$　　② $0.1m^2/ton$
③ $0.5m^2/ton$　　④ $1.0m^2/ton$

해설 독성가스를 사용하는 냉매설비를 설치한 곳에는 냉동능력 $0.05m^2/ton$ 이상의 면적을 갖는 환기구를 직접 외기에 닿도록 설치.

보충 냉동제조시설 – 자연통풍 : 냉동 능력 1RT당 $0.5m^2$ 이상의 개구부(창, 문)
　　　　　　　　강제통풍 : 냉동 능력 1RT당 $2m^3/min$ 이상의 통풍 능력

문제 22

동일 장소에 설치하는 소형 저장탱크는 충전질량의 합계가 얼마 미만이 되어야 하는가?

① 2500kg　　② 5000kg
③ 10000kg　　④ 30000kg

해설 소형 저장탱크는 충전질량의 합계가 5000kg 미만인 경우

해답 20. ①　21. ①　22. ②

문제 23 어떤 온도의 다음 반응에서 A, B 각각 1몰을 반응시켜 평형에 도달했을 때 C가 2/3몰 생성되었다. 이 반응의 평형상수는 얼마인가?

$$A(g) + B(g) \rightarrow C(g) + D(g)$$

① 2
② 4
③ 6
④ 8

해설

$$평형상수 = \frac{C \times D}{A \times B} = \frac{\left(\frac{2}{3} \times \frac{2}{3}\right)}{\left(\frac{1}{3} \times \frac{1}{3}\right)} = 4$$

문제 24 고압가스특정제조 허가의 대상이 아닌 것은?

① 석유정제업자의 석유정제시설에서 고압가스를 제조하는 것으로서 저장능력이 100ton 이상인 것
② 석유화학공업자의 석유화학공업시설에서 고압가스를 제조하는 것으로서 처리능력이 1만m³ 이상인 것
③ 비료생산업자의 비료제조시설에서 고압가스를 제조하는 것으로서 그 처리능력이 1만m³ 이상인 것
④ 철강공업자의 철강공업시설에서 고압가스를 제조하는 것으로서 그 처리능력이 10만m³ 이상인 것

해설 고압가스특정제조의 허가의 대상
① 철강공업자의 철강공업시설에서 고압가스를 제조하는 것으로서 그 처리능력이 10만m³ 이상인 것
② 비료생산업자의 비료제조시설에서 고압가스를 제조하는 것으로서 그 처리능력이 1만m³ 이상인 것
③ 석유정제업자의 석유정제시설에서 고압가스를 제조하는 것으로서 저장능력이 100ton 이상인 것

23. ② 24. ②

문제 25

이상기체(완전가스)의 성질이 아닌 것은?

① 보일-샤를의 법칙을 만족한다.
② 아보가드로의 법칙을 따른다.
③ 내부에너지는 체적과 무관하며 압력에 의해서만 결정된다.
④ 기체 분자간 충돌은 완전 탄성체로 이루어진다.

해설 이상기체의 성질
① 내부에너지는 체적에 관계없이 온도에 의해서만 결정된다. 즉, 내부에너지는 줄의 법칙이 성립된다.
② 온도에 관계없이 비열비가 일정하다.
③ 아보가드로 법칙에 따른다.
④ 보일-샤를의 법칙을 만족한다.
⑤ 기체 분자 상호간에 작용하는 인력과 분자의 크기도 무시되며 분자간의 충돌은 완전탄성체로 이루어진다.

문제 26

특정고압가스를 사용하고자 한다. 신고 대상이 아닌 것은?

① 저장능력 10m³의 압축가스 저장능력을 갖추고 디실란을 사용하고자 하는 자
② 저장능력 200kg의 액화가스 저장능력을 갖추고 액화암모니아를 사용하고자 하는 자
③ 저장능력 250kg의 액화가스 저장능력을 갖추고 액화산소를 사용하고자 하는 자
④ 저장능력 10m³의 압축가스 저장능력을 갖추고 수소를 사용하고자 하는 자

해설 특정고압가스 사용 신고 대상 (배자특)
① 저장능력 250kg의 액화가스 저장능력을 갖추고 **액화산소**를 사용하고자 하는 자
② 저장능력 200kg의 액화가스 저장능력을 갖추고 **액화암모니아**를 사용하고자 하는 자
③ 저장능력 10m³의 압축가스 저장능력을 갖추고 **디실란**을 사용하고자 하는 자
④ 저장능력 50m³ 이상인 압축가스 저장능력을 갖추고 **특정고압가스**를 사용하고자 하는 자

해답 25. ③ 26. ④

⑤ 배관으로 특정고압가스(천연가스 제외)를 공급받아 사용하려는 자
⑥ 압축모노실란, 압축디보레인, 액화알진, 포스핀, 셀렌화수소, 게르만, 디실란, 오불화비소, 오불화인, 삼불화인, 삼불화질소, 사불화유황, 사불화규소, 액화염소 또는 액화암모니아를 사용하는 자
⑦ 자동차 연료용으로 특정고압가스를 공급받아 사용하려는 자
⑧ 자동차용 압축천연가스 완속충전설비를 갖추고 천연가스를 자동차에 충전하려는 자

 **저장능력** 10m³ : 디실란 (디일공)
　　　　　 50m³ : 특정고압가스 (특오공)
　　　　　 200kg : 액화암모니아 (암이공)
　　　　　 250kg : 액화산소 (산이오공)

문제 27 코리오리스(Coriolis) 유량계의 특징이 아닌 것은?

① 유체의 종류에 따라 보정이 필요하다.
② 유체의 질량을 직접 측정한다.
③ 고압의 기체유량 측정이 가능하다.
④ 측정방식이 물리적인 유체의 속성과 무관하다.

해설 코리오리스 유량계의 특징
① 측정 방식이 물리적인 유체의 속성과 무관하다.
② 고압의 기체유량 측정이 가능하다.
③ 유체의 질량을 직접 측정한다.
④ 유체의 종류에 따라 보정이 필요치 않다.

문제 28 용기 부속품의 종류별 기호의 표시 중 압축가스를 충전하는 용기의 부속품을 나타내는 것은?

① LG　　　　　　　　② PG
③ LT　　　　　　　　④ AG

해설 용기 부속품의 종류별 기호의 표시
① PG : 압축가스를 충전하는 용기 부속품
② AG : 아세틸렌 용기를 충전하는 용기 부속품

 해답　　　　　　　　　　　　　　　　　27. ①　28. ②

③ LT : 초저온 및 저온용기를 충전하는 용기 부속품
④ LPG : 액화석유가스를 충전하는 용기 부속품
⑤ LG : 액화석유가스 외의 가스를 충전하는 용기 부속품

문제 29 다음 [보기]에서 압력을 낮추면 평형이 왼쪽으로 이동하는 것으로만 짝지어진 것은?

[보기] ㉮ $C(S) + H_2O \rightleftarrows CO + H_2$
㉯ $2CO + O_2 \rightleftarrows 2CO_2$
㉰ $N_2 + 3H_2 \rightleftarrows 2NH_3$
㉱ $H_2O(L) \rightleftarrows H_2O(g)$

① ㉮, ㉱   ② ㉮, ㉰
③ ㉮, ㉯   ④ ㉯, ㉰

[해설] $N_2 + 3H_2 \underset{\text{압력이 낮을 때}}{\overset{\text{압력이 높을 때}}{\rightleftarrows}} 2NH_3$ $2CO + O_2 \underset{\text{압력이 낮을 때}}{\overset{\text{압력이 높을 때}}{\rightleftarrows}} 2CO_2$

문제 30 등엔트로피 과정이란?

① 가역 단열 과정이다.   ② 가역 등온 과정이다.
③ 마찰이 없는 비가역 과정이다.   ④ 마찰이 없는 등온 과정이다.

[해설] 등엔트로피 과정 : 가역 단열 과정
등엔탈피 : 단열 팽창 과정

문제 31 고압가스안전관리법의 적용 대상이 되는 가스는?

① 철도 차량의 에어컨디셔너 안의 고압가스
② 항공법의 적용을 받는 항공기 안의 고압가스
③ 등화용의 아세틸렌가스
④ 오토클레이브 안의 수소가스

해답 29. ④ 30. ① 31. ④

해설 고압가스안전관리법의 적용 대상 외의 가스
① 등화용의 아세틸렌가스
② 항공법의 적용을 받는 항공기 안의 고압가스
③ 철도 차량의 에어컨디셔너 안의 고압가스

보충 고압가스안전관리법의 적용 대상 가스
① 에너지이용합리화법의 적용받는 보일러 안과 그 도관 안의 고압증기
② 철도차량의 에어컨디셔너 안의 고압가스
③ 선박안전법의 적용받는 선박 안의 고압가스
④ 광산보안법의 적용받는 광산에 소재하는 광업을 위한 설비 안의 고압가스
⑤ 원자력법의 적용받는 원자로 및 그 부속 설비 안의 고압가스
⑥ 오토클레이브 안의 고압가스(수소, 아세틸렌 제외)
⑦ 냉동능력이 3톤 미만인 냉동설비 안의 고압가스
⑧ 총포, 도검, 화약류 등 단속법의 적용을 받는 총포에 충전하는 고압공기 또는 고압가스
⑨ 청량음료수, 과실주 또는 발포성 주류에 혼합된 고압가스

문제 32

어떤 기체가 20℃, 700mmHg에서 100mL의 무게가 0.5g이라면 표준상태에서 이 기체의 밀도는 약 몇 g/L인가?

① 2.8
② 3.8
③ 4.8
④ 5.8

해설

$$PV = \frac{WRT}{M}$$

$$M = \frac{WRT}{PV} = \frac{0.5 \times 0.082 \times (273+20)}{\frac{700}{700} \times 0.1} = 130.42 \text{g}$$

$$밀도 = \frac{M}{22.4l} = \frac{130.42 \text{g}}{22.4l} = 5.8 \text{g}/l$$

문제 33

20℃에서 600mL의 기체를 압력의 변화 없이 온도를 40℃로 변화시키면 부피는 약 얼마가 되는가?

① 621mL
② 631mL
③ 641mL
④ 651mL

해답
32. ④ 33. ③

해설

$$\frac{V_1}{T_1} = \frac{V_2}{T_2}$$

$$V_2 = \frac{V_1 \times T_2}{T_1} = \frac{600 \times (273+40)}{(273+20)} = 640.95\,\mathrm{m}l$$

문제 34 정압기실 주위에는 경계책을 설치하여야 한다. 이 때 경계책을 설치한 것으로 보는 경우가 아닌 것은?

① 철근콘크리트로 지상에 설치된 정압기실
② 도로의 지하에 설치되어 사람과 차량의 통행에 영향을 주는 장소에 있어 경계책 설치가 부득이한 정압기실
③ 정압기가 건축물 안에 설치되어 있어 경계책을 설치할 수 있는 공간이 없는 정압기실
④ 매몰형 정압기

해설 정압기실 주위에 경계책을 설치한 것으로 보는 경우
① 정압기가 건축물 안에 설치되어 있어 경계책을 설치할 수 있는 공간이 없는 정압기실
② 도로의 지하에 설치되어 사람과 차량의 통행에 영향을 주는 장소에 있어 경계책 설치가 부득이한 정압기실
③ 철근콘크리트로 지상에 설치된 정압기실

문제 35 고압가스용 이음매 없는 용기 제조 시 부식방지도장을 실시하기 전에 도장효과를 향상시키기 위하여 실시하는 처리가 아닌 것은?

① 피막화성 처리　　② 쇼트 브라스팅
③ 포토 에칭　　　　④ 에칭 프라이머

해설 고압가스용 이음매 없는 용기 제조 시 부식방지도장을 실시하기 전에 도장효과를 향상시키기 위하여 실시하는 처리
① 탈지　　② 피막화성 처리　　③ 산 세척
④ 쇼트 브라스팅　　⑤ 에칭 프라이머

해답　　　　　　　　　　　　　　　　　　　34. ④　35. ③

문제 36 유체의 부피나 질량을 직접 측정하는 기구로서, 유체의 성질에 영향을 적게 받지만 구조가 복잡하고 취급이 어려운 단점이 있는 유량 측정 장치는?

① 오리피스미터 ② 습식 가스미터
③ 벤투리미터   ④ 로터미터

해설 **습식 가스미터** : 유체의 부피나 질량을 직접 측정하는 기구
① 기차 변동이 거의 없다.
② 계량이 정확하다.
③ 수위 조정 등의 관리 필요하다.
④ 설치 면적이 크다.
⑤ 구조가 복잡하고 취급이 어렵다.

보충 **벤투리미터** : ① 구조가 복잡하고 교환이 어렵다.
② 압력손실이 가장 적다.
③ 가격이 비싸다.
④ 정밀도가 좋고 내구성이 좋다.
⑤ 침전물 생성 우려가 없고 대형이다.

오리피스미터 : ① 구조가 간단. 제작이나 장착이 용이하다.
② 좁은 장소에 설치가 가능하다.
③ 유체의 압력손실이 가장 크다.
④ 침전물 생성 우려
⑤ 베르누이 정리 이용

루츠식 가스미터 : ① 대 유량 가스 측정 적합
(대중적 소스) ② 중압 가스 계량 가능
③ 설치 면적이 적다.
④ 소 유량에서는 부동의 우려가 있다.
⑤ 스트레이너 설치 후 유지 관리 필요

문제 37 산소 압축기의 내부 윤활유로 주로 사용되는 것은?

① 석유류   ② 화이트유
③ 물   ④ 진한 황산

해설 **압축기 윤활유**
① 산소 : 물 또는 10% 이하의 묽은글리세린수

해답 36. ② 37. ③

② 공기, 수소, 아세틸렌 : 양질의 광유
③ LP가스 : 식물성유
④ 염화메탄 : 화이트유
⑤ 연소 : 농황산

문제 38 가열된 열량이 전부 내부에너지의 증가로 사용되는 가스의 상태변화는?

① 정적변화　　　　② 정압변화
③ 등온변화　　　　④ 단열변화

[해설] 가열된 열량이 전부 내부에너지의 증가로 사용되는 가스의 상태변화 : 정적변화

문제 39 전기 방식(防蝕) 중 외부전원법에 사용되는 정류기가 아닌 것은?

① 정전류형　　　　② 정전압형
③ 정저항형　　　　④ 정전위형

[해설] 전기 방식 중 외부전원법에 사용되는 정류기
① 정전위형　② 정전압형　③ 정전류형

[보충] 외부 전원법(방대전극)
장점 : ① **방**식 범위가 넓다.
　　　② **대**형 설비에 있어서는 전원 장치 수를 적게 할 수 있어 경제적 이다.
　　　③ **전**압, 전류 조정이 가능
　　　④ 전극 수명이 길다.
단점 : ① A.C 전원이 필요하다.
　　　② 강력한 다른 매설체의 간섭 우려 있다.
　　　③ 초기 시공비가 많이 든다.

유전 양극법(시 소다과)(방대정강전)
장점 : ① **시**공이 단순하다.
　　　② **소**규모 설비에는 경제적이다.
　　　③ **다**른 매설 금속체에 방해 작용이 없다.
　　　④ **과**방식의 염려가 없다.
단점 : ① **방**식 범위가 좁다.
　　　② **대**규모 설비 시는 시설비가 많이 든다.

해답　38. ①　39. ③

③ **정**기적으로 양극 보충 필요
④ **강**한 전식에는 무력
⑤ **전**류 조절이 불가능하다.

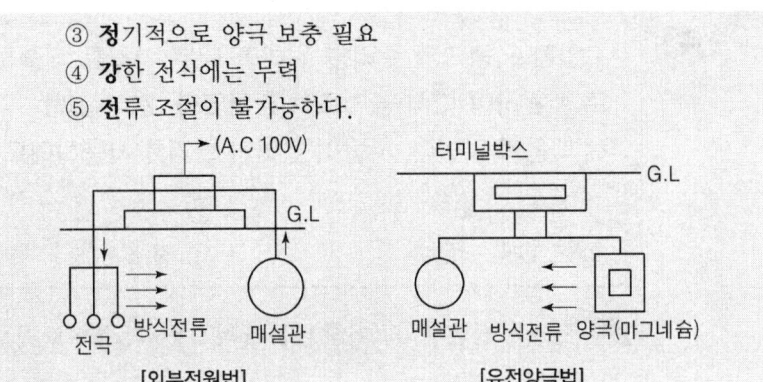

[외부전원법]   [유전양극법]

문제 40 배관의 용접 이음 시 특징에 대한 설명 중 틀린 것은?

① 보온피복 시 시공이 쉽다.
② 이음부의 강도가 크고 누출 우려가 적다.
③ 가공시간이 단축되며 재료비가 절약된다.
④ 관단면의 변화가 없어 손실수두가 크다.

해설 배관의 용접 이음 시 특징
① 가공시간이 단축되며 재료비가 절약된다.
② 이음부의 강도가 크고 누출 우려가 적다.
③ 보온피복 시 시공이 쉽다.
④ 수밀, 기밀성이 양호하다.
⑤ 중량이 가벼워진다.

보충 용접의 특징 (이중재제수작용품)
① **이**종재료 용접가능
② **중**량이 가벼워진다.
③ **재**료의 두께의 제한이 없다.
④ **제**품의 성능과 수명 향상
⑤ **수**밀, 기밀성이 양호하다.
⑥ **작**업공정이 간단하다.
⑦ **용**접시 외기량에 따라 품질좌우
⑧ **품**질검사 곤란
⑨ 보수와 수리 용이

해답 40. ④

 **41** 고압가스 탱크의 수리를 위하여 내부 가스를 배출하고 불활성 가스로 치환하여 다시 공기로 치환하였다. 분석결과는 각각의 가스에 대해 다음과 같았다. 사람이 들어가 화기를 사용하여도 무방한 경우는?

① 산소 – 30%   ② 수소 – 10%
③ 프로판 – 5%   ④ 질소 80%, 나머지 산소

해설 질소는 불연성 가스이기 때문에 화기를 사용하여도 무방하다.

 **42** 카르노(Carnot) 사이클로 작동하는 열기관에서 사이클마다 250 kg·m의 일을 얻기 위해서는 사이클마다 공급열량이 1kcal, 저열원의 온도가 27℃이면 고열원의 온도는 약 몇 ℃가 되어야 하는가?

① 351℃   ② 451℃
③ 624℃   ④ 724℃

해설 카르노 사이클로 작동하는 열기관에서 사이클마다 250kg·m의 열을 얻기 위해서는 사이클마다 공급열량이 1kcal, 저열원의 온도가 27℃이면 고열원의 온도는 약 451℃이다.

 **43** 가스관련법에서 규정하고 있는 안전관리자의 종류에 해당하지 않는 것은?

① 안전관리 부총괄자   ② 안전관리 책임자
③ 안전관리 부책임자   ④ 안전점검원

해설 안전관리자의 종류
① 안전관리 총괄자
② 안전관리 부총괄자
③ 안전관리 책임자
④ 안전점검원

해답 41. ④ 42. ② 43. ③

 **44** 이상기체의 부피를 현재의 1/2로 하고 절대온도(K)를 현재의 2배로 했을 경우 압력은 얼마가 되겠는가?

① 1배 ② 2배
③ 4배 ④ 8배

해설 $\dfrac{P_1 V_1}{T_1} = \dfrac{P_2 V_2}{T_2}$, $P_2 = \dfrac{P_1 V_1 T_2}{V_2 \times T_1} = \dfrac{1 \times 1 \times 2}{\frac{1}{2} \times 1} = 4$

 **45** 내용적이 47L인 프로판 용기 안에 프로판이 20kg 충전되어 있을 때 프로판의 가스 상수는?

① 0.86 ② 1.25
③ 2.09 ④ 2.35

해설 $G = \dfrac{V}{C} = \dfrac{47}{2.35} = 20\,kg$

상수 : 프로판 : 2.35
　　　부탄 : 2.05
　　　암모니아 : 1.86

 46 섭씨온도[℃]와 화씨온도[℉]가 같은 값을 나타내는 온도는?

① -20 ② -40
③ -50 ④ -60

해설
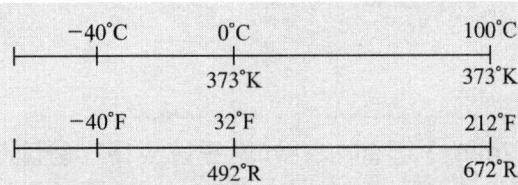

$℃ = \dfrac{5}{9}(F - 32) = \dfrac{5}{9}(-40 - 32) = -40℃$

$℉ = \dfrac{9}{5} \times C + 32 = \left(\dfrac{9}{5} \times -40\right) + 32 = -40℉$

44. ③　**45.** ④　**46.** ②

문제 47

도시가스 품질검사를 위한 시료 채취 방법에 대한 설명으로 옳은 것은?

① 5L 이하의 시료용기에 0.1MPa 이하의 압력으로 채취한다.
② 5L 이하의 시료용기에 1.0MPa 이하의 압력으로 채취한다.
③ 10L 이하의 시료용기에 0.1MPa 이하의 압력으로 채취한다.
④ 10L 이하의 시료용기에 1.0MPa 이하의 압력으로 채취한다.

해설 도시가스 품질검사를 위한 시료 채취 방법
$10l$ 이하의 시료용기에 $1.0MPa(10kg/cm^2)$ 이하의 압력으로 채취한다.

문제 48

내용적 40L의 용기에 아세틸렌가스 10kg(액비중 0.613)을 충전할 때 다공성 물질의 다공도를 90%라고 하면 안전공간은 표준상태에서 약 얼마 정도인가? (단, 아세톤의 비중은 0.8이고, 주입된 아세톤량은 14kg이다.)

① 3.5% ② 4.5%
③ 5.5% ④ 6.5%

해설
① 아세틸렌 부피 = $\frac{10}{0.613} = 16.31L$
② 아세톤 부피 = $\frac{14}{0.8} = 17.5L$
③ 다공성물질 부피 = $\frac{40 \times (100-90)}{100} \times 100 = 4L$
④ 총 부피 = $16.31 + 17.5 + 4 = 37.81L$
⑤ 안전공간 = $\frac{40 - 37.81}{40} \times 100 = 5.475\%$

문제 49

판두께 12mm, 용접길이 50cm인 판을 맞대기 용접했을 때 4500kgf의 인장하중이 작용한다면 인장응력은 약 몇 kgf/cm^2인가?

① 45   ② 75
③ 125 ④ 145

해답   47. ④   48. ③   49. ②

해설 인장응력 $= \dfrac{4500\,\text{kgf}}{1.2 \times 50\,\text{cm}} = 75\,\text{kgf/cm}^2$

문제 50 도시가스를 사용하는 공동주택 등에 압력조정기를 설치할 수 있는 경우의 기준으로 옳은 것은?

① 공동주택 등에 공급되는 가스압력이 중압 이상으로서 전체 세대수가 150세대 미만인 경우
② 공동주택 등에 공급되는 가스압력이 중압 이상으로서 전체 세대수가 200세대 미만인 경우
③ 공동주택 등에 공급되는 가스압력이 저압으로서 전체 세대수가 200세대 미만인 경우
④ 공동주택 등에 공급되는 가스압력이 저압으로서 전체 세대수가 300세대 미만인 경우

해설 **도시가스를 사용하는 공동주택 등에 압력조정기를 설치할 수 있는 경우의 기준**
공동주택 등에 공급되는 가스압력이 중압 이상으로서 전체 세대수가 150세대 미만인 경우

문제 51 가연성 가스 중 산소의 농도가 증가할수록 발화온도와 폭발한계는 각각 어떻게 변하는가?

① 발화온도 : 높아진다. 폭발한계 : 넓어진다.
② 발화온도 : 높아진다. 폭발한계 : 좁아진다.
③ 발화온도 : 낮아진다. 폭발한계 : 넓어진다.
④ 발화온도 : 낮아진다. 폭발한계 : 좁아진다.

해설 가연성 가스 중 산소의 농도가 증가할수록 발화온도는 낮아지고 폭발한계는 넓어진다.

해답 50. ① 51. ③

 **52** 직경 20mm 이하의 구리관을 이음할 때 기계의 점검, 보수, 기타 관을 분리하기 쉽게 하기 위한 구리관의 이음방법으로서 가장 적절한 것은?

① 플랜지 이음　　　② 슬리브 이음
③ 용접 이음　　　　④ 플레어 이음

해설 플레어 이음 : 직경 20mm 이하의 구리관을 이음할 때 기계의 점검, 보수, 기타 관을 분리하기 쉽게 하기 위한 구리관의 이음방법

 **53** 이음에 필요한 부품이 고무링 하나뿐이며 온도변화에 대한 신축이 자유롭고 이음 접합과정이 간단한 이음은?

① 노허브 이음　　　② 소켓 이음
③ 타이톤 이음　　　④ 플랜지 이음

해설 타이톤 이음 : 이음에 필요한 부품이 고무링 하나뿐이며 온도변화에 대한 신축이 자유롭고 이음 접합 과정이 간단한 이음
소켓 이음 : 허브에 스피고트(spigot)를 삽입 얀을 단단히 꼬아 감고 정으로 다진 후 납을 채워 다시 정으로 다져 접합하는 방법
기계적 접합 : 플랜지 접합과 소켓 접합의 장점을 취한 것. 150mm 이하의 수도관에 사용, 스패너 하나만으로도 시공, 수중작업에도 용이

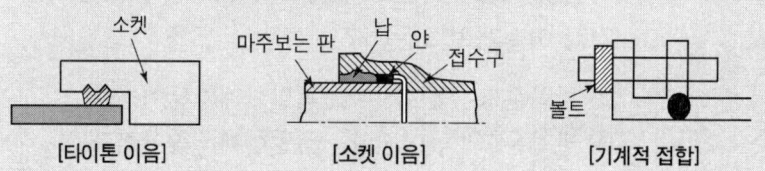

[타이톤 이음]　　　[소켓 이음]　　　[기계적 접합]

 **54** 고압가스 특정제조시설에서 안전구역의 설정 시 고압가스설비의 연소열량 수치(Q)는 얼마 이하로 하여야 하는가?

① 6×10^7　　　② 6×10^8
③ 7×10^7　　　④ 7×10^8

 52. ④　53. ③　54. ②

해설 고압가스 특정제조시설에서 안전구역의 설정 시 고압가스설비의 연소열량 수치는 6×10^8 이하이다.

 **55** 다음 중 두 관리도가 모두 푸아송 분포를 따르는 것은?

① $\bar{x}$ 관리도, R 관리도　　② c 관리도, u 관리도
③ np 관리도, p 관리도　　　④ c 관리도, p 관리도

해설 푸아송 분포를 따르는 것 : c 관리도, u 관리도

 **56** 다음 중 반즈(Ralph M. Barnes)가 제시한 동작경제원칙에 해당되지 않는 것은?

① 표준작업의 원칙　　　　　② 신체의 사용에 관한 원칙
③ 작업장의 배치에 관한 원칙　④ 공구 및 설비의 디자인에 관한 원칙

해설 반즈가 제시한 동작경제원칙
① 신체의 사용에 관한 원칙
② 작업장의 배치에 관한 원칙
③ 공구 및 설비의 디자인에 관한 원칙

 **57** 전수검사와 샘플링 검사에 관한 설명으로 가장 올바른 것은?

① 파괴검사의 경우에는 전수검사를 적용한다.
② 전수검사가 일반적으로 샘플링 검사보다 품질 향상에 자극을 더 준다.
③ 검사항목이 많을 경우 전수검사보다 샘플링 검사가 유리하다.
④ 샘플링 검사는 부적합품이 섞여 들어가서는 안 되는 경우에 적용한다.

해설 ① 검사항목이 많을 경우 전수검사보다 샘플링 검사가 유리하다.
② 파괴검사의 경우는 전수검사를 적용하지 않는다.
③ 전수검사가 일반적으로 샘플링 검사보다 품질 향상에 자극을 덜 준다.
④ 샘플링 검사는 부적합품이 섞여 들어가는 경우에 적용한다.

해답　55. ②　56. ①　57. ③

문제 58 다음 [표]를 참조하여 5개월 단순이동평균법으로 7월의 수요를 예측하면 몇 개인가?

[단위 : 개]

월	1	2	3	4	5	6
실적	48	50	53	60	64	68

① 55개　　② 57개
③ 58개　　④ 59개

해설 7월의 수요 예측 $= \dfrac{1}{5}(50+53+60+64+68) = 59$개

문제 59 도수분포표에서 도수가 최대인 계급의 대표값을 정확히 표현한 통계량은?

① 중위수　　② 시료평균
③ 최빈수　　④ 미드-레인지(mid-range)

해설 최빈수 : 도수분포표에서 도수가 최대인 계급의 대푯값을 정확히 표현한 통계량

문제 60 근래 인간공학이 여러 분야에서 크게 기여하고 있다. 다음 중 어느 단계에서 인간공학적 지식이 고려됨으로써 기업에 가장 큰 이익을 줄 수 있는가?

① 제품의 개발 단계　　② 제품의 구매 단계
③ 제품의 사용 단계　　④ 작업자의 채용 단계

해설 제품의 개발 단계에서 인간공학적 지식이 고려됨으로써 기업에 가장 큰 이익을 줌.

해답　58. ④　59. ③　60. ①

2021년도 제 70 회

문제 01 다음 비파괴검사 중 내부 결함의 검출에 가장 적합한 방법은?

① 자분탐상시험 ② 방사선투과시험
③ 침투탐상시험 ④ 전자유도시험

해설 비파괴검사
① RT(방사선검사) : 내부 결함 검출
② UT(초음파검사)
③ MT(자분검사)
④ PT(침투검사)
⑤ VT(육안검사)
⑥ LT(누설검사)

문제 02 도시가스사업의 범위에 해당되지 않는 경우는?

① 가스도매사업 ② 일반도시가스사업
③ 도시가스충전사업 ④ 석유정제사업

해설 도시가스사업의 범위
① 가스도매사업 ② 일반도시가스사업 ③ 도시가스충전사업

문제 03 접합 또는 납붙임 용기란 동판 및 경판을 각각 성형하여 심(seam) 용접 등의 방법으로 접합하거나 납붙임하여 만든 내용적 얼마의 용기를 말하는가?

① 1L 이하 ② 3L 이하
③ 1L 이상 ④ 3L 이상

해답 01. ② 02. ④ 03. ①

해설 접합 또는 납붙임 용기란 동판 및 경판을 각각 성형하여 심 용접 등의 방법으로 접합하거나 납붙임하여 만든 내용적 1ℓ 이하의 용기

 일산화탄소(CO)가 인체에 영향을 미쳤을 때 바로 자각증상이 있고 1~3분 만에 의식불명이 되어 사망의 위험이 있는 가스의 농도는?

① 128ppm
② 1280ppm
③ 12800ppm
④ 128000ppm

해설 일산화탄소가 인체에 영향을 미쳤을 때 바로 자각증상이 있고 1~3분 만에 의식불명이 되어 사망의 위험이 있는 가스의 농도는 12800ppm이다.

 액화석유가스 소형 저장탱크를 설치할 경우 안전거리에 대한 설명으로 틀린 것은?

① 충전질량이 2500kg인 소형 저장탱크의 가스충전구로부터 토지경계선에 대한 수평거리는 5.5m 이상이어야 한다.
② 충전질량이 1000kg 이상 2000kg 미만인 소형 저장탱크의 탱크간 거리는 0.5m 이상이어야 한다.
③ 충전질량이 2500kg인 소형 저장탱크의 가스충전구로부터 건축물 개구부에 대한 거리는 3.5m 이상이어야 한다.
④ 충전질량이 1000kg 미만인 소형 저장탱크의 가스충전구로부터 토지경계선에 대한 수평거리는 1.0m 이상이어야 한다.

해설 액화석유가스 소형 저장탱크를 설치할 경우 안전거리
① 충전질량이 2500kg인 소형 저장탱크의 가스충전구로부터 건축물개구부에 대한 거리는 3.5m 이상이어야 한다.
② 충전질량이 1000kg 이상 2000kg 미만인 소형 저장탱크의 탱크간의 거리는 0.5m 이상이어야 한다.
③ 충전질량이 2500kg인 소형 저장탱크의 가스충전구로부터 토지경계선에 대한 수평거리는 5.5m 이상이어야 한다.

해답 04. ③ 05. ④

문제 06 길이 100m, 내경 30cm인 배관에서 기밀시험을 위하여 질소가스로 내부압력을 10atm·g까지 채우려고 한다. 필요한 질소량[m³]은 얼마인가?

① 70.7 ② 90.7
③ 110.7 ④ 130.7

해설 $V = \dfrac{\pi D^2}{4} \times l = \dfrac{3.14 \times 0.3^2}{4} \times 100 = 7.065$

∴ $10 \times 7.065 = 70.65 \text{m}^3$

문제 07 고압가스안전관리법상 저온 용기의 경우에 적용되는 최고충전압력은 다음 중 어느 압력에 해당하는가?

① 35℃의 온도에서 그 용기에 충전할 수 있는 가스의 압력 중 최고압력
② 상용압력 중 최고압력
③ 내압시험압력의 3/5의 압력
④ 기밀시험압력의 1.1배의 압력

해설 고압가스안전관리법상 저온 용기의 경우 적용되는 최고충전압력 : 상용압력 중 최고압력

문제 08 표준상태에서 1L의 A가스의 무게는 1.429g, B가스의 무게는 1.964g이다. 이 두 기체의 확산속도비 $\dfrac{V_A}{V_B}$는 약 얼마인가?

① 0.73 ② 0.85
③ 1.17 ④ 1.37

해설 $\dfrac{V_A}{V_B} = \sqrt{\dfrac{1.964}{1.429}} = 1.1723$

06. ① 07. ② 08. ③

문제 09

다음 가연성 가스 중 위험도가 가장 큰 것은?

① 염화비닐 ② 산화에틸렌
③ 수소   ④ 프로판

해설 위험도

① 염화비닐   : 4~22% $H = \dfrac{22-4}{4} = 4.5$

② 산화에틸렌 : 3~80% $H = \dfrac{80-3}{3} = 25.66$

③ 수소   : 4~75% $H = \dfrac{75-4}{4} = 17.75$

④ 프로판   : 2.1~9.5% $H = \dfrac{9.5-2.1}{2.1} = 3.52$

⑤ 시안화수소 : 6~41% $H = \dfrac{41-6}{6} = 5.83$

⑥ 아세틸렌   : 2.5~81% $H = \dfrac{81-2.5}{2.5} = 31.4$

⑦ 메탄   : 5~15% $H = \dfrac{15-2}{5} = 2$

문제 10

고압가스 판매소에서 보관할 수 있는 고압가스 용적이 몇 m³ 이상이면 보관실의 외면으로부터 보호시설까지 안전거리를 유지하여야 하는가?

① 30   ② 50
③ 100   ④ 300

해설 고압가스 판매소에서 보관할 수 있는 고압가스 용적이 300m³ 이상이면 보관실의 외면으로부터 보호시설까지 안전거리를 유지한다.

문제 11

부피가 25m³인 LPG 저장탱크의 저장능력은 몇 톤인가? (단, LPG의 비중은 0.52이다.)

① 10.4   ② 11.7
③ 12.4   ④ 13.0

해설 $W = 0.9 d V_2 = 0.9 \times 0.52 \times 25 \times 10000 = 11700\,\text{kg} = 11.7\,\text{ton}$

해답 09. ② 10. ④ 11. ②

문제 12 차량에 고정된 탱크로 고압가스를 운반할 때 가스를 이송 또는 이입하는 데 사용되는 밸브를 후면에 설치한 탱크에서 탱크 주밸브와 차량의 뒷범퍼와의 수평거리는 몇 cm 이상 떨어져 있어야 하는가?

① 20　　② 30
③ 40　　④ 50

해설 탱크 주밸브와 차량의 뒷범퍼와의 수평거리 : 40cm 이상
조작상자와 차량의 뒷범퍼와의 거리 : 20cm 이상
저장탱크 후면과 뒷범퍼와의 거리 : 30cm 이상

문제 13 용해 아세틸렌 저장 시 주의사항에 대한 설명 중 틀린 것은?

① 저장소에는 화기엄금하며 방폭형 휴대용 전등 이외의 등화는 갖지 말 것.
② 용기는 전락, 전도, 충격을 가하지 말고 신중히 취급할 것.
③ 저장장소는 통풍구조가 양호할 것.
④ 용기 저장 시 온도는 40℃ 이하로 유지하고 저장실 지붕은 무거운 재료로 할 것.

해설 용기 저장 시 온도는 40℃ 이하로 유지하고 저장실 지붕은 가벼운 재료로 할 것.

문제 14 300A 강관을 B[inch] 호칭으로 지름을 나타낸 것은?

① 4B　　② 6B
③ 10B　　④ 12B

해설 1inch = 25.4mm
$x = 300$mm
$x = \dfrac{1\,\text{inch} \times 300\,\text{mm}}{25.4\,\text{mm}} = 11.81\,\text{B[inch]}$

해답　12. ③　13. ④　14. ④

문제 15

특정고압가스 사용시설에서 독성가스의 감압설비와 그 가스의 반응설비 간의 배관에 반드시 설치하여야 하는 장치는?

① 역류방지장치　　② 화염방지장치
③ 독성가스 흡수장치　　④ 안전밸브

해설 **역류방지장치(밸브) 설치**
① 가연성 가스를 압축하는 압축기와 유분리기와의 사이
② 가연성 가스를 압축하는 압축기와 충전용 주관과의 사이
③ 암모니아 메탄올의 합성탑이나 정제탑과 압축기 사이
④ 독성가스 감압설비와 그 가스의 반응설비 간의 배관

보충 **역화방지장치 설치**(오고수아)
① 가연성 가스를 압축하는 압축기와 **오**토 클레이브와의 사이
② 아세틸렌의 **고**압 건조기와 충전용 교체 밸브 사이
③ **수**소 화염 또는 산소 아세틸렌 화염을 사용하는 시설
④ **아**세틸렌 충전용 지관

문제 16

뜨거운 가스와 차가운 가스 사이에서 밀도(비중)차에 의해 가장 큰 영향을 받는 것은?

① 전도　　② 대류
③ 복사　　④ 냉각

해설 대류 : 뜨거운 가스와 차가운 가스 사이에서 밀도차에 의해 가장 큰 영향을 받는다.

문제 17

액체산소 용기나 저온용 금속재료로서 가장 부적당한 것은?

① 탄소강　　② 9% 니켈강
③ 18-8 스테인리스강　　④ 황동

해설 **저온용 금속재료**
① 18-8 스테인리스강　② 9% 니켈강　③ 황동

보충 탄소강 : 염소, 아세틸렌, 암모니아, LPG 등의 저압 이음매 없는 용기

해답　　15. ①　16. ②　17. ①

문제 18 식품접객업소로서 영업장의 면적이 몇 m² 이상인 가스사용시설에 대하여 가스누출자동차단장치를 설치하여야 하는가?

① 33　　　　② 50
③ 100　　　　④ 200

해설 식품접객업소로서 영업장의 면적이 100m² 이상인 가스사용시설에 대하여 가스누출자동차단장치를 설치한다.

문제 19 다음 [그림]과 같은 냉동기의 가스 퍼저(gas purger)의 작동 순서에서 가장 먼저 하는 조작은?

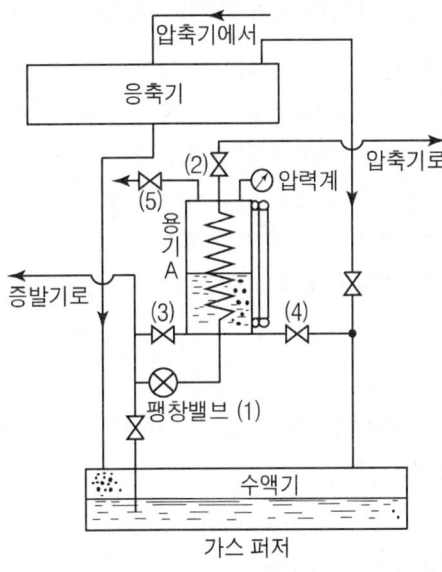

① 밸브 (3)을 열어 용기 내에 냉매액을 일정 높이로 한다.
② 팽창밸브 (1)과 밸브 (2)를 열어 용기 A를 냉각시킨다.
③ 밸브 (4)를 열어 불응축가스를 보낸다.
④ 불응축가스의 배출밸브 (5)를 개방하여 대기로 방출시킨다.

해답　18. ③　19. ②

문제 20
염소의 제법에 대한 설명으로 옳지 않은 것은?

① 염산을 전기분해한다.
② 표백분에 진한 염산을 가한다.
③ 소금물을 전기분해한다.
④ 염화암모늄 용액에 소석회를 가한다.

해설 염소의 제법
① 염산을 전기분해한다. $2HCl \rightarrow H_2(-) + Cl_2(+)$
② 소금물을 전기분해한다. $NaCl \rightarrow Na + Cl$
③ 표백분에 진한 염산을 가한다.

문제 21
다음 중 이상기체의 법칙에 가장 가까운 것은?

① 저압, 고온에서 이상기체의 법칙에 접근한다.
② 고압, 저온에서 이상기체의 법칙에 접근한다.
③ 저압, 저온에서 이상기체의 법칙에 접근한다.
④ 고압, 고온에서 이상기체의 법칙에 접근한다.

해설 이상기체의 법칙 : 고온, 저압에서 이상기체의 법칙에 접근한다.

문제 22
가스누출자동차단기를 설치하여도 설치목적을 달성할 수 없는 시설이 아닌 것은?

① 개방된 공장의 국부난방시설
② 경기장의 성화대
③ 상·하 방향, 전·후 방향, 좌·우 방향 중에 2방향 이상이 외기에 개방된 가스사용시설
④ 개방된 작업장에 설치된 용접 또는 절단시설

해설 가스누출자동차단기를 설치하여도 설치목적을 달성할 수 없는 시설
① 개방된 작업장에 설치된 용접 또는 절단시설
② 경기장의 성화대
③ 개방된 공장의 국부난방시설

해답 20. ④ 21. ① 22. ③

문제 23

다음 반응식의 평형상수(K)를 올바르게 나타낸 것은? (단, A : CH₄, B : O₂, C : CO₂, D : H₂O)

$$A + 2B \rightarrow C + 2D$$

① $K = \dfrac{[CO_2] \cdot 2[H_2O]}{[CH_4] \cdot 2[O_2]}$

② $K = \dfrac{2[O_2]^2 \cdot 2[H_2O]}{[CH_4] \cdot [CO_2]}$

③ $K = \dfrac{[CO_2] \cdot [H_2O]^2}{[CH_4] \cdot [O_2]^2}$

④ $K = \dfrac{[O_2]^2 \cdot [H_2O]^2}{[CH_4] \cdot [CO_2]}$

해설 평형상수 $= \dfrac{C \times D}{A \times B} = \dfrac{CO_2 \times (H_2O)^2}{CH_4 \times (O_2)^2}$

문제 24

차량에 부착된 탱크의 내용적은 1800L이다. 이 용기에 액화 부틸렌을 완전히 충전하였다. 이 때 액화 부틸렌의 질량은 몇 kg인가? (단, 액화 부틸렌가스의 정수는 2.00이다.)

① 766
② 780
③ 878
④ 900

해설 $G = \dfrac{V}{C} = \dfrac{1800}{2} = 900 \, kg$

문제 25

도시가스사업법에서 사용하는 용어의 정의를 설명한 것 중 틀린 것은?

① 도시가스사업은 수요자에게 연료용 가스를 공급하는 사업이다.
② 가스도매사업은 일반도시가스사업자 외의 자가 일반도시가스사업자 또는 산업통상자원부령이 정하는 대량수요자에게 천연가스를 공급하는 사업을 말한다.
③ 도시가스사업자는 가스를 제조하여 일반 수요자에게 용기로 공급하는 사업자를 말한다.
④ 가스사용시설은 가스공급시설 외의 가스사용자의 시설로서 산업통상자원부령으로 정하는 것을 말한다.

해답 23. ③ 24. ④ 25. ③

[해설] 도시가스사업법에서 사용하는 용어
① 가스사용시설은 가스공급시설 외의 가스사용자의 시설로서 산업통상자원부령으로 정하는 것을 말한다.
② 도시가스사업자는 가스를 공급하여 일반 수요자에게 배관으로 공급하는 사업자를 말한다.
③ 가스도매사업은 일반도시가스사업자 외의 자가 일반도시가스사업자 또는 산업통상자원부령이 정하는 대량수요자에게 천연가스를 공급하는 사업을 말한다.
④ 도시가스사업은 수요자에게 연료용 가스를 공급하는 사업을 말한다.

문제 26 도시가스의 공급계획을 가장 적절히 설명한 항목은?

① 어떤 지역 내의 피크(peak) 시 가스소비량과 그 지역 내 전체 수요가의 가스기구 소비량의 총합계의 비를 추정하는 것이다.
② 해마다 증가하는 수요, 공급구역의 확대를 예측하여 항상 안정된 압력으로 양질의 가스를 원활하게 공급할 수 있도록 공급시설의 증가 등을 계획하는 것이다.
③ 배관의 구경 결정과 압력 해석을 수행하는 것이다.
④ 시시각각 변화하는 가스 수요량을 예측하여 가스제조설비, 가스홀더, 압송기, 정압기 등을 안전하고 효율적으로 운용하여, 수요가에게 안정된 공급압력으로 가스를 공급하는 것이다.

[해설] 도시가스 공급계획 : 해마다 증가하는 수요, 공급구역의 확대를 예측하여 항상 안정된 압력으로 양질의 가스를 원활하게 공급할 수 있도록 공급시설의 증가 등을 계획하는 것이다.

문제 27 다음 중 용적형 압축기는?

① 원심식
② 터보식
③ 축류식
④ 왕복식

[해설] 터보식 압축기 : ① 원심식 ② 사류식 ③ 축류식
용적형 압축기 : ① 왕복식 ② 회전식 ③ 스크루식

해답 26. ② 27. ④

 가연성 가스의 가스설비 또는 사용시설에 관련된 저장설비, 기화장치 및 이들 사이의 배관에서 누출된 가연성 가스가 화기를 취급하는 장소로 유동하는 것을 방지하기 위하여 유동방지시설을 설치하여야 한다. 다음 기준 중 옳지 않은 것은?

① 유동방지시설은 높이 2m 이상의 내화성 벽으로 한다.
② 가스설비 등과 화기를 취급하는 장소와의 사이는 수평거리로 5m 이상을 유지한다.
③ 화기를 사용하는 장소가 불연성 건축물 내에 있는 경우 가스설비 등으로부터 수평거리 8m 이내에 있는 그 건축물의 개구부는 방화문 또는 망입유리를 사용하여 폐쇄한다.
④ 화기를 사용하는 장소가 불연성 건축물 내에 있는 경우 가스설비 등으로부터 수평거리 8m 이내에 있는 그 건축물의 사람이 출입하는 출입문은 2중문으로 한다.

해설 유동방지시설 설비
① 화기를 사용하는 장소가 불연성 건축물 내에 있는 경우 가스설비 등으로부터 수평거리 8m 이내에 있는 그 건축물의 사람이 출입하는 출입문은 이중문으로 한다.
② 유동방지시설은 높이 2m 이상의 내화성 벽으로 한다.
③ 화기를 사용하는 장소가 불연성 건축물 내에 있는 경우 가스설비 등으로부터 수평거리 8m 이내에 있는 그 건축물의 개구부는 방화문 또는 망입유리를 사용하여 폐쇄한다.
④ 가스설비 등과 화기를 취급하는 장소와의 사이는 수평거리로 2m 이상을 유지한다.

 고압가스를 취급하였을 때 다음 중 위험하지 않은 경우는?

① 산소 10%를 함유한 CH_4를 10.0MPa까지 압축하였다.
② 산소제조장치를 공기로 치환하지 않고 용접 수리하였다.
③ 수분을 함유한 염소를 진한 황산으로 세척하여 고압 용기에 충전하였다.
④ 시안화수소를 고압용기에 충전하는 경우 수분을 안정제로 첨가하였다.

해답 28. ② 29. ③

해설 고압가스를 취급하였을 때 위험한 경우
① 시안화수소를 고압용기에 충전하는 경우 수분을 안정제로 첨가하였다.
② 산소제조장치를 공기로 치환하지 않고 용접 수리하였다.
③ 산소 10%를 함유한 CH_4를 10.0MPa까지 압축하였다.

문제 30
다음 고압가스 중 용해가스에 해당하는 것은?
① 암모니아　　② 질소
③ 프로판　　　④ 아세틸렌

해설 압축가스 : 산소, 수소, 질소, 이산화탄소 등
액화가스 : 프로판, 부탄, 액화염소, 액화암모니아 등
용해가스 : 아세틸렌

문제 31
다음 독성가스 중 제독제로서 탄산소다 수용액을 사용할 수 없는 것은?
① 염소　　② 황화수소
③ 포스겐　④ 아황산가스

해설 제독제
① 염소 : 소석회(620), 가성소다(670), 탄산소다(870)
② 황화수소 : 가성소다(1140), 탄산소다(1500)
③ 아황산가스 : 물, 가성소다(530), 탄산소다(700)
④ 포스겐 : 가성소다(390), 소석회(360)
⑤ 암모니아, 산화에틸렌, 염화메탄 : 다량의 물

문제 32
고압가스 제조 시 안전관리에 대한 설명으로 틀린 것은?
① 산소를 용기에 충전할 때에는 용기 내부에 유지류를 제거하고 충전한다.
② 시안화수소의 안정제로 아황산을 사용한다.
③ 산화에틸렌을 충전 시에는 산 및 알칼리로 세척한 후 충전한다.
④ 아세틸렌 중 산소의 용량이 전체 용량의 2% 이상인 경우에는 압축하지 아니한다.

해답 30. ④　31. ③　32. ③

해설 **산화에틸렌**
① 질소, 탄산가스로 치환하고 항상 5℃ 이하로 유지
② 용기에 충전 시 그 내부를 질소, 탄산가스로 바꾼 후 충전(산, 알칼리를 함유치 않게)
③ 충전 용기는 45℃에서 4kg/cm² 이상 되도록 질소, 탄산가스로 충전

문제 33 아세틸렌을 용기에 충전하는 때의 충전 중의 압력은 (①) 이하로 하고, 충전 후에는 압력이 15℃에서 (②) 이하로 될 때까지 정치해야 한다. 다음 ( ) 안에 알맞은 수치는?

① ① 1.5MPa, ② 2.5MPa ② ① 4.6MPa, ② 1.5MPa
③ ① 2.5MPa, ② 1.5MPa ④ ① 4.5MPa, ② 2.5MPa

해설 아세틸렌을 용기에 충전하는 때의 충전 중의 압력은 2.5MPa 이하로 하고, 충전 후에는 압력이 15℃에서 1.5MPa 이하로 될 때까지 정치해야 한다.

문제 34 도시가스정압기의 특성에 대한 설명 중 틀린 것은?

① 정특성 : 정상상태에 있어서의 유량과 1차 압력과의 관계
② 동특성 : 부하변동에 대한 응답의 신속성과 안전성
③ 유량특성 : 메인밸브의 열림과 유량과의 관계
④ 사용최대차압 : 메인밸브에 1차 압력과 2차 압력의 차압이 작용하여 실용적으로 사용할 수 있는 범위에서 최대로 되었을 때의 차압

해설 **도시가스정압기의 특성**
① 정특성 : 정상상태에 있어서의 유량과 2차 압력과의 관계
② 동특성 : 부하변동에 대한 응답의 신속성과 안전성
③ 유량특성 : 메인밸브의 열림과 유량과의 관계
④ 사용최대차압 : 메인밸브에 1차 압력과 2차 압력의 차압이 작용하여 실용적으로 사용할 수 있는 범위에서 최대로 되었을 때의 차압

해답 33. ③ 34. ①

문제 35. 펌프에서 발생하는 공동현상(cavitation)의 방지 방법이 아닌 것은?

① 펌프를 두 대 이상 설치한다.
② 펌프의 회전수를 늦추고 흡입회전도를 적게 한다.
③ 펌프의 설치위치를 낮추고 흡입양정을 길게 한다.
④ 수직축 펌프를 사용하고 회전차를 수중에 완전히 잠기게 한다.

해설 펌프에서 발생하는 공동현상 방지법
① 펌프의 설치위치를 낮추고 흡입양정을 짧게 한다.
② 펌프의 회전수를 늦추고 흡입회전도를 적게 한다.
③ 펌프를 두 대 이상 설치한다.
④ 수직축 펌프를 사용하고 회전차를 수중에 완전히 잠기게 한다.
⑤ 흡입측 손실수두를 줄인다.
⑥ 양흡입펌프를 사용한다.

문제 36. 고압가스 적용범위에서 제외되지 않는 고압가스는?

① 오토클레이브 안의 아세틸렌
② 액화브롬화메탄 제조설비 외에 있는 액화브롬화메탄
③ 냉동능력이 3톤 미만인 냉동설비 안의 고압가스
④ 항공법의 적용을 받는 항공기 안의 고압가스

해설 고압가스 적용범위에서 제외되는 가스(철광선원오동액냉)
① 항공법의 적용을 받는 항공기 안의 고압가스
② 냉동능력이 3톤 미만인 냉동설비 안의 고압가스
③ 액화브롬화메탄 제조설비 외에 있는 액화브롬화메탄
④ 철도차량의 에어컨디셔너 안의 고압가스
⑤ 선박안전법의 적용받는 선박 안의 고압가스
⑥ 광산보안법의 적용받는 광산에 소재하는 광업을 위한 설비 안의 고압가스
⑦ 원자력법의 적용받는 원자로 및 그 부속 설비 안의 고압가스
⑧ 오토클레이브 안의 고압가스(수소, 아세틸렌 제외)
⑨ 등화용의 아세틸렌가스
⑩ 액화브롬화메탄 제조설비 외에 있는 액화브롬화메탄
⑪ 청량음료수, 과실주 또는 발포성 주류에 혼합된 고압가스

해답 35. ③ 36. ①

문제 37
다음 중 수소의 공업적 제법이 아닌 것은?
① 석유의 분해법   ② 수성가스법
③ 석회질소법   ④ 물의 전기분해법

해설 수소의 공업적 제법
① 물의 전기분해법 ② 천연가스 분해법 ③ 석유 분해법
④ 일산화탄소 전화법 ⑤ 수성가스법

문제 38
20℃, 760mmHg에서 상대습도가 75%인 공기의 mol 습도는 약 몇 kg-mol H_2O/kg-mol 건조공기인가? (단, 물의 증기압은 17.5mmHg이다.)
① 0.0176   ② 0.0257
③ 12.25   ④ 747.75

해설 건조공기 $= \dfrac{17.5}{760} \times 0.75 = 0.0176$

문제 39
가스 관련 용어의 정의에 대한 설명으로 틀린 것은?
① 저장소란 산업통상자원부령으로 정하는 일정량 이상의 고압가스를 용기나 저장탱크로 저장하는 일정한 장소를 말한다.
② 용기란 고압가스를 충전하기 위한 것(부속품 제외)으로서 고정 설치된 것을 말한다.
③ 저장탱크란 고압가스를 충전·저장하기 위하여 지상 또는 지하에 고정 설치된 것을 말한다.
④ 특정설비란 저장탱크와 산업통상자원부령이 정하는 고압가스 관련 설비를 말한다.

해설 가스 관련 용어의 정의
① 용기란 고압가스를 충전하기 위한 것으로서 이동할 수 있는 것을 말한다.
② 저장소란 산업통상자원부령으로 정하는 일정량 이상의 고압가스를 용기나 저장탱크로 저장하는 일정한 장소를 말한다.

해답 37. ③ 38. ① 39. ②

③ 특정설비란 저장탱크와 산업통상자원부령이 정하는 고압가스 관련 설비를 말한다.
④ 저장탱크란 고압가스를 충전·저장하기 위하여 지상 또는 지하에 고정 설치된 것을 말한다.

문제 40 지상에 설치된 액화석유가스 저장탱크의 저장능력이 35톤인 충전시설에서 용기충전설비가 사업소경계까지 이격해야 하는 안전거리의 기준은?

① 21m 이상
② 24m 이상
③ 27m 이상
④ 30m 이상

저장능력	사업소경계와의 거리	저장능력	사업소경계와의 거리
10ton 이하	17m	30~40ton 이하	27m
10~20ton 이하	21m	40ton 초과	30m
20~30ton 이하	24m		

문제 41 상용압력 5MPa로 사용하는 안지름 85cm의 용접제 원통형 고압설비 동판의 두께는 최소한 얼마가 필요한가? (단, 재료는 인장강도 800N/mm²의 강을 사용하고 용접효율은 0.75, 부식여유는 2mm이며, 동체 외경과 내경의 비가 1.2 미만이다.)

① 5.2mm
② 9.2mm
③ 12.4mm
④ 16.4mm

동판의 두께 $= \dfrac{PD}{200SE - 1.2P} + C$

$= \dfrac{50 \times 850}{200 \times 20.4 \times 0.75 - 1.2 \times 50} + 2 = 16.16\,\text{mm}$

S : 허용응력 $= \dfrac{\text{인장강도}}{\text{안전율}(4)} = \dfrac{800\,\text{N/mm}^2}{4 \times 9.8} = 20.40$

E : 효율, P : 최고충전압력, D : 안지름[mm]

  1kg = 9.8N
$x = 800\text{N}$ $x = \dfrac{1\text{kg} \times 800\text{N}}{9.8\text{N}} = 81.632$

40. ③ 41. ④

문제 42

동관의 종류로서 옳지 않은 것은?

① 터프치동 ② 안산탈동
③ 두랄루민 ④ 무산소동

해설 동관의 종류
① 터프 피치 동관 ② 인탈산 동관 ③ 황동관
④ 단동관 ⑤ 규소청동관 ⑥ 니켈동합금강

문제 43

고압가스안전관리법상 고압가스 제조허가의 종류에 해당되지 않는 것은?

① 냉동제조 ② 특정설비제조
③ 고압가스특정제조 ④ 고압가스일반제조

해설 고압가스 제조허가의 종류
① 고압가스일반제조
② 고압가스특정제조
③ 냉동제조

문제 44

유체를 한쪽 방향으로만 흐르게 하기 위한 역류방지용 밸브(valve)는?

① 글로브 밸브(globe valve) ② 게이트 밸브(gate valve)
③ 니들 밸브(needle valve) ④ 체크 밸브(check valve)

해설 체크 밸브
① 유체의 역류를 막기 위해 사용한다.
② 체크 밸브는 고압배관 중에 사용한다.
③ 종류 : ㉠ 스윙형 : 수직, 수평 배관에 사용.
㉡ 리프트형 : 수평 배관에만 사용.

보충 글로브 밸브 : ① 중·저압관용 등 관제기구 및 장치설비용으로 사용
② 기밀성 유지 양호. 유량 조절 용이
③ 압력 손실이 크다.

해답 42. ③ 43. ② 44. ④

문제 45

가스가 250kJ의 열량을 흡수하여 100kJ의 일을 하였다. 이 때 가스의 내부에너지 증가는 약 몇 kJ인가?

① 2.5
② 150
③ 350
④ 25000

해설 내부에너지 증가 = 250 − 100 = 150kJ

문제 46

메탄가스가 완전연소할 때의 화학반응식은 다음과 같다. 2g의 메탄이 연소하면 111.3kJ의 열량이 발생할 때 다음 반응식에서 x는 약 얼마인가?

$$CH_4 + 2O_2 \rightarrow CO_2 + 2H_2O + x$$

① 14 kJ
② 890 kJ
③ 1113 kJ
④ 1336 kJ

해설
$CH_4 + 2O_2 \rightarrow CO_2 + 2H_2O + 111.3kJ$
2g
16g x

$x = \dfrac{16g \times 111.3kJ}{2g} = 890.4kJ$

문제 47

액화석유가스 집단공급사업자로서 가스 사용자의 사용시설을 점검하게 할 때는 수용가 몇 개소마다 1명의 점검원이 있어야 하는가?

① 3000가구
② 4000가구
③ 5000가구
④ 6000가구

해설 액화석유가스 집단공급사업자로서 가스 사용자의 사용시설을 점검하게 할 때는 수용가 3000가구마다 1명의 점검원이 있어야 한다.

해답 45. ② 46. ② 47. ①

문제 48 배관규격 SPHT는 무엇을 의미하는가?

① 고압배관용 탄소강관 ② 고온배관용 탄소강관
③ 고온상압용 탄소강관 ④ 상온고압용 탄소강관

해설 배관용 강관
① SPP(배관용 탄소강관) : 사용압력이 $10kg/cm^2$ 이하인 증기, 물 배관에 사용
② SPPS(압력배관용 탄소강관) : 사용압력이 $10kg/cm^2$ 이상 $100kg/cm^2$ 미만
③ SPPH(고압배관용 탄소강관) : 사용압력이 $100kg/cm^2$ 이상
④ SPHT(고온배관용 탄소강관)
⑤ SPLT(저온배관용 탄소강관)

문제 49 도시가스 사업허가 기준으로 옳지 않은 것은?

① 도시가스의 안정적 공급을 위하여 적합한 공급시설을 설치, 유지할 능력이 있을 것.
② 도시가스사업이 공공의 이익과 일반수요에 적합한 경제규모일 것.
③ 도시가스사업을 적정하게 수행하는 데 필요한 재원과 기술적 능력이 있을 것.
④ 다른 가스사업자의 공급지역과 공용으로 공급할 것.

해설 도시가스 사업허가 기준
① 도시가스사업을 적정하게 수행하는 데 필요한 재원과 기술적 능력이 있을 것.
② 도시가스사업이 공공의 이익과 일반수요에 적합한 경제규모일 것.
③ 도시가스의 안정적 공급을 위하여 적합한 공급시설을 설치, 유지할 능력이 있을 것.

문제 50 다음은 P-i 선도이다. 2의 영역은 어떤 상태인가?

① 습증기
② 과냉각액
③ 과열증기
④ 건포화증기

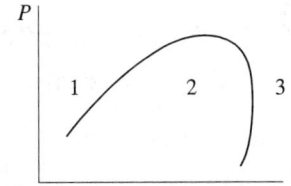

48. ② 49. ④ 50. ①

해설
1의 영역 : 과냉각액 구역
2의 영역 : 습증기 구역
3의 영역 : 건포화 증기 구역

문제 51
액화천연가스의 저장설비 및 처리설비는 그 외면으로부터 사업소 경계까지 일정 규모 이상의 안전거리를 유지하여야 한다. 이때 사업소 경계가 (   )의 경우에는 이들의 반대편 끝을 경계로 보고 있다. (   )에 들어갈 수 있는 경우로 적합하지 않은 것은?

① 산
② 호수
③ 하천
④ 바다

문제 52
어떤 용기에 수소 1g, 산소 32g, 질소 56g을 넣었더니 1atm이 되었다. 이때 수소의 분압은 약 몇 atm인가?

① $\dfrac{1}{9}$
② $\dfrac{1}{7}$
③ $\dfrac{1}{3}$
④ 1

해설
분압 = 전압 × $\dfrac{\text{성분기체 몰수}}{\text{전 몰수}}$

① 수소 = $1 \times \dfrac{0.5}{0.5+1+2} = 0.142 \left(\dfrac{1}{7}\right)$

② 산소 = $1 \times \dfrac{1}{0.5+1+2} = 0.2857$

③ 질소 = $2 \times \dfrac{2}{0.5+1+2} = 1.1428$

문제 53
지름이 4m인 가연성 가스 저장탱크 2대를 설치할 때 탱크 사이의 거리는 최소 몇 m 이상으로 하여야 하는가?

① 1m
② 1.5m
③ 2m
④ 2.5m

해답 51. ① 52. ② 53. ③

해설 유지거리 = $\dfrac{D_1+D_2}{4} = \dfrac{4+4}{4} = 2\,\text{m}$

문제 54

암모니아에 대한 설명으로 틀린 것은?

① 임계온도가 약 32℃이다.
② 공기 중 폭발하한값과 산소 중 폭발하한값이 거의 같다.
③ 구리 및 구리합금을 부식시키지만 상온에서 강재를 침입하지는 않는다.
④ 상온에서 비교적 낮은 압력으로도 액화가 가능하다.

해설 암모니아의 임계온도는 132.3℃이다.

보충 **암모니아의 일반적 성질**
① 무색, 자극성의 기체, 물에 잘 용해
   $NH_3 + H_2O \rightarrow NH_4OH$
   용해량 : 물 1cc에 800~900cc
② 비점 : -33.3℃, 임계 압력 : 111.3atm, 증발잠열 : 313℃
③ 증발잠열이 크므로 대형 냉매 사용
④ 염화수소와 만나면 흰 연기를 낸다.
   $NH_3 + HCl \rightarrow NH_4Cl$
⑤ 동 및 동합금 사용금지(착이온 생성)
⑥ 허용 농도 : 25ppm, 폭발 범위 : 15~28%

문제 55

다음 중 단속생산 시스템과 비교한 연속생산 시스템의 특징으로 옳은 것은?

① 단위당 생산원가가 낮다.
② 다품종 소량생산에 적합하다.
③ 생산방식은 주문생산방식이다.
④ 생산설비는 범용설비를 사용한다.

해설 **연속생산 시스템의 특징**
① 단위당 생산원가가 낮다.
② 다품종 대량생산에 적합
③ 생산방식은 생산자 생산방식이다.

해답 54. ① 55. ①

문제 56

MTM(Method Time Measurement)법에서 사용되는 1TMU(Time Measurement Unit)는 몇 시간인가?

① $\dfrac{1}{100000}$ 시간
② $\dfrac{1}{10000}$ 시간
③ $\dfrac{6}{10000}$ 시간
④ $\dfrac{36}{1000}$ 시간

해설 1THU : $\dfrac{1}{10만}$ 시간

문제 57

np관리도에서 시료군마다 시료수(n)는 100이고, 시료군의 수(k)는 20, $\sum np = 77$이다. 이때 np관리도의 관리상한선(UCL)을 구하면 약 얼마인가?

① 8.94
② 3.85
③ 5.77
④ 9.62

해설 pn관리도의 관리상한선(UCL) = $\overline{pn} + 3\sqrt{\overline{pn}(1-\overline{p})}$

$\overline{pn} = \dfrac{\sum pn}{k} = \dfrac{77}{20} = 3.85$

$\overline{p} = \dfrac{\sum pn}{nk} = \dfrac{77}{100 \times 20} = 0.0385$

∴ UCL = $\overline{pn} + 3\sqrt{\overline{pn}(1-\overline{p})} = 3.85 + 3\sqrt{3.85 \times (1-0.0385)} = 9.62$

문제 58

미국의 마틴 마리에타사(Martin Marietta Corp.)에서 시작된 품질개선을 위한 동기부여 프로그램으로, 모든 작업자가 무결점을 목표로 설정하고, 처음부터 작업을 올바르게 수행함으로써 품질비용을 줄이기 위한 프로그램은 무엇인가?

① TPM 활동
② 6시그마 운동
③ ZD 운동
④ ISO 9001 인증

해설 TPM 활동 : "설비" 본연의 모습을 추구해 가면서 업무와 관련된 모든 loss(로스)를 "제로"로 만들어 가는 활동이다.

해답 56. ① 57. ④ 58. ③

6시그마 운동 : 생산활동에 있어서 1백만 개의 제품이나 서비스 가운데 단 3, 4개의 불량만을 허용하는 전사적 경영혁신활동. 경영목표 : 불량 감소, 생산성 향상, 고객 만족 개선, 순익 증가

ISO 9001 인증 : 2000 품질경영 시스템은 국제표준화기구에서 제정 시행되고 있는 규격으로서 고객에게 공급되는 제품 및 서비스에 대한 실현체계가 공급자로서의 최소한의 요구조건에 충족 여부를 제3자 인증기관에 의한 객관적인 평가를 통하여 구매자와 공급자 모두에게 신뢰감을 주는 국제적 인증제도이며 기업 전반에 대한 총체적인 품질 향상을 통하여 경쟁력 우위를 확보하고 고객 만족과 아울러 기업의 경쟁력을 제고함으로써 기업의 장기적인 성장 발전을 추구하는 제도임.

ZD 운동 : 미국의 마틴 마리에타사에서 시작된 품질개선을 위한 동기부여 프로그램으로, 모든 작업자가 무결점을 목표로 설정하고, 처음부터 작업을 올바르게 수행함으로써 품질비용을 줄이기 위한 프로그램

문제 59

일정 통제를 할 때 1일당 그 작업을 단축하는 데 소요되는 비용의 증가를 의미하는 것은?

① 정상소요시간(normal duration time)
② 비용견적(cost estimation)
③ 비용구배(cost slope)
④ 총비용(total cost)

해설 **비용구배** : 일정 통제를 할 때 1일당 그 작업을 단축하는 데 소요되는 비용의 증가

문제 60

그림의 OC 곡선을 보고 가장 올바른 내용을 나타낸 것은?

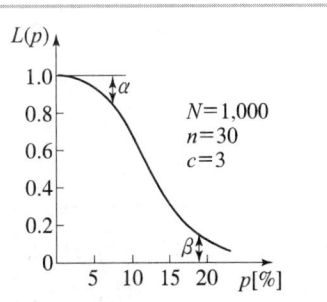

① α : 소비자 위험
② $L(p)$: 로트가 합격할 비율
③ β : 생산자 위험
④ 부적합품률 : 0.03

해설 **OC 곡선**
① $L(p)$: 로트의 합격률($p\%$)
② α : 생산자 위험
③ β : 소비자 위험
④ 부적합품률 : 0.1

해답 59. ③ 60. ②

2022년도 제 71 회 (CBT 시행)

본 문제는 복원 기출문제입니다. 실제 문제와 다를 수 있으니 양해바랍니다.

문제 01 가스장치에서 발생할 수 있는 정전기에 대한 설명으로 옳은 것은?

① 가스의 이·충전 작업 시 가장 많이 발생한다.
② 정전기 제거를 위한 접지저항치는 총합 50Ω 이하로 하여야 한다.
③ 최소착화에너지가 큰 아세트니트릴은 정전기 발생에 더욱 주의하여야 한다.
④ 접지를 위한 접속선의 단면적은 $8mm^2$ 이상이어야 한다.

해설
- 정전기는 이·충전 작업 시 가장 많이 발생한다.
- 접지저항치 총합 : 100Ω 이하로 한다.
- 접속선의 단면적은 $5.5mm^2$ 이상이어야 한다.

문제 02 산소, 수소, 아세틸렌을 제조하는 경우에는 품질검사를 실시하여야 한다. 다음 설명 중 틀린 것은?

① 검사는 안전관리원이 실시한다.
② 검사는 1일 1회 이상 가스제조장에서 실시한다.
③ 액체산소를 기화시켜 용기에 충전하는 경우에는 품질검사를 생략할 수 있다.
④ 산소는 용기 안의 가스충전압력이 35℃에서 11.8MPa 이상으로 한다.

해설 **품질검사 실시**
① 산소는 용기 안의 가스충전압력이 35℃에서 11.8MPa 이상으로 한다.
② 액체산소를 기화시켜 용기에 충전하는 경우에는 품질검사를 생략할 수 있다.
③ 검사는 1일 1회 이상 가스제조장에서 실시한다.
④ 검사는 안전관리자가 실시한다.

해답 01. ① 02. ①

문제 03
촉매를 사용하여 ethylene을 수증기와 반응시켜 제조하는 것은?

① acetic acid ② aldehycle
③ methanol   ④ ethanol

해설 촉매를 사용하여 아세틸렌을 수증기와 반응시켜 제조하는 것
에탄올

문제 04
외국에서 국내로 수출하기 위한 용기 등(용기, 냉동기 또는 특정설비)의 제조등록 대상범위가 아닌 것은?

① 고압가스를 충전하기 위한 용기(내용적 3데시리터 미만 용기는 제외한다.)
② 에어졸용 용기
③ 고압가스를 충전하기 위한 용기의 용기용 밸브
④ 고압가스 특정설비 중 저장탱크

해설 외국에서 국내로 수출하기 위한 용기 등(용기, 냉동기 또는 특정설비)의 제조등록 대상범위
① 고압가스 특정설비 중 저장탱크
② 고압가스를 충전하기 위한 용기의 용기용 밸브
③ 고압가스를 충전하기 위한 용기(내용적 3데시리터 미만 용기는 제외한다.)

문제 05
다음 그림과 같은 2개의 연강재 환봉이 같은 인장하중을 받을 때 두 봉의 탄성에너지의 비 $U_1 : U_2$는 얼마인가?

① 2 : 5
② 4 : 6
③ 5 : 2
④ 6 : 4

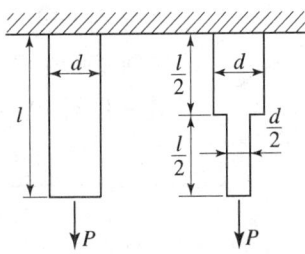

03. ④ 04. ② 05. ①

 다음 [보기]에서 독성이 강한 순서대로 나열된 것은?

[보기] ㉠ 염소 ㉡ 이황화탄소 ㉢ 포스겐 ㉣ 암모니아

① ㉠ > ㉢ > ㉣ > ㉡
② ㉢ > ㉠ > ㉡ > ㉣
③ ㉢ > ㉠ > ㉣ > ㉡
④ ㉠ > ㉢ > ㉡ > ㉣

해설 독성이 강한 순서
① 포스겐 : 0.1PPM 이하
② 염소 : 1PPM 이하
③ 이황화탄소 : 10PPM 이하
④ 암모니아 : 25PPM 이하

 내용적이 5L의 고압 용기에 에탄 1650g을 충전하였더니 용기의 온도가 100℃일 때 210atm을 나타내었다. 에탄의 압축계수는 약 얼마인가?(단, $PV=ZnRT$의 식을 적용한다.)

① 0.43
② 0.62
③ 0.83
④ 1.12

해설
$$PV = \frac{ZWRT}{M}$$
$$Z = \frac{PVM}{WRT} = \frac{210 \times 5 \times 30}{1650 \times 0.082 \times (273+100)} = 0.624$$

 고압가스 냉동제조의 시설 및 기술기준에 대한 설명 중 틀린 것은?

① 냉동제조시설 중 냉매설비에는 자동제어장치를 설치한다.
② 가연성가스를 냉매로 사용하는 수액기의 경우에는 환형유리관 액면계를 사용한다.
③ 냉매설비의 안전을 확보하기 위하여 압력계를 설치한다.
④ 압축기 최종단에 설치된 안전밸브는 1년에 1회 이상 점검을 실시한다.

 06. ② 07. ② 08. ②

해설 **고압가스 냉동제조의 시설 및 기술기준**
① 압축기 최종단에 설치된 안전밸브는 1년에 1회 이상 점검을 실시
② 냉매설비의 안전을 확보하기 위하여 압력계를 설치한다.
③ 냉동제조시설 중 냉매설비에는 자동제어장치 설치한다.

문제 09 다음 [보기]에서 설명하는 금속의 종류는?

[보기] - 약 2~6.7%의 탄소를 함유한다.
- 압축력이 요구되는 부품의 재료에 적합하다.
- 감쇠능(減衰能)이 아주 우수하여 진동에너지를 효율적으로 흡수한다.

① 황동 ② 선철
③ 주강 ④ 주철

해설 **주철**
① 감쇠능이 아주 우수하여 진동에너지를 효율적으로 흡수한다.
② 압축력이 요구되는 부품의 재료에 적합하다.
③ 약 2~6.7%의 탄소를 함유한다.
④ 인장강도, 충격강도에 약하다.

문제 10 이상기체에서 정적비열(C_v)와 정압비열(C_p)와의 관계식으로 옳은 것은? (단, RR은 기체상수이다.)

① $C_p = R - C_v$ ② $C_p = R + C_v$
③ $C_p = C_v - R$ ④ $C_p = -C_v - R$

해설 ① $R = C_p - C_v$
② $C_p = R + C_v$
③ $C_v = R - C_p$

해답 09. ④ 10. ②

문제 11
도시가스사업자는 매일 가스의 연소성을 측정기록 하여야 한다. 이때 연료가스분석방법으로 사용하는 것은?

① 헴펠식 분석법 ② 분별연소법
③ 적외선 분광분석법 ④ 흡광광도법

해설 도시가스사업자는 매일 가스의 연소성을 측정기록 하여야 한다. 이때 연료가스분석방법 : 헴펠식 분식법

문제 12
도시가스 배관을 매설할 때 배관의 기울기는 도로의 기울기에 따르고 도로가 평탄할 경우에는 얼마 정도의 기울기로 하여야 하는가?

① $\dfrac{1}{50} \sim \dfrac{1}{100}$ ② $\dfrac{1}{100} \sim \dfrac{1}{200}$

③ $\dfrac{1}{500} \sim \dfrac{1}{1000}$ ④ $\dfrac{1}{1000} \sim \dfrac{1}{2000}$

해설 도로가 평탄할 경우 도시가스배관의 기울기
$\dfrac{1}{500} \sim \dfrac{1}{1000}$

문제 13
고압가스안전관리법의 적용을 받지 않는 가스는?

① 사용의 온도에서 압력 0.9MPa인 질소가스
② 온도 35℃에서 압력 1MPa인 압축산소가스
③ 온도 15℃에서 0.15MPa인 아세틸렌가스
④ 온도 35℃에서 0.15MPa인 액화 시안화수소가스

해설 고압가스적용범위
① 압축가스 : 상용온도 또는 35℃에서 1MPa 이상인 것(산소, 수소, 질소)
② 액화가스 : 상용온도 또는 35℃에서 0.2MPa 이상인 것(액화프로판, 액화부탄 등)
③ 아세틸렌 : 상용온도 또는 15℃에서 0MPa 이상인 것
④ 액화가스 중 HCN, C_2H_4O, CH_3Br은 상용온도에서 0MPa 이상인 것

해답 11. ① 12. ③ 13. ①

문제 14

액화산소 용기에 액화산소가 50kg 충전되어 있다. 용기의 외부에서 액화산소에 대해 매시 5kcal의 열량이 주어진다면 액화산소량이 1/2로 감소되는 데는 몇 시간이 필요한가? (단, 비점에서의 O_2의 증발잠열은 1600cal/mol이다.)

① 100시간 ② 125시간
③ 175시간 ④ 250시간

해설

$32\,g/mol = 1600\,cal/mol$
$25 \times 1000\,g = x$

$x = \dfrac{25 \times 1000 \times 1600\,cal/mol}{32\,g/mol} = 1250000\,cal = 1250\,kcal$

$\therefore \dfrac{1250\,kcal}{5\,kcal/h} = 250$ 시간

문제 15

가스누출자동차단기 고압부의 기밀시험 압력의 기준은?

① 4.6~7.0kPa ② 8.4~10kPa
③ 1.2MPa 이상 ④ 1.8MPa 이상

해설 가스누출자동차단기 고압부의 기밀시험 압력 : 1.8MPa 이상

문제 16

차량에 부착된 탱크의 내용적은 1800L이다. 이 용기에 액화 부틸렌을 완전히 충전하였다 이 때 액화 부틸렌의 질량은 몇 kg인가? (단, 액화 부틸렌가스의 정수는 2.00이다.)

① 766 ② 780
③ 878 ④ 900

해설 $G = \dfrac{V}{C} = \dfrac{1800}{2} = 900\,kg$

해답 14. ④ 15. ④ 16. ④

17 밀폐식 자연 보일러의 급·배기설비 중 밀폐형 자연 급·배기식 가스보일러의 설치방식이 아닌 것은?

① 단독배기동 방식
② 챔버(Chamber)식
③ U 덕트(Duct)식
④ SE 덕트(DUct)식

해설 밀폐형 자연 급·배기식 가스보일러의 설치방식
① 챔버식 ② SE 덕트식 ③ U 덕트식

18 강의 결정조직을 미세화하고 냉간가공, 단조 등에 의해 내부응력을 제거하며 결정조직, 기계적·물리적 성질 등을 표준화시키는 열처리는?

① 어닐링
② 노얼라이징
③ 퀜칭
④ 템퍼링

해설 열처리
① 담금질=퀜칭=소입 : 경도 및 강도 증가
② 뜨임=템퍼링=소려 : 인성증가
③ 풀림=어닐링=소둔 : 가공응력 및 내부응력제거
④ 불림=노멀라이징=소준 : 조직의 미세화, 편식이나 잔류응력제거, 단조 등에 의한 내부응력제거

19 $PV=nRT$ 에서 기체상수(R)값을 J/gmol·K의 단위로 나타내었을 때의 값으로 옳은 것은?

① 8.314
② 0.082
③ 1.987
④ 848

해설 기체상수값
① 8.314J/mol°K
② 0.082l·atm/mol°K
③ 1.987cal/mol°K
④ 848kg·m/kmol·°K

17. ① 18. ② 19. ①

문제 20

대응상태 원리에 대한 설명으로 틀린 것은?

① 복잡한 유체에 대하여 정확하게 적용하기 위한 이론이다.
② 흔히 사용되는 매개변수는 이상인지 W이다.
③ 암모니아, 탄산가스 등의 기체에도 적용할 수 있다.
④ 압력, 온도 및 부피는 모두 환산량으로 나눈 값을 쓴다.

해설 대응상태 원리
① 압력, 온도 및 부피는 모두 환산량으로 나눈 값을 쓴다.
② 암모니아, 탄산가스 등의 기체에도 적용할 수 있다.
③ 흔히 사용되는 매개변수는 이상인자 W이다.

문제 21

1시간의 공기 압축량이 2000m³인 공기액화분리기에 설치된 액화산소통 내의 액화산소 5L 중 아세틸렌 또는 탄화수소의 탄소의 질량이 얼마를 넘을 때 운전을 중지하고 액화산소를 방출하여야 하는가?

① 탄화수소의 탄소의 질량이 500mg을 넘을 때
② 탄화수소의 탄소의 질량이 5mg을 넘을 때
③ 아세틸렌의 질량이 4mg을 넘을 때
④ 아세틸렌의 질량이 1mg을 넘을 때

해설 공기액화분리장치 운전중
탄화수소의 질량 500mg ─┐
아세틸렌의 질량 5mg ─── 초과시 운전을 정지하고 액화산소 방출

문제 22

가스의 종류에 따른 보편적인 제조방법으로 옳지 않은 것은?

① Ar은 액체 공기에서 분리한다.
② He은 천연가스에서 분리한다.
③ NH_3는 N_2와 H_2를 촉매를 사용하여 상온, 상압에서 합성한다.
④ Cl_2는 소금물을 전기분해하여 제조한다.

해답 20. ① 21. ① 22. ③

해설 **가스의 종류에 따른 보편적인 제조방법**
① NH_3는 N_2와 H_2를 촉매를 사용하여 고온, 고압에서 합성한다.
② Ar, O_2, N_2 등은 액체공기 중에서 분리한다.
③ He은 천연가스에서 분리한다.
④ Cl_2는 소금물을 전기분해하여 제조한다.

문제 23 다음 중 반드시 역화방지장치를 설치하여야 할 위치가 아닌 것은?
① 가연성가스를 압축하는 압축기와 오토클레이브와의 사이의 배관
② 아세틸렌을 압축하는 압축기의 유분리기와 고압건조기와의 사이
③ 아세틸렌의 고압건조기와 충전용교체밸브사이의 배관
④ 아세틸렌 충전용 지관

해설 **역화방지장치 설치 위치**
① 가연성가스를 압축하는 압축기와 오토클레이브와의 사이
② 아세틸렌의 고압건조기와 충전용교체밸브사이의 배관
③ 수소화염 또는 산소아세틸렌화염 사용시설
④ 아세틸렌 충전용 지관

문제 24 압력 2atm, 부피 1000L의 기체가 정압하에서 부피가 반으로 줄었다. 이 때 작용한 일의 크기는 약 몇 kcal인가?
① 12.1 ② 24.2
③ 48.4 ④ 96.8

해설 일의 크기(kcal) = $2 \times 10^4 \text{kg/cm}^2 \times 0.5 \text{m}^3$
$= 10000 \text{kg·m}$
$1 \text{kcal} = 427 \text{kg·m}$
$x = 10000 \text{kg·m}$
$x = \dfrac{1 \text{kcal} \times 10000 \text{kg·m}}{427 \text{kg·m}} = 23.41 \text{kcal}$

해답 23. ② 24. ②

문제 25 다음은 고정식 압축도시가스 자동차 충전시설의 가스누출 검지경보장치 설치상태를 확인한 것이다. 이 중 잘못 설치된 것은?

① 충전설비 내부에 1개가 설치되어 있었다.
② 압축가스설비 주변에 1개가 설치되어 있었다.
③ 배관접속부 8m 마다 1개가 설치되어 있었다.
④ 펌프 주변에 1개가 설치되어 있었다.

해설 고정식 압축도시가스 자동차 충전시설의 가스누출 검지경보장치 설치상태
① 펌프 주변에 1개가 설치되어 있었다.
② 배관접속부 8m 마다 1개가 설치되어 있었다.
③ 충전설비 내부에 1개가 설치되어 있었다.

문제 26 다음 중 특정고압가스가 아닌 것은?

① 산소
② 액화염소
③ 액화석유가스
④ 아세틸렌

해설 특정고압가스
① 산소　② 수소　③ 아세틸렌　④ 액화염소
⑤ 액화암모니아　⑥ 압축모노실란　⑦ 압축디보레인　⑧ 액화알진
⑨ 포스핀　⑩ 셀렌화수소　⑪ 디실란　⑫ 게르만
⑬ 오불화비소　⑭ 오불화인　⑮ 삼불화인　⑯ 삼불화질소
⑰ 삼불화붕소　⑱ 사불화유황　⑲ 사불화규소

문제 27 내경이 10cm인 관에 비중이 0.9, 점도가 1.5cP인 액체가 흐르고 있다. 임계속도는 약 몇 m/s인가? (단, 임계 레이놀즈수는 2100이다.)

① 0.025
② 0.035
③ 0.045
④ 0.055

해설
$Re = \dfrac{\rho VD}{\mu}$

$V = \dfrac{Re \times \mu}{\rho \times D} = \dfrac{2100 \times 1.5 \times 10^{-3}}{0.9 \times 1000 \times 0.1} = 0.035 \text{m/sec}$

해답　25. ②　26. ③　27. ②

문제 28 87℃에서 열을 흡수하여 127℃에서 방열되는 냉동기의 성능 계수는?

① 1.45
② 2.18
③ 9.0
④ 10.0

해설 성능계수 $= \dfrac{T_2}{T_1 - T_2} = \dfrac{(273+87)}{(273+127)-(273+87)} = 9$

문제 29 암모니아의 배관에 대한 설명으로 옳은 것은?

① 액백(liquid back)를 방지하기 위하여 흡입 배관 도중에 액 분리기를 설치한다.
② 냉매액의 수분을 제거하기 위하여 액배관 도중에 건조제를 넣는다.
③ 배관재료로는 이음매 없는(seamless)동관을 사용한다.
④ 액배관의 전후에 스톱밸브를 폐쇄하여도 위험하지 않다.

해설 액백(liquid back)를 방지하기 위하여 흡입 배관 도중에 액 분리기를 설치한다.

문제 30 가스크로마토그래피(Gas chrcmatography)의 구성 장치가 아닌 것은?

① 검출기(detector)
② 유량계(flowmeter)
③ 컬럼(column)
④ 반응기(reactor)

해설 가스크로마토그래피의 구성 장치
① 유량계 ② 검출기 ③ 컬럼 ④ 기록계

문제 31 용기에 의한 액화석유가스 사용시설에서 저장능력이 2톤인 경우 화기를 취급하는 장소와 유지하여야 하는 우회거리는 몇 m 이상인가?

① 2
② 3
③ 5
④ 8

해답 28. ③ 29. ① 30. ④ 31. ③

 용기에 의한 액화석유가스 사용시설에서 저장능력이 2Ton인 경우 화기를 취급하는 장소와 유지거리 : 5m 이상

문제 32 다음 중 고압가스 관련설비에 해당하지 않는 것은?
① 냉각살수설비　　② 기화장치
③ 긴급차단장치　　④ 독성가스배관용 밸브

 **고압가스 관련설비**
① 저장탱크　② 긴급차단장치　③ 역화방지장치
④ 기화기　⑤ 안전밸브　⑥ 냉동설비
⑦ 압력용기와 독성가스용 배관용 밸브
⑧ LPG용기 잔류가스 회수 장치
⑨ 특정고압가스용 실린더 캐비닛
⑩ 자동차용 압축 천연가스 완속 충전설비

문제 33 다음과 같은 조건의 냉동용 압축기 소요동력은 약 몇 kW인가?

[조건] – 냉동능력 : 27000kcal/h
　　　 – 팽창밸브직전 냉매액의 엔탈피 : 128kcal/kg
　　　 – 압축기 흡입가스의 엔탈피 : 398kcal/kg
　　　 – 압축기 토출가스의 엔탈피 : 454kcal/kg
　　　 – 압축효율 : 0.8
　　　 – 압축기 마찰부분에 의하여 소요되는 동력 : 0.8kW

① 7.3　　② 8.1
③ 8.9　　④ 9.1

 소요동력 = $\dfrac{27000}{3320} + 0.8 = 8.9\text{kW}$

32. ①　33. ③

문제 34
가스취급 시 빈번히 발생하는 정전기를 제거하기 위한 대책이 아닌 것은?

① 접지를 한다.
② 대전량을 증가시킨다.
③ 공기 중의 습도를 높인다.
④ 공기를 이온화한다.

해설 정전기제거법
① 접지를 한다. ② 공기 중의 상대습도를 높인다.
③ 공기를 이온화시킨다. ④ 대전량을 감소시킨다.

문제 35
고압가스 장치의 운전을 정지하고 수리할 때 유의하여야 할 사항으로 가장 거리가 먼 것은?

① 안전밸브 분해 확인
② 가스치환 작업
③ 장치내부 가스분석
④ 배관의 차단 확인

해설 고압가스 장치의 운전을 정지하고 수리 시 유의사항
① 장치내부 가스분석 ② 가스치환 작업 ③ 배관의 차단 확인

문제 36
배관의 마찰저항에 의한 압력손실의 관계를 잘못 설명한 것은?

① 배관의 길이에 비례한다.
② 가스 비중에 반비례한다.
③ 유량의 제곱에 비례한다.
④ 배관 안지름의 5승에 반비례한다.

해설 배관의 마찰저항에 의한 압력손실

$$Q = K\sqrt{\frac{D^5 \cdot h}{S \cdot L}} \quad Q^2 = K^2 \times \frac{D^5 \times h}{S \times L} \quad h = \frac{Q^2 \times S \times L}{K^2 \times D^5}$$

∴ 유량의(Q)제곱에 비례한다.
　가스비중에 비례한다.
　관길이에 비례한다.
　유량계수(K)제곱에 반비례한다.
　관내경 5승에 반비례한다.

해답 34. ②　35. ①　36. ②

문제 37

반응식 2A + 3B ⇌ C + 4D의 반응에서 다른 조건은 일정하게 하고 A와 B의 농도를 각각 2배로 더해 주면 정반응의 속도는 몇 배로 빨라지는가? (단, 정반응 속도식은 $v = k[A]^2[B]^3$이다.)

① 4배
② 6배
③ 24배
④ 32배

해설 정반응속도 = $2^2 \times 2^3 = 32$배

문제 38

한 물체의 가역적인 단열 변화에 대한 엔트로피(entropy)의 변화 ΔS는?

① $\Delta S > 0$
② $\Delta S < 0$
③ $\Delta S = 0$
④ $\Delta S = \infty$

해설 물체의 가역적인 단열 변화에 대한 엔트로피의 변화 $\Delta S = 0$이다.

문제 39

액화석유가스시설에서의 사고발생시 사고의 통보방법에 대한 설명으로 틀린 것은?

① 사람이 부상당하거나 중독된 사고에 대한 상보는 사고 발생 후 15일 이내에 통보하여야 한다.
② 사람이 사망한 사고에 대한 상보는 사고 발생 후 20일 이내에 통보하여야 한다.
③ 한국가스안전공사가 사고조사를 실시한 때에는 상보를 하지 않을 수 있다.
④ 가스누출에 의한 폭발 또는 화재사고에 대한 속보는 즉시 하여야 한다.

해설 사람이 사망한 사고에 대한 상보는 사고 발생 후 10일 이내에 통보하여야 한다.

37. ④ 38. ③ 39. ①

문제 40
버드(Frank Dird. Jr)의 신도미노 이론의 재해발생단계에 해당하지 않는 것은?

① 제어부족
② 기본원인
③ 사고
④ 간접적인 징후

해설 버드의 신도미노 이론의 재해발생단계
제어부족 → 기본원인 → 직접원인(징후) → 사고(접촉) → 상해(손실)

보충 사고발생 5단계
① 사회적 환경과 유전적 요소
② 개인적인 결함
③ 불안전한 행동과 불안전한 상태
④ 사고발생
⑤ 재해

문제 41
고정식 압축도시가스 자동차 충전시설의 설비와 관련한 안전거리 기준에 대한 설명 중 틀린 것은?

① 저장설비, 압축가스설비 및 충전설비는 그 외면으로부터 사업소경계까지 원칙적으로 5m 이상의 안전거리를 유지한다.
② 저장설비, 충전설비는 가연성 물질의 저장소로부터 8m 이상의 거리를 유지한다.
③ 충전설비는 「도로법」에 의한 도로경계로부터 5m 이상의 거리를 유지한다.
④ 처리설비·압축가스설비 및 충전설비는 철도에서부터 30m 이상의 거리를 유지한다.

해설 고정식 압축도시가스 자동차 충전시설의 설비와 관련한 안전거리 기준
① 처리설비·압축가스설비 및 충전설비는 철도에서부터 30m 이상의 거리 유지
② 충전설비는 「도로법」에 의한 도로경계로부터 5m 이상의 거리 유지
③ 저장설비, 충전설비는 가연성 물질의 저장소로부터 8m 이상의 거리 유지
④ 저장설비, 압축가스설비 및 충전설비는 그 외면으로부터 사업소경계까지 원칙적으로 50m 이상의 안전거리 유지

해답 40. ④　41. ①

문제 42 다음 [보기] 중 폭발범위가 넓은 순서로 나열된 것은?

[보기] ㉠ 아세틸렌 ㉡ 산화에틸렌 ㉢ 아세트알데히드
㉣ 염화비닐 ㉤ 이황화탄소

① ㉠ > ㉡ > ㉢ > ㉤ > ㉣
② ㉠ > ㉡ > ㉢ > ㉣ > ㉤
③ ㉠ > ㉡ > ㉤ > ㉢ > ㉣
④ ㉠ > ㉡ > ㉣ > ㉢ > ㉤

해설 폭발범위
① 아세틸렌 : 2.5~81%   ② 산화에틸렌 : 3~80%
③ 아세트알데히드 : 4.1~57%   ④ 이황화탄소 : 1.2~44%
⑤ 염화비닐 : 4~22%

문제 43 압축기 실린더의 용량은 무엇으로 나타내는가?

① 피스톤의 배출량   ② 냉매의 순환량
③ 냉동능력   ④ 제방능력

해설 압축기 실린더의 용량 : 피스톤의 배출량

문제 44 아세틸렌을 용기에 충전할 때 충전 중의 압력은 2.5MPa 이하로 하고 충전 후에는 압력이 15℃에서 몇 MPa 이하로 될 때까지 정치하여야 하는가?

① 0.5   ② 1
③ 1.5   ④ 2.0

해설 아세틸렌 용기에 충전 시 충전 중의 압력은 2.5MPa 이하로 하고 충전 후에는 압력이 15℃에서 1.5MPa 이하로 한다.

해답 42. ① 43. ① 44. ③

문제 45
지름 20mm 표점거리 200mm인 인장시험편을 인장시켰더니 240mm가 되었다. 연산율은 몇 %인가?
① 1.2%   ② 10%
③ 12%   ④ 20%

해설 연신율 = $\dfrac{240-200}{200} \times 100 = 20\%$

문제 46
자동제어의 종류 중 목표값이 시간에 따라 변화하는 값을 제어하는 추치제어가 아닌 것은?
① 추종제어   ② 비율제어
③ 캐스케이드제어 ④ 프로그램제어

해설 목표값이 시간에 따라 변화하는 값을 제어하는 추치제어
① 프로그램제어 ② 비율제어 ③ 추종제어

문제 47
가스안전관리에서 사용되는 다음 위험성 평가기법 중 정량적 기법에 해당되는 것은?
① 위험과 운전분석(HAZOP)   ② 사고예상질문 분석(WHAT-IF)
③ 체크리스트법(Check List)   ④ 사건수 분석(ETA)

해설 정량적 기법
① 사건수 분석법   ② 결함수 분석법
③ 원인결과 분석법 ④ 작업자 실수분석법
정성적인 기법
① 체크리스트법   ② 사고예상질문법
③ 안전성검토법   ④ 예비위험 분석법
⑤ 위험과 운전분석(HAZOP)

해답 45. ④ 46. ③ 47. ④

문제 48 프로판 : 40v%, 매탄 : 16v%, 공기 : 80v%의 조성을 가지는 혼합기체의 폭발하한 값은 얼마인가? (단, 프로판과 메탄의 폭발하한 값은 각각 2.2, 5.0v%이다.)

① 3.79v% ② 4.67v%
③ 4.19v% ④ 4.39v%

해설
$$\frac{100}{L} = \frac{V_1}{L_1} + \frac{V_2}{L_2} + \frac{V_3}{L_3} \cdots \frac{V_n}{L_n} \qquad \frac{100}{L} = \left(\frac{40}{2.2} + \frac{16}{5.0}\right)$$

$$\frac{100}{L} = 21.38 \qquad L = \frac{100}{21.38} = 4.67\text{‰}$$

문제 49 용기의 재검사 기간의 기준으로 옳은 것은?

① 내용적 500L 미만인 용접 용기는 신규검사 후 경과 년수가 20년 이상의 것은 2년 마다
② 내용적 500L 이상인 용접 용기는 신규검사 후 경과 년수가 20년 이상인 것은 1년 마다
③ 내용적 500L 이상인 이음매 없는 용기는 3년 마다
④ 내용적 500L 미만인 이음매 없는 용기는 4년 마다

해설 용기의 재검사 기간

① 용접용기

내용적	15년 미만	15년~20년 미만	20년 이상
500l 미만	3년	2년	1년
500l 이상	5년	2년	1년

② 이음매 없는 용기

내용적	용기재검사 기간
500l 미만	5년 마다 (신규검사 후 경과연수가 10년 이하 5년마다 신규검사 후 경과연수가 10년 초과 3년마다)
500l 이상	5년 마다

해답 48. ② 49. ②

문제 50
도시가스 사용시설에서 배관을 건축물에 고정부착할 때 관 지름이 33mm 이상의 것에는 몇 m 마다 고정장치를 설치하여야 하는가?
① 1m   ② 2m
③ 3m   ④ 4m

해설 배관의 고정
① 관경이 13mm 미만 : 1m 마다
② 관경이 13mm 이상 33m 미만 : 2m 마다
③ 관경이 33mm 이상 : m 마다

문제 51
고압가스특정제조시설의 사업소외의 배관에 설치된 배관장치에는 비상전력설비를 하여야 한다. 다음 중 반드시 갖추어야 할 설비가 아닌 것은?
① 운전상태 감시장치   ② 안전제어장치
③ 가스누출검지 경보장치   ④ 폭발방지장치

해설 비상전력설비
① 안전제어장치 ② 가스누출검지 경보장치 ③ 운전상태 감시장치

문제 52
포스겐(COCl₂)가스를 검지할 수 있는 시험지는?
① 리트머스시험지   ② 염화파라듐지
③ 하리슨시험지   ④ 연당지

해설 시험지명 및 변색상태
- ㉠ 모니아 : 적색 리트머스시험지 ┐
- ㉡ 소 : KI전분지   ├ 청색
- ㉢ 안화수소 : 질산구리벤젠지   ┘
- ㉣ 산화탄소 : 염화파라듐지   ┐
- ㉤ 화수소 : 연당지   ┘ 흑색
- ㉥ 스겐 : 하리슨시험지 : 심등색
- ㉦ 세틸렌 : 염화제1동착염지 : 적색
- ㉧ 황산가스 : 암모니아 적신헝겊 : 흰 연기

해답 50. ③ 51. ④ 52. ③

Ralph M. Barnes교수가 제시한 동작경제의 원칙 중 작업장배치에 관한 원칙(Arrangement of the workplace)에 해당되지 않는 것은?

① 가급적이면 낙하식 운반방법을 이용한다.
② 모든 공구나 재료는 지정된 위치에 있도록 한다.
③ 충분한 조명을 하여 작업자가 잘 볼 수 있도록 한다.
④ 가급적 용이하고 자연스런 리듬을 타고 일할 수 있도록 작업을 구성하여야 한다.

해설 **작업장배치에 관한 원칙**
① 충분한 조명을 하여 작업자가 잘 볼 수 있도록 한다.
② 모든 공구나 재료는 자기 위치에 있도록 한다.
③ 공구, 재료 및 제어장치는 사용위치에 가까이 두도록 한다.
④ 중력이송원리를 이용한 부품 상자나 용기를 이용하여 부품을 제품사용위치에 가까이 보낼 수 있도록 한다.
⑤ 가능하다면 낙하식 운반방법을 사용한다.
⑥ 수송의 동작은 같이 시작하고 같이 끝나도록 한다.
⑦ 휴식시간을 제외하고는 양손이 같이 쉬지 않도록 한다.
⑧ 두 팔의 동작은 서로 방향으로 대칭적으로 움직인다.
⑨ 손과 신체의 동작은 작업을 원만하게 처리할 수 있는 범위 내에서 가장 낮은 동작 등급을 사용하도록 한다.

용접이음의 특징에 대한 설명으로 옳은 것은?

① 조인트 효율이 낮다. ② 기밀성 및 수밀성이 좋다.
③ 진동을 감쇠시키기 쉽다. ④ 응력집중에 둔감하다.

해설 **용접이음의 특징**
① 이음효율이 높다. ② 중량이 가벼워진다.
③ 재료의 두께에 제한이 없다. ④ 이종 재료 접합 가능
⑤ 보수와 수리가 용이 ⑥ 작업공정이 단축되며 경제적이다.
⑦ 제품의 성능과 수명 향상 ⑧ 용접의 자동화가 용이하며 복잡한 구조
⑨ 수밀, 기밀, 유밀성이 좋다. ⑩ 취성이 생길 우려가 있다.
⑪ 품질검사 곤란 ⑫ 용접사의 기량에 따라 품질 좌우
⑬ 변형 및 수축 잔류 응력 발생

53. ④ 54. ②

문제 55
독성가스에 대한 제독제를 연결한 것 중 틀린 것은?

① 시안화수소-물
② 아황산가스-물
③ 암모니아-물
④ 산화에틸렌-물

해설 제독제
① 염소 : ㉠ 소석회 ㉡ 가성소다 ㉢ 탄산소다
② 황화수소 : ㉠ 가성소다 ㉡ 탄산소다
③ 포스겐 : ㉠ 가성소다 ㉡ 소석회
④ 아황산가스 : ㉠ 물 ㉡ 가성소다 ㉢ 탄산소다
⑤ 암모니아, 산화에틸렌, 염화메탄 : 다량의 물

문제 56
다음 중 계량값 관리도에 해당되는 것은?

① c 관리도
② nP 관리도
③ R 관리도
④ u 관리도

해설 R 관리도 : 계량값 관리도

문제 57
다음 검사의 종류 중 검사공정에 의한 분류에 해당되지 않는 것은?

① 수입검사
② 출하검사
③ 출장검사
④ 공정검사

해설 검사공정에의 분류
① 공정검사 ② 출하검사 ③ 수입검사

문제 58
그림과 같은 계획공정도(Network)에서 주공정은? (단, 화살표 아래의 숫자는 활동시간을 나타낸 것이다.)

① ① - ③ - ⑥
② ① - ② - ⑤ - ⑥
③ ① - ② - ④ - ⑤ - ⑥
④ ① - ③ - ④ - ⑤ - ⑥

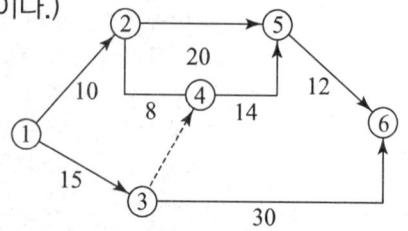

해설 계획공정도에서 주공정 : ① - ③ - ⑥

해답 55. ① 56. ③ 57. ③ 58. ①

문제 59 로트 크기 1000, 부적합품률이 15%인 로트에서 5개 랜덤 시료 중에서 발견된 부적합품수가 1개일 확률을 이항분포로 계산하면 약 얼마인가?

① 0.1648　　　　② 0.3915
③ 0.6085　　　　④ 0.8352

해설　확률 $= 5 \times 0.15 \times 0.85^4 = 0.3915$

문제 60 품질코스트(quality cost)를 예방코스트, 실패코스트, 평가코스트로 분류할 때, 다음 중 실패코스트(failure cost)에 속하는 것이 아닌 것은?

① 시험 코스트　　　　② 불량대책 코스트
③ 재가공 코스트　　　　④ 설계변경 코스트

해설　**실패코스트**
① 설계변경 코스트　② 불량대책 코스트　③ 재가공 코스트

59. ②　60. ①

가스기능장 필기

CBT 시행
2022년도 제 72 회

본 문제는 복원 기출문제입니다. 실제 문제와 다를 수 있으니 양해바랍니다.

문제 01 염소압축기의 윤활유로 적당한 것은?

① 양질의 물
② 진한 황산
③ 양질의 광유
④ 10% 이하의 묽은 글리세린

해설 **압축기 윤활유**
① 공기, 수소, 아세틸렌압축기 : 양질의 광유
② 염소 : 진한황산(농황산)
③ 산소 : 물 또는 10% 이하의 묽은 글리세린수
④ LP가스 압축기 : 식물성유

문제 02 액화석유가스용 콕의 내열성능의 기준에 대한 설명으로 옳은 것은?

① 콕을 연 상태로 (40±2)℃에서 각각 30분간 방치한 후 지체 없이 기밀시험을 실시하여 누출이 없고 회전력은 0.588N · m 이하인 것으로 한다.

② 콕을 연 상태로 (40±2)℃에서 각각 60분간 방치한 후 지체 없이 기밀시험을 실시하여 누출이 없고 회전력은 0.688N · m 이하인 것으로 한다.

③ 콕을 연 상태로 (60±2)℃에서 각각 30분간 방치한 후 지체 없이 기밀시험을 실시하여 누출이 없고 회전력은 0.588N · m 이하인 것으로 한다.

④ 콕을 연 상태로 (60±2)℃에서 각각 60분간 방치한 후 지체 없이 기밀시험을 실시하여 누출이 없고 회전력은 0.688N · m 이하인 것으로 한다.

해답 01. ② 02. ③

해설 액화석유가스용 콕의 내열성능의 기준 : 콕을 연 상태로 (60±2)℃에서 각각 30분간 방치한 후 지체 없이 기밀시험을 실시하여 누출이 없고 회전력은 0.588N·m 이하인 것으로 한다.

 기체의 압력(P)이 감소하여 압력(P)이 0인 한계상황에서 기체 분자의 상태는 어떻게 되는가?

① 분자들은 점점 더 넓게 분산된다.
② 분자들은 점점 더 조밀하게 응집된다.
③ 분자들은 아무런 영향을 받지 않는다.
④ 분자들은 분산과 응집의 균형을 유지한다.

해설 기체의 압력이 감소하여 압력이 0인 한계상황에서 기체 분자의 상태
분자들은 점점 더 넓게 분산된다.

 다음 [그림]은 정압기의 정상상태에서 유량과 2차 압력과의 관계를 나타낸 것이다. A, B, C에 해당되는 용어를 순서대로 옳게 나타낸 것은?

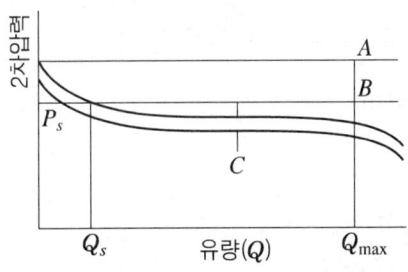

① A : Lock up B : Off set C : Shift
② A : Off set B : Lock up C : Shift
③ A : Shift   B : Off set C : Lock up
④ A : Shift   B : Lock up C : Off set

해설 용어 순서
① A : Lock up ② B : Off set ③ C : Shift

해답 03. ① 04. ①

 문제 05 용기에 의한 가스 운반의 기준에 대한 설명 중 틀린 것은?

① 적재함에는 리프트를 설치하여야 하며, 적재할 충전용기 최대 높이의 2/3 이상까지 적재함을 보강하여야 한다.
② 운행 중에는 직사광선을 받으므로 충전용기 등이 40℃ 이하가 되도록 온도의 상승을 방지하는 조치를 하여야 한다.
③ 충전용기를 용기보관소로 운반할 때는 사람이 직접 운반하되, 이 때 용기의 중간부분을 이용하여 운반한다.
④ 충전용기 등을 적재한 차량은 제1종 보호시설에서 15m 이상 떨어진 안전한 장소에 주정차하여야 한다.

해설 용기에 의한 가스 운반의 기준
① 충전용기 등을 적재한 차량은 제1종 보호시설에서 15m 이상 떨어진 안전한 장소에 주정차하여야 한다.(2종 보호시설은 10m 이상)
② 충전용기를 용기보관소로 운반할 때는 사람이 직접 운반하되, 이 때 용기 윗부분을 이용하여 운반한다.
③ 운행 중에는 직사광선을 받으므로 충전용기 등이 40℃ 이하가 되도록 온도의 상승을 방지하는 조치
④ 적재함에는 리프트를 설치하여야 하며, 적재할 충전용기 최대 높이의 2/3 이상까지 적재함을 보강하여야 한다.

 문제 06 다음 중 100kPa과 같은 압력은?

① 1atm ② 1bar
③ $1kg/cm^2$ ④ $100N/cm^2$

 해설 $1.013bar = 101.325kPa$
$1bar = x$
$x = 100.02$

 보충 $1atm = 1.0332kg/cm^2 = 10332kg/m^2 = 76cmHg = 760mmHg$
$= 10.332mH_2O = 1033.2cmH_2O = 10332mmH_2O = 14.7PSI$
$= 1.013bar = 101.325kPa = 0.10332MPa$
$= 30inH_2O$

해답 05. ③ 06. ②

문제 07

암모니아를 사용하는 공장에서 저장능력 25톤의 저장탱크를 지상에 설치하고자 한다. 저장설비 외면으로부터 사업소 외의 주택까지 몇 미터 이상의 안전거리를 유지하여야 하는가? (단, A공장의 지역은 전용공업지역이 아님)

① 7m
② 10m
③ 14m
④ 16m

해설 안전거리

저장능력 압축가스(m³) 액화가스(kg)	독성, 가연성		산소		기타	
	1종	2종	1종	2종	1종	2종
1만 이하	17m	12m	12m	8m	8m	5m
2만 이하	21m	14m	14m	9m	9m	7m
3만 이하	24m	16m	16m	11m	11m	8m
4만 이하	27m	18m	18m	13m	13m	9m
4만 초과	30m	20m	20m	14m	14m	10m

∴ 독성이며 주택은 2종 보호시설이고 3만 이하이므로 16m 이상이다.

문제 08

고압가스냉동제조시설의 검사기준 중 내압 및 기밀시험에 대한 설명으로 틀린 것은?

① 내압시험은 설계압력의 1.5배 이상의 압력으로 한다.
② 내압시험에 사용하는 압력계는 문자판의 크기가 75mm 이상으로서 그 최고눈금은 내압시험압력의 1.5배 이상 2배 이하로 한다.
③ 기밀시험압력은 상용압력 이상의 압력으로 한다.
④ 시험할 부분의 용적이 5m³인 것의 기밀시험의 유지시간은 480분이다.

해설 고압가스냉동제조시설의 검사기준 중 내압 및 기밀시험

① 시험할 부분의 용적이 5m³인 것의 기밀시험의 유지시간은 480분이다.
② 기밀시험은 설계압력 이상의 압력으로 한다.
③ 내압시험에 사용하는 압력계는 문자판의 크기가 75mm 이상으로서 그 최고눈금은 내압시험압력의 1.5배 이상 2배 이하
④ 내압시험은 설계압력의 1.5배 이상의 압력으로 한다.

해답
07. ④ 08. ③

문제 09 소형용접용기에의 액화석유가스 충전의 기준에 대한 설명으로 틀린 것은?

① 제조 후 10년이 경과하지 않은 용접용기인 것이어야 한다.
② 캔밸브는 부착한지 3년이 경과하지 않아야 하며, 부착연월이 각인되어 있는 것이어야 한다.
③ 소형용접용기의 상태가 관련법에서 정하고 있는 4급에 해당하는 찍힌 흠, 부식, 우그러짐 및 화염에 의한 흠이 없는 것이어야 한다.
④ 충전사업자는 소형용접용기의 표시사항을 확인하고 표시사항이 훼손된 것은 다시 표시한다.

[해설] 캔밸브는 부착한지 3년이 경과하여야 하며, 부착연월이 각인되어 있는 것이어야 한다.

문제 10 고압가스 취급 장치로부터 미량의 가스가 누출되는 것을 검지하기 위하여 시험지를 사용한다. 검지가스에 대한 시험지 종류와 반응색이 옳게 짝지어진 것은?

① 아세틸렌-염화제1구리착염지-적색
② 포스겐-연당지-흑색
③ 암모니아-KI전분지-적색
④ 일산화탄소-초산벤지단지-청색

[해설] 시험지명 및 변색상태
- 암모니아 적색리트머스시험지 ┐
- 염소 KI전분지   │ 청색변
- 시안화수소 질산구리벤젠지 ┘
- 일산화탄소 염화파라듐지 ┐
- 황화수소 연당지   ┘ 흑색변
- 포스겐 하리슨시험지 : 심등색(오랜지색) 변
- 아세틸렌 염화제1동착염지 : 적색변
- 아황산가스 : 암모니아 적신헝겊 : 흰 연기

해답 09. ② 10. ①

문제 11
다음 중 용기부속품의 기호표시로 틀린 것은?

① AG : 아세틸렌가스를 충전하는 용기의 부속품
② PG : 압축가스를 충전하는 용기의 부속품
③ LT : 초저온용기 및 저온용기의 부속품
④ LG : 액화석유가스를 충전하는 용기의 부속품

해설 용기부속품 기호표시
① AG : 아세틸렌가스를 충전하는 용기 부속품
② PG : 압축가스를 충전하는 용기 부속품
③ LT : 초저온 및 저온가스를 충전하는 용기부속품
④ LPG : 액화석유가스를 충전하는 용기부속품
⑤ LG : 액화석유가스 외의가스를 충전하는 용기부속품

문제 12
다음 중 자유도가 가장 작은 것은?

① 승화곡선   ② 증발곡선
③ 삼중점   ④ 용융곡선

해설 자유도가 가장 작은 것 : 삼중점

문제 13
암모니아의 물리적 성질에 대한 설명 중 틀린 것은?

① 쉽게 액화한다.   ② 증발잠열이 크다.
③ 자극성의 냄새가 난다. ④ 물에 녹지 않는다.

해설 암모니아의 물리적 성질
① 물에 잘 녹는다.(800cc)
② 증발 잠열이 크다.(313)
③ 자극성의 냄새가 난다.(독성 25PPM 이상)
④ 쉽게 액화한다.

해답 11. ④ 12. ③ 13. ④

문제 14

다음 가스의 성질에 대한 설명 중 옳지 않은 것은?

① 암모니아는 산이나 할로겐과 잘 화합하고 고온, 고압에서는 강재를 침식한다.
② 산소는 반응성이 강한 가스로서 가연성 물질을 연소시키는 조연성(助然性)이 있다.
③ 질소는 안정한 가스로서 불활성 가스라고도 하는데 고온하에서도 금속과 화합하지 않는다.
④ 일산화탄소는 독성가스이고, 또한 가연성가스이다.

해설 질소는 안정한 가스로서 불활성 가스라고도 하는데 고온에서 금속과 화합한다.
$2Mg + N_2 \rightarrow Mg_2N_2$(질화마그네슘)

문제 15

다음 가스 중 폭발 위험도가 가장 큰 물질은?

① CO
② NH_3
③ C_2H_4O
④ H_2

해설 위험도 큰 순서

① C_2H_4O(산화에틸렌) 3~80% : $\dfrac{80-3}{3} = 25.67$

② H_2(수소) 4~75% : $\dfrac{75-4}{4} = 17.75$

③ CO(일산화탄소) 12.5~74% : $\dfrac{74-12.5}{12.5} = 4.92$

④ NH_3(암모니아) 15~28% : $\dfrac{28-15}{15} = 0.866$

문제 16

재해용 약재로서 가성소다(NaOH)나 탄산소다(Na_2CO_3)의 수용액을 사용할 수 없는 것은?

① 염소(Cl_2)
② 아황산가스(SO_2)
③ 황화수소(H_2S)
④ 암모니아(NH_3)

해답 14. ③ 15. ③ 16. ④

해설 제독제
① 염소 : ㉠ 소석회 ㉡ 가성소다 ㉢ 탄산소다
② 황화수소 : ㉠ 가성소다 ㉡ 탄산소다
③ 아황산가스 : ㉠ 물 ㉡ 가성소다 ㉢ 탄산소다
④ 포스겐 : ㉠ 가성소다 ㉡ 소석회
⑤ 암모니아, 산화에틸렌, 염화메탄 : 다량의 물

문제 17 암모니아 제조법 중 haber-bosch법은 수소와 질소를 혼합하여 몇 도의 온도와 몇 기압의 압력으로 합성시키며 촉매는 무엇을 사용하는가?

① 450~500℃, 300atm, Fe, Al_2O_3
② 150~300℃, 10atm, 백금
③ 1000℃, 800atm, NaCl
④ 150~200℃, 450atm, 알루미늄과 은

해설 하버보시법

$$N_2 + 3H_2 \xrightarrow[200 \sim 1000 altm]{450 \sim 500℃} 2NH_3 + 23kcal$$

촉매 : 산화철(Fe_2O_3)
산화알루미늄(Al_2O_3)

문제 18 비중이 1인 물과 비중이 13.6인 수은으로 구성된 U자형 마노미터의 압력차가 0.2기압일 때 마노미터에서 수은의 높이차는 약 몇 cm인가?

① 13 ② 16
③ 19 ④ 22

$P_2 - P_1 = r \times h$에서 $h = \dfrac{206.64 \text{ g/cm}^2}{13.6 \text{ g/cm}^3} = 15.19 \text{cm}$

0.2atm = 13.6g/cm³ × h
1atm = 1033.2g/cm²

0.2atm = x $x = \dfrac{0.2 \text{ atm} \times 1033.2 \text{ g/cm}^2}{1 \text{ atm}} = 206.64 \text{g/cm}^2$

해답 17. ① 18. ②

문제 19 용기에 의한 가스의 운반기준에 대한 설명으로 틀린 것은?

① 충전용기는 자전거나 오토바이로 적재하여 운반하지 아니한다.
② 독성가스 중 가연성가스와 조연성가스는 동일차량 적재함에 운반하지 아니한다.
③ 밸브가 돌출한 충전용기는 고정식프로텍터나 캡을 부착시켜 밸브와 손상을 방지하는 조치를 한다.
④ 충전용기와 휘발유를 동일 차량에 적재하여 운반할 경우에는 시·도지사의 허가를 받는다.

해설 용기에 의한 가스 운반기준
① 밸브가 돌출한 충전용기는 고정식프로텍터나 캡을 부착시켜 밸브와 손상을 방지하는 조치를 함
② 독성가스 중 가연성가스와 조연성가스는 동일차량 적재함에 운반하지 아니함
③ 충전용기와 휘발유를 동일 차량에 적재하여 운반할 경우에는 소방서장의 허가를 받는다.
④ 충전용기는 자전거나 오토바이로 적재하여 운반하지 아니한다.

문제 20 순수한 수소와 질소를 고온, 고압에서 다음의 반응에 의해 암모니아를 제조한다. 반응기에서의 수소의 전화율은 10% 이고, 수소는 30kmol/s, 질소는 20kmol/s로 도입될 때 반응기에서의 배출되는 질소의 양은 몇 kmol/s인가?

$$3H_2 + N_2 \rightarrow 2NH_3$$

① 3
② 19
③ 27
④ 37

해설 질소의 양

19. ④ 20. ②

 **21** 가연성가스 저온저장탱크에서 내부의 압력이 외부의 압력보다 낮아져 저장탱크가 파괴되는 것을 방지하기 위한 조치로서 적당하지 않은 것은?

① 압력계를 설치한다. ② 압력경보설비를 설치한다.
③ 진공안전밸브를 설치한다. ④ 압력방출밸브를 설치한다.

해설 내부의 압력이 외부의 압력보다 낮아져 저장탱크가 파괴되는 것을 방지하기 위한 조치
① 압력계를 설치한다.
② 진공안전밸브를 설치한다.
③ 압력경보설비를 설치한다.

 **22** 다음 [보기]에서 설명하는 신축이음 방법은?

[보기] – 신축량이 크고 신축으로 인한 응력이 생기지 않는다.
– 직선으로 이음하므로 설치공간이 비교적 적다.
– 배관에 곡선부분이 있으면 비틀림이 생긴다.
– 장기간 사용 시 패킹재의 마모가 생길 수 있다.

① 슬리브형 ② 벨로우즈형
③ 루프형 ④ 스위블형

해설 신축이음
① 슬리브형신축이음 : ㉠ 장기간 사용 시 패킹재의 마모가 생길 수 있다.
㉡ 배관에 곡선부분이 있으면 비틀림이 생긴다.
㉢ 직선으로 이음하므로 설치공간이 비교적 적다.
㉣ 신축량이 크고 신축으로 인한 응력이 생기지 않음
② 루우프형신축이음 : ㉠ 고압증기의 옥외 배관 사용
㉡ 응력이 생김
㉢ 곡률반경은 관지름의 6배 이상
③ 벨로우즈형 신축이음 : ㉠응력이 생기지 않는다.

해답 21. ④ 22. ①

문제 23

다음 중 액상의 액화석유가스가 통하는 배관에 사용할 수 있는 재료는?

① KS D 3507
② KS D 3562
③ KS D 3583
④ KS D 4301

해설 액상의 액화석유가스가 통하는 배관에 사용할 수 있는 재료
KSD(금속)3562

문제 24

비가역단열변화에서 엔트로피 변화는 어떻게 되는가?

① 변화는 가역 및 비가역과 무관하다.
② 변화가 없다.
③ 감소한다.
④ 반드시 증가한다.

해설 비가역단열변화에서 엔트로피 변화 : 반드시 증가한다.

문제 25

질소의 용도로서 가장 거리가 먼 것은?

① 암모니아 합성원료
② 냉매
③ 개미산 제조
④ 치환용 가스

해설 질소의 용도
① 대부분 암모니아 합성원료가스
② 가연성가스를 취급하는 장치의 퍼지용
③ 석회질소 제조용
④ 액체질소는 식품 등의 금속동결용 냉매가스로 이용
⑤ 기기의 기밀시험용 및 치환용가스
⑥ 금속의 산화방지용 및 전구에 넣어 필라멘트보호재로 사용

해답 23. ② 24. ④ 25. ③

문제 26

1몰의 CO_2가 321K에서 1.32L를 차지할 때의 압력은? (단, 이상화탄소는 반데르발스 식에 따른다고 할 때 상수 a=3.60L^2·atm/mol^2, b=0.0482L/mol 이고, 기체상수 R=0.082atm·L/K·mol 이다.)

① 18.63atm
② 26.60atm
③ 35.94atm
④ 42.78atm

해설

$$P = \frac{nRT}{V-nb} - \frac{n^2 a}{V^2} = \left(\frac{1 \times 0.082 \times 321}{1.32 - 1 \times 0.0482} - \frac{1^2 \times 3.60}{1.32} \right)$$
$$= 18.63 \text{atm}$$

보충

$$\left(P + \frac{n^2 a}{V^2} \right)(V - nb) = nRT$$

문제 27

도시가스배관 지하매설의 기준에 대한 설명으로 옳은 것은?

① 연약지반에 설치하는 배관은 잔자갈기초 또는 단단한 기초공사 등으로 지반침하를 방지하는 조치를 한다.
② 배관의 기울기는 도로의 기울기에 따르고 도로가 평탄한 경우에는 1/1000~1/5000정도의 기울기로 설치한다.
③ 기초재료와 침상재료를 포설한 후 다짐작업을 하고, 그 이후 되메움 공정에서는 배관상단으로부터 30cm 높이로 되메움 재료를 포설한 후마다 다짐작업을 한다.
④ PE배관의 매몰설치 시 곡율허용반경은 외경의 50배 이상으로 한다.

해설 기초재료와 침상재료를 포설한 후 다짐작업을 하고, 그 이후 되메움 공정에서는 배관상단으로부터 30cm 높이로 되메움 재료를 포설한 후마다 다짐작업을 한다.

문제 28

LP가스의 일반적인 연소 특성이 아닌 것은?

① 발열량이 크다.
② 연소속도가 느리다.
③ 착화온도가 낮다.
④ 폭발범위가 좁다.

해답 26. ① 27. ③ 28. ③

해설 LP가스의 일반적인 연소 특성
① 착화온도가 높다. ② 발열량이 크다.
③ 연소시 다량의 공기가 필요하다. ④ 연소속도가 느리다.
⑤ 폭발범위가 좁다.

 **29** 가스엔진구동열펌프(GHP)에 대한 설명 중 옳지 않은 것은?
① 부분부하 특성이 우수하다.
② 난방 시 GHP의 기동과 동시에 난방이 가능하다.
③ 외기온도 변동에 영향이 많다.
④ 구조가 복잡하고 유지관리가 어렵다.

해설 가스엔진구동열펌프(GHP)에 대한 설명
① 구조가 복잡하고 유지관리가 어렵다.
② 외기온도 변동에 영향이 적다.
③ 난방식 GHP의 기동과 동시에 난방이 가능하다.
④ 부분부하 특성이 우수하다.

 **30** 소형저장탱크는 LPG를 저장하기 위하여 지상 또는 지하에 고정 설치된 탱크로서 저장능력이 몇 톤 미만인 탱크를 말하는가?
① 1 ② 3
③ 5 ④ 10

해설 소형저장탱크 : 저장능력이 3Ton 미만인 탱크

 **31** 배관이 막히거나 고장이 생겼을 때 쉽게 수리할 수 있게 하기 위하여 사용하는 배관 부속은?
① 티이 ② 소켓
③ 엘보 ④ 유니온

해답 29. ③ 30. ② 31. ④

 배관이 막히거나 고장이 생겼을 때 쉽게 수리할 수 있게 하기 위해 사용하는 배관 부속 : 유니온

문제 32

다음 [그림]과 같이 동판이 2개의 강판사이에 납땜되어 있어 한 물체처럼 변형한다. 이것을 가열하면 동판과 강판에는 각각 어떠한 응력이 생기는가?

① 동판 : 압축응력, 강판 : 인장응력
② 동판 : 인장응력, 강판 : 압축응력
③ 동판 : 인장응력, 강판 : 인장응력
④ 동판 : 압축응력, 강판 : 압축응력

 **동판** : 압축응력, **강판** : 인장응력

문제 33

의료용 가스의 종류에 따른 도색의 구분으로 옳은 것은?

① 헬륨–회색
② 질소–흑색
③ 에틸렌–백색
④ 싸이크로프로판–갈색

의료용 가스 용기 도색

질소 같은 밤에자고 탄회를 씨게 주면 청아한 산소에서 백로가 헬기로 갈아채 가더라.
① ② ③ ④ ⑤ ⑥ ⑦
① 질소 : 흑색   ② 에틸렌 : 자색   ③ 탄산가스 : 회색
④ 싸이크로프로판 : 주황   ⑤ 아산화질소 : 청색   ⑥ 산소 : 백색
⑦ 헬륨 : 갈색

문제 34

가스발생기 및 가스홀더는 그 외면으로부터 사업장의 경계까지의 안전거리가 최고사용압력이 고압인 것은 몇 m 이상이 되어야 하는가?

① 5
② 10
③ 15
④ 20

해답 32. ① 33. ② 34. ④

해설 최고사용압력 : ① 고압 : 20m 이상
② 중압 : 10m 이상
③ 저압 : 5m 이상

문제 35
일산화탄소를 저장하는 탱크에 사용이 불가능한 재료는?
① Ni-Cr 강
② 스테인리스강
③ 구리
④ 철 및 니켈

해설 일산화탄소를 저장하는 탱크에 사용이 불가능한 재료
① $Ni+4CO \rightarrow Ni(CO)_4$, 니켈카보닐 ┐ 부식발생
② $Fe+5CO \rightarrow Fe(CO)_5$, 철카보닐 ┘

문제 36
가스보일러 설치기준에 따라 반밀폐식 가스보일러의 공동배기방식에 대한 기준 중 틀린 것은?

① 공동배기구의 정상부에서 최상층 보일러의 역풍방지장치 개구부 하단까지의 거리가 5m일 경우 공동배기구에 연결시킬 수 있다.
② 공동배기구 유효단면적 계산식($A = Q \times 0.6 \times K \times F + P$)에서 PP는 배기통의 수평투영면적(mm^2)을 의미한다.
③ 공동배기구는 굴곡 없이 수직으로 설치하여야 한다.
④ 공동배기구는 화재에 의한 피해확산 방지를 위하여 방화 댐퍼(Damper)를 설치하여야 한다.

해설 반밀폐식 가스보일러의 공동배기방식
① 공동배기구는 굴곡 없이 수직으로 설치하여야 한다.
② 공동배기구 유효단면적 계산식은($A = Q \times 0.6 \times K \times F + P$)에서 P는 배기통의 수평투영면적(mm^2)을 의미한다.
③ 공동배기구의 정상부에서 최상층 보일러의 역풍방지장치 개구부 하단까지의 거리가 5m일 경우 공동배기구에 연결시킬 수 있다.
④ 공동배기구는 화재에 의한 피해확산 방지를 위하여 방화문을 설치한다.

해답 35. ④ 36. ④

문제 37

내경이 10cm인 액체 수송용 파이프 속에 구경이 5cm인 오리피스 미터가 설치되어 있고, 이 오리피스에 부착된 수은 마노미터의 눈금차가 12cm이다. 만일 5cm 오리피스 대신에 구경이 2.5cm인 오리피스 미터를 설치했다면 수은 마노미터의 눈금차는 약 몇 cm가 되겠는가?

① 172
② 182
③ 192
④ 202

문제 38

다음 폭굉(detonation)에 대한 설명 중 옳은 것은?

① 폭굉속도는 보통 연소속도의 20배 정도이다.
② 폭굉속도는 가스인 경우에는 1000m/s 이하이다.
③ 폭굉속도가 클수록 반사에 의한 충격효과는 감소한다.
④ 일반적으로 혼합가스의 폭굉범위는 폭발범위보다 좁다.

해설 ① 연소속도 0.1~10m/sec이므로 보통 16배에서 35배 정도
② 폭굉속도 1000~3500m/sec이다.
③ 폭굉속도가 클수록 반사에 의한 충격효과는 커진다.
④ 일반적으로 혼합가스의 폭굉범위는 폭발범위보다 좁다.

문제 39

액화석유가스 소형저장탱크를 설치할 경우 안전거리에 대한 설명으로 틀린 것은?

① 충전질량이 2500kg인 소형저장탱크의 가스충전구로부터 토지경계선에 대한 수평거리는 5.5m 이상이어야 한다.
② 충전질량이 1000kg 이상 2000kg 미만인 소형저장탱크의 탱크간 거리는 0.5m 이상이어야 한다.
③ 충전질량이 2500kg인 소형저장탱크의 가스충전구로부터 건축물개구부에 대한 거리는 3.5m 이상이어야 한다.
④ 충전질량이 1000kg 미만인 소형저장탱크의 가스충전구로부터 토지경계선에 대한 수평거리는 1.0m 이상이어야 한다.

해답 37. ③ 38. ④ 39. ④

> **해설** 소형저장탱크 설치시 안전거리
> ① 충전질량이 2500kg인 소형저장탱크의 가스충전구로부터 건축물개구부에 대한 거리는 3.5m 이상이어야 한다.
> ② 충전질량이 1000kg 이상 2000kg 미만인 소형저장탱크의 탱크간 거리는 0.5m 이상이어야 한다.
> ③ 충전질량이 2500kg인 소형저장탱크의 가스충전구로부터 토지경계선에 대한 수평거리는 5.5m 이상이어야 한다.

문제 40 정압기의 구조에 따른 분류 중 일반소비기기용이나 지구 정압기에 널리 사용되고 사용 압력은 중압용이며, 구조와 기능이 우수하고 정특성은 좋지만 안전성이 부족하고 크기가 대형인 정압기는?

① 레이놀즈(Reynolds)식 정압기
② 피셔(Fisher)식 정압기
③ Axial Flow Valve(AFV)식 정압기
④ 루트(Roots)식 정압기

> **해설** 레이놀즈식 정압기
> ① 일반소비기기용이나 지구 정압기에 널리 사용
> ② 사용 압력은 중압이다.
> ③ 구조와 기능이 우수하고 정특성은 좋다.
> ④ 안전성이 부족하고 크기가 대형이다.

문제 41 고압가스안전관리법령에서 정한 고압가스의 범위에 대한 설명으로 옳은 것은?

① 상용의 온도에서 게이지 압력이 0MPa이 되는 압축가스
② 섭씨 35℃의 온도에서 게이지 압력이 1Pa을 초과하는 아세틸렌가스
③ 상용의 온도에서 게이지 압력이 0.2MPa 이상이 되는 액화가스
④ 섭씨 15℃의 온도에서 게이지 압력이 0.2MPa을 초과하는 액화가스 중 액화시안화수소

해답 40. ① 41. ③

해설 **고압가스 범위**
① 압축가스 : 상용온도 또는 35℃에서 1MPa 이상인 것(산소, 수소, 질소)
② 액화가스 : 상용온도 또는 35℃에서 0.2MPa 이상인 것(액화프로판, 액화부탄)
③ 아세틸렌 : 상용온도 또는 15℃에서 0MPa 이상인 것
④ 액화가스 중 HCN, C_2H_4O, CH_3Br은 상용온도에서 0MPa 이상인 것

 **42**

이상기체가 갖추어야 할 성질에 대한 설명으로 가장 올바른 것은?
① 보일-샤를의 법칙이 완전하게 적용된다고 여겨지는 가상의 기체로서 고온, 저압상태에서 분자상호간의 작용이 전혀 없는 상태
② 보일-샤를의 법칙이 완전하게 적용된다고 여겨지는 가상의 기체로서 저온, 고압상태에서 분자상호간의 작용이 전혀 없는 상태
③ 보일-샤를의 법칙이 완전하게 적용된다고 여겨지는 가상의 기체로서 고온, 저압상태에서 분자상호간의 작용이 무한히 큰 상태
④ 보일-샤를의 법칙이 완전하게 적용된다고 여겨지는 가상의 기체로서 저온, 고압상태에서 분자상호간의 작용이 무한히 큰 상태

해설 **이상기체가 갖추어야 할 성질**
보일-샤를의 법칙이 완전하게 적용된다고 여겨지는 가상의 기체로서 고온, 저압상태에서 분자상호간의 작용이 전혀 없는 상태

 **43**

질소 1.36kg이 압력 600kPa하에서 팽창하여 체적이 0.01m³증가하였다. 팽창과정에서 20kJ의 열이 공급되었고 최종온도가 93℃이었다면 초기 온도는 약 몇 ℃인가? (단, 정적비열은 0.74kJ/kg·℃이다.)

① 59   ② 69
③ 79   ④ 89

해답   42. ①   43. ③

문제 44

다단 압축기에서 실린더 냉각의 목적으로 가장 거리가 먼 것은?

① 흡입시에 가스에 주어진 열을 가급적 줄여서 흡입효율을 적게 한다.
② 온도가 냉각됨에 따라 단위 능력당 소요 동력이 일반적으로 감소되고, 압축효율도 좋게 한다.
③ 활동면을 냉각시켜 윤활이 원활하게 되어 피스톤링에 탄소화물이 발생하는 것을 막는다.
④ 밸브 및 밸브 스프링에서 열을 제거하여 오손을 줄이고 그 수명을 길게 한다.

해설 압축기에서 실린더 냉각 목적
① 밸브 및 밸브 스프링에서 열을 제거하여 오손을 줄이고 그 수명을 길게 한다.
② 활동면을 냉각시켜 윤활이 원활하게 되어 피스톤링에 탄소화물이 발생하는 것을 막는다.
③ 온도가 냉각됨에 따라 단위 능력당 소요 동력이 일반적으로 감소되고, 압축효율도 좋게 한다.
④ 흡입시에 가스에 주어진 열을 가급적 줄여서 흡입효율을 크게 한다.

문제 45

외기온도가 20°C일 때 표면온도 70°C인 관 표면에서의 복사에 의한 열전달율은 약 몇 kcal/m² · h · K인가? (단, 복사율은 0.80이다.)

① 0.2
② 5
③ 10
④ 15

해설

열전달율 $= \dfrac{4.88 \times \epsilon \times \left\{ \left(\dfrac{T_1}{100}\right)^4 - \left(\dfrac{T_2}{100}\right)^4 \right\}}{t_1 - t_2}$

$= \dfrac{4.88 \times 0.8 \times \left\{ \left(\dfrac{273+70}{100}\right)^4 - \left(\dfrac{273+20}{100}\right)^4 \right\}}{70 - 20}$

$= 5 \text{ kcal/m}^2\text{h°K}$

해답 44. ① 45. ②

일명 패클리스(packless) 이음재라고도 하며 재료로서 인청동제 또는 스테인리스제를 사용하고 구조상 고압용 신축이음 방법으로 적합하지 않은 것은?

① 상온스프링 ② U형 밴드
③ 벨로우즈이음 ④ 원형밴드

해설 벨로우즈이음 : 일명 패클리스(packless) 이음재라고도 하며 재료로서 인청동제 또는 스테인리스제를 사용하고 구조상 고압용 신축이음 방법으로 부적합

다음 중 고압가스 제조허가의 종류에 해당하지 않는 것은?

① 고압가스 특정제조 ② 고압가스 일반제조
③ 냉동제조 ④ 가스용품제조

해설 고압가스 제조허가의 종류
① 고압가스 특정제조
② 고압가스 일반제조
③ 냉동제조

이상기체의 폴리트로픽(polytropic)변화에서 P, v, T관계를 틀리게 표현한 것은? (단, n은 폴리트로픽지수를 나타낸다.)

① $Pv^n = C(P_1 v_1^n = P_2 v_2^n = 일정)$
② $Tv^{n-1} = C(T_1 v_1^{n-1} = T_2 v^{n-1} = 일정)$
③ $TP^{n-1} = C(T_1 P_1^{n-1} = T_2 P_2^{n-1} = 일정)$
④ $T^n P^{1-n} = C(T_1^n P_1^{1-n} = T_2^n P_2^{1-n} = 일정)$

해설 이상기체의 폴리트로픽 변화에서 P, v, T관계
① $T^m P^{1-n} = C(T_1^m P_1^{1-n} = T_2^m P_2^{1-n} = 일정)$
② $Tv^{n-1} = C(T_1 v_1^{n-1} = T_2 v^{n-1} = 일정)$
③ $Pv^n = C(P_1 v_1^n = P_2 v_2^n = 일정)$

46. ③ 47. ④ 48. ③

문제 49

산소(O_2)의 성질에 대한 설명으로 옳은 것은?

① 비점은 약 −183℃이다. ② 임계압력은 약 33.5atm 이다.
③ 임계온도는 약 −144℃이다. ④ 분자량은 약 16이다.

해설 산소의 성질
① 비점은 약 −183℃이다. 임계압력은 50.1atm이다.
② 임계온도는 약 −118.4℃이고 분자량은 32g이다.
③ 1ℓ의 중량은 0℃ 1기압에서 1.429g이다.
④ 가연성 물질과 점화 시 폭발적으로 연소한다.
⑤ 무색, 무미, 무취의 기체로 비중이 1.105로서 공기보다 약간 무겁다.
⑥ 액체산소는 연한 청색을 띠고 있다.
⑦ 모든 원소와 화합 시 산화물을 만든다.
⑧ 액체가 기화하면 800배 체적의 기체가 된다.

문제 50

고압가스 장치에 사용되는 압력계 중 탄성식 압력계가 아닌 것은?

① 링밸런스식 압력계 ② 부르돈관식 압력계
③ 벨로우즈 압력계 ④ 다이어프램식 압력계

해설 탄성식 압력계 종류
① 부르돈관 압력계 ② 벨로우즈 압력 ③ 다이어프램 압력계

문제 51

가스제조소에서 정제된 가스를 저장하여 가스의 질을 균일하게 유지하며, 제조량과 수요량을 조절하는 것은?

① 정압기 ② 압송기
③ 배송기 ④ 가스홀더

해설 가스홀더 : 가스제조소에서 정제된 가스를 저장하여 가스의 질을 균일하게 유지하며, 제조량과 수요량 조절

해답 49. ① 50. ① 51. ④

 에탄 1mol을 완전연소시켰을 때 발열량(Q)은 몇 kcal/mol인가? (단, $CO_2(g)$, $H_2O(g)$, $C_2H_6(g)$의 생성열은 1mol 당 각각 94.1kcal, 57.8kcal, 20.2kcal이다.)

$$C_2H_6(g) + \frac{7}{2}O_2 \rightarrow 2CO_2(g) + 3H_2O(g) + Q$$

① 214.4 ② 259.4
③ 301.4 ④ 341.4

해설 발열량 $= (2 \times 94.1 + 3 \times 57.8 - 20.2) = 341.4$

 A+B → C+D의 반응에 대한 에너지 분포를 그림과 같이 나타냈다. 그림의 설명 중 틀린 것은?

① x는 반응계의 에너지이다.
② 발열반응이다.
③ y는 활성화 에너지이다.
④ 엔트로피가 감소하는 반응이다.

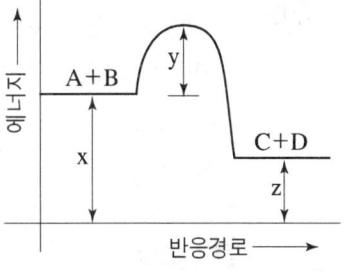

해설 엔트로피가 증가하는 반응이다.

 스크류 압축기에 대한 설명으로 틀린 것은?

① 무급유식 또는 급유식 방식의 용적형이다.
② 흡입, 압축, 토출의 3행정을 갖는다.
③ 효율이 아주 높고, 용량조정이 쉽다.
④ 기체에는 맥동이 적고 연속적으로 압축한다.

해설 스크류 압축기의 특징
① 기체에는 맥동이 적고 연속적으로 압축한다.
② 용량조절이 어렵다.
③ 흡입, 압축, 토출의 3행정을 갖는다.
④ 무급유식 또는 급유식 방식의 용적형이다.

52. ④ 53. ④ 54. ③

문제 55

관리도에서 측정한 값을 차례로 타점했을 때 점이 순차적으로 상승하거나 하강하는 것을 무엇이라 하는가?

① 런(run)
② 주기(cycle)
③ 경향(trend)
④ 산포(dispersion)

해설 관리도
① 경향 : 관리도에서 측정한 값을 차례로 타점했을 때 점이 순차적으로 상승하거나 하강하는 것
② 런 : 관리도에서 점이 관리한계 내에 있고 중심선 한쪽에 연속해서 나타나는 점
③ 주기 : 점이 주기적으로 상·하로 변동하여 파형을 나타내는 경우

문제 56

어떤 측정법으로 동일 시료를 무한회 측정하였을 때 데이터 분포의 평균치와 참값과의 차를 무엇이라 하는가?

① 재현성
② 안정성
③ 반복성
④ 정확성

해설 모집단
① 정확성 : 어떤 측정법으로 동일 시료를 무한회 측정시 데이터 분포의 평균치와 참값과의 차
② 정밀도 : 어떤 측정방법으로 동일 시료를 무한회 측정시 얻어진 데이터는 반드시 흩어지는데 그 데이터분포의 폭의 크기
③ 신뢰성 : 데이터를 신뢰할 수 있는가 없는가의 문제

문제 57

"무결점 운동"으로 불리는 것으로 미국의 항공사인 마틴사에서 시작된 품질개선을 위한 동기부여 프로그램은 무엇인가?

① ZD
② 6시그마
③ TPM
④ ISO 9001

해설 ZD : 무결점 운동으로서 미국의 항공사인 마틴사에서 시작된 품질개선을 위한 동기부여 프로그램

해답 55. ③ 56. ④ 57. ①

문제 58

컨베이어 작업과 같이 단조로운 작업은 작업자에게 무력감과 구속감을 주고 생산량에 대한 책임감을 저하시키는 등 폐단이 있다. 다음 중 이러한 단조로운 작업을 결함을 제거하기 위해 채택되는 직무설계방법으로서 가장 거리가 먼 것은?

① 자율경영팀 활동을 권장한다.
② 하나의 연속작업시간을 길게 한다.
③ 작업자 스스로가 직무를 설계하도록 한다.
④ 직무 확대, 직무 충실화 등의 방법을 활용한다.

해설 직무설계방법
① 하나의 연속작업시간을 길게 한다.
② 작업자 스스로가 직무를 설계하도록 한다.
③ 자율경영팀 활동을 권장한다.

문제 59

도수분포표를 작성하는 목적으로 볼 수 없는 것은?

① 로트의 분포를 알고 싶을 때
② 로트의 평균치와 표준편차를 알고 싶을 때
③ 규격과 비교하여 부적합품률을 알고 싶을 때
④ 주요 품질항목 중 개선의 우선순위를 알고 싶을 때

해설 도수분포표를 작성하는 목적
① 규격과 비교하여 부적합품률을 알고 싶을 때
② 로트의 분포를 알고 싶을 때
③ 주요 품질항목 중 개선의 우선순위를 알고 싶을 때

문제 60

정상소요기간이 5일이고, 이때의 비용이 20,000원이며 특급소요기간이 3일이고, 이때의 비용이 30,000원이라면 비용구배는 얼마인가?

① 4000원/일　　② 5,000원/일
③ 7,000원/일　　④ 10,000원/일

해설 비용구배 = $\dfrac{급속비용 - 정상비용}{정상공기 - 급속공기} = \dfrac{(30000-20000)}{(5-3)} = 5000$ 원/일

58. ④　59. ②　60. ②

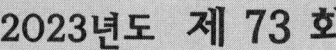

CBT 시행 2023년도 제 73 회

본 문제는 복원 기출문제입니다. 실제 문제와 다를 수 있으니 양해바랍니다.

문제 01 액화가스를 가열하여 기화시키는 기화장치의 성능기준으로 틀린 것은?

① 가연성 가스용 기화장치의 접지 저항치는 10Ω 이하로 한다.
② 안전장치는 내압시험의 8/10 이하의 압력에서 작동하는 것으로 한다.
③ 온수가열 방식의 온수는 80℃ 이하로 한다.
④ 증기가열 방식의 온수는 100℃ 이하로 한다.

해설 기화장치의 성능기준
① 온수가열방식의 온수는 80℃ 이하로 한다.
② 증기가열 방식의 온도는 120℃ 이하로 한다.
③ 안전장치는 내압시험의 $\frac{8}{10}$ 이하의 압력에서 작동하는 것으로 한다.
④ 가연성가스용기화장치의 접지저항치는 10Ω 이하로 한다.

문제 02 도시가스의 공급계획을 가장 적절히 설명한 항목은?

① 어떤 지역내의 피크(peak)시 가스소비량과 그 지역 내전체 수요가의 가스기구 소비량의 총합계의 비를 추정하는 것이다.
② 해마다 증가하는 수요, 공급구역의 확대를 예측하여 항상 안정된 압력으로 양질의 가스를 원활하게 공급할 수 있도록 공급시설의 증강 또는 개폐를 계획하는 것이다.
③ 배관의 구경결정과 압력해석을 수행하는 것이다.
④ 시시각각 변화하는 가스 수요량을 예측하여 가스제조설비, 가스홀더, 압송기, 정압기 등을 안전하고 효율적으로 운용하여, 수요가에게 안정된 공급압력으로 가스를 공급하는 것이다.

해설 도시가스공급계획 : 해마다 증가하는 수요, 공급구역의 확대를 예측하여 항상 안정된 압력으로 양질의 가스를 원활하게 공급할 수 있도록 공급시설의 증감 또는 개폐를 계획

해답 01. ④ 02. ②

03 염소가스는 수은법에 의한 식염의 전기분해로 얻을 수 있다. 이 때 염소가스는 어느 곳에서 주로 발생하는가?

① 수은
② 소금물
③ 나트륨
④ 인조흑연(탄소판)

해설 $2NaCl + (Hg) \rightarrow Cl_2(탄소판) + 2Na(Hg)$

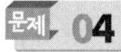 04 다음 중 이상기체의 법칙에 가장 가까운 것은?

① 저압, 고온에서 이상기체의 법칙에 접근한다.
② 고압, 저온에서 이상기체의 법칙에 접근한다.
③ 저압, 저온에서 이상기체의 법칙에 접근한다.
④ 고압, 고온에서 이상기체의 법칙에 접근한다.

해설 **이상기체의 법칙** : 고온, 저압에서 이상기체의 법칙에 접근한다.

 05 Dalton의 법칙에 대한 설명으로 옳지 않은 것은?

① 모든 기체에 대해 정확히 성립한다.
② 혼합기체의 전압은 각 기체의 분압의 합과 같다.
③ 실제기체의 경우 낮은 압력에서 적용할 수 있다.
④ 한 기체의 분압과 전압의 비는 그 기체의 몰수와 전체몰수의 비와 같다.

해설 **돌틴의 법칙**
① 한기체의 분압과 전압의 비는 그 기체의 몰수와 전체 몰수의 비와 같다.
② 실제기체의 경우 낮은압력에서 적용할 수 있다.
③ 혼합기체의 전압은 각 기체의 분압의 합과 같다.
④ 분압 = 전압 × $\dfrac{성분기체몰수}{전몰수}$ = 전압 × $\dfrac{성분기체부피}{전피부}$
    = 전압 × $\dfrac{성분기체분자수}{전분자수}$

03. ④ 04. ① 05. ①

문제 06

일반도시가스사업자 정압기의 이상압력 상승시 다음 안전장치의 작동순서로 적합한 것은?

> ㉠ 이상압력통보설비　　㉡ 주정압기의 긴급차단장치
> ㉢ 안전밸브　　　　　　㉣ 예비정압기의 긴급차단장치

① ㉠-㉡-㉢-㉣
② ㉡-㉢-㉣-㉠
③ ㉢-㉣-㉠-㉡
④ ㉣-㉠-㉡-㉢

해설 안전장치 작동순서
① 이상압력통보설비　② 주정압기의 급차단장치
③ 안전밸브　　　　　④ 예비정압기의 긴급차단장치

문제 07

액화산소 5L를 기준했을 때 다음 중 어느 경우에 공기액화 분리기의 운전을 중지하고 액화산소를 방출해야 하는가?

① 탄화수소의 탄소의 질량이 500mg을 넘을 때
② 탄화수소의 탄소의 질량이 50mg을 넘을 때
③ 아세틸렌이 2mg을 넘을 때
④ 아세틸렌이 0.2mg을 넘을 때

해설 액화산소 5*l* 중
┌ 아세틸렌질량 5mg
└ 탄화수소의 탄소질량 500mg　　초과시 운전을 정지하고 액화산소 방출

문제 08

가스액화분리장치용 구성기기 중 왕복동식 팽창기에 대한 설명으로 옳은 것은?

① 팽창비가 작다.
② 효율이 60~65% 정도로서 높지 않다.
③ 흡입압력의 범위가 좁다.
④ 기통 내의 윤활에 오일을 사용하지 않으므로 깨끗하다.

해설 ① 팽창비가 크다.　　② 효율이 60~65% 정도로서 높지 않다.
③ 흡입압력 범위가 넓다.　④ 기통내의 윤활에 오일을 사용하므로 깨끗하다.

해답　06. ①　07. ①　08. ②

문제 09
케이싱 내에 암로터 및 숫로터의 회전운동에 의해 압축되어 진동이나, 맥동이 없고 연속송출이 가능한 용적형 압축기는?

① 콤파운드 압축기
② 축류 압축기
③ 터보식 압축기
④ 스크류 압축기

해설 **스크류압축기**: 케이싱내에 암로터 및 숫로터의 회전운동에 의해 압축되어 진동이나 맥동이 없고 연속송출이 가능

문제 10
배관 설계도면 작성관련 설계시 종단면도에 기입할 사항이 아닌 것은?

① 설계가스배관 및 기 설치된 가스배관의 위치
② 교차하는 타매설물, 구조물
③ 설계 가스배관 계획 정상높이 및 깊이
④ 기울기 및 포장종류

해설 **배관설계도면 작성관련 설계시 종단면도에 기입할 사항**
① 교차하는 타매설물, 구조물
② 기울기 및 포장종류
③ 설계가스배관 계획, 정상높이 및 깊이

문제 11
도시가스공급시설 중 정압기(지)의 기준에 대한 설명으로 옳지 않은 것은?

① 정압기를 설치한 장소는 계기실·전기실 등과 구분하고 누출된 가스가 계기실 등으로 유입되지 아니하도록 한다.
② 정압기의 입구측·출구측 및 밸브기지는 최고사용압력의 1.25배 이상에서 기밀성능을 가지는 것으로 한다.
③ 지하에 설치하는 정압기실은 천정, 바닥 및 벽의 두께가 각각 30cm 이상의 방수조치를 한 콘크리트로 한다.
④ 정압기의 입구에는 수분 및 불순물제거장치를 설치한다.

해설 **정압기 기준**
① 정압기 입구에는 수분 및 불순물 제거장치 설치
② 입구 및 출구에는 가스차단장치 설치

해답 09. ④ 10. ① 11. ②

③ 지하에 설치하는 정압기실은 천정, 바닥 및 벽의 두께가 각각 30cm 이상의 방수조치한 콘크리트로 한다.
④ 정압기는 2년에 1회 이상 분해점검, 1주일에 1회 이상 작동상황점검
⑤ 정압기 출구에는 가스의 압력을 측정기록 할 수 있는 장치 설치
⑥ 정압기실에 설치하는 전기설비는 방폭구조일 것
⑦ 정압기의 분해점검 및 고장에 대비하여 예비정압기 설치
⑧ 정압기를 설치한 장소는 계기실, 전기실 등과 구분하고 누출된 가스가 계기실 등으로 유입되지 않도록 한다.

문제 12 용기 제조자의 수리범위에 해당하는 것은?
① 저온 또는 초저온 용기의 단열재 교체
② 특정 설비 몸체의 용접
③ 냉동기 용접 부분의 용접
④ 냉동설비의 부품교체 및 용접

 **용기제조자의 수리범위**
① 저온 또는 초저온 용기의 단열재 교체
② 용기부속품의 부품교체 및 가공
③ 아세틸렌용기내의 다공질물 교체
④ 용기몸체의 용접가공
⑤ 용기의 스커트 넥크링의 가공

문제 13 용기에 액체질소 56kg이 충전되어 있다. 외부에서의 열이 매시간 10kcal씩 액체질소에 공급될 때 액체질소가 28kg으로 감소되는데 걸리는 시간은? (단, N_2의 증발잠열은 1600cal/mol이다.)

① 16시간 ② 32시간
③ 160시간 ④ 320시간

$28g/mol = 1600cal/mol$
$28 \times 1000g = x$
$x = \dfrac{28 \times 1000g \times 1600cal/mol}{28g/mol} = 1600000$
$x = 1600000 cal \div 1000cal/1kcal = 1600kcal$
$\therefore \dfrac{1600kcal}{10kcal/h} = 160$시간

12. ① 13. ③

문제 14 그레이엄(graham)의 확산속도 법칙을 옳게 표시한 것은?

① 기체분자의 확산속도는 일정한 온도에서 기체분자량의 제곱근에 반비례한다.
② 기체분자의 확산속도는 일정한 온도에서 기체분자량의 제곱근에 비례한다.
③ 기체분자의 확산속도는 일정한 압력에서 기체분자량에 반비례한다.
④ 기체분자의 확산속도는 일정한 압력에서 기체분자량에 비례한다.

해설 **그레이엄의 확산속도법칙** : 기체분자의 확산속도는 일정한 온도에서 기체분자량의 제곱근에 반비례한다.

문제 15 탄소강의 표준 조직에 대한 설명으로 옳은 것은?

① 탄소강의 주조직을 레데뷰라이트라 한다.
② 아공석광은 α페라이트와 펄라이트의 혼합조직이다.
③ C0.8~2.0%를 공석강이라 한다.
④ 공석강은 100% 시멘타이트 조직이다.

해설 아공석강은 α페라이트와 펄라이트의 혼합조직이다.

문제 16 가스크로마토그래피(Gas Chromatography)의 구성요소가 아닌 것은?

① 분리관(칼럼) ② 검출기
③ 기록계   ④ 파라듐관

해설 **가스크로마토그래피의 구성요소**
① 기록계 ② 검출기 ③ 분리관(컬럼) ④ 항온조 ⑤ 유량조절기 및 압력계

해답 14. ① 15. ② 16. ④

문제 17

가스도매사업의 가스공급시설로서 배관을 지하에 매설하는 경우의 기준에 대한 설명 중 틀린 것은?

① 가스배관 외부에 콘크리트를 타설하는 경우에는 고무판등을 사용하여 배관의 피복부위와 콘크리트가 직접 접촉하지 아니하도록 한다.
② 배관은 그 외면으로부터 지하의 다른 시설물과 0.3m 이상의 거리를 유지한다.
③ 지표면으로부터 배관의 외면까지의 매설깊이는 산이나 들에서는 1.2m 이상 그 밖의 지역에서는 1.5m 이상으로 한다.
④ 철도의 횡단부 지하에는 지면으로부터 1.2m 이상인 깊이에 매설하고 또한 강제의 케이스를 사용하여 보호한다.

해설 철도부지와 수평거리, 도로경계와 수평거리, 산이나 들, 도로폭이 8m 미만 : 1m 이상

문제 18

다음 중 흡수식 냉동기에 사용되는 냉매는? (단, 흡수제는 파라핀유이다.)

① 톨루엔　　② 염화메틸
③ 물　　　　④ 암모니아

해설

냉매	흡수제
암모니아	물
물	리튬브로마이드
톨루엔	파라핀유

문제 19

암모니아를 사용하여 질산제조의 원료를 얻는 반응식으로 가장 옳은 것은?

① $2NH_3 + CO \rightarrow (NH_2)_2CO + H_2O$
② $NH_3 + HNO_3 \rightarrow NH_4NO_3$
③ $2NH_3 + H_2SO_4 \rightarrow (NH_4)_2SO_4$
④ $4NH_3 + 5O_2 \rightarrow 4NO + 6H_2O$

해답　17. ③　18. ①　19. ④

[해설] 암모니아를 사용하여 질산제조의 원료를 얻는 반응식
$4NH_3 + 5O_2 \rightarrow 4NO + 6H_2O$

문제 20

배관의 보호포 설치에 적용되는 재질 및 규격과 설치기준에 대한 설명으로 틀린 것은?

① 두께는 0.2mm 이상으로 한다.
② 보호포의 폭은 15cm 이상으로 한다.
③ 보호포의 바탕색은 최고사용압력이 저압인 관은 적색으로 한다.
④ 일반형 보호포와 탐지형 보호포로 구분한다.

[해설] ① 보호포는 최고사용압력이 저압인 배관의 경우에는 배관의 정상부로부터 60cm 이상 최고사용압력이 중압 이상인 배관의 경우에는 보호판 상부로부터 30cm 이상 설치
② 보호포의 바탕색은 저압인관은 황색, 중압 이상인 관은 적색으로 함.

문제 21

아세틸렌 충전작업의 기준에 대한 설명 중 틀린 것은?

① 아세틸렌을 2.5MPa의 압력으로 압축하는 때에는 질소·메탄·일산화탄소 또는 에틸렌 등의 희석제를 첨가한다.
② 습식아세틸렌발생기의 표면은 70℃ 이하의 온도로 유지하고, 그 부근에서는 불꽃이 튀는 작업을 하지 아니한다.
③ 아세틸렌을 용기에 충전하는 때에는 미리 용기에 다공질물을 고루 채워 다공도가 75% 이상 92% 미만이 되도록 한 후 아세톤 또는 디메틸포름아미드를 고루 침윤시키고 충전한다.
④ 아세틸렌을 용기에 충전하는 때의 충전 중의 압력은 1.5MPa 이하고 하고, 충전 후에는 압력이 15℃에서 1.0MPa 이하로 될 때까지 정치하여 둔다.

[해설] 아세틸렌을 용기에 충전하는 때의 충전중의 압력은 2.5MPa 이하로 하고 충전후에는 압력이 15℃에서 1.55MPa 이하로 될 때까지 정치

[해답] 20. ③ 21. ④

문제 22

허용 인장응력 10kgf/mm², 두께 10mm의 강판을 150mm V홈 맞대기 용접이음을 할 때 그 효율이 80%라면 용접두께 t는 얼마로 하면 되는가? (단, 용접부의 허용응력은 8kgf/mm²이다.)

① 10mm
② 12mm
③ 14mm
④ 16mm

해설
$$t = \frac{PD}{2SE} + 2.54 = \frac{10 \times 10}{2 \times 8 \times 0.8} + 2.54 = 10.35\text{mm}$$

문제 23

비상공급시설 설치신고서에 첨부하여 시장, 군수, 구청장에게 제출해야 하는 서류가 아닌 것은?

① 안전관리자의 배치현황
② 설치위치 및 주위상황도
③ 비상공급시설의 설치사유서
④ 가스사용 예정시기 및 사용예정량

해설 비상공급시설 설치신고서에 첨부하여 시장, 군수, 구청장에게 제출해야 하는 서류
① 비상공급시설의 설치사유서
② 설치위치 및 주의 상황도
③ 안전관리자의 배치현황

문제 24

다음 중 비점이 낮은 것에서 높은 순서로 옳게 나열된 것은?

① $H_2 - O_2 - N_2$
② $H_2 - N_2 - O_2$
③ $O_2 - N_2 - H_2$
④ $N_2 - O_2 - H_2$

해설 비점
① H_2(수소) : $-253℃$
② N_2(질소) : $-196℃$
③ O_2(산소) : $-183℃$

해답 22. ① 23. ④ 24. ②

문제 25. 열전대 온도계의 특징에 대한 설명 중 틀린 것은?

① 접촉식 온도계 중 고온 측정에 적합하다.
② 정밀측정에는 회로의 저항에 영향을 받지 않는 전위차계를 사용한다.
③ 계기를 동작시키는데 별도의 전원이 필요하다.
④ 열기전력 지시에는 밀리볼트계를 사용한다.

해설 **열전대온도계의 특징**
① 계기를 동작시키는데 별도의 전원이 필요 없다.
② 접촉식 온도계 중 고온측정 적합
③ 열기전력 지시에는 밀리볼트계를 사용한다.
④ 정밀측정에는 회로의 저항에 영향을 받지 않는 전위차계를 사용한다.

문제 26. 일반 기체상수 R이 모든 가스에 대하여 같음을 증명하는데 적용되는 법칙은?

① 주울(Joule)의 법칙
② 아보가드로(Avogadro)의 법칙
③ 라울(Raoult)의 법칙
④ 보일-샤를(Boyle-Charle)의 법칙

해설 **아보가드로 법칙** : 표준상태에서 모든기체의 체적은 1kmol당 $22.4Nm^3$이고 분자수는 6.02×10^{23}개이다.

문제 27. 크리프(Creep)는 재료가 어떤 온도하에서는 시간과 더불어 변형이 증가되는 현상인데, 일반적으로 철강재료 중 크리프 영향을 고려해야 할 온도는 몇 ℃ 이상일 때 인가?

① 50℃
② 150℃
③ 250℃
④ 350℃

해설 **크리프현상** : 재료가 350℃ 이상에서 시간의 경과와 더불어 변형이 증대되는 현상

해답 25. ③ 26. ② 27. ④

문제 28

산소 100L가 용기의 구멍을 통해 새나가는데 20분이 소요되었다면 같은 조건에서 이산화탄소 100L가 새어나가는데 걸리는 시간은 약 얼마인가?

① 20.0분 ② 23.5분
③ 27.0분 ④ 30.5분

해설
$$\sqrt{\frac{MA}{MB}} = \frac{t_A}{t_B} = \sqrt{\frac{44}{32}} = \frac{x}{20}$$
$x = 1.1726 \times 20 = 23.45$분

문제 29

안전성평가기법 중 결함수분석에 대한 설명으로 옳은 것은?

① 연역적 분석이 가능한 기법이다.
② 귀납적 분석이 가능한 기법이다.
③ 잠재적인 사고결과를 평가하는 기법이다.
④ 위험에 대한 상대위험순위를 비교하는 기법이다.

해설 결함수 분석에 대한 설명 : 연연적 분석이 가능한 기법

문제 30

저장능력이 10톤인 액화석유가스저장소 시설에서 선임하여야 할 안전관리자의 기준은?

① 안전관리총괄자 1명, 안전관리부총괄자 1명, 안전관리원 1명 이상
② 안전관리총괄자 1명, 안전관리책임자 1명, 안전관리원 1명 이상
③ 안전관리총괄자 1명, 안전관리책임자 1명
④ 안전관리총괄자 1명, 안전관리원 1명

해설 저장능력이 10톤인 액화석유가스 저장소 안전관리자 기준은 안전관리 총괄자 1명, 안전관리 책임자 1명

28. ② 29. ① 30. ③

문제 31 냉동장치의 점검·수리 등을 위하여 냉매계통을 개방하고자 할 때는 펌프다운(pump down)을 하여 계통 내의 냉매를 어디에 회수하는가?

① 수액기 ② 압축기
③ 증발기 ④ 유분리기

[해설] 냉동장치의 점검, 수리 등을 위해 펌프다운시 계통내의 냉매는 어디에 회수하는가? 수액기

문제 32 저압식 공기 액화분리장치에 탄산가스 흡착기를 설치하는 주된 목적은?

① 공기량 증가 ② 축열기 효율 증대
③ 팽창 터빈 보호 ④ 정제산소 및 질소 순도 증가

[해설] 저압식 공기 액화분리장치에 탄산가스 흡착기를 설치하는 목적 : 팽창터빈 보호

문제 33 시안화수소(HCN)가스를 장기간 저장하지 못하는 이유로 옳은 것은?

① 분해폭발하기 때문에 ② 중합폭발하기 때문에
③ 산화폭발하기 때문에 ④ 촉매폭발하기 때문에

[해설] 시안화수소
① 수분 2% 함유시 중합폭발의 위험이 있다.
② 무색이고 복숭아 냄새나고 허용농도는 10PPM 이하로서 독성이다.
③ 안정제 : 오산화인, 염화칼슘, 인산, 아황산가스, 동망, 황산
④ 오래된 시안화수소는 급격한 중합에 의해 폭발의 위험이 있으므로 충전 후 60일을 넘지 않도록 한다.

31. ① 32. ③ 33. ②

문제 34 도시가스배관의 지하매설 시 다짐공정 및 방법에 대한 설명으로 틀린 것은?

① 배관에 작용하는 하중을 지지하기 위하여 배관하단에서 배관상단 30cm까지에는 침상재료를 포설한다.
② 되메움공정에서는 배관상단으로부터 50cm의 높이로 되메움재료를 포설한 후마다 다짐작업을 한다.
③ 흙의 함수량이 다짐에 부적당할 때는 다짐작업을 해서는 안된다.
④ 콤팩터, 래머 등 현장 상황에 맞는 다짐기계를 사용하여야 하나 폭 4m 이하의 도로 등은 인력 다짐으로 할 수 있다.

해설 배관상당으로부터 30cm의 높이로 되메움재료를 포설한 후마다 다짐 작업

문제 35 제조가스 중에 포함된 불순물과 그로 인한 장해에 대한 설명으로 가장 옳은 것은?

① 황, 질소화합물은 배관, 정압기 기구의 노즐에 부착하여 그 기능을 저하시키거나 저해하게 된다.
② 물은 가스의 승압, 냉각에 의한 물, 얼음, 물과 탄화수소와의 수화물을 생성하여 배관 등의 부식을 조장하고 배관, 밸브 등을 폐쇄시킨다.
③ 나프탈렌, 타르, 먼지는 가스중의 산소와 반응하여 NO_2로 되며, NO_2는 불포화 탄화수소와 반응하여 고무가 생성된다. 이 고무는 배관, 정압기, 기구의 노즐에 부착하여 그 기능을 저하시키고 저해하게 된다.
④ 산화질소(NO), 고무는 연소에 의하여 아황산가스, 아초산, 초산이 발생하여 인체나 가축에 피해를 주며 가스기구, 배관, 정압기 등의 기물을 부식시킨다.

문제 36 아세틸렌(C_2H_2) 가스는 다음 중 무엇으로 주로 제조하는가?

① 탄화칼슘 ② 탄소
③ 카타리솔 ④ 암모니아

해설 $CaC_2 + 2H_2O \rightarrow Ca(OH)_2 + C_2H_2 \uparrow$

해답 34. ② 35. ② 36. ①

 상용압력 200kg/cm² 인 고압설비의 안전밸브 작동압력은 몇 kg/cm² 인가?

① 160
② 200
③ 240
④ 300

해설 **안전밸브작동압력** = TP×0.8 = 상용압력×1.5×0.8
= 200×1.5×0.8 = 240kg/cm²

 NH₃의 냉매번호는 R-717이다. 백단위의 7은 무기물질을 뜻하는데 그 뒤 숫자 17은 냉매의 무엇을 뜻하는가?

① 냉동계수
② 증발잠열
③ 분자량
④ 폭발성

해설 NH₃의 냉매번호는 R - 7 17
　　　　　　　　　　　　└─ 분자량
　　　　　　　　　　└──── 무기물질

 다음 중 공식(孔蝕)의 특징에 대한 설명으로 옳은 것은?

① 양극반응의 독특한 형태이다.
② 부식속도가 느리다.
③ 균일부식의 조건과 동반하여 발생한다.
④ 발견하기가 쉽다.

 피셔(fisher)식 정압기의 2차압 이상상승의 원인에 해당하는 것은?

① 정압기 능력부족
② 필터의 먼지류의 막힘
③ Pilot supply valve에서의 누설
④ 파일럿의 오리피스의 녹 막힘

37. ③ 38. ③ 39. ① 40. ③

> **해설** 피셔식 정압기의 2차압 이상 상승원인
> ① 메인밸브에 먼지류가 끼어들어 Cut-off 불량
> ② 메인밸브의 밸브폐쇄부
> ③ Pilot Supply Valve에서의 누설
> ④ Center 스템과 메인밸브의 접속불량
> ⑤ 바이패스 밸브류의 누설
> ⑥ 가스 중 수분의 동결

문제 41 이상기체에 대한 설명으로 옳은 것은?

① 이상기체의 내부에너지는 온도만의 함수이다.
② 이상기체의 내부에너지는 압력만의 함수이다.
③ 이상기체의 내부에너지는 부피만의 함수이다.
④ 비열비 k는 압력에 관계없이 1의 값을 가져야 한다.

> **해설** 이상기체의 내부에너지는 온도만의 함수이다.

문제 42 아세틸렌을 압축하는 Reppe 반응장치의 구분에 해당하지 않는 것은?

① 비닐화 ② 에티닐화
③ 환중합 ④ 니트릴화

> **해설** 아세틸렌을 압축하는 레퍼반응장치의 구분 : 비닐화, 에티닐화, 환중합

문제 43 국제표준규격 ISO 5167에서 다루고 있는 차압 1차장치(Primary device) 중 오리피스 판(Orifice plate)의 압력 tapping 방법이 아닌 것은?

① D 및 D/2 tapping ② Corner tapping
③ Flange tapping ④ Screw tapping

> **해설** 오리피스관의 압력 태핑 방법
> ① Corner tapping ② Flange tapping ③ D 및 $\frac{D}{2}$ tapping

해답 41. ① 42. ④ 43. ④

44 L·atm과 단위가 같은 것은?

① 힘 ② 에너지
③ 질량 ④ 밀도

해설 l, atm과 같은 단위 : 에너지

45 질소의 정압 몰열용량 C_p[J/mol·K]가 다음과 같고 1mol의 질소를 1atm하에서 600℃로부터 20℃로 냉각하였을 때 발생하는 열량은 약 몇 kJ인가? (단, R은 이상기체상수이다.)

$$\frac{C_p}{R} = 3.3 + 0.6 \times 10^{-3} T$$

① 16.6 ② 17.6
③ 18.6 ④ 19.6

46 밀폐된 용기 내에 1atm, 27℃로 프로판과 산소가 2 : 8의 비율로 혼합되어 있으며 이것이 연소하여 다음과 같은 반응을 하고 화염온도는 3000K가 되었다고 한다. 이 용기 내에 발생하는 압력은 몇 atm인가? (단, 내용적의 변화는 없다.)

$$2C_3H_8 + 8O_2 \rightarrow 6H_2O + 4CO_2 + 2CO + 2H_2$$

① 2 ② 6
③ 12 ④ 14

해설
$P_1 V_1 = n_1 R_1 T_1$
$P_2 V_2 = n_2 R_2 T_2$
$P_2 = \dfrac{P_1 \times n_2 \times T_2}{n_1 \times T_1} = \dfrac{1\text{atm} \times 14\text{mol} \times 3000°\text{K}}{10\text{mol} \times (273+27)°\text{K}} = 14\text{atm}$

해답 44. ② 45. ② 46. ④

문제 47 온도 200℃, 부피 400L의 용기에 질소 140kg을 저장할 때 필요한 압력을 Van der Waals식을 이용하여 계산하면 약 몇 atm인가? (단, $a=1.351 atm \cdot L^2/mol^2$, $b=0.0386 L/mol$이다.)

① 36.3　　　　② 363
③ 72.6　　　　④ 726

해설 실제기체 $n(mol)$의 경우

$$\left(P+\frac{n^2 a}{V^2}\right)(V-nb)=nRT$$

$$\therefore P=\frac{nRT}{V-nb}-\frac{n^2 a}{V^2}=\left(\frac{5000\times 0.082\times (273+200)}{400-5000\times 0.0386}-\frac{5000^2\times 1.35}{400^2}\right)$$

$$=725.9 atm$$

보충 몰$(n)=\dfrac{140\times 1000g}{28g/mol}=5000mol$

문제 48 다음 중 산화폭발의 종류가 아닌 것은?

① 가스 폭발　　　　② 분진 폭발
③ 화약 폭발　　　　④ 증기 폭발

해설 산화폭발의 종류
① 분진폭발　② 가스폭발　③ 화약폭발

문제 49 다음 물질의 제조(공업적)시 최고압력이 높은 것부터 순서대로 나열된 것은?

① 암모니아 제조　　　　② 폴리에틸렌의 제조
③ 일산화탄소와 물에 의한 수소제조

① ①-②-③　　　　② ②-①-③
③ ③-②-①　　　　④ ①-③-②

해답　47. ④　48. ④　49. ②

해설 ① 폴리에틸렌의 제조 : 2000atm   ② 암모니아 : 200~1000atm
      ③ 이산화탄소 : 100atm   ④ 메탄올 : 200~300atm

문제 50 동력으로 관을 저속으로 회전시켜 나사절삭기를 밀어넣는 방법으로 나사가 절삭되며 장치가 간단하여 운반이 쉽고 주로 관경이 작은 것에 사용되는 것은?
① 다이헤드식 나사절삭기   ② 호브식 나사절삭기
③ 오스터식 나사절삭기   ④ 램식 나사절삭기

문제 51 식품접객업소로서 영업장의 면적이 몇 m² 이상인 가스 사용시설에 대하여 가스누출자동차단장치를 설치하여야 하는가?
① 33   ② 50
③ 100   ④ 200

해설 식품접객업소로서 영업장의 면적이 100m² 이상인 가스사용시설에 대하여 가스누출 자동차단장치 설치

문제 52 동일한 부피를 가진 수소와 산소의 무게를 같은 온도에서 측정하였더니 같은 값이었다. 수소의 압력이 2atm 이라면 산소의 압력은 몇 atm인가?
① 0.0625   ② 0.125
③ 0.25   ④ 0.5

해설 산소의 압력 $=\dfrac{2}{16}=0.125\text{atm}$

해답 50. ③   51. ③   52. ②

 **53** 플레어스택 설치기준에 대한 설명 중 틀린 것은?

① 파이롯트버너를 항상 꺼두는 등 플레어스택에 관련된 폭발을 방지하기 위한 조치가 되어 있는 것으로 한다.
② 긴급이송설비로 이송되는 가스를 안전하게 연소시킬 수 있는 것으로 한다.
③ 플레어스택에서 발생하는 복사열이 다른 제조시설에 나쁜 영향을 미치지 않도록 안전한 높이 및 위치에 설치한다.
④ 플레어스택에 발생하는 최대열량에 장시간 견딜 수 있는 재료 및 구조로 되어 있는 것으로 한다.

 **54** 압력 80kPa, 체적 0.37m³을 차지하고 있는 이상기체를 등온팽창시켰더니 체적이 2.5배로 팽창하였다. 이 때 외부에 대해서 한 일은 몇 N·m인가?

① 2.71
② 2.71×10^2
③ 2.71×10^3
④ 2.71×10^4

$$Q = \Delta P V_1 l_n \left(\frac{V_2}{V_1} \right)$$
$$= 0.815 \times 10^4 \text{kg/m}^2 \times 0.37\text{m}^3 \times \frac{1\text{kcal}}{427\text{kg}\cdot\text{m}} \times \left(\frac{2.5}{1}\right) = 6.47\text{kcal}$$

∴ $6.47\text{kcal} \times 1000\text{cal}/1\text{kcal} = 6470\text{cal}$
∴ $1J = 1N\cdot m$ 이므로
$1J = 0.238\text{cal}$
$x = 6470\text{cal}$
$x = \dfrac{1J \times 6470\text{cal}}{0.238\text{cal}} = 27184.87$
∴ 2.71×10^4

 $101.325\text{kPa} = 10332\text{kg/m}^2$
$80\text{kPa} = x$
$x = \dfrac{80\text{kPa} \times 10332\text{kg/m}^2}{101.325\text{kPa}} = 8157.5\text{kg/m}^2$

53. ① **54.** ④

문제 55 u관리도의 관리한계선을 구하는 식으로 옳은 것은?

① $\bar{u} \pm \sqrt{\bar{u}}$
② $\bar{u} \pm 3\sqrt{\bar{u}}$
③ $\bar{u} \pm 3\sqrt{n\bar{u}}$
④ $\bar{u} \pm 3\sqrt{\dfrac{\bar{u}}{n}}$

해설 u관리도의 관리한계선 $= \bar{u} \pm 3\sqrt{\dfrac{\bar{u}}{n}}$

문제 56 어떤 회사의 매출액이 80000원, 고정비가 15000원, 변동비가 40000원일 때 손익분기점 매출액은 얼마인가?

① 25000원
② 30000원
③ 40000원
④ 55000원

해설 손익분기점 매출액 $= \dfrac{80000 \times 15000}{40000} = 30000$원

문제 57 계수 규준형 샘플링 검사의 OC 곡선에서 좋은 로트를 합격시키는 확률을 뜻하는 것은? (단, α는 제1종과오, β는 제2종과오이다.)

① α
② β
③ $1 - \alpha$
④ $1 - \beta$

해설 계수규준형 샘플링 검사의 OC 곡선에서 좋은 로트를 합격시키는 확률 : $1 - \alpha$

문제 58 다음 중 통계량의 기호에 속하지 않는 것은?

① σ
② R
③ s
④ $\bar{x}$

해설 통계량의 기호 : $R \cdot S \cdot \bar{x}$

해답   55. ④   56. ②   57. ③   58. ①

문제 59 예방보전(Preventive Maintenance)의 효과로 보기에 가장 거리가 먼 것은?

① 기계의 수리비용이 감소한다.
② 생산시스템의 신뢰도가 향상된다.
③ 고장으로 인한 중단시간이 감소한다.
④ 예비기계를 보유해야 할 필요성이 증가한다.

해설 예방보존의 효과
① 고장으로 인한 중단시간이 감소한다.
② 생산시스템의 신뢰도가 향상된다.
③ 기계의 수리비용이 감소한다.

문제 60 다음 중 인위적 조절이 필요한 상황에 사용될 수 있는 워크팩터(Work Factor)의 기호가 아닌 것은?

① D　　　　　　② K
③ P　　　　　　④ S

해설 워크팩터의 기호 : D, P, S

59. ④　60. ②

2023년도 제 74 회

CBT 시행

본 문제는 복원 기출문제입니다. 실제 문제와 다를 수 있으니 양해바랍니다.

문제 01
고압가스 일반제조 시설기준 중 가연성가스 제조설비의 전기설비는 방폭성능을 가지는 구조이어야 한다. 다음 중 제외 대상이 되는 가스는?

① 에탄
② 브롬화메탄
③ 에틸아민
④ 수소

해설 방폭구조 제외대상가스 : ① 암모니아 ② 브롬화메탄

문제 02
SI 단위인 Joule에 대한 설명으로 옳지 않은 것은?

① 1Newton의 힘의 방향으로 1m 움직이는데 필요한 일이다.
② 1Ω의 저항에서 1A의 전류가 흐를 때 1초 간 발생하는 열량이다.
③ 1kg의 질량을 $1m/sec^2$ 가속시키는데 필요한 힘이다.
④ 1Joule은 약 0.24cal에 해당한다.

해설 Joule에 대한 설명
 ① 1J은 약 0.24cal이다.
 ② 1Ω의 저항에서 1A의 전류가 흐를 때 1초 간 발생하는 열량
 ③ 1Newton의 힘의 방향으로 1m 움직이는데 필요한 일이다.

문제 03
사업자 등은 그의 시설이나 제품과 관련하여 가스사고가 발생할 때에는 한국가스안전공사에 통보하여야 한다. 사고의 통보시에 통보내용에 포함되어야 하는 사항으로 규정하고 있지 않은 사항은?

① 피해현황(인명 및 재산)
② 시설현황
③ 사고내용
④ 사고원인

해답 01. ② 02. ③ 03. ④

해설 가스안전공사에 통보내용
① 시설현황 ② 사고내용 ③ 피해현황(인명 및 재산)

문제 04

가스압축에 대한 설명으로 옳은 것은?

① 등온압축 동력이 단열압축 동력보다 크다.
② 동일 가스, 동일 흡입 온도에서는 압축비가 클수록 토출온도는 낮다.
③ 압축비가 일정한 경우 간극 용적비가 작아질수록 체적효율은 좋아진다.
④ 압축비가 일정한 경우 간극 용적비가 작아질수록 체적효율은 나빠진다.

해설 가스압축에 대한 설명
① 압축비가 일정한 경우 간극 용적비가 작아질수록 체적효율은 좋아진다.
② 동일 가스, 동일 흡입 온도에서는 압축비가 클수록 토출온도는 높다.
③ 등온압축 동력이 단열압축 동력보다 적다.

문제 05

흡수식 냉동설비의 냉동능력 정의로 옳은 것은?

① 발생기를 가열하는 24시간의 입열량 6천 640kcal를 1일의 냉동능력 1톤으로 본다.
② 발생기를 가열하는 1시간의 입열량 3천 320kcal를 1일의 냉동능력 1톤으로 본다.
③ 발생기를 가열하는 1시간의 입열량 6천 640kcal를 1일의 냉동능력 1톤으로 본다.
④ 발생기를 가열하는 24시간의 입열량 3천 320kcal를 1일의 냉동능력 1톤으로 본다.

해설 흡수식 냉동설비의 냉동능력 정의
발생기를 가열하는 1시간의 입열량 6,640kcal를 1일의 냉동능력 1톤으로 본다.

보충 일반냉동기 1RT=3,320kcal/h

해답 04. ③ 05. ③

문제 06

어떤 용기에 액체염소 25kg이 들어있다. 이 염소를 표준상태인 바깥으로 내 놓으면 몇 m³의 부피를 차지하는가?

① 7.9
② 11.0
③ 15.4
④ 22.4

해설 Cl_2(71kg)
∴ 71kg = 22.4m³
  25kg = x

$x = \dfrac{21\,kg \times 22.4\,m^3}{71\,kg} = 7.887\,m^3$

문제 07

독성가스 배관 설치시 반드시 2중배관으로 하지 않아도 되는 가스는?

① 에틸렌
② 시안화수소
③ 염화메탄
④ 암모니아

해설 2중배관

| 포스겐 | 황화수소 | 시안화수소 | 아황산가스 | 산화에틸렌 | 암모니아 | 염화메탄 | 염소 |

문제 08

반데르왈스(Van der Waals) 상태식 중 보정함에 대하여 옳게 표현한 것은?

① 실제기체에서 분자간 상호 인력의 작용과 분자 자체의 크기(부피)를 고려하여 보정한 식이다.
② 실제기체에서 원자 간의 공유결합에 의한 압력 감소를 고려하여 보정한 식이다.
③ 실제기체에서 양이온과 음이온의 작용에 의한 이온결합을 고려하여 보정한 식이다.
④ 실제기체에서 이상기체보다 높은 압력과 낮은 온도를 고려하여 보정한 식이다.

06. ① 07. ① 08. ①

> **해설** 반데르왈스 상태식 : 실제기체에서 분자간 상호 인력의 작용과 분자 자체의 크기를 고려하여 보정한 식이다.
> ① 실제기체 1mol의 경우 : $(P+\frac{a}{V^2})(V-b)=RT$
> ② 실제기체가 n(mol)의 경우 : $(P+\frac{n^2a}{V^2})(V-nb)=nRT$
> 여기서, $\frac{a}{V^2}$: 기체분자간의 인력, b : 기체자신이 차지하는 부피

문제 09 가스안전영향평가 대상 등에서 산업통상자원부령이 정하는 가스배관이 통과하는 지점에 해당하지 않는 것은?

① 해당 건설공사와 관련된 굴착공사로 인하여 도시가스 배관이 노출될 것이 예상되는 부분
② 해당 건설공사에 의한 굴착바닥면의 양끝으로부터 굴착성도의 0.6배 이내의 수평거리에 도시가스배관이 매설된 부분
③ 해당 공사에 의하여 건설될 지하시설중 바닥의 직하부에 관경 500m인 저압의 가스배관이 통과하는 경우 그 건설공사에 해당하는 부분
④ 해당 공사에 의하여 건설된 지하시설물 바닥의 직하부에 최고사용압력이 중압 이상인 가스배관이 통과하는 경우 그 건설공사에 해당하는 부분

> **해설** 가스안전영향평가 대상 등에서 산업통상자원부령이 정하는 가스배관이 통과하는 지점
> ① 해당 공사에 의하여 건설될 지하매설중 바닥의 직하부에 최고사용압력이 중압이상인 가스배관이 통과하는 경우 그 건설공사에 해당하는 부분
> ② 해당 건설공사에 의한 굴착바닥면의 양끝으로부터 굴착성도의 0.6배 이내의 수평거리에 도시가스배관이 매설된 부분
> ③ 해당 건설공사와 관련된 굴착공사로 인하여 도시가스 배관이 노출될 것이 예상되는 부분

해답 09. ③

문제 10 고압가스 운반시 가스누출사고가 발생하였다. 이 부분의 수리가 불가능한 경우 재해발생 또는 확대를 방지하기 위한 조치사항으로 볼 수 없는 것은?

① 상황에 따라 안전한 장소로 운반한다.
② 상황에 따라 안전한 장소로 대피한다.
③ 비상 연락망에 따라 관계업소에 원조를 의뢰한다.
④ 펜스를 설치하고 다른 운반차량에 가스를 옮긴다.

문제 11 가스공급시설 중 최고사용압력이 고압인 가스홀더 2개가 있다. 2개의 가스홀더의 지름이 각각 30m, 50m 일 경우 두 가스홀더의 간격은 몇 m 이상을 유지하여야 하는가?

① 15m ② 20m
③ 30m ④ 50m

해설 유지간격$(l) = \dfrac{D_1 + D_2}{4} = \dfrac{30\,\text{m} + 50\,\text{m}}{4} = 20\,\text{m}$

문제 12 고온, 고압하에서 일산화탄소를 사용하는 장치에 철재를 사용할 수 없는 주된 원인은?

① 철카르보닐을 만들기 때문에 ② 탈탄산작용을 하기 때문에
③ 중합부식을 일으키기 때문에 ④ 가수분해하여 폭발하기 때문에

해설 Ni + 4CO → Ni(CO)$_4$ (니켈카보닐)
Fe + 5CO → Fe(CO)$_5$ (철카보닐)

해답 10. ④ 11. ② 12. ①

문제 13

도시가스사업법에서 정의하는 용어에 대한 설명 중 틀린 것은?

① 배관이라 함은 본관, 공급관, 내관을 말한다.
② 본관이라 함은 공급관, 옥외배관을 말한다.
③ 내관이라 함은 가스사용자가 소유하고 있는 토지의 경계에서 연소기에 이르는 배관을 말한다.
④ 액화가스라 함은 상용의 온도에서 압력이 0.2MPa 이상이 되는 것을 말한다.

해설 도시가스사업법에서 정의
① 배관이란 : 본관, 공급관, 내관을 말한다.
② 본관이란 : 도시가스제조사업소의 부지경계에 정압기까지의 배관
③ 공급관이란 : 정압기에서 가스사용자가 소유하는 토지경계까지의 배관
④ 내관이란 : 가스사용자가 소유하는 토지경계에서 연소기까지 배관
⑤ 액화가스란 : 상용의 온도에서 압력이 0.2MPa 이상이 되는 것을 말한다.
⑥ 압축가스란 : 상용의 온도 또는 35℃에서 10kg/cm² (1MPa) 이상인 것
⑦ 아세틸렌 : 상용의 온도 또는 15℃에서 0kg/cm² (0MPa) 이상인 것

문제 14

몰조성으로 프로판 50%, n-부탄 50%인 LP가스가 있다. 이 가스 1kg 중 프로판의 중량은 약 몇 kg 인가?

① 0.32
② 0.38
③ 0.43
④ 0.52

해설
프로판(50%) : 44kg × 0.5 = 22kg ┐
부탄(50%) : 58kg × 0.5 = 29kg ┘ 51kg

∴ $\dfrac{22\,kg}{51\,kg} = 0.43\,kg$

문제 15

가스 정압기에서 메인밸브의 열림과 유량과의 관계를 의미하는 것은?

① 정특성
② 동특성
③ 유량특성
④ 오프셋

13. ② 14. ③ 15. ③

해설 **정압기 특성**
① 정특성 : 유량과 2차압력의 관계
② 동특성 : 부하변동이 심한 곳
③ 유량특성 : 메인밸브의 열림과 유량과의 관계

문제 16 수소(H_2)가스의 공업적 제조법이 아닌 것은?

① 물의 전기분해법　　② 공기액화 분리법
③ 수성가스법　　　　④ 석유의 분해법

해설 **수소가스의 공업적제법**
① 물의 전기분해법　② 천연가스분해법
③ 석유의 분해법　　④ 일산화탄소전해법
⑤ 수성가스법

문제 17 다음 중 풍압대와 관계없이 설치할 수 있는 방식의 가스보일러는?

① 자연배기식(CF) 단독배기통 방식
② 자연배기식(CF) 복합배기통 방식
③ 강제배기식(FE) 단독배기통 방식
④ 강제배기식(FE) 공동배기구 방식

해설 **풍압대와 관계없이 설치할 수 있는 방식의 가스보일러**
강제배기식(FE) 단독배기통 방식

문제 18 이상기체의 내부 에너지(Internal energy)에 대하여 가장 바르게 설명한 것은?

① 온도 및 부피의 함수이다.　　② 온도 및 압력의 함수이다.
③ 온도만의 함수이다.　　　　　④ 압력만의 함수이다.

해설 이상기체의 내부 에너지는 온도만의 함수이다.

해답　16. ②　17. ③　18. ③

문제 19
아세틸렌을 용기에 충전할 때 충전 중의 압력은 얼마이하로 하여야 하는가?

① 1.5MPa
② 2.5MPa
③ 3.5MPa
④ 4.5MPa

해설 아세틸렌은 15℃, 15.5kg/cm², 충전중의 압력은 온도에 불구하고 25kg/cm² 로 한다. (2.5MPa)

문제 20
지하철 주변에 도시가스 배관을 매설하려고 한다. 이 때 다음 중 무엇이 가장 문제가 되는가?

① 대기부식
② 미주전류부식
③ 고온부식
④ 응력부식균열

해설 지하철 주변에 도시가스 배관 매설시 가장 큰 문제 : **미주전류에 의한 부식**

문제 21
다음 중 염소의 주된 용도에 해당하지 않는 것은?

① 수돗물의 살균
② 염화비닐의 원료
③ 섬유의 표백
④ 수소의 제조원료

해설 염소의 주된 용도
① 수돗물의 살균　② 섬유의 표백　③ 염화비닐의 원료
④ 포스겐의 원료　⑤ 염화수소의 원료　⑥ 펄프, 종이제조

문제 22
다음 응력변형률선도에서 최대 인장강도를 나타내는 점은?

① C
② D
③ E
④ F

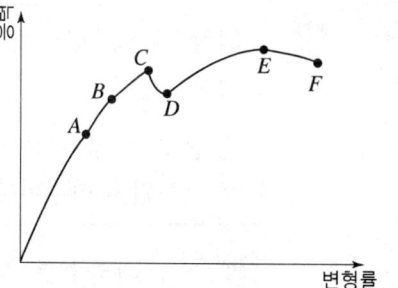

해답　19. ②　20. ②　21. ④　22. ③

해설 A : 비례한도, B : 탄성한도, C : 상항복점, D : 하항복점
E : 극한강도(최대인장강도), F : 파괴점

문제 23

다음 독성가스와 그 제독제를 잘못 연결한 것은?

① 염소-가성소다수용액, 탄산소다수용액, 소석회
② 포스겐-가성소다수용액, 소석회
③ 황화수소-가성소다수용액, 탄산소다수용액
④ 시안화수소-탄산소다수용액, 소석회

해설 **제독제**
① 염소 : 소석회(620kg), 가성소다(670kg), 탄산소다(870kg)
② 포스겐 : 가성소다(390kg), 소석회(360kg)
③ 황화수소 : 가성소다(1,140kg), 탄산소다(1,500kg)
④ 시안화수소 : 가성소다(250kg)
⑤ 아황산가스 : 물, 가성소다(530kg), 탄산소다(700kg)
⑥ 암모니아 산화에틸렌, 염화메탄 : 다량의 물

문제 24

다음 중 피스톤식 팽창기를 사용한 공기액화사이클은?

① 클라우드(Claude) 공기액화사이클
② 린데(Linde) 공기액화사이클
③ 필립스(Philips) 공기액화사이클
④ 캐스케이드(Cascade) 공기액화사이클

해설 피스톤식 팽창기를 사용한 공기액화사이클 : **클라우드 공기액화사이클**

문제 25

섭씨온도(℃)와 화씨온도(℉)가 같은 값을 나타내는 온도는?

① -20℃
② -40℃
③ -50℃
④ -60℃

해답 23. ④ 24. ① 25. ②

해설
$$℃ = \frac{5}{9}(F-32) = \frac{5}{9}(-40-32) = -40℃$$
$$℉ = \frac{9}{5} \times C + 32 = \frac{9}{5} \times -40 + 32 = -40℉$$

문제 26 수소의 품질검사 시 흡수제로 사용되는 용액은?

① 암모니아성 가성소다 용액 ② 하이드로설파이드시약
③ 동암모니아시약 ④ 발연황산시약

해설 품질검사 기준
① 산소 : ㉠ 동암모니아 시약의 오르자트법
　　　　㉡ 순도 : 99.5% 이상
② 수소 : ㉠ 피롤카롤 또는 하이드로썰파이드시약의 오르자트법
　　　　㉡ 순도 : 98.5% 이상
③ 아세틸렌 : ㉠ 발연황산시약의 오르자트법, 브롬시약의 뷰렛법, 질산은
　　　　　　　시약의 정성시험에 합격할 것
　　　　　　㉡ 순도 : 98% 이상
　　　　　　㉢ 가스충전량 3kg 이상

문제 27 다음 중 법령상 독성가스가 아닌 것은?

① 불화수소 ② 불소
③ 염화비닐 ④ 모노실란

해설 독성가스
① 불화수소 ② 불소 ③ 모노실란 ④ 염소 ⑤ 포스겐
⑥ 황화수소 ⑦ 시안화수소 ⑧ 암모니아 ⑨ 벤젠 등

문제 28 물체가 열을 받고 변화할 경우에 대한 설명으로 틀린 것은?

① 물체간의 인력에 저항하여 집합상태가 변화한다.
② 위치에너지를 증가시킨다.
③ 외부에 저항하여 체적변화를 일으킨다.
④ 분자 운동에너지를 증가시킨다.

해답　　　　　　　　　　　　　　　　　　　　　26. ②　27. ③　28. ②

해설 물체가 열을 받고 변화할 경우
① 분자 운동에너지를 증가시킨다.
② 외부에 저항하여 체적변화를 일으킨다.
③ 위치에너지가 감소한다.
④ 물체간의 인력에 저항하여 집합상태가 변화한다.

문제 29 고압차단 스위치에 대한 설명으로 틀린 것은?

① 작동압력은 정상고압보다 $4kg/cm^2$ 정도 높다.
② 전자밸브와 조합하여 고속다기통 압축기의 용량제어용으로 주로 이용된다.
③ 압축기 1대마다 설치시에는 토출 스톱밸브 직전에 설치한다.
④ 작동 후 복귀 상태에 따라 자동복귀형과 수동복귀형이 있다.

해설 고압차단 스위치
① 작동압력은 정상고압보다 $4kg/cm^2$ 높다.
② 작동 후 복귀 상태에 따라 자동복귀형과 수동복귀형이 있다.
③ 압축기 1대마다 설치시에는 토출 스톱밸브 직전에 설치한다.

문제 30 다음 내진설계 관련 용어에 대한 설명으로 옳은 것은?

① 가속도 시간이력이란 지진의 지반운동가속도를 시간별로 측정하여 기록한 이력을 말한다.
② 기능수행수준이란 설계지진 작용시 구조물이나 시설물에 변형이나 손상이 발생할 수 있으나 그 수준과 범위는 구조물이나 시설물이 붕괴되거나 또는 이들의 손상으로 인하여 대규모 피해가 초래되는 것이 방지될 수 있는 성능수준을 말한다.
③ 하중계수 설계법이란 구조물의 관성력은 무시하고, 작용하는 하중의 시간별 크기에 대하여 해석하는 방법을 말한다.
④ 가속도 계수란 지반운동으로 구조물에서 발생한 최대지진 가속도를 말한다.

해답 29. ② 30. ①

> **해설** 내진설계 관련 용어
> ① 가속도 계수 : 지진위험도를 표시할 때 가장 보편적으로 쓰이는 계수
> ② 하중계수 설계법 : 하중의 가변성 해석에서 정확성 결여와 다른 하중들이 동시에 작용할 확률을 고려한 설계법
> ③ 가속도 시간이력 : 지진의 지반운동가속도를 시간별로 측정하여 기록한 이력을 말한다.
> ④ 기능수행수준 : 설계지진 작용시 구조물이나 시설물에 발생한 변형이나 손상은 구조물이나 시설물의 기능을 차질없이 수행할 수 있는 범위내로 제한되는 성능수준

문제 31 공기액화분리장치에 아세틸렌가스가 혼입되면 안 되는 이유로 옳은 것은?

① 배관 내에서 동결되어 막히므로
② 산소의 순도가 나빠지기 때문에
③ 질소와 산소의 분리가 방해되므로
④ 분리기 내의 액체산소탱크에 들어가 폭발하기 때문에

> **해설** 공기액화분리장치에 아세틸렌가스가 혼입되면 안 되는 이유
> 분리기 내의 액체산소탱크에 들어가 폭발하기 때문에

문제 32 진탕형 오토클레이브(Auto clave)의 특성에 대한 설명으로 옳은 것은?

① 고압력에 사용할 수 있다.
② 가스 누설의 가능성이 없다.
③ 반응물의 오손이 많다.
④ 뚜껑판의 뚫어진 구멍에 촉매가 들어갈 염려가 있다.

> **해설** 진탕형 오토클레이브의 특성
> ① 고압력에 사용할 수 있다.
> ② 가스 누설의 가능성이 없다.
> ③ 반응물의 오손이 없다.
> ④ 뚜껑판 뚫어진 구멍에 촉매가 들어갈 염려가 있다.

해답 31. ④ 32. ④

문제 33 가스도매사업자의 가스공급시설의 시설기준으로 옳지 않은 것은?

① 액화석유가스의 저장설비와 처리설비는 그 외면으로부터 보호시설까지 20m 이상의 거리를 유지한다.
② 고압인 가스공급시설은 통로, 공지 등으로 구획된 안전구역 안에 설치하되, 그 면적은 2만m² 미만으로 한다.
③ 2개 이상의 제조소가 인접하여 있는 경우의 가스공급시설은 그 외면으로부터 그 제조소와 다른 제조소의 경계까지 20m 이상의 거리를 유지한다.
④ 액화천연가스의 저장탱크는 그 외면으로부터 처리능력이 20만m³ 이상인 압축기와 30m 이상의 거리를 유지한다.

해설 가스공급시설의 시설기준
① 액화천연가스의 저장탱크는 그 외면으로부터 처리능력이 20만m³ 이상인 압축기와 30m 이상의 거리를 유지한다.
② 2개 이상의 제조소가 인접하여 있는 경우의 가스공급시설은 그 외면으로부터 그 제조소와 다른 제조소의 경계까지 20m 이상의 거리를 유지한다.
③ 고압인 가스공급시설은 통로, 공지 등으로 구획된 안전구역 안에 설치하되, 그 면적은 2만m² 미만으로 한다.
④ 액화석유가스의 저장설비와 처리설비는 그 외면으로부터 보호시설까지 3m 이상의 거리 유지

문제 34 저온장치의 운전 중 CO_2와 수분이 존재할 때 장치에 미치는 영향에 대한 설명으로 가장 적절한 것은?

① CO_2는 저온에서 탄소와 수소로 분해되어 영향이 없다.
② 얼음이 되어 배관밸브를 막아 흐름을 저해한다.
③ CO_2는 저장장치의 촉매 기능을 하므로 효율을 상승시킨다.
④ CO_2는 가스로 순도를 저하시킨다.

해설 CO_2 : 드라이아이스 생성
수분 : 얼음이 생성 ┐ 되어 배관 동결 폐쇄

해답 33. ① 34. ②

문제 35 가연성가스가 폭발할 위험이 있는 농도에 도달할 우려가 있는 장소의 등급에 대한 설명으로 틀린 것은?

① 1종 장소는 상용상태에서 가연성가스가 체류하여 위험하게 될 우려가 있는 장소, 정비보수 또는 누출 등으로 인하여 종종 가연성가스가 체류하여 위험하게 될 우려가 있는 장소를 말한다.
② 2종 장소는 밀폐된 용기 또는 설비 내에 밀봉된 가연성가스가 그 용기 또는 설비의 사고로 인해 파손되거나 오조작의 경우에만 누출할 위험이 있는 장소를 말한다.
③ 0종 장소는 상용의 상태에서 가연성가스의 농도가 연속해서 폭발하한계 이상으로 되는 장소(폭발상한계를 넘는 경우에는 폭발한계내로 들어갈 우려가 있는 경우를 포함한다)를 말한다.
④ 4종 장소는 확실한 기계적 환기조치에 의하여 가연성가스가 체류하지 않도록 되어 있으나 환기장치에 이상이나 사고가 발생한 경우에는 가연성가스가 체류하여 위험하게 될 우려가 있는 장소를 말한다.

문제 36 산소 16kg 과 질소 56kg인 혼합기체의 전압이 506.5kPa 이다. 이때 질소의 분압은 몇 kPa 인가?

① 202.6 ② 303.9
③ 405.2 ④ 506.5

해설 분압 = 전압 × $\dfrac{성분기체몰수}{전몰수}$ = $506.5\,kPa \times \dfrac{2}{(0.5+2)}$ = $405.2\,kPa$

문제 37 아세틸렌의 주된 제법으로 옳은 것은?

① 메탄과 같은 탄화수소를 고온(1,200~2,000℃)에서 열분해시켜서 만든다.
② 메탄과 같은 탄화수소를 수증기 개질법에 의하여 만든다.
③ 메탄과 같은 탄화수소를 부분산화법에 의하여 만든다.
④ 메탄과 같은 탄화수소를 연소시켜서 얻는다.

해답 35. ④ 36. ③ 37. ①

해설 **아세틸렌의 주된 제법** : 메탄과 같은 탄화수소를 고온(1,200~2,000℃)에서 열분해시켜서 만든다.

문제 38 파이핑 레이아웃(Piping Layout)의 실시 시 주의사항으로 가장 거리가 먼 것은?

① 항상 일관된 사고(思考)에 의해 행하도록 하며 장치 전체의 미관을 고려한다.
② 장치가 운전하기 쉽도록 고려한다.
③ 유지관리에 대한 충분한 고려를 한다.
④ 배관은 되도록 굴곡(屈曲)을 많게 하여 최단거리로 한다.

해설 **파이핑 레이아웃의 실시 시 주의사항**
① 배관은 굴곡 없게 하고 최단거리로 한다.
② 유지관리에 대한 충분한 고려를 한다.
③ 장치가 운전하기 쉽도록 고려한다.
④ 항상 일관된 사고에 의해 행하도록 하며 장치 전체의 미관을 고려한다.

문제 39 강한 자성을 가지고 있어 자장에 대해 흡입되는 성질을 이용하여 분석이 가능한 가스는?

① CH_4
② CO
③ O_2
④ H_2

해설 강한 자성을 가지고 있어 자장에 대해 흡입되는 성질을 이용하여 분석이 가능한 가스는 O_2이다.

38. ④ 39. ③

문제 40 평면배관도면의 배관선에는 각각 반드시 관의 높이 치수로서 B.O.P EL(Bottom of pipe elevation) 또는 C.L EL(Canter line of pipe elevation)의 약자(略字)의 기호를 붙인 숫자를 기입하여야 한다. 다음 중 B.O.P EL을 기입하여야 하는 경우는?

① 두 개 이상의 배관이 공동 가태상(架台上)에 병렬 배관되는 경우와 보온, 보냉 시공되는 배관의 경우
② 펌프 흡입측 배관, 기기노즐에 직접 접속시키는 배관 등에서 그 접속대상이 이미 관 중심에서 규정되어 있는 경우
③ 증기배관 등에서 단독으로 적철구(吊鐵具)로 매달려 있는 경우
④ 기타 단독 배관의 경우

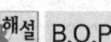 **B.O.P EL을 기입하여야 하는 경우** : 두 개 이상의 배관이 공동 가태상에 병렬 배관되는 경우와 보온, 보냉 시공되는 배관의 경우

문제 41 액화프로판 50kg을 충전할 수 있는 용기의 내용적(L)은? (단, 액화프로판의 점수는 2.35 이다.)

① 50.0　　　　　② 58.8
③ 102.5　　　　　④ 117.5

 $G = \dfrac{V}{C}$
∴ $V = G \times C = 50 \times 2.35 = 117.5 l$

문제 42 프로판가스 10kg을 완전연소하는데 필요한 공기량은 약 몇 Nm³ 인가? (단, 공기 중 산소와 질소의 체적비는 21 : 79 이다.)

① 76　　　　　② 95
③ 110　　　　　④ 122

해답　40. ①　41. ④　42. ④

해설
$C_3H_8 + 5O_2 \rightarrow 3CO_2 + 4H_2O$
44kg $5 \times 22.4 \text{Nm}^3$
10kg x $x = \dfrac{10\,\text{kg} \times 5 \times 22.4\,\text{Nm}^3}{44\,\text{kg}} = 25.45\,\text{Nm}^3$

$\therefore A_o = \dfrac{25.45}{0.21} = 121.21\,\text{Nm}^3$

문제 43

다음 중 분해폭발을 일으키는 가스는?

① 산소 ② 질소
③ 아세틸렌 ④ 프로판

해설
분해폭발 : ① 아세틸렌 ② 산화에틸렌 ③ 히드라진
중합폭발 : ① 시안화수소 ② 산화에틸렌
촉매폭발 : ① 염소와 수소 ② 염소와 암모니아 ③ 염소와 아세틸렌

문제 44

고압가스 시설의 가스누출검지경보장치 중 검지부 설치수량의 기준으로 틀린 것은?

① 건축물 안에 설치되어 있는 압축기, 펌프 등 가스가 누출하기 쉬운 고압가스 설비 등이 설치되어 있는 장소의 주위에는 고압가스 설비군의 바닥면 둘레가 22m인 시설에 검지부 2개 설치
② 에틸렌제조시설의 아세틸렌수정탑으로서 그 주위에 누출한 가스가 체류하기 쉬운 장소의 바닥면 둘레가 30m인 경우에 검지부 3개 설치
③ 가열로가 있는 제조설비의 주위에 가스가 체류하기 쉬운 장소의 바닥면 둘레가 18m인 경우에 검지부 1개 설치
④ 염소충전용 접속구 군의 주위에 검지부 2개 설치

해설 건축물 안에 설치되어 있는 압축기, 펌프 등 가스가 누출하기 쉬운 고압가스 설비 등이 설치되어 있는 장소의 주위에는 고압가스 설비군의 바닥면 둘레가 10m에 대해 검지부 1개 설치

43. ③   44. ①

문제 45

판두께 12mm, 용접길이 30cm인 판을 맞대기 용접했을 때 4,500kgf의 인장하중이 작용한다면 인장응력은 약 몇 kgf/cm² 인가?

① 8
② 45
③ 125
④ 250

해설 인장응력 = $\dfrac{4,500}{1.2 \times 30} = 125\,\text{kg/cm}^2$

문제 46

고압가스취급소 등에서 폭발 및 화재의 원인이 되는 발화원으로 가장 거리가 먼 것은?

① 충격
② 마찰
③ 방전
④ 접지

해설 발화의 원인
① 마찰 ② 정전기 ③ 열복사 ④ 전기불꽃
⑤ 자외선 ⑥ 충격파 ⑦ 방전

문제 47

다음 가스 중 허용농도가 작은 것부터 올바르게 나열된 것은?

㉠ HCN   ㉡ Cl_2 ㉢ $COCl_2$ ㉣ NH_3

① ㉡-㉢-㉠-㉣
② ㉡-㉢-㉣-㉠
③ ㉢-㉡-㉠-㉣
④ ㉢-㉡-㉣-㉠

해설 허용농도
① $COCl_2$(포스겐) : 0.1PPM 이하
② Cl_2(염소) : 1PPM 이하
③ HCN(시안화수소) : 10PPM 이하
④ NH_3(암모니아) : 25PPM 이하

해답 45. ③ 46. ④ 47. ③

 **48** 가스의 압력을 사용기구에 맞는 압력으로 감압하여 공급하는데 사용하는 정압기의 기본구조로서 옳은 것은?

① 다이어프램, 스프링(또는 분동) 및 메인밸브로 구성되어 있다.
② 팽창밸브, 회전날개, 케이싱(casing)으로 구성되어 있다.
③ 흡입밸브와 토출밸브로 구성되어 있다.
④ 액송펌프와 메인밸브로 구성되어 있다.

해설 정압기의 기본구조
① 다이어프램   ② 스프링   ③ 메인밸브

 **49** 다음 중 암모니아의 용도가 아닌 것은?

① 황산암모늄의 제조   ② 요소비료의 제조
③ 냉동기의 냉매   ④ 금속 산화제

해설 암모니아의 용도
① 요소, 질소비료 제조용
② 황산 암모늄의 제조
③ 냉동기의 냉매
④ 드라이아이스 제조용
⑤ 탄산암모늄, 탄산마그네슘 등의 탄산염 제조용

 **50** 다음 중 지진감지장치를 반드시 설치하여야 하는 도시가스 시설은?

① 가스도매사업자 인수기지   ② 가스도매사업자 정압기지
③ 일반도시가스사업자 제조소   ④ 일반도시가스사업자 정압기

해설 지진감지장치를 반드시 설치하여야 하는 도시가스 시설 : 가스도매사업자 정압기지

48. ① 49. ④ 50. ②

문제 51 다음 가스폭발에 대한 설명으로 틀린 것은?

① 압력과 폭발범위는 서로 관계가 없다.
② 관지름이 가늘수록 폭굉유도거리는 짧아진다.
③ 혼합가스의 폭발범위는 르샤틀리에 법칙을 적용한다.
④ 이황화탄소, 아세틸렌, 수소는 위험도가 커서 위험하다.

해설 압력과 폭발범위는 서로 밀접한 관계가 있다.

문제 52 부르동관(Bourdon) 압력계 사용시의 주의사항으로 가장 거리가 먼 것은?

① 안전장치를 한 것을 사용할 것
② 압력계에 가스를 유입시키거나 또는 빼낼 때는 신속하게 조작할 것
③ 정기적으로 검사를 행하고 지시의 정확성을 확인할 것
④ 압력계는 가급적 온도변화나 진동, 충격이 적은 장소에 설치할 것

해설 부르동관 압력계 사용시 주의사항
① 압력계는 가급적 온도변화나 진동, 충격이 적은 장소에 설치
② 정기적으로 검사를 행하고 지시의 정확성을 확인할 것
③ 압력계 가스를 유입시키거나 또는 빼낼 때는 천천히 조작할 것
④ 안전장치를 한 것을 사용할 것

문제 53 독성가스 운반 시 응급조치를 위하여 반드시 필요한 것이 아닌 것은?

① 방독면   ② 소화기
③ 고무장갑   ④ 제독제

해설 독성가스 운반 시 응급조치를 위하여 반드시 필요한 것
① 제독제 ② 고무장갑 ③ 방독면

해답 51. ① 52. ② 53. ②

압축가스를 단열 팽창시키면 온도와 압력이 강하하는 현상을 무엇이라고 하는가?

① 펠티어 효과   ② 제백효과
③ 주울톰슨 효과   ④ 페러데이 효과

해설 **주울톰슨 효과** : 압축가스를 단열 팽창시키면 온도와 압력이 내려가는 현상

로트의 크기 30, 부적합품률이 10%인 로트에서 시료의 크기를 5로 하여 랜덤 샘플링할 때 시료 중 부적합품수가 1개 이상일 확률은 약 얼마인가? (단, 초기하분포를 이용하여 계산한다.)

① 0.3695   ② 0.4335
③ 0.5665   ④ 0.6305

관리도에서 점이 관리한계 내에 있으나 중심선 한쪽에 연속해서 나타나는 점의 배열현상을 무엇이라 하는가?

① 런   ② 경향
③ 산포   ④ 주기

해설 **런** : 관리도내에서 점이 한계 내에 있으나 중심선 한쪽에 연속해서 나타나는 점의 배열현상

과거의 자료를 수리적으로 분석하여 일정한 경향을 도출한 후 가까운 장래의 매출액, 생산량 등을 예측하는 방법을 무엇이라 하는가?

① 델파이법   ② 전문가패널법
③ 시장조사법   ④ 시계열분석법

해설 **시계열분석법** : 과거의 자료를 수리적으로 분석하여 일정한 경향을 도출한 후 가까운 장래의 매출액, 생산량 등을 예측하는 방법

54. ③   55. ②   56. ①   57. ④

작업개선을 위한 공정분석에 포함되지 않는 것은?

① 제품 공정분석 ② 사무 공정분석
③ 직장 공정분석 ④ 작업자 공정분석

해설 작업개선을 위한 공정분석
① 제품 공정분석 ② 사무 공정분석 ③ 작업자 공정분석

로트의 크기가 시료의 크기에 비해 10배 이상 클 때, 시료의 크기와 합격판정개수를 일정하게 하고 로트의 크기를 증가시키면 검사특성곡선의 모양 변화에 대한 설명으로 가장 적절한 것은?

① 무한대로 커진다.
② 거의 변화하지 않는다.
③ 검사특성곡선의 기울기가 완만해진다.
④ 검사특성곡선의 기울기 경사가 급해진다.

해설 거의 변화하지 않는다.

다음 중 브레인스토밍(Brainstorming)과 가장 관계가 깊은 것은?

① 파레토도 ② 히스토그램
③ 회귀분석 ④ 특성요인도

해설 브레인스토밍과 가장 관계가 깊은 특성요인도이다.

  58. ③ 59. ② 60. ④

CBT 시행 2024년도 제 75 회

본 문제는 복원 기출문제입니다. 실제 문제와 다를 수 있으니 양해바랍니다.

문제 01 천연가스의 주성분인 메탄의 공기 중에 폭발범위는?
① 2.1~9.5　　② 3~12.5
③ 4~75　　④ 5~14

해설 폭발범위
① 메탄 : 5%~15%　② 아세틸렌 : 2.5%~81%
③ 수소 : 4%~75%　④ 프로판 : 2.1%~9.5%
⑤ 부탄 : 1.8%~8.4%　⑥ 암모니아 : 15%~28%
⑦ 일산화탄소 : 12.5%~74% 등

문제 02 LP가스를 펌프로 이송할 때의 단점에 대한 설명으로 틀린 것은?
① 충전시간이 길다.
② 잔가스 회수가 불가능하다.
③ 부탄의 경우 저온에서 재액화 현상이 있다.
④ 베이퍼록 현상이 일어날 수 있다.

해설 펌프 이송시 단점
① 충전시간이 길다. ② 잔가스회수가 불가능 ③ 베이퍼록의 우려가 있다.

문제 03 코크스이 반응성은 가스화율에 영향을 미친다. 다음 중 반응성이 가장 높은 것은? (단, 900℃, 40s, CO_2로부터 CO 생성 %이다.)
① 목탄　　② 주물용 코크스
③ 제련용 코크스　　④ 가스 코크스

해답 01. ④　02. ③　03. ①

문제 04

고압가스안전관리법상 고압가스의 적용범위에 해당되는 고압가스는?

① 선박안전법의 적용을 받는 선박내의 고압가스
② 원자력법의 적용을 받는 원자로 및 그 부속설비 안의 고압가스
③ 냉동능력 3톤 미만인 냉동설비 내의 고압가스
④ 오토크레이브 안의 수소가스

해설 고압가스적용범위에 해당되지 않는 것
① 냉동능력 3Ton 미만인 냉동설비내의 고압가스
② 선박안전법의 적용을 받는 선박내의 고압가스
③ 원자력법의 적용을 받는 원자로 및 그 부속설비안의 고압가스

문제 05

밀폐된 용기 중에서 공기의 압력이 10atm일 때 N_2의 분압은 몇 atm인가? (단, 공기중의 질소는 79%, 산소는 21% 존재한다.)

① 7.9
② 9.1
③ 11.8
④ 12.7

해설 분압
① N_2의 분압 = 10atm × 0.79 = 7.9atm
② O_2의 분압 = 10atm × 0.21 = 2.1atm

문제 06

고압가스안전관리법에서 정한 500리터 이상의 이음매 없는 용기의 재검사는 몇 년 마다 하여야 하는가?

① 1
② 2
③ 3
④ 5

해설 이음매 없는 용기
① 500l 미만 : 3년마다
② 500l 이상 : 5년마다

04. ④ 05. ① 06. ④

 황동판 가공 후 시간이 경과함에 따라 자연히 균열이 발생하는 것을 무엇이라고 하는가?

① 가공경화   ② 표면경화
③ 자기균열   ④ 시기균열

해설 **시기균열** : 황동판 가공 후 시간이 경과함에 따라 자연히 균열이 발생하는 것

 염소에 대한 성질로 옳은 것은?

① 염소는 암모니아로 검출할 수 있다.
② 염소는 물의 존재없이 표백작용을 한다.
③ 완전히 건조된 염소는 철과 잘 반응한다.
④ 염소 폭명기는 냉암소에서도 폭발하여 염화수소가 된다.

해설 **염소의 성질**
① 염소는 암모니아로 검출할 수 있다.
② 수분을 함유하면 철 등의 금속과 반응, 부식을 발생시킨다.(온도 120℃ 이상)
③ -34℃ 이하, 6~8atm 이상의 압력을 가하면 쉽게 액화
④ 자극성 냄새나는 황록색 기체
⑤ 상온에서 물에 용해되면 소량의 염산 및 차아염소산을 생성하며, 살균, 표백작용을 한다.
⑥ 수소와 혼합하여 염소폭명기가 되어 격렬한 폭발을 일으킨다.

 물체에 압력을 가하면 발생한 전기량은 압력에 비례하는 원리를 이용하여 압력을 측정하는 것으로 응답이 빠르고 급격한 압력 변화를 측정하는데 적합한 압력계는?

① 다이아프램(diaphragm) 압력계
② 벨로우즈(bellows) 압력계
③ 부르돈관(bourdon tube) 압력계
④ 피에조(piezo) 압력계

해답 07. ④ 08. ① 09. ④

[해설] 피에조전기 압력계
① 응답이 빠르고 급격한 압력변화를 측정하는데 적합한 압력계
② 물체에 압력을 가하면 발생한 전기량은 압력에 비례하는 원리를 이용
③ 수정이나 전기석, 롯셀염 등의 결정체에 특수방향에 압력을 가하면 그 표면에 전기가 발생되고 발생한 전기량은 압력에 비례하여 측정하는 원리
④ 고압측정용 압력계이다.

문제 10 암모니아의 공업적 제법 중 하버-보시법에 해당하는 것은?

① 석탄의 고온 건류
② 석회질소를 과열 수증기로 분해
③ 수소와 질소를 직접 반응
④ 염화암모니 용액에 소석회액을 넣어 반응

[해설] 하버보시법(수소와 질소 직접반응)

$$N_2 + 3H_2 \xrightarrow[450\sim550℃,\ 200\sim1000atm]{Fe_2O_3,\ Al_2O_3} 2NH_3$$

문제 11 압축기와 그 가스 충전용기 보관장소 사이에 반드시 설치하여야 하는 것은? (단, 압력이 10.0MPa인 경우이다.)

① 가스방출장치　　　② 방호벽
③ 안전밸브　　　　　④ 액면계

[해설] 방호벽설치(압축가스 $60m^3$, 액화가스 300kg)
① 용기보관실 벽
② 기화설비주의
③ 압축기와 충전장소사이
④ 압축기와 충전용기 보관장소 사이
⑤ 충전장소와 충전용기 보관장소 사이

해답　10. ③　11. ②

 **12** 액화석유가스 충전사업자별 공급자의 의무사항이 아닌 것은?

① 6개월에 1회 이상 가스이용시설의 안전관리에 대한 계도물 작성, 배포
② 수요자의 가스사용시설에 대하여 6개월에 1회 이상 안전점검을 실시
③ 수요자에게 위해예방에 필요한 사항을 계도
④ 가스보일러가 설치된 후 매 1년에 1회 이상 보일러 성능 확인

해설 공급자의 의무사항
① 수요자에게 위해 예방에 필요한 사항을 계도
② 수요자의 가스사용시설에 대하여 6개월에 1회 이상 안전점검을 실시
③ 6개월 1회 이상 가스 이용시설의 안전관리에 대한 계도물 작성, 배포

 **13** 가스의 탈황방법 중 흡수액으로 탄산소다 또는 탄산칼리 수용액을 사용, 고압하에서 황화수소를 흡수하여 흡수액을 감압·가열하여 황화수소를 분리, 방출하는 방법은?

① 진공카보네이트법
② 사이록스법
③ 후막스법
④ 다카학스법

해설 진공카보네이트법 : 흡수액으로 탄산소다 또는 탄산칼리수용액을 사용 고압하에서 황화수소를 흡수하여 흡수액을 감압, 가열하여 황화수소를 분리, 방출하는 방법

 **14** 아세틸렌 제조시 청정제로 사용되지 않는 것은?

① 리가솔
② 카타리솔
③ 에퓨렌
④ 진타론

해설 청정제
① 에퓨렌 ② 리카솔 ③ 카타리솔

해답 12. ④ 13. ① 14. ④

문제 15 아세틸렌 제법으로 다음 중 공업적으로 가장 많이 사용되고 있는 것은?

① 공기의 액화 분리   ② 에탄올의 진한 황산에 의한 분해
③ 중질유의 수소 첨가 분해   ④ 나프타의 열 분해

해설 아세틸렌 제법 중 공업적으로 가장 많이 사용되고 있는 것 : 나프타의 열분해

문제 16 다음 중 완전연소시 공기량이 가장 적게 소요되는 가스는?

① 메탄   ② 에탄
③ 프로판   ④ 부탄

해설
① $CH_4 + 2O_2 \rightarrow CO_2 + 2H_2O$ $A_o = \dfrac{2}{0.21} = 9.52$

② $C_2H_6 + 3.5O_2 \rightarrow 2CO_2 + 3H_2O$ $A_o = \dfrac{3.5}{0.21} = 14.28$

③ $C_3H_8 + 5O_2 \rightarrow 3CO_2 + 4H_2O$ $A_o = \dfrac{5}{0.21} = 23.8$

④ $C_4H_{10} + 6.5O_2 \rightarrow 4CO_2 + 5H_2O$ $A_o = \dfrac{6.5}{0.21} = 30.95$

문제 17 1몰의 실제기체에 대한 반데르발스 식은 다음과 같다. 이 식에서 P의 단위가 atm, V의 단위가 L일 때 상수 a와 b의 단위로 각각 옳은 것은?

$$\left(P + \dfrac{an^2}{V^2}\right)(v - nb) = nRT$$

① a : atm·L^2/mol^2, b : L/mol   ② a : L·atm^2/mol, b : L/mol
③ a : atm·L^2/mol, b : L/mol   ④ a : L/mol, b : atm·L^2/mol^2

해설 a : atm, L^2/mol^2, b : L/mol

해답 15. ④ 16. ① 17. ①

문제 18

가스도매사업의 가스공급시설에서 고압의 가스공급시설은 안전구획을 설치하고 그 안전구역의 면적을 몇 m² 미만이어야 하는가?

① 10000 ② 20000
③ 30000 ④ 50000

해설 안전구역의 면적 : $20000m^2$ 미만

문제 19

부식이 특정한 부분에 집중하는 형식으로 부식속도가 크므로 위험이 높고 장치에 중대한 손상을 미치는 부식의 형태는?

① 국부부식 ② 전면부식
③ 선택부식 ④ 입계부식

해설
① **국부부식** : 부식이 특정한 부분에 집중하는 형식으로 부식속도가 크므로 위험이 높고 장치에 중대한 손상을 미치는 부식
② **전면부식** : 전면이 대략 균일하게 부식되는 양식이며, 부식량은 크나 전면에 파급되므로 그 피해는 적고, 비교적 처리하기 쉽다.
③ **선택부식** : 합금 중의 특정성분이 선택적으로 용출하거나 일단전체가 용출한 다음 특정성분이 재석출함으로서 기계강도가 적은 다공질의 침식층을 형성하는 양식이며, 주철의 흑연화 부식, 황동의 탈아연 부식, 알루미늄 청동의 탈알루미늄 부식 등이 있다.
④ **입계부식** : 스텐레스강등에서 450~900℃ 열에 의해 재료중에 고용되었던 탄소가 결정임계로 이동되어 탄화크롬의 탄화물이 석출됨으로서 Cr량이 감소되어 내식성의 저하로 생기는 부식

문제 20

고열원 400℃, 저열원 40℃에서 카르노(carnot) 사이클을 행하는 열기관의 열효율은 약 몇 %인가?

① 46.5 ② 53.5
③ 58.5 ④ 62.5

해설 열효율 $= \dfrac{T_1 - T_2}{T_1} = \dfrac{(273+400)-(273+40)}{(273+400)} = 53.49$

18. ② 19. ① 20. ②

문제 21 1000rpm으로 회전하는 펌프를 2000rpm으로 변경하였다. 이 경우 펌프 양정은 몇 배가 되겠는가?

① 1   ② 2
③ 4   ④ 8

해설 펌프의 상사법칙

$$Q' = Q \times \left(\frac{N_2}{N_1}\right) = \left(\frac{2000}{1000}\right) = 2$$

$$H' = H \times \left(\frac{N_2}{N_1}\right)^2 = \left(\frac{2000}{1000}\right)^2 = 4$$

$$Kw' = Kw \times \left(\frac{N_2}{N_1}\right)^3 = \left(\frac{2000}{1000}\right)^3 = 8$$

문제 22 탄화수소에서 탄소수 증가시에 대한 설명으로 틀린 것은?

① 발화점이 낮아진다.   ② 발열량 kcal/m³이 커진다.
③ 폭발하한계가 낮아진다.   ④ 증기압이 높아진다.

해설 탄소수 증가시 현상
① 증기압 낮아진다.   ② 발열량이 커진다.
③ 발화점이 낮아진다.   ④ 폭발하한계가 낮아진다.
⑤ 비중점 높아진다.   ⑥ 점화에너지 감소

문제 23 고온의 물체로부터 방사되는 에너지중의 특정의 파장의 방사에너지, 특 휘도를 표준온도의 고온물체와 비교하여 온도를 측정하는 온도계는?

① 열전대 온도계   ② 광고온계
③ 색온도계   ④ 제겔콘 온도계

해설 광고온도계 : 고온의 물체로부터 방사되는 에너지중의 특정의 파장의 방사에너지 휘도를 표준온도의 고온물체와 비교하여 온도를 측정하는 온도계

해답 21. ③ 22. ④ 23. ②

 **24** 표준상태에서 어떤가스의 부피가 1m³인 것은 약 몇 몰인가?

① 11.2　　　　　　② 22.4
③ 44.6　　　　　　④ 55.6

해설 1mol = 22.4l
$$x = 1000l \quad x = \frac{1\text{mol} \times 1000l}{22.4l} = 44.64\text{mol}$$

 **25** 메탄의 임계온도는 약 몇 ℃인가?

① −162　　　　　　② −83
③ 97　　　　　　　④ 152

해설 임계온도
① 수소 : −239.9℃　　② 산소 : −118.4℃
③ 메탄 : −83℃　　　　④ 질소 : −147℃
⑤ 염소 : 144℃　　　　⑥ 암모니아 : 132.3℃
⑦ 일산화탄소 : −139℃

 **26** 내부용적이 25000L인 액화산소 저장탱크의 저장능력은 몇 kg인가? (단, 비중은 1.14로 한다.)

① 24460　　　　　　② 24780
③ 25650　　　　　　④ 27520

해설 $W\text{kg} = 0.9dV_2 = 0.9 \times 1.14 \times 25000 = 25650\text{kg}$

 **27** 이상기체 상태변화에서 $Q = \Delta H = \int C_p dT$로 나타낼 수 있는 것은?

① 등압변화　　　　② 등적변화
③ 등온변화　　　　④ 단열변화

해답　　24. ③　25. ②　26. ③　27. ①

문제 28

다음 [그림]은 공기 분리장치로 쓰이고 있는 복식정류탑의 구조도이다. 흐름 A의 액의 성분과 장치 B의 명칭을 옳게 나타낸 것은?

① A : O_2 풍부한 액, B : 증류드럼
② A : N_2 풍부한 액, B : 응축기
③ A : O_2 풍부한 액, B : 응축기
④ A : N_2 풍부한 액, B : 증류드럼

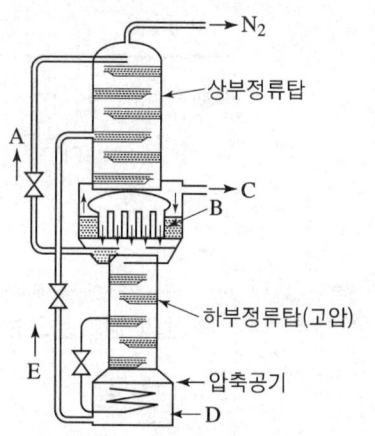

문제 29

다음 분해 반응은 몇 차 반응에 해당되는가?

$$2HI \rightarrow H_2 + I_2$$

① $\frac{1}{2}$차
② 1차
③ $\frac{2}{3}$차
④ 2차

문제 30

각종 가스의 분석에 있어서 파라듐 블랙에 의한 흡수 폭발법, 산화동에 의한 연소 및 열전도 도법 등으로 분석할 수 있는 가스는?

① 산소
② 이산화탄소
③ 암모니아
④ 수소

 수소
① 파라듐 블랙에 의한 흡수폭발법
② 산화동에 의한 연소 및 열 전도도법

해답　28. ②　29. ④　30. ④

 특정 고압가스를 사용하고자 한다. 신고 대상이 아닌 것은?

① 저장능력 10m³의 압축가스 저장능력을 갖추고 디실란을 사용하고자 하는 자
② 저장능력 200kg의 액화가스 저장능력을 갖추고 액화암모니아를 사용하고자 하는 자
③ 저장능력 250kg의 액화가스 저장능력을 갖추고 액화산소를 사용하고자 하는 자
④ 배관으로 천연가스를 공급받아 사용하려는 자

해설 특정고압가스사용신고대상
① 저장능력이 250kg의 액화가스 저장능력을 갖추고 액화산소를 사용하고자 하는 자
② 저장능력이 200kg의 액화가스 저장능력을 갖추고 액화암모니아를 사용하고자 하는 자
③ 저장능력이 10m³의 압축가스 저장능력을 갖추고 디실란을 사용하고자 하는 자

 용접배관 이음에서 피이닝을 하는 주된 이유는?

① 슬래그를 제거하기 위하여
② 잔류응력을 제거하기 위하여
③ 용접이 잘 되게 하기 위하여
④ 용입이 잘 되게 하기 위하여

해설 용접배관이음에서 피이닝을 하는 주된 이유 : 잔류응력을 제거하기 위해

 어느 이상기체가 압력 10kgf/cm²에서 체적이 0.1m³이었다. 등온과정을 통해 체적이 3배로 될 때 기체가 외부로부터 받은 열량은 몇 kcal인가?

① 35.7   ② 30.9
③ 25.7   ④ 10.9

해답 31. ④ 32. ② 33. ③

해설 열량 $= 10 \times 10^4 \text{kg/m}^2 \times \ln\left(\dfrac{3}{1}\right) = 10986.12 \text{kg} \cdot \text{m}$

1kcal $= 427$ kg · m

$x = 10986.12$ kg · m $x = \dfrac{1\text{kcal} \times 10986.12 \text{kg} \cdot \text{m}}{427 \text{kg} \cdot \text{m}} = 25.728$ kcal

문제 34 공정 및 설비의 고장 형태 및 영향, 고장형태별 위험도 순위 등을 결정하는 위험성 평가기법은 무엇인가?

① HAZOP ② FMECA
③ FTA   ④ ETA

해설 **FMECA** : 공정 및 설비의 고장형태 및 영향, 고장형태별 위험도 순위 등을 결정하는 위험성 평가기법

문제 35 수소의 성질에 대한 것으로서 폭발, 화재 등의 재해 발생의 원인으로 가장 거리가 먼 것은?

① 임계압력이 12.8atm 정도이다.
② 공기와 혼합될 경우 연소 범위가 4~75%이다.
③ 고온, 고압에서 강에 대하여 수소취성을 일으킨다.
④ 가장 가벼운 기체이므로 미세한 간격으로 퍼져 확산하기 쉽다.

해설 **수소의 성질중의 폭발, 화재 등의 재해발생원인**
① 고온, 고압에서 강에 대하여 수소취성을 일으킨다.
② 공기와 혼합될 경우 연소범위가 4~75% 이다.
③ 가장 가벼운 기체이므로 미세한 간격으로 퍼져 확산하기 쉽다.

문제 36 비리얼전개(Virial expansion)는 $Z = \dfrac{PV}{RT} = 1 + B'P + C'P^2 + D'P^3 + \cdots$ 로 표현된다. 기체의 압력이 0에 가까워지면 Z의 값은?

① ∞ 가 된다.   ② 0에 가까워진다.
③ 1에 가까워진다.   ④ 아무 영향을 받지 않는다.

해답 34. ② 35. ① 36. ③

문제 37 기체의 분출속도와 분자량과의 관계를 설명한 법칙은?

① Dalton의 법칙 ② Van der waals의 법칙
③ Boyle의 법칙 ④ Graham의 법칙

해설 **그레함의 법칙** : 기체의 분출속도와 분자량과의 관계 설명

문제 38 다음은 응력-변형율 선도에 대한 설명이다. ( )안에 알맞은 것은?

하중의 변형선도에서 세로축은 하중을 시편의 단면적으로 나눈 값을 응력 값으로 취하고, 가로축에는 변형량을 본래의 ( )(으)로 나눈 변형율 값을 취하여 응력과 변형율과의 관계를 그래프로 표시한 것을 응력-변형율 선도(stress-strain diagram)라 한다.

① 시편의 단면적 ② 하중
③ 재료의 길이 ④ 응력

문제 39 일반적으로 가스의 용해도는 일정 온도하에서는 그 압력에 비례한다. 이는 무슨 법칙인가?

① 헨리의 법칙 ② 달톤의 분압 법칙
③ 르샤트리에의 법칙 ④ 보일의 법칙

해설 ① **헨리의 법칙** : 일반적으로 가스의 용해도는 일정온도하에서는 그 압력에 비례한다.
② **달톤의 분압법칙** : 기체혼합물의 전체압력은 각 성분기체의 분압의 합과 같다.
③ **보일의 법칙** : 온도가 일정할 때 기체의 체적은 압력에 반비례한다.

해답 37. ④ 38. ③ 39. ①

문제 40 도시가스 사용시설 중 배관에 표기하는 내용으로 틀린 것은?

① 사용가스명 ② 가스의 흐름 방향
③ 최고사용압력 ④ 유량

해설 배관에 표기하는 내용
① 도시가스 : 사용가스명
② → : 가스흐름방향
③ 4000mmAq : 최고사용압력

문제 41 고압가스 제조시 안전관리에 대한 설명으로 옳은 것은?

① 산소를 용기에 충전할 때에는 용기 내부에 유지류를 제거하고 충전한다.
② 시안화수소의 안정제로 물을 사용한다.
③ 산화에틸렌을 충전시에는 산 및 알칼리로 세척한 후 충전한다.
④ 아세틸렌을 3.5MPa로 아축하여 충전할 때에는 희석제로 이산화탄소를 사용한다.

해설 ① 시안화수소의 안정제 : 오산화인, 염화칼륨, 인산, 아황산가스, 동망, 황산
② 산화에틸렌 충전시에는 질소 또는 탄산가스를 치환 후 충전
③ 아세틸렌을 2.5MPa로 압축하여 충전할 때는 희석제로 메탄, 일산화탄소, 에틸렌, 질소, 수소, 프로판 사용

문제 42 이상기체의 상태변화에서 등온변화에 대한 설명 중 틀린 것은?

① 내부에너지 변화량은 0이다.
② 압력은 체적에 반비례한다.
③ 엔탈피는 온도만의 함수이므로 일정하다.
④ 등온변화에서 가해진 열량은 모두 일로 변화되지 않는다.

해설 이상기체 상태변화에서 등온변화
① 엔탈피는 온도만의 함수이므로 일정하다.
② 압력은 체적에 반비례한다.
③ 내부에너지 변화량은 0이다.

해답 40. ④ 41. ① 42. ④

 **43** 시안화수소에 안정제를 첨가하는 주된 이유는?

① 분해폭발을 하므로
② 산화폭발을 일으킬 염려가 있으므로
③ 강한 인화성 액체이므로
④ 소량의 수분으로 중합하여 그 열로 인해 폭발할 위험이 있으므로

해설 안정제 첨가 이유 : 소량의 수분으로 중합하여 그 열로 인해 폭발할 위험이 있으므로

 **44** 아세틸렌은 용기에 충전한 후 온도 15℃에서 압력이 몇 MPa 이하로 될 때까지 정치하여야 하는가?

① 1.5
② 2.5
③ 3.5
④ 4.5

해설 15℃, $15.5kg/cm^2$(1.55MPa)

 **45** 산업통상자원부장관은 도시가스사업법에 의하여 도시가스사업자에게 조정명령을 내릴 수 있다. 다음 중 조정명령 사항이 아닌 것은?

① 가스공급시설 공사계획의 조정
② 가스요금 등 공급조건의 변경
③ 가스의 열량·압력의 조정 조건
④ 가스검사 기관의 조정

해설 조정명령사항
① 가스의 열량, 압력의 조정조건
② 가스요금 등 공급조건의 변경
③ 가스공급시설공사계획의 조정 공급조건의 변경

해답   43. ④   44. ①   45. ④

문제 46

가스엔진 구동 열펌프(GHP)의 특징에 대한 설명으로 옳은 것은?

① 난방시 GHP 기동과 동시에 난방이 불가능하다.
② 정기적인 유지관리가 불필요하다.
③ 부분부하 특성이 매우 우수하다.
④ 외기온도 변동에 영향이 크다.

해설 **가스엔진구동 열펌프의 특징**
① 외기온도변동에 영향이 적다.
② 정기적인 유지관리가 필요하다.
③ 부분부하 특성이 매우 우수하다.
④ 난방시 GHP 기동과 동시에 난방이 가능하다.

문제 47

메탄가스에 대한 설명으로 옳은 것은?

① 공기보다 무거워 낮은 곳에 체류한다.
② 비점은 약 $-42℃$이다.
③ 공기 중 메탄가스가 3% 함유된 혼합기체에 점화하면 폭발한다.
④ 고온에서 니켈촉매로 사용하여 수증기와 작용하면 일산화탄소와 수소를 생성한다.

해설 ① 공기보다 가벼워 위에 체류한다.
② 비점은 $-161.5℃$이다.
③ 공기중 메탄가스가 5% 함유된 혼합기체에 점화하면 폭발한다.
④ 고온에서 내켈촉매로 사용하여 수증기와 작용하면 일산화탄소와 수소생성
$CH_4 + H_2O \rightarrow CO + 3H_2$

문제 48

고압가스특정제조시설 중 장치분야의 정밀안전검진항목이 아닌 것은?

① 두께측정　　　　② 경도측정
③ 누설측정　　　　④ 보냉상태

해설 **고압가스 특정제조시설의 장치분야 정밀 안전검진 항목**
① 보냉상태　② 경도측정　③ 두께측정

해답　46. ③　47. ④　48. ③

문제 49 다음 독성가스와 제독제를 잘못 연결한 것은?

① 염소-가성소다수용액, 탄산소다수용액, 소석회
② 포스겐-가성소다수용액, 소석회
③ 황화수소-가성소다수용액, 탄산소다수용액
④ 아황산가스-가성소다수용액, 소석회, 암모니아

해설
① 아황산가스 : 물, 가성소다, 탄산소다
② 시안화수소 : 가성소다
③ 암모니아, 산화에틸렌, 염화메탄 : 다량의 물

문제 50 기체의 열용량에 대한 설명으로 틀린 것은?

① 열용량이 크면 온도를 변화시키기 어렵다.
② 이상기체의 정압열용량(C_p)과 정적열용량(C_v)의 차는 기체상수 R과 같다.
③ 공기에 대한 정압비열과 정적비열이 비(C_p/C_v)는 1.40이다.
④ 정압 몰 열용량은 정압비열을 물질량으로 나눈 값이다.

해설 기체의 열용량
① 공기에 대한 정압비열과 정적비열의 비는 1.4이다.
② 열용량이 크면 온도를 변화시키기 어렵다.
③ 이상 기체의 정압열용량과 정적열용량의 차는 기체상수 R과 같다.

문제 51 고압가스 제조시 가연성 가스 중 산소 또는 산소 중 가연성 가스가 몇 % 이상 함유될 때 압축을 금지하는가?

① 1.5   ② 2.0
③ 2.5   ④ 4.0

해설 압축금지
① 가연성가스중의 산소 전용량이 4% 이상시
② 산소중의 가연성가스 전용량이 4% 이상시
③ 에틸렌, 수소, 아세틸렌중의 산소 전용량이 2% 이상시
④ 산소중의 에틸렌, 수소, 아세틸렌 전용량이 2% 이상시

해답 49. ④ 50. ④ 51. ④

 **52** 고압가스안전관리법상 당해 가스시설의 안전을 직접 관리하는 사람은?

① 안전관리 부총괄자　② 안전관리 책임자
③ 안전관리원　　　　 ④ 특정설비 제조자

 **53** 다음 [보기]의 특징을 가지는 구리 및 구리합금강의 종류는?

[보기]
- 압광성 · 굽힘성 · 드로잉성 · 용접성이 좋다.
- 내식성 · 열전도성이 좋다.
- 열교환기, 화학공업, 급수 · 급탕, 가스관 등에 사용된다.
- 종류로는 C1201, C1220이 있다.

① 인탈산구리　② 타프피치구리
③ 함연강동　　④ 무산소구리

해설 **인탈산동관**
① 냉난방용기기, 열교환기, 급수관, 급탕관, 송유관, 가스관에 사용
② 내식성, 열전도성이 좋다.
③ 굽힘성, 용접성, 드로잉성이 좋다.
④ 종류로는 C1201, C1220

 **54** 주철관 이음방법으로서 이음에 필요한 부품이 고무링 하나 뿐이며, 온도변화에 따른 신축이 자유롭고, 이음 접합과정이 간편하여 관부설을 신속하게 할 수 있는 특징을 가진 이음방법은?

① 벨로우즈 이음　② 소켓 이음
③ 노허브 이음　　④ 타이론

해설 **주철관의 이음**
① 소켓이음 : 허브에 스피고트를 삽입 얀을 단단히 꼬아감고, 정으로 다진 후 납을채워 다시 정으로 다져 코킹하는 방법
② 기계적접합 : 플랜지접합과 소켓접합의 장점을 취한 것으로 150mm 이하의 수도관에 사용되며, 스패너 하나만으로 시공할 수 있고 수중 작업에도 용이

52. ①　53. ①　54. ④

③ 빅토리접합 : 빅토리형 주철관을 고무링과 금속제 칼라를 사용 접합하는 것으로 관지름이 350mm 이하이면 2분, 400mm 이상이면 4분 조여준다. 특히 관내의 압력이 증가함에 따라 고무링이 관벽에 밀착하여 더욱더 기밀 유지
④ 타이톤접합 : 원형의 고무링 하나만으로 접합

문제 55 부적합품률이 1%인 모집단에서 5개의 시료를 랜덤하게 샘플링할 때, 부적합품수가 1개일 확률은 약 얼마인가? (단, 이항분포를 이용하여 계산한다.)

① 0.048
② 0.058
③ 0.48
④ 0.58

문제 56 다음 중 계수치 관리도 아닌 것은?

① C 관리도
② P 관리도
③ u 관리도
④ X 관리도

해설 계수치 관리도 : ① u 관리도   ② P 관리도   ③ C 관리도

문제 57 품질관리 기능의 사이클을 표현한 것으로 옳은 것은?

① 품질개선-품질설계-품질보증-공정관리
② 품질설계-공정관리-품질보증-품질개선
③ 품질개선-품질보증-품질설계-공정관리
④ 품질설계-품질개선-공정관리-품질보증

해설 품질관리 기능의 사이클
품질설계 → 공정관리 → 품질보증 → 품질개선

55. ① 56. ④ 57. ②

제 2 부 필기 기출문제

 **58** 다음 [표]는 A 자동차 영업소의 월별 판매실적을 나타낸 것이다. 5개월 단순이동 평균법으로 6월의 수요를 예측하면 몇 대인가?

① 120
② 130
③ 140
④ 150

(단위 : 대)

월	1	2	3	4	5
판매량	100	110	120	130	140

 6월의 수요예측
$$\frac{(100+110+120+130+140)}{5}=120$$

 **59** 다음 검사의 종류 및 검사 공정에 의한 분류에 해당되지 않는 것은?

① 수입검사
② 출하검사
③ 출장검사
④ 공정검사

 검사공정에 의한 분류
① 공정검사   ② 출하검사   ③ 수입검사

 **60** 다음 중 반즈(Ralph M.Barnes)가 제시한 동작경제의 원칙에 해당되지 않는 것은?

① 표준작업의 원칙
② 신체의 사용에 관한 원칙
③ 작업장의 배치에 관한 원칙
④ 공구 및 설비의 디자인에 관한 원칙

반즈의 동작경제의 원칙
① 작업장의 배치에 관한 원칙
② 신체의 사용에 관한 원칙
③ 공구 및 설비의 디자인에 관한 원칙

해답 58. ①   59. ③   60. ①

2024년도 제 76 회

본 문제는 복원 기출문제입니다. 실제 문제와 다를 수 있으니 양해바랍니다.

문제 01 일반도시가스사업자는 공급권역을 구역별로 분할하고 원격조작에 의한 긴급차단장치를 설치하여 대형가스누출, 지진발생 등 비상시 가스차단을 할 수 있도록 하는 구역의 설정기준으로 옳은 것은?

① 수요자수가 20만 이하가 되도록 설정
② 수요자수가 25만 이하가 되도록 설정
③ 배관의 길이가 20km 이하가 되도록 설정
④ 배관의 길이가 25km 이하가 되도록 설정

해설 비상시 가스차단을 할 수 있도록 하는 구역의 설정
수요자수가 20만 이하가 되도록 설정

문제 02 다음 [보기]의 특징을 가지는 물질은?

[보기] – 무색투명하나 시판품은 흑회색의 고체이다.
– 물, 습기, 수증기와 직접 반응한다.
– 고온에서 질소와 반응하여 석회질소로 된다.

① CaC_2
② P_4S_3
③ P_4
④ KH

해설 칼슘카바이트(CaC_2)
① 고온에서 질소와 반응 석회질소로 된다.
② 물, 습기 수증기와 직접 반응 $CaC_2 + 2H_2O \rightarrow Ca(OH)_2 + C_2H_2$
③ 무색 투명하나 시판품은 흑회색의 고체이다.

해답 01. ① 02. ①

문제 03

산화에틸렌의 저장탱크 및 충전 용기에는 45℃에서 그 내부 가스의 압력이 얼마 이상이 되도록 질소가스등을 충전하여야 하는가?

① 0.2MPa ② 0.4MPa
③ 1MPa   ④ 2MPa

해설 산화에틸렌 저장탱크 및 충전용기는 45℃에서 그 내부 가스압력이 $4kg/cm^2$ 이상이 되도록 질소가스등을 충전

보충 $1kg/cm^2 = 0.1MPa$

문제 04

특정고압가스 사용신고를 하여야 하는 자는 저장능력이 몇 kg 이상인 액화가스 저장설비를 갖추고 특정고압가스를 사용하여야 하는가?

① 100   ② 250
③ 500   ④ 1000

해설 **특정고압가스 사용신고** : 저장능력이 250kg 이상인 액화가스 저장설비

문제 05

고압가스 배관의 용접에서 용접이음매의 위치 기준에 대한 설명으로 틀린 것은?

① 배관의 용접은 지그(Jig)를 사용하여 가장자리부터 정확하게 위치를 맞춘다.
② 관의 두께가 다른 배관의 맞대기 이음에서는 관두께가 완만하게 변화되도록 길이방향의 기울기를 1/3 이하로 한다.
③ 배관을 맞대기 용접하는 경우 평행한 용접이음매의 간격은 원칙적으로 관지름 이상으로 한다.
④ 배관상호의 길이 이음매는 원주방향에서 원칙적으로 50mm 이상 떨어지게 한다.

해설 배관 용접에서 용접 이음매의 위치기준
① 배관 상호의 길이 이음매는 원주 방향에서 원칙적으로 50mm 이상 떨어지게 한다.

해답 03. ② 04. ② 05. ①

② 배관을 맞대기 용접하는 경우 평행한 용접이음매의 간격은 원칙적으로 관지름 이상으로 한다.
③ 관의 두께가 다른 배관의 맞대기 이음에서는 관두께가 완만하게 변화되도록 길이 방향의 기울기를 $\frac{1}{3}$ 이하로 한다.

문제 06

다음 중 특정고압가스가 아닌 것은?

① 압축디보레인　　② 액화알진
③ 에틸렌　　　　　④ 아세틸렌

해설 특정고압가스
① 산소　② 수소　③ 아세틸렌
④ 액화염소　⑤ 액화암모니아　⑥ 액화천연가스
⑦ 액화알진　⑧ 압축디보레인　⑨ 디실란

문제 07

정압과정에서의 전달 열량은?

① 내부에너지의 변화량과 같다.　② 이루어진 일량과 같다.
③ 엔탈피 변화량과 같다.　　　　④ 체적의 변화량과 같다.

해설 정압과정에서의 전달열량 : 엔탈피 변화량과 같다.

문제 08

도시가스시설에 대한 줄파기 작업의 기준에 대한 설명으로 틀린 것은?

① 가스배관이 있을 것으로 예상되는 지점으로부터 2m 이내에서 줄파기를 할 때에는 안전관리전담자의 입회하에 시행한다.
② 줄파기 1일 시공량 결정은 시공속도가 가장 빠른 천공작업에 맞추어 결정한다.
③ 줄파기심도는 최소한 1.5m 이상으로 하며 지장물의 유무가 확인되지 않는 곳은 안전관리전담자와 협의 후 공사의 진척여부를 결정한다.
④ 줄파기공사 후 가스배관으로부터 1m 이내에 파일을 설치할 경우에는 유도관을 먼저 설치한 후 되메우기를 실시한다.

해답 06. ③　07. ③　08. ②

> **해설** 줄파기 작업의 기준
> ① 줄파기 공사 후 가스배관으로부터 1m 이내에 파일을 설치할 경우에는 유도관을 먼저 설치한 후 되메우기를 실시한다.
> ② 줄파기 심도는 최소한 1.5m 이상으로 하며 지장물의 유·무가 확인되지 않는 곳은 안전관리 전담자와 협의 후 공사의 진척여부 결정
> ③ 가스배관이 있을 것으로 예상되는 지점으로부터 2m 이내에서 줄파기를 할 때는 안전관리 전담자의 입회하에 시행

문제 09 액화석유가스의 안전관리 및 사업법에서 안전관리규정을 제출한 자와 그 종사자는 안전관리규정을 준수하고 그 실시기록을 작성하여 몇 년간 보존하도록 규정하고 있는가?

① 2 ② 3
③ 4 ④ 5

> **해설** 안전관리 규정실시 기록 : 3년간 보존

문제 10 도시가스 안전관리자의 직무로서 가장 거리가 먼 것은?

① 가스공급시설의 안전유지
② 위해예방조치의 이행
③ 안전관리원의 교육
④ 정기검사 결과 부적합 판정을 받은 시설의 개선

> **해설** 도시가스 안전관리자의 직무
> ① 정기검사 결과 부적합 판정을 받은 시설의 개선
> ② 위해예방 조치의 이행
> ③ 가스공급시설의 안전유지

문제 11 −40℃는 몇 °F인가?

① −40 ② −32
③ 40   ④ 44

해답   09. ②   10. ③   11. ①

해설
$$°F = \frac{9}{5} \times C + 32 = \frac{9}{5} \times -40 + 32 = -40°F$$

문제 12

다음 중 암모니아의 완전연소반응식을 옳게 나타낸 것은?

① $2NH_3 + 2O_2 \rightarrow N_2O + 3H_2O$
② $4NH_3 + 3O_2 \rightarrow 2N_2 + 6H_2O$
③ $NH_3 + 2O_2 \rightarrow NHO_3 + H_2O$
④ $4NH_3 + 5O_2 \rightarrow 4NO + 6H_2O$

해설 암모니아 완전연소 반응식
$4NH_3 + 3O_2 \rightarrow 2N_2 + 6H_2O$

문제 13

다음의 각 가스와 그 가스의 제조법을 연결한 것 중 틀린 것은?

① 수소-수성가스법, CO전화법
② 염소-합성법, 석회질소법
③ 시안화수소-앤드류소오법, 폼아미드법
④ 산소-전기분해법, 공기액화분리법

해설 염소의 제법
① 염산의 전기분해
② 격막법에 의한 소금의 전기분해
③ 수은법에 의한 소금의 전기분해

문제 14

암모니아합성가스 분리장치에 대한 설명으로 옳은 것은?

① 메탄은 제1열교환기에서 액화하여 분리된다.
② 질소는 상압으로 공급된다.
③ 에틸렌은 제3열교환기에서 액화한다.
④ 일산화질소는 정촉매로 작용한다.

해설 **암모니아 합성가스 분리장치** : 에틸렌은 제 3열교환기에서 액화한다.

해답 12. ② 13. ② 14. ③

 **15** 도시가스 배관 중 전기방식을 반드시 유지해야 할 장소가 아닌 것은?

① 다른 금속 구조물과 근접교차 부분
② 배관 절연부의 양측
③ 교량, 하천, 배관의 양단부 및 아파트 입상배관 노출부
④ 강재 보호관 부분의 배관과 강재 보호관

해설 도시가스 배관 중 전기 방식을 반드시 유지해야 할 장소
① 배관 절연부 양측
② 다른 금속 구조물과 근접 교차부분
③ 강재 보호관 부분의 배관과 강재 보호판

 **16** 양단이 고정된 20cm 길이의 환봉을 20℃에서 80℃로 가열하였을 때 재료내부에서 발생하는 열응력은 약 몇 MPa인가? (단, 재료의 선팽창계수는 11.05×10^{-6}/℃이며, 탄성계수 E는 210GPa이다.)

① 69.62   ② 139.23
③ 696.15   ④ 2784.60

 해설 응력 $= E \times \epsilon \times \Delta t = 210\text{GPa} \times 11.05 \times 10^{-6}/℃ \times 60℃ = 0.13923\text{GPa}$
$= 0.13923 \times 10^3 \text{MPa} = 139.23\text{MPa}$

 **17** 냉동능력 25RT인 냉매설비와 환기설비의 이격거리의 기준으로 틀린 것은? (단, 냉매는 불연성가스이다.)

① 내화방열벽을 설치하지 않은 경우 제1종 화기설비와 5m 이상 이격거리를 두어야 한다.
② 내화방열벽을 설치하지 않은 경우 제2종 화기설비와 4m 이상 이격거리를 두어야 한다.
③ 내화방열벽을 설치한 경우 제2종 화기설비와 1m 이상 이격거리를 두어야 한다.
④ 내화방열벽을 설치한 경우 제1종 화기설비와 2m 이상 이격거리를 두어야 한다.

해답 15. ③ 16. ② 17. ③

 **냉동능력 25RT인 냉매설비와 화기설비의 이격거리**
① 내화 방열벽을 설치한 경우 제 1종 화기설비와 2m 이상의 이격거리를 두어야 한다.
② 내화 방열벽을 설치하지 않은 경우 제 2종 화기설비와 4m 이상의 이격거리를 두어야 한다.
③ 내화 방열벽을 설치하지 않은 경우 제 1종 화기설비와 5m 이상의 이격거리를 두어야 한다.

문제 18 패클리스(packless) 신축이음재라고도 하며 설치공간을 적게 차지하나 고압배관에는 부적당한 신축이음재는?

① 슬리브형 신축이음재 ② 벨로우즈형 신축이음재
③ 루프형 신축이음재 ④ 스위블형 신축이음재

 벨로우즈형 신축이음
① 패클리스 신축이음, 주름통식, 파상형 신축이음이라 함
② 설치공간을 적게 차지하고, 고압 배관에 부적당
③ 응력이 생기지 않는다.

문제 19 어떤 기체가 10℃, 750mmHg에서 100mL의 무게가 0.2g이라면 표준상태에서 이 기체의 밀도는 약 몇 g/L인가?

① 1.8 ② 2.1
③ 2.4 ④ 2.7

 $PV = \dfrac{WRT}{M}$ $M = \dfrac{WRT}{PV} = \dfrac{0.2 \times 0.082 \times (273+10)}{\dfrac{750}{760} \times 0.1} = 47.03g$

∴ 밀도 $= \dfrac{M}{22.4} = \dfrac{47.03}{22.4} = 2.099 g/l$

문제 20 흡수식 냉동기에서 냉매와 흡수제로 사용되는 것을 옳게 나타낸 것은?

① 물-취화리튬 ② 물-염화메탈
③ 물-프레온22 ④ 물-메틸클로라이드

18. ② 19. ②

해설 흡수식 냉동기

냉매	흡수제
암모니아	물
물	리튬브로마이드(취화리튬)

문제 21 도시가스 특정가스사용시설의 배관 고정(지지)간격의 설치 기준에 대한 설명으로 옳은 것은?

① 호칭지름이 12mm 미만인 배관은 1m마다 고정장치를 설치하여야 한다.
② 호칭지름이 12mm 이상 33mm 미만인 배관은 2m마다 고정장치를 설치하여야 한다.
③ 호칭지름이 33mm 이상인 배관은 3m마다 고정장치를 설치하여야 한다.
④ 배관과 고정장치 사이에는 절연조치를 하지 않아도 된다.

해설 배관의 고정
① 관경이 13mm 미만 : 1m마다
② 관경이 13mm 이상 33mm 미만 : 2m마다
③ 관경이 33mm 이상 : 3m마다

문제 22 가스 도매사업의 가스공급시설인 배관을 지하에 매설하는 경우의 기준에 대한 설명으로 옳은 것은?

① 지표면으로부터 배관 외면까지의 매설깊이는 산이나 들의 경우에는 1.2m 이상으로 한다.
② PE배관의 굴곡허용반경은 외경의 50배 이상으로 한다.
③ 배관은 그 외면으로부터 수평거리로 건축물까지 1.2m 이상을 유지한다.
④ 도로가 평탄할 경우의 배관의 기울기는 1/500~1/2000 정도의 기울기로 설치한다.

해답 20. ① 21. ③ 22. ④

해설 ① 산이나 : 1m 이상
② 수평거리 건축물 : 1.5m 이상
③ 도로가 평탄할 경우 배관 기울기 : $\dfrac{1}{500} \sim \dfrac{1}{2000}$

문제 23 단열압축에 대한 설명으로 틀린 것은?

① 공급되는 열량은 0이다.
② 공급되는 일은 기체의 엔탈피 증가로 보존된다.
③ 단열 압축전 보다 압력이 증가한다.
④ 단열 압축전 보다 온도, 비체적이 증가한다.

해설 단열압축
① 단열 압축전보다 온도, 비체적이 감소한다.
② 공급되는 열량은 0이다.
③ 공급되는 일은 기체의 엔탈피 증가로 보존된다.

문제 24 부취제 주입방법에 대한 설명으로 틀린 것은?

① 펌프 주입방식은 부취제 첨가율의 조절이 용이하며 주로 대규모 공급용으로 적합하다.
② 바이패스 증발식은 온도, 압력 등의 변동에 따라 부취제의 첨가율이 변동하며 주로 중, 소규모용으로 적합하다.
③ 적하 주입방식은 부취제 첨가율을 일정하게 하기 위해 수동조절이 필요없고 주로 대규모용으로 적합하다.
④ 위크 증발식은 부취제 첨가량의 조절이 어렵고, 주로 소규모용으로 적합하다.

해설 부취제 주입방법
① 적하주입방식 : 부취제 주입용기를 가스압력으로 균형을 유지시켜 중력에 의해 부취제를 가스흐름중으로 떨어지게 하는 가장 간단한 액체주입방식, 주로 유량변동이 작은 소규모 부취설비에 적합
② 펌프주입방식 : 부취제 첨가율의 조절이 용이하며 주로 대규모 공급용 적합
③ 위크 증발식 : 부취제 첨가량의 조절이 어렵고 주로 소규모용으로 적합
④ 바이패스 증발식 : 온도, 압력 등의 변동에 따라 부취제의 첨가율이 변동하며 주로, 중, 소 규모용으로 적합

23. ④ 24. ③

문제 25 프로판가스 2.2kg을 완전연소시키는데 필요한 이론 공기량은 25℃, 750mmHg에서 약 몇 m^3인가?

① 29.50   ② 34.66
③ 44.51   ④ 57.25

해설
C_3H_8 + $5O_2$ → $3CO_2$ + $4H_2O$
44kg   5×32kg   3×44kg   4×18kg
22.4Nm³ 5×22.4Nm³ 3×22.4Nm³ 4×22.4Nm³

∴ 44kg = 5×22.4Nm³
   2.2kg = x

$$x = \frac{2.2kg \times 5 \times 22.4Nm^3}{44kg} = 5.6Nm^3/kg$$

$$\therefore A_o = \frac{O_o}{0.21} = \frac{5.6}{0.21} = 26.67Nm^3/kg$$

$$\therefore \left\{26.67 \times \frac{(273+25)}{273} \times \frac{760}{750}\right\} = 29.498m^3$$

문제 26 다음 반응식의 평형상수(K)를 올바르게 나타낸 것은?

N_2 + $3H_2$ → $2NH_3$

① $K = \dfrac{2[NH_3]}{[N_2] \cdot 3[H_2]}$ ② $K = \dfrac{[H_2]^3}{[N_2] \cdot [NH_3]^2}$

③ $K = \dfrac{[NH_3]^2}{[N_2] \cdot [H_2]^3}$ ④ $K = \dfrac{[N_2]^2}{[H_2] \cdot [NH_3]^2}$

해설
평형상수(K) = $\dfrac{[NH_3]^2}{[N_2] \cdot [H_2]^3}$

25. ①   26. ③

문제 27

금속재료의 가스에 의한 침식에 대한 설명으로 틀린 것은?

① 고온·고압의 암모니아는 강재에 대해서 질화작용과 수소취성의 2가지 작용을 미친다.
② 일산화탄소는 Fe, Ni 등 철족의 금속과 작용하여 금속 카르보닐을 생성한다.
③ 고온·고압의 질소는 강재의 내부까지 침입하여 강재를 취화시키므로 고온·고압의 질소를 취급하는 기기에는 강재를 사용할 수 없다.
④ 중유나 연료유 속에 포함되는 바나듐산화물이 금속표면에 부착하면 급격한 고온부식을 일으킨다.

해설 금속재료의 가스에 의한 침식
① 일산화탄소는 Fe, Ni, Co 등 철족의 금속과 작용 금속 카보닐을 생성
② 고온, 고압의 암모니아는 강재에 대해서 질화작용과 수소취성의 2가지 작용을 미친다.
③ 중유나 연료유속에 포함되는 바나듐 산화물이 금속 표면에 부착하면 급격한 고온부식을 일으킨다.
④ 고온, 고압의 질소는 강재를 취화시키지 않고 질소를 취급하는 기기에는 강재를 사용할 수 있다.

문제 28

결정입자가 선택적으로 부식하는 것으로 열영향에 의해 Cr을 석출하는 부식현상은?

① 국부부식
② 선택부식
③ 입계부식
④ 응력부식

해설 ① **국부부식** : 부식이 특정한 부분에 집중되는 양식이며 부식속도가 비교적 크므로 위험성 높고 장치에 중대한 손상을 끼친다.
② **선택부식** : 합금중의 특정성분만이 선택적으로 용출하거나 일단 전체가 용출한 다음 특정성분만이 재석출 함으로서 기계강도가 적은 다공질의 침식층을 형성하는 부식
③ **입계부식** : 결정입자가 선택적으로 부식하는 것으로 열영향에 의해 Cr을 석출하는 부식현상
④ **응력부식** : 인장응력하에서 부식환경이 되면 금속의 연성재료에 나타나지 않는 취성파괴가 일어나는 현상. 특히 연강으로 제작한 가성소다 저장탱크에서 발생하기 쉬운 현상

해답 27. ③ 28. ③

문제 29 다음 [보기]에서 설명하는 응축기의 종류는?

[보기]
- 암모니아, 프레온계 등 대, 중, 소 냉동기에 사용된다.
- 수량이 충분하지 않은 경우에 적당하다.
- 설치공간이 적다.
- 냉각관이 부식되기 쉽다.
- 냉각수량이 적어도 된다.

① 입형 쉘 앤드 튜브식 응축기
② 횡형 쉘 앤드 튜브식 응축기
③ 7 통로식 응축기
④ 대기식 브리다형 응축기

[해설] 횡형 쉘 앤드 튜브식 응축기
① 냉각 수량이 적어도 된다.
② 설치공간이 적다.
③ 냉각관이 부식되기 쉽다.
④ 수량이 충분하지 않은 경우에 적당하다.
⑤ 암모니아, 프레온계 등 대, 중, 소 냉동기에 사용

문제 30 다음 중 고압가스안전관리법의 적용범위에서 제외되는 고압가스가 아닌 것은?

① 오토크레이브 안의 수소가스
② 철도차량의 에어콘디셔너 안의 고압가스
③ 등화용의 아세틸렌가스
④ 냉동능력이 3톤 미만인 냉동설비 안의 고압가스

[해설] 고압가스 안전관리법 적용 범위제외
① 냉동능력이 3Ton 미만인 냉동설비안의 고압가스
② 등화용의 아세틸렌가스
③ 철도차량의 에어콘디셔너 안의 고압가스

29. ② 30. ①

문제 31 도시가스 본관 중 중압 배관의 내용적이 9m³일 경우, 자기압력기록계를 이용한 기밀시험 유지시간은?

① 24분 이상 ② 40분 이상
③ 216분 이상 ④ 240분 이상

해설 중압 배관의 내용적이 9m3일 경우 자기압력 기록계를 이용한 기밀시험 유지시간 : 240분 이상

문제 32 천연가스를 원료로 하는 도시가스의 연소 폐가스 성분으로 가장 거리가 먼 것은?

① 공기 중의 질소와 과잉산소 ② 이산화탄소와 수증기
③ 가스 중의 불연성 성분 ④ 메탄과 수소

해설 도시가스의 연소폐가스 성분
① 가스중의 불연성 성분 ② 이산화탄소와 수증기
③ 공기 중의 질소와 과잉산소

문제 33 수소의 일반적인 성질에 대한 설명으로 옳은 것은?

① 열전도도가 대단히 크다.
② 확산속도가 아주 작아 공기중에 확산되기 어렵다.
③ 폭발한계 이내인 경우 단독으로 분해 폭발한다.
④ 폭굉속도는 400~500m/s로서 아주 빠르다.

해설 수소의 일반적 성질
① 열전도율이 대단히 크고 열에 대한 안정
② 상온에서 무색, 무미, 무취의 가연성 기체
③ 모든 기체 중 비중이 가장 적고 확산속도가 가장 빠르다.
④ 산소는 공기와 혼합하여 폭발할 수 있다.
⑤ 수소는 산소, 염소, 불소와 반응하여 격렬한 폭발을 일으켜 폭명기 형성
  ㉠ $2H_2 + O_2 \rightarrow 2H_2O + 136.6kcal$ (수소 폭명기)
  ㉡ $H_2 + Cl_2 \rightarrow 2HCl + 44kcal$ (염소 폭명기)
  ㉢ $H_2 + F_2 \rightarrow 2HF + 128kcal$ (불소 폭명기)
⑥ 고온, 고압에서 강재중의 탄소성분과 반응 수소취성 일으킴

31. ④ 32. ④ 33. ①

 **34** 안전밸브(safety valve)에 대한 설명으로 옳은 것은?

① 안전장치에서 가장 많이 사용되는 것은 중추식이다.
② 안전밸브 전에는 스톱밸브를 설치하지 않아도 된다.
③ 안전밸브의 수리시 스톱밸브는 닫아준다.
④ 안전밸브와 스톱밸브는 항상 닫아둔다.

해설 안전밸브 수리시에는 스톱밸브를 닫아준다.

 **35** 굴착공사에 의한 도시가스배관 손상방지 기준 중 굴착 공사자가 공사 중에 시행하여야 할 기준에 대한 설명으로 틀린 것은?

① 가스안전 영향평가 대상 굴착공사 중 가스배관의 수직, 수평변위 및 지반침하의 우려가 있는 경우에는 가스배관 변형 및 지반침하 여부를 확인한다.
② 가스배관 주위에서는 중장비의 배치 및 작업을 제한하여야 한다.
③ 계절 온도변화에 따라 와이어로프 등의 느슨해짐을 수정하고 가설구조물의 변형유무를 확인하여야 한다.
④ 굴착공사에 의해 노출된 가스배관과 가스안전영향평가 대상범위 내의 가스배관은 월간 안전점검을 실시하고 점검표에 기록한다.

36 고압가스를 취급하였을 때 다음 중 위험하지 않은 경우는?

① 산소 5%를 함유한 CH_4를 $100kg/cm^2$까지 압축하였다.
② 산소제조장치를 공기로 치환하지 않고 용접 수리하였다.
③ 수분을 함유한 염소를 진한 황산으로 세척하여 고압용기에 충전하였다.
④ 시안화수소를 고압용기에 충전하는 경우 수분을 안정제로 첨가하였다.

해설 고압가스 취급시 위험한 경우
① 시안화수소를 고압용기에 충전하는 경우 수분을 안정제로 첨가하였다.
② 산소 5%를 함유한 CH_4를 $100kg/cm^2$까지 압축하였다.
③ 산소제조 장치를 공기로 치환하지 않고 용접 수리하였다.

해답 34. ③ 35. ④ 36. ③

 **37** 폭굉유도거리(DID)가 짧아질 수 있는 조건으로 옳은 것은?

① 관 속에 방해물이 있거나 관경이 가늘수록
② 압력이 낮을수록
③ 점화원의 에너지가 작을수록
④ 정상연소속도가 느린 혼합가스일수록

해설 폭굉 유도 거리가 짧아지는 경우
① 고압일수록
② 정상연소 속도가 큰 혼합가스일수록
③ 관속에 방해물이 있거나 관경이 가늘수록
④ 점화원의 에너지가 클수록

 **38** LPG 충전소 용기의 잔가스 제거장치의 설치 기준으로 틀린 것은?

① 용기에 잔류하는 액화석유가스를 회수할 수 있는 용기 전도대를 갖춘다.
② 회수한 잔가스를 저장하는 전용탱크의 내용적은 1000L 이상으로 한다.
③ 잔가스연소장치는 잔가스 회수 또는 배출하는 설비로부터 8m 이상의 거리를 유지하는 장소에 설치한 것으로 한다.
④ 압축기에는 유분리기 및 응축기가 부착되어 있고 1MPa 이상 0.05MPa 이하의 압력에서 자동으로 정지하도록 한다.

해설 LPG 충전소 용기의 잔가스 제거장치 설치기준
① 회수한 잔가스를 저장하는 전용탱크의 내용적은 1000*l* 이상으로 한다.
② 용기에 잔류하는 액화석유가스를 회수할 수 있는 용기전도대를 갖춘다.
③ 잔가스 연소장치는 잔가스 회수 또는 배출하는 설비로부터 8m 이상의 거리를 유지하는 장소에 설치한 것으로 한다.

해답 37. ① 38. ④

문제 39 공기액화 분리장치 액화 산소통 내의 액화산소 30L 중에 메탄이 1000mg, 아세틸렌 50mg이 섞여 있을 때의 조치로서 옳은 것은?

① 안전하므로 계속 운전한다.
② 운전을 계속하면서 액화손소를 방출한다.
③ 극히 위험한 상태이므로 즉시 희석제를 첨가한다.
④ 즉시 운전을 중지하고, 액화산소를 방출한다.

해설 액화산소 5*l* 중 ┌ 아세틸렌질량 5mg   ┌ 초과시 운전정지 후
                     └ 탄화수소탄소질량 500mg └ 액화산소 방출

문제 40 다음 [보기]의 가연성가스 중 위험성 크기의 순서가 옳게 나열된 것은?

[보기] 프로판, 아세틸렌, 수소, 산화에틸렌

① 프로판<수소<산화에틸렌<아세틸렌
② 수소<프로판<산화에틸렌<아세틸렌
③ 산화에틸렌<프로판<수소<아세틸렌
④ 프로판<산화에틸렌<수소<아세틸렌

해설 위험성 크기 순서
① 프로판 : 2.1%~9.5%   ② 수소 : 4%~75%
③ 산화에틸렌 : 3%~80% ④ 아세틸렌 : 2.5%~81%

문제 41 액화염소가스 1250kg을 용량이 25L인 용기에 충전하려면 몇 개의 용기가 필요한가? (단, 가스정수는 0.8이다.)

① 20   ② 40
③ 60   ④ 80

해설 $G = \dfrac{V}{C} = \dfrac{25}{0.8} = 31.25 \text{kg/개}$

∴ 1개 = 31.25kg

$x = 1250\text{kg}$ $x = \dfrac{1개 \times 1250\text{kg}}{31.25\text{kg}} = 40개$

39. ④ 40. ① 41. ②

 **42** 가스안전관리에서 사용되는 다음 위험성 평가기법 중 정량적 기법에 해당되는 것은?

① 위험과 운전분석(HAZOP) ② 사고예상질문 분석(WHAT-IF)
③ 체크리스트법(Check List) ④ 작업자실수 분석(HEA)

해설 **위험성 평가 기법 중 정량적 평가법** : 작업자 실수분석(HEA)
위험성 평가 기법 중 정성적 평가법 : ① 체크리스트법
　　　　　　　　　　　　　　　　　② 사고예상질문분석법
　　　　　　　　　　　　　　　　　③ 위험과 운전분석

 **43** 혼합가스 중의 아세틸렌가스를 헴펠법으로 정량분석 하고자 한다. 이 때 사용되는 흡수제는?

① 파라듐블랙 ② 황산 제 1철 용액
③ KI 수용액 ④ 발연황산

해설 **헴펠법**
① CO_2 : KOH 30% 수용액　② C_2H_2(CmHm) : 발연황산 25%
③ O_2 : 알카리성 피롤카롤 용액　④ CO : 암모니아성 염화제 1동 용액

 **44** 도시가스 배관의 굴착으로 인하여 몇 m 이상 노출된 배관에 대하여 누출된 가스가 체류하기 쉬운 장소에 가스누출 경보기를 설치하여야 하는가?

① 10 ② 20
③ 30 ④ 50

해설 **가스누출 경보기 설치** : 도시가스 굴착으로 인하여 20m 이상 노출된 배관

해답　42. ④　43. ④　44. ②

 액화석유가스의 안전관리 및 사업법상 액화석유가스라 함은 무엇을 주성분으로 한 가스를 말하는가?

① 프로판, 부탄
② 프로판, 메탄
③ 부탄, 메탄
④ 천연가스

해설 액화정유가스(LPG) 주성분
① 프로판 ② 부탄 ③ 부틸렌 ④ 프로필렌 ⑤ 프로틴

 액화석유가스 용기충전시설의 저장탱크에 폭발방지장치를 의무적으로 설치하여야 하는 경우는? (단, 저장탱크는 저온저장탱크가 아니며, 물분무장치 설치 기준을 충족하지 못하는 것으로 가정한다.)

① 상업지역에 저장능력 15톤 저장탱크를 지상에 설치하는 경우
② 녹지지역에 저장능력 20톤 저장탱크를 지상에 설치하는 경우
③ 주거지역에 저장능력 5톤 저장탱크를 지상에 설치하는 경우
④ 녹지지역에 저장능력 30톤 저장탱크를 지상에 설치하는 경우

 공기보다 비중이 가벼운 도시가스의 정압기실로서 지하에 설치되는 경우의 통풍구조에 대한 설명으로 틀린 것은?

① 통풍구조는 환기구를 2방향 이상 분산 설치한다.
② 배기구는 천장면으로부터 30cm 이내에 설치한다.
③ 흡입구 및 배기구의 관경은 80mm 이상으로 한다.
④ 배기가스의 방출구는 지면에서 3m 이상의 높이에 설치한다.

해설 고익보다 비중이 가벼운 도시가스 정압기실의 통풍구조
① 흡입구 및 배기구의 관경은 100mm 이상으로 한다.
② 배기구는 천정면으로부터 30cm 이내 설치
③ 통풍구조는 환기구를 2방향 이상 분산설치
④ 배기가스 방출구는 지면에서 3m 이상의 높이에 설치

해답 45. ① 46. ① 47. ③

20℃, 760mmHg에서 상대습도가 70%인 공기의 mol 습도는 약 몇 kg-mol H_2O/kg-mol 건조공기인가? (단, 물의 증기압은 17.5mmHg이다.)

① 0.0164
② 0.0257
③ 12.25
④ 747.75

 건조공기 = $\dfrac{17.5}{760-17.5} \times 0.7 = 0.01649$

재검사용기 및 특정설비의 파기방법에 대한 설명으로 틀린 것은?

① 잔가스를 전부 제거한 후 절단할 것
② 검사신청인에게 파기의 사유, 일시, 장소 및 인수시한 등을 통지하고 파기할 것
③ 절단 등의 방법으로 파기하여 원형으로 재가공이 가능하게 하여 재활용할 수 있도록 할 것
④ 파기하는 때에는 검사장소에서 검사원으로 하여금 직접 실시하게 하거나 검사원 입회하게 특정설비의 사용자로 하여금 실시하게 할 것

재검사 용기 및 특정설비의 파기방법
① 절단등의 방법으로 파기하여 원형으로 가공할 수 없도록 할 것
② 잔가스를 전부 제거 후 절단할 것
③ 파기하는 때에는 검사장소에서 검사원으로 하여금 직접 실시하거나 검사원 입회하에 특정설비의 사용자로 하여금 실시하게 할 것
④ 검사신청인에 파기의 사유, 일시, 장소 및 인수시한 등을 통지하고 파기할 것

C_2H_2을 2.5MPa의 압력으로 압축하려고 한다. 이 때 사용하는 희석제로 옳은 것은?

① Na_2CO_3
② H_2SO_4
③ C_2H_4
④ $CaCl_2$

희석제 : 메탄, 일산화탄소, 에틸렌, 질소, 수소, 프로판

48. ① 49. ③ 50. ③

문제 51
CO와 Cl₂를 원료로 하여 포스겐을 제조할 때 주로 사용되는 촉매는?

① 염화제1구리
② 백금, 로듐
③ 니켈, 바나듐
④ 활성탄

해설 $CO + Cl_2 \xrightarrow{활성탄} COCl_2$(포스겐)

문제 52
펠티어(peltier)의 효과를 이용하는 열전 냉동법은?

① 전자 냉동기
② 증기분사식 냉동기
③ 흡수식 냉동기
④ 증기압축식 냉동기

해설 **전자냉동기** : 펠티어 효과 이용

문제 53
염화암모늄과 아질산나트륨의 혼합물을 가열하였을 때 주로 얻을 수 있는 기체는?

① 염소
② 암모니아
③ 산화질소
④ 질소

해설 염화암모늄과 아질산나트륨의 혼합물을 가열시 주로 얻을 수 있는 가스는 질소(N_2)

문제 54
부유피스톤형 압력계에서 실린더 직경 20mm, 추와 피스톤의 무게가 20kg일 때, 이 압력계에 접속된 부르돈관의 압력계 눈금이 7kg/cm²를 나타내었다. 부르돈관 압력계의 오차는 약 몇 %인가?

① 4
② 5
③ 8
④ 10

해답 51. ④ 52. ① 53. ④ 54. ④

해설
$$P = \frac{W}{A} = \frac{20\text{kg}}{0.785 \times 2^2} = 6.369\text{kg/cm}^2$$

오차 $= \dfrac{7\text{kg/cm}^2 - 6.369\text{kg/cm}^2}{6.369\text{kg/cm}^2} \times 100 = 9.907\%$

문제 55 200개 들이 상자가 15개 있다. 각 상자로부터 제품을 랜덤하게 10개씩 샘플링할 경우, 이러한 샘플링 방법을 무엇이라 하는가?

① 계통 샘플링
② 취락 샘플링
③ 층별 샘플링
④ 2단계 샘플링

해설 층별샘플링 : 모집단을 몇 개의 층으로 나누고 각층으로부터 각각 랜덤하게 시료를 뽑는 샘플링 방식

문제 56 $\bar{x}$ 관리도에서 관리상한이 22.15, 관리하한이 6.85, $\bar{R}=7.5$일 때 시료군의 크기(n)는 얼마인가? (단, $n=2$일 때 $A_2=1.88$, $n=3$일 때 $A_2=1.02$, $n=4$일 때 $A_2=0.73$, $n=5$일 때 $A_2=0.58$이다.)

① 2
② 3
③ 4
④ 5

해설 시료군크기 $= \dfrac{22.15}{7.5} = 2.953$

문제 57 ASME(American Society of Mechanical Engineers)에서 정의하고 있는 제품공정 분석표에 사용되는 기호 중 "저장(Storage)"을 표현한 것은?

① ○
② D
③ □
④ ▽

해설 공정분석기호
① 작업 : ○ ② 정체 : D ③ 검사 : □ ④ 저장 : ▽ ⑤ 운반 : →

해답 55. ③ 56. ② 57. ④

문제 58

다음 중 사내표준을 작성할 때 갖추어야 할 요건으로 옳지 않은 것은?

① 내용이 구체적이고 주관적일 것
② 장기적 방침 및 체계 하에서 추진할 것
③ 작업표준에서 수단 및 행동을 직접 제시할 것
④ 당사자에게 의견을 말하는 기회를 부여하는 절차로 정할 것

해설 사내 표준을 작성시 갖추어야 할 요건
① 당사자에게 의견을 말하는 기회를 부여하는 절차로 정할 것
② 작업 표준에는 수단 및 행동을 직접제시할 것
③ 장기적 방침 및 체계하에서 추진할 것

문제 59

어떤 측정법으로 동일 시료를 무한횟수 측정하였을 때 데이터 분포의 평균치와 모집단 참값과의 차를 무엇이라 하는가?

① 편차 ② 신뢰성
③ 정확성 ④ 정밀도

해설 ① **정확성** : 어떤 측정 방법으로 동일시료를 무한 횟수 측정하였을 때 데이터 분포의 평균치와 모집단 참값과의 차
② **정밀도** : 어떤 측정 방법으로 동일시료를 무한횟수 측정시 얻어진 데이터는 반드시 흩어지는데 그 데이터 분포의 폭의 크기
③ **오차** : 모집단의 참값과 측정 데이터의 차
④ **신뢰성** : 데이터를 신뢰할 수 있는가 없는가의 문제

문제 60

다음 중 신제품에 대한 수요예측방법으로 가장 적절한 것은?

① 시장조사법 ② 이동평균법
③ 지수평활법 ④ 최소자승법

해설 신제품에 의한 수요예측 방법 : 시장조사법

해답 58. ① 59. ③ 60. ①

제 3 부

실기 필답형 예상문제

필답형 예상문제 제 01 회

Question 01
펌프 사용 시 장·단점을 쓰시오.

해설 & 답

① 장점 : ㉠ 재 액화 우려 없다.
         ㉡ 드레인현상이 없다.
② 단점 : ㉠ 충전시간이 길다.
         ㉡ 잔 가스 회수 불가능
         ㉢ 베이퍼록 현상이 있다.

Question 02
압축기 사용 시 장·단점을 쓰시오.

해설 & 답

① 장점 : ㉠ 충전시간이 짧다.
         ㉡ 잔 가스 회수 불가능
         ㉢ 베이퍼록의 우려 없다.
② 단점 : ㉠ 재 액화 우려 있다.
         ㉡ 드레인 우려 있다.

Question 03. 염공이 가져야 할 조건을 쓰시오.

해설 & 답

① 불꽃이 안정하게 형성 될 수 있을 것
② 가연물에 적절한 배열일 것
③ 모든 염공에 빠르게 화염이 전파 될 것
④ 먼지 등에 막히지 않고 손질이 용이 할 것

Question 04. LP가스 연소기구가 갖추어야 할 조건을 쓰시오.

해설 & 답

① LPG를 완전연소 시킬 것
② 열을 유효하게 사용할 수 있을 것
③ 취급이 간단하고 안정성이 있을 것

Question 05. 압축기 단수결정시 고려할 사항을 쓰시오.

해설 & 답

① 최종토출압력
② 연속 운전의 여부
③ 동력 및 제작의 경제성
④ 취급가스의 종류

Question 06. 펌프의 진동, 소음 발생 원인을 쓰시오.

해설 & 답

① 캐비테이션 발생시
② 서징 발생시
③ 임펠러에 이물질 혼입 시

Question 07. 펌프의 공기 흡입 원인을 쓰시오.

해설 & 답

① 흡입관 누설 시
② 흡입관 중에 공기 체류 시
③ 탱크수위가 너무 낮을 때

Question 08. 윤활유 선택 시 주의사항을 쓰시오.

해설 & 답

① 사용가스와 반응하지 말 것
② 인화점이 높을 것
③ 점도가 적당할 것
④ 수분 및 산류 등 불순물이 적을 것
⑤ 정제도가 높아 잔류탄소양이 적을 것
⑥ 안정성이 있을 것

Question 09
응력의 원인 5가지를 쓰시오.

해설 & 답

① 열팽창에 의한 응력   ② 내압에 의한 응력
③ 용접에 의한 응력   ④ 냉간가공에 의한 응력
⑤ 배관 부속물인 밸브, 플랜지 등에 의한 응력

Question 10
파열판식 안전밸브의 특징을 쓰시오.

해설 & 답

① 구조가 간단 취급·점검이 용이
② 압력상승이 급격이 변화하는 곳 적당
③ 밸브시트 누설이 없다.
④ 슬러지 함유 부식성 유체에도 사용

Question 11
다음을 설명하시오.
(1) 패킹 누설   (2) 시트 누설

해설 & 답

① **패킹 누설** : 핸들을 열고 충전구를 막은 상태에서 그랜드너트와 스핀들 사이로 누설
② **시트 누설** : 핸들을 잠근 상태에서 시트로부터 충전구로 누설

Question 12. 전기설비의 방폭구조에 대해 설명하시오.

해설 & 답

① **내압 방폭구조(d)** : 용기 내부에서 가연성 가스의 폭발이 발생할 경우에 그 용기가 폭발압력에 견디고 접합면, 개구부 등을 통하여 외부의 가연성 가스에 인화되지 않도록 한 구조
② **유입 방폭구조(o)** : 용기 내부에 기름을 주입하여 불꽃, 아크 또는 고온발생 부분이 기름 속에 잠기게 함으로서 기름 면 위에 존재하는 가연성 가스에 인화되지 않도록 한 구조
③ **압력 방폭구조(p)** : 용기 내부에 보호가스를 압입하여 내부압력을 유지함으로서 가연성 가스가 용기 내부로 유입되지 않도록 한 구조
④ **본질안전 방폭구조(ia 또는 ib)** : 정상 시 및 사고 시에 발생하는 전기불꽃 아크 또는 고온발생 부분 에 의해 가연성 가스가 점화되지 아니하는 것이 점화시험 기타 방법에 의해 확인된 구조
⑤ **안전증 방폭구조(e)** : 정상운전 중에 가연성 가스의 점화원이 될 전기불꽃 아크 또는 고온부분 등의 발생을 방지하기 위해 기계적, 전기적 구조상 또는 온도상승에 대해 특히 안전도를 증가시키는 구조
⑥ **특수 방폭구조(s)** : 가연성 가스에 점화를 방지할 수 있다는 것이 시험, 기타 방법에 의해 확인된 구조

Question 13. 다음 안을 채우시오.
통풍가능면적은 1m²당 (①)cm이고 1개 환기구면적 (②)cm² 이하이며 강제통풍장치 통풍능력은 1m²당 (③)m³/min이다.

해설 & 답

① 300　　② 2400　　③ 0.5

Question 14
레이놀드식 정압기 2차압 이상상승 원인 3가지를 쓰시오.

해설 & 답

① 정압기 동결 시
② 다이어프램 파손 시
③ 메인밸브에 이물질 존재 시

Question 15
도시가스 공급방식 3가지를 쓰시오.

해설 & 답

① 생 가스 공급방식 ② 공기혼합 공급방식 ③ 변성가스 공급방식

Question 16
가스화 촉매의 구비조건 4가지를 쓰시오.

해설 & 답

① 활성이 클 것   ② 화학적으로 안정할 것
③ 내열성이 있을 것 ④ 수명이 길 것

Question 17

가스홀더 용량 구하는 공식을 쓰고 설명하시오.

Explanation & Answer

① 공식 : $s \times a = \dfrac{t}{24} \times M + \triangle H$

② 설명 : M : 최대제조능력(m^3/day)

　　　　s : 최대공급량(m/3day)

　　　　t : 시간당 공급량이 제조 능력보다 많은 시간

　　　　a : t시간의 공급 율

　　　　$\triangle H$: 가스홀더 가동 용량($\dfrac{\pi}{6}D^3(P_1 - P_2)$)

Question 18

가스미터 선정 시 고려할 사항 4가지를 쓰시오.

Explanation & Answer

① 사용 최대유량에 적합한 계량 용량일 것
② 내압, 내열성이 있으며 기밀성, 내구성이 좋을 것
③ 사용 중 기차 변화가 없고 정확하게 계측할 수 있을 것
④ 부착이 용이하고 유지, 관리용이

Question 19

질량효과를 설명하시오.

해설 & 답

담금질할 때 재료의 안과 밖에서 열처리 효과가 차이가 나는 현상

Question 20

PONA란?

해설 & 답

① P : 파라핀계 탄화수소
② O : 올레핀계 탄화수소
③ N : 나프탄계 탄화수소
④ A : 방향족계 탄화수소

필답형 예상문제 제 02 회

Question 01
비열처리 재료란 무엇인지 설명하시오.

해설 & 답

오스테 나이트계 스텐레스강, 내식알루미늄 합금단조품, 내식알루미늄 합금 단조판 기타 이와 유사한 열처리가 필요 없는 것

Question 02
경화균열을 설명하시오.

해설 & 답

탄소강 급랭 시 팽창 차에 의해 균열이 생기는 현상

Question 03

다음은 조정기에 대한 내용이다. 뜻을 쓰시오.
(1) P (2) Q (3) R

해설 & 답

(1) P : 조정기 입구압력(kg/cm^2)
(2) Q : 조정기 용량(kg/h)
(3) R : 조정기 조정압력

Question 04

메탄 1kg 연소 시 실제 공기량은 얼마인가?(단, 공기비는 1.1이다.)

해설 & 답

$CH_4 + 2O_2 \rightarrow CO_2 + 2H_2O$
16kg $2 \times 22.4 Nm^3$
1kg x

$x = \dfrac{2 \times 22.4 Nm^3}{16 kg} = 2.8 Nm^3/kg \div 0.21 = 13.33 \times 1.1 = 14.67 Nm^3/kg$

Question 05

특정설비 제조의 시설기준으로 특정설비 제조자가 갖추어야 할 검사설비 4가지를 쓰시오.

해설 & 답

① 내압시험설비   ② 기밀시험설비
③ 표준이 되는 온도계 ④ 표준이 되는 압력계
⑤ 초음파 두께 측정기 ⑥ 버어니어 캘리퍼스

Question 06
가스 누출 차단기의 3요소를 쓰시오.

해설 & 답

① 검지부 ② 제어부 ③ 차단부

Question 07
고압가스 제조시설에 설치하는 내부 반응 감시 장치 3가지를 쓰시오.

해설 & 답

① 온도감시 장치 ② 압력감시 장치 ③ 유량감시 장치

Question 08
LP가스 공급 시 공기혼합 공급방식을 사용하는 목적 4가지를 쓰시오.

해설 & 답

① 재 액화 방지 ② 발열량 조절
③ 누설 시 손실이나 체류 방지 ④ 연소효율 증대

Question 09

LPG저장 탱크 내부 압력이 외부보다 낮아진 경우 파괴되는 것을 방지하기 위해 설치하는 것은?

해설 & 답

① 진공안전밸브 ② 균압관 ③ 송액설비
④ 압력경보설비 ⑤ 냉동제어장치

Question 10

도시가스 월 사용예정량 공식을 쓰고 여기서 A와 B를 설명하시오.

해설 & 답

① 공식 : $\dfrac{4\{(A \times 240)+(B \times 90)\}}{11000}$

② A : 산업용으로 사용하는 연소기의 명판에 기재된 가스소비량 합계(kcal/h)
   B : 산업용이 아닌 연소기의 명판에 기재된 가스소비량 합계(kcal/h)

Question 11

전기방식 시설의 유지관리를 위해 전위측정용 터미널을 설치하는 간격은?

해설 & 답

① 외부 전원법 : 500m 이내
② 선택 배류법 : 300m 이내
③ 희생 양극법 : 300m 이내

Question 12

공기액화 분리장치에서 액화산소 5 l 중 C_2H_2의 질량, 탄화수소의 탄소 질량은?

해설 & 답   Explanation & Answer

① C_2H_2의 질량 : 5mg
② 탄화수소의 탄소질량 : 500mg

Question 13

LNG저장설비와 사업소 경계안전거리 구하는 공식은?

해설 & 답   Explanation & Answer

$$L = C\sqrt[3]{142000w} \qquad w : 저장능력(Ton)$$

Question 14

위험성평가방법의 종류 5가지를 쓰시오.

해설 & 답   Explanation & Answer

① 체크리스트법   ② 예비위험성 분석   ③ what-if법
④ 상대적 위험등급기법 ⑤ 안전성 검토

Question 15. 황염이란? 원인은?

해설 & 답

① **황염** : 불꽃의 색이 황색으로 되는 현상
② **원인** : 1차 공기가 부족 시

Question 16. 블로우다운이란?

해설 & 답

퍼지 또는 방산이라고도 하며 불필요해진 일정량의 가스를 대기 중으로 방출한 것

Question 17. 부취제의 종류를 쓰고 구조식을 그리시오.

해설 & 답

① THT(테트라리드로티오펜) :

$$\begin{array}{cc} CH_2 & CH_2 \\ | & | \\ CH_2 & CH_2 \\ \diagdown & \diagup \\ & S \end{array}$$

② TBM(터시어리부틸 메르캅탄) :

$$CH_3 - \underset{\underset{CH_3}{|}}{\overset{\overset{CH_3}{|}}{C}} - SH$$

③ DMS(디메칠 썰파이드) : $CH_3 - S - CH_3$

Question 18

특수고압가스 5가지를 쓰시오.

해설 & 답

① 압축모노실란　② 압축디보레인　③ 액화알진
④ 포스핀　　　　⑤ 셀렌화수소　　⑥ 게르만
⑦ 디실란

Question 19

대기 중에 프레온가스 방출 시 대기 중에 미치는 영향에 대해 간단히 쓰시오.

해설 & 답

오존층의 파괴로 인체에 해로운 자외선노출 및 생태계 파괴로 인한 위험이 크다.

Question 20

내용적 190l인 초저온 용기의 단열성능시험을 위하여 용기 내에 86kg의 액체 질소를 채우고 24시간 동안 방치한 결과 67kg이 되었다. 이 용기에 대한 단열성능 결과를 판정하시로.(단, 외기온도 25℃, 시험용 액화질소의 끓는점은 −196℃, 기화잠열은 48kcal/kg이다.)

해설 & 답

$$Q = \frac{w \cdot q}{H \cdot \Delta t \cdot v} = \frac{(86-67) \times 48}{24 \times \{25-(-196)\text{℃} \times 190l\}}$$
$$= 0.000619 \text{kcal}/l\text{h℃}$$

∴ 내용적이 1000l 미만은 0.0005kcal/lh℃가 압력이므로 부적합

필답형 예상문제 제 03 회

Question 01 LPG 연소 시의 특징을 5가지 쓰시오.

① 연소 시 다량의 공기가 필요하다.
② 발열량이 크다.
③ 착화온도가 높다.
④ 연소속도가 늦다.
⑤ 연소성이 좋아서 완전 연소한다.

Question 02 베이퍼록 현상에 대해 쓰고, 방지책 3가지를 쓰시오.

① **베이퍼록이란** : 저 비점 액체를 이송 시 펌프 입구 쪽에서 액체가 끓는 현상
② **방지법** : ㉠ 펌프의 설치 위치를 낮춘다.
㉡ 흡입관경을 크게 한다.
㉢ 흡입관을 단열처리 한다.
㉣ 유속을 줄인다.

다음 가스 누설 경보검지기의 경보 설정치는?
(1) H₂   (2) C₂H₂   (3) CO₂
(4) Cl₂   (5) CH₄

Explanation & Answer

(1) $4 \times \dfrac{1}{4} = 1\%$ 이하

(2) $2.5 \dfrac{\times 1}{4} = 0.625\%$ 이하

(3) 5000PPM 이하

(4) 1PPM 이하

(5) $5 \times \dfrac{1}{4} = 1.25\%$ 이하

공기보다 가벼운 도시가스의 공급시설로서 공급시설이 지하에 설치된 경우의 통풍구조에 대해 다음 ( ) 안을 채우시오.
(1) 통풍구조는 (   )를 2방향 이상 분산하여 설치할 것
(2) 배기구는 (   )면 가까이에 설치할 것
(3) 흡입구 및 배기구의 관지름은 (   )mm 이상으로 하되 통풍이 양호하도록 할 것
(4) 배기가스 방출구는 지면에서 (   )m 이상의 높이에 설치하되 화기가 없는 안전한 장소에 설치할 것

Explanation & Answer

(1) 환기구
(2) 천정면
(3) 100
(4) 3

Question 05

금속재료에 다음 물질이 첨가 시 금속재료에 미치는 영향을 쓰시오.
(1) S (2) P
(3) Mo (4) Mn

해설 & 답

(1) S : 적열 취성 원인
(2) P : 상온 취성 원인
(3) Mo : 뜨임 취성 방지
(4) Mn : 황으로 인한 악 영향 방지

Question 06

액화산소 5l중 메탄이 350mg, 에틸렌 200mg 들어 있다. 운전이 가능한 지 여부를 판단하시오.

해설 & 답

$$\left(350 \times \frac{12}{16} + \frac{28}{24} \times 200\right) = 433.93 \text{mg}$$

∴ 500mg을 초과하지 않으므로 운전이 가능하다.

Question 07

다음 아세틸렌의 화학 반응식에 대해 쓰시오.
(1) 카바이트와 물을 반응시켜 아세틸렌 제조 식
(2) 아세틸렌의 분해 반응식
(3) 아세틸렌의 구리와의 반응식

해설 & 답

(1) $CaC_2 + 2H_2O \rightarrow Ca(OH)_2 + C_2H_2 \uparrow$
(2) $C_2H_2 \rightarrow 2C + H_2 + 54.2 \text{kcal}$
(3) $C_2H_2 + 2Cu \rightarrow Cu_2C_2 + H_2$

Question 08

다음을 쓰시오.
(1) 캐비테이션이란?
(2) 영향 3가지
(3) 발생조건 3가지
(4) 방지법

해설 & 답

(1) **캐비테이션이란** : 급격한 압력 강하로 인한 액체로부터 기포가 분리되면서 소음, 진동, 충격을 발생하는 현상
(2) **영향 3가지** : ① 소음과 진동   ② 깃의 침식   ③ 양정과 효율 저하
(3) **발생조건 3가지** : ① 흡입양정이 너무 길 때
　　　　　　　　　　② 관지름이 적고 유속이 빠를 때
　　　　　　　　　　③ 회전수가 너무 빠를 때
　　　　　　　　　　④ 증기압에 비해 수온이 높을 때
(4) **방지법** : ① 펌프의 설치위치를 낮춘다.
　　　　　　② 관경을 크게 한다.
　　　　　　③ 임펠러를 액 중에 완전히 잠기게 한다.
　　　　　　④ 펌프를 두 대 이상 설치한다.
　　　　　　⑤ 양 흡입 펌프를 사용한다.

Question 09

분젠식 버너 사용 시 일어나는 이상 현상 3가지를 쓰고 설명하시오.

해설 & 답

① **리프팅(lifting)** : 가스의 유출속도가 연소속도보다 빠른 경우 불꽃이 염공을 떠나서 연소되는 현상
② **백파이어(back fire)** : 가스의 연소속도가 유출속도보다 빠른 경우 불꽃이 연소기 내부로 침입되는 현상
③ **블로우오프(blow off)** : 불꽃의 기저부에 대한 공기의 움직임이 세어지면 불꽃이 노즐에서 정착하지 않고 꺼져 버리는 현상

Question 10. 산소배관에서 연소사고 발생원인 3가지를 쓰시오.

해설 & 답

① 배관 내에 유지류나 석유류 존재 시
② 밸브의 급격한 폐쇄로 단열압축에 의한 온도상승 시
③ 배관 내 녹 등 불순물의 급격한 이동에 의한 마찰열에 의한 발화

Question 11. LPG 불완전연소의 원인 5가지를 쓰시오.

해설 & 답

① 공기 공급량 부족 시
② 가스 조성이 맞지 않을 때
③ 가스기구가 맞지 않을 때
④ 배기 및 환기 불충분 시
⑤ 후레임의 냉각 시

Question 12. 가스액화 분리장치의 구성요소 3가지를 쓰시오.

해설 & 답

① 한랭발생장치
② 정류장치
③ 불순물 제거장치

Question 13

수분과 접촉 시 부식을 일으키는 가스와 반응식을 쓰시오

해설 & 답

① $Cl_2 + H_2O \rightarrow HCl + HClO$ ② $CO_2 + H_2O \rightarrow H_2CO_3$(탄산)

③ $SO_2 + H_2O \rightarrow H_2SO_3$(황산) ④ $COCl_2 + H_2O \rightarrow 2HCl + CO_2$

Question 14

액면계의 종류 5가지와 유리관식 액면계의 보호방법을 쓰시오.

해설 & 답

① **종류** : ㉠ 정전용량식 ㉡ 플로우트식 ㉢ 차압식
  ㉣ 클리카식 ㉤ 슬립 튜브식 ㉥ 고정 튜브식
  ㉦ 회전 튜브식 ㉧ 햄프슨식

② **보호방법** : 금속제로 보호하거나 프로텍터를 설치하고 상하에 수동, 자동 스톱밸브 설치

Question 15

가스 분석법 중 헴펠법에서의 흡수제를 쓰시오.

해설 & 답

① CO_2 : KOH 30% 수용액

② C_mH_n : 발연황산 25%

③ O_2 : 알카리성 피롤카롤 용액

④ CO : 암모니아성 염화 제1동 용액

Question 16
강제 통풍장치 설치 기준 3가지를 쓰시오.

해설 & 답

① 흡입구는 바닥면 가까이 설치
② 통풍능력은 $0.5m^3/min$ 이상($1m^2$)
③ 배기가스 농도 중 당해 가스 농도가 0.5% 이상일 경우 누설 장소 정밀검사

Question 17
전기압력계의 장점 3가지를 쓰시오.

해설 & 답

① 정밀측정이 가능   ② 구조가 소형
③ 원격측정이 가능   ④ 지시 및 기록이 가능

Question 18
전기방법 중 (①) 유전 양극법에서 양극으로 사용되는 금속과 (②) 제어가 곤란하고 과방식의 배려가 필요한 방법과 (③) 별도의 전원을 가지고 강제적으로 전류를 흐르게 하며 간섭 및 과방식의 배려가 필요한 방법

해설 & 답

① Mg
② 선택 배류법
③ 강제 배류법

Question 19

부취제 누설 시 냄새 제거법 3가지를 쓰시오.

해설 & 답

① 활성탄에 의한 흡착
② 화학적 산화처리
③ 연소법

Question 20

가스누설경보기는 다음 설비 바닥면 둘레 몇 m 마다 1개 이상 설치하는가?
(1) 건축물 내에 설치된 압축기, 밸브, 반응설비 등 누설이 쉬운 가스
(2) 특수반응설비
(3) 가열로 등 발화원이 있는 제조설비

해설 & 답

(1) 10m
(2) 10m
(3) 20m

필답형 예상문제 제 04 회

Question 01
다음 가스의 고온·고압을 취급하는 경우 적당한 재료를 쓰시오.
(1) 수소   (2) 암모니아   (3) 일산화탄소

해설 & 답

(1) **수소** : 18-8 스텐레스강, Ni-Cr-Mo강
(2) **암모니아** : 18-8스텐레스강, Cr-Ni강, Ni-Cr-Mo강
(3) **일산화탄소** : Ni-Cr계 스텐레스강

Question 02
다음 중 아세틸렌의 안전밸브, 용기재질, 청정제, 폭발의 종류를 쓰시오.

해설 & 답

① **안전밸브** : 가용전식
② **용기재질** : 탄소강
③ **청정제** : 에퓨렌, 리카솔, 카타리솔
④ **폭발의 종류** : 산화폭발, 화합폭발

Question 03
충전구 나사에 V홈을 표시한 것은 무엇을 나타내는가?

해설 & 답

왼나사(가연성 가스임을 나타냄)

Question 04
다음 빈칸을 완성하시오.
CO_2 존재 시 배관 내에서 (①)에서 응고되어 배관이나 밸브를 (②)시킬 우려가 있으므로 (③)를 첨가시켜 Na_2CO_3가 되도록 한다.

해설 & 답

① 저온   ② 폐쇄   ③ NaOH

Question 05
기화기 사용 시 이점 4가지를 쓰시오.

해설 & 답

① 한랭 시에도 충분한 가스를 연속적으로 공급할 수 있다.
② 공급가스의 조성이 일정하다.
③ 기화량 가감이 용이하다.
④ 설치면적이 적게 든다.

Question 06
오토클레이브의 정의와 종류 4가지를 쓰시오.

해설 & 답

① 정의 : 고온, 고압 하에서 화학적인 합성반응을 위한 고압반응가마
② 종류 : 교반형, 가스 교반형, 회전형, 진탕형

Question 07
원심펌프의 크기를 표시하는 방법은 다음과 같다. 여기서 100및 90은 무엇을 의미하는가?

해설 & 답

① 100 : 흡입구경   ② 90 : 토출구경

Question 08
폭굉 유도거리란 무엇이며 폭굉 유도거리가 짧은 경우 4가지를 쓰시오.

해설 & 답

① 폭굉 유도거리 : 최초의 완만한 연소가 격렬한 폭굉으로 발전할 때까지의 거리
② 폭굉 유도거리가 짧은 경우 : ㉠ 고압일수록
　　　　　　　　　　　　　　　㉡ 정상 연소속도가 큰 혼합가스일수록
　　　　　　　　　　　　　　　㉢ 관 속에 방해물이 있거나 관경이 가늘수록
　　　　　　　　　　　　　　　㉣ 점화원의 에너지가 클수록

Question 09

안전간격에 따른 폭발 등급을 쓰시오.

해설 & 답

① 폭발 1등급(안전간격 0.6mm 초과) : 아세톤, 가솔린, 벤젠, 일산화탄소, 암모니아, 에탄, 메탄, 프로판 등
② 폭발 2등급(0.4mm 초과~0.6mm 이하) : 에틸렌, 석탄가스
③ 폭발 3등급(안전간격 0.4mm 이하) : 수소, 수성가스, 아세틸렌, 이황화탄소

Question 10

LPG 내 용적이 47l에 프로판이 20kg 충전되어 있다. 이 때 안전공간은 몇 %인가?(단, 프로판의 밀도는 0.5kg/l이다.)

해설 & 답

$$\frac{20\text{kg}}{0.5\text{kg}/l} = 40l \quad \therefore \quad \frac{47l - 40l}{47l} \times 100 = 14.89\%$$

Question 11

수소가 산소, 염소, 불소와 반응하는 폭명기 반응식을 쓰시오.

해설 & 답

① $2H_2 + O_2 \rightarrow 2H_2O + 136.6\text{kcal}$(수소 폭명기)
② $H_2 + Cl_2 \rightarrow 2HCl + 44\text{kcal}$(염소 폭명기)
③ $H_2 + F_2 \rightarrow 2HF + 128\text{kcal}$(불소 폭명기)

Question 12

수소는 고온, 고압 하에서 강중의 탄소와 반응 수소취성을 일으킨다. 다음을 쓰시오.
(1) 반응식   (2) 탈탄 방지 재료   (3) 탈탄 방지 첨가원소

해설 & 답

(1) 반응식 : $Fe_3C + 2H_2 \rightarrow CH_4 + 3Fe$
(2) 탈탄 방지 재료 : 5~6% 크롬강, 18-8 스텐레스강
(3) 탈탄 방지 첨가원소 : V, Mo, Ti, W, Cr

Question 13

수소의 공업적 제법 5가지를 쓰시오.

해설 & 답

① 물의 전기분해법   ② 천연가스 분해법   ③ 석유분해법
④ 일산화탄소 전화법   ⑤ 수성가스법

Question 14

일산화탄소 전화법에서의 1, 2단계 반응을 쓰시오.

해설 & 답

① 제1단계 전화반응(고온전화반응)
  ㉠ 촉매 : Fe_2O_3, Cr_2O_3 ㉡ 반응온도 : 350~500℃
② 제2단계 전화반응(저온전화반응)
  ㉠ 촉매 : CuO, ZnO   ㉡ 반응온도 : 200~250℃

Question 15

다음은 산소용기에 대한 내용이다. 답하시오.
(1) 용기 재질   (2) 안전밸브   (3) 최고 충전 압력
(4) 용기 도색   (5) 압축기 윤활유

Explanation & Answer

(1) 용기 재질 : Mn강, Cr강, 18-8 스텐레스강
(2) 안전밸브 : 파열판식
(3) 최고 충전 압력 : 150kg/cm^2
(4) 용기 도색 : 녹색(의료용 백색)
(5) 압축기 윤활유 : 물 또는 10% 이하의 묽은 글리세린

Question 16

정압기 사용 최대차압의 정의와 정압기 이상 감압에 대처하는 방법 3가지를 쓰시오.

Explanation & Answer

① **정의** : 메인 밸브에서 1차 압력과 2차 압력의 차압이 실용적으로 사용할 수 있는 범위에서 최대로 되었을 때의 압력차
② **방법** : ㉠ 필터를 교환한다.
　　　　　㉡ 적절한 정압기 교체한다.
　　　　　㉢ 분해 정비를 한다.
　　　　　㉣ 다이어프램을 교환한다.

Question 17

염소에 대한 설명이다. 물음에 답하시오.
(1) 염소 압축기 윤활유
(2) 염소 가스의 건조제
(3) 염소 용기의 도색
(4) 수분과 작용 시 철강을 부식하며 표백작용을 한다. 반응식을 쓰시오.

해설 & 답

(1) 농황산(진한황산)
(2) 농황산(진한황산)
(3) 갈색
(4) $Cl_2 + H_2O \rightarrow HCl + HClO$

Question 18

다음에 답하시오.
(1) 운반책임자 동승기준을 설명하시오.
(2) 혼합 적재 운반이 금지되는 가스는?
(3) 운전 중 몇 m마다 휴식을 취해야 하는가?
(4) 용기밸브손상을 방지하기 위해 설치하는 것은?

해설 & 답

(1) 운반책임자 동승기준

성질	압축가스	액화가스
독성	100m^3 이상	1000kg 이상
가연성	300m^3 이상	3000kg 이상
조연성	600m^3 이상	6000kg 이상

(2) ① 염소와 수소 ② 염소와 아세틸렌 ③ 염소와 암모니아
(3) 200km
(4) 프로텍터, 캡

Question 19

일산화탄소에 대한 다음 물음에 답하시오
(1) 염소와의 반응식을 쓰시오.
(2) 용기의 재질로 Ni, Co을 사용할 수 없는 이유를 반응식으로 쓰시오.

해설 & 답 — Explanation & Answer

(1) $CO + Cl_2 \rightarrow COCl_2$
(2) $Ni + 4CO \rightarrow Ni(CO)_4$ $Fe + 5CO \rightarrow Fe(CO)_5$
   니켈 카보닐이나 철 카보닐이 생성되어 장치 침식의 원인이 된다.

Question 20

발화에 대한 다음 물음에 답하시오.
(1) 발화의 요인 4가지를 쓰시오.
(2) 자연발화를 일으킬 수 있는 열 3가지를 쓰시오.

해설 & 답 — Explanation & Answer

(1) 온도, 조성, 압력, 용기의 크기 및 형태
(2) ① 분해열   ② 산화열   ③ 중합열   ④ 흡착열

필답형 예상문제 제 05 회

Question 01 터보 압축기의 특징 5가지를 쓰시오.

해설 & 답

① 고속회전이므로 형태가 적고 경량이며 대용량에 적합하다.
② 토출압력에 의한 용량변화가 크고 서징현상에 주의할 필요가 있다.
③ 용량조절은 비교적 어렵고 범위도 좁다.
④ 기체는 맥동이 없고 연속적으로 송출된다.
⑤ 기계적 접촉부가 적으므로 마모나 마찰손실이 적다.

Question 02 다음 가스미터의 장·단점을 2가지씩 쓰시오.
(1) 막식 가스미터   (2) 습식 가스미터   (3) 루츠 미터

해설 & 답

(1) 막식 가스미터
  ① 장점 : 값이 싸다. 설치 후 유지관리에 시간을 요하지 않는다.
  ② 단점 : 대용량의 것은 설치면적이 크다. 대용량에 적합하지 못하다.
(2) 습식 가스미터
  ① 장점 : 기차 변동이 거의 없다. 계량이 정확하다.
  ② 단점 : 설치면적이 크다. 수위 조정 등의 관리가 필요하다.
(3) 루츠 미터
  ① 장점 : 대유량 측정에 적합, 설치면적이 적다.
  ② 단점 : 소유량의 것은 부동의 우려 있다. 스트레이너 설치 후 유지관리가 필요하다.

Question 03
자동 교체식 조정기를 설치 시 이점 4가지를 쓰시오.

해설 & 답

① 수동 교체식에 비해 용기 숫자가 적게 든다.
② 잔액이 거의 없을 때까지 소비가 가능하다.
③ 용기교환 주기의 폭을 넓일 수 있다.
④ 분리형일 경우 압력손실을 크게 해도 된다.

Question 04
매설 가스도관의 부식원인으로는 자연부식과 전기부식이 있다. 방지법 3가지를 쓰시오.

해설 & 답

① **자연부식의 방지법** : ㉠ 부식 환경 처리에 의한 법
　　　　　　　　　　㉡ 인히비터에 의한 방법
　　　　　　　　　　㉢ 피복에 의한 방법
② **전기부식의 방지법** : ㉠ 강제 배류법　　㉡ 유전 양극법
　　　　　　　　　　㉢ 선택 배류법　　㉣ 외부 전원법

Question 05
가스미터 부착 시 기준 5가지를 쓰시오.

해설 & 답

① 전선과 15cm, 전기개폐기나 안전기와는 60cm 이상 떨어진 장소일 것
② 진동이 적고 검침이 용이한 장소
③ 설치 높이는 1.6m 이상 2m 이내로 할 것
④ 화기와 2m 이상 떨어지고 습기가 많지 않는 곳에 설치할 것
⑤ 빗물이나 눈 또는 직사광선을 직접 받지 않는 구조일 것

Question 06
가스제조 프로세스에서 가스화방식에 따른 4가지를 쓰시오.

해설 & 답

① 접촉분해 프로세스 ② 대체 천연가스 프로세스
③ 부분연소 프로세스 ④ 수소화 분해 프로세스 ⑤ 열분해 프로세스

Question 07
LPG 공급자가 공급 시 마다 점검해야 할 사항 5가지를 쓰시오.

해설 & 답

① 충전용기의 설치위치   ② 충전용기와 화기와의 거리
③ 충전용기 및 배관의 설치상태   ④ 가스용품의 관리 및 작동상태
⑤ 충전용기로부터 압력조정기, 가스계량기, 호스 및 연소기에 이르는 각 접속부 및 배관 또는 호스의 누설 여부

Question 08
다이어프램 압력계의 특징 5가지를 쓰시오.

해설 & 답

① 미소압력 측정   ② 부식성유체 측정
③ 온도의 영향을 받는다.   ④ 측정의 응답속도가 빠르다.
⑤ 이상 압력으로 파손되어도 위험성이 적다.

Question 09

다음의 반응식을 완성하시오.
(1) $CH_4 + (\ ) \rightarrow (\ ) + 3H_2$
(2) $CaC_2 + (\ ) \rightarrow (\ ) + C_2H_2$
(3) $CO + (\ ) \rightarrow (\ ) + H_2$
(4) $2CH_3OH + (\ ) \rightarrow 2HCHO + (\ )$

해설 & 답

(1) H_2O, CO
(2) $2H_2O$, $Ca(OH)_2$
(3) H_2O, CO_2
(4) O_2, $2H_2O$

Question 10

고압가스 특정제보시설에서 실내에 설치한 저장 탱크의 안전밸브 방출관의 설치기준과 그 이유를 쓰시오.

해설 & 답

① 기준 : 지면에서 5m 높이 또는 저장탱크의 정상부에서 2m의 높이 중 높은 위치
② 이유 : 방출 시 체류하여 폭발성의 위험성이 있으므로

Question 11

가스누설 검지경보장치의 경보농도는 다음 가스의 경우 얼마인가?
(1) 가연성가스
(2) 독성가스
(3) 암모니아를 실내에서 사용 시

해설 & 답

(1) **가연성가스** : 폭발 하한의 $\dfrac{1}{4}$ 이하
(2) **독성가스** : 허용 농도 이하
(3) **암모니아를 실내에서 사용 시** : 50PPM 이하

Question 12

다음 완전연소 반응식과 발열량을 쓰시오.
(1) 프로판   (2) 부탄

해설 & 답

(1) 프로판 : $C_3H_8 + 5O_2 \rightarrow 3CO_2 + 4H_2O + 24370\text{kcal/Nm}^3$
(2) 부탄 : $2C_4H_{10} + 13O_2 \rightarrow 8CO_2 + 10H_2O + 32010\text{kcal/Nm}^3$

Question 13

오토클레이브의 교반형의 장·단점 2가지를 쓰시오.

해설 & 답

① 장점 : ㉠ 기·액 반응으로 기체를 계속 유통시킬 수 있다.
         ㉡ 교반효과는 특히 횡형 교반의 경우가 뛰어나고 진탕식에 비해 효과가 크다.
② 단점 : ㉠ 교반층의 패킹에 사용한 이물질이 내부에 들어갈 가능성이 있다.
         ㉡ 회전속도나 압력을 올리면 누설되기 쉽다.

Question 14

공기 액화분리장치의 폭발원인을 쓰시오.

해설 & 답

① 액체 공기 중의 오존의 혼입
② 공기 중의 질소산화물 혼입
③ 압축기용 윤활유 분해에 따른 탄산수소의 생성
④ 공기 중의 아세틸렌의 혼입

Question 15

고압가스배관설비에 있어서 다음 물음에 답하시오.
(1) 액화가스배관에 부착해야 할 계측기기 두 가지를 쓰시오.
(2) 온도변화에 따른 도관 수축작용으로 인한 사고방지장치는?

해설 & 답 Explanation & Answer

(1) 온도계, 압력계
(2) 신축흡수장치

Question 16

대형 가스온수기 중에 부착되어 있는 안전장치 4가지를 쓰고, 역할을 쓰시오.

해설 & 답 Explanation & Answer

① **과열 방지장치** : 이상 과열 시 가스통로를 차단함
② **과압유출 방지장치** : 순간 온수기 내압상승 시 물을 분출시킴
③ **파일럿 안전장치** : 불꽃이 꺼졌을 때 가스를 차단함
④ **전도 안전장치** : 전도, 전락 시 가스차단

Question 17

다음 물음에 답하시오.
(1) 포스겐과 가성소다와의 반응식
(2) 포스겐의 중화제, 보유량
(3) 독성가스 누설 경보장치의 지시범위

해설 & 답 Explanation & Answer

(1) $COCl_2 + 4NaOH \rightarrow 2NaCl + Na_2O_3 + 2H_2O$
(2) 가성소다(390kg 이상), 소석회(360kg 이상)
(3) 0~허용농도까지

Question 18

염공이 가져야 할 조건 4가지를 쓰시오.

해설 & 답

① 가연물에 적절한 배열일 것
② 모든 염공에 빠르게 화염이 전파될 것
③ 불꽃이 안전하게 형성될 수 있을 것
④ 먼지 등에 막히지 않고 손질이 용이할 것

Question 19

압축기에서 다음 물음에 답하시오.
(1) 용적형 압축기의 종류
(2) 터보 압축기의 회전방향에 따른 분류

해설 & 답

(1) ㉠ 왕복식 ㉡ 회전식 ㉢ 다이어프램식
(2) ㉠ 반류형 ㉡ 혼류형 ㉢ 경류형

Question 20

가스홀더의 기능 4가지를 쓰시오.

해설 & 답

① 일시적 중단 시 공급량 확보
② 제조가 수요를 따르지 못할 때 공급량 확보
③ 공급가스의 성분, 열량, 연소성 등을 균일화시킨다.
④ 피크 시 도관의 수송량을 감소시킨다.

Question 01
유수식 가스홀더의 특징 5가지를 쓰시오.

해설 & 답

① 제조설비가 저압인 경우 사용
② 구형 가스홀더에 비해 유효가동량이 많다.
③ 기초비가 크다.
④ 동결방지장치가 필요하다.
⑤ 가스가 건조해 있으면 물이 수분을 흡수한다.

Question 02
자동 교체식 일체형 조정기에 대해 답하시오.
(1) 입구압력
(2) 조정압력
(3) 안전밸브 작동기준압력
(4) 폐쇄압력

해설 & 답

(1) **입구압력** : 1~15.6kg/cm^2
(2) **조정압력** : 255~330mmH$_2$O
(3) **안전밸브 작동기준압력** : 700mmH$_2$O
(4) **폐쇄압력** : 350mmH$_2$O

Question 03

다음과 같이 세로에 안전간격에 의한 폭발 등급을 넣고 가로에 발화도 등급을 넣고 해당되는 가스를 보기에서 있는 대로 골라 그 번호를 채우시오.

[보기] ① 프로판 ② 부탄 ③ 아세틸렌 ④ 에틸렌
⑤ 에틸에틸 ⑥ 암모니아 ⑦ 일산화탄소 ⑧ 수성가스
⑨ 아세트알데히드 ⑩ 가솔린 ⑪ 이황화탄소

	G1	G2	G3	G4	G5
1등급					
2등급					
3등급					

해설 & 답

	G1	G2	G3	G4	G5
1등급	암모니아 일산화탄소 프로판	부탄		아세트알데히드 에틸에틸	
2등급	석탄가스 에틸렌				
3등급	수성가스	아세틸렌			이황화탄소

Question 04

원심펌프는 대용량이 이송이 가능하고 맥동이 없는 이점이 있으나 사용할 수 없는 경우도 있다. 이와 같이 사용할 수 없는 경우 3가지를 쓰시오.

해설 & 답

① 흡입 양정이 지나치게 긴 경우
② 이상 고압일 경우
③ 송풍거리가 긴 경우

Question 05

도시가스배관 공사가 완료되어 (①) (②) 시험을 하기 전에 필요에 따라서 (③)을 공기압으로 통해서 배관 내의 (④),(⑤), 먼지 등을 제거하여야 한다.

해설 & 답

① 내압   ② 기밀   ③ 불활성가스
④ 이물질 ⑤ 용접찌꺼기

Question 06

정압기를 평가 선정하는데 필요한 특성 4가지를 쓰시오.

해설 & 답

① 정특성   ② 동특성
③ 유량특성 ④ 사용최대차압 및 작동최소차압

Question 07

실린더 안지름이 200mm, 행정이 150mm, 회전수는 매 분당 350rPM인 횡형1단 단동압축기가 있다. 지시 평균유효압력이 3kg/cm²라 한다면 이 압축기에 필요한 전동기의 마력은 몇 ps인가?

해설 & 답

$$ps = \frac{Pi \times V}{75 \times 60} = \frac{3 \times 10^4 \text{kg/m}^2 \times 1.65}{75 \times 60} = 11ps$$

$$V(\text{m}^3/\text{min}) = \frac{\pi D^2}{4} \times L \times N = 0.785 \times 0.2^2 \times 0.15 \times 350$$
$$= 1.65 \text{m}^3/\text{min}$$

Question 08

배관장치에는 이상사태가 발생한 경우에 그 상황을 경보하는 경보장치를 설치해야 한다. 이 때 경보장치가 울리는 것은 다음과 같다. ( )안에 넣으시오.
(1) 배관 내의 압력이 사용압력의 ( )배 초과 시
(2) 배관 내의 압력이 정상운전 시의 압력보다 ( )% 이상 강하한 경우 이를 검지할 때
(3) 배관 내의 유량이 정상운전 시의 유량보다 ( )% 이상 변동한 경우 이를 검지할 때

해설 & 답

(1) 1.05
(2) 7
(3) 15

Question 09

다음은 일단 감압식 준저압 조정기에 대한 내용이다. 물음에 답하시오.
(1) 조정기의 최대 폐쇄압력
(2) 조정기의 조정압력 범위
(3) 조정기의 입구 측에서의 내압시험압력
(4) 조정기의 출구 측에서의 기밀시험압력

해설 & 답

(1) 조정압력의 1.25배
(2) 500~3000mmH$_2$O
(3) 30kg/cm^2
(4) 350mmH$_2$O

Question 10. 왕복식 압축기의 특징 5가지를 쓰시오.

해설 & 답

① 용량조절 범위가 넓다.
② 저속회전에 사용
③ 토출가스에 의한 맥동현상이 있다.
④ 가격이 고가이며 설치면적이 넓다.
⑤ 접촉부가 많아서 진동·소음이 많다.

Question 11. LPG사용시설 시공 시 사용할 수 있는 콕크의 종류를 쓰시오.

해설 & 답

① 노즐콕크 ② 상자콕크 ③ 휴즈콕크

Question 12. 부식이 주의 환경과의 사이에 발생되는 전기화학적 반응으로 철관을 부식하게 된다. 이러한 반응을 일으키는 요인 5가지를 쓰시오.

해설 & 답

① 미주전류에 의한 부식   ② 국부전지에 의한 부식
③ 박테리아에 의한 부식   ④ 이종금속간의 접촉에 의한 부식
⑤ 농염전지에 의한 부식

Question 13
아세틸렌 용기에 충전하는 다공질물의 구비조건을 쓰시오.

해설 & 답

① 고다공도일 것 ② 기계적 강도가 있을 것
③ 가스충전이 쉬울 것 ④ 안전성이 있을 것
⑤ 경제적일 것 ⑥ 화학적으로 안정할 것

Question 14
공기액화 분리장치의 C_2H_2 등의 불순물 혼입 시 폭발방지책 4가지를 쓰시오.

해설 & 답

① 윤활유는 양질의 광유 사용 ② 공기 취입구를 맑은 곳에 설치
③ 장치 내 여과기설치 ④ 연 1회 사염화탄소로 세척

Question 15
도시가스배관 중에 전기방식을 유지해야 될 장소 4가지를 쓰시오.

해설 & 답

① 밸브 스테이션 ② 매설배관의 배관 절연부 양단
③ 타 금속구조물의 근접교차부분 ④ 교량하천 횡단배관의 양단부

Question 16

다음 물음에 답하시오.
(1) 아세틸렌의 용기에 구리를 62% 미만으로 사용하는 이유를 반응식으로 설명하시오.
(2) 아세틸렌을 아세톤에 용해시키는 이유를 반응식으로 설명하시오.
(3) 시안화수소를 장기간 저장 할 수 없는 이유를 쓰시오.

Explanation & Answer

(1) $C_2H_2 + 2Cu \rightarrow Cu_2C_2 + H_2$ (화합폭발을 일으키므로)
(2) $C_2H_2 \rightarrow 2C + H_2 + 54.2 kcal$ (분해폭발을 일으키므로)
(3) 수분 2% 함유 시 중합폭발의 우려가 있으므로

Question 17

다음 물음에 답하시오.
(1) 유량이 2배일 때 압력손실은?
(2) 관 길이가 $\frac{1}{2}$일 때 압력손실은?
(3) 관경이 $\frac{1}{2}$일 때 압력손실은?
(4) 가스비중이 2배 일 때 압력손실은?

Explanation & Answer

(1) 4배
(2) $\frac{1}{2}$배
(3) 32배
(4) 2배

Question 18. 파일롯트 정압기에서 두 종류를 간단히 설명하시오.

해설 & 답

① **로딩형** : 파일롯트가 막혀서 1차측 가스가 2차측으로 직접 통하지 않는 형식
② **언로딩형** : 파일롯트가 막히지 않아서 1차측 가스가 2차측으로 직접 통하는 형식

Question 19. 초음파 검사법의 장·단점 2가지를 쓰시오.

해설 & 답

① **장점** : ㉠ 경제적이다.
　　　　　㉡ 장치가 가볍고 편리하다.
　　　　　㉢ 균열이 있는 검출이 용이하다.
② **단점** : ㉠ 시험결과의 기록 보존이 곤란하다.
　　　　　㉡ 개인에 따라 오차가 발생할 수 있다.
　　　　　㉢ 숙련이 필요하다.

Question 20. 가스미터의 성능시험 3가지를 쓰시오.

해설 & 답

① 외관검사　② 기차검사　③ 구조검사

필답형 예상문제 제 07 회

Question 01
액화석유가스 저장설비 설치장소를 제1차 지반조사결과 성토지반개량 또는 옹벽설치 등의 조치를 강구해야 되는 경우 4가지를 쓰시오.

해설 & 답

① 부등침하의 우려가 있는 토지
② 습기가 있는 토지
③ 지반이 연약한 토지
④ 붕괴 위험이 있는 토지

Question 02
가스누설 시 사용하는 시험지명 및 변색상태이다. ( )안을 채우시오.

가스명	시험지	변색상태
암모니아	(①)	(②)
염소	(③)	(④)
시안화수소	(⑤)	(⑥)
일산화탄소	염화파라듐지	흑색
황화수소	(⑦)	(⑧)
포스겐	(⑨)	(⑩)
아세틸렌	염화 제1동착염지	적색
아황산가스	암모니아 적신헝겊	흰연기

해설 & 답

① 적색리트머스 시험지   ② 청색
③ KI전분지   ④ 청색
⑤ 질산구리 벤젠지   ⑥ 청색
⑦ 연당지   ⑧ 흑색
⑨ 하리슨시험지   ⑩ 심등색

Question 03. 액화가스의 이동방법 4가지를 쓰시오.

해설 & 답

① 압축기에 의한 방법
② 차압에 의한 방법
③ 균압관이 있는 펌프방식
④ 균압관이 없는 펌프방식

Question 04. 가스기구를 급배기방식에 따라 3가지를 쓰시오.

해설 & 답

① 개방형 ② 밀폐형 ③ 반밀폐형

Question 05. 도시가스미터에 다음 표시가 있다. 의미를 쓰시오.
(1) MAx 6(m³/h)   (2) 2(l/rev)

해설 & 답

(1) MAx 6(m³/h) : 시간당 최대사용유량이 6m³/h이다.
(2) 2(l/rev) : 계량실 1주기체적이 2l

Question 06

가스 냉방기 흡수제(①)이며, 냉매는 (②), 증발기압력은 (③)이다.

Explanation & Answer

① 흡수제 : 리튬브로마이드, 물
② 냉매 : 물, 암모니아
③ 5mmHgV

Question 07

2단 감압법의 장점 4가지를 쓰시오.

Explanation & Answer

① 공급압력이 일정하다.
② 중간배관이 가늘어도 된다.
③ 배관 입상에 의한 압력손실이 보장된다.
④ 각 연소 기구에 알맞은 압력으로 공급가능하다.

Question 08

내부결함을 검출할 수 있는 비파괴검사법을 3가지를 쓰시오.

Explanation & Answer

① 방사선검사
② 초음파검사
③ 음향검사

Question 09

LPG가스 배관의 압력손실요인 4가지를 쓰시오.

해설 & 답

① 입상배관에 의한 압력손실
② 가스미터, 콕 등에 의한 압력손실
③ 엘보우, 티 등에 의한 압력손실
④ 직선배관에 의한 압력손실

Question 10

저장탱크를 지하에 묻을 때 설치기준 5가지를 쓰시오.

해설 & 답

① 가스방출관은 지면에서 5m 이상
② 저장탱크의 정상부와 지면과의 거리 60cm 이상
③ 천정, 벽, 바닥은 두께 30cm 이상의 철근콘크리트조
④ 주변에 마른 모래로 채운다.
⑤ 탱크상호간 1m 이상유지

Question 11

황화수소를 흡수하기 위해 넣는 알카리성 흡수제를 쓰시오.

해설 & 답

① 탄산소다 수용액   ② 암모니아 수용액

Question 12

배관 도시기호 중 3 – 15A – 10 – 20 – 40 – HINS 일 때 의미는?

(1)   (2)
(3)   (4)
(5)   (6)

해설 & 답   **Explanation & Answer**

① 관 길이 : 3m   ② 관 지름 : 15mm
③ 사용압력 : 10kg/cm^2 ④ 스케줄번호 : 20
⑤ 허용인장강도 : 40kg/cm^2 ⑥ 관 종류

Question 13

배관 이음 종류 3가지를 쓰시오.

해설 & 답   **Explanation & Answer**

① 나사이음   ② 용접이음   ③ 플랜지이음

Question 14

압축기에 연결된 배관의 진동 원인을 쓰시오.

해설 & 답   **Explanation & Answer**

① 압축기, 펌프에 의한 진동
② 파이프 내의 유체의 압력변화에 의한 진동
③ 안전밸브 분출에 의한 진동

Question 15

암모니아 합성공정 중 고압법, 중앙법, 저압법을 설명하시오.

해설 & 답

① **고압법**($600 \sim 1000 kg/cm^2$) : 클로우드법, 카자레법
② **중앙법**($300 kg/cm^2$) : 뉴파우더법, I·G법, J·C·I법, 동공시법
③ **저압법**($150 kg/cm^2$) : 케로그법, 구우데법

Question 16

암모니아 누설검사방법을 쓰시오.

해설 & 답

① **네슬러시약** : 소량 : 황색, 다량 : 자색
② **적색리트머스 시험지** : 청색
③ **염화수소** : 백색연기
④ **페놀프탈렌지** : 홍색
⑤ 취기

Question 17

저온장치에 사용되는 진공 단열법의 종류 3가지를 쓰시오.

해설 & 답

① 고 진공 단열법   ② 분말 진공 단열법   ③ 다층 진공 단열법

Question 18

다음 빈 칸에 알맞은 말을 쓰시오.

"천연가스란 제진, (①), (②), 탈수, (③)등의 전처리를 실시한 뒤 액화 저장한다."

해설 & 답 — Explanation & Answer

① 탈유 ② 탈황 ③ 탈습

Question 19

자분(자기) 검사법의 단점 4가지를 쓰시오.

해설 & 답 — Explanation & Answer

① 종료 후 탈지처리가 필요하다.
② 내부결함 검출 불가능하다.
③ 비자성체에는 적용 불가능하다.
④ 전원이 필요하다.

Question 20

도시가스 부취제의 종류 3가지를 쓰시오.

해설 & 답 — Explanation & Answer

① THT(테트라 히드로 티오펜) : 석탄가스 냄새
② DMS(디메칠 썰파이드) : 마늘 냄새
③ TBM(터시어리부틸 메르캅탄) : 양파 썩는 냄새

필답형 예상문제 제 08 회

Question 01 가스의 연소상태 중 역화와 그 원인을 간단히 설명하시오.

① **정의** : 가스의 유출속도가 연소속도보다 낮을 경우 화염이 연소기 내부로 침입되는 현상
② **원인** : ㉠ 가스의 분출압력이 낮을 때   ㉡ 염공이 클 때
　　　　　 ㉢ 콕크에 먼지 부착 시　　　　 ㉣ 버너의 과열 시

Question 02 고압가스 저장탱크의 열 침입 원인 5가지를 쓰시오.

① 안전밸브, 밸브 등에 의한 열전도
② 지지요크 등에 의한 열전도
③ 연결되는 파이프를 따라오는 열전도
④ 외면으로부터의 열복사
⑤ 단열재를 충전한 공간에 남은 가스분자의 열전도

Question 03

공업적으로 산소의 제조는 공기액화법을 주로 사용한다. 이를 위해 공기를 정제하는 방법 3가지를 쓰시오.

해설 & 답

① 건조제로 수분을 제거한다.
② CO_2 흡수탑에서 가성소다를 이용 CO_2를 제거한다.
③ C_2H_2 흡착기로 C_2H_2를 제거한다.

Question 04

나프타를 도시가스로 사용 시 이점 4가지를 쓰시오.

해설 & 답

① 경제성이 좋다.
② 대기오염 문제가 없다.
③ 부산물이 생성되지 않는다.
④ 취급이 간단하다.

Question 05

용접부에서 볼 수 있는 결함의 종류와 그 발생원인 4가지를 쓰시오.

해설 & 답

① **용입불량** : 용접속도가 빠를 때
② **내부기공** : 이물질 부착 및 혼입 시
③ **슬래그 혼입** : 이물질 혼입 시
④ **언더컷** : 용접속도가 빠를 때
⑤ **오우버랩** : 용접속도가 느릴 때

Question 06

배관경로 선정 시 고려할 사항 4가지를 쓰시오.

해설 & 답

① 최단거리로 할 것
② 은폐, 매설을 피할 것
③ 구부러지거나 오르내림이 적을 것
④ 가능한 옥외 설치할 것

Question 07

비파괴 검사의 종류 5가지를 쓰시오.

해설 & 답

① 방사선검사   ② 초음파검사   ③ 자분검사
④ 침투검사   ⑤ 음향검사

Question 08

동 함유량 62% 미만 또는 동합금의 밸브 등의 사용을 금하고 있는 가스 종류 3가지를 쓰시오.

해설 & 답

① 아세틸렌   ② 암모니아   ③ 황화수소

Question 09
가스미터 선정 시 유의해야 할 사항 4가지를 쓰시오.

해설 & 답

① 용량에 여유가 있을 것
② 정확하게 계측될 것
③ 액화가스용일 것
④ 내구성이 있을 것

Question 10
유전양극법의 장점 3가지를 쓰시오.

해설 & 답

① 시공이 간단하다.
② 소규모로 경제적이다.
③ 과방식의 우려가 없다.

Question 11
다음을 쓰시오.
(1) 아세틸렌 희석제
(2) 시안화수소 중합 방지제
(3) 다공질 물

해설 & 답

(1) **아세틸렌 희석제** : 메탄, 일산화탄소, 에틸렌, 질소, 수소, 프로판
(2) **시안화수소 중합 방지제** : 오산화인, 염화칼슘, 인산, 아황산가스, 황산, 동
(3) **다공질 물** : 석회, 석면, 규조토, 탄산마그네슘, 산화철, 다공성플라스틱

Question 12
가스에 의하여 부식되는 경우 4가지를 쓰시오.

해설 & 답

① 수소에 의한 수소취성　② 산소에 의한 산화
③ 황화수소에 의한 황화　④ CO에 의한 침탄

Question 13
수소화 탈유장치 정제반응에서 중요한 반응조건 4가지를 쓰시오.

해설 & 답

① 온도　② 압력　③ 촉매　④ 반응조건

Question 14
터보회전체가 언밸런스 되는 원인 3가지를 쓰시오.

해설 & 답

① 부식마모에 의한 것
② 제작 시 언밸런스
③ 먼지, 기름부착에 의한 것

Question 15

가스발생장치를 선택하여야 할 때 충분히 검토되어야 할 사항을 명목별로 5가지만 쓰시오.

해설 & 답 — Explanation & Answer

① 가스의 공급방식 ② 가스의 품질 ③ 가스의 연소성
④ 경제성 ⑤ 조업의 난이성

Question 16

1차 공기의 혼합비율에 따른 연소방식 4가지와 이 중 연소에 필요한 공기를 모두 2차 공기로 취하는 방식은?

해설 & 답 — Explanation & Answer

① 분류 : ㉠ 적화식 ㉡ 분젠식 ㉢ 세미분젠식 ㉣ 전1차공기식
② 모두 2차공기로 취하는 방식 : 적화식

Question 17

부취제가 갖추어야 할 구비조건 5가지를 쓰시오.

해설 & 답 — Explanation & Answer

① 독성 및 가연성이 아닐 것
② 도관을 부식시키지 말 것
③ 보통 존재하는 냄새와 명확히 구별될 것
④ 가스관이나 가스미터에 흡착되지 말 것
⑤ 부식성이 없을 것
⑥ 물에 녹지 말 것
⑦ 화학적으로 안정할 것

Question 18

액화석유가스 누설 시 냄새로 알 수 있다. 냄새로 측정하는 방법 4가지를 쓰시오.

해설 & 답

① 오티미터법　② 주사기법
③ 냄새 주머니법　④ 부취실법

Question 19

누출부분의 수리 시 가스의 제거법을 설명하시오.

해설 & 답

① 흡착제를 사용한 흡착법　② 흡수액을 사용한 흡수법
③ 중화제에 의한 중화법

Question 20

천연가스로부터 LPG를 회수하는 방법 3가지를 쓰시오.

해설 & 답

① 냉각법　② 흡수법　③ 흡착법

필답형 예상문제 제 09 회

Question 01
배관 응력의 원인 5가지를 쓰시오.

해설 & 답

① 열팽창에 의한 응력
② 내압에 의한 응력
③ 용접에 의한 응력
④ 냉간 가공에 의한 응력
⑤ 배관 부속물인 밸브, 플랜지 등에 의한 응력

Question 02
다음은 도시가스의 유해성분, 열량, 압력, 연소성측정 등에 대하여 설명하시오.

해설 & 답

① **압력측정** : 가스홀더 출구, 정압기 출구 및 가스공급시설의 끝부분에서 자기압력계를 사용하여 측정하되 정압기 출구 및 가스공급시설의 끝부분에서 측정한 가스압력은 100mmH$_2$O 이상 250mmH$_2$O 이내
② **열량측정** : 매일 6시 30분부터 9시 사이, 17시부터 20시 30분 사이에 각각 제조소의 배송기 또는 압송기 출구에서 자동 열량측정기로 측정
③ **연소성의 측정** : 매일 6시 30분부터 9시 사이, 17시부터 20시 30분 사이에 각각 1회씩 가스홀더 또는 압송기 출구에서 연소속도 및 웨버지수를 다음의 산식에 의하여 측정하되 웨버지수가 표준 웨버지수의 ±4.5% 이내를 유지할 것
④ **유해성분의 양** : ㉠ 황 0.5g 이하
　　　　　　　　㉡ 암모니아 0.2g 이하
　　　　　　　　㉢ 황화수소 0.02g 이하

Question 03

다음 용어를 설명하시오.
(1) 연돌효과   (2) 연소안전장치   (3) 역풍방지장치

Explanation & Answer

(1) **연돌효과** : 외기와 배기가스 온도차에 의해 통풍이 일어나는 현상
(2) **연소안전장치** : 불꽃이 꺼질 때 가스를 차단하는 장치
(3) **역풍방지장치** : 배기가스가 역류하지 않도록 방지하는 장치

Question 04

메탄가스의 제조법을 쓰시오.

Explanation & Answer

① 천연가스 분해   ② 석탄의 열분해
③ 유기물의 분해   ④ 석유정제의 부산물로부터

Question 05

LNG 냉열 이용용도 3가지를 쓰시오.

Explanation & Answer

① 냉동장치에 이용
② 공기액화분리장치에 이용
③ 드라이아이스제조에 이용

가스크로마트그래피에 사용되는 검출기 4가지를 쓰시오.

해설 & 답

① TCD(열전도도형 검출기)   ② ECD(전자포획 이온화 검출기)
③ FID(수소 이온화 검출기)   ④ FPD(염광 광도 검출기)

 가스크로마토그래피 흡착제와 캐리어가스를 쓰시오.

해설 & 답

① **흡착제** : 활성탄, 실리카겔, 활성 알루미늄이나 소바비드
② **캐리어가스** : 수소, 헬륨, 질소, 아르곤

 관경에 의한 배관 고정방법을 쓰시오.

해설 & 답

① **관경이 13mm 미만** : 1m 마다
② **관경이 13mm 이상 33mm 미만** : 2m 마다
③ **관경이 33mm 이상** : 3m 마다

Question 09

도시가스의 압력을 3가지로 구분하시오.

해설 & 답

① 저압 : $1kg/cm^2g$ 미만
② 중압 : $1kg/cm^2g$ 이상 $10kg/cm^2g$ 미만
③ 고압 : $10kg/cm^2g$ 이상

Question 10

부취제의 액체 주입 방식 3가지를 쓰시오.

해설 & 답

① 펌프주입방식
② 적하주입방식
③ 미터연결바이패스방식

Question 11

배관공사 시 착공 전 조사할 사항 3가지를 쓰시오.

해설 & 답

① 지하매설물 조사
② 현장도로 구조조사
③ 관련공사

Question 12

정압기 입구와 출구의 안전장치를 쓰시오.

해설 & 답

① 입구 : 불순물 제거장치
② 출구 : 이상 압력 상승 방지장치

Question 13

염소가 수분과 반응 시 부식이 된다. 다음 물음에 답하시오.
(1) 반응식   (2) 이유

해설 & 답

(1) 반응식 : $Cl_2 + H_2O \rightarrow HCl + HClO$
    $Fe + 2HCl \rightarrow FeCl_2 + H_2$
(2) 이유 : 수분과 반응 시 염산이 되고 이것이 염화철이 형성되어 부식

Question 14

휴즈콕크의 용량범위는?

해설 & 답

표시차의 ±10% 이내

Question 15

가스화촉매로서 요구되는 성질 4가지를 쓰시오.

해설 & 답

① 활성이 클 것
② 화학적으로 안정할 것
③ 내열성이 우수할 것
④ 수명이 길 것

Question 16

구형저장탱크의 특징 5가지를 쓰시오.

해설 & 답

① 강도가 크다.
② 형태가 아름답다.
③ 용량이 크다.
④ 표면적이 적어도 된다.
⑤ 기초구조 단순공사 용이하다.

Question 17

가스홀더의 설치 기준 5가지를 쓰시오.

해설 & 답

① 응축액 동결방지 설치
② 응축액을 뽑아낼 수 있는 장치설치
③ 맨홀이나 검사구를 반드시 설치
④ 입구와 출구는 신축흡수장치 설치
⑤ 내용적 300m^3 이상일 때 안전거리 유지

Question 18
다단 압축을 하는 목적 4가지를 쓰시오.

해설 & 답

① 소요일 량을 줄일 수 있다.
② 가스의 온도상승을 피할 수 있다.
③ 힘의 평형이 유지 된다.
④ 이용효율 증대된다.

Question 19
가스배관의 누설 검사방법 5가지를 쓰시오.

해설 & 답

① 가압 방치법   ② 진공 방치법   ③ 발포액사용
④ 누설검지기를 사용 ⑤ 검사지를 사용하는 방법

Question 20
2중 배관을 해야 하는 가스를 쓰시오.

해설 & 답

① 포스겐   ② 황화수소
③ 시안화수소   ④ 아황산가스
⑤ 염소   ⑥ 불소
⑦ 아크릴로니트릴

필답형 예상문제 제 10 회

Question 01
냉매의 성질 5가지를 쓰시오.

해설 & 답

① 비체적이 적을 것   ② 독성 및 가연성이 없을 것
③ 증발잠열이 클 것   ④ 악취가 없을 것
⑤ 부식성이 없을 것   ⑥ 응축압력은 낮을 것
⑦ 증발압력은 높을 것 ⑧ 응축온도 낮을 것
⑨ 비열비가 적을 것

Question 02
배관재료의 구비조건 4가지를 쓰시오.

해설 & 답

① 절단가공이 용이할 것
② 토양에 대한 내식성이 있을 것
③ 관내의 가스유통이 원활할 것
④ 내열성이 있을 것

Question 03. 파열판 식 안전밸브의 특징 4가지를 쓰시오.

해설 & 답

① 밸브시트 누설이 없다.(스프링 식 안전밸브와 같은)
② 슬러지 함유 부식성 유체에서도 사용가능하다.
③ 구조가 간단하고 취급이 용이하다.
④ 압력상승이 급격히 변화하는 곳에 적당하다.

Question 04. C_2H_2의 구조 및 성능이 C_3H_8용기와 다른 점 3가지를 쓰시오.

해설 & 답

① 안전장치는 스프링 식 안전밸브 대신 가용전을 사용한다.
② C_2H_2의 가스비중은 0.795 이하의 아세톤이나 DMF 등의 용제에 용해시킨다.
③ 아세틸렌가스는 용기에 20℃에서 다공도가 75% 이상 92% 미만이 되도록 다공물질을 넣는다.

Question 05. 다음 초저온 용기, 저온용기를 설명하시오.

해설 & 답

① **초저온용기** : -50℃ 이하인 액화가스를 저장하기 위한 용기로서 단열재로 피복하거나 냉동설비 등으로 냉각 등의 방법으로 용기 내의 가스온도가 상용의 온도를 초과하지 않도록 조치한 용기
② **저온용기** : 냉동설비로 냉각을 했거나 단열재로 피복하여 용기 내의 가스온도가 상용의 온도를 초과하지 않도록 조치한 용기로서 초저온용기 이외의 용기

06 열처리의 종류 5가지를 쓰시오.

해설 & 답

① 담금질 = 퀀칭 = 소입 : 경도 및 강도 증가
② 뜨임 = 템퍼링 = 소려 : 인성증가
③ 풀림 = 어닐링 = 소둔 : 가공응력 및 내부 응력제거
④ 불림 = 노멀라이징 = 소준 : 조직의 아세화 및 편석이나 잔류응력 제거
⑤ 심냉처리

07 특정설비의 종류 5가지를 쓰시오.

해설 & 답

① 저장탱크 ② 긴급차단장치 ③ 역류방지밸브
④ 역화방지장치 ⑤ 안전밸브 ⑥ 기화기

08 역화방지장치 설치위치를 쓰시오.

해설 & 답

① 가연성가스를 압축하는 압축기와 오토클레이브와의 사이
② 아세틸렌의 고압건조기와 충전용 교체 밸브와의 사이
③ 수소화염 또는 산소아세틸렌화염사용시설
④ 아세틸렌 충전용지관

Question 09. 역류방지밸브 설치할 곳 4가지를 쓰시오.

해설 & 답

① 가연성가스를 압축하는 압축기와 충전용 주관과의 사이
② 아세틸렌의 유 분리기와 고압건조기 사이
③ 암모니아메탄올의 합성탑이나 정제탑과 압축기 사이
④ 독성가스 감압설비 뒤의 배관

Question 10. 레이놀드식 정압기 2차압 이상 상승 원인

해설 & 답

① 정압기 동결 시
② 다이어프램 파손 시
③ 메인밸브에 이물질 존재 시

Question 11. 가스미터 선정 시 고려할 사항을 쓰시오.

해설 & 답

① 사용 최대유량에 적합한 계량용량일 것
② 사용 중 기차 변화가 없고 정확하게 계측할 수 있을 것
③ 부착이 용이하고 유지·관리가 용이
④ 내압, 내열성이 있으며 기밀성, 내구성이 좋을 것

Question 12

도시가스 공급방식을 쓰시오.

해설 & 답

① 생가스 공급방식 ② 공기혼합가스 공급방식 ③ 변성가스 공급방식

Question 13

가스화촉매의 구비조건을 쓰시오.

해설 & 답

① 활성이 클 것 ② 화학적으로 안정할 것
③ 내열성이 있을 것 ④ 수명이 길 것

Question 14

질량효과를 설명하시오.

해설 & 답

담금질할 때 재료의 안과 밖에서 열처리효과 차이가 나는 현상

Question 15. PONA란?

① P : 파라핀계 탄화수소
② O : 올레핀계 탄화수소
③ N : 나프탄계 탄화수소
④ A : 방향족계 탄화수소

Question 16. 비열처리 재료를 설명하시오.

오스테나이트계 스텐레스강, 내식알루미늄 합금단조품, 내식알루미늄, 합금단조판, 기타 이와 유사한 열처리가 필요 없는 것

Question 17. 경화균열을 설명하시오.

탄소강 급랭 시 팽창 차에 의해 균열이 생기는 현상

Question 18

조정기에서 P, Q, R은 무엇을 뜻하는가?

해설 & 답

① P : 조정기 입구압력(kg/cm^2)
② Q : 조정기 용량(kg/h)
③ R : 조정기 조정압력(kg/cm^2)

Question 19

CO_2 회수법을 쓰시오.

해설 & 답

① 고압 세정법　　② 열탄산칼슘법
③ NH_3 흡수법　　④ 알킬아민법

필답형 예상문제 제 11 회

Question 01

다음 가스의 고온 · 고압을 취급하는 경우 적당한 재료를 쓰시오.
(1) 수소   (2) 암모니아   (3) 일산화탄소

해설 & 답

① 수소 : Ni-Cr-Mo강, 18-8 스텐레스강
② 암모니아 : 18-8스텐레스강, Cr-Ni강, Ni-Cr-Mo강
③ 일산화탄소 : Ni-Cr계 스테인레스강

Question 02

온도 15℃에서 용기 10kg의 프로판을 충전하였다. 온도가 60℃가 되면 용기 내의 프로판은 몇 l인가?(단, 15℃일 때 액의 밀도는 0.5kg/l, 60℃에서의 부피는 15의 1.2배이다.)

해설 & 답

$\dfrac{0.5}{10} \times 1.2 = 24l$

Question 03

아세틸렌의 안전밸브, 용기재질, 청정제를 쓰시오.

해설 & 답

① **안전밸브** : 가용전식
② **용기재질** : 탄소강
③ **청정제 3가지** : 에퓨렌, 리카솔, 카타리솔

Question 04

다음 빈칸을 완성하시오.

CO_2 존재 시 배관 내에서 (①)에서 응고되어 배관이나 밸브를 (②)시킬 우려가 있으므로 (③)를 첨가시켜 Na_2CO_3가 되도록 한다.

해설 & 답

① 저온   ② 폐쇄   ③ NaOH

Question 05

오토클레이브의 정의와 종류 4가지를 쓰시오.

해설 & 답

① **정의** : 고온, 고압 하에서 화학적인 합성반응을 위한 반응가마(솥)
② **종류** : ㉠ 교반형   ㉡ 가스 교반형   ㉢ 회전형   ㉣ 진탕형

06. 정압기 사용 최대차압의 정의와 정압기 이상 감압에 대처하는 방법 3가지를 쓰시오.

해설 & 답

① 정의 : 메인 밸브에서 1차 압력과 2차 압력의 차압이 실용적으로 사용할 수 있는 범위에서 최대로 되었을 때의 압력차
② 방법 : ㉠ 적절한 정압기 교체한다. ㉡ 필터를 교환한다.
　　　　 ㉢ 분해 정비를 한다.　　　 ㉣ 다이어프램을 교환한다.

07. 가스배관 경로 선정 시 주의사항 4가지를 쓰시오.

해설 & 답

① 최단거리로 할 것　　　　　　② 은폐매설을 피할 것
③ 구부리거나 오르내림이 적을 것　④ 가능한 옥외 설치할 것

08. C_2H_2 용기의 구조 및 성능이 C_3H_8 용기와 다른 점 2가지를 쓰시오.

해설 & 답

① 아세틸렌가스는 용기에 20℃에서 다공도가 75% 이상 92% 미만이 되도록 다공물질을 넣는다.
② 아세틸렌 가스는 비중이 0.795 이하의 아세톤이나 DMF 등의 용제에 용해시킨다.
③ 안전장치는 스프링 식 안전밸브 대신 가용전을 사용한다.

Question 09
냉동장치에서 사용하는 냉매의 성질 5가지를 쓰시오.

해설 & 답

① 비체적이 적을 것 ② 독성 및 가연성이 없을 것
③ 증발잠열이 클 것 ④ 증발압력은 높고 응축압력은 낮을 것
⑤ 비열비가 적을 것 ⑥ 부식성이 없을 것
⑦ 악취가 없을 것

Question 10
배관공사시 배관 재료의 구비조건 4가지를 쓰시오.

해설 & 답

① 절단 가공이 용이할 것   ② 토양에 대한 투과성이 클 것
③ 관내의 가스 유통이 원활할 것 ④ 내식성, 내열성이 우수할 것

Question 11
고압저장탱크의 열 침입 원인을 쓰시오.

해설 & 답

① 안전밸브에 의한 열전도
② 지지·요크에 의한 열전도
③ 연결되는 파이프를 따라오는 열전도
④ 외면으로 부터의 열복사
⑤ 단열재를 충전한 공간에 남은 가스분자의 열전도

Question 12
메카니컬 시일 방식 중 더블시일형의 특징 5가지를 쓰시오.

해설 & 답

① 인화성 또는 유독액이 강한 액일 때
② 기체를 시일 할 때
③ 보온 보냉이 필요한 때
④ 내부가 고진공일 때
⑤ 누설되면 응고되는 액일 때

Question 13
메카니컬 시일방식 중 아웃사이드형의 특징 4가지를 쓰시오.

해설 & 답

① 저 응고점이 액일 때
② 구조재, 스프링재가 액의 내식성에 문제가 없을 때
③ 점성계수가 100CP를 초과하는 액일 때
④ 스타핑 박스 내가 고진공일 때

Question 14
메카니컬 시일방식 중 밸런스 시일의 특징 3가지를 쓰시오.

해설 & 답

① LPG, 액화가스와 같이 낮은 비점의 액체일 때
② 내압이 $4 \sim 5 kg/cm^2$ 이상 시
③ 하이드로카본일 때

Question 15. 펌프가 액을 토출하지 않는 원인을 쓰시오.

해설 & 답

① 탱크 내의 액면이 낮아졌다.
② 흡입관로가 막혀 있다.
③ 흡입 측에 누설개소가 있다.

Question 16. 전동기의 과부하 원인 4가지를 쓰시오.

해설 & 답

① 펌프가 정상적인 양정 또는 수량으로 운전되지 않을 때
② 액 점도가 증가되었을 때
③ 액의 비중이 증가되었을 때
④ 베인이나 임펠러에 이물질 혼입 시

Question 17. 펌프의 토출량이 감소할 때 원인 5가지를 쓰시오.

해설 & 답

① 캐비테이션 발생
② 이물질 혼입 시
③ 공기 혼입 시
④ 관로저항의 증대 시
⑤ 임펠러 자체의 마모부식 소음, 진동을 수반할 수 있음

Question 18

서징현상이란 무엇이며 발생원인 3가지를 쓰시오.

해설 & 답

① **서징현상** : 송출유량과 송출압력의 주기적인 변동으로 인해 펌프입구 및 출구에 설치된 진공계 및 압력계 지침이 흔들리는 현상
② **발생원인** : ㉠ 배관 중에 공기탱크나 물탱크가 있을 때
　　　　　　㉡ 수량조절 밸브가 저장탱크 뒤쪽에 있을 때
　　　　　　㉢ 펌프를 운전 시 주기적으로 운동, 양정, 토출량이 변할 때

Question 19

열처리의 종류를 쓰고 간단히 설명하시오.
(1) 담금질　　　　　　　(2) 뜨임
(3) 풀림　　　　　　　　(4) 불림

해설 & 답

(1) **담금질** : 경도 및 강도증가
(2) **뜨임** : 인성증가
(3) **풀림** : 가공응력 및 내부응력 제거
(4) **불림** : 조직의 미세화 및 편석이나 잔류응력 제거

Question 20

비파괴 검사법 4가지를 쓰시오.

해설 & 답

① 방사선 투과 검사　　② 초음파 탐상법
③ 침투 탐상법　　　　④ 자분 검사법

필답형 예상문제 제 12 회

Question 01
탄소수 증가 시 다음에 답하시오.
(1) 증기압   (2) 발열량   (3) 폭발범위 하한
(4) 착화온도 (5) 비점

해설 & 답

(1) **증기압** : 낮아진다.
(2) **발열량** : 증가한다.
(3) **폭발범위 하한** : 낮아진다.
(4) **착화온도** : 낮아진다.
(5) **비점** : 높아진다.

Question 02
플레어스텍의 복사열은?

해설 & 답

4000kcalm²/h 이하

Question 03. 고압가스 장치 중 안전밸브 설치장소를 쓰시오.

Explanation & Answer

① 반응관, 반응탑   ② 저장탱크 상부
③ 왕복압축기 각단   ④ 압축기 흡입 및 토출 측
⑤ 감압밸브 뒤의 배관

Question 04. 정압기의 특징을 쓰시오.

Explanation & Answer

① **정특성** : 유량과 2차 압력과의 관계
② **동특성** : 부하변동에 대한 응답의 신속성
③ **유량특성** : 메인 밸브의 열림과 유량과의 관계
④ 사용최대 차압 및 작동최소 차압

Question 05. 천연가스의 전처리 공정을 쓰시오.

Explanation & Answer

제진 → 탈유 → 탈탄산 → 탈수 → 탈습

Question 06. 레이놀드식 정압기 2차압 이상 상승 원인을 쓰시오.

해설 & 답

① 정압기 동결 시
② 다이어프램 파손 시
③ 보조 정압기 작동 불량 시
④ 보조 정압기 주 밸브에 이물질 존재
⑤ 2차 압력 조절 장치 불량

Question 07. 정압기 설치기준 6가지를 쓰시오.

해설 & 답

① 전기설비는 방폭 구조로 할 것
② 침수방지 조치를 할 것
③ 고장 시 분해 점검을 대비하기 위하여 예비 정압기를 설치할 것
④ 가스누설 경보장치 설치
⑤ 출구 측에 이상 압력 상승 방지 장치 설치
⑥ 입구 측에 불순물 제거장치 설치

Question 08. 가스미터 선정 시 고려할 사항 5가지를 쓰시오.

해설 & 답

① 사용 최대 유량에 적합한 계량용량 일 것
② 반드시 LPG용 일 것
③ 사용 중 기차변화가 없고 정확하게 계측할 수 있을 것
④ 내구성, 내열성, 내압성, 기밀성이 좋을 것
⑤ 부착이 간단하고 유지·관리가 용이할 것

Question 09. 천연가스로부터 LPG 회수법을 쓰시오.

해설 & 답

① 냉각법 ② 흡수법 ③ 흡착법

Question 10. 배관의 압력손실 원인을 쓰시오.

해설 & 답

① 입상배관에 의한 압력손실
② 가스미터, 콕 등에 의한 압력손실
③ 엘보우 밸브 등 부속품에 의한 압력손실
④ 직선 배관에서의 압력손실

Question 11. 본관, 공급관, 내관을 설명하시오.

해설 & 답

① **본관** : 사업소에서 정압기까지의 배관
② **공급관** : 정압기에서 사용자의 토지경계까지 배관
③ **내관** : 토지경계에서 연소기까지의 배관

Question 12. LPG 냉열이용 용도 3가지를 쓰시오.

해설 & 답

① 액화 CO_2 나 드라이아이스 제조한다.
② 냉동식품제조 및 냉동 창고에 사용된다.
③ 공기 액화분리장치에 이용된다.

Question 13. 도시가스의 불순물 3가지를 쓰시오.

해설 & 답

① 황화수소   ② 나프탈렌   ③ 산화질소

Question 14. 질량효과, 경화균열에 대해 쓰시오.

해설 & 답

① **질량효과** : 담금질 할 때 재료의 안과 밖에서 열처리 효과 차이가 나는 현상
② **경화균열** : 탄소강 급랭 시 팽창 차에 의해 균열이 생기는 현상

Question 15. 초저온 용기를 설명하시오.

해설 & 답

임계온도가 −50℃ 이하인 액화가스를 충전하기 위한 용기로서 단열재로 회복하여 용기 내의 가스온도가 상용의 온도를 초과하지 않도록 한 용기

Question 16. 단열재의 구비조건 5가지를 쓰시오.

해설 & 답

① 열전도율이 적을 것 ② 사용정이 좋을 것
③ 방습성이 크며 경제적일 것 ④ 밀도가 적을 것
⑤ 난연성 또는 불연성일 것

Question 17. 메탄가스 제조법 4가지를 쓰시오.

해설 & 답

① 천연가스로부터 ② 석탄의 열분해
③ 석유정제의 부산물로부터 ④ 유기물의 분해로부터

Question 18
드라이아이스의 제법을 쓰시오.

해설 & 답

CO_2 기체를 100atm으로 가압 후 $-25°C$까지 냉각시킨 것을 교축팽창(단열팽창)시켜 설상으로 된 것을 압축 성형한다.

Question 19
흡수식 냉동기의 냉매, 흡수제를 쓰시오.

해설 & 답

냉매	흡수제
NH_3	H_2O
H_2O	LiBr

Question 20
가스배관의 누설검사 방법 4가지를 쓰시오.

해설 & 답

① 진공 방치법　　② 누설검지기 사용
③ 검사지를 사용하는 방법　　④ 가압 방치법

Question 21. Back up Gas 가스란?

Explanation & Answer

부압이 되기 쉬운 탱크나 설비에 불활성가스가 별도로 충전된 용기를 설비하고 부압이 된 경우 설비내로 유입시켜 압력을 회복시켜 주는 가스

필답형 예상문제 제 13 회

Question 01 다층진공단열법의 특징 3가지를 쓰시오.

① 단열층이 어느 정도 압력에 견디므로 내 층의 지지력이 있다.
② 최고의 단열성능을 얻으려면 10^{-5} Torr 정도의 높은 진공도를 필요로 한다.
③ 고진공 단열법과 큰 차이 없는 50mm의 두께로 고진공 단열법보다 좋은 효과를 얻을 수 있다.

Question 02 암모니아 합성법 3가지를 쓰고 설명하시오.

① **저압 합성법**(150kg/cm² 전·후) : 케로그법, 구우데법
② **중압 합성법**(300kg/cm² 전·후) : 뉴파우더법, 뉴데법, IG법, 신파우더법
③ **고압 합성법**(600~1000kg/cm²) : 동공시법, JCI법, 클로우드법, 카자레법

Question 03. 공기 액화분리장치의 종류를 쓰시오.

해설 & 답

① 전 저압식 공기분리장치
② 중압식 공기분리장치
③ 저압식 액산플랜트

Question 04. 다공질물의 구비조건 5가지를 쓰시오.

해설 & 답

① 고다공도일 것 ② 기계적 강도가 클 것 ③ 가스충전이 쉬울 것
④ 안정성이 있을 것 ⑤ 화학적으로 안정할 것

Question 05. 2단 감압방식의 장·단점 4가지를 쓰시오.

해설 & 답

① 장점 : ㉠ 공급압력이 일정하다.
        ㉡ 중간배관이 가늘어도 된다.
        ㉢ 배관 입상에 의한 압력 강하를 보정할 수 있다.
        ㉣ 각 연소 기구에 알맞은 압력으로 공급이 가능하다.
② 단점 : ㉠ 재 액화 우려가 있다.
        ㉡ 조정기가 많이 든다.
        ㉢ 검사방법이 복잡하다.
        ㉣ 설비가 복잡하다.

Question 06

자동 교체식 조정기 사용 시 이점 4가지를 쓰시오.

해설 & 답

① 전체용기 수량이 수동 교체식의 경우보다 작아도 된다.
② 잔액에 거의 없어질 때까지 소비된다.
③ 용기교환주기의 폭을 넓힐 수 있다.
④ 분리형일 경우 배관의 압력손실을 크게 해도 된다.

Question 07

도시가스 공급설비 5기지를 쓰시오.

해설 & 답

① 정압기   ② 압송기   ③ 공급관
④ 가스홀더 ⑤ 가스발생설비

Question 08

샬의 법칙을 수식을 포함하여 설명하시오.

해설 & 답

① 수식 : $\dfrac{V_1}{T_1} = \dfrac{V_2}{T_2}$

② **샬의 법칙** : 압력이 일정할 때 기체의 체적은 절대온도에 비례한다.

Question 09
액화가스 저장탱크에 일반적으로 사용되는 온도계 종류 3가지를 쓰시오.

해설 & 답 — Explanation & Answer

① 압력식 온도계 ② 저항 온도계 ③ 열전대 온도계

Question 10
공기 액화분리장치에서 불순물의 종류와 제거방법을 쓰시오.

해설 & 답 — Explanation & Answer

① 불순물 : ㉠ 탄화수소류   ㉡ 질소화합물   ㉢ 먼지   ㉣ 아황산가스
② 제거법 : ㉠ 필터를 사용한다.   ㉡ 불순물 제거장치 사용한다.

Question 11
인터록 기구의 목적에 대해 쓰시오.

해설 & 답 — Explanation & Answer

오조작이나 이상 발생 시 원재료의 공급을 차단하여 사고발생으로 인한 피해를 줄이기 위해 설치하는 안전장치

Question 12
압축기에서 가동 중 중간압력이 상승 원인 5가지를 쓰시오.

해설 & 답

① 다음 단의 흡입밸브 불량 ② 다음 단의 토출밸브 불량
③ 중간 냉각기 냉각수 부족 ④ 중간 단의 바이패스 열림
⑤ 중간 냉각기 냉각면적 감소

Question 13
방식이란 부실을 방비하는 것이다. 전기적인 방식 외에 피복에 의한 방식법을 쓰시오.

해설 & 답

① 금속 피복법 : ㉠ 귀금속에 의한 피복   ㉡ 부동태에 의한 피복
② 비금속 피복법 : ㉠ 도장   ㉡ 라이닝

Question 14
NH_3 냉동기에 동이나 동합금을 사용하지 못하는 이유는?

해설 & 답

착이온생성

Question 15
가스검지기의 종류 3가지를 쓰시오.

해설 & 답   Explanation & Answer

① 검지관식   ② 간섭계형   ③ 열선식

Question 16
용기보관 장소의 충전용기 보관 기준 5가지를 쓰시오.

해설 & 답   Explanation & Answer

① 충전용기와 빈 용기 각각 구분
② 가연성, 독성, 산소용기는 각각 구분
③ 작업에 필요한 물건(계량기) 이외에는 두지 않을 것
④ 주위 2m 이내에는 화기 또는 인화성, 발화성 물질 금지
⑤ 직사광선을 피하고 항상 40℃ 이하 유지

Question 17
냉동기의 응축기 압력이 높아지는 원인 5가지를 쓰시오.

해설 & 답   Explanation & Answer

① 냉각수량의 부족   ② 냉각면적의 부족   ③ 냉각관의 오염
④ 공기의 혼입   ⑤ 수로카바의 칸막이 누설

Question 18

C_2H_2 가스를 가압 충전 시 용기 내에 다공성 물질을 충전하고 아세톤에 침윤시키는 이유를 설명하시오.

해설 & 답

흡열화합물로 압축하면 분해폭발을 일으킬 염려가 있으므로 아세톤을 다공질물에 스며들게 하여 용해시켜 운반한다.

Question 19

냉동기에 사용하는 냉매의 구비조건 5가지를 쓰시오.

해설 & 답

① 비체적이 적을 것   ② 증발잠열이 클 것   ③ 응고점이 낮을 것
④ 비열비가 적을 것   ⑤ 악취가 없을 것   ⑥ 부식성이 없을 것

Question 20

단열재의 구비조건 5가지를 쓰시오.

해설 & 답

① 열전도율이 적을 것   ② 사용성이 좋을 것
③ 방습성이 크며 경제적일 것 ④ 밀도가 적을 것
⑤ 난연성 또는 불연성일 것

필답형 예상문제 제 14 회

Question 01

압축기에서 rpm을 2500에서 4000으로 높였을 때 양정은 몇 배가 되겠는가?

해설 & 답

$$H' = H\left(\frac{N_2}{N_1}\right)^2 = H \times \left(\frac{4000}{2500}\right)^2 = 2.56 \text{배}$$

Question 02

발열량이 24230kcal/Nm³ 비중이 1.55, 공업표준압력이 280mmH₂O인 LPG로부터 도시가스가 발열량 5000kcal/Nm³, 비중이 0.55 공업표준압력이 100mmH₂O인 가스로 변경될 경우 노즐구경의 변경률은?

해설 & 답

$$WI_1 = \frac{Hg}{\sqrt{d}} = \frac{24230}{\sqrt{1.55}} = 19462$$

$$WI_2 = \frac{Hg}{\sqrt{d}} = \frac{5000}{\sqrt{0.65}} = 6201.74$$

$$\frac{D_2}{D_1} = \frac{\sqrt{WI_1\sqrt{P_1}}}{\sqrt{WI_2\sqrt{P_2}}} = \frac{\sqrt{19462\sqrt{280}}}{\sqrt{6201.74\sqrt{100}}} = 2.29$$

Question 03

용기의 내용적 35ℓ, 내압시험압력 30kg/cm²의 압력을 걸었더니 내용적이 35.24로 증가하였고 용적은 35.02가 되었다. 이 용기의 항구증가율은 얼마이며 합격여부를 말하시오.

해설 & 답

항구증가율 = $\dfrac{\text{항구증가율}}{\text{전증가량}} \times 100 = \dfrac{0.02}{0.24} \times 100 = 8.3\%$

∴ 항구증가율이 10% 이하이므로 합격임

Question 04

내용적이 24m³인 저장탱크의 기밀시험을 16.5kg/cm²인 압축기를 사용하면 몇 시간이 걸리는가?(단, 온도변화, 압축기의 체적효율은 무시하며 압축기의 용량은 600ℓ/min 이다.)

해설 & 답

$\dfrac{24 \times 16.5}{0.6 \times 60} = 11$시간

Question 05

내용적 5ℓ의 용기에 에탄을 1650g을 충전하였다. 용기의 온도가 100℃일 때 압력은 210atm을 표시하였다. 에탄의 압축계수는?

해설 & 답

$PV = \dfrac{ZWRT}{M}$

$Z = \dfrac{PVM}{WRT} = \dfrac{210 \times 5 \times 30}{1650 \times 0.082 \times (273+100)} = 0.624$

Question 06

프레온 12가스 500kg이 있다. 내용적 50ℓ 용기에 충전하고자 할 때 필요한 용기의 개수는? (충전정수 C : 0.86)

해설 & 답

$$G = \frac{V}{C} = \frac{50}{0.86} = 58.13\text{kg}$$

$$\therefore \frac{500\text{kg}}{53.13\text{kg/개}} = 8.6\text{개} \quad \therefore 9\text{개}$$

Question 07

원심펌프에서 회전수가 $N=400$rpm, 전양정 $H=90$m, 유량 4m^3/sec로 물을 송출하고 있다. 축동력이 10000Ps, 체적효율이 80%, 기계효율 95%이라고 하면 수격효율은 얼마인가?

해설 & 답

$$Ps = \frac{r \times Q \times H}{75 \times 체적 \times 기계 \times 수격}$$

$$수격효율 = \frac{r \times Q \times H}{Ps \times 75 \times 체적 \times 기계} = \frac{1000 \times 4 \times 90}{10000 \times 75 \times 0.8 \times 0.95} \times 100$$

$$= 62.32\%$$

Question 08

1kmol 이상기체($C_p=5$, $C_v=3$)가 온도 0℃, 압력 2atm, 용적 11.2m³ 상태에서 압력 20atm, 용적이 1.12m³으로 등온 압축하는 경우 압축에 필요한 일은(kcal)?

해설 & 답

$$W = GRT \cdot \ln\frac{V_1}{V_2} = 1\text{kmol} \times 427 \times (5-3) \times 273 \times \ln\frac{11.2}{1.12}$$

$$= 1257.21\text{kcal}$$

Question 09

배관연장 300m인 본관에 150m³/h의 가스를 공급할 때 아래 표를 이용하여 배관구경을 설계하여라.(단, 최초압력과 말단압력 간의 압력차를 20mmH₂O 가스비중은 0.6이다.)

⟨D^5 수표⟩

관크기 (A)	바깥지름 (cm)	두께 (cm)	안지름 (cm)	D^5
10	11.43	0.45	10.53	129,463
12.5	13.98	0.45	13.08	382,056
15	16.52	0.50	15.52	900,475
7.5	19.07	0.53	18.01	1,894,842

해설 & 답

$$Q = K\sqrt{\frac{D^5 H}{SL}}, \qquad \therefore D^5 = \frac{S \cdot L \cdot Q^2}{H \cdot K^2}$$

여기서, $Q = 150\text{m}^3/\text{h}$, $L = 300\text{m}$
$H = 20\text{mmH}_2\text{O}$, $S = 0.6$, $K = 0.707$을 대입하면

$$D^5 = \frac{0.6 \times 300 \times (150)^2}{20 \times (0.707)^2} = 405,122.35$$

그러므로 D^5수표로부터 구경은 15A로 한다.

Question 10

450kg의 LNG(액 비중0.46, 메탄90%, 에탄10%)를 10℃의 대기압 하에서 기화시켰을 때 부피는 몇 m³인가?

해설 & 답

$$PV = \frac{WRT}{M}$$

$$V = \frac{WRT}{PM} = \frac{460 \times 0.082 \times (273 + 10)}{1\text{atm} \times (16 \times 0.9 + 30 \times 0.1)} = 613.49\text{m}^3$$

Question 11

10l의 용기의 압력은 7기압, 15l의 용기의 압력이 5기압인 두 탱크를 연결하여 양쪽기체가 평형이 되었을 때 기체의 압력은 몇 기압인가?

해설 & 답 — Explanation & Answer

$$PV = P_1V_1 + P_2V_2$$
$$P = \frac{P_1V_1 + P_2V_2}{V} = \frac{10 \times 7 + 15 \times 5}{25} = 5.8\text{기압}$$

Question 12

배관의 길이가 20m, 압력강하 수주 20mm 이내로 할 경우 가스유량은 최대 몇 m³/h까지 가능한가?(단, 파이프의 안지름은 4.16cm이고, 가스비중은 1.52이며 정수는 0.7로 한다.)

해설 & 답 — Explanation & Answer

$$Q = K\sqrt{\frac{P^5 \times h}{S \times L}} = 0.7\sqrt{\frac{4.15^5 \times 20}{1.52 \times 20}} = 20.04 \text{m}^3/\text{h}$$

Question 13

부탄의 폭발하한농도가 1.8mol(%)이다. 크기가 10m×20m×3m실내의 공기에 부탄을 섞어 폭발할 때 부탄의 질량(kg)은?(단, 실내온도는 25℃)

해설 & 답 — Explanation & Answer

$$10\text{m} \times 20\text{m} \times 3\text{m} \times 0.018 = 10.8\text{m}^3$$
$$58\text{kg} = 22.4\text{m}^3$$
$$x = 10.8\text{m}^3 \qquad x = \frac{58\text{kg} \times 10.8\text{m}^3}{22.4\text{m}^3} = 27.96\text{kg}$$
$$\therefore\ 27.96\text{kg} \times \frac{273}{(273+25)} = 25.61\text{kg}$$

Question 14

C_3H_8 10m³ 연소 시 과잉공기가 20%일 때 실제 공기량은?

해설 & 답 — Explanation & Answer

$$C_3H_8 + 5O_2 \rightarrow 3CO_2 + 4H_2O$$

$22.4\text{Nm}^3 \quad\quad 5 \times 22.4\text{Nm}^3$

$10\text{Nm}^3 \quad\quad x \quad\quad x = \dfrac{10\text{Nm}^3 \times 5 \times 22.4\text{Nm}^3}{22.4\text{Nm}^3} = 50\text{Nm}^3$

$\therefore A_o = \dfrac{O_o}{0.21} = \dfrac{50}{0.21} = 238.09\text{Nm}^3$

$\therefore A = m \times A_o = 1.2 \times 238.09\text{Nm}^3 = 285.71\text{Nm}^3$

Question 15

물 27kg을 전부 전기분해하여 수소, 산소를 제조하여 이들을 각각 내용적 40ℓ의 용기에 0℃ 15kg/cm²로 충전하려고 한다면 용기는 최소한 몇 개가 필요한가?

해설 & 답 — Explanation & Answer

$2H_2O \rightarrow 2H_2 + O_2$
$18\text{kg} \quad 2 \times 22.4\text{m}^3 \quad 22.4\text{m}^3$
$27\text{kg} \quad\quad x \quad\quad\quad y$

$H_2 : x = \dfrac{27\text{kg} \times 2 \times 22.4\text{m}^3}{18\text{kg}} = 33.6\text{m}^3$

$O_2 : y = \dfrac{27\text{kg} \times 22.4\text{m}^3}{18\text{kg}} = 16.8\text{m}^3$

용기에 충전될 수 있는 가스의 체적

$Q = (P+1)V_1 = (150+1) \times 0.04 = 5.85\text{m}^3$

$\therefore$ 수소 $= \dfrac{33.6\text{m}^3}{5.85\text{m}^3/\text{개}} = 5.74 \quad \therefore 6\text{개}$

$\quad$ 산소 $= \dfrac{16.8\text{m}^3}{5.85\text{m}^3/\text{개}} = 2.87 \quad \therefore 3\text{개}$

Question 16

최고 충전압력이 300kg/cm² 인 산소용기의 내압시험압력은?

해설 & 답

$$TP = FP \times \frac{5}{3} = 300 \times \frac{5}{3} = 500 \text{kg/cm}^2$$

Question 17

외경 216.3mm, 두께가 5.9mm, 압력이 9.5kg/cm²일 때 원주방향응력, 축 방향응력을 구하시오.

해설 & 답

$$\text{원주방향응력} = \frac{PD}{2t} = \frac{9.5 \times (21.63 - 2 \times 0.59)}{2 \times 0.59} = 164.64 \text{kg/cm}^2$$

$$\text{축 방향응력} = \frac{PD}{4t} = \frac{9.5 \times (21.63 - 2 \times 0.59)}{4 \times 0.59} = 82.32 \text{kg/cm}^2$$

Question 18

호스의 직경이 0.5cm 구멍에서 120분 누설 시 가스분출량(l)을 구하시오. (단, 분출압력은 280mmH₂O, 비중 1.52)

해설 & 답

$$Q = 0.009 D^2 \sqrt{\frac{h}{d}}$$

$$= 0.009 \times 5^2 \times \sqrt{\frac{280}{1.52}} \times 2 \times 1000 = 6107.59 l$$

Question 19

100ℓ 속에 mol% 로 다음과 같이 존재할 때 전체 게이지 압력은?

[보기] C_2H_6 10% – 37atm C_3H_8 50% – 8.2atm
         C_4H_{10} 40% – 3atm

해설 & 답 **Explanation & Answer**

$(37 \times 0.1 + 8.2 \times 0.5 + 3 \times 0.4) = 9\text{atm} - 1 = 8\text{atm}$

Question 20

지름이 40m의 구형홀더에 6kg/cm²g로 가스가 들어있다. 지금 이 가스를 홀더내압이 2.5kg/cm²로 될 때까지 공급했다. 몇 Nm³의 가스를 공급했는가?

해설 & 답 **Explanation & Answer**

$$V = \frac{\pi D^3}{6} \times (P_1 - P_2) \times \frac{T_2}{T_1}$$

$$= \frac{3.14 \times 40^3}{6} \times \left(\frac{6 + 1.0332}{1.0332} - \frac{2.5 + 1.0332}{1.0332} \right) \times \frac{273}{273 + 25}$$

$$= 103941.36 \text{m}^3$$

필답형 예상문제 제 15 회

Question 01

배관연장 300m의 본관에 150m³/h의 가스를 공급할 때 배관 구경을 (mm) 설계하여라.(단, 최초의 압력과 말단압력과의 압력차 20mmH₂O, 가스비중은 0.6이며 K=0.707이다.)

해설 & 답

$$D = 5\sqrt{\frac{Q^2 \times S \times L}{K^2 \times H}} = \sqrt{\frac{150^2 \times 0.6 \times 300}{0.707^2 \times 20}} \times 10\text{mm}/1\text{cm} = 132.29\text{mm}$$

Question 02

용기에서 최고 충전압력이 30kg/cm²일 때 내압시험압력과 설비에서 상용압력이 20kg/cm²일 때 안전밸브 작동압력은?

해설 & 답

안전밸브 작동압력 = $TP \times 0.8$배 이하 = $FP \times \frac{5}{3} \times 0.8$

$$= 30 \times \frac{5}{3} \times 0.8 = 24\text{kg/cm}^2$$

Question 03

행정량이 0.00248m³, 163rPM, 토출 가스량이 92kg/h일 때 배출효율은?(비체적 : 0.189m³/kg)

해설 & 답

배출효율 $= \dfrac{Q \times V}{L \times N} = \dfrac{92 \times 0.189}{0.00248 \times 163} \times 100 = 71.69\%$

Question 04

소비호수가 1호인 경우 사용량이 다음과 같을 때 조정기의 능력을 산정하시오.(가스스토브 0.3kg/h, 가스레인지 0.55kg/h, 탕비기 0.75kg/h, 순간온수기 0.55kg/h)

해설 & 답

$(0.3 + 0.55 + 0.75 + 0.55) \times 1.5 = 3.23 \text{kg/h}$

 조정기의 능력은 총 가스소비량의 150%

Question 05

프로판 연소 식을 쓰고, 프로판 10kg이 탈 때 이론공기량은 몇 m³인가?

해설 & 답

연소식 : $C_3H_8 + 5O_2 \rightarrow 3CO_2 + 4H_2O$

44kg $5 \times 22.4 \text{Nm}^3$
10kg x

$x = \dfrac{10\text{kg} \times 5 \times 22.4 \text{Nm}^3}{44\text{kg}} = 25.45 \text{Nm}^3/\text{kg}$

$A_o = \dfrac{O_o}{0.21} = \dfrac{25.45}{0.21} = 121.21 \text{Nm}^3/\text{kg}$

Question 06

용기에 프로판을 750mmHg로 충전하여 등온조건하에서 진공 펌프를 통해 15mmHg로 배기가 나와 이 때 남은 프로판의 질량이 처음의 몇 %인가?

해설 & 답

$$\frac{750-15}{750} \times 100 = 98\%$$

Question 07

어떤 가스식당에 가스설비 한 대에 사용량이 0.4kg/h인데 5시간 동안 계속 사용하고 테이블수가 8대였다면 필요 최저용 기본수는 얼마인가? (단, 잔액이 20%일 때 교환하고 최저용기 1본의 가스발생능력 850g/h 로 한다.)

해설 & 답

$$\frac{0.4 \times 8}{0.85} = 3.76 \qquad \therefore \ 4개$$

Question 08

프로판의 발열량이 24000kcal/m³의 천연가스를 발열량이 7200kcal/m³의 도시가스로 공급하고자 한다. 다음 물음에 답하시오.
(1) 프로판/공기의 혼합비
(2) 압력 7kg/cm²을 가했을 때 응축되는 온도는?

해설 & 답

(1) 혼합비 $= \dfrac{2400}{1+x} = 7200 \qquad x = 2.33$

$$\frac{1}{1+2.33} \times 100 = 30.03\%$$

(2) 응축온도 : $-20°C$

Question 09

교량의 연장길이 100m의 강관을 부설할 때 온도변화 폭을 60℃로 하면 온도변화에 의한 신축량이 30mm 흡수할 수 있는 신축관을 몇 개 설치하면 좋은가?(단, 강의 선팽창계수 1.2×10^{-5}으로 한다.)

해설 & 답

$\Delta l = \alpha \times l \times \Delta t = 1.2 \times 10^{-5} \times 100 \times 1000 \times 60 = 72\text{mm}$

$\therefore \dfrac{72\text{mm}}{30\text{mm/개}} = 2.4\text{개} \quad \therefore 3\text{개}$

Question 10

고압 측압력이 31kg/cm²인 수액기의 안쪽 지름이 60cm 재료의 인장강도가 60kg/mm² 용접효율이 0.75, 용기의 동판 두께는 얼마인가? (단, 부식여유 수치는 1mm이다.)

해설 & 답

$t = \dfrac{PD}{200SE - 1.2P} + C$

$= \dfrac{31 \times 600}{200 \times \left(\dfrac{60}{4}\right) \times 0.75 - 1.2 \times 31} + 1 = 9.41\text{mm}$

Question 11

강판이 200mm이고, 최고충전압력이 120kg/cm²인 강관의 두께는 얼마인가?(단, 허용인장 강도는 800kg/cm²이다.)

해설 & 답

$t = \dfrac{120 \times 20}{2 \times 800} \times 10 = 15$

Question 12

내용적이 1000m³, 비중이 1.14일 때 충전량(ton)은?

해설 & 답

$W = 0.9 d V_2 = 0.9 \times 1.14 \times 1000 \text{m}^3 = 1026 \text{ton}$

Question 13

20℃, 1atm 1000m³인 LP가스를 액화시킬 경우 액화량은 몇 l인가?

해설 & 답

$PV = \dfrac{WRT}{M}$

$W = \dfrac{PVM}{RT} = \dfrac{1 \times 1000 \times 44}{0.082 \times (273 + 20)} = 1831.34 / 0.487 = 3760.47$

Question 14

12500kcal/h의 반 밀폐 연소식 목욕실을 자연배기 방식으로 설치하게 되었다. 배기통의 유도 연통길이 2.5m 곡면의 수는 3개로 할 때 기구의 높이는?(내경은 10cm로 한다.)

해설 & 답

$H = 1.4L + 12D = 1.4 \times 2.5 + 12 \times 0.1 = 4.7 \text{m}$

Question 15

C_3H_8 10m³/h로 흐를 때 압력손실아 18cmH2O이다. 이 배관에 C_4H_{10} 14m³/h를 흐를 때 압력손실을 구하라.(비중은 각각 1.5, 2.0)

해설 & 답

$r_1 Q_1^2 = H_1 \qquad r_2 Q_2^2 = H_2$

$H_2 = \dfrac{r_2 \times Q_2^2 \times H_1}{r_1 \times Q_1^2} = \dfrac{2.0 \times 14^2 \times 180}{1.5 \times 10^2} = 470 \text{mmH}_2\text{O}$

Question 16

길이 600m이고 공급압력은 2kg/cm², 도착압력은 1.5kg/cm²이다. 유량이 200m³/h일 때 프로판 공급 시 안지름은?

해설 & 답

$D = 5\sqrt{\dfrac{Q^2 \times S \times L}{K^2 \times (P_1^2 - P_2^2)}} = 5\sqrt{\dfrac{200^2 \times 1.52 \times 600}{52.31^2 \times (3.033^2 - 2.533^2)}} = 5.45 \text{cm}$

Question 17

도관 안전밸브를 설치하고자 한다. 도관의 외경이 90mm 내경이 50mm 이면 안전밸브 분출구경을 몇 mm로 해야 하는가?

해설 & 답

$A = $ 도관 최대 지름부 단면적 $\times \dfrac{1}{10}$

$= \dfrac{3.14 \times 50^2}{4} \times \dfrac{1}{10} = 196.25 \text{mm}$

$D = \sqrt{\dfrac{4A}{\pi}} = \sqrt{\dfrac{4 \times 196.25}{3.14}} = 15.81 \text{mm}$

Question 18

내압시험압력이 350kg/cm²인 오토클레이브에 20℃에서 수소가스가 80kg/cm²a로 충전되었다. 안전밸브가 작동했다면 이때의 온도는 몇 ℃인가?

해설 & 답 Explanation & Answer

$$\frac{P_1}{T_1} = \frac{P_2}{T_2}$$

$$T_2 = \frac{T_1 \times P_2}{P_1} = \frac{(273+20) \times 350 \times 0.8}{80\text{kg/cm}^2\text{a}} = 1025.5 - 273 = 752.5℃$$

Question 19

프로판 16m³가 연소 시 필요한 공기량 및 생성되는 CO_2는 얼마인가?

해설 & 답 Explanation & Answer

$$C_3H_8 \quad + \quad 5O_2 \quad \rightarrow \quad 3CO_2 \quad + \quad 4H_2O$$

22.4Nm³   5×22.4Nm³   3×22.4Nm³
16N x y

① $x = \dfrac{16\text{Nm}^3 \times 5 \times 22.4}{22.4\text{Nm}^3} = 80\text{Nm}^3$

∴ $A_o = \dfrac{80}{0.21} = 380.95\text{Nm}^3$

② $CO_2 = 22.4 = 3 \times 22.4$

16 = y

$y = \dfrac{16 \times 3 \times 22.4}{22.4} = 48\text{Nm}^3$

필답형 예상문제 제 16 회

Question 01

산소가 내용적 1000ℓ에 압력 10kg/cm² 나타낼 때의 중량은?(단. 온도는 25℃이다.)

해설 & 답

$PV = GRT$

$G = \dfrac{PV}{RT}$

$\therefore G = \dfrac{10 \times 10^4 \times 1\text{m}^3}{\dfrac{848}{32} \times (273+25)} = 13.97\text{kg}$

Question 02

연소기 0.4kg/h가 3대, 연소기 0.85kg/h가 1대, 연소기 0.49kg/h가 2대일 때 3시간 사용 시 필요 용기 수는?(단, 용기의 기화능력은 20kg을 1.05kg/h이다.)

해설 & 답

$\dfrac{0.4 \times 3 + 0.85 \times 1 + 0.49 \times 2}{1.05} = 2.87$ $\therefore$ 3개

Question 03

가스의 비중이 0.6이라고 하면 지상 20m 지점과 지표면과의 압력 차이는 몇 mm 수주인가?

Explanation & Answer

$H = 1.293(1-S)h = 1.293(1-0.6) \times 20 = 10.34$

Question 04

유체가 흐르는 관의 유입 측 지름이 500mm이고, 유출 측 지름이 250mm인 유입속도가 10m/sec라 할 때 유출 유량과 속도는?

Explanation & Answer

① $Q = A \times V = 0.785 \times 0.5^2 \times 10 \text{m/s} = 1.96 \text{m/sec}$

② $A_1 V_1 = A_2 V_2$

$V_2 = \dfrac{A_1 \times V_1}{A_2} = \dfrac{0.785 \times 0.5^2 \times 10 \text{m/sec}}{0.785 \times 0.25^2} = 40 \text{m/sec}$

Question 05

지름 10cm 압력 50kg/cm²일 때 볼트 1개에 걸리는 힘을 400kg으로 하면 최소한 필요한 볼트 수는?

Explanation & Answer

$P = \dfrac{WZ}{A}$

$Z = \dfrac{P \times A}{W} = \dfrac{50 \times 0.785 \times 10^2}{400} = 9.81$

∴ 10개

Question 06

배관연장 300m의 본관에 150m³/h의 가스를 공급할 때 아래 표를 이용하여 배관구경을 설계하시오.(단, 최소압력과 최종압력의 압력차는 20mmH₂O이고, 가스비중은 0.6이다.)

관크기(A)	외경(cm)	두께(cm)	내경(cm)	D^5
10	11.4	0.45	10.53	129,463
12.5	13.98	0.56	13.08	382,056
15	16.52	0.50	15.02	900,475
17.5	19.07	0.53	18.01	1,894,842

해설 & 답

$$D^5 = \frac{150^2 \times 0.6 \times 300}{0.707 \times 20} = 405,122.35 \qquad \therefore \ 15A$$

Question 07

LPG배관(관경 1B, 길이 30m)를 완성하고 공기압 1000mm(수주)에서 기밀시험을 했다. 1000mm로 승압 후 7분이 경과한 후 650mm로 압력이 강하하였다. 이때의 표준상태에서의 누출량(cm³)은 얼마인가?(단, 공기의 온도변화는 없으며 1B의 내경은 2.76cm², 대기압은 1.033kg/cm²으로 한다.)

해설 & 답

$$\frac{3.14 \times 2.76^2}{4} \times 300 \times \left(\frac{1.133}{1.033} - \frac{1.0980}{1.033}\right) = 607.82 \text{cm}^3$$

Question 08

송수량이 2000ℓ/min, 전양정이 60m인 펌프의 소요동력(KW)은?(단, 효율은 65%)

해설 & 답

$$KW = \frac{1000 \times 2 \times 60}{102 \times 60 \times 0.65} = 30.16 KW$$

Question 09

구형 저장탱크의 저장량이 10t일 때 액 비중을 0.55라 하면 저장탱크의 직경은?

해설 & 답

$$\frac{10}{0.9 \times 0.55} = \frac{\pi D^3}{6}$$

$$D = 3\sqrt{\frac{10 \times 6}{\pi \times 0.9 \times 0.55}} = 3.38 m$$

Question 10

가스미터에 공기가 통과 시 유량이 100m³/h라면 프로판가스가 통과하면 유량은(kg/h)?

해설 & 답

$$100 \times \frac{1}{\sqrt{1.52}} \times 1.86 = 150.86 kg/h$$

Question 11

산소용기의 최고 충전압력이 150kg/cm², 바깥지름이 230mm 재질의 인장강도는 70kg/mm² 안전율이 0.40일 때 산소용기 두께는?

해설 & 답

$$t = \frac{PD}{200SE} = \frac{150 \times 230}{200 \times 70 \times 0.4} = 6.16\text{mm}$$

Question 12

NH₃ 100g 생성 시 필요한 공기의 양은(l)?(단, 공기 중의 질소는 80%로 한다.)

해설 & 답

$$\text{공기의 양} = \frac{22.4 \times 100}{2 \times 17 \times 0.8} = 82.35l$$

Question 13

폭발 하한계를 구하시오.

가스명	부피	폭발범위하한
헥산	0.5	1.1
메탄	2.0	5

해설 & 답

$$\frac{100}{L} = \frac{V_1}{L_1} + \frac{V_2}{L_2} + \frac{V_3}{L_3} \cdots \frac{V_n}{L_n}$$

$$\frac{100}{L} = \frac{0.5}{1.1} + \frac{2}{5} \qquad \therefore L = 76.4\%$$

Question 14

10kg의 공기가 압력 10atm 25℃로 들어 있다가 가스가 누설되어 5atm 15℃로 되었다면 누출된 가스량은?

해설 & 답 — **Explanation & Answer**

$P_1 V_1 = G_1 R_1 T_1 \qquad P_2 V_2 = G_2 R_2 T_2$

$G_2 = \dfrac{P_2 G_1 T_1}{P_1 \times T_2} = \dfrac{5 \times 10 \times (273+25)}{10 \times (273+15)} = 5.17\text{kg}$

∴ $10 - 5.17 = 4.83\text{kg}$

Question 15

동점도가 $26.67 \times 10^{-6}\text{m}^2/\text{s}$ 레이놀드수가 2100이며 직경이 10cm일 때 유량은(m^3/sec)?

해설 & 답 — **Explanation & Answer**

$Re = \dfrac{DV}{\mu} \qquad V = 2100 \times \dfrac{26.67 \times 10^{-6}}{0.1} = 0.558\text{m/s}$

$Q = \dfrac{\pi \times 0.1^2}{4} \times 0.558 = 0.00438\text{m}^3/\text{s}$

Question 16

배기후드에 의한 급배기설비에서 시간당 0.85kg의 LPG를 개방연소형기구로 연소 시 배기통 유효단면적은 약 몇 cm^2인가?(단, 급기구 중심에서 배기통 정상부의 외기에 개방된 중심까지의 높이 3m 이론 폐가스량은 $12.9\text{m}^3/\text{kg}$이다.)

해설 & 답 — **Explanation & Answer**

$A = \dfrac{20KQ}{1400\sqrt{H}} = \dfrac{20 \times 12.9 \times 0.85}{1400\sqrt{3}} = 0.0904.38\text{m}^2 \times 10^4 \text{cm}^2/\text{m}^2$

$= 904.38\text{cm}^2$

Question 17

곡면 개수가 4개이고 가로길이 4m, 관경이 200mm일 때 세로의 길이는?

해설 & 답

$1.4L + 24D = 1.4 \times 4 + 24 \times 0.2 = 10.4\text{m}$

보충 곡면개수 3개 : $1.4L + 12D$
곡면개수 4개 : $1.4L + 24D$
곡면개수 5개 : $1.4L + 36D$

Question 18

$20l$의 LPG배관 공사를 끝내고나서 수주 880mmH₂O의 압력으로 공기를 넣어 기밀시험을 실시한다. 기밀시험 압력 소요시간은 12분간이었다. 이때 배관에 부착된 자기압력계를 보니 수주 620mm의 압력을 나타내었다. 이 경우 기밀시험 개시 시 약 몇 %의 공기가 누설되었는가?

해설 & 답

$$\frac{20 \times \left(\dfrac{0.088 - 0.062}{1.033}\right)}{20} \times 100 = 2.52\%$$

Question 19

상용압력이 3kg/cm², 내경이 35cm, 허용응력이 30kg/mm², 용접효율이 0.85, 부식여유수치가 1mm일 때 동판 두께는?

해설 & 답

$$t = \frac{PD}{200SE - 1.2P} + C$$
$$= \frac{3 \times 350}{200 \times 30 \times 0.85 - 1.2 \times 3} + 1 = 1.21\text{mm}$$

Question 20

다음과 같은 조건을 갖는 구형 가스홀더의 용적과 가스홀더의 직경을 구하시오.

[조건] ① 가스홀더의 활동량 : 100000m³
② 최고사용압력 : 10kg/cm² · g
③ 최고사용압력 : 5kg/cm² · g

해설 & 답 — Explanation & Answer

구형 가스홀더의 용적 $= \dfrac{100,000}{10-5} = 20000\text{m}^3$

$D = 3\sqrt{\dfrac{6V}{\pi}} = \sqrt{\dfrac{6 \times 20000}{3.14}} = 33.68\text{m}$

제 4 부

실기 작업형
예상문제

001 **Question** 가스기능장 실기

다음 동영상은 LP가스 이송방법 중 압축기에 의한 방법이다. 다음 물음에 답하시오.

(1) 압축기 사용시 장점 3가지와 단점 2가지를 쓰시오.
(2) LP가스 이송방법 3가지를 쓰시오.
(3) 다단압축의 목적을 4가지 쓰시오.

Answer

(1) 장점 : ① 충전시간이 짧다.　　② 잔가스 회수가 용이하다.
　　　　　③ 베이퍼록의 우려가 없다.
　　단점 : ① 드레인 우려가 있다.　② 재액화 우려가 있다.

(2) ① 압축기에 의한 방법　② 펌프에 의한 방법　③ 차압에 의한 방법

(3) ① 소요일량을 줄일 수 있다.　　② 가스의 온도상승을 피할 수 있다.
　　③ 힘의 평형이 유지된다.　　　　④ 이용효율이 증가한다.

002 Question 가스기능장 실기

다음 동영상은 가스미터의 표시이다. 물음에 답하시오.

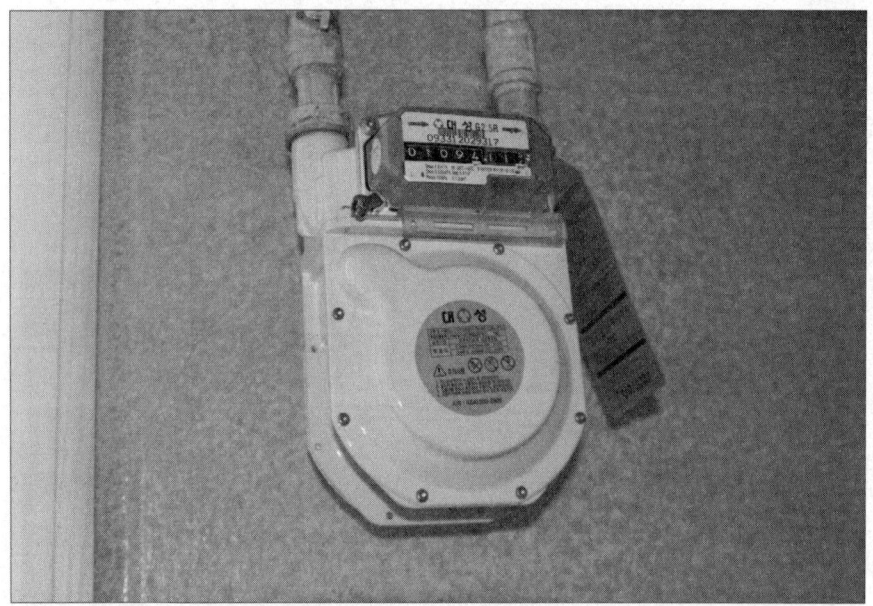

(1) MAX 1.5m³/h
(2) 0.5/rev
(3) 가스미터의 기밀시험압력
(4) LP가스용 미터의 최대유량압력차(mmH$_2$O)

Answer

(1) 사용 최대유량이 1.5m³/h이다.
(2) 계량실의 1주기 체적이 0.5이다.
(3) 1,000mmH$_2$O
(4) 30mmH$_2$O

003 Question 가스기능장 실기

다음 동영상은 용기검사 기준에서 건조설비 모습니다. 이음매 없는 설비종류 5가지를 쓰시오.

Answer

① 자동밸브탈착기 ② 세척설비
③ 아래부분 접합설비 ④ 단조설비 또는 성형설비
⑤ 쇼트브라스팅 및 도장설비

004

다음 동영상은 용기검사 기준에서 건조설비 모습니다. 이음매 없는 설비종류 5가지를 쓰시오.

(1) 이 가스미터의 특징 3가지를 쓰시오.
(2) 루트미터의 특징 4가지를 쓰시오.
(3) 막식가스미터의 특징 4가지를 쓰시오.

Answer

(1) ① 저가이다.
    ② 부착후 유지관리에 시간을 요하지 않는다.
    ③ 대용량의 것은 설치 면적이 크다.
(2) ① 대유량가스 측정 적합하다.   ② 중압가스계량 용이하다.
    ③ 설치면적이 적다.   ④ 소유량에서는 부동의 우려가 있다.
    ⑤ 스트레이너 설치 후 유지관리가 필요하다.
(3) ① 장점 : ㉠ 기차변동이 거의 없다. ㉡ 계량이 정확하다.
    ② 단점 : ㉠ 수위조정 등의 관리 필요하다. ㉡ 설치면적이 크다.

005 Question 가스기능장 실기

다음 동영상에 대해 답하시오.

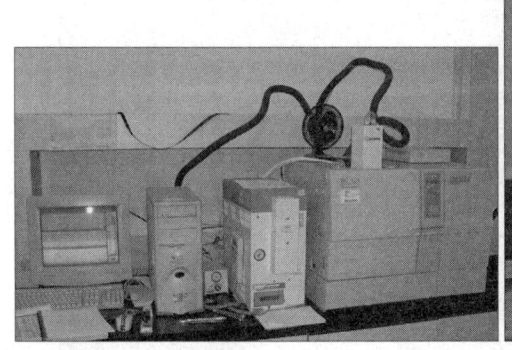 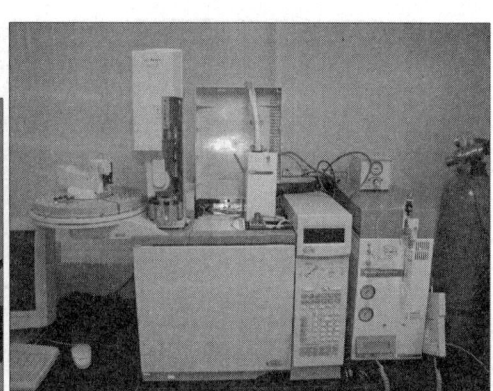

(1) 명칭을 쓰시오.
(2) 캐리어가스 종류 4가지를 쓰시오.
(3) G/C의 3대요소를 쓰시오.
(4) 수소이온화검출기, 열전도도형검출기, 전자포획이온화검출기에 대해 쓰시오.

Answer

(1) 가스크로마토그래프
(2) ① 수소 ② 헬륨 ③ 질소 ④ 아르곤
(3) ① 기록계 ② 검출기 ③ 분리관(컬럼)
(4) ① **수소이온화검출기**(FID) : 시료성분이 이온화됨으로써 불꽃간에 놓여진 전극 간의 전기전도도가 증대하는 것을 이용하며 탄화수소에서 감도가 최고이다. 그러나 산소, 수소, 일산화탄소, 이산화탄소, 아황산가스 등은 감도가 적다.
   ② **열전도도형검출기**(TCD) : 캐리어가스, 시료성분가스의 열전도차에 의한 금속 필라멘트의 저항 변화를 이용하는 것으로 일반적으로 가장 널리 사용
   ③ **전자포획이온화검출기**(ECD) : 방사선으로 캐리어가스가 이온화되고 생긴 자 유전자를 시료성분에 포획하면 이온전류가 감소하는 것을 이용하는 것으로 할 로겐 및 산소산화물에서는 감도가 최고에 달한다.

006 Question 가스기능장 실기

다음 동영상의 명칭과 기능을 쓰시오.

Answer

- **명칭** : 맨홀
- **기능** : 탱크의 정기검사 및 청소, 수리, 점검 시 사용

007 Question 가스기능장 실기

동영상(로딩암)에서 A부분(가는관)과 B부분(굵은관)에서 흐르는 유체는 각각 무엇인가?

Answer

A : 기체
B : 액체

008 Question 가스기능장 실기

다음 물음에 답하시오.

(1) 반밀폐식 보일러의 응배기 설치기준에 있어 강제배기식인 경우 배기통 전방, 측면, 상하 주의 가연물과의 이격거리는?
(2) 액화천연가스 저장탱크는 처리 능력이 250,000m^3인 압축기와 ( ) 이상 이격하여야 한다.
(3) 가스공급시설은 제조소경계와 ( ) 이상 거리를 유지하여야 한다.
(4) 액화석유가스의 저장설비 및 처리설비는 외면으로부터 1종, 2종 보호시설과 ( ) 이상 거리 유지해야 한다.
(5) 액화천연가스저장, 처리설비는 그 외면으로부터 사업소경계와 ( ) 이상 유지해야 한다.

Answer

(1) ① 전방 : 60cm ② 측면 : 60cm ③ 상하 : 60cm
(2) 30m
(3) 20m
(4) 30m
(5) 50m

009 Question 가스기능장 실기

다음 동영상 (1), (2)가 보여주는 용기에 부착되는 안전밸브형식은?

(1)

(2)

Answer

(1) 스프링식 안전밸브
(2) 파열판식 안전밸브

010

다음 물음에 답하시오.

(1) 액체산소, 액체질소, 액체수소의 비등점과 임계압력은?
(2) 도시가스배관의 라인 아크는 몇 m 마다 설치하는가?
(3) 용접용기와 이음매 없는 용기에 넣어야 하는 가스를 분류하시오.
(4) 도시가스 매설배관 깊이
(5) 강제배기식 반밀폐식 연소기구(FE) (6) 강제급배기식 밀폐식 연소기구(FF)

Answer

(1)

	비등점	임계압력
① 액체산소	㉠ -183℃	㉡ 50.1atm
② 액체질소	㉠ -195℃	㉡ 33.5atm
③ 액체수소	㉠ -252.5℃	㉡ 12.8atm

(2) 50m

(3) ① 용접용기 : 프로판, 부탄 등
② 이음매없는 용기 : 산소, 수소, 질소, CO_2 등

(4) ① 철도부지와 수평거리, 도로경계와 수평거리, 산이나 들 도로폭이 8m 미만 : 1m 이상
② 시가지외 도로노면 밑, 인도, 보도 등 방호구조물내 도로폭이 8m 이상 : 1.2m 이상

(5) **강제배기식 반밀폐식 연소기구**(FE) : 연소용 공기를 실내에서 취하여 폐가스를 배기통에 의하여 옥외로 방출하는 연소기구

(6) **강제급배기식 밀폐식 연소기구**(FF) : 연소용 공기를 옥외에서 취하여 폐가스도 옥외로 배출하는 연소 기구

011 Question 가스기능장 실기

다음 동영상은 LPG에 사용하는 압력조정기이다. 물음에 답하시오.

(1) ②의 감압방식의 종류와 감압방식의 장점을 쓰시오.
(2) ① 입구압력과 ② 조정압력을 각각 쓰시오.

Answer

(1) ① **종류** : 2단 감압방식
    ② **장점** : ㉠ 최종압력이 정확하다.
              ㉡ 중간배관이 가늘어도 된다.
              ㉢ 관의 입상에 의한 압력손실이 보정된다.
              ㉣ 각 연소기구에 알맞은 압력으로 공급이 가능하다.
(2) ① **입구압력** : 0.025~0.1MPa
    ② **조정압력** : 2.3~3.3kPa

012 가스기능장 실기

다음 동영상은 고압가스 용기보관장소이다. 용기 취급시 주의할 사항 5가지를 쓰시오.

Answer

① 충전용기는 40℃ 이하를 유지할 것
② 용기보관장소는 통풍이 양호하게 할 것
③ 용기는 소중히 다룰 것
④ 충전용기와 잔가스용기는 구분하여 보관할 것
⑤ 가연성, 독성 및 산소용기는 각각 구분할 것

013 Question 가스기능장 실기

다음 동영상에서 보여주는 용기의 재료와 제조방법은?

Answer

① **용기재료** : 탄소강(용접용기)
② **제조방법** : 심교축용기, 동체부에 종방향의 용접 포인트가 있는 것

014 Question 가스기능장 실기

다음 동영상은 가정용 도시가스미터이다. 가스미터 선정시 주의사항 3가지, 가스미터 설치장소 선정시 고려할 사항 4가지를 쓰시오.

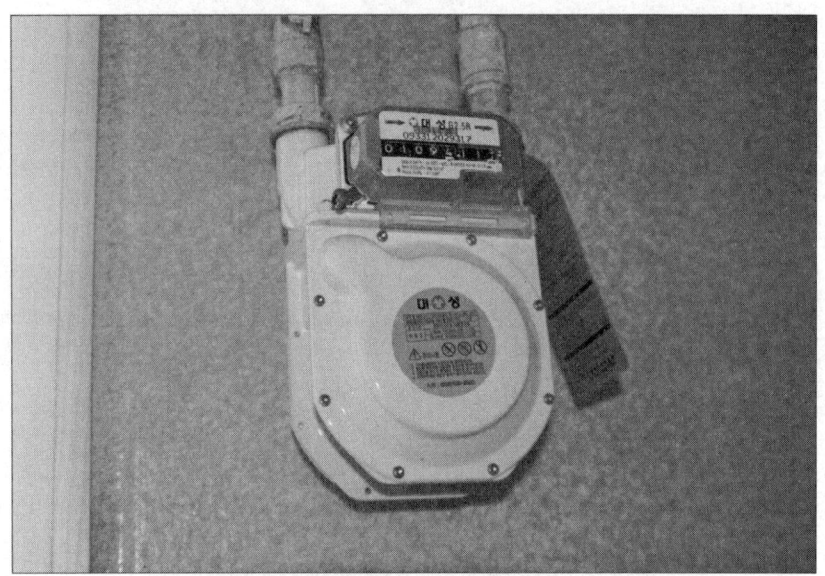

Answer

(1) **가스미터 선정시 고려할 사항**
  ① 감도가 예민할 것
  ② 용량에 여유가 있을 것
  ③ 사용가스와 적합할 것
  ④ 오차 조정이 용이할 것
  ⑤ 내구성이 있을 것

(2) **가스미터 설치장소 선정시 고려할 사항**
  ① 전선과 15cm 이상 유지
  ② 전기계량기, 개폐기, 콘센트 60cm 이상
  ③ 화기와는 2m 이상의 우회거리를 유지할 것
  ④ 설치 높이는 지면에서 1.6m 이상 2m 이내일 것

015 Question 가스기능장 실기

다음 동영상은 LPG 용접용기이다. 용접용기의 장점 3가지와 LPG의 특성 5가지를 쓰시오.

Answer

(1) **용접용기의 장점**
 ① 강도가 크다.
 ② 용기의 모양, 치수가 자유롭다.
 ③ 두께공차가 적다.
 ④ 경제적이다.

(2) **LPG의 특성**
 ① 공기보다 무겁다.
 ② 연소시 다량의 공기가 필요하다.
 ③ 연소범위가 좁다.
 ④ 발화온도가 높다.
 ⑤ 기화잠열이 크다.

016 Question 가스기능장 실기

다음 동영상은 프로판용기의 신규검사공정을 보여주고 있다. 강으로 제조한 이음없는 용기의 신규검사 항목 5가지, 초저온용기 검사 항목 5가지를 쓰시오.

Answer

(1) **신규 검사 항목**
① 인장시험 ② 기밀시험 ③ 내압시험 ④ 외관검사
⑤ 파열시험 ⑥ 충격시험 ⑦ 압궤시험

(2) **초저온 용기 검사 항목**
① 인장시험 ② 기밀시험 ③ 내압시험 ④ 외관검사
⑤ 용접부에 관한 시험 ⑥ 단열성능시험 ⑦ 압궤시험

017 Question 가스기능장 실기

다음 동영상은 왕복동압축기이다. 압축기 운전 중 점검사항 5가지와 용량 제어방법 3가지, 윤활유의 구비조건 5가지를 쓰시오.

Answer

(1) 압축기 운전 중 점검사항
① 온도이상 유무 점검　　② 압력이상 유무 점검
③ 누설여부 점검　　　　④ 진동, 소음이상 유무 점검
⑤ 냉각수 상태 점검　　　⑥ 윤활유 상태 점검

(2) 용량제어방법
① 흡입 주밸브를 폐쇄시키는 방법　② 회전수를 가감하는 방법
③ 타임드밸브에 의한 방법
④ 바이패스밸브에 의해 압축가스를 흡입측으로 되돌리는 방법

(3) 윤활유의 구비조건
① 사용가스와 화학적으로 안정할 것　② 인화점이 높을 것
③ 점도가 적당할 것　　　　　　　　④ 수분 및 산류 등 불순물이 적을 것
⑤ 경제적일 것　　　　　　　　　　⑥ 안정성이 있을 것

018

제 4 부 실기 작업형 예상문제

다음 동영상은 펌프의 베이퍼록 현상시 펌프의 운전정지를 위한 과정이다. 베이퍼 록 현상이란 무엇이며, 방지책 3가지, 왕복펌프의 종류 3가지, 터보 펌프의 종류 3 가지를 쓰시오.

Answer

(1) **베이퍼록 현상** : 저비점 액체를 이송시 펌프입구쪽에서 액체가 끓는 현상
(2) **방지책** : ① 관경을 크게 한다. ② 배관외부를 단열시킨다. ③ 유속을 줄인다.
(3) **왕복펌프**
  ① 다이어프램펌프 : 진흙이나 모래가 많은 물 또는 특수용액 등을 이송하는데 주로 사용
  ② 피스톤펌프 : 비교적 용량이 크고 압력이 낮은 경우에 사용하고 실린더 내의 피스톤으로 용적을 바꿔 유체를 흡입 송출하는 펌프
  ③ 플런저펌프 : 용량이 적고 압력이 높은 경우 사용하고 실린더속의 환봉형상의 플랜지를 왕복 운동시켜 실린더 내의 용적을 바꿈으로써 유체를 흡입·송출하는 펌프
(4) **터보식펌프** : ① 원심펌프 ② 사류펌프 ③ 축류펌프

019 Question 가스기능장 실기

다음 동영상은 LPG 충전사업소에 설치되어있는 12ton 저장탱크이다. 다음 물음에 답하시오.

(1) 프로판 5kg 연소시 이론공기량은 몇 Nm^3인가?
(2) 12ton 저장탱크와 사업소 경계까지의 거리는 몇 m인가?

Answer

(1) $C_3H_8 + 5O_2 \rightarrow 3CO_2 + 4H_2O$
　　44kg　$5 \times 22.4Nm^3$
　　5kg　　x

$x = \dfrac{5kg \times 5 \times 22.4Nm^3}{44kg} = 12.727 Nm^3/kg$

$\therefore A_o = \dfrac{O_o}{0.21} = \dfrac{12.727}{0.21} = 60.60 Nm^3/kg$

(2) 21m

[보충] LPG 충전시설사업소 경계와의 거리

저장능력	사업소경계와의 거리	저장능력	사업소경계와의 거리
10ton 이하	17m	30ton 초과 40ton 이하	27m
10ton 초과 20ton 이하	21m	40ton 초과	30m
20ton 초과 30ton 이하	24m		

020 Question 가스기능장 실기

다음 동영상은 LP가스 탱크로리이다. LP가스 탱크로리에서 저장탱크로 이송하는 방법 4가지를 쓰시오.

Answer

① 압축기에 의한 방법
② 차압에 의한 방법
③ 균압관이 있는 펌프에 의한 방법
④ 균압관이 없는 펌프에 의한 방법

021 Question 가스기능장 실기

다음은 LPG 충전화면이다. LPG 충전시 안전수칙 3가지를 쓰시오.

Answer

① 용기에 과충전하지 말 것
② 화기와의 이격거리를 유지할 것
③ 충전설비의 정상작동 여부를 항상 확인할 것

022 가스기능장 실기

다음 동영상은 정압기에 설치된 계기이다. 다음 물음에 답하시오.

(1) 이 계기의 명칭을 쓰시오.
(2) 이 계기의 용도 2가지를 쓰시오.
(3) 배관내 용적에 따른 기밀시험 유지시간을 쓰시오.
(4) 정압기 분해 점검주기를 쓰시오.
(5) 정압기 조도를 쓰시오.

Answer

(1) 자기압력기록계
(2) ① 가스누출시험
    ② 가스이상 압력상태 확인
(3) 내용적 10L 이하 : 5분 이상
    내용적 10L 초과 50l 이하 : 10분 이상
    내용적 50L 초과 : 24분 이상
(4) 2년에 1회 이상
(5) 150lux 이상

023 Question 가스기능장 실기

다음 동영상의 명칭을 쓰시오.

Answer
- **명칭** : 릴리프 밸브

024 Question 가스기능장 실기

사진과 같이 액체질소 용기를 취급시 발생할 수 있는 위해의 종류 2가지를 쓰시오.

Answer
① 동상
② 질식

025 Question 가스기능장 실기

동영상은 천연가스를 연료로 사용하는 도시가스 정압기실이다. 다음 물음에 답하시오.

(1) 가스검지기 설치위치는?
(2) 1개당의 설치거리는 버너중심부분에서 몇 m인가?

Answer

(1) 천정에서 30cm 이내
(2) 8m 마다

026 Question 가스기능장 실기

동영상은 고압가스용기 보관실이다. 용기 보관실 내에서 갖추어야 할 조건 5가지를 쓰시오.

Answer

① 공기보다 무거운 가연성가스 보관실은 바닥면적의 3% 이상의 자연통풍구를 설치할 것
② 용기보관실의 벽은 방호벽으로 할 것(액화가스 300kg 이상, 압축가스 60m³ 이상)
④ 넘어짐에 의한 방지조치를 할 것
④ 자연통풍구는 양방향으로 분산 설치할 것
⑤ 공기보다 무거운 가연성, 독성가스의 용기보관실은 가스누출 검지 경보장치를 설치할 것

027 Question 가스기능장 실기

다음 동영상은 강제배기식(FF) 가스보일러이다. 가스보일러의 안전장치 5가지는?

Answer

① 동결 방지장치　　② 저가스압 차단장치
③ 정전재통전시 안전장치　　④ 과열 방지장치
⑤ 소화 안전장치

028 Question 가스기능장 실기

다음 동영상은 LP가스 자동차용 충전소에서 LPG를 충전하는 과정을 보여주고 있다. 자동차용기 충전시설의 충전기 및 주위설비(배관, 닫집)의 설치기준 4가지를 쓰시오.

Answer

① 충전호스에 부착하는 가스주입기는 원터치형이다.
② 배관이 닫집모양의 차양을 통과시 1개 이상의 점검구 설치한다.
③ 충전기 호스 길이는 5m 이내이다.
④ 충전기 상부에는 닫집모양의 차양을 설치하고 그 면적은 공기면적의 1/2 이하일 것

029 Question 가스기능장 실기

다음 동영상은 도시가스 정압기실 내부의 방폭구조이다. 방폭구조의 종류 5가지를 설명하고 도시기호도 쓰시오.

Answer

① **내압방폭구조**(d) : 전폐구조로서 용기내에서 폭발성가스가 폭발하여도 압력에 견디고 내부의 폭발화염이 외부에 전해지지 않도록 한 구조
② **유입방폭구조**(O) : 전기기기의 불꽃 또는 아크가 발생하는 부분을 기름속에 잠기게 함으로써 기름면 위에 존재하는 가연성가스에 인화되지 않도록 한 구조
③ **압력방폭구조**(P) : 용기내부에 공기, 질소 등의 보호기체를 압입하여 내부압력을 유지함으로써 폭발성가스가 외부에서 침입하지 못하도록 한 구조
④ **특수방폭구조**(S) : 가연성가스에 점화를 방지할 수 있다는 것이 시험 또는 기타의 방법에 의해 확인된 구조
⑤ **안전증방폭구조**(e) : 정상운전 중에 가연성가스의 점화원이 될 전기불꽃, 아크 또는 고온부분 등의 발생을 방지하기 위하여 기계적, 전기적 구조상 또는 온도상승에 대하여 특히 안전도를 증가시킨 구조

030 가스기능장 실기

다음 동영상은 캐비넷 히터이다. 캐비넷 히터 점검사항 5가지를 쓰시오.

Answer

① 안전장치시험
② 기밀시험외관검사
③ 점화장치성능검사
④ 구조검사
⑤ 절연저항검사

031 Question 가스기능장 실기

다음 동영상은 LPG 저장탱크에 사용되는 살수장치이다. 내화구조일 때와 준내화구조일 때, 1m²당 분무량은 몇 L/min 인가?

Answer

① 내화구조 : 5L/min
② 준내화구조 : 2.5L/min

032 Question 가스기능장 실기

다음 동영상은 초저온용기이다. 초저온용기 제작을 위한 용접부에 대한 충격시험 시험편 개수와, 초저온용기의 정의, 액체산소, 액체질소, 액체아르곤의 비점을 쓰시오.

Answer

(1) **개수** : 3개
(2) **정의** : 임계온도가 −50℃ 이하인 액화가스를 충전하기 위한 용기로서 단열재로 피복하거나 냉동설비로 냉각하는 등의 방법으로 용기내의 가스온도가 상용의 온도를 초과하지 못하도록 한 용기
(3) **비점** : 액체산소 : −183℃, 액체질소 : −196℃, 액체아르곤 : −186℃

033 **Question** 가스기능장 실기

다음 동영상은 도시가스의 정압기실이다. 물음에 답하시오.

(1) 정압기 조도는 얼마인가?
(2) 정압기 분해 점검주기는?
(3) 정압기 작동상황 점검주기는?
(4) 정압기의 필터는 공급개시 후 몇 개월 만에 분해 점검하며, 이후에는 몇 년 주기로 분해 점검하는가?
(5) 정압기 특성 4가지를 쓰시오.

Answer

(1) 150룩스 이상
(2) 3년에 1회 이상
(3) 1주일에 1회 이상
(4) 1개월 이내 및 그 이후에는 1년에 1회
(5) ① 정특성   ② 동특성
    ③ 유량특성   ④ 사용최대차압 및 최소차압

034

다음 동영상은 LPG 탱크에 사용되는 냉각용 살수장치이다. 다음 물음에 답하시오.

(1) 조작 거리를 쓰시오.
(2) 탱크 표면적이 $20m^2$일 때 분무량은?
(3) 방수능력은 얼마인가?

Answer

(1) 5m 이상
(2) $20m^2 \times 5L/m^2 \cdot min \times 30min = 3,000L$
(3) 350L/min

035 Question 가스기능장 실기

다음 동영상은 방폭구조이다. 이 기구의 d, T₄, Ⅱ의 기호를 쓰시오.

Answer

(1) d : 내압방폭구조   O : 유입방폭구조
    P : 압력방폭구조   e : 안전증방폭구조
    ia 또는 ib : 본질안전증방폭구조   S : 특수방폭구조
(2) T₄ : 방폭전기기기의 온도등급
(3) Ⅱ : 방폭전기기기의 폭발등급

036 Question 가스기능장 실기

다음 동영상은 정압기실의 전열 온수식 기화기이다. 다음 물음에 답하시오.

(1) 이 저장실의 바닥면 둘레가 65m일 때 가스누출경보기의 검지부 설치 개수는?
(2) 이 기화기 내부에 액화가스가 넘쳐흐르는 것을 방지하기 위한 장치는?
(3) 가스방출관의 설치 높이는?
(4) 압력계 눈금범위는?
(5) 방류둑 용량은?

Answer

(1) 바닥면 둘레 20m 마다 1개이므로 : 65÷20=3.25 ∴ 4개
(2) 일류방지장치
(3) 지면에서 5m 이상
(4) 상용압력의 1.5배 이상 3배 이하
(5) ① 가연성 산소 : 1,000ton 이상
② 독성 : 5ton 이상

037 Question 가스기능장 실기

다음 동영상은 가스미터이다. 기능과 설치기준 5가지를 쓰시오.

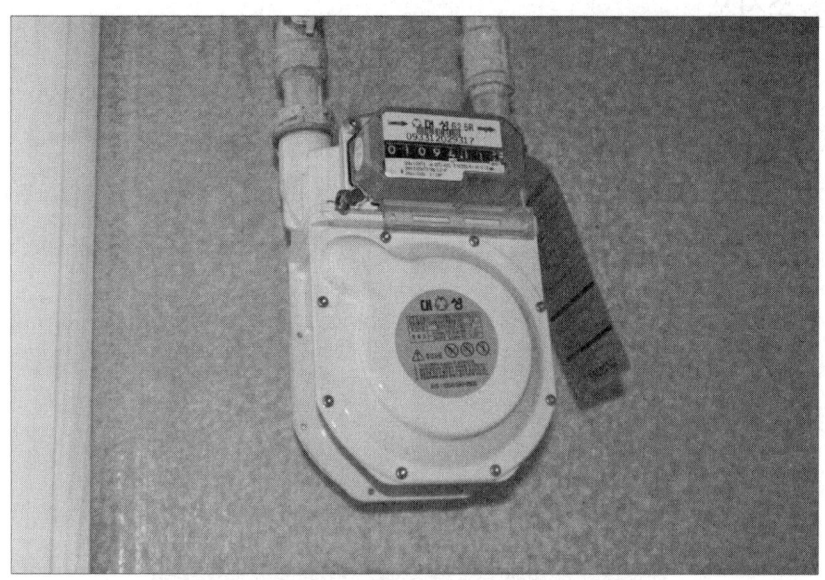

Answer

(1) **기능** : 소비자에게 공급하는 가스의 체적을 측정하기 위해
(2) **설치기준**
  ① 화기로부터 2m 이상 이격시키고 화기에 대해 차열판 설치
  ② 전선으로부터 15cm 이상, 접속기, 점멸기, 굴뚝으로부터 30cm 이상, 안전기, 개폐기는 60cm 이상 유지
  ③ 설치 높이는 바닥으로부터 1.6m 이상 2m 이내
  ④ 직사광선이나 빗물을 받을 우려가 있을 시는 격납상자 내에 설치
  ⑤ 부착 및 교환 작업이 용이할 것

038

다음 동영상의 용기 형태는 무엇이며, 이 용기의 장점 2가지와 제조방법 3가지를 쓰시오.

Answer

(1) **용기형태** : 이음매없는 용기
(2) **장점** : ① 고압에 견딜 수 있다.
　　　　　② 응력분포가 균일하다.
(3) **제조방법** : ① 딥드로잉식　② 에르하르트식　③ 만네스만식

039 가스기능장 실기

다음 동영상은 기화장치의 구조도이다. 다음 물음에 답하시오.

(1) 기화기 사용시 이점 4가지를 쓰시오.
(2) 기화장치를 작동원리에 따라 분류하고 설명하시오.
(3) LNG 용기화기일 경우 매체는 어떤 형식이며 기화기 내부에 사용하는 열교환 매체는?
(4) 온수가열방식, 증기가열방식의 온도는 몇 ℃ 이하여야 하는가?

Answer

(1) ① 한랭시에도 연속적으로 충분한 가스를 공급할 수 있다.
  ② 공급가스의 조성이 일정하다.
  ③ 기화량 가감이 용이하다.
  ④ 설비비 및 인건비가 절감된다.
(2) ① 가온감압방식 : 액상의 LP가스를 흘려보내 온도를 가한 후 기화된 가스를 조정기에 의해 감압시켜 공급하는 방식
  ② 감압가온방식 : 액상의 LP가스를 감압시킨 후 열교환기로 보내어 가열 기화하는 방식
  ③ 중간매체식 : 해수와 LNG사이를 중간매개체를 개입시켜 기화 하는 방식
(3) ① 형식 : 중간매개체 ② 열교환 매체 : 해수
(4) ① 온수가열방식 : 80℃ 이하   ② 증기가열방식 : 120℃ 이하

040 Question 가스기능장 실기

다음 동영상은 부취제 주입설비이다. 다음 물음에 답하시오.

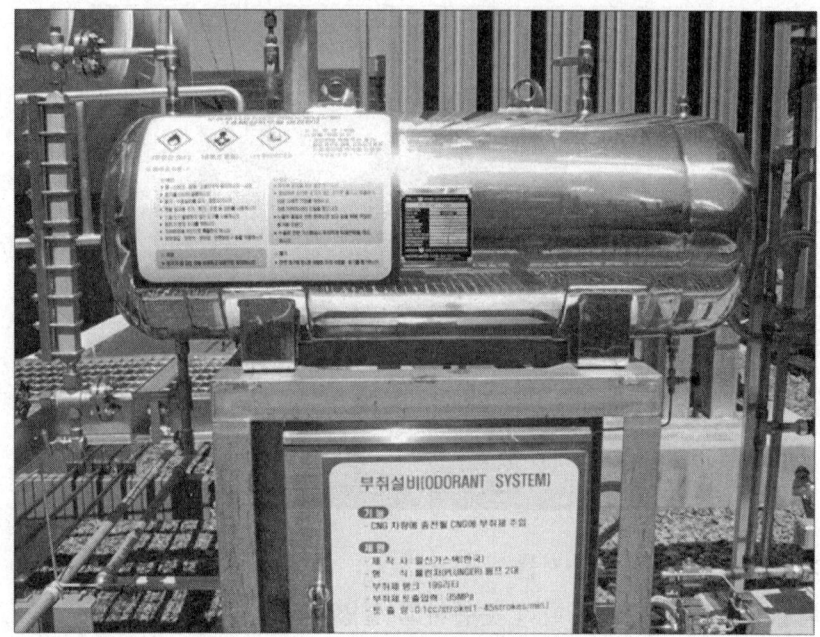

(1) 부취제 주입방식 3가지
(2) 부취제 구비조건 5가지
(3) 부취제 누설시 제거법 3가지
(4) 부취제 종류 3가지

Answer

(1) **주입방식** : ① 중력주입방식 ② 적하주입방식 ③ 미터연결식바이패스방식
(2) **구비조건**
  ① 독성 및 가연성이 아닐 것   ② 도관을 부식시키지 말 것
  ③ 토양에 대한 투과성이 클 것 ④ 보통 존재하는 냄새와 명확히 구별될 것
  ⑤ 가스관이나 가스미터에 부착되지 말 것
  ⑥ 극히 낮은 농도에서도 냄새를 확인할 수 있을 것
(3) **부취제누설시 제거법**
  ① 활성탄에 의한 흡착 ② 화학적산화처리 ③ 연소법
(4) **종류** : ① THT(테트라히드로티오펜) : 석탄가스 냄새
  ② TBM(터시어리부틸메르캅탄) : 양파 썩는 냄새
  ③ DMS(디메틸썰파이드) : 마늘 냄새

041 Question 가스기능장 실기

다음 동영상의 산소용기 내용적이 500L 이상시 재검사 주기는 얼마인가?

Answer

재검사기간 : 5년

[보충] 용기재검사기간

용기의 종류		재검사주기		
		15년 미만	15년 이상 20년 미만	20년 이상
용접용기	500 미만	3년마다	2년마다	1년마다
	500 이상	5년마다	2년마다	1년마다
이음매없는 용기	500 미만	신규 검사 후 경과 연수가 10년 이하인 것은 5년마다 10년을 초과한 것은 3년마다		
	500 이상	5년마다		

042

다음 동영상은 탱크로리에서 액을 이송하는 장면이다. 이 경우 캐비테이션 발생원인 4가지와 방지책 4가지를 쓰시오.

Answer

(1) **발생원인**
① 흡입관 입구 등에서 마찰저항 증가시
② 관로내의 온도 상승시
③ 흡입 양정이 지나치게 길 때
④ 유량증대시

(2) **방지법**
① 임펠러를 액중에 완전히 잠기게 한다.
② 관경을 크게 한다.
③ 흡입측 손실수두를 줄인다.
④ 양흡입펌프 사용
⑤ 펌프를 두 대 이상 설치

043 Question 가스기능장 실기

다음 동영상은 LP가스 이송방법 중 압축기에 의한 방법이다. 다음 물음에 답하시오.

(1) 사방밸브의 역할을 쓰시오.
(2) 왕복동식 압축기의 유압상승 원인 4가지를 쓰시오.
(3) 압축기 윤활유를 쓰시오.

Answer

(1) 탱크로리에서 저장탱크로 가스를 충전 후 잔가스를 저장탱크로 회수
(2) ① 유온이 낮다.　　　　　② 유여과기의 소손
　　③ 관로의 오손　　　　　④ 릴리프밸브작동 불량
(3) ① LP가스 압축기 : 양질의 광유
　　② 산소 : 물 또는 10% 이하의 묽은 글리세린수
　　③ 공기, 수소, 아세틸렌 : 양질의 광유
　　④ 염소 : 농황산

044 Question 가스기능장 실기

다음 동영상은 LP가스 자동차용 충전시설이다. 설치기준 5가지를 쓰시오.

Answer

① 충전 호스길이는 5m 이내일 것
② 충전기 상부는 닫집모양의 차양을 설치할 것
③ 차양설치 면적은 공지면적의 1/2 이하일 것
④ 배관이 차양을 통과시 1개 이상의 점검구를 설치할 것
⑤ 충전호스에 부착하는 가스주입기는 원터치형일 것

045 Question 가스기능장 실기

다음 동영상은 배관의 기밀시험에 사용되는 자기압력기록계이다. ( ) 알맞은 말을 쓰시오.

LPG용 저압배관의 완성검사에 기밀시험용 가스는 (①) 또는 (②) 등의 (③)가스이며 시험압력은 수주 (④) 이상 (⑤) 이하로 한다. 또한 기밀시험시간은 가스미터로 (⑥)분, 자기압력계로는 (⑦)분 이상하여야 한다.

① 공기　　　　　　　　② 질소
③ 불활성　　　　　　　④ 840mmH$_2$O
⑤ 1,000mmH$_2$O　　　　⑥ 5
⑦ 24

046 Question 가스기능장 실기

다음 동영상은 가스용기 운반차량 화면이다. 고압가스 운반기준 3가지를 쓰시오.

Answer

① 가연성가스와 조연성가스를 혼합 적재하지 말 것
② 밸브 돌출용기는 프로텍트나 캡을 부착해서 밸브 손상을 방지할 것
③ 운반작업 중 충격을 최소화하고 주위온도를 40℃ 이상 초과하지 않도록 할 것

047 Question 가스기능장 실기

다음은 휴대용 가스누출검지기이다. 가스누출검지기의 종류 5가지를 쓰시오.

Answer

① 질량분석 검출기 ② 자기공명 검출기
③ 열전도도 검출기 ④ 흡광광도 검출기
⑤ 접촉연소식 검출기

048 Question 가스기능장 실기

다음 동영상은 LPG 연소기구이다. 다음 물음에 답하시오.

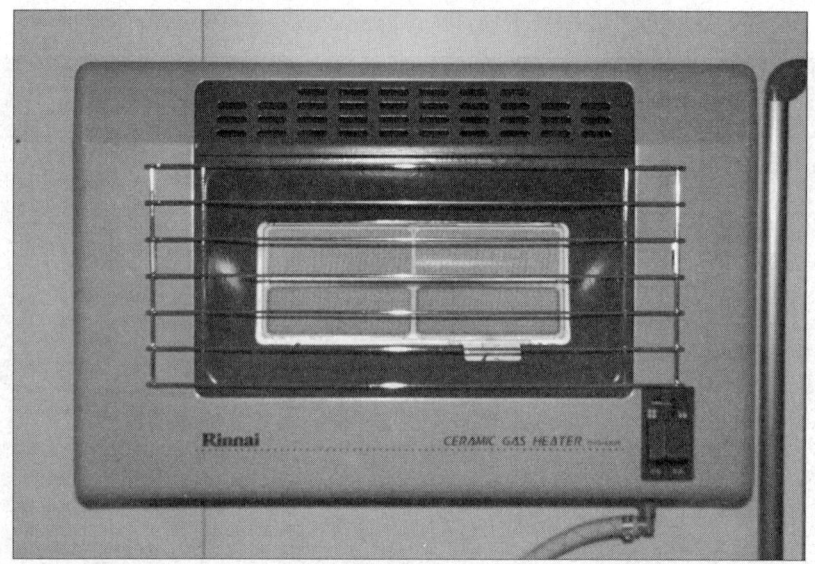

(1) 프로판 10m³ 연소시 이론공기량을 구하시오.
(2) 불완전연소의 원인 4가지 쓰시오.
(3) 적화식 연소방법에 대해 쓰시오.

Answer

(1) $C_3H_8 + 5O_2 \rightarrow 3CO_2 + 4H_2O$
   $22.4m^3 \quad 5 \times 22.4m^3$
   $10m^3 \qquad x$

   $x = \dfrac{10m^3 \times 5 \times 22.4m^3}{22.4m^3} = 50m^3$

   $\therefore A_o = \dfrac{O_o}{0.21} = \dfrac{50}{0.21} = 238.09 m^3/m^3$

(2) ① 공기 공급량 부족시 ② 가스조성이 맞지 않을 때
    ③ 배기 및 환기불충분시 ④ 후레임의 냉각시
    ⑤ 가스기구 및 연소기구가 맞지 않을 때

(3) 가스를 그대로 대기중에 분출시켜 연소에 필요한 공기를 전부 2차 공기로 취하는 방식

049 Question 가스기능장 실기

다음 동영상의 명칭, 역할, 조작거리, 동력원 4가지를 쓰시오.

Answer

(1) **명칭** : 긴급차단밸브
(2) **역할** : 화재, 배관의 파손 또는 설비의 오조작 등에 의하여 LP가스가 액체상태로 누출되는 것을 방지하거나 가스의 공급을 차단하기 위한 장치
(3) **조작거리** : 일반제조 5m 이상(특정제조 10m 이상)
(4) **동력원** : 액압, 기압, 전기, 스프링

050 Question 가스기능장 실기

다음 동영상은 초저온용기이다. 다음에 답하시오.

(1) 초저온용기의 정의를 쓰시오.   (2) 초저온용기의 재질 3가지를 쓰시오.
(3) 이 용기에 설치된 안전밸브의 형식을 쓰시오.
(4) 산소의 임계압력과 비등점을 쓰시오.
(5) 내용적이 600l인 초저온용기이고 300kg의 액화산소를 채우고 25시간 방치한 결과 250kg이 되었다면 이 용기의 합격여부를 판정하시오.(단, 외기온도 21℃, 시험용액화산소의 비점 −183℃, 기화잠열 50kcal/kg이다.)

Answer

(1) 임계온도가 −50℃ 이하인 액화가스를 충전하기 위한 용기로서 단열재로 피복하거나 냉동설비로 냉각하여 용기내의 가스온도가 상용의 온도를 초과하지 않도록 한 용기
(2) ① 18-8 스텐레스강   ② 9% 니켈강   ③ 동 및 동합금강
(3) ① 내조안전밸브 : 스프링식   ② 외조안전밸브 : 파열판식
(4) ① 임계압력 : 50.1atm   ② 비등점 : −183℃
(5) $Q = \dfrac{W \cdot q}{H \cdot \Delta t \cdot V} = \dfrac{(300-250) \times 50}{25 \times (21+183) \times 600} = 0.000809 \text{kcal}/l\text{h}℃$

∴ 1,000l 이하는 0.0005kcal/lh℃ 이하여야 합격이므로 불합격이다.

051 Question 가스기능장 실기

다음 동영상에서 지시하는 빈 공간 부분은 무엇이며 내부에 충전된 가스 명칭을 분자식으로 쓰시고 안전공간을 설정하는 이유를 쓰시오.

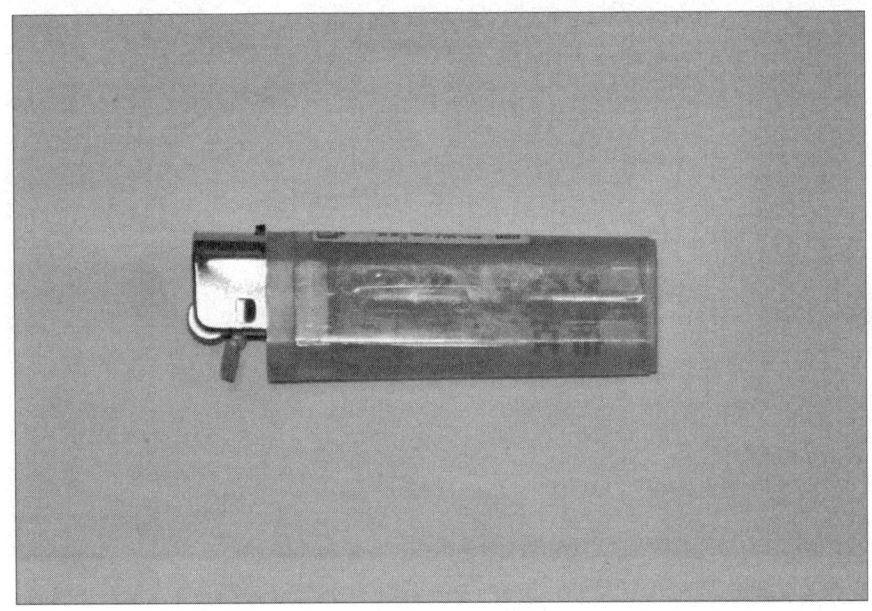

Answer

① 빈 공간 : 안전공간
② 가스명칭 : C_4H_{10}(부탄)
③ 이유 : 온도 상승으로 인한 액의 팽창으로 용기의 파열을 방지하기 위해서

052 Question 가스기능장 실기

다음 동영상의 명칭을 쓰고 기능 2가지를 쓰시오.

Answer

(1) **명칭** : 사절밸브
(2) **기능** : ① 기체의 용적을 압축, 축소시켜 저장 및 운반한다.
② 압력을 높여 액화가스를 용이하게 가압 액화 저장 또는 운반한다.

053 Question 가스기능장 실기

다음 동영상의 명칭을 쓰고 기능을 쓰시오.

Answer

① **명칭** : 플렉시블 이음
② **기능** : 펌프기동으로 인한 진동을 흡수하여 관 및 기기손상 방지

054 가스기능장 실기

다음 동영상은 압력계이다. 충전용 주관의 압력계와 기타 압력계의 검사주기를 쓰고, 압력계 눈금범위를 쓰시오.

Answer

① 충전용 주관의 압력계 : 매월 1회 이상
② 기타 압력계 : 3개월에 1회 이상
③ 압력계 눈금범위 : 상용압력의 1.5배 이상 2배 이하

055 Question 가스기능장 실기

다음 동영상을 보고 물음에 답하시오.

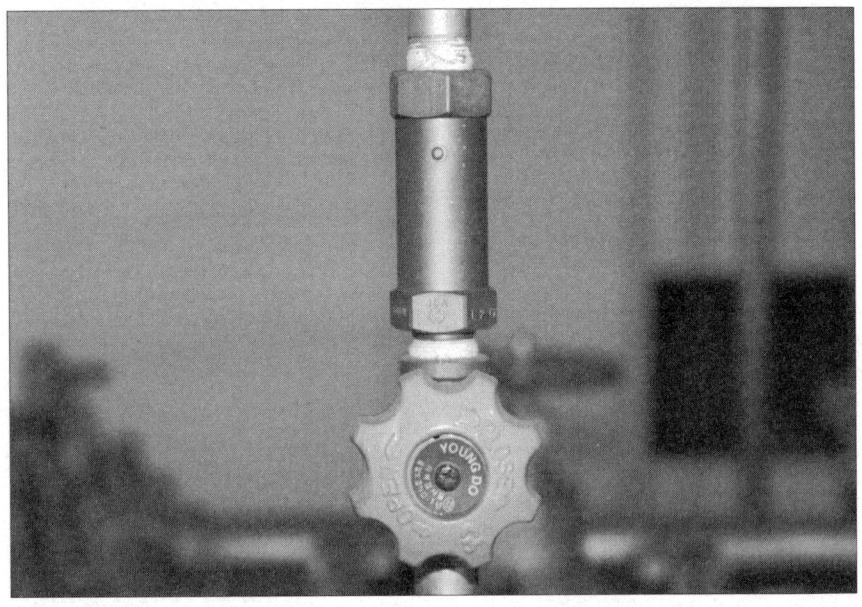

(1) LPG 저장탱크 및 배관에 사용되는 밸브이다. 이 밸브의 형식은?
(2) 이 설비의 내압시험압력이 3MPa일 경우 안전밸브 작동압력은?
(3) 이 안전밸브의 검사주기는?

Answer

(1) 형식 : 스프링식 안전밸브
(2) 안전밸브 작동압력 = TP × 0.8 = 3 × 0.8 = 2.4MPa
(3) 1년에 1회 이상

056 Question 가스기능장 실기

다음 동영상의 ①, ②, ③의 명칭을 쓰시오.

Answer
① 티이
② 유니온
③ 플러그

057 Question | 가스기능장 실기

다음 동영상은 LP가스 연소기구이다. 이 연소기구의 구비조건 3가지를 쓰시오.

Answer

① LP 가스를 완전히 연소시킬 수 있을 것
② 열을 가장 유효하게 이용할 수 있을 것
③ 취급이 간편하고 사용상 안전성이 높을 것

058

용기저장소의 용기관리기준 5가지를 쓰시오.

Answer

① 용기보관장소 주위 2m 이내에는 인화성 및 발화성 물질을 두지 않아야 한다.
② 용기보관장소에는 휴대용 손전등 외의 등화를 휴대하지 않아야 한다.
③ 넘어짐 방지 조치를 하여야 한다.
④ 충전용기는 40℃ 이하로 유지한다.
⑤ 충전용기와 잔가스용기를 구분하여 저장하여야 한다.

059 Question 가스기능장 실기

다음 동영상은 펌을 구동하는 전동기이다. 이 전동기의 과부하 원인에 대하여 4가지 쓰시오.

Answer

① 액의 비중이 증가하는 경우
② 양정이나 수량이 증가하는 경우
③ 액의 점도가 증가하는 경우
④ 가이드 베인이나 임펠러에 이물질이 혼입된 경우

060 Question 가스기능장 실기

다음 동영상의 조정압력과 최대 폐쇄압력을 쓰시오.

Answer

① **조정압력** : $230mmH_2O \sim 330mmH_2O(2.3kPa \sim 3.3kPa)$
② **최대 폐쇄압력** : $350mmH_2O(3.5kPa)$

061 Question 가스기능장 실기

다음 동영상의 명칭과 종류를 쓰시오.

Answer

① 체크밸브 : 유체의 역류 방식
② 종류 : ㉠ 스윙식 : 수평, 수직배관
㉡ 리프트식 : 수평배관

062

다음 동영상은 조정기이다. 조정압력이 330mmH$_2$O 이하인 조정기의 안전장치 작동 압력 범위를 쓰고 원심압축기의 종류 3가지를 쓰시오.

Answer

(1) 조정압력이 330mmH$_2$O 이하인 조정기의 안전장치 작동 압력 범위
  ① 작동정지압력 : 504~840mmH$_2$O (5.04~8.4kPa)
  ② 작동정지압력 : 560~840mmH$_2$O (5.6~8.4kPa)
  ③ 작동표준압력 : 700mmH$_2$O (7.0kPa)

(2) 원심압축기 종류 3가지
  ① 원심   ② 사류   ③ 축류

063 Question 가스기능장 실기

동영상은 LNG를 연료로 하여 사용되는 도시가스의 지하정압기실 상부모습이다. 화살표가 표시하는 배기관에 대하여 물음에 답하여라.

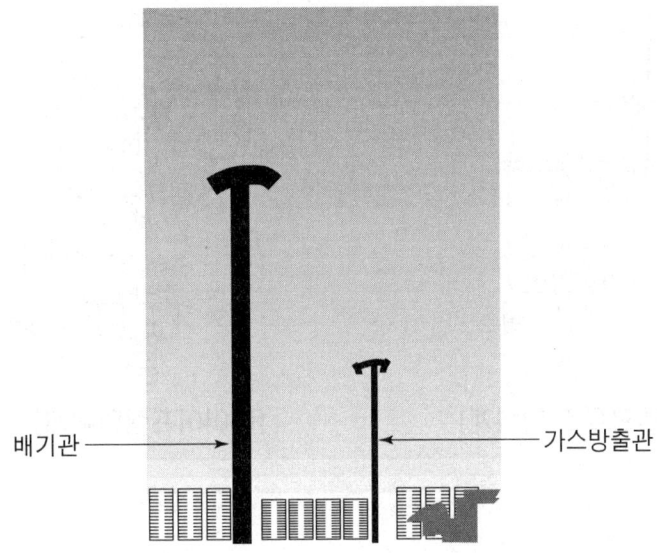

(1) 배기구의 설치위치
(2) 배기구의 관경
(3) 배기가스 방출구는 지면에서 몇 m 인가?

Answer

(1) 천정에서 30cm 이내
(2) 100mm
(3) 3m 이상

064 Question 가스기능장 실기

다음 동영상은 벨로우로식 압력계와 다이어프램식 압력계이다. 특징 3가지씩 쓰시오.

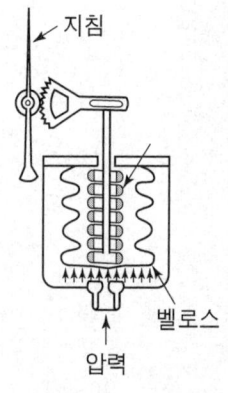

[벨로우즈 압력계]

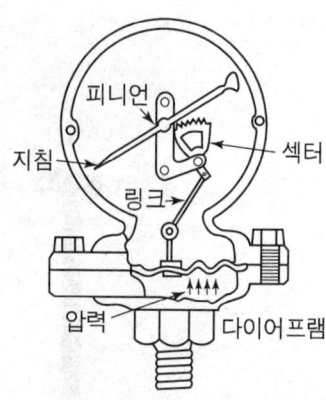

[다이어프램압력계]

Answer

(1) **벨로우즈압력계 특징**
 ① 신축에 의한 압력을 이용한다.
 ② 유체내의 먼지 등의 영향이 적고 압력변동에 적응하기 어렵다.
 ③ 측정압력은 0.01~10kg/cm², 정밀도는 ±1~2%

(2) **다이어프램압력계 특징**
 ① 미소압력 측정
 ② 부식성유체 측정가능
 ③ 온도의 영향을 받기 쉽다.
 ④ 측정의 응답속도가 빠르다.
 ⑤ 이상 압력으로 파손되어도 위험성이 적다.

065 Question 가스기능장 실기

다음 동영상을 보고 A, B, C, D, E, F를 쓰시오.

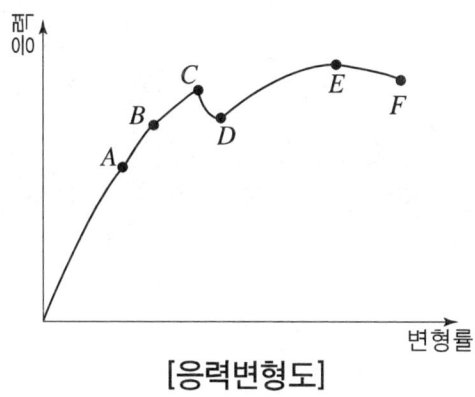

[응력변형도]

Answer

A : 비례한계점
B : 탄성한계점
C : 상항복점
D : 하항복점
E : 인장강도(극한강도)점
F : 파괴점

066 가스기능장 실기

다음 동영상의 명칭을 쓰고 특징 3가지를 쓰시오.

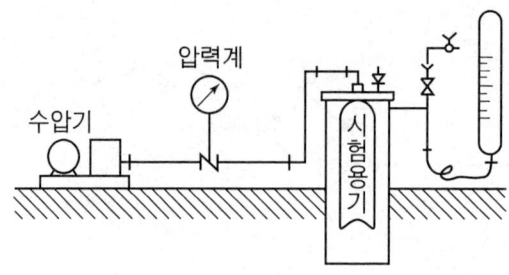

Answer

(1) **명칭** : 수조식내압시험장치
(2) **특징**
  ① 보통 소형용기에서 행한다.
  ② 내압시험압력까지의 각 압력에서 팽창이 정확하게 측정된다.
  ③ 비수조식에 비해 측정 결과에 대한 신뢰성이 크다.

067 Question : 가스기능장 실기

다음 동영상은 가스흡수분석장치이다. 다음 물음에 답하시오.

(1) 명칭
(2) 품질검사방법 3가지를 쓰시오.
(3) 흡수분석순서를 쓰시오.
   ① 오르자트법
   ② 헴펠법
   ③ 게겔법

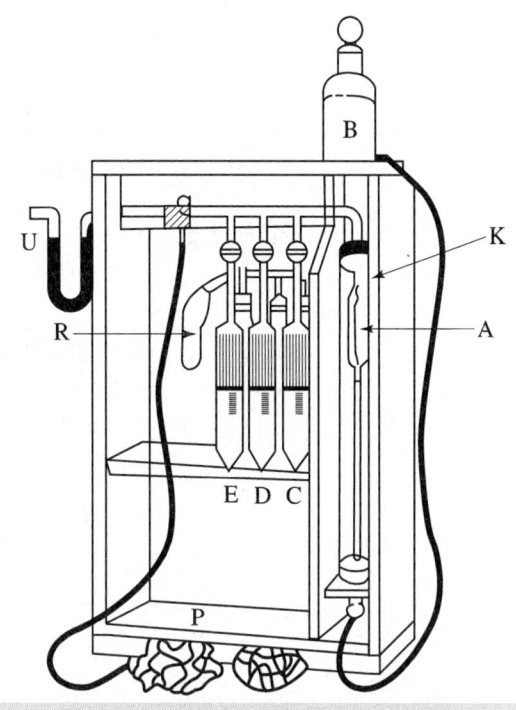

Answer

(1) 오르자트가스분석기
(2) ① 산소 : ㉠ 동암모니아시약의 오르자트법
            ㉡ 순도 : 99.5% 이상
    ② 수소 : ㉠ 피롤카롤 또는 하이드로썰파이드시약의 오르자트법
            ㉡ 순도 : 98.5% 이상
    ③ 아세틸렌 : ㉠ 발연황산시약의 오르자트법, 브롬시약의 뷰렛법, 질산은 시약의 정성시험에 합격할 것
              ㉡ 순도 : 98% 이상
(3) ① 오르자트법 : ㉠ CO_2 : KOH 30% 수용액 ㉡ O_2 : 알카리성 피롤카롤용액
                ㉢ CO : 암모니아성 염화제1동용액
    ② 헴펠법 : ㉠ CO_2 : KOH 30% 수용액   ㉡ C_mH_n : 발연황산 25%
             ㉢ O_2 : 알카리성 피롤카롤용액   ㉣ CO : 암모니아성 염화제1동용액
    ③ 게겔법 : ㉠ CO_2 : KOH 30% 수용액   ㉡ C_2H_2 : 옥소수은칼륨용액
             ㉢ C_3H_6 : 87% 황산   ㉣ C_2H_4 : 취소수용액
             ㉤ O_2 : 알카리성 피롤카롤용액   ㉥ CO : 암모니아성 염화제1동용액

068 Question 가스기능장 실기

다음은 원심펌프이다. 원심펌프의 종류 2가지를 쓰고, 특징 3가지를 쓰시오.

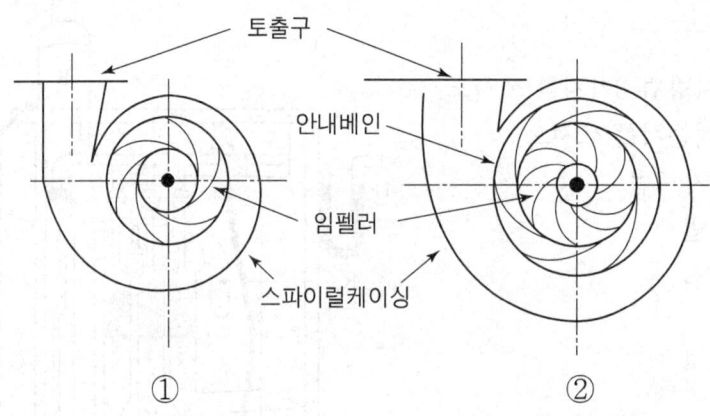

Answer

(1) 종류
 ① 터빈펌프(가이드베인이 있다)
 ② 볼류펌프(가이드베인이 없다)

(2) 특징
 ① 터빈펌프 : ㉠ 고양정에 적합하다.
   ㉡ 대용량에 적합하다.
   ㉢ 저점도의 액체에 적합하다.
   ㉣ 프라이밍이 필요하다.
 ② 볼류트펌프 : ㉠ 토출량이 크다.
   ㉡ 저점도의 액체에 적당하다.

069 Question: 가스기능장 실기

다음 동영상의 명칭과 기기분석법의 종류 3가지를 쓰시오.

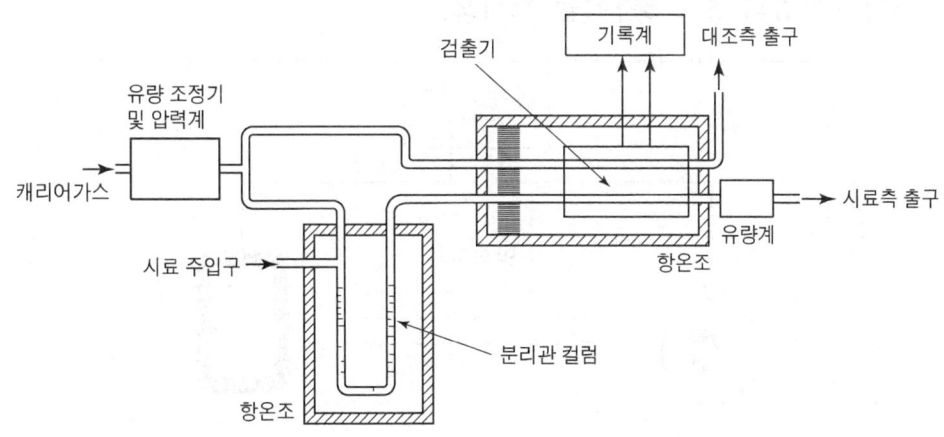

Answer

(1) **명칭** : 가스크로마토그래프
(2) **기기분석의 종류**
　① 질량분석법　　　　　② 적외선분광분석법
　③ 저온정밀증류법　　　④ 가스크로마토그래프

070 Question 가스기능장 실기

다음 동영상은 가스지하매설배관의 전기방식법이다. 어떠한 방법인지 쓰고 전기방식법의 종류 3가지를 쓰시오.

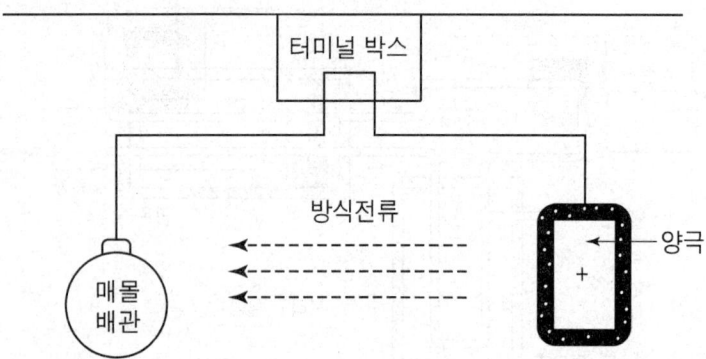

Answer

(1) **방법** : 유전양극법
(2) **전기방식법의 종류** : ① 강제배류법 ② 선택배류법 ③ 외부전원법

071 Question 가스기능장 실기

다음 용접결합의 종류를 쓰시오.

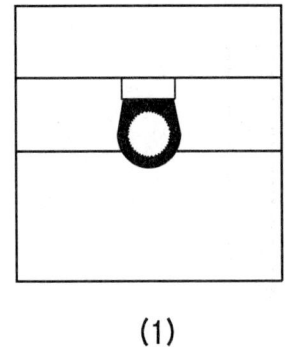
(1)

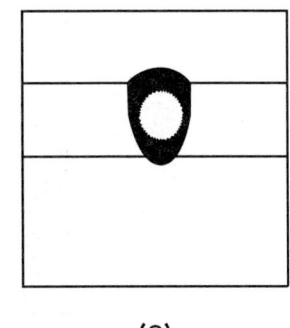
(2)

Answer

(1) 용입불량
(2) 언더컷

072 Question | 가스기능장 실기

다음 동영상은 방호벽이다. 방호벽 설치기준 4가지를 쓰시오.

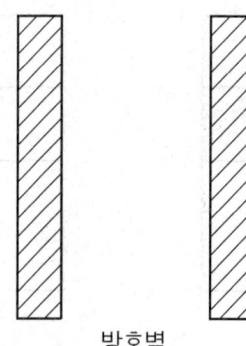

방호벽

Answer

① **철근콘크리트** : 두께 12cm 이상, 높이 2m 이상으로 9mm 이상의 철근을 40cm×40cm 이하의 간격으로 배근결속한다.
② **콘크리트 블록** : 두께 15cm 이상, 높이 2m 이상으로 9mm 이상의 철근을 40cm×40cm 이하의 간격으로 배근결속하고, 블록 공동부에는 콘크리트, 모르타르로 채운다.
③ **박강판** : 두께 3.2mm 이상, 높이 2m 이상으로 30mm×30mm 이상의 앵글강을 40cm×40cm 이하의 간격으로 용접보강하고 1.8m 이하 간격으로 지주를 세운다.
④ **후강판** : 두께 6mm 이상, 높이 2m 이상으로 1.8m 이하 간격으로 지주를 세운다.

073 Question 가스기능장 실기

다음 동영상의 펌프의 명칭을 쓰시오.

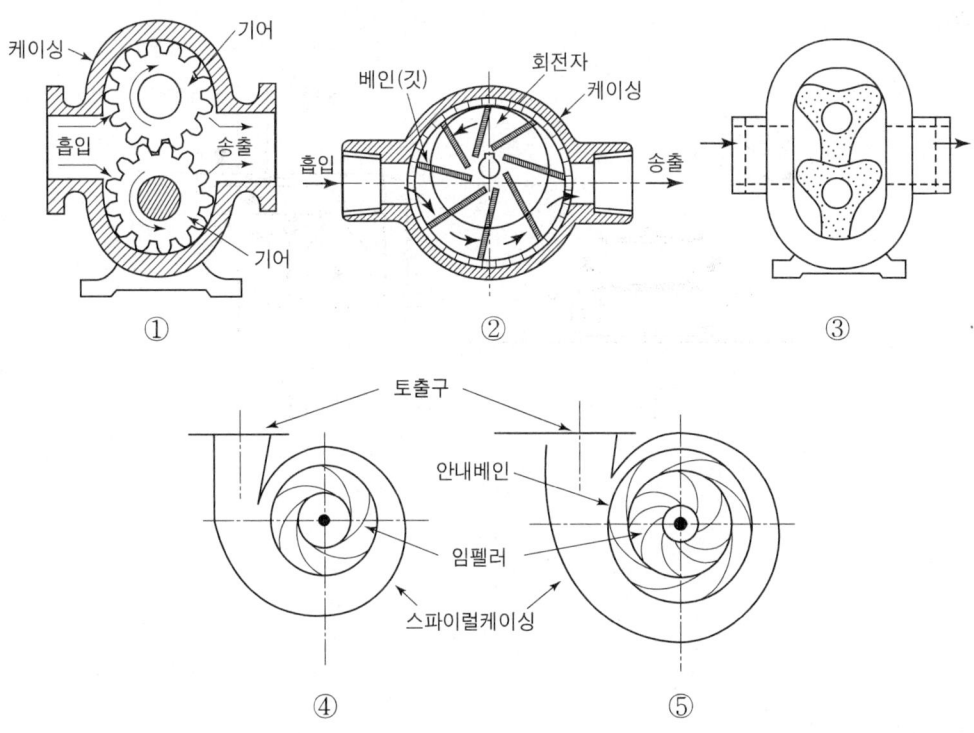

Answer

① 기어펌프
② 베인펌프
③ 로터리펌프
④ 볼류트펌프
⑤ 터빈펌프

074

다음 동영상 중 연소되고 있는 연소방식과 연소기구의 종류 3가지를 쓰시오.

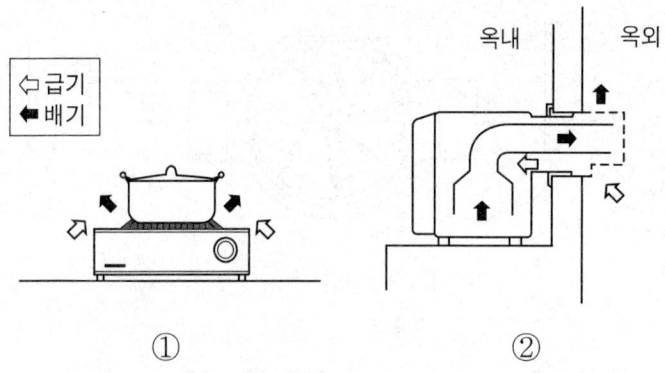

① ②

Answer

(1) **연소방식** : ① 개방형 연소기구 ② 반밀폐형 연소기구
(2) **연소기구의 종류**
　① 개방형 연소기구 : 가스난로, 석유난로, 가스렌지
　② 반밀폐형 연소기구 : 가스온수기, 소형가스보일러
　③ 밀폐형 연소기구 : 대형온수기, 대형가스보일러

075 Question 가스기능장 실기

다음 동영상의 명칭과 화살표가 지시하는 부분을 쓰시오.

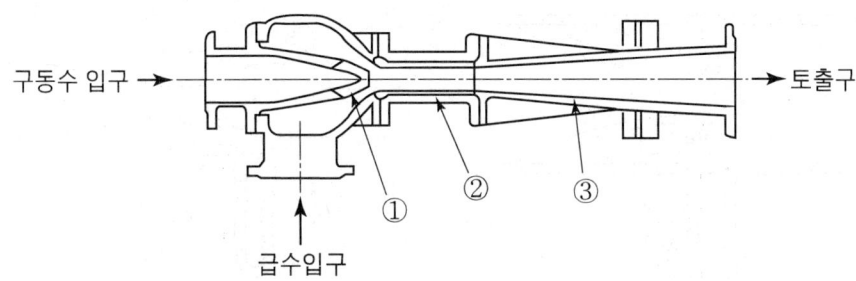

Answer

(1) **명칭** : 제트펌프
(2) ① 노즐   ② 슬로우트   ③ 디퓨져

076 Question 가스기능장 실기

다음 동영상의 (1), (2)의 명칭과 특징을 3가지씩 쓰시오.

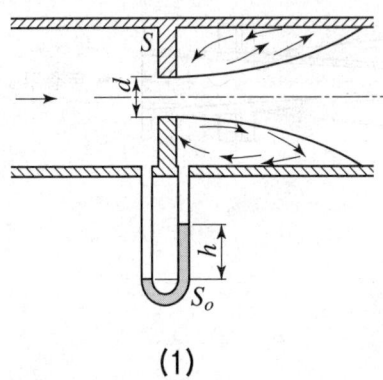
(1)

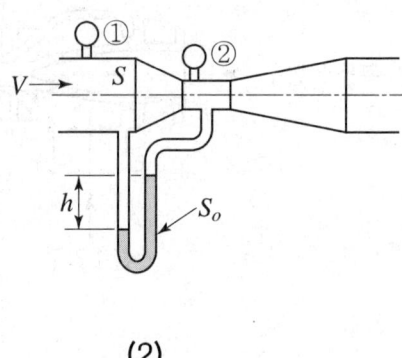
(2)

Answer

(1) **명칭** : 오리피스미터
 특징 : ① 구조가 간단하여 제작이나 장착이 용이
 ② 좁은 장소 설치 가능
 ③ 유체의 압력손실이 크다.
 ④ 침전물의 생성 우려가 있다.
(2) **명칭** : 벤튜리미터
 특징 : ① 구조가 대형이고 복잡하여 가격이 비싸다.
 ② 압력손실이 적고 침전물이 오리피스보다 생기지 않는다.
 ③ 교환이 곤란하며 장소를 많이 차지한다.

077 Question 가스기능장 실기

다음 동영상은 고압가스배관 시설공사현장으로서 용접부의 방사선 투과시험을 보여주고 있다. 다음 물음에 답하시오.

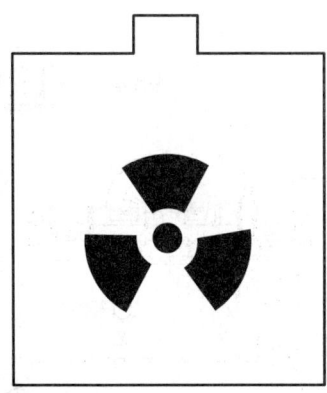

(1) 용접부결함 5가지를 쓰시오.
(2) 비파괴시험 종류 5가지를 쓰시오.

Answer

(1) **용접부결함**
   ① 오우버랩   ② 용입불량   ③ 내부기공
   ④ 슬래그혼입   ⑤ 언더컷   ⑥ 균열
   ⑦ 선상조직

(2) **비파괴시험 종류**
   ① 방사선 투과시험   ② 초음파 탐상시험   ③ 침투시험
   ④ 자분검사법(자기) ⑤ 음향검사법

078 | 가스기능장 실기

다음 동영상은 공기액화분리장치 공정도면이다. 공기액화분리장치의 폭발원인 4가지, 폭발물질 4가지를 쓰시오.

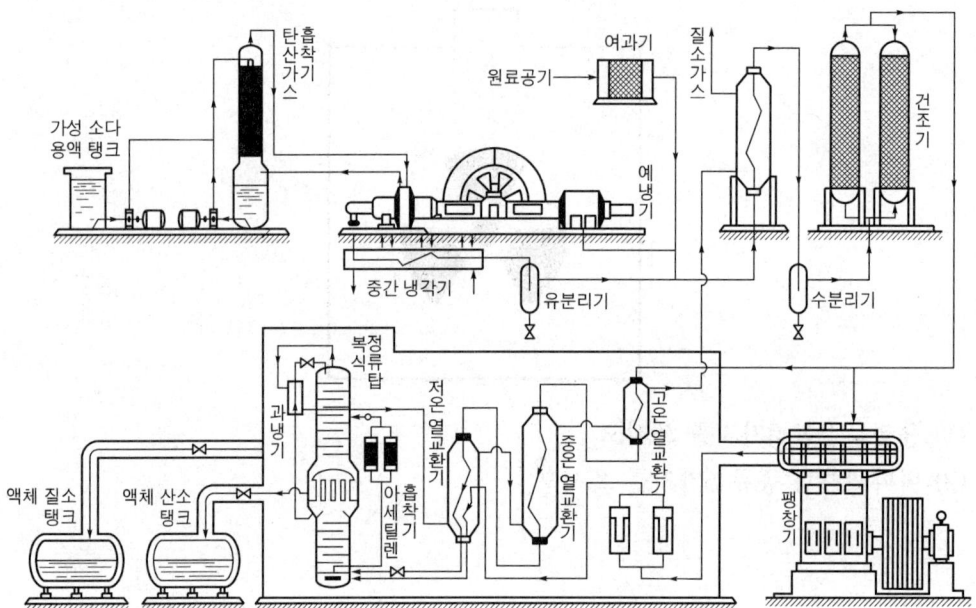

Answer

(1) **폭발원인**
   ① 액체공기중의 오존의 혼입
   ② 공기중의 질소산화물 혼입
   ③ 압축기용 윤활유 분해에 따른 탄화수소의 생성
   ④ 공기 중의 아세틸렌의 혼입

(2) **폭발물질**
   ① 오존   ② 질소산화물   ③ 탄화수소   ④ 아세틸렌

079 Question 가스기능장 실기

다음 화면의 동영상에 대하여 답하시오.

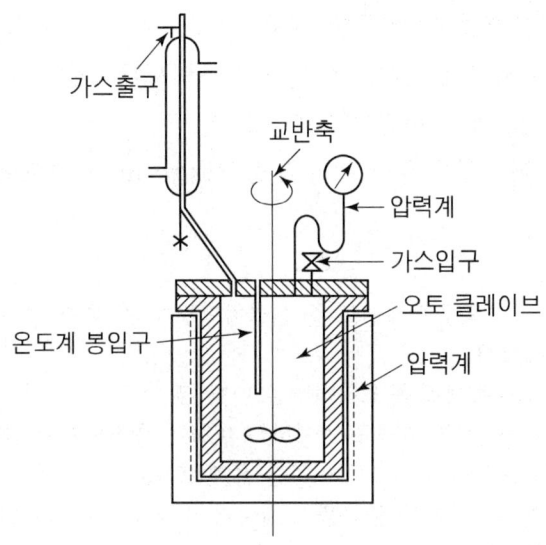

(1) 명칭
(2) 역할
(3) 종류 4가지를 쓰시오.
(4) 진탕형 오토클레이브 특징 4가지

Answer

(1) 오토클레이브
(2) 고온, 고압하에서 화학적인 합성반응을 위한 고압반응 가마
(3) ① 교반형 ② 가스교반형 ③ 회전형 ④ 진탕형
(4) ① 가스누설의 가능성이 없다.
    ② 고압력에 사용할 수 있고 반응물의 오손이 없다.
    ③ 장치전체가 진동하므로 압력계는 본체로부터 떨어져 설치한다.
    ④ 뚜껑판 뚫어진 구멍으로 촉매가 끼어 들어갈 염려가 있다.

080

다음 물음에 답하시오.

(1) 자동차 용기내 안전장치 6가지를 쓰시오.
(2) 고압가스용기를 차량에 적재하여 운반시 주의사항 4가지를 쓰시오.
(3) 자동차용 충전시설에서 충전기의 충전호스
(4) 용기의 밸브보호용 캡은 얼마 이상의 충격(kg·m)에 견디어야 하는가?

Answer

(1) ① 여과장치 ② 과류방지밸브 ③ 긴급차단장치 ④ 과충전방지장치 ⑤ 안전밸브
　　⑥ 액면표시장치
(2) ① 차량의 최대적재량을 초과하지 아니할 것
　　② 넘어짐 등에 의한 충격을 방지하기 위하여 충전용기를 단단히 묶을 것
　　③ 운반 중 충전용기는 40℃ 이하를 유지 할 것
　　④ 충전용기 상, 하차시 충격을 방지하기 위해 고무판, 가마니 등을 사용할 것
(3) ① 가스주입기는 원터치형으로 할 것
　　② 정전기제거장치를 설치할 것
　　③ 과도한 인장력이 가해졌을 때 충전기와 가스주입기가 분리될 수 있는 구조일 것
　　④ 충전호스길이는 5m 이내 일 것
(4) 15kg·m

081

플레어스텍의 지표면 복사열을 쓰시오.

Answer

4000kcal/m²h 이하

082 Question 가스기능장 실기

다음 물음에 답하시오.

(1) 자동차용 LPG 충전소, 충전기 중심에서 사업부지 경계까지거리?
(2) 용기의 넘어짐 등에 의한 충격 및 밸브의 손상을 방지하는 조치를 하여야 하는 충전용기의 내용적은?
(3) 압축기의 안전장치 3가지
(4) 도시가스배관의 지하에 매설가능한 관의 종류 2가지는?
(5) 벤트스텍에서 가연성가스를 방출시 착지농도는?

Answer

(1) 24m
(2) 5 이상
(3) ① 안전밸브 ② 압력계 ③ 압력경보설비
(4) ① 가스용 폴리에틸렌 강관 ② 폴리에틸렌 피복강관
(5) 폭발하한계 미만

083 Question 가스기능장 실기

저압배관 유량공식을 쓰고 기호를 설명하시오.

Answer

$$Q = K\sqrt{\dfrac{D^5 \cdot h}{S \cdot L}}$$

여기서, Q : 가스유량(m^3/h)　S : 가스비중　　　　D : 관지름(cm)
　　　　L : 관길이(m)　　　H : 압력손실(mmH_2O)　K : 유량계수(0.707)

084 Question 가스기능장 실기

다음 물음에 답하시오.

(1) 왕복압축기의 단계적 용량제어 방법을 쓰시오.
(2) 액화석유가스용 계량기의 최대유량은 압력차가 얼마인가?
(3) 자기압력기록계의 기밀시험압력, 기밀시험시간은 얼마인가?
(4) 안전밸브 분출부 크기
(5) 자기압력 기록계는 무엇을 측정하며, 계측원리를 설명하시오.

Answer

(1) ① 흡입밸브개방법   ② 클리어던스밸브에 의해 체적 효율을 낮추는 방법
(2) 280~2,500mmH$_2$O
(3) ① 기밀시험압력 : 840~1,000mmH$_2$O   ② 기밀시험시간 : 24분
(4) ① 정압기입구측압력이 5kg/cm^2 미만시
    ㉠ 정압기설계 유량이 1,000Nm^3/h 미만 : 25A 이상
    ㉡ 정압기설계 유량이 1,000Nm^3/h 이상 : 50A 이상
  ② 정압기 입구측 압력이 5kg/cm^2 이상 : 50A 이상
(5) ① 정압기 실내에서 1주일간 운전상 황계측, 배관내에서는 기밀시험 측정
  ② 압력계와 태엽을 연동시켜 시간별 압력변화를 펜으로 기록지상에 기록 계측된다.

085 Question 가스기능장 실기

가스액화분리장치의 구성요소 3가지를 쓰시오.

Answer

① 한냉장치
② 정류장치
③ 불순물제거장치

086 Question 가스기능장 실기

다음 물음에 답하시오.

(1) 경계책의 높이와 경계표지판에 기재하여야 할 사항 3가지
(2) 피셔식정압기, 레이놀드식정압기, AFV정압기 특징을 쓰시오.
(3) 흡입압력이 대기압이고 토출압력이 $26kg/cm^2 \cdot g$ 인 압축기의 압축비는 얼마인가? (단 $1atm = 1kg/cm^2$)
(4) 압축기 운전을 중지시켜야 되는 경우 3가지

Answer

(1) ① 경계책의 높이 : 1.5m 이상
    ② 기재사항 : ㉠ 시설명 ㉡ 공급자 ㉢ 연락처
(2) ① 피셔식정압기 : ㉠ 정특성, 동특성이 양호하다. ㉡ 비교적 콤펙트하다. ㉢ 로딩형이다.
    ② 레이놀드식정압기 : ㉠ 정특성이 좋다. ㉡ 안정성이 없다. ㉢ 언로딩형이다.
    ③ AFV정압기 : ㉠ 콤펙트하다. ㉡ 정특성, 동특성이 양호하다. ㉢ 고차압이 될수록 특성이 양호하다.
(3) 압축비
(4) ① 액압축시 ② 가스누설시 ③ 주변 화재 발생시

087 Question 가스기능장 실기

용기전도대의 용기재검사에 필요한 장비 4가지를 쓰시오.

Answer

① 용기질량측정장치
② 밸브탈착기
③ 도색설비
④ 잔가스제거장치

088 Question 가스기능장 실기

다음 물음에 답하시오.

(1) 다단압축을 하는 목적 4가지를 쓰시오.
(2) 긴급용 벤트스텍과 그 밖의 벤트스텍 방출구 위치는 작업원이 통행하는 장소로부터 몇 m 이상 떨어진 곳에 설치하는가?
(3) LPG 저장설비 중 지상에 있는 저장탱크형식 3가지를 쓰시오.
(4) 배관의 고정
(5) 공기액화분리기의 불순물 유입기준 2가지 쓰시오.

Answer

(1) ① 소요일량이 절약된다. ② 가스의 온도상승을 피한다.
    ③ 힘의 평형이 양호하다. ④ 이용효율의 증대
(2) ① 긴급용 벤트스텍 : 10m 이상 ② 그 밖의 벤트스텍 : 5m 이상
(3) ① 2중각식   ② 금속 2중각식   ③ PC식
(4) ① 관경이 13mm(A) 미만 : 1m 마다
    ② 관경이 13mm 이상 33mm 미만 : 2m 마다
    ③ 관경이 33mm 이상 : 3m 마다
(5) ① 액화산소 5중 아세틸렌의 질량이 5mg 이하
    ② 액화산소 5중 탄화수소 중의 탄소의 질량이 500mg 이하

089 Question 가스기능장 실기

액면계의 종류 5가지를 쓰시오.

Answer

① 고정튜브식 액면계   ② 회전튜브식 액면계
③ 슬립튜브식 액면계   ④ 클린카식 액면계
⑤ 방사선식 액면계   ⑥ 유리관식 액면계

090 Question 가스기능장 실기

역화방지장치의 설치장소 4가지, 역류방지밸브의 설치장소 4가지를 쓰시오.

Answer

(1) **역화방지 장치 설치장소**
   ① 가연성가스압축기와 오토클레이브와의 사이
   ② C_2H_2의 고압건조기와 충전용 교체밸브 사이
   ③ 수소화염 또는 산소아세틸렌 화염사용시설
   ④ 아세틸렌 충전용지관

(2) **역류방지밸브 설치장소**
   ① 아세틸렌을 압축하는 압축기의 유분리기와 고압건조기 사이
   ② 가연성가스를 압축하는 압축기와 충전용 주관과의 사이
   ③ 암모니아, 메탄올의 합성탑이나 정제탑과 압축기 사이
   ④ 독성가스 감압설비 뒤의 배관

091 Question 가스기능장 실기

다음 용기 재검사 항목 5가지를 기술하여라.

(1) 용기를 누르는 장면
(2) 용기에 구멍을 내어 파손시키는 장면
(3) 용기 내부에 조명 등을 넣고 용기 내부를 관찰하는 장면
(4) 용기에 충격을 가하는 시험
(5) 용기에 내압을 시험

Answer

(1) 압궤시험
(2) 파열시험
(3) 내부조명검사
(4) 충격시험
(5) 내압시험

092 Question 가스기능장 실기

사용압력이 2.5kPa인 경우 주정압기의 긴급차단장치의 설정압력 안전밸브의 설정압력은?

Answer

- **긴급차단장치** : 3.6kPa 이하
- **안전밸브** : 4.0kPa 이하

[보충] 정압기실에 설치되는 설비의 설정압력 기준값

구분		상용압력 2.5kPa	기타
주정압기에 설치하는 긴급차단장치		3.6kPa 이하	상용압력의 1.2배 이하
예비정압기에 설치하는 긴급차단장치		4.4kPa 이하	상용압력의 1.5배 이하
이상압력 통보설비	상한값	3.2kPa 이하	상용압력의 1.1배 이하
	하한값	1.2kPa 이하	상용압력의 0.7배 이하
안전밸브		4.0kPa 이하	상용압력의 1.4배 이하

093 Question 가스기능장 실기

도시가스배관의 지하매설시 압력에 따른 관의 구별과 색상, 배관외부의 표시사항 3가지를 쓰시오.

Answer

(1) **압력에 따른 관의 구별과 색상**
  ① 저압관 : $1kg/cm^2$ 미만(황색)
  ② 중압관 : $1kg/cm^2$ 이상 $10kg/cm^2$ 미만(적색)
  ③ 고압관 : $10kg/cm^2$ 이상(적색)

(2) **배관외부 표시사항**
  ① 최고사용압력 ② 사용가스명 ③ 가스흐름방향

094 Question 가스기능장 실기

가스용 폴리에틸렌관의 SDR(배관의 상당압력등급)을 쓰시오.

Answer

SDR(상당압력등급)
① SDR11 이하 : 4.0kg/cm² 이하(0.4MPa 이하)
② SDR17 이하 : 2.5kg/cm² 이하(0.25MPa 이하)
③ SDR21 이하 : 2kg/cm² 이하(0.2MPa 이하)

095 Question 가스기능장 실기

도시가스 배관 매설시 다음 물음에 답하시오.

(1) 도시가스 배관과 상하수도 배관과의 이격거리
(2) 이 배관에 보호판을 설치하는 경우 2가지를 기술하여라.

Answer

(1) 30cm 이상
(2) ① 도로 밑에 최고사용압력이 중압 이상인 배관을 매설하는 경우
② 도로 밑에 배관을 매설시 타 공사에 의한 영향으로 배관손상 우려가 있는 경우

096 Question 가스기능장 실기

전기방식시설의 전위측정용터미널의 전기방식은 희생양극법, 외부전원법, 선택배류법일 경우 배관은 몇 m 마다 설치하는가?

Answer
① 희생양극법 : 300m 마다
② 외부전원법 : 500m 마다
③ 선택배류법 : 300m 마다

097 Question 가스기능장 실기

다음 물음에 답하시오.

(1) 비열처리재료란?
(2) 가스압력이 저압인 경우, 중압인 경우 압력조정기를 설치할 수 있는 세대수는?
(3) 염소용기와 동일차량에 혼합적재를 금지하고 있는 가스 3가지

Answer
(1) 용기재료로서 오스테나이트계 스텐레스강, 내식 알루미늄 합금판, 내식 알루미늄 합금단조품 기타 열처리가 필요 없는 것
(2) ① 저압 : 50세대   ② 중압 : 250세대
(3) ① 수소   ② 암모니아   ③ 아세틸렌

098 Question 가스기능장 실기

가스별 공업용기 도색을 쓰시오.

(1) 탄산가스
(2) 산소
(3) 아세틸렌
(4) 수소
(5) 암모니아

Answer

(1) 탄산가스 : 청색
(2) 산소 : 녹색
(3) 아세틸렌 : 황색
(4) 수소 : 주황
(5) 암모니아 : 백색

099 Question 가스기능장 실기

가스누출차단장치의 3대요소이다. 기능을 기술하여라.

(1) 검지부
(2) 제어부
(3) 차단부

Answer

(1) 검지부 : 누설가스를 검지제어부로 신호를 보냄
(2) 제어부 : 차단부에 자동차단신호전송
(3) 차단부 : 제어부의 신호에 따라 가스를 개폐하는 기능

100 Question 가스기능장 실기

가스용 폴리에틸렌관을 사용하여 맞대기 융착시 관경은 몇 mm이며, 방사선투과시험 기준 중 내면의 언더컷은 1개의 길이를 몇 mm 이하로 하여야 하는가?

Answer
① 관경 : 75mm 이상
② 1개 길이 : 50mm 이하

101 Question 가스기능장 실기

도시가스 배관을 용접한 후 비파괴시험을 하지 않아도 되는 배관을 쓰시오.

Answer
① 관경이 80mm 미만인 저압 매설 배관
② 저압으로 노출된 사용자 공급관
③ 가스용 폴리에틸렌관

102 Question 가스기능장 실기

가스누설방지로 사용되는 테프론 O링 패킹이다. 다음 물음에 답하시오.

(1) 비금속 재료의 내압성능시험은 어떻게 하는가?
(2) 호칭압력이 3MPa일 때 내압성능시험은 어떻게 하는가?

Answer

(1) 인장력을 검사하고 사용되는 액화가스로 침투탐상 시험을 한다.
(2) $3 \times \dfrac{5}{3} = 5\text{MPa}$로 수압시험을 실시, 수압시험이 불가능시 비파괴 시험으로 대용한다.

103 Question 가스기능장 실기

도시가스배관이 설치되어 있는 장소에 표시하는 표지판이다. 다음 물음에 답하시오.

(1) 표지판은 몇 m마다 설치하는가?
(2) 표지판의 글자색
(3) 표지판의 바탕색은?

Answer

(1) 500m 마다
(2) 흑색
(3) 황색

104 Question 가스기능장 실기

도시가스에 사용되는 RTU Box 내부에서 RTU의 용도는를 3가지 쓰시오.

Answer
① 정압기실 이상상태 감시기능
② 정압기실 출입문 개폐감시기능
③ 가스누설 검지 경보기능

105 Question 가스기능장 실기

다음 정압기실 외부의 루트박스에서 0종장소, 1종장소, 2종장소에 대해 쓰시오.

Answer
① 0종장소 : 상용의 상태에서 가연성가스의 농도가 연속해서 폭발하한계 이상으로 되는 장소
② 1종장소 : 상용의 상태에서 가연성가스가 체류하여 위험하게 될 우려가 있는 장소
③ 2종장소 : 환기장치에 이상이나 사고가 발생한 경우 가연성가스가 체류하여 위험하게 될 우려가 있는 장소

제 5 부

실기 기출문제

실기출문제

2018년도 제 63 회 필답형

Question 01

내용적 25000l인 액화산소저장탱크와 내용적 30m^3인 압축산소용기가 배관으로 연결된 경우 총 저장능력은?(단, 액화산소비중량 1.14g/l, 산소의 최고충전압력은 15MPa이다.)

해설 & 답

① 액화산소(W) = $0.9dV_2$ = $0.9 \times 1.14 \times 25000$ = 25650kg
② 압축산소(Q) = $(P+1)V_1$ = $(150+1) \times 30m^3$ = $4530m^3$

Question 02

역화방지밸브와 역류방지밸브 설치할 곳 3가지를 쓰시오.

해설 & 답

① **역화방지밸브**
  ㉠ 가연성가스를 압축하는 압축기와 오토클레이브와의 사이
  ㉡ C_2H_2의 고압 건조기와 충전용교체밸브 사이
  ㉢ 수소화염 또는 산소, 아세틸렌 화염사용시설
  ㉣ 아세틸렌 충전용지관

② **역류방지밸브**
  ㉠ 가연성가스 압축기와 유 분리기와의 사이
  ㉡ 가연성가스를 압축하는 압축기와 충전용주관과의 사이
  ㉢ 암모니아, 메탄올의 합성탑이나 정제탑과 압축기 사이
  ㉣ 독성가스 감압설비 뒤의 배관

Question 03

회전피스톤 바깥지름이 80mm, 그 두께가 150mm, 실린더의 안지름이 200mm, 회전수가 360rPM인 회전식 압축기의 시간당 피스톤 압출량(m³/h)은?

Explanation & Answer

$$V = \frac{\pi}{4}(D^2 - d^2) \times t \times R \times 60$$

$$= 0.785(0.2^2 - 0.08^2) \times 0.15 \times 360 \times 60 = 85.46 \, \text{m}^3/\text{h}$$

Question 04

프로판가스와 부탄가스를 액화한 혼합물이 30℃에서 프로판과 부탄의 몰비가 4 : 1로 되었다면 이 용기 내의 압력은 몇 atm인가?(단, 30℃에서 프로판 증기압 8000mmHg, 부탄 증기압 3000mmHg이다.)

Explanation & Answer

① 프로판
$$= \frac{4}{5} \times 8000 \text{mmHg} = 6400 \text{mmHg} \div 760 \text{mmHg}/1\text{atm} = 8.42 \text{atm}$$

② 부탄 $= \frac{1}{5} \times 3000 \text{mmHg} = 600 \text{mmHg} \div 760 \text{mmHg}/1\text{atm} = 0.789 \text{atm}$

Question 05

부피가 1.5*l*의 용기에 50℃에서 1몰의 기체가 존재 시 반데르바알스식을 사용하여 압력을 구하시오.(단, a : 3.6, b : 4.28×10⁻²이다.)

Explanation & Answer

$$\left(P + \frac{n^2 a}{V^2}\right)(V - nb) = nRT$$

$$P = \frac{nRT}{(V-nb)} - \left(\frac{n^2 a}{V^2}\right) = \frac{1 \times 0.082 \times (273+50)}{(1.5 - 1 \times 4.28 \times 10^{-2})} - \left(\frac{3.6 \times 1^2}{1.5^2}\right)$$

$$= 16.576 \, \text{atm}$$

Question 06
스프링식 안전밸브의 작동압력을 쓰시오.

해설 & 답

① 0.7MPa 미만 시 : ±0.02MPa
② 0.7MPa 이상 시 : ±0.3%

Question 07
오토클레이브의 정의를 쓰고, 종류 4가지를 쓰시오.

해설 & 답

① 정의 : 고온, 고압 하에서 화학적인 합성반응을 위한 고압반응 가마(솥)
② 종류 : ㉠ 교반형 ㉡ 가스 교반형 ㉢ 회전형 ㉣ 진탕형

Question 08
CO_2의 제거 3가지와 용도 3가지를 쓰시오.

해설 & 답

① 제법
  ㉠ 석회석을 가열 분해시켜 제조($CaCO_3 \rightarrow Ca + CO_2 \uparrow$)
  ㉡ 코크스 연소 시 발생하는 가스 속에서 발생($C + O_2 \rightarrow CO_2$)
  ㉢ 일산화탄소 전화반응의 부산물($CO + H_2O \rightarrow CO_2 + H_2$)
② 용도
  ㉠ 드라이아이스 제조   ㉡ 소화제로 이용
  ㉢ 탄산수 사이다 등의 청량제에 이용
  ㉣ 요소($(NH_2)_2CO$)의 원료에 쓰이며 소다회 제조에 쓰인다.

Question 09

가연성가스 제조설비의 정전기제거 조치기준 3가지를 쓰시오.

해설 & 답

① 접지를 한다.
② 공기를 이온화한다.
③ 상대습도를 70% 이상으로 한다.

Question 10

다음 가스를 화학식으로 쓰시오.
(1) 메틸에틸에테르   (2) 메틸아민
(3) 프로필알콜   (4) 에틸아세테이트

해설 & 답

(1) $CH_3OC_2H_5$ (2) CH_3NH_2
(3) C_3H_7OH (4) $CH_3COOC_2H_5$

Question 11

안전장치의 종류 중 급격한 압력상승과 독성가스에 사용하며 부식성 유체나 괴상물질을 함유한 유체에도 사용가능한 것은?

해설 & 답

파열판식 안전밸브

Question 12

다층진공단열법의 특징 3가지를 쓰시오.

해설 & 답

① 단열층이 어느 정도 압력에 견디므로 내 층의 지지력이 있다.
② 고진공 단열법과 큰 차이 없는 50mm의 두께로 고진공 단열법보다 좋은 효과를 얻을 수 있다.
③ 최고의 단열성능을 얻으려면 10^{-5}Torr 정도의 높은 진공도를 필요로 한다.
④ 단열층 내의 온도분포가 복사전열의 영향으로 저온부분일수록 온도분포가 급하다. 이것을 저온 단열법으로서 열용량이 적으므로 유이하다.

※ 기능장 실기 문제는 수험생분들의 이야기를 토대로 만들기 때문에 문제가 상이할 수 있음을 알려드립니다.

2018년도 제 63 회 작업형

Question 01

전기방식법의 종류 4가지를 쓰시오.(부식되는 동영상 보여주며)

해설 & 답

① 강제배류법 ② 유전양극법
③ 선택배류법 ④ 외부전원법

Question 02

다음은 탄산가스 용기 사진이다. 물음에 답하시오.(탄산가스용기 동영상 보여주며)
① C :   P :   S :
② 제조방법에 의한 용기 명칭
③ 이음매 없는 용기는 최고충전압력의 (   )배 이상을 곱한 수의 압력을 가할 때 항복을 일으키지 아니하는 두께
④ 최대두께와 최소두께의 차이는 평균 두께의 얼마인가?

해설 & 답

① C : 0.55% 이하, P : 0.04% 이하, S : 0.05% 이하
② 이음매 없는 용기
③ 1.7
④ 20% 이하

Question 03
도시가스 배관 설치 시 표시 및 간격을 쓰시오.(도로바닥 라인 마크 동영상 보여주며)

해설 & 답

① 표시 : 라인마크
② 간격 : 50m

Question 04
퓨즈 콕의 기밀시험 압력은 몇 kPa인가?(퓨즈 콕 동영상 보여주며)

해설 & 답

35kPa

Question 05
충전용기 그림에서의 다음 뜻하는 것은 무엇인가?(충전용기 동영상 보여주며)
① W
② AG
③ TP
④ AP
⑤ LG

해설 & 답

① W : 용기질량
② AG : 아세틸렌가스를 충전하는 용기 부속품
③ TP : 내압시험압력
④ AP : 기밀시험압력
⑤ LG : 액화석유가스 외의 가스를 충전하는 용기 부속품

Question 06

가스 지하매설 배관의 재료 2가지를 쓰시오.(매설배관 동영상 보여주며)

해설 & 답

① PE관
② PLP관
③ 분말융착식 PE관

Question 07

액화석유가스 충전기 보호재 재질과 높이를 쓰시오.(액화석유가스 충전기 보호재 동영상 보여주며)

해설 & 답

① 재질 : 두께 12cm의 철근콘크리트
② 높이 : 80A 이상의 강관제와 45cm 이상

Question 08

다음 동영상의 명칭은 무엇이며 설치높이 기준을 쓰시오.(벤트스텍 동영상 보여주며)

해설 & 답

① 명칭 : 벤트스텍
② 설치기준 : ㉠ 가연성가스 : 착지농도가 폭발하한계값 미만
㉡ 독성가스 : 착지농도가 TLV-TWA 기준농도값 미만

Question 09

다음 동영상은 폴리에틸렌관 밸브이다. 다음에 답하시오.(폴리에틸렌관밸브 동영상 보여주며)
① 개폐용 핸들 열림표시
② 표시사항

해설 & 답

① 시계바늘 반대방향
② ㉠ 제조년월 및 호칭지름 ㉡ 개폐방향
  ㉢ 상당 SDR값 ㉣ 재질
  ㉤ 최고사용압력 ㉥ 제조자명 또는 약호

Question 10

압축설비 확보공간과 공간 확보 제외사항을 쓰시오.(압축설비 동영상 보여주며)

해설 & 답

① 확보공간 : 1m 이상
② 제외대상 : 압축가스설비가 밀폐형구조물 안에 설치된 경우로서 유지, 보수를 위한 문 또는 창문이 설치된 경우

Question 11

교량하부의 배관과 지지대를 보여주면서 지지대의 설치간격은 몇 m인가?(교량하부 동영상 보여주며)

해설 & 답

16m

※ 기능장 실기 문제는 수험생분들의 이야기를 토대로 만들기 때문에 문제가 상이할 수 있음을 알려드립니다.

2018년도 제 64 회 필답형

Question 01

공기 액화분리기 복식정류탑에서 먼저 분리되는 가스와 나오는 부분은?

해설 & 답

① 질소 ② 상부정류탑

Question 02

최근 반도체산업, 태양전지산업에서 각광받고 있는 신소재물질로 특이한 냄새가 나는 무색의 기체이고 녹는점이 영하 187.4℃, 비점은 약 −112℃이고, 1% 이하는 불연성, 3% 이상은 공기 중에서 자연발화하며 독성가스로 분류되는 것은?

해설 & 답

모노실란(SiH_4)

Question 03

다음 보기를 보고 산소/질소 분류공정을 차례대로 나열하시오.

[보기] ① 열교환기　② 냉각기　③ 산소/질소 분류기
④ 압축 공기분류기　⑤ 펌프　⑥ 충전
⑦ 압축기　⑧ 드라이어

해설 & 답

⑦ → ⑧ → ② → ① → ④ → ③ → ⑤ → ⑥

Question 04

다음 가스의 시험지명 및 변색상태를 쓰시오.
(1) Cl_2 　　　　　　　　　　(2) C_2H_2
(3) CO 　　　　　　　　　　(4) HCN

해설 & 답

(1) Cl_2 : KI전분지, 청색　　(2) C_2H_2 : 염화제1동착염지, 적색
(3) CO : 염화파라듐지, 흑색　(4) HCN : 질산구리벤젠지, 청색

Question 05

소형 저장탱크 충전 시 주의사항 3가지를 쓰시오.

해설 & 답

① 과 충전이 되지 않도록 한다.
② 충전 중엔 정지 및 화기 접촉주의
③ 충전 전 정전기불꽃 방지를 위해 접지선을 접지한다.

Question 06 냉동기의 이코노마이저의 역할을 설명하시오.

해설 & 답

고온, 고압의 가스를 저온, 저압의 가스와 열 교환시키는 장치

Question 07 핫 태핑에 대하여 설명하시오.

해설 & 답

가스, 유류, 증기 및 온수 등을 공급중단 없이 분기작업, 교체작업 및 보수작업을 위한 천공작업(Tapping) 또는 천공 및 차단작업

Question 08 지름이 15cm인 관에서 직경이 30cm인 돌연 확대 관으로 유량 0.2m³/sec로 흐를 때 손실수두는?

해설 & 답

$$V_1 = \frac{Q}{A} = \frac{0.2}{0.785 \times 0.15^2} = 11.32\,\mathrm{m/sec}$$

$$V_2 = \frac{Q}{A} = \frac{0.2}{0.785 \times 0.3^2} = 2.83\,\mathrm{m/sec^2}$$

$$\therefore HL = \frac{(V_1 - V_2)^2}{2g} = \frac{(11.32 - 2.83)^2}{2 \times 9.8} = 3.68\,\mathrm{m}$$

Question 09
도시가스 공급설비 5가지를 쓰시오.

해설 & 답

① 정압기　② 압송기　③ 공급관
④ 가스홀더　⑤ 가스발생설비

Question 10
C_2H_2의 위험성을 쓰시오

해설 & 답

동, 은, 수은 등과 반응하여 폭발성 화합물질인 동아세틸라이드 생성

Question 11
용기 내의 기체압력이 20℃에서 $5kg/cm^2$였다. 40℃로 온도상승 시 압력은 몇 mmHg인가?(대기압은 $1kg/cm^2$로 한다.)

해설 & 답

$$\frac{P_1V_1}{T_1}=\frac{P_2V_2}{T_2} \qquad P_2=\frac{P_1\times T_2}{T_1}=\frac{5\times(273+40)}{(273+20)}=5.34kg/cm^2$$

∴ $1kg/cm^2 = 760mmHg$

$5.34kg/cm^2 = x$

$$x=\frac{5.34kg/cm^2\times 760mmHg}{1kg/cm^2}=4058.4mmHg$$

Question 12

고압가스제조설비에서 가연성가스를 대기 중으로 폐기하는 방법과 폐기할 때 주의사항을 쓰시오.

해설 & 답

① **플레어스텍** : 플레어스텍 바로 밑의 지표면에 미치는 복사열이 4000kcal/m²h 이하가 되도록 할 것
다만, 출입이 통제되어 있는 지역은 그러하지 아니한다.

② **벤트스텍**
  ㉠ 방출된 가스의 착지농도가 가연성가스인 경우에는 폭발 하한계값 미만이 되도록 충분한 높이로 할 것
  ㉡ 가연성가스의 벤트스텍에는 정전기 또는 낙뢰 등에 의하여 착화된 경우에는 소화할 수 있는 조치를 할 것

※ 기능장 실기 문제는 수험생분들의 이야기를 토대로 만들기 때문에 문제가 상이할 수 있음을 알려드립니다.

Question 01

몰드방폭구조(m)에 대하여 설명하시오.

해설 & 답

스파크나 열로 인해 폭발성 분위기를 점화시킬 수 있는 부품이 작동 또는 설치조건에서 분진층이나 폭발성 분위기의 점화를 방지하기 위해 컴파운드나 기타 비금속용기로 점착하여 완전히 둘러싸인 방폭구조

Question 02

안지름이 100mm인 관에 비중이 0.8인 기름이 평균속도 4m/s로 흐를 때 질량유량은 얼마인가?

해설 & 답

$$\begin{aligned} Q(\text{kg/s}) &= \gamma \times A \times V \\ &= 0.8 \times 1000 \text{kg/m}^3 \times 0.785 \times 0.1^2 \times 4\text{m/s} \\ &= 25.12 \text{kg/s} \end{aligned}$$

Question 03 갈바닉 부식에 대해 설명하시오.

해설 & 답

두 이종금속이 용액 속에 담구어지게 되면 전위차가 존재하게 되고 따라서 이들 사이에 전자의 이동이 일어난다. 그리하여 귀전위(noble potential)를 가진 금속의 부식속도는 감소되고 활성전위(active potential)를 가진 금속의 부식 속도는 촉진된다. 즉 전자는 음극이고 후자는 양극이 된다. 이러한 형태의 부식을 갈바닉 부식 또는 이종금속 간의 부식이라고 한다.

Question 04 탄소강에서 발생하는 저온취성에 대해 설명하시오.

해설 & 답

① 강의 온도가 상온 이하로 내려가면 재질이 매우 여리게 되고 충격, 피로 등에 대한 저항이 감소하는 성질
② 어느 온도 이하에서 거의 연성을 나타내지 않고 약간의 에너지로 파손하는 현상

Question 05 방진 기초에 대하여 설명하시오.

해설 & 답

기계의 진동을 막기 위하여 바닥과 옆면에 고무, 금속, 용수철, 코르크 따위를 깔아 놓은 것

Question 06

지역 정압기의 종류 4가지를 쓰시오.

해설 & 답

① 레이놀드식 정압기 ② 피셔식 정압기
③ 엑셀플로우식 정압기 ④ KRF식 정압기

Question 07

도시가스 이송 시 경우에 따라 부스터(booster)를 설치하여야 한다. 이에 따른 부속설비 2가지와 설치이유를 설명하시오.

해설 & 답

① 부속설비 : ㉠ 온도계 ㉡ 압력계
② 설치이유 :
　㉠ 온도계 : • 부스터 출구의 가스온도 측정
　　　　　　• 강제 윤활장치를 가지는 경우 윤활유의 온도 측정
　㉡ 압력계 : • 부스터 입구 및 출구의 가스압력 측정
　　　　　　• 강제 윤활장치를 가지는 경우 윤활유의 압력 측정

Question 08

내용적 2m³의 용기에 20℃, 5atm의 상태로 공기가 충전되어 있다. 같은 압력상태에서 공기의 온도가 50℃일 경우 공기의 질량은 얼마인가? (단, 공기의 분자량은 29이다.)

해설 & 답

① $PV = \dfrac{WRT}{M} \Rightarrow W = \dfrac{PVM}{RT} = \dfrac{5 \times 2000 \times 29}{0.082 \times (273+20)} = 12070.26g$

② 50℃ 상태의 공기 질량
$$W = \dfrac{PVM}{RT} = \dfrac{5 \times 2000 \times 29}{0.082 \times (273+50)} = 10949.18g$$

∴ 제거할 공기 질량 = 12070.26 − 10949.18 = 1121.26g = 1.12kg

Question 09

도시가스 안전관리 수준 평가기준 중 평가항목 4가지를 쓰시오.

해설 & 답

① 안전교육 훈련 및 홍보   ② 운영관리
③ 시설관리   ④ 비상사태
⑤ 가스사고

Question 10

빌트인(built-in) 연소기를 연소기와 호스연결부에서의 누출을 확인할 수 있도록 설치하는 것이 원칙이지만 확인할 수 없는 경우의 구조를 쓰시오.

해설 & 답

호스 단면적 이상의 점검구를 연소기와 호스 연결부 부근에 설치한다.

Question 11

과열압축 냉동기의 사이클을 설명하시오.

해설 & 답

건포화사이클로 작동하는 냉동기에서 증발기를 나간 건포화증기가 압축기로 흡입되는 도중 열을 흡수하여 과열증기 상태로 압축기에 들어가 작동되는 냉동기이다.

Question 12

다음 괄호 안에 알맞은 내용을 넣으시오.

(1) 배기구를 바닥면에 접하여 환기구 (①) 방향 이상 분산 설치
(2) 배기구를 천정으로부터 (②)cm 이내에 설치
(3) 배기구 및 흡입구 관지름은 (③)mm 이상으로 하되 통풍이 양호한 것으로 할 것
(4) 배기가스 방출구는 지면으로부터 (④)m 이상 착화원이 없는 안전한 장소에 설치할 것

해설 & 답

① 2 ② 30 ③ 100 ④ 3

※ 기능장 실기 문제는 수험생분들의 이야기를 토대로 만들기 때문에 문제가 상이할 수 있음을 알려드립니다.

2019년도 제 66 회 필답형

Question 01
고압가스안전관리법에서 초저온 용기의 정의를 쓰시오.

해설 & 답

−50℃ 이하인 액화가스를 충전하기 위한 용기로서 단열재로 피복하거나 냉동설비 등으로 냉각하는 등의 방법으로 용기 내의 가스온도가 상용의 온도를 초과하지 않도록 한 용기

보충 초저온저장탱크 : −50℃ 이하인 액화가스를 저장하기 위한 저장탱크로 단열재로 피복하거나 냉동설비 등으로 냉각하는 등의 방법으로 저장탱크 내의 가스온도가 상용의 온도를 초과하지 않도록 한 용기

Question 02
저장탱크 및 처리설비를 실내에 설치하는 기준 4가지를 쓰시오.

해설 & 답

① 저장탱크에 설치한 안전밸브는 지상 5m 이상의 높이에 방출구가 있는 가스방출관을 설치할 것
② 저장탱크 및 부속시설에는 부식방지 도장을 할 것
③ 저장탱크의 정상부와 저장탱크실 천정과의 거리는 60cm 이상으로 할 것
④ 저장탱크실 및 처리설비실을 설치한 주위에는 경계표지를 할 것
⑤ 저장탱크를 2개 이상 설치하는 경우에는 저장탱크실을 각각 구분하여 설치할 것
⑥ 저장탱크실과 처리설비실은 각각 구분하여 설치하고 강제통풍시설을 갖출 것
⑦ 저장탱크실 및 처리설비실은 천정, 벽 및 바닥의 두께가 30cm 이상인 철근콘크리트로 만든 실로서 방수처리가 된 것일 것

Question 03

도시가스사업법에 규정된 안전관리자의 종류 5가지를 쓰시오.

해설 & 답

① 안전점검원 ② 안전관리원
③ 안전관리책임자 ④ 안전관리부총괄자
⑤ 안전관리총괄자

Question 04

반드시 용접이음으로 하여야 하는 도시가스 공급배관 3가지를 쓰시오.

해설 & 답

① 지하매설배관(PE관 제외)
② 최고사용압력이 중압 이상인 노출배관
③ 최고사용압력이 저압으로서 호칭지름이 50A 이상의 노출배관

Question 05

펌프의 양액 불능 원인 4가지를 쓰시오.

해설 & 답

① 흡입 양정이 지나치게 클 때
② 흡입측 여과기의 막힘
③ 캐비테이션 발생시
④ 흡입관로 중에 에어포켓이나 공기가 침입했을 때
⑤ 펌프 내의 공기를 빼지 않은 경우

Question 06

불활성화 작업 중 스위프 퍼지란 무엇인지 쓰시오.

해설 & 답

한 쪽에서는 불활성가스를 주입하고 반대쪽에서는 가스를 방출하는 작업을 반복하는 것으로 대형 저장탱크 등에 사용한다.

Question 07

압력이 190kPa이고 전 부피가 0.4m³, 정압팽창 후 부피가 0.6m³ 증가한 내부에너지가 210kJ일 때 팽창에 필요한 열량은 얼마인가?

해설 & 답

$W = P(V_2 - V_1) + $ 내부에너지증가량
$= 190 + 101.325(0.6 - 0.4) + 210 = 268.27 \text{kJ}$

Question 08

특수방폭구조에 대하여 설명하시오.

해설 & 답

내압방폭구조, 유입방폭구조, 압력방폭구조, 본질안전증방폭구조, 안전증방폭구조 이외의 방폭구조로서 가연성가스에 점화를 방지할 수 있다는 것이 시험, 기타의 방법에 의해 확인된 구조

Question 09

수요자에게 액화석유가스를 공급시 체적판매방법으로 공급하여야 하나 중량판매방법으로 공급할 수 있는 경우 5가지를 쓰시오.

해설 & 답

① 내용적이 30L 미만의 용기로 액화석유가스를 사용하는 경우
② 옥외에서 이동하면서 액화석유가스를 사용하는 경우
③ 단독주택에서 액화석유가스를 사용하는 경우
④ 6개월 이내의 기간 동안 액화석유가스를 사용하는 경우
⑤ 산업용, 선박용, 농·축산용으로서 액화석유가스를 사용하거나 그 부대시설에서 액화석유가스를 사용하는 경우
⑥ 주택 외의 건축물 중 영업장의 면적이 40m² 이하인 곳에서 액화석유가스를 사용하는 경우

Question 10

내용적이 500L인 초저온용기 200kg을 12시간 방치 후 190kg이 남았다. 외기온도는 20℃일 때 이 용기의 침입열량을 계산하고 단열성능시험의 합격, 불합격을 판정하시오. (단, 기화잠열은 213526J/kg이고 액화산소의 비점은 -183℃이다.)

해설 & 답

$$Q = \frac{W \cdot q}{H \cdot \Delta t \cdot V} = \frac{(200-190) \times 213526}{12 \times (20-(-183)) \times 500}$$
$$= 1.753 ≒ 1.75 \text{J/L} \cdot \text{h} \cdot \text{℃}$$

보충 초저온용기의 단열성능시험 합격기준

내용적	침입열량	
1000L 미만	0.0005kcal/Lh℃ 이하	2.09J/Lh℃ 이하
1000L 이상	0.002kcal/Lh℃ 이하	8.37J/Lh℃ 이하

Question 11

압력이 180kPa인 공기가 배관의 안지름이 20cm, 평균속도는 0.2m/s, 온도는 20℃일 때 질량유량(g/s)을 계산하시오.

해설 & 답

밀도 = $\dfrac{P}{RT} = \dfrac{180+101.325}{0.082 \times (273+20)} = 11.709 \text{kg/m}^3 = 11.71 \text{kg/m}^3$

질량유량 = $\rho \times A \times V$
= $11.71 \text{kg/m}^3 \times 0.785 \times 0.2^2 \times 0.2 \text{m/s}$
= $0.0735 \text{kg/s} \times 1000 \text{g/kg} = 73.54 \text{g/s}$

Question 12

전 1차 공기식 버너의 특징을 4가지 쓰시오.

해설 & 답

① 역화가 발생하기 쉽다.
② 버너를 어느 방향으로도 설치가 가능하다.
③ 고온의 노 내부에 버너설치가 불가능하다.
④ 구조가 복잡하고 가격이 비싸다.
⑤ 압력 조정기가 필요하다.

※ 기능장 실기 문제는 수험생분들의 이야기를 토대로 만들기 때문에 문제가 상이할 수 있음을 알려드립니다.

2020년도 제 67 회 필답형

Question 01

고압가스 제조시설에 설치하는 내부반응 감시장치의 종류를 3가지 쓰시오.

해설 & 답

① 온도감시장치
② 유량감시장치
③ 압력감시장치

Question 02

물 27kg을 전기분해하여 수소와 산소를 제거하여 각각을 내용적 40L의 용기에다 0℃, 15MPa·g까지 충전하려면 용기는 최소한 몇 개가 필요한가?

해설 & 답

① $2H_2O \rightarrow 2H_2 + O_2$
   2×18kg 2×22.4m³
   27kg x $x = \dfrac{27\text{kg} \times 2 \times 22.4\text{m}^3}{2 \times 18\text{kg}} = 33.6\text{m}^3$

② $2H_2O \rightarrow 2H_2 + O_2$
   2×18kg 22.4m³
   27kg x $x = \dfrac{27\text{kg} \times 22.4\text{m}^3}{2 \times 18\text{kg}} = 16.8\text{m}^3$

③ $Q = (10P+1)V_1 = (10 \times 15 + 1) \times 0.04\text{m}^3 = 6.04\text{m}^3/$개

∴ 수소 : $\dfrac{33.6\text{m}^3}{6.04\text{m}^3/\text{개}} = 5.56$개 → 6개

   산소 : $\dfrac{16.8\text{m}^3}{6.04\text{m}^3/\text{개}} = 2.78$개 → 3개   총 9개가 필요하다.

Question 03. 설정압력 및 상용압력의 정의를 쓰시오.

해설 & 답

① **설정압력** : 안전밸브의 설계상 정한 분출압력 또는 분출개시압력으로서 명판에 표시된 압력
② **상용압력** : TP 및 AP의 기준이 되는 압력으로서 사용상태에서 해당설비 등의 각 부에 작용하는 최고사용압력

Question 04. 아보가드로 법칙, 보일의 법칙, 샬의 법칙 등을 이용하여 이상기체 상태방정식 $PV = nRT$를 증명하시오.

해설 & 답

① 보일의 법칙 : 온도가 일정할 때 압력은 부피에 반비례한다.

$$P = \frac{1}{V}$$

② 샬의 법칙 : 압력이 일정할 때 온도와 부피는 비례한다.

$$V = T$$

③ 보일-샬의 법칙 : 기체의 체적은 절대온도에 비례하고 압력에 반비례한다.

$$V = \frac{T}{P}$$

④ 이상기체 상태방정식

보일-샬의 법칙 $V = \dfrac{T}{P}$

아보가드로 법칙 $V = n$ (부피는 몰 수에 비례)

두 법칙을 합치면 $V = \dfrac{nTk}{P}$ (k는 기체상수이고 R이라고 표시)

$\therefore\ R = \dfrac{PV}{nT}$, $PV = nRT$

기체상수 $(R) = \dfrac{1\text{atm} \times 22.4\text{L}}{1\text{mol} \times (273 + 0)} = 0.082\text{L} \cdot \text{atm/mol} \cdot \text{K}$이다.

Question 05

도시가스 배관 중 지하에 매설하는 배관 3가지를 쓰시오.

해설 & 답

① 가스용 폴리에틸렌관
② 폴리에틸렌 피복강관
③ 분말용착식 폴리에틸렌 피복강관

Question 06

산소저장설비의 저장능력에 따라 보호시설과 유지해야 하는 안전거리이다. 빈 칸에 알맞은 숫자를 쓰시오.

저장능력	제1종 보호시설	제2종 보호시설
1만 이하	①	8m
1만 초과 2만 이하	14m	②
2만 초과 3만 이하	③	11m
3만 초과 4만 이하	18m	④
4만 초과	⑤	14m

해설 & 답

① 12m ② 9m ③ 16m ④ 13m ⑤ 20m

보충 안전거리

저장능력 압축가스(m³) 액화가스(kg)	독성·가연성		산소		기타(질소)	
	1종	2종	1종	2종	1종	2종
1만 이하	17m	12m	12m	8m	8m	5m
1만 초과 2만 이하	21m	14m	14m	9m	9m	7m
2만 초과 3만 이하	24m	16m	16m	11m	11m	8m
3만 초과 4만 이하	27m	18m	18m	13m	13m	9m
4만 초과	30m	20m	20m	14m	14m	10m

Question 07

독성가스 중 그 설비로부터 독성가스가 누출될 경우 이때 누설된 독성가스의 제독조치 방법 3가지를 쓰시오.

해설 & 답

① 플레어스텍에서 안전하게 연소시키는 방법
② 흡착제로 흡착 제거하는 방법
③ 물 또는 흡수제로 흡수 또는 중화시키는 방법

Question 08

초저온저장탱크와 저온저장탱크를 설명하고 사용할 수 있는 재료 2가지를 쓰시오.

해설 & 답

① **초저온저장탱크** : -50℃ 이하인 액화가스를 저장하기 위한 저장탱크로서 단열재로 피복하거나 냉동설비 등으로 냉각하는 등의 방법으로 저장탱크 내의 가스온도가 상용의 온도를 초과하지 않도록 한 것을 말한다.
② **저온저장탱크** : 액화가스를 저장하기 위한 탱크로서 단열재로 피복하거나 냉동설비 등으로 냉각하는 등의 방법으로 저장탱크 내의 가스온도가 상용의 온도를 초과하지 않도록 한 것 중 초저온저장탱크와 가연성가스 저온저장탱크를 제외한 것을 말한다.
③ 재료 : ㉠ 9% 니켈강
　　　　 ㉡ 동 및 동합금강
　　　　 ㉢ 알루미늄 합금강
　　　　 ㉣ 18-8 스테인리스강

Question 09

액화가스를 원심펌프로 이송시 기동순서를 다음 보기에서 찾아서 열거하시오.

〈보기〉 ① 전동기 스위치를 켠다.
② 가스를 제거한다.
③ 토출밸브를 서서히 연다.
④ 흡입밸브를 연다.

Explanation & Answer

④ → ② → ① → ③

Question 10

다음 설명하는 가스명칭을 보기에서 찾아 쓰시오.

〈보기〉 H_2 Cl_2 NH_3 C_2H_4

① 기체 중에서 가장 가벼운 기체이고 탈탄작용을 일으킨다.
② 물 1cc에 800cc가 용해되며, 누설시 적색 리트머스시험지를 청색으로 변화시킨다.
③ 물에는 녹지 않고 알코올, 에테르에 잘 녹는다.
④ 황록색 기체이며 LC50인 경우 293ppm이다.

Explanation & Answer

① 수소(H_2)   ② 암모니아(NH_3)   ③ 에틸렌(C_2H_4)   ④ 염소(Cl_2)

※ 기능장 실기 문제는 수험생분들의 이야기를 토대로 만들기 때문에 문제가 상이할 수 있음을 알려드립니다.

2020년도 제 68 회 필답형

Question 01
LPG 저장탱크를 지하에 설치할 때 저장탱크실은 레드믹스 콘크리트(ready-mixed concrete)를 사용하여 시공하여야 하는데 이때 재료의 규격에 해당하는 항목 5가지를 쓰시오.

해설 & 답

① 슬럼프(slump) : 120~150mm
② 공기량 : 4% 이하
③ 물-결합재비 : 50% 이하
④ 설계강도 : 21MPa 이상
⑤ 굵은골재의 최대치수 : 25mm

Question 02
지하에 정압기실을 설치시 고려할 사항 5가지를 쓰시오.

해설 & 답

① 정압기는 설치 후 2년에 1회 이상 분해점검을 실시하고 1주일에 1회 이상 작동상황점검을 실시할 것
② 지하에 설치 시 정압기 시설의 조작을 안전하고 확실하게 하기 위해 조명도는 150lx로 할 것
③ 입구 및 출구에는 가스차단장치를 설치할 것
④ 정압기 입구에는 수분 및 불순물 제거장치를 설치할 것
⑤ 정압기실은 통풍장치 및 침수방지 조치를 할 것
⑥ 정압기 출구에는 가스압력을 측정, 기록할 수 있는 장치를 설치할 것

Question 03 직동식 정압기를 구성하는 것 3가지를 쓰고 설명하시오.

해설 & 답

① **메인밸브** : 조정밸브라 하며 가스의 유량을 밸브의 열린 정도에 의해 직접 조정하는 부분
② **다이어프램** : 2차압력을 감지하여 그 2차압력의 변동을 메인밸브에 전달하는 부분
③ **스프링** : 조정되어야 할 압력(2차압력)을 설정하는 부분

보충

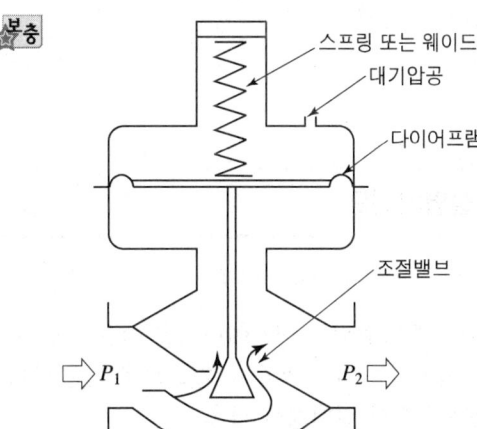

[직동식 정압기의 구조]

① 2차측 압력이 설정압력인 경우(평형상태) : 다이어프램에 작용하는 2차압력과 스프링의 힘이 같기 때문에 메인밸브가 움직이지 않고 가스가 메인밸브를 통과하여 2차측으로 들어간다.
② 2차측 압력이 설정압력 이상인 경우 : 2차측 가스 사용량이 감소하면 2차압력이 설정압력 이상으로 상승하는데 이 경우 다이어프램을 위로 밀어 올리는 힘이 스프링의 힘보다 커져서 다이어프램에 직결된 메인밸브를 위로 움직여 가스의 흐름을 제한하고 2차압력을 낮아지게 하여 2차압력을 설정압력으로 만든다.
③ 2차측 압력이 설정압력 이하인 경우 : 2차측 가스 사용량이 증가하면 2차압력이 설정압력 이하로 감소하는데 이 경우 다이어프램을 위로 밀어 올리는 힘이 스프링의 힘보다 약해져 다이어프램에 직결된 메인밸브를 아래로 움직여 밸브의 열림을 크게 하고 가스의 흐름을 증가시켜 2차압력을 설정압력까지 회복하도록 작동한다.

Question 04

금속라이너 압력용기 제조공정 중 금속라이너의 항복점을 초과하는 압력을 가하여 영구소성 변형을 일으키는 것을 무엇이라 하는가?

해설 & 답

자기처리(auto-freetage)

Question 05

냉열발전시스템을 설명하시오.

해설 & 답

액화천연가스가 기화할 때 방출되는 냉열에너지를 이용한 발전으로 냉열 그 자체로는 에너지량이 적어 수증기를 만들 수 없으므로 적은 에너지로도 즉시 수증기를 만들 수 있는 특수한 열매체를 사용

Question 06

공기보다 가벼운 도시가스 정압기실 통풍구조 4가지를 쓰시오.

해설 & 답

① 배기구는 천정면으로부터 30cm 이내
② 통풍구조는 환기구를 2방향 이상 분산 설치
③ 배기가스 방출구는 지면에서 3m 이상 설치하되 화기가 없는 안전한 장소에 설치
④ 흡입구 및 배기구의 관지름은 100mm 이상으로 하되 통풍이 양호하도록 할 것

Question 07

아세틸렌 충전작업에 대한 다음 ( ) 안에 알맞은 내용을 쓰시오.

(1) 습식아세틸렌 발생기 표면온도는 (①)℃ 이하로 유지한다.
(2) 아세틸렌을 2.5MPa 압력으로 압축 시 메탄, 일산화탄소, 에틸렌, 질소 등의 (②) 첨가한다.
(3) 아세틸렌을 용기에 충전 시 충전 중의 압력은 2.5MPa 이하로 하고 충전 후의 압력은 15℃에서 (③)MPa 이하로 될 때까지 정치하여 둔다.
(4) 아세틸렌을 용기에 충전 시 다공도가 (④)%가 되도록 한 후 아세톤 이나 DMF을 고루 침윤시킨 후 충전한다.

Explanation & Answer

① 70   ② 희석제   ③ 1.5   ④ 75% 이상 92% 미만

Question 08

아세틸렌가스의 분해폭발반응식을 쓰고 설명하시오.

Explanation & Answer

① 반응식 : $C_2H_2 \rightarrow 2C + H_2$
② 가압, 충격 등에 의해 아세틸렌이 탄소와 수소로 분해하여 일어나는 폭발이다.

보충 아세틸렌 폭발
① 산화폭발 : $C_2H_2 + 2.5O_2 \rightarrow 2CO_2 + H_2O$
② 분해폭발 : $C_2H_2 \rightarrow 2C + H_2 + 54.2kcal$
③ 화합폭발 : $C_2H_2 + 2Cu \rightarrow Cu_2C_2 + H_2$
          $C_2H_2 + 2Ag \rightarrow Ag_2C_2 + H_2$
          $C_2H_2 + 2Hg \rightarrow Hg_2C_2 + H_2$

Question 09

내용적 2m³의 용기 속에 절대압력으로 600kPa, 80℃의 상태로 공기와 메탄이 혼합되어 있을 때 메탄의 질량은 얼마인가? (단, 과잉공기계수(공기비)는 1.2이다.)

해설 & 답   Explanation & Answer

① $CH_4 + 2O_2 \rightarrow CO_2 + 2H_2O$

$$A(\text{실제 공기량 몰수}) = m \times A_o = 1.2 \times \frac{2}{0.21} = 11.43 \text{mol}$$

② 메탄의 몰분율(%) = $\frac{\text{성분기체몰수}}{\text{전체몰수}} \times 100 = \frac{1}{1+11.43} \times 100$

$= 8.045\% = 8.05\%$

③ 메탄의 질량 : $PV = GRT$에서

$$G = \frac{PV}{RT} = \frac{600 \times (2 \times 0.0805)}{\frac{8.314}{16} \times (273+80)} = 0.526 = 0.53 \text{kg}$$

Question 10

어느 냉동장치에서 20℃ 물을 −10℃의 얼음으로 만드는데 물 1톤당 50kWh의 동력이 소요되었을 때 성적계수는 얼마인가? (단, 얼음의 융해잠열 80kcal/kg, 비열은 0.5kcal/kg이다.)

해설 & 답   Explanation & Answer

① 20℃ 물 → 0℃ 물
$Q_1 = G_1 \cdot C_1 \cdot \Delta t_1 = 1000 \times 1 \times (20-0) = 20000 \text{kcal}$

② 0℃ 물 → 0℃ 얼음
$Q_2 = G_2 \cdot \gamma_2 = 1000 \times 80 = 80000 \text{kcal}$

③ 0℃ 얼음 → −10℃ 얼음
$Q_3 = G_3 \cdot C_3 \cdot \Delta t_3 = 1000 \times 0.5 \times (0-(-10)) = 5000 \text{kcal}$

④ $Q = Q_1 + Q_2 + Q_3 = 20000 + 80000 + 5000 = 105000 \text{kcal}$

∴ 성적계수 = $\frac{Q(\text{냉동능력})}{Aw(\text{압축일량})} = \frac{105000}{50 \times 860} = 2.44$

Question 11

질량비로 C : 84%, H : 16%인 탄화수소의 분자량이 112일 때, 완전연소에 필요한 산소몰수를 구하시오. (단, C의 원자량은 12, H의 원자량은 1이다.)

해설 & 답

① 탄소의 수 = $\dfrac{\text{탄화수소분자량} \times \text{탄소질량비}}{\text{탄소원자량}} = \dfrac{112 \times 0.84}{12}$
= 7.84 = 8개

② 산소의 수 = $\dfrac{112 \times 0.16}{1}$ = 17.92 = 18개

∴ 분자식은 C_8H_{18}(옥테인 = 옥탄)

③ 완전연소반응식 : $C_8H_{18} + 12.5O_2 \rightarrow 8CO_2 + 9H_2O$

※ 기능장 실기 문제는 수험생분들의 이야기를 토대로 만들기 때문에 문제가 상이할 수 있음을 알려드립니다.

2021년도 제 69 회 필답형

Question 01

공업용 용기에 충전하는 가스의 종류에 따른 용기 종류를 쓰시오.
① 이산화탄소　　　　② 산소
③ 질소　　　　　　　④ 염소
⑤ 아세틸렌

해설 & 답

① 이산화탄소 : 청색
② 산소 : 녹색
③ 질소 : 회색
④ 염소 : 갈색
⑤ 아세틸렌 : 황색

보충 충전용기 도색 및 문자 색상

<u>청</u>탄산 <u>산</u>녹에서 <u>황</u>아체 안주삼아 <u>수</u>주잔 높이 들고 <u>백</u>암산 바라보니
　① 　　②　　　③　　　　　　④　　　　　　⑤

<u>염</u>소는 갈색으로 보이고 <u>쥐</u>들은 <u>기타</u>를 치더라.
　⑥　　　　　　　　　⑦

① 탄산가스 : 청색　② 산소 : 녹색　③ 아세틸렌 : 황색
④ 수소 : 주황　　　⑤ 암모니아 : 백색　⑥ 염소 : 갈색
⑦ 기타 : 쥐색(회색)

Question 02

체적비로 메탄 40%, 수소 40%, 일산화탄소 20%의 혼합가스의 공기 중 폭발하한계값은 얼마인가?

해설 & 답

$$\frac{100}{L} = \frac{V_1}{L_1} + \frac{V_2}{L_2} + \frac{V_3}{L_3} + \cdots\cdots + \frac{V_n}{L_n}$$

$$\frac{100}{L} = \frac{40}{5} + \frac{40}{4} + \frac{20}{12.5}$$

$$\frac{100}{L} = 19.6 \quad \therefore \ L = \frac{100}{19.6} = 5.10\%$$

Question 03

냉동설비에 설치하는 계측설비에 대한 다음 물음에 답하시오.
(1) 냉동능력 20톤 이상의 냉동설비에 설치하는 압력계는?
(2) 가연성가스 또는 독성가스를 냉매로 사용하는 수액기에 설치할 수 없는 액면계는?

해설 & 답

(1) 부르동관 압력계
(2) 환형유리관식 액면계

Question 04

고압가스설비에 설치되는 과압안전장치의 분출원인이 화재인 경우 안전밸브의 수량에 관계없이 최고 허용사용압력의 얼마로 하여야 하는가?

해설 & 답

121% 이하

보충 과압안전장치 축적압력
(1) 분출원인이 화재가 아닌 경우
① 안전밸브를 1개 설치한 경우의 안전밸브의 축적압력은 최고 허용사용압력의 110% 이하로 한다.
② 안전밸브를 2개 이상 설치한 경우의 안전밸브의 축적압력은 최고 허용사용압력의 116% 이하로 한다.

Question 05

부취제의 구비조건 5가지를 쓰시오.

해설 & 답

① 독성 및 가연성이 아닐 것
② 도관을 부식시키지 말 것
③ 토양에 대한 투과성이 클 것
④ 보통 존재하는 냄새와 명확히 구별될 것
⑤ 가스관이나 가스미터에 흡착되지 않을 것
⑥ 극히 낮은 농도에서도 냄새가 확인될 수 있을 것

 부취제의 종류
  ① THT(테트라히드로티오펜) : 석탄가스 냄새
  ② TBM(터시어리부틸메르캅탄) : 양파 썩는 냄새
  ③ DMS(디메틸썰파이드) : 마늘 썩는 냄새

Question 06

어느 냉동장치로 20℃, 1톤의 물을 -10℃의 얼음으로 만드는데 물 1톤 당 50kW의 동력이 소요되었을 때 성적계수는 얼마인가? (단, 얼음의 융해잠열 336kJ/kg, 얼음의 비열 2.1kJ/kg·℃이다.)

해설 & 답

① 20℃물 → 0℃물
$Q_1 = G_1 \times C_1 \times \Delta t_1 = 1000\text{kg} \times 4.2 \times (20-0) = 84000\text{kJ}$

② 0℃물 → 0℃얼음
$Q_2 = G_2 \times \gamma_2 = 1000\text{kg} \times 336\text{kJ/kg} = 336000\text{kJ}$

③ 0℃얼음 → -10℃얼음
$Q_3 = G_3 \times \gamma_3 \times \Delta t_3 = 1000\text{kg} \times 2.1 \times (0-(-10)) = 21000\text{kJ/kg}$

∴ 제거해야 할 합계 열량(total) $Q = Q_1 + Q_2 + Q_3$
$= 84000 + 336000 + 21000$
$= 441000\text{kJ}$

∴ 성적계수(COP) $= \dfrac{Q}{Aw} = \dfrac{441000}{50 \times 860 \times 4.2} = 2.44$

Question 07

오토(otto) 사이클에서 압축비가 6에서 8로 변경되었을 때 열효율은 몇 % 증가하는가?

해설 & 답

① 오토사이클의 열효율 $= 1 - \left(\dfrac{1}{\epsilon}\right)^{k-1} \times 100$

∴ 압축비가 6인 경우의 열효율 $= 1 - \left(\dfrac{1}{6}\right)^{1.4-1} \times 100 = 51.16\%$

압축비가 8인 경우의 열효율 $= 1 - \left(\dfrac{1}{8}\right)^{1.4-1} \times 100 = 56.47\%$

② 열효율 증가 $= 56.47 - 51.16 = 5.31\%$

Question 08

도시가스 배관을 용접접합에 의하여 이음하는 것에 대한 내용 중 ( ) 안에 알맞은 용어를 넣으시오.

(1) 배관 등의 용접방법은 (　) 또는 이와 동등 이상의 강도를 갖는 용접방법으로 한다.
(2) 배관 상호의 길이 이음매는 외주방향에서 원칙적으로 (　) 이상 떨어지게 한다.
(3) 배관의 용접은 (　)을 사용하며 가운데서부터 정확하게 위치를 맞춘다.
(4) 배관의 두께가 다른 배관의 맞대기 이음에서는 배관 두께가 완만히 변화하도록 길이 방향의 기울기를 (　)로 한다.

해설 & 답

(1) 아크용접　(2) 지그(jig)
(3) 50mm　(4) $\dfrac{1}{3}$ 이상

Question 09

고압가스안전관리법상 중간검사를 받아야 하는 공정 5가지를 쓰시오.

해설 & 답

① 저장탱크를 지하에 매설하기 직전의 공정
② 방호벽 또는 저장탱크의 기초 설치 공정
③ 내진설계 대상 설비의 기초 설치 공정
④ 한국가스안전공사가 지정하는 부분의 비파괴 시험을 하는 공정
⑤ 가스설비 또는 배관의 설치가 완료되어 기밀시험 또는 내압시험을 할 수 있는 상태의 공정

Question 10

염소의 제법 중 클로로 알칼리 공정의 반응식을 쓰고 설명하시오.

해설 & 답

① 반응식 : $2NaCl + 2H_2O \rightarrow 2NaOH + H_2 + Cl_2$
② 설명 : 염소의 공업적 제법으로 NaCl(소금=염화나트륨)을 전기분해에 의해 제조하는 것으로 음극에서는 수소기체가 발생하며 그 주위에서 NaOH가 생기고 양극에서는 염소기체가 생성된다.

Question 11

액화가스 배관은 사용하지 않을 때 액화가스가 충만한 상태로 밸브를 닫아 놓으면 대단히 위험하다. 그 이유와 조치방법을 설명하시오.

해설 & 답

① 이유 : 액봉상태가 되어 배관 주변의 온도가 상승하면 액화가스가 팽창하여 압력이 상승하여 배관이 파열된다.
② 조치방법 : 가스배관을 사용하지 않을 경우에는 필요한 밸브를 닫고 배관 내부의 액화가스를 드레인밸브를 통하여 배출시키거나 액화가스가 액봉상태로 되는 경우에는 배관에 안전밸브를 설치한다.

Question 12

가스비중이 0.55인 도시가스를 아파트 층수가 30층인 곳에 공급했을 때 압력상승은 몇 Pa인가? (단, 아파트 1개 층의 높이는 2.5m, 공기의 밀도 1.293kg/m^3, 중력가속도는 9.8m/s^{2}이다.)

Explanation & Answer

$H = 1.293(S-1)h = 1.293(0.55-1) \times (30 \times 2.5) \times 9.8 = -427.65 \text{Pa}$

∴ 427.65Pa 상승

보충

① 가스비중이 1보다 작은 가스는 입상관에서 손실압력을 계산하면 "-"값이 나오며, "-"값은 공기보다 가벼운 가스이기 때문에 압력이 상승되는 것을 의미

② 입상관에서의 압력손실(H) = $1.293(S-1)h$에 의하여 계산되는 최종값의 단위는 mmH$_2$O이다.

③ 단위 : $1\text{N} = \text{kg} \cdot \text{m/s}^2$

$\text{kg/m}^2 \times \text{m/s}^2 = \text{kg} \cdot \text{m/m}^2 \cdot \text{s}^2 \rightarrow \text{N/m}^2 = \text{Pa}$

※ 기능장 실기 문제는 수험생분들의 이야기를 토대로 만들기 때문에 문제가 상이할 수 있음을 알려드립니다.

제 5 부 실기 기출문제

2021년도
제 69 회 작업형

Question 01

가스자동차단 장치를 구성한 것에서 지시하는 것의 명칭과 기능을 쓰시오.

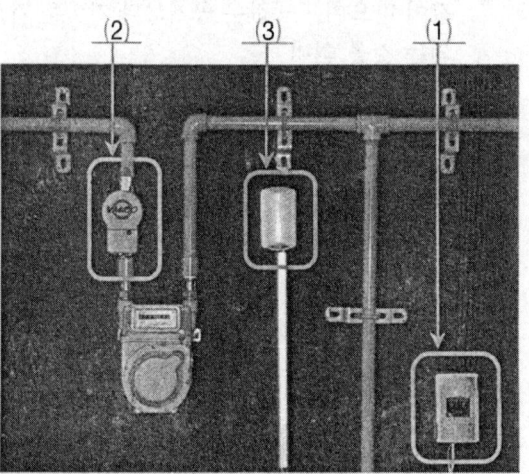

Explanation & Answer

(1) **제어부** : 차단부에 자동차단신호를 보내는 기능, 차단부를 원격 개폐할 수 있는 기능 및 경보기능을 가진 것
(2) **차단부** : 제어부로부터 보내진 신호에 따라 가스의 유무를 개폐하는 기능을 가진 것
(3) **검지부** : 누출된 가스를 검지하여 제어부로 신호를 보내는 기능을 가진 것

Question 02

시가지 외의 지역에 설치하는 표지판에 대한 물음에 답하시오.

(1) 설치간격은 얼마인가?
(2) 크기(치수)는 얼마인가?

해설 & 답

(1) 500mm 이내
(2) 가로 200mm 이상 세로 150mm 이상

Question 03

다음 동영상에서 보여주는 압력계의 명칭과 용도를 쓰시오.

해설 & 답

① 명칭 : 자유피스톤식 압력계(=부유피스톤식 압력계=분동식 압력계)
② 용도 : 탄성식 압력계의 점검 및 눈금교정

Question 04

가스용 폴리에틸렌관 매설에 대한 다음 물음에 답하시오.
(1) PE관을 매설하는 도로폭이 12m 이상일 경우 매설깊이는 얼마인가?
(2) 도로가 평탄할 경우 배관의 기울기는 얼마인가?

해설 & 답

(1) 1.2m 이상

(2) $\dfrac{1}{500} \sim \dfrac{1}{1000}$

보충 도로폭이 8m 미만시 : 1m 이상
도로폭이 8m 이상시 : 1.2m 이상

Question 05

방류둑 성토의 기울기는 수평에 대하여 (①)도 이하로 하며 성토 윗부분의 폭은 (②)cm 이상으로 한다.

해설 & 답

① 45
② 30

보충 방류둑 설치
① 가연성, 산소 : 1000ton 이상
② 독성 : 5ton 이상
③ 암모니아를 사용하는 수액기 내용적 : 10000L 이상

공기보다 비중이 가벼운 도시가스 정압기실을 지하에 설치할 때 통풍구조를 쓰시오.

Explanation & Answer

① 통풍기능(구조) 면적합계가 바닥면적 $1m^2$ 당 $300cm^2$ 이상으로 할 것
② 통풍구조는 환기구를 2방향 이상 분산하여 설치할 것
③ 배기구는 천정면으로부터 30cm 아래로 할 것
④ 1개 환기구 면적을 $2400cm^2$ 이하로 할 것
⑤ 배기가스 방출구는 지면에서 3m 이상의 높이에 설치할 것

보충 강제통풍장치를 설치할 것
① 통풍능력이 바닥면적 $1m^2$ 마다 $0.5m^3$/min 이상으로 할 것
② 배기구는 바닥면 가까이 설치할 것
③ 배기가스 방출구는 지면에서 5m 이상의 높이에 설치할 것

LPG 자동차 용기 충전소에 대한 물음에 답하시오.
(1) 충전기 충전호스 길이는 얼마인가?
(2) 충전기 상부에 설치하는 캐노피의 면적은 얼마인가?

Explanation & Answer

(1) 5m 이내
(2) 공지면적 $\frac{1}{2}$ 이하

Question 08

다음 보기에서 설명하는 방폭구조는 무엇인지 쓰시오.

> 용기 내부에 절연유를 주입하여 불꽃, 아크 또는 고온발생부분이 기름 속에 잠기게 함으로써 기름면 위에 존재하는 가연성가스에 인화되지 않도록 한 구조

(1) 방폭구조의 명칭을 쓰시오.
(2) 방폭구조의 표시방법을 쓰시오.

해설 & 답

(1) 유입방폭구조
(2) o

보충
① 내압방폭구조(d) : 방폭전기기기의 용기 내부에서 가연성가스의 폭발이 발생할 경우 그 용기가 폭발압력에 견디고 접합면, 개구부 등을 통하여 외부의 가연성가스가 인화되지 않도록 한 구조
② 압력방폭구조(p) : 용기 내부에 보호가스를 압입하여 내부의 압력을 유지함으로써 가연성가스가 용기 내부로 유입되지 않도록 한 구조
③ 안전증방폭구조(e) : 정상운전 중에 가연성가스의 점화원이 될 전기불꽃, 아크 또는 고온 부분 등의 발생을 방지하기 위하여 기계적, 전기적 구조상 또는 온도상승에 대하여 특히 안전도를 증가시킨 구조

Question 09

가스용 폴리에틸렌 및 밸브에 대한 물음에 답하시오.
(1) 가스용 폴리에틸렌관의 SDR값이 11, 17, 21일 경우 최고사용압력은?
(2) 가스용 폴리에틸렌 밸브의 사용조건 중 온도와 압력을 쓰시오.

해설 & 답

(1) ① SDR 11 : 0.4MPa 이하
    ② SDR 17 : 0.25MPa 이하
    ③ SDR 21 : 0.2MPa 이하
(2) ① 온도 : -29℃ 이상 35℃ 이하
    ② 압력 : 0.4MPa 이하

Question 10

다음 보여주는 충전용기를 보고 물음에 답하시오.

"A" 용기 (노랑)   "B" 용기 (초록)   "C" 용기 (파랑)   "D" 용기 (빨강)

(1) "A"용기의 최고충전압력을 쓰시오.
(2) "B"용기에 충전하는 가스를 품질검사할 때 충전압력 기준을 쓰시오.
(3) "C"용기에 충전하는 가스명칭을 쓰시오.
(4) "D"용기에 충전하는 가스의 품질검사 시약과 순도(%)를 쓰시오.

해설 & 답

(1) 15℃에서 최고압력
(2) 35℃에서 11.8MPa 이상
(3) 이산화탄소
(4) ① 시약 : 피로갈롤, 하이드로설파이드
　　② 순도 : 98.5% 이상

Question 11

가연성가스 공급시설에 설치되는 벤트스텍에 대한 물음에 답하시오.
(1) 액화가스가 함께 방출되거나 급냉될 우려가 있는 벤트스텍에는 그 벤트스텍과 연결된 가스공급시설의 가장 가까운 곳에 설치하여야 하는 것은 무엇인가?
(2) 설치높이는 착지농도 기준으로 얼마인가?

해설 & 답

(1) 기액분리기
(2) 폭발하한계값 미만

※ 기능장 실기 문제는 수험생분들의 이야기를 토대로 만들기 때문에 문제가 상이할 수 있음을 알려드립니다.

2021년도 제 70 회 필답형

Question 01
포스겐 제조설비에서 가스가 누출될 경우 그 가스로 인한 중독을 방지하기 위하여 보유하여야 할 제독제 2가지와 보유량을 쓰시오.

해설 & 답

① 소석회, 360kg 이상
② 가성소다, 390kg 이상

보충 독성가스 종류 및 제독제 보유량

가스의 종류	제독제	보유량
염소	소석회	620kg 이상
	가성소다	670kg 이상
	탄산소다	870kg 이상
포스겐	소석회	360kg 이상
	가성소다	390kg 이상
황화수소	가성소다	1140kg 이상
	탄산소다	1500kg 이상
시안화수소	가성소다	250kg 이상
아황산가스	물	다량
	가성소다	530kg 이상
	탄산소다	700kg 이상
암모니아, 산화에틸렌, 염화메탄	다량의 물	

Question 02

저장탱크에 설치된 긴급차단장치의 동력원 4가지를 쓰시오.

Explanation & Answer

① 액압   ② 기압   ③ 전기   ④ 스프링

Question 03

수성가스 제조 반응식을 쓰시오.

Explanation & Answer

$CO + H_2O \rightarrow CO_2 + H_2$

Question 04

코제너레이션(CO generation)을 설명하시오.

Explanation & Answer

열병합 발전으로 하나의 에너지원으로부터 두 가지 이상의 유용한 에너지(전기에너지, 열에너지)를 생산해 낼 수 있는 시스템으로 원동기의 종류에 따라 가스터빈 열병합발전, 디젤엔진 열병합발전, 스팀터빈 열병합발전, 복합발전 열병합발전 시스템으로 분류할 수 있다.

Question 05

고압가스 제조시설에 설치하는 인터록(inter-lock) 기구의 목적을 쓰시오.

해설 & 답

안전확보를 위한 주요부분에 설비가 잘못 조작되거나 정상적인 제조를 할 수 없는 경우에 자동으로 원재료의 공급을 차단시키기 위해 설치한다.

Question 06

시안화수소(HCN)를 용기에 충전할 때에 대한 다음 물음에 답하시오.
(1) 순도는 얼마인가?
(2) 안전제 종류 2가지를 쓰시오.

해설 & 답

(1) 98% 이상
(2) 오산화인, 염화칼슘, 인산, 아황산가스, 동, 황산

Question 07

황(S) 1kg을 완전연소시키는데 필요한 이론산소량과 이론공기량을 구하시오.

해설 & 답

$$S + O_2 \rightarrow SO_2$$
32kg   32kg   64kg
1kg x

$x = \dfrac{1\text{kg} \times 32\text{kg}}{32\text{kg}} = 1\text{kg/kg}$ (이론산소량)

이론공기량 $A_o = \dfrac{1}{0.232} = 4.31\text{kg/kg}$

Question 08

20℃의 질소가 들어있는 압축기를 100kPa에서 600kPa까지 $PV^{1.4}=C$에 따라 가역과정으로 압축 시 소요일량(kJ/kg)은 얼마인가? (단, 질소의 기체상수 R은 0.298kJ/kg·K이다.)

해설 & 답

① 온도와 압력 관계식 : $\dfrac{T_2}{T_1}=\left(\dfrac{P_2}{P_1}\right)^{\frac{k-1}{k}}$

$T_2 = \left(\dfrac{P_2}{P_1}\right)^{\frac{k-1}{k}} \times T_1 = \left(\dfrac{600+101.325}{100+101.325}\right)^{\frac{1.4-1}{1.4}} \times (273+20)$

$= 400.54\text{K}$

② 압축소요일량 계산

$W = \dfrac{1}{k-1} \times R \times (T_1 - T_2) = \dfrac{1}{1.4-1} \times 0.298 \times (273+20-400.54)$

$= -80.11\text{kJ/kg}$

Question 09

다음 ( ) 안에 알맞은 용어를 쓰시오.

기체가 액체에 녹는 용해도의 경우에는 일반적으로 온도상승에 대하여 (①) 한다. 또 온도가 일정한 경우에는 일정량의 액체에 용해하는 기체의 무게는 그 (②)에 비례하고 혼합기체이면 (③)에 비례한다. 이 관계를 헨리의 법칙이라 한다.

해설 & 답

① 감소   ② 압력   ③ 분압

Question 10
BOG(boil off gas)에 대하여 설명하시오.

해설 & 답

LNG 저장시설에서 자연입열에 의하여 기화된 가스로 증발가스라 한다. 처리방법에는 발전용, 압축기 기동용으로 사용하며, 대기로 방출하여 연소하는 방법이 있다.

Question 11
파일럿 정압기에서 언로딩형과 로딩형으로 분류되는 작동압력에 따른 차이점을 설명하시오.

해설 & 답

로딩형 : 베인정압기를 구동하는 1차측 압력을 제한하여 메인밸브를 작동시킨다.
언로딩형 : 베인정압기를 구동하여 2차측 압력을 제한하여 메인밸브를 작동시킨다.

Question 12
액화석유가스의 안전관리 및 사업법에서 규정하고 있는 액화석유가스 집단공급사업의 정의를 쓰시오.

해설 & 답

액화석유가스를 일반의 수요에 따라 배관을 통하여 연료로 공급하는 사업

※ 기능장 실기 문제는 수험생분들의 이야기를 토대로 만들기 때문에 문제가 상이할 수 있음을 알려드립니다.

2021년도 제 70 회 작업형

Question 01

압축천연가스(CNG) 충전소에 대한 내용이다. 다음 내용에 맞는 답을 쓰시오.

(1) 처리설비, 저장설비, 충전설비 및 압축가스설비는 차도와 유지해야 할 거리는?
(2) 충전설비는 도로경계까지 유지해야할 거리는?
(3) 압축가스설비 외면으로부터 사업소경계까지 안전거리는?

해설 & 답

(1) 5m 이상
(2) 5m 이상
(3) 10m 이상

Question 02

방폭전기기기의 명판에 표시된 'Ex d Ⅱc' 기호에 대한 내용 중 ( ) 안에 맞는 내용을 쓰시오.

(1) d : ( ) 방폭구조   (2) Ⅱc : ( )등급

해설 & 답

(1) 내압
(2) 폭발

Question 03

다음은 공기액화분리장치에 대한 내용이다. 물음에 답하시오.
(1) 산소, 수소, 아세틸렌의 품질검사 합격 순도는 얼마인가?
(2) 동, 암모니아 시약을 이용한 산소의 품질검사법의 명칭을 쓰시오.
(3) 산소용기 안의 가스충전압력은 35℃에서 얼마인가?
(4) 이 장치에 설치된 액화산소통 내의 액화산소 5L 중 탄화수소의 탄소질량이 몇 mg을 넘을 때 공기액화분리장치의 운전을 정지하고 액화산소를 방출해야 하는가?

해설 & 답

(1) 산소 : 99.5% 이상
 수소 : 98.5% 이상(피롤카롤 또는 하이드로설파이드 시약의 오르자트법)
 아세틸렌 : 98% 이상(발연황산시약의 오르자트법, 브롬시약의 뷰렛법,
  질산은시약의 정성시험에 합격할 것)
(2) 오르자트법
(3) 11.8MPa 이상
(4) 액화산소 5L 중 C_2H_2의 질량 : 5mg 초과시
  탄화수소의 탄소질량 : 500mg 초과시
 공기액화분리장치의 운전을 정지하고 액화산소 방출

Question 04

정압기실에 설치된 가스누출검지 경보장치에 대한 물음에 답하시오.
(1) 검지부 설치기준을 쓰시오.
(2) 검지부 설치 제외 장소 4가지를 쓰시오.

해설 & 답

(1) 검지부 설치기준 : 바닥면 둘레 20m에 대하여 1개 이상의 비율
(2) 검지부 설치 제외 장소
 ① 주위 온도 또는 복사열에 의한 온도가 40℃ 이상이 되는 곳
 ② 설비 등에 가려져 누출가스의 유통이 원활하지 못한 곳
 ③ 증기, 기름, 물방울이 섞여 연기 등이 직접 접촉될 우려가 있는 곳
 ④ 차량 그 밖의 작업 등으로 인하여 경보기가 파손될 우려가 있는 곳

Question 05

다음 동영상에서 보여주는 가스용품에 대하여 답하시오.

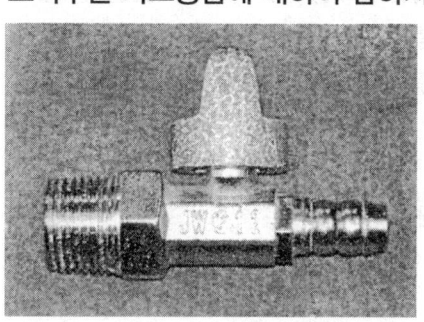

(1) 내부에 설치된 안전기구의 명칭과 정의를 쓰시오.
(2) 작동성능 3가지를 쓰시오.

해설 & 답

(1) ① 명칭 : 과류차단기구
　　② 정의 : 표시유량 이상의 가스량이 통과되었을 경우 가스유로를 차단하는 장치
(2) 작동성능
　　① 유량성능　　② 토크성능
　　③ 내충격성능　④ 내정하중 성능

Question 06

도시가스배관이 횡으로 설치된 경우 호칭지름에 따른 고정장치의 최대 지지간격을 쓰시오.

해설 & 답

100A	150A	200A	300A	400A	500A	600A
8m	10m	12m	16m	19m	22m	25m

Question 07

액화석유가스용 세이프로 커플링에 대해 다음 물음에 답하시오.
(1) 역할을 쓰시오.
(2) 커플링은 가스의 흐름에 지장이 없도록 합산 유효면적은 얼마로 하여야 하는지 쓰시오.

해설 & 답

(1) LPG 자동차용기 충전호스에 설치되는 것으로 일정 강도 이상의 인장력이 작용시 자동으로 분리되어 유로를 폐쇄시켜 액화석유가스가 누출되는 사고를 방지한다.
(2) 0.5cm^2 이상

Question 08

가스도매사업 제조소 시설기준 중 액화천연가스의 저장설비와 처리설비는 그 외면으로부터 사업소경계까지 유지해야 할 거리는 $L = C \times \sqrt[3]{143000W}$ 계산식에서 얻은 거리 이상을 유지하여야 한다. 다음 물음에 답하시오.
(1) 계산식 중 "W"의 의미를 단위를 포함하여 쓰시오.
(2) 압축기, 응축기, 펌프 및 기화장치에서 유지하여야 할 거리를 적용받지 않는 1일 처리능력은 얼마인가?

해설 & 답

(1) 저장탱크는 저장능력(톤)의 제곱근, 그밖의 것은 그 시설안의 액화천연가스의 질량(톤)
(2) 52500m^3 이하

Question 09

다음은 도시가스 정압기실이다. 다음 물음에 답하시오.

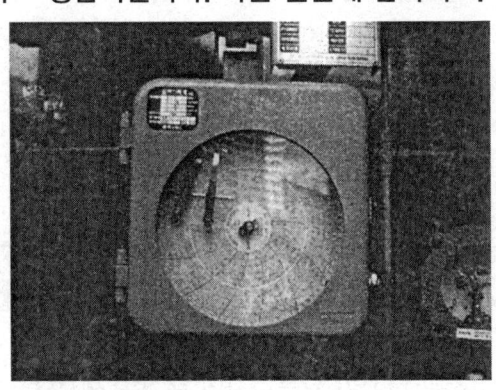

(1) 지시하는 기기의 명칭을 쓰시오.
(2) 정압기실의 조명도는 얼마인가?
(3) 정압기 분해점검은?

해설 & 답   Explanation & Answer

(1) 자기압력기록계
(2) 150룩스 이상
(3) 2년에 1회 이상

Question 10

다음 물음에 답하시오.
(1) 불꽃이 적황색으로 되어 연소되는 현상을 쓰시오.
(2) (1)번의 현상이 발생되는 원인 2가지를 쓰시오.

해설 & 답   Explanation & Answer

(1) 엘로우팁
(2) ① 1차공기량 부족 시
    ② 불꽃이 저온 물체 접촉 시

Question 11

다음 충전용기를 보고 답하시오.

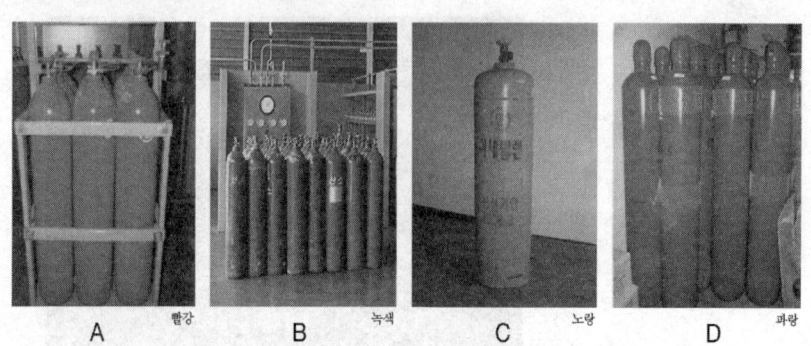

A 빨강 B 녹색 C 노랑 D 파랑

(1) 충전구 나사가 오른나사인 용기를 쓰시오.
(2) 상온에서 액화가능한 가스가 충전되는 용기를 쓰시오.
(3) 아세틸렌의 분해 반응식을 쓰시오.
(4) 탄산가스의 밀도는 얼마인지 쓰시오.

해설 & 답

(1) B, D
(2) D
(3) $C_2H_2 \rightarrow 2C + H_2$
(4) 밀도 $= \dfrac{44g}{22.4L} = 1.96 g/L$

※ 기능장 실기 문제는 수험생분들의 이야기를 토대로 만들기 때문에 문제가 상이할 수 있음을 알려드립니다.

2022년도 제 71 회 필답형

Question 01
열역학 제0법칙을 설명하시오.

해설 & 답

두 개의 물체가 또 다른 물체와 서로 열평형을 이루고 있으면 그 두 물체는 서로 열평형이 되었다고 함

Question 02
바닥넓이가 80m², 높이가 3m인 저장소 내에 표준상태에서 프로판가스가 9kg 누출되었을 때 폭발위험이 있는지 여부를 계산에 의해 판별하시오.

해설 & 답

① $PV = GRT$에서

$$V = \frac{GRT}{P} = \frac{9 \times \frac{8.314}{44} \times 273}{101.325 \text{kPa}} = 4.58 \text{m}^3$$

② 체적비 $= \dfrac{\text{누출된 프로판 체적}}{\text{저장소 체적}} \times 100 = \dfrac{4.58}{80 \times 3} \times 100 = 1.90\%$

③ 폭발여부판단 : 프로판의 폭발범위는 2.1~9.5%이므로 하한값에 도달하지 않으므로 폭발의 위험이 없다.

Question 03

고압가스안전관리법령에 따른 고압가스제조허가의 종류 4가지를 쓰시오.

해설 & 답 — Explanation & Answer

① 고압가스일반제조
② 고압가스특정제조
③ 고압가스충전
④ 냉동제조

Question 04

일산화탄소와 염소를 활성탄을 촉매로 하여 반응시키면 생성물질과 반응식을 쓰시오.

해설 & 답 — Explanation & Answer

① 생성물질 : 포스겐($COCl_2$)
② 반응식 : $CO + Cl_2 \rightarrow COCl_2$

Question 05

도시가스 사용시설의 입상관 밸브는 지면으로부터 1.6m 이상 2m 이내에 설치하도록 되어 있는데 부득이 1.6m 미만 또는 2m를 초과하는 경우가 있다. 이 경우에 해당하는 조건을 각각 쓰시오.

해설 & 답 — Explanation & Answer

(1) 1.6m 미만으로 설치할 수 있는 조건 : 보호상자 내에 설치
(2) 2.0m를 초과하여 설치할 수 있는 조건
   ① 원격으로 차단이 가능한 전동밸브 설치
   ② 입상관 밸브 차단을 위한 전용계단을 견고하게 고정 설치한다.

06 PE관(가스용 폴리에틸렌관)은 노출배관으로 사용하지 않는 것이 원칙이지만 어떤 조치를 하면 노출하여 시공할 수 있는지 쓰시오.

해설 & 답

① 지면에서 30cm 이하로 노출하여 시공하는 경우
② 금속관을 사용하여 보호조치를 한 경우

07 GHP(가스히트펌프)를 구성하는 기기 4가지를 쓰시오.

해설 & 답

① 압축기 ② 응축기
③ 팽창밸브 ④ 증발기
⑤ 사방밸브

08 880mmHg는 몇 bar에 해당하는지 계산하시오.

해설 & 답

$1.01325 \text{bar} = 760 \text{mmHg}$
$x = 880 \text{mmHg}$
$x = \dfrac{1.01325 \times 880}{760 \text{mmHg}} = 1.173 \text{bar}$

Question 09

염화에틸(CH_3Cl)을 냉매로 사용하는 냉동장치에서 사용할 수 없는 금속재료를 쓰시오.

해설 & 답

알루미늄합금

보충 암모니아 : 동 및 동합금 사용금지
프레온 : Mg 및 Mg를 20% 함유한 알루미늄합금 사용금지

Question 10

가연성액화가스 저장탱크에서 발생되는 BLEVE(블레비) 현상과 예방대책 4가지를 쓰싱오.

해설 & 답

(1) BLEVE(Boiling Liquid Expanding Vapor Explosion)
비동액체 팽창증기폭발로 가연성액체 저장탱크 주변에서 화재가 발생하여 기상부의 탱크가 국부적으로 가열되면 그 부분의 강도가 약해져 탱크가 파열되는 현상으로 이때 내부의 액화가스가 급격히 유출·팽창되어 화구(fire ball)를 형성하여 폭발하는 형태를 말함

(2) **예방대책**
① 저장탱크 상부와 주변에 물분무장치(스프링클러, 소화전)을 설치하여 화재시 저장탱크와 주변을 냉각시킨다.
② 저장탱크 외부를 단열재로 피복하여 주변에서 화재발생시 열 영향을 적게 받도록 한다.
③ 저장탱크 외부는 열전도도가 좋지 않은 금속으로 하여 내부로 열이 잘 전달되지 않도록 한다.
④ 저장탱크 내부에 열전도도가 좋지 않은 금속으로 하여 내부로 열이 잘 전달되지 않도록 한다.

Question 11

배관용 탄소강관을 나사이음으로 연결 시 부싱을 사용하는데 그 이유를 쓰시오.

해설 & 답 — Explanation & Answer

지름이 서로 다른 배관을 연결하기 위하여

Question 12

질량비로 C 84%, H 16%인 탄화수소의 분자량이 114.25일 때 완전 연소에 필요한 공기 몰(mol) 수를 계산하시오. (단, C의 원자량 12, H의 원자량 1.008이고 공기 중 산소의 체적비율은 21%이다.)

해설 & 답 — Explanation & Answer

(1) 탄화수소 중 탄소 및 수소의 개수 계산

① 탄소의 수 $= \dfrac{\text{탄화수소 분자량} \times \text{탄소질량비}}{\text{탄소의 원자량}} = \dfrac{114.25 \times 0.84}{12}$

$= 7.9975 ≒ 8$

② 수소의 수 $= \dfrac{\text{탄화수소 분자량} \times \text{수소질량비}}{\text{수소의 원자량}} = \dfrac{114.25 \times 0.16}{1.008}$

$= 18.13$

∴ 탄화수소의 분자기호는 C_8H_{18}(옥탄) 이다.

(2) 옥탄(C_8H_{18})의 완전연소반응식

$C_8H_{18} + 12.5O_2 \rightarrow 8CO_2 + 9H_2O$

(3) 이론공기량 몰(mol) 수

$A_o = \dfrac{O_o}{0.21} = \dfrac{12.5}{0.21} = 59.52 \text{mol}$

※ 기능장 실기 문제는 수험생분들의 이야기를 토대로 만들기 때문에 문제가 상이할 수 있음을 알려드립니다.

2022년도 제 71 회 작업형

Question 01

용기에 의한 액화석유가스 저장소에 대한 기준이다. ( ) 안에 알맞은 내용을 쓰시오.
(1) 1개수 환기구 면적은 ( )cm² 이하로 한다.
(2) 자연환기설비의 환기구의 통풍가능 면적 합계는 바닥면적 1m²마다 ( )cm²의 비율로 계산한 면적 이상으로 한다.
(3) 실외 저장소 주위의 경계 울타리와 용기보관장소 사이에는 ( )m 이상의 거리를 유지한다.
(4) 저장설비는 ( )으로 하지 않는다.

해설 & 답

(1) 2400
(2) 300
(3) 20
(4) 용기집합식

Question 02

매설된 배관에 부식을 방지하는 전기방식법의 종류 4가지를 쓰시오.

해설 & 답

① 강제배류법
② 유전양극법(희생양극법)
③ 선택배류법
④ 외부전원법

Question 03

다음 ( ) 안에 알맞은 내용을 쓰시오.

공기액화분리기에 설치된 액화산소통 안의 액화산소 (①)L 중 아세틸렌의 질량 (②)mg 또는 탄화수소의 탄소질량이 (③)mg을 넘을 때에는 그 공기액화분리기의 운전을 중지하고 액화산소를 방출할 것

해설 & 답

① 5   ② 5   ③ 500

Question 04

아세틸렌 충전용기에 대한 설명이다. ( ) 안에 알맞은 내용을 쓰시오.

(1) 충전용기에 다공물질 및 용제를 충전하는 것은 아세틸렌의 ( )을 방지하기 위해서이다.

(2) 용기에 채우는 다공물질이 고형일 경우에는 아세톤 또는 디메틸포름아미드를 충전한 다음 용기벽을 따라 용기직경의 ( ) 또는 ( )mm를 초과하는 틈이 없도록 할 것

(3) 내용적이 10L 이하 용기에 다공물질의 다공도가 83% 이상 90% 미만일 때 아세톤 최대 충전량은 ( ) 이하로 한다.

(4) 용기 동판의 최대 두께와 최소 두께와의 차이는 평균두께의 ( ) 이하로 한다.

(5) 다공물질의 다공도는 다공물질을 용기에 충전한 상태로 20℃에서 아세톤, DMF 또는 ( )의 흡수량으로 측정한다.

해설 & 답

(1) 분해폭발

(2) $\dfrac{1}{200}$, 3

(3) 38.5%

(4) 10%

(5) 물

Question 05

도시가스 매설배관의 전기방식에 대한 다음 ( ) 안에 알맞은 답을 하시오.

(1) 토양 중에 있는 배관의 방식전위 상한값은 방식전류가 순간 흐르지 않는 상태에서 기준전극으로 (①) 이하로 한다.
(2) 방식전류가 흐르는 상태에서 자연전위와의 전위변화는 (②)mV 이하이어야 한다.
(3) 전기방식전위측정을 실시하는 기준전극은 (③)이다.

 Explanation & Answer

① -0.85V   ② -300   ③ 포화황산동

Question 06

도시가스를 사용하는 연소기에서 황염이 발생하는 이유 3가지를 쓰시오.

Explanation & Answer

① 1차 공기량 부족으로 불완전 연소가 되는 경우
② 불꽃이 저온의 물체에 접촉 시
③ 연소반응이 충분한 속도로 진행되지 않을 때

Question 07

도시가스 매설배관의 누설을 탐지하는 검출기에 대한 물음에 답하시오.
(1) 이 검출기의 명칭을 영문약자로 쓰시오.
(2) 이 검출기로 가스를 분석 시 사용되는 가스 명칭을 쓰시오.
(3) 이 검출기로 검지가 불가능한 가스 1가지를 쓰시오.
(4) 이 검출기의 구조적인 단점을 1가지를 쓰시오.

 Explanation & Answer

(1) FID
(2) 수소(H_2)
(3) 이산화탄소, 수소, 산소, 아황산가스
(4) 무기가스나 물에 거의 응답하지 않음

Question 08

방폭전기기기의 방폭구조의 종류 5가지를 쓰시오.

해설 & 답   **Explanation & Answer**

① 내압방폭구조　② 유입방폭구조
③ 압력방폭구조　④ 본질안전방폭구조
⑤ 안전증방폭구조　⑥ 특수방폭구조

Question 09

주거용 가스보일러 설치기준에 대한 ( ) 안에 알맞은 숫자를 쓰시오.

① 터미널이 설치된 곳의 좌우 또는 상하의 돌출물과의 이격거리는 ( )m 이상이 되도록 한다.
② 배기통 및 연돌의 터미널에는 새, 쥐 등 직경 ( )cm 이상인 물체가 통과할 수 없는 방조망을 설치한다.

해설 & 답   **Explanation & Answer**

① 1.5　② 6

Question 10

LPG 자동차용 충전기(디스펜서) 충전호스 기준 4가지를 쓰시오.

해설 & 답   **Explanation & Answer**

① 충전호스 길이는 5m 이내일 것
② 가스주입기는 원터치형으로 할 것
③ 충전호스에 정전기 제거장치를 설치할 것
④ 충전호스에 과도한 인장력이 가해졌을 때 충전기와 가스주입기가 분리될 수 있는 안전장치를 설치할 것

Question 11

퓨즈콕 구조에 대한 설명 중 ( ) 안에 알맞은 용어를 쓰시오.

① 콕은 닫힌 상태에서 (   )이 없이는 열리지 아니하는 구조로 한다.
② 콕을 완전히 열었을 때의 핸들의 방향을 유로의 방향과 (   )인 것으로 한다.
③ 퓨즈콕은 가스유로를 (   )로 개폐하고 (   )가 부착된 것으로 한다.
④ 콕의 핸들 등을 회전하여 조작하는 것은 핸들의 회전각도를 90°나 180°로 규제하는 (   )을 갖추어야 한다.

해설 & 답 — Explanation & Answer

① 예비적 동작
② 평행
③ 볼, 과류차단안전기구
④ 스토퍼

Question 12

내압방폭구조 폭발등급 분류기준에서 각 번호에 알맞은 내용을 쓰시오.

최대안전틈새(mm)	0.9 이상	0.5 초과 0.9 미만	0.5 이하
가연성가스의 폭발등급	①	②	③
방폭전기기기의 폭발등급	④	⑤	⑥

해설 & 답 — Explanation & Answer

① A   ② B   ③ C
④ ⅡA   ⑤ ⅡB   ⑥ ⅡC

※ 기능장 실기 문제는 수험생분들의 이야기를 토대로 만들기 때문에 문제가 상이할 수 있음을 알려드립니다.

2022년도 제 72 회 필답형

Question 01

다음 독성가스의 제독제 종류를 1가지씩 만 쓰시오.
(1) 포스겐
(2) 황화수소
(3) 암모니아, 산화에틸렌, 염화메탄
(4) 염소
(5) 아황산가스

해설 & 답

(1) 포스겐 : ① 가성소다 ② 소석회
(2) 황화수소 : ① 가성소다 ② 탄산소다
(3) 암모니아, 산화에틸렌, 염화메탄 : 다량의 물
(4) 염소 : ① 소석회 ② 가성소다 ③ 탄산소다
(5) 아황산가스 : ① 물 ② 가성소다 ③ 탄산소다

Question 02

고압가스안전관리법에서 규정하고 있는 저장탱크의 정의를 쓰시오.

해설 & 답

고압가스를 충전, 저장하기 위하여 지상 또는 지하에 고정 설치된 탱크로서 저장능력이 3톤 이상인 탱크

보충 소형저장탱크

액화석유가스를 저장하기 위하여 지상 또는 지하에 고정 설치된 탱크로서 그 저장능력이 3톤 미만인 탱크

Question 03
배관에 설치되는 스트레이너(여과기)의 역할을 쓰시오.

해설 & 답

유체 중에 포함된 이물질을 제거하기 위하여

Question 04
서모스탯(thermostat) 검지기의 측정원리를 쓰시오.

해설 & 답

가스와 공기의 열전도도가 다른 것을 이용한 것

Question 05
도시가스 사용시설 중 가스계량기를 설치할 수 없는 곳 3가지를 쓰시오.

해설 & 답

① 방, 거실   ② 주방   ③ 공동주택의 대피공간

 다음 장소에는 설치하지 않음
① 진동의 영향을 받는 장소
② 석유류 등 위험물을 저장하는 장소
③ 수전실, 변전실 등 고압전기설비가 있는 장소
④ 부식성가스가 체류하는 곳

프로판 40톤(T=25℃), 수소 20톤(T=-50℃), 아세틸렌 40톤(T=20℃)이 저장되어 있는 고압가스 특정제조시설의 안전구역 내 고압가스설비의 연소열량(kcal)을 주어진 표를 이용하여 계산하시오. (단, T는 상용온도를 말한다.)

[상용온도(℃)에 따른 k의 수치]

프로판	상용온도	10 미만	10 이상 40 미만	40 이상 70 미만	70 이상 100 미만
	k	180000	316000	489000	731000
수소	상용온도	전 온도에 대하여			
	k	2750000			
아세틸렌	상용온도	10 미만	10 이상 40 미만	40 이상	
	k	848000	1250000	1760000	

해설 & 답

① 저장설비 안에 2종류 이상의 가스가 있는 경우에는 각각의 가스량(톤)을 합산한 양

② 합산한 가스량(톤)
$Z = W_A + W_B + W_C = 40 + 20 + 40 = 100$톤

③ 연소열량(Q)
$= \left(\dfrac{k_A W_A}{Z} \times \sqrt{Z}\right) + \left(\dfrac{k_B W_B}{Z} \times \sqrt{Z}\right) + \left(\dfrac{k_C W_C}{Z} \times \sqrt{Z}\right)$
$= \left(\dfrac{316000 \times 40}{100} \times \sqrt{100}\right) + \left(\dfrac{2750000 \times 20}{100} \times \sqrt{100}\right)$
$\quad + \left(\dfrac{1250000 \times 40}{100} \times \sqrt{100}\right)$
$= 6539000 \text{kcal}$

Question 07. 도시가스공급시설의 UAF에 대하여 설명하시오.

해설 & 답

UAF(Un-Accounted For Gas)는 일반 도시가스사업자가 가스도매사업자로부터 공급받은 가스량과 수요자에게 판매한 가스량과의 차이로 미계량가스 또는 미설명가스라 한다.

Question 08. 액화천연가스 저장탱크에서 발생하는 roll over 현상을 쓰시오.

해설 & 답

저장탱크 또는 화물탱크에서 서로 다른 밀도의 LNG층들이 갑자기 혼합되어 LNG가 빠르게 기화되는 현상

Question 09. 자동제어계에서 정특성과 동특성의 차이점에 대하여 설명하시오.

해설 & 답

정특성은 시간에 관계없는 정적인 특성으로 출력이 안정되어 있을 때의 일정한 관계를 유지
동특성은 시간적인 동작의 특성으로 입력을 변화시켰을 때 출력이 변화되어 편차(offset)가 발생한다.

Question 10

열역학 제3법칙에 대하여 설명하시오.

해설 & 답

어떤 방법으로도 절대온도 0K에 도달할 수 없다는 법칙

Question 11

50℃, 7kgf/cm² 상태의 산소의 밀도(kgf·s²/m⁴)는 얼마인지 계산하시오.

해설 & 답

$$밀도(\rho) = \frac{P}{RT} \times \frac{1}{g} = \frac{7 \times 10^4}{\frac{848}{32} \times (273+50)} \times \frac{1}{9.8}$$

$$= 0.83 \, kgf \cdot s^2/m^4$$

별해 : SI단위로 계산

$$밀도(\rho) = \frac{P}{RT} \times \frac{1}{g} = \frac{\frac{7}{1.0332} \times 101.325}{\frac{8.314}{32} \times (273+50)} \times \frac{1}{9.8}$$

$$= 0.83 \, kgf \cdot s^2/m^4$$

Question 12

펌프에서 캐비테이션(Cavitation) 현상이 일어나지 않을 한도의 최대 흡입양정을 유효흡입양정(NPSH)라 한다. 펌프가 정상운전할 수 있는 NPSH의 조건과 공식을 쓰시오.

해설 & 답

① **조건** : 유효흡입양정과 필요흡입양정이 같은 조건이면 캐비테이션이 발생하기 시작하는 단계가 되므로 캐비테이션이 발생하지 않으면서 정상운전할 수 있는 조건은 유효흡입양정이 필요흡입양정보다 커야 하며 일반적으로 필요흡입양정의 1.3배의 조건을 만족하도록 한다.

② **공식** : $NPSH = H_a - H_P - H_S - H_L$

여기서, $NPSH$: 유효흡입양정(m)
H_a : 대기압수두(m)
H_P : 포화수증기압수두(m)
H_S : 흡입실양정(m)
H_L : 흡입측 배관 내의 마찰손실수두

보충 캐비테이션 발생원인과 방지방법

(1) 발생원인 : ① 과속으로 유량증대 시
② 관로 내의 온도 상승 시
③ 흡입양정이 지나치게 클 때
④ 흡입관 마찰저항 증대 시

(2) 방지법 : ① 흡입양정을 짧게 한다.
② 펌프를 두 대 이상 설치한다.
③ 펌프의 설치위치를 낮춘다.
④ 회전수를 줄인다.(유속을 줄인다)
⑤ 관경을 크게 한다.
⑥ 임펠라를 액 중에 완전히 잠기게 한다.

※ 기능장 실기 문제는 수험생분들의 이야기를 토대로 만들기 때문에 문제가 상이할 수 있음을 알려드립니다.

2022년도 제 72 회 작업형

Question 01
액화천연가스시설에서 내진설계 대상에서 제외되는 경우 2가지를 쓰시오.

해설 & 답

① 지하에 설치되는 시설
② 저장능력이 3톤(압축가스의 경우 300m³) 미만인 저장탱크 또는 가스홀더

Question 02
가스용 폴리에틸렌관(PE관)에 대한 다음 물음에 답하시오.
(1) SDR을 구하는 계산식을 쓰시오.
(2) 최고사용압력이 0.3MPa일 때 SDR값은 얼마인가?

해설 & 답

(1) $SDR = \dfrac{D}{t}$ (여기서, D : 바깥지름, t : 최소 두께)
(2) SDR 11 이하 : 0.4MPa 이하
   SDR 17 이하 : 0.25MPa 이하
   SDR 21 이하 : 0.2MPa 이하
   ∴ SDR 11

Question 03

최고사용압력이 고압 또는 중압인 배관에서 (①)에 합격된 배관은 통과하는 가스를 시험가스를 사용 시 가스농도가 (②)% 이하에서 작동하는 가스검지를 사용한다.

해설 & 답

① 방사선 투과시험
② 0.2

Question 04

다기능 가스안전계량기의 구조에 대한 설명이다. ( ) 안에 알맞은 내용을 쓰시오.

① 차단밸브가 작동한 후에는 ( )을 하지 않는 한 열리지 않는 구조이어야 한다.
② 사용자가 쉽게 조작할 수 없는 ( ) 있는 것으로 한다.

해설 & 답

① 복원조작
② 테스트 차단기능

Question 05

호칭지름 25mm와 16mm 배관이 각각 50m 설치될 때 고정장치는 몇 개가 필요한가?

해설 & 답

배관의 고정 : ① 관경이 13mm 미만 : 1m 마다
② 관경이 13mm 이상 33mm 미만 : 2m 마다
③ 관경이 33mm 이상 : 3m 마다

∴ 고정장치수 = $\dfrac{배관길이}{설치간격} = \dfrac{50+50}{2} = 50$개

Question 06

교량에 설치된 도시가스배관의 호칭지름별 고정장치 지지간격은 얼마인가?

해설 & 답

① 150A : 10m ② 300A : 16m
③ 400A : 19m ④ 600A : 25m

보충 호칭지름별 지지간격

호칭지름	지지간격	호칭지름	지지간격
100A	8m	400A	19m
150A	10m	500A	22m
200A	12m	600A	25m
300A	16m		

Question 07

도시가스 배관을 지하에 매설 시 시공하는 보호판에 대하여 다음 물음에 답하시오.
(1) 보호판의 설치위치를 쓰시오.
(2) 보호판을 설치하는 이유 2가지를 쓰시오.

해설 & 답

(1) 배관정상부에서 30cm 이상의 높이
(2) ① 배관을 도로밑에 매설하는 경우
    ② 중압 이상의 배관을 매설하는 경우
    ③ 규정된 매설깊이를 확보하지 못했을 경우

Question 08

도로에 매설되는 폴리에틸렌 피복강관(PLP관)에 대한 다음 물음에 대해 쓰시오.

(1) 내압시험을 물로 할 때 압력 기준을 쓰시오.
(2) 기밀시험을 공기 또는 불활성기체로 할 때 압력기준을 쓰시오.

해설 & 답 — Explanation & Answer

(1) 최고사용압력의 1.5배 이상
(2) 최고사용압력의 1.1배 또는 8.4kPa 중 높은 압력

Question 09

가스도매사업의 가스시설 중 배관 등의 용접부에 실시하는 비파괴시험에 대한 내용이다. 다음을 쓰시오.

(1) 용접부에 실시할 수 있는 비파괴시험의 종류를 모두 쓰시오.
(2) (1)번의 검사를 실시하기 곤란한 곳에 대신할 수 있는 비파괴시험은 무엇인지 쓰시오.

해설 & 답 — Explanation & Answer

(1) ① 방사선 투과시험 ② 육안검사
(2) ① 초음파 탐상시험 ② 자분 탐상시험

Question 10

아세틸렌 충전용기에 각인된 기호를 설명하시오.

해설 & 답 — Explanation & Answer

① W : 밸브 및 부속품을 포함하지 아니한 용기의 질량(kg)
② TW : 용기질량에 다공물질, 용제 밸브의 질량을 합한 질량

Question 11

공기보다 비중이 가벼운 도시가스 정압기실이 지하에 설치될 때 통풍구조 기준 4가지를 쓰시오.

해설 & 답 — Explanation & Answer

① 배기구는 천장면으로부터 30cm 이내에 설치한다.
② 흡입구 및 배기구의 관지름은 100mm 이상으로 하되 통풍이 양호하도록 한다.
③ 배기가스 방출구는 지면에서 3m 이상의 높이에 설치하되 화기가 없는 안전한 장소에 설치한다.
④ 통풍구조는 환기구를 2방향 이상으로 분산하여 설치한다.

Question 12

매설된 도시가스배관의 전기방식 중 선택배류법, 희생양극법, 외부전원법의 경우 전위 측정용 터미널 설치간격은?

해설 & 답 — Explanation & Answer

① 선택배류법 : 300m 이내
② 희생양극법(유전양극법) : 300m 이내
③ 외부전원법 : 500m 이내

※ 기능장 실기 문제는 수험생분들의 이야기를 토대로 만들기 때문에 문제가 상이할 수 있음을 알려드립니다.

2023년도 제 73 회 필답형

Question 01
LNG 기화장치 중 중간매체식 기화기에 대해 쓰시오.

해설 & 답

물기나 화염 등에 의해 열매체를 가열하고 이 가열된 열매체가 LNG와 열교환하여 재가스화 하는 방법으로 열매체로는 프로판, 펜탄(C_5H_{12}) 등의 유체를 쓴다.

보충 개방형 기화기(Open Rock Vaporizer, 오픈랙 기화기) : 수직으로 여러개 병렬 연결된 Al 합금제의 핀 튜브에 펌프로 LNG를 액체상태로 유입시킨 후 튜브 외부에서 분무되는 바닷물로 기화하는 방식

Question 02
도시가스 사업법에 규정하고 있는 본관의 정의를 쓰시오.

해설 & 답

가스도매사업의 경우에는 도시가스제조사업소(액화천연가스 인수기지를 포함한다)의 부지 경계에서 정압기지의 경계까지 이르는 배관
※ 일반도시가스사업의 경우에는 도시가스제조사업소의 부지 경계 또는 가스도매사업자의 가스시설 경계에서 정압기까지 이르는 배관

Question 03

독성가스 제조설비에서 독성가스가 누출된 경우 누설된 독성가스의 제독조치방법 4가지를 쓰시오.

해설 & 답

① 연소설비(플레어스텍 등)에서 안전하게 연소시키는 방법
② 흡착제로 흡착 제거하는 방법
③ 물 또는 흡수제로 흡수 또는 중화하는 방법
④ 저장탱크 주위에 설치된 유도구에 의하여 집액구, 피트 등에 고인 액화가스를 펌프 등의 이송설비를 이용하여 안전하게 제조설비로 반송하는 조치

Question 04

헨리의 법칙을 쓰시오.

해설 & 답

일정량의 용매에 용해되는 기체의 질량은 압력에 비례한다.
① 적용가스 : 산소, 수소, 질소, 이산화탄소
② 비적용가스 : 이산화황, 염화수소, 황화수소, 암모니아

Question 05

Hazard와 Risk에 대해 쓰시오.

해설 & 답

① Hazard : 사고를 유발할 수 있는 잠재적인 위험요인으로 회피할 수 없지만 저감이 가능한 요소를 정성적인 의미이다.
② Risk : 위험요소가 사고로 될 수 있는 확률 또는 사고시에 위험한 결과를 가져올 수 있는 가능성으로 정량적인 의미이다.

Question 06

조건이 같은 상태에서 어떤 화합물의 확산속도가 질소의 2/3라고 할 때 이 화합물의 분자량은 얼마인가?

해설 & 답

그레이엄의 확산속도법칙

$$\frac{U_1}{U_2} = \sqrt{\frac{M_2}{M_1}}$$

$$\therefore \frac{U_1^2}{U_2^2} = \frac{M_2}{M_1}$$ 여기서 속도는 주어지지 않았으므로 1m/s로 한다.

$$M_2 = U_1^2 \times M_1 U_2^2 = \frac{1^2 \times 28}{\left(1 \times \frac{2}{3}\right)^2} = 63 (Si_2H_6, \text{디실란})$$

Question 07

에탄(C_2H_6) 10kg을 연소시켰더니 135,000kcal의 열이 발생하고 탄소 1kg을 연소시키면 8,100kcal의 열이 발생시 수소 1kg을 연소시킬 때 발생하는 열량은 몇 kcal인가?

해설 & 답

① 에탄 중의 탄소질량비율 = $\frac{12 \times 2}{30} \times 100 = 80\%$

② 에탄 중의 수소질량비율 = $\frac{6}{30} \times 100 = 20\%$

③ 에탄 10kg 중 탄소질량 = $10 \times 0.8 = 8kg$
   수소질량 = $10 \times 0.2 = 2kg$

④ 수소 1kg의 열량 계산
   $(8 \times 8,100) + (2 \times x) = 135,000$
   $(2 \times x) = 135,000 - (8 \times 8,100)$
   $x = \frac{135,000 - (8 \times 8,100)}{2} = 35,100 kcal$

Question 08
파열판식 안전밸브의 특징 4가지를 쓰시오.

해설 & 답

① 구조가 간단하고 취급이 쉽다.
② 압력상승속도가 큰 곳에 적합하여 중합반응 우려가 큰 곳에 적합
③ 스프링식 안전밸브와 같은 밸브시트 누설은 없다.
④ 슬러지 부식성 유체에 적합하다.
⑤ 작동 후 새로운 것으로 교환

Question 09
도시가스나 액화석유가스에 부취제를 첨가하는 이유를 쓰시오.

해설 & 답

LPG, 도시가스 등은 냄새가 없기 때문에 누설이 되었을 때 냄새를 인지할 수 없기 때문에 냄새가 나는 부취제를 첨가하여 가스 누출 시 사람이 쉽게 감지할 수 있도록 하여 폭발사고 등을 방지하기 위하여

 (1) 부취제의 구비조건
① 독성 및 가연성이 아닐 것
② 도관 내의 상용온도에서 응축되지 말 것
③ 도관을 부식시키지 말 것
④ 토양에 대한 투과성이 클 것
⑤ 보통 존재하는 냄새와 명확히 구별될 것
⑥ 가스관이나 가스미터에 흡착되지 말 것
⑦ 연소 후 유해한 냄새가 나지 말 것
⑧ 극히 낮은 농도에서도 냄새를 확인할 수 있을 것

(2) 부취제의 종류
① THT(테트라히드로티오펜) – 석탄가스 냄새
② TBM(터시어리부틸메르캅탄) – 양파썩는 냄새
③ DMS(디메칠썰파이드) – 마늘냄새

(3) 냄새농도 측정방법
① 오더미터법
② 냄새주머니법
③ 주사기법
④ 무취실법

Question 10

대형가스사고를 방지하기 위하여 오래된 고압가스 제조시설의 가동을 중지한 후 가스안전관리 전문기관이 정기적으로 첨단장비와 기술을 이용하여 잠재적 위험요소와 원인을 찾아내고 그 제거방법을 제시하는 것을 무엇이라고 하는지 쓰시오.

해설 & 답

정밀안전점검

Question 11

부피로 헥산 2%, 부탄 8%, 공기 90%의 조성을 가지는 혼합기체의 폭발범위를 구하고 폭발가능성을 판단하시오. (단, 공기 중에서 헥산과 부탄의 폭발범위는 1.1~1.8%, 1.8~8.4% 이다.)

해설 & 답

르샤틀리에 법칙

$$\frac{100}{L} = \frac{V_1}{L_1} + \frac{V_2}{L_2} + \frac{V_3}{L_3} + \cdots\cdots + \frac{V_n}{L_n}$$

여기서 가연성가스가 차지하는 체적은 $(2+8) = 10\%$ 이므로

$$\frac{10}{L} = \frac{V_1}{L_1} + \frac{V_2}{L_2}$$

① 혼합가스 폭발범위 하한값 = $\frac{10}{L} = \frac{2}{1.1} + \frac{8}{1.8}$

$\frac{10}{L} = 6.26$ $L = \frac{10}{6.26} = 1.579 ≒ 1.6\%$

② 혼합가스 폭발범위 상한값 = $\frac{10}{L} = \frac{2}{1.8} + \frac{8}{8.4}$

$\frac{10}{L} = 2.06$ $L = \frac{10}{2.06} = 4.85\%$

∴ 혼합가스 중 가연성가스의 체적비가 10%로 혼합가스 폭발범위가 1.6~4.85%이므로 폭발가능성이 없다.

Question 12

아세틸렌 제조시 사용 불가능한 재질을 쓰고 이 이유를 반응식을 써서 설명하시오.

해설 & 답 — Explanation & Answer

(1) 사용 불가능한 재질 : 동 또는 구리

(2) 반응식 : $C_2H_2 + 2Cu \rightarrow \underline{Cu_2C_2} + H_2$
　　　　　　　　　　　　　　동아세틸라이드

(3) 이유 : 폭발성 물질인 동아세틸라이드를 생성하기 때문에

보충 화합반응 : $C_2H_2 + 2Cu \rightarrow Cu_2C_2 + H_2$
　　　　　　　　$C_2H_2 + 2Ag \rightarrow Ag_2C_2 + H_2$
　　　　　　　　$C_2H_2 + 2Hg \rightarrow Hg_2C_2 + H_2$

※ 기능장 실기 문제는 수험생분들의 이야기를 토대로 만들기 때문에 문제가 상이할 수 있음을 알려드립니다.

2023년도 제 73 회 작업형

Question 01 다음 동영상에서 제시되는 용기에 대한 물음에 답하시오.

(1) 제조방법에 의한 용기명칭을 쓰시오.
(2) 이 용기는 최고충전압력에 얼마의 수치를 곱한 수치 이상의 압력에서 항복을 일으키지 않는 두께이어야 하는가?
(3) 이 용기의 동체의 최대두께와 최소두께의 차이는 평균두께의 몇 % 이하로 하여야 하는가?
(4) 이 용기를 강으로 제조시 탄소함유량은 얼마인가?

해설 & 답

(1) 이음매없는 용기
(2) FP×1.7
(3) 10%
(4) 0.55% 이하(인 : 0.04, 황 : 0.05% 이하)

Question 02

가스용 폴리에틸렌관(PE관)을 융착이음하는 방법 3가지를 쓰시오.

해설 & 답 Explanation & Answer

① 맞대기 융착이음
② 소켓 융착이음
③ 새들 융착이음

Question 03

공기보다 비중이 가벼운 도시가스 정압기실이 지하에 설치될 때 통풍구조에 대한 물음에 답하시오.

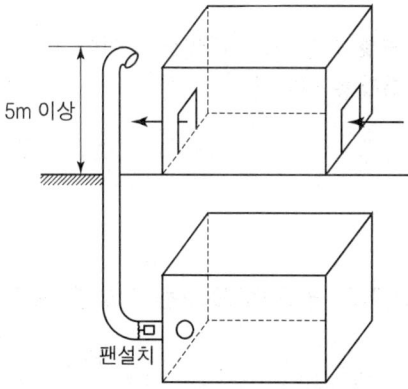

(1) 배기가스 방출구 높이는 지면에서 몇 m 이상인가?
(2) 흡입구 및 배기구의 관지름은 얼마인가?
(3) 통풍구의 크기는 1m² 당 얼마로 하는가?
(4) 1개 환기구 면적은 몇 cm² 이하인가?

해설 & 답 Explanation & Answer

(1) 3m (2) 100mm
(3) 300cm (4) 2400cm²

Question 04

도시가스 배관을 도로에 매설 시 다음 동영상으로 보고 답하시오.

(1) 다음 동영상의 명칭을 쓰시오.
(2) 도시가스 배관이 직선으로 매설 시 설치간격은 몇 m인가?
(3) 종류 2가지를 쓰시오.(단 금속제는 제외)
(4) 라인마크가 설치된 것으로 간주할 수 있는 경우에는 밸브 박스 또는 배관 직상부에 설치된 (   )이 라인마크 설치기준에 적합한 기능을 갖도록 설치된 기능

해설 & 답

(1) 라인마크
(2) 50m
(3) 스티커형 라인마크, 네일형 라인마크
(4) 전위측정용 터미널

Question 05

방폭전기기기 명판에 표시된 기호를 보고 해당 방폭구조를 쓰시오.

ExP

해설 & 답

압력방폭구조 : 용기 내부에 보호가스(N_2)를 압입하여 내부의 압력을 유지함으로써 용기 외부의 가연성가스가 용기 내부로 유입되지 않도록 한 구조

Question 06

호칭지름 400A인 도시가스배관을 교량에 설치 시 다음 물음에 답하시오.

(1) 배관재료는 무엇인지 쓰시오.
(2) 고정장치 지지간격은 몇 m인가?
(3) 지지대 U볼트 등의 고정장치와 배관 사이에 조치해야 할 사항

Explanation & Answer

(1) 강재
(2) 19m
(3) 고무판, 플라스틱 등 절연물질을 삽입한다.

보충 호칭지름

100A : 8m	400A : 19m
150A : 10m	500A : 22m
200A : 12m	600A : 25m
300A : 16m	

Question 07

밀폐식 보일러 자연급배기식의 급배기통의 설치기준에 대한 ( ) 안에 알맞은 숫자를 쓰시오.

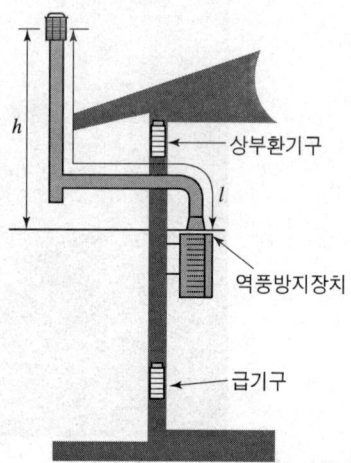

① 급배기통은 전방 ( ) 이내에 장애물이 없는 장소에 설치한다.
② 급배기통과 상방향 건축물 돌출물과의 이격거리는 ( ) 이상으로 한다.
③ 급배기통은 좌우 또는 상하에 설치된 돌출물 간의 거리가 ( ) 미만인 곳에는 설치하지 않는다.
④ 급배기통의 높이는 바닥면 또는 지면으로부터 ( ) 위쪽에 설치한다.

해설 & 답

① 150m
② 250mm
③ 1500mm
④ 150mm

Question 08

액화가스가 저장된 저장시설에 설치된 방류둑 성토의 기울기는 (①) 도 이하로 하며, 성토 위부분의 폭은 (②)cm 이상으로 하고 방류둑 용량은 액화산소인 경우 (③)%, 수액기 내용적은 (④)%로 한다.

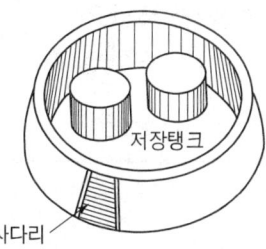

해설 & 답   Explanation & Answer

① 45   ② 30   ③ 60   ④ 90

Question 09

비파괴 검사법 중 자분탐상법에 대해 다음 물음에 답하시오.
(1) 이 검사법의 원리를 쓰시오.
(2) 이 검사법의 장점 2가지를 쓰시오.
(3) 이 검사법의 단점 2가지를 쓰시오.

해설 & 답   Explanation & Answer

(1) 피검사물이 자화한 상태에서 표면에 가까운 손상에 의해 생기는 누설 자속을 사용하여 결함을 검출하는 방법
(2) ① 검사속도가 매우 빠르다.
    ② 검사비용이 비교적 저렴하다.
    ③ 장비가 간편하여 이동이 쉽다.
    ④ 육안으로 검지할 수 없는 결함을 검지할 수 있다.
(3) ① 종료 후 탈지처리가 필요하다.
    ② 내부결함 검출이 불가능하다.
    ③ 비자성체에는 적용이 불가하다.
    ④ 전원이 필요하다.

Question 10

다음 동영상에 대해 쓰시오.
(1) 명칭을 쓰시오.
(2) 안전기구의 역할을 쓰시오.
(3) 작동성능 3가지를 쓰시오.

해설 & 답 — Explanation & Answer

(1) 과류차단안전기구
(2) 표시 유량 이상의 가스량이 통과되었을 때 가스유로를 차단하는 장치
(3) ① 유량 성능 ② 내충격 성능 ③ 내정하중 성능
    ④ 토크 성능 ⑤ 스토퍼강도 성능

Question 11

액화석유가스용 세이프티카플링에 대한 다음 물음에 답하시오.
(1) 기능을 쓰시오.
(2) 세이프티커플링 가스의 흐름에 지장이 없도록 합산 유효면적은 얼마로 하여야 하는가?

해설 & 답 — Explanation & Answer

(1) 액화석유가스 자동차용기 충전호스에 설치되는 것으로 일정 강도 이상의 인장력이 작용 시 자동으로 분리됨과 동시에 유로를 폐쇄시켜 액화석유가스가 누출되는 사고를 방지하는 역할
(2) $0.5m^2$

Question 12

아세틸렌 충전용기에 대한 내용이다. ( ) 안에 알맞은 답을 쓰고 물음에 답하시오.

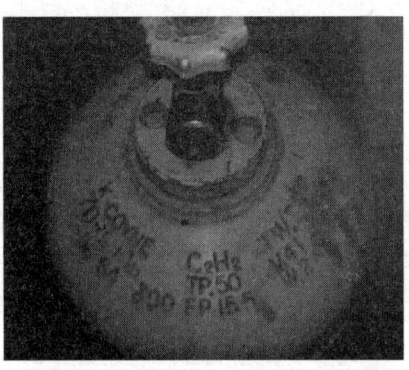

(1) 최고 충전압력은 (①)MPa이고, (②)℃에서 용기에 충전할 수 있는 가스의 압력 중 최고압력이다.
(2) 아세틸렌의 희석제에는 (①), (②), (③), (④)가 있다.
(3) 아세틸렌의 용제에는 (①), (②)가 있다.
(4) 용기에 부착된 가용전식 안전밸브의 용융온도는?
(5) 내력과 인장강도의 비를 무엇이라 하는가?

해설 & 답

(1) ① 1.5 ② 15
(2) ① 메탄 ② 일산화탄소 ③ 에틸렌 ④ 질소
(3) ① 아세톤 ② DMF
(4) 105±5℃
(5) 내력비

※ 기능장 실기 문제는 수험생분들의 이야기를 토대로 만들기 때문에 문제가 상이할 수 있음을 알려드립니다.

2023년도 제 74 회 필답형

Question 01
도시가스사업법에 대한 액화가스의 정의를 쓰시오.

해설 & 답

상용온도 또는 35℃에서 압력이 0.2MPa 이상 압력인 것

※ 보충 압축가스 : 상용의 온도 또는 35℃에서 압력이 1MPa 이상인 것

Question 02
도시가스사업법에 정한 저압, 중압, 고압에 대한 내용 중 ( ) 안에 알맞은 내용을 넣으시오.

(1) 저압이란 (①)MPa 미만의 압력을 말한다. 다만 액화가스가 기화되고 다른 물질과 혼합되지 아니하는 경우에는 0.01MPa 미만의 압력을 말한다.
(2) 중압이란 (②)MPa 이상 (③)MPa 미만의 압력을 말한다. 다만 액화가스가 기화되고 다른 물질과 혼합되지 아니하는 경우에는 (④)MPa 이상 (⑤)MPa 미만의 압력을 말한다.
(3) 고압이란 1MPa 이상의 압력 (⑥)를 말한다.

해설 & 답

① 0.1 ② 0.1 ③ 1 ④ 0.01 ⑤ 0.2 ⑥ 게이지

Question 03
도시가스시설에 설치하는 정압기의 기능 3가지를 쓰시오.

해설 & 답

① 도시가스 압력을 사용처에 맞게 낮추는 감압기능
② 2차측의 압력을 허용범위 내의 압력으로 유지하는 정압기능
③ 가스의 흐름이 없을 때는 밸브를 완전히 폐쇄하여 압력 상승을 방지하는 폐쇄기능

Question 04
저온장치의 단열에 사용되는 글라스울, 세라믹파이버 등을 이용하는 진공단열법에서 단열공간을 진공으로 하는 이유를 쓰시오.

해설 & 답

단열공간의 공기를 제거하여 진공으로 하면 공기에 의한 열전달을 차단할 수 있기 때문에

 진공단열법 : ① 다층진공단열법 ② 고진공단열법 ③ 분말진공단열법

Question 05
고압가스 이음매 없는 용기의 재검사 항목 3가지를 쓰시오.

해설 & 답

① 내압검사
② 외관검사
③ 음향검사

포스겐의 합성반응식과 가수분해반응식을 쓰시오.

① 합성반응식 : $CO + Cl_2 \xrightarrow{\text{활성탄}} COCl_2$

② 가스분해반응식 : $COCl_2 + H_2O \rightarrow CO_2 + 2HCl$

3%의 묽은 과산화수소에 촉매로 이산화망간을 가하면 산소를 얻을 수 있는데 이때 반응식과 이산화망간의 역할을 쓰시오.

① 반응식 : $2H_2O_2 + MnO_2 \rightarrow MnO_2 + 2H_2O + O_2 \uparrow$

② 역할 : 과산화수소가 분해될 때 활성도를 높여 산소가 쉽게 발생하는 역할을 한다.

안지름이 100cm인 배관에 유속이 3m/s로 밀도가 600kg/m³인 LPG가 이송시 다음 2가지 단위로 계산하시오.
(1) kg/s (2) N/s

(1) kg/s : $G = \rho \cdot V \cdot A = 600 \times 3 \times \dfrac{3.14}{4} \times 1^2 = 1413 \text{kg/s}$

(2) N/s : $F = G(m) \times a$ (중력가속도)
$= 1413 \text{kg/s} \times 9.8 \text{m/s}^2 = 13847.4 \text{N/s}$

※ $1N = 1 kg \cdot m/s^2$

Question 09

프로필렌을 이론공기량으로 혼합하여 완전연소시 혼합 기체 중 프로필렌의 농도는 몇 vol%인가? (단, 공기 중 산소의 체적은 21%이다)

해설 & 답

① 프로필렌의 완전연소반응식
$$1C_3H_6 + 4.5O_2 \rightarrow 3CO_2 + 3H_2O$$

② 프로필렌 농도(몰수적용) $= \dfrac{1}{1+A_o} \times 100 = \dfrac{1}{1+\dfrac{4.5}{0.21}} \times 100$

$= 4.46\%$

보충

프로필렌 농도 $= \dfrac{\text{프로필렌 몰수}}{\text{프로필렌 몰수} + A_o} \times 100$

$A_o(\text{이론공기량}) = \dfrac{O_o(\text{이론산소량})}{0.21}$

Question 10

고온, 고압에서 일산화탄소를 사용하는 장치에 Fe, Ni, Co를 사용시 영향을 쓰시오.

해설 & 답

철족의 금속(Fe, Ni, Co)과 반응하여 금속카보닐을 생성하여 침탄의 원인이 된다.

보충
Fe + 4CO → Fe(CO)₄ 철카보닐
Ni + 5CO → Nu(CO)₅ 니켈카보닐

Question 11 전기방식법 중 강제배류법을 설명하시오.

해설 & 답

배류법과 외부전원법을 혼합한 전기방식법으로 전철이 운행되는 시간에는 배류법으로 부식을 방지하고 전철이 운행되지 않는 시간에는 외부전원법으로 부식을 방지하는 전기방식법

Question 12 물의 전기분해법에서 음극과 양극의 비는 얼마인가?

해설 & 답

$2H_2O \rightarrow 2H_2 + O_2$
　　　　(-극)　(+극)
∴ 2 : 1

※ 기능장 실기 문제는 수험생분들의 이야기를 토대로 만들기 때문에 문제가 상이할 수 있음을 알려드립니다.

2023년도 제 74 회 작업형

Question 01

다음은 공기액화분리장치이다. 물음에 답하시오.

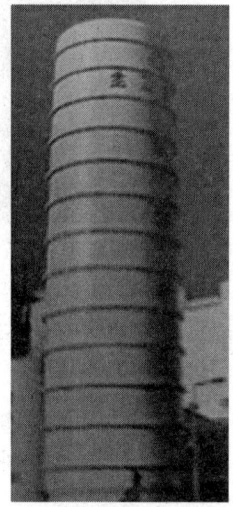

(1) 산소의 품질검사 합격순도는 얼마인가?
(2) 품질검사시 산소용기 만의 가스충전압력은 35℃에서 얼마인가?
(3) 이 장치에 설치된 액화산소통 안의 액화산소 5L 중 아세틸렌의 질량 (①)mg, 탄화수소의 탄소질량 (②)mg을 초과시 공기액화분리장치 운전을 정지하고 액화산소 방출
(4) 동, 암모니아 시약을 이용하여 산소의 품질검사를 하는 검사법을 쓰시오.
(5) 공기액화분리장치의 세척제를 쓰시오.

해설 & 답 Explanation & Answer

(1) 99.5% 이상
(2) 11.8MPa 이상
(3) ① 0.5 ② 500
(4) 오르자트법
(5) 사염화탄소

다음은 LPG 자동차용 충전기(disperser)이다. 충전기의 충전호스 기준에 대해 4가지를 쓰시오.

① 가스주입기를 원터치형으로 할 것
② 충전호스 길이는 5m 이내일 것
③ 충전호스에 정전기 제거장치를 할 것
④ 충전호스에 과도한 인장력이 가해졌을 때 충전기와 가스주입기가 분리될 수 있는 안전장치를 설치할 것

아세틸렌 용기에 각인된 기호 중 "TW"의 의미를 단위까지 포함하여 쓰시오.

아세틸렌 용기 질량에 다공물질, 용제, 밸브질량을 합한 질량

Question 04

고정식 압축도시가스 자동차 충전시설에 대한 내용이다. 다음을 쓰시오.

(1) 충전설비는 도로경계까지 유지해야 할 거리는 얼마인가?
(2) 압축가스설비 외면으로부터 사업소 경계까지 안전거리는 얼마인가?
(3) 저장설비, 처리설비, 압축가스설비 및 충전설비는 철도와 유지해야 할 거리는 얼마인가?

해설 & 답

(1) 5m 이상
(2) 10m 이상
(3) 30m 이상

Question 05

LPG 용기 보관장소에 자연환기설비를 설치 시 기준 4가지를 쓰시오.

해설 & 답

① 환기구의 통풍가능 면적의 합계는 바닥면적 $1m^2$ 당 $300cm^3$의 비율로 계산한 면적 이상으로 하고 1개소 면적은 $2400cm^2$ 이하로 한다.
② 환기구는 가로의 길이를 세로의 길이보다 길게 한다.
③ 환기구는 바닥면에 접하고 외기에 면하게 설치한다.
④ 사방을 방호벽 등으로 설치할 경우 환기구의 방향은 2방향 이상으로 분산 설치한다.

Question 06

제시되는 유량계는 (①)전후에서 (②)가 발생되고 이것을 (③) 원리에 적용해 유량을 측정하는 것이다. ( ) 안에 알맞은 말을 쓰시오.

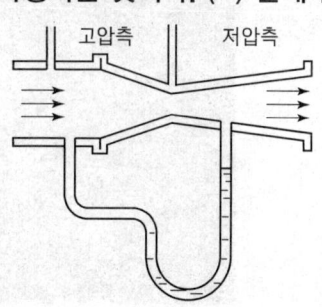

해설 & 답

① 오리피스 ② 압력차이 ③ 베르누이

Question 07

교량 및 횡으로 설치된 도시가스배관의 호칭지름별 고정장치 지지간격은 각각 얼마인가?

(1) 150A (2) 200A
(3) 400A (4) 500A

해설 & 답

(1) 10m (2) 12m (3) 19m (4) 22m

보충 호칭지름별 지지간격

호칭지름	지지간격	호칭지름	지지간격
100A	8m	400A	19m
150A	10m	500A	22m
200A	12m	600A	25m
300A	16m		

도시가스 매설배관용으로 사용하는 가스용 폴리에틸렌관의 SDR값이 각각 11, 17, 21일 때 사용할 수 있는 가스압력은 얼마인가?

① SDR11 : 0.4MPa 이상
② SDR17 : 0.25MPa 이상
③ SDR21 : 0.2MPa 이상

LNG 저장탱크에 설치하는 물분무장치에 대한 물음에 답하시오.

(1) 조작스위치의 위치는 당해 저장탱크 외면으로부터 얼마나 떨어진 위치에 설치하는지 쓰시오.
(2) 저장탱크 주위 몇 m 이내에는 분무장치의 물 차단밸브를 원거리 개폐가 가능한 구조로 해야 되는지 쓰시오.
(3) 물이 저장된 수원에 접속된 경우 방수량 시간은 얼마인지 쓰시오.
(4) 저장탱크 표면적 $1m^2$ 당 분무능력은 얼마인지 쓰시오.

(1) 15m 이상
(2) 5m 이상
(3) 60분 이상
(4) 5L/min 이상

Question 10

방폭전기기기에 표시된 내용에 대하여 설명하시오.
(1) Ex
(2) P
(3) ⅡB
(4) T₄

해설 & 답

(1) 방폭구조
(2) 압력 방폭구조
(3) 내압 방폭전기기기의 폭발등급
(4) 방폭전기기기의 온도등급
   (가연성가스와 발화온도범위는 135℃ 초과 200℃ 이하)

Question 11

다기능가스 안전계량기의 작동성능 5가지를 쓰시오.

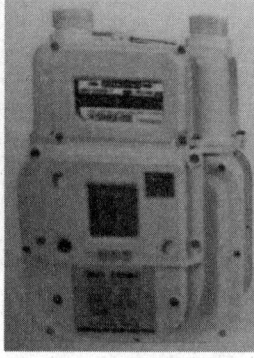

해설 & 답

① 미소누출검지 성능
② 미소사용유량 등록 성능
③ 연소사용시간 차단 성능
④ 증가유량 차단 성능
⑤ 합계유량 차단 성능
⑥ 압력저하 차단 성능

Question 12

도로 및 공동 주택 등의 부지안에 도로에 도시가스 배관을 매설하는 경우에 설치하는 라인마크 모양 3가지와 종류 3가지를 쓰시오.

해설 & 답

(1) 라인마트 모양 : ① 직선방향 ② 양방향 ③ 일방향
　　　　　　　　④ 삼방향 ⑤ 135° 방향 ⑥ 관말지점

(2) 종류 : ① 금속제 라인마크
　　　　　② 스티커형 라인마크
　　　　　③ 네일형 라인마크

※ 기능장 실기 문제는 수험생분들의 이야기를 토대로 만들기 때문에 문제가 상이할 수 있음을 알려드립니다.

2024년도 제 75 회 필답형

Question 01

도시가스 정압기실에서 안전관리자가 상주하는 곳에 통보할 수 있는 감시장치의 종류 3가지를 쓰시오.

해설 & 답

① 가스누출검지 통보설비
② 출입문 개폐 통보장치
③ 이상압력 통보설비

Question 02

1atm, 25℃ 상태의 공기 280m³를 190atm, −120℃로 압축시키면 체적은 몇 L가 되는지 계산하시오. (단, 공기는 이상기체로 한다)

해설 & 답

보일-샬의 법칙

$$\frac{P_1 \times V_1}{T_1} = \frac{P_2 \times V_2}{T_2}$$

$$V_2 = \frac{P_1 \times V_1 \times T_2}{T_1 \times P_2} = \frac{1 \times 280 \times (273 + (-120))}{(273 + 25) \times 190} = 0.75662 \text{m}^3$$

∴ $V_2 = 0.75662 \text{m}^3 \times 1000 \text{L/m}^3 = 756.62 \text{L}$

Question 03

배관에서 발생하는 진동의 원인 5가지를 쓰시오.

① 안전밸브 분출에 의한 진동
② 관내를 흐르는 유체의 압력변화에 의한 진동
③ 관의 굴곡에 의해 생기는 힘의 영향
④ 펌프, 압축기에 의한 영향
⑤ 바람, 지진 등에 의한 영향

Question 04

고압가스 제조설비에 플레어스텍을 설치하는 목적을 쓰시오.

긴급이송설비에 의해 이송되는 가연성가스를 대기 중에 분출하면 공기와 혼합하여 폭발성 혼합기체가 형성될 수 있으므로 파이로트버너로 점화 연소시켜 처리함

Question 05

수소 2g과 산소 16g이 혼합된 가스의 압력이 18atm일 때 수소의 분압은 몇 atm 인가?

수소의 분압 = 전압 × $\dfrac{\text{성분기체몰수}}{\text{전몰수}}$ = $18 \times \dfrac{\frac{2}{2}}{\frac{2}{2}+\frac{16}{32}}$ = 12atm

산소의 분압 = $18 \times \dfrac{\frac{16}{32}}{\frac{2}{2}+\frac{16}{32}}$ = 6atm

산소와 천연메탄을 수송할 때에는 압축기와 충전용지관 사이에 ( )를 설치하여야 한다.
(1) ( ) 안에 알맞은 기기의 명칭을 쓰시오.
(2) 이 기기를 사용하는 목적을 쓰시오.

해설 & 답

(1) 수취기
(2) 가스 중의 수분제거

가스가 통하는 부분에 직접 액체를 옮겨 넣는 가스발생설비와 가스정제설비에 반드시 필요한 공통설비가 무엇인지 쓰시오.

해설 & 답

역류방지장치

도시가스사업법에서 정한 고압의 정의를 쓰시오.

해설 & 답

1MPa 이상의 압력(게이지압력)을 말한다. 단, 액체상태의 액화가스는 고압으로 본다.

Question 09

다음 시설 중 방호벽을 설치해야 할 곳을 1개씩 쓰시오.
(1) 가스도매사업 정압기지
(2) 액화석유가스 충전시설
(3) 특수고압가스 사용시설

해설 & 답 — Explanation & Answer

(1) 지상에 설치하는 정압기실 벽
(2) 지상에 설치된 저장탱크와 가스충전장소와의 사이
(3) 고압가스의 저장량이 300kg(압축가스의 경우에는 $1m^3$, 5kg으로 본다) 이상인 용기 보관실의 벽

Question 10

냉동장치의 팽창밸브에 대한 물음에 답하시오.
(1) 역할을 쓰시오.
(2) 대표적으로 쓰이는 밸브 종류 2가지를 쓰시오.

해설 & 답 — Explanation & Answer

(1) 고온, 고압의 냉매액을 증발기에서 증발하기 쉽게 저온, 저압으로 교축팽창시키고 증발기로 공급되는 냉매유량을 조절
(2) 모세관, 감온팽창밸브, 정압팽창밸브

Question 11

일반 열처리 방법 중 하나인 불림의 종류 3가지를 쓰시오.

해설 & 답 — Explanation & Answer

① 이중 불림   ② 2단 불림   ③ 보통 불림   ④ 항온 불림

※ 기능장 실기 문제는 수험생분들의 이야기를 토대로 만들기 때문에 문제가 상이할 수 있음을 알려드립니다.

2024년도 제 75 회 작업형

Question 01

공기액화분리장치에서 액화산소통 안의 액화산소가 15L일 때 운전을 중지하고 액화산소를 방출해야 하는데 아세틸렌 질량 (①)mg, 탄화수소의 탄소질량이 (②)mg 이 초과 시이다.

해설 & 답

① 15 ② 1500

Question 02

다음 방폭전기기기에 대한 물음에 답하시오.
(1) 방폭전기기기의 용기 내부에서 가연성가스의 폭발이 발생할 경우 그 용기가 폭발압력에 견디고 접합면 개구부등을 통하여 외부의 가연성가스에 인화되지 않도록 하는 구조의 명칭을 쓰시오.
(2) 가연성가스의 폭발등급 기준을 쓰시오.

해설 & 답

(1) 내압방폭구조
(2) 가연성가스의 폭발등급
   ① A등급 : 최대안전틈새 범위가 0.9mm 이상
   ② B등급 : 최대안전틈새 범위가 0.5mm 초과 0.9mm 이상
   ③ C등급 : 최대안전틈새 범위가 0.5mm 이하

Question 03

다음 아세틸렌 충전용기에 대한 물음에 답하시오.
(1) 용기 동판의 최대 두께와 최소 두께와의 차이는 평균두께의 몇 %인가?
(2) 아세틸렌 충전용 지관의 재질을 쓰시오.
(3) 내압시험압력을 쓰시오.
(4) 기밀시험압력을 쓰시오.
(5) 최고충전압력을 쓰시오.

해설 & 답   Explanation & Answer

(1) 10% 이하
(2) 탄소함유량이 0.1% 이하의 강
(3) 최고충전압력의 3배
(4) 최고충전압력의 1.8배
(5) 15℃에서 용기에 충전할 수 있는 가스의 압력 중 최고압력

Question 04

LPG 자동차용기충전소에 대한 내용이다. 다음을 쓰시오.
(1) 충전기 형식은?
(2) 충전기 상부에 설치된 것으로 내부로 배관이 통과할 때 설치하여야 하는 것은?
(3) 충전기 상부에 설치하는 것의 명칭과 면적은?
(4) 인장력이 작용하였을 때 분리시켜주는 기기는?
(5) 충전기 충전호스 길이와 그 끝부분에 설치하여야 할 것은?

해설 & 답   Explanation & Answer

(1) 원터치형
(2) 점검구
(3) 캐노피, 공지면적의 1/2 이하
(4) 세이프티커플링
(5) 5m, 정전기제거 장치

05 라인마크에 대한 다음 물음에 답하시오.
(1) 비개착공법에 의하여 배관을 지하에 매설하는 그 시점과 종점 사이에 설치하는 라인마크 설치간격은 몇 m인가?
(2) 매설되는 배관이 직선일 때 설치간격은 몇 m인가?

해설 & 답

(1) 10m 이내
(2) 50m 이내

06 시가지 외의 지역에 설치하는 도시가스 표지판에 대한 물음에 답하시오.
(1) 설치간격을 쓰시오.
(2) 가로 및 세로 치수를 쓰시오.

해설 & 답

(1) 500m 이내
(2) ① 가로 200mm 이상
    ② 세로 150mm 이상

07 도시가스 배관을 지하에 매설할 때 다음 물음에 답하시오.
(1) 보호판의 두께는?
(2) 보호판에 구멍을 뚫는 이유를 쓰시오.
(3) 되메움 작업시 침상재료는 배관하단부에서부터 배관상단 얼마까지 포설하는가?

해설 & 답

(1) 4mm 이상
(2) 누출된 가스가 지면으로 확산되도록 하기 위하여
(3) 30cm

Question 08

맞대기 융착이음을 하는 가스용 폴리에틸렌관의 두께가 30mm일 때 비드폭의 최소치($B_{\min}$)와 최대치($B_{\max}$)를 구하시오.

해설 & 답

① $B_{\min} = 3 + 0.5t = 3 + 0.5 \times 30 = 18\mathrm{mm}$
② $B_{\max} = 5 + 0.75t = 5 + 0.75 \times 30 = 27.5\mathrm{mm}$

Question 09

도시가스사용시설에 설치된 기기 중 지시하는 것에 대한 물음에 답하시오.

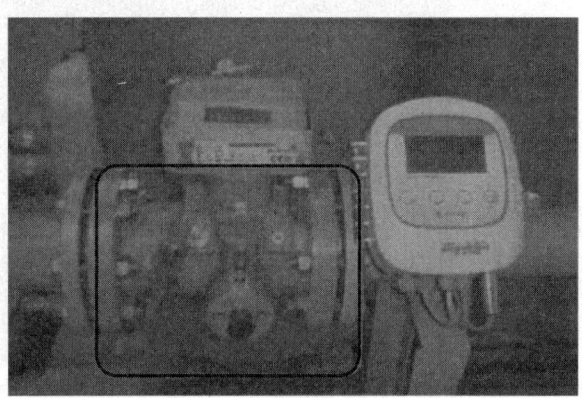

(1) 다음 지시하는 유량계의 명칭을 쓰시오.
(2) 장·단점 1가지씩 쓰시오.

해설 & 답

(1) 터빈식 유량계
(2) ① 장점 : ㉠ 고압 및 저압에서도 정도가 우수하다.
　　　　　　㉡ 압력손실이 적다.
　　　　　　㉢ 측정범위가 넓다.
　　② 단점 : ㉠ 필터설치후의 유지관리가 필요하다.
　　　　　　㉡ 가격이 비싸다.

Question 10

충전용기 밸브 몸체에 각인된 AG, TP, V, TW, W를 각각 설명하시오.

해설 & 답

① AG : 아세틸렌가스를 충전하는 용기 부속품
② TP : 내압시험압력(MPa)
③ V : 용기 내용적(L)
④ TW : 아세틸렌 용기질량에 다공물질, 용제, 밸브 질량을 합한 질량(kg)
⑤ W : 밸브의 질량(kg)

Question 11

가스누출경보 자동차단장치이다. 지시하는 것의 명칭을 쓰시오.

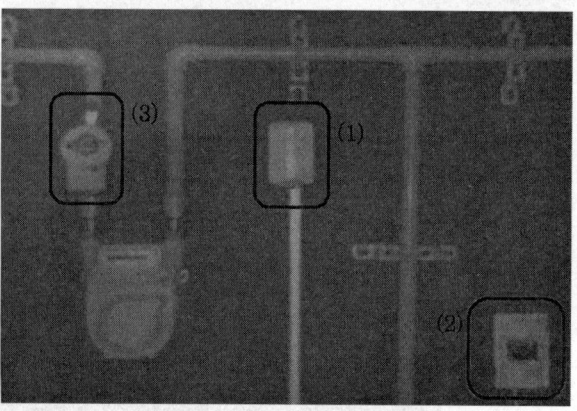

해설 & 답

(1) **검지부** : 누출된 가스를 검지하여 제어부로 신호를 보내는 기능을 가진 것
(2) **제어부** : 차단부를 원격 개폐할 수 있는 기능 및 경보기능을 가진 것
(3) **차단부** : 제어부로부터 보내진 신호에 따라 가스의 유로를 개폐하는 기능을 가진 것

※ 기능장 실기 문제는 수험생분들의 이야기를 토대로 만들기 때문에 문제가 상이할 수 있음을 알려드립니다.

2024년도 제 76 회 필답형

Question 01
가스저장설비에 설치되는 방파판의 설치목적을 쓰시오.

해설 & 답

저장설비에 충전된 액화가스의 액면요동 방지

Question 02
다음 물질의 제독제의 종류를 쓰시오.
(1) 염소 :
(2) 아황산가스 :
(3) 포스겐 :
(4) 황화수소 :
(5) 암모니아, 산화에틸렌 :

해설 & 답

(1) 염소 : ① 소석회 ② 가성소다 ③ 탄산소다
(2) 아황산가스 : ① 물 ② 가성소다 ③ 탄산소다
(3) 포스겐 : ① 가성소다 ② 소석회
(4) 황화수소 : ① 가성소다 ② 탄산소다
(5) 암모니아, 산화에틸렌 : 다량의 물

Question 03

가스배관 설계시 고려하는 압력손실의 종류 4가지를 쓰시오.

해설 & 답

① 입상배관에 의한 압력손실
② 가스미터, 콕 등에 의한 압력손실
③ 엘보우, 티 등 배관부속품에 의한 압력손실
④ 직선배관에 의한 압력손실

Question 04

액화석유가스사업자가 설치공사 또는 변경공사를 할 때 공정별로 허가관청의 안전성확인을 받아야 하는 공정 4가지를 쓰시오.

해설 & 답

① 저장탱크를 지하에 매설하기 직전의 공정
② 한국가스안전공사가 지정하는 부분의 비파괴시험을 하는 공정
③ 방호벽 또는 지상형 저장탱크의 기초 설치공정과 방호벽(철근콘크리트제 방호벽이나 콘크리트블록제 방호벽의 경우에만 해당한다)의 벽 설치공정
④ 배관을 지하에 설치하는 경우로서 한국가스안전공사가 지정하는 부분을 매몰하기 직전의 공정

Question 05

수소자동차 충전소를 다음과 같이 분류 시 각각 설명하시오.
(1) On-site 방식
(2) Off-site 방식

해설 & 답

(1) On-site 방식 : 수소를 천연가스에서 추출하거나 수전해설비를 이용하여 자체적으로 생산하여 자동차에 충전하는 수소 충전소이다.
(2) Off-site 방식 : 수소를 파이프라인이나 튜브트레일러를 이용하여 외부로부터 공급받아 자동차에 충전하는 수소 충전소이다.

Question 06

도시가스 특정가스 사용시설에 설치된 연소기구가 〈보기〉의 조건과 같을 때 월사용예정량을 구하고 안전관리자 선임여부를 판단하시오.

〈보기〉 10000kcal/h 15대, 50000kcal/h 3대, 35000kcal/h 3대

해설 & 답 — Explanation & Answer

① 월사용예정량 계산 :
$$Q = \frac{(A \times 240) + (B \times 90)}{11000}$$
여기서 산업용으로 사용하는 연소기는 없으므로
$$Q = \frac{[(10000 \times 15) + (50000 \times 3) + (35000 \times 3)] \times 90}{11000} = 3313.63 \text{m}^3$$

② 안전관리자 선임기준은 월사용예정량 4000m^3를 초과하지 않으므로 안전관리 책임자를 선임하지 않아도 된다.

Question 07

고압가스안전관리법 적용을 받는 고압가스의 종류 및 범위에 대한 규정 중 ( )에 알맞은 내용을 쓰시오.
(1) 상용의 온도 또는 15℃에서 압력이 (   )을 초과하는 아세틸렌가스
(2) 상용의 온도 또는 35℃에서 압력이 (   ) 이상인 액화가스
(3) 액화시안화수소, 액화브롬화메탄, 액화산화에틸렌은 상용의 온도 또는 35℃에서 압력이 (   )을 초과하는 가스
(4) 압축가스는 상용의 온도 또는 35℃에서 압력이 (   )이고 압력은 (   ) 이상인 가스

해설 & 답 — Explanation & Answer

(1) 0Pa
(2) 0.2MPa
(3) 0Pa
(4) 게이지압력, 1MPa

Question 08

내용적이 30m³의 저장탱크에 대기압상태의 공기가 들어있는 곳을 질소가스로 치환시키기 위해 게이지압력이 5kgf/cm²으로 압입한 후 공기와 질소가 충분히 혼합되었을 때 가스 방출관 밸브를 열어 대기압상태로 하였다. 이때 저장탱크 내부에 잔류하는 산소농도는 몇 vol%인가? (단, 대기압은 1kgf/cm², 공기 중 산소 농도는 21%이다.)

해설 & 답

① 공학단위 압축가스 저장능력 : $Q = (P+1)V = (5+1) \times 30 = 180 \text{m}^3$
② 산소량 = 저장탱크 내용적 × 산소농도 = $180 \times 0.21 = 37.8 \text{m}^3$
③ 산소농도 = $\dfrac{37.8}{100} \times 100 = 37.8\%$

Question 09

직동식 정압기에서 ① 2차측 압력이 일정할 때와 ② 2차측 압력이 설정압력보다 높을 때의 작동원리를 쓰시오.

해설 & 답

① **2차측 압력이 일정할 때** : 다이어프램에 작용하는 2차 압력과 스프링의 힘이 같기 때문에 메인밸브가 움직이지 않고 가스가 메인밸브를 통과하여 2차측으로 들어간다.
② **2차측 압력이 설정압력 이상일 때** : 2차측 가스 사용량이 감소하면 2차 압력이 설정압력 이상으로 상승하는데 이 경우 다이어프램을 위로 밀어 올리는 힘이 스프링의 힘보다 커져서 다이어프램에 직결된 메인밸브를 위로 움직여 가스의 흐름을 제한하고 2차 압력을 낮아지게 하여 2차 압력을 설정압력으로 만든다.

 2차측 압력이 설정압력 이하일 때 : 2차측의 가스 사용량이 증가하면 2차압력이 설정압력 이하로 감소하는데 이 경우 다이어프램을 위로 밀어 올리는 힘이 스프링의 힘보다 약해져 다이어프램에 직결된 메인밸브를 아래로 움직여 밸브의 열림을 크게 하고 가스의 흐름을 증가시켜 2차압력을 설정압력까지 회복하도록 작동한다.

Question 10

고압가스 냉동제조기준에서 냉매가스 등이 불연성가스인 경우 온도과 상승방지조치란 무엇인지 쓰시오.

해설 & 답

내구성이 있는 불연재료로 간극없이 피복함으로써 화기의 영향을 감소시켜 그 표면의 온도가 화기가 없는 경우의 온도보다 10℃ 이상 상승하지 아니하도록 한 조치를 말한다.

Question 11

회전수가 1200rpm, 유량 15m³/min, 양정이 21m인 3단원심펌프에서 비교회전도를 구하시오.

해설 & 답

비교회전도

$$N_s = \frac{N\sqrt{Q}}{\left(\frac{H}{n}\right)^{3/4}} = \frac{1200 \times \sqrt{15}}{\left(\frac{21}{3}\right)^{3/4}} = 1079.95 \mathrm{m^3/min \cdot m \cdot rpm}$$

※ 기능장 실기 문제는 수험생분들의 이야기를 토대로 만들기 때문에 문제가 상이할 수 있음을 알려드립니다.

2024년도 제 76 회 작업형

Question 01 플레어스텍에서 역화 및 혼합폭발을 방지하기 위한 시설 또는 방법 5가지를 쓰시오.

해설 & 답

① Flame arrester의 설치
② Vapor seal의 설치
③ Molecular seal의 설치
④ Purge gas(N2, off gas)의 지속적인 주입
⑤ Liquid seal 설치

Question 02 도시가스 사용시설에 설치된 가스미터에 대한 내용이다. 다음 물음에 답하시오.
(1) 절연전선, 전기점멸기, 전기계량기와의 유지거리를 쓰시오.
(2) 가스미터의 설치 높이를 쓰시오.
(3) 화기와의 우회거리는 몇 m 이상인지 쓰시오.
(4) 감도유량이란 무엇인지 쓰시오.

해설 & 답

(1) 절연전선 : 10cm 이상
    전기점멸기 : 30cm 이상
    전기계량기 : 60cm 이상
(2) 지면으로부터 1.6m 이상 2m 이내
(3) 2m 이상
(4) 가스미터가 작동하는 최소 유량

Question 03

도시가스 매설 배관에 대한 다음 물음에 답하시오.
(1) 도로가 평탄할 경우 배관의 기울기는?
(2) 배관 매설시 도로폭이 15m일 때 매설 깊이는 몇 m 이상인가?

해설 & 답 — **Explanation & Answer**

(1) 1/500~1/1000
(2) 1.2m 이상

Question 04

가스용 폴리에틸렌관의 다음 물음에 답하시오.
(1) 가스용 폴리에틸렌관의 압력을 쓰시오.
(2) 가스용 폴리에틸렌관의 SDR값이 11 이하, 17 이하, 21 이하일 때 최고사용압력을 쓰시오.

해설 & 답 — **Explanation & Answer**

(1) 0.4MPa 이하
(2) 11 이하 : 0.4MPa 이하
    17 이하 : 0.25MPa 이하
    21 이하 : 0.2MPa 이하

Question 05

가스용 폴리에틸렌관과 금속관을 연결할 때 사용하는 배관의 명칭을 영문 약자로 쓰시오.

해설 & 답 — **Explanation & Answer**

TF(Transition Fitting) : 이형질 이음관

메탄에 대한 다음 물음에 답하시오.
(1) 비점을 쓰시오.
(2) 비체적을 구하시오.(m^3/kg)
(3) 공기에 대한 비중을 구하시오.
(4) 밀도를 구하시오.(kg/m^3)

해설 & 답 Explanation & Answer

(1) $-162℃$
(2) $\dfrac{22.4}{16} = 1.4$
(3) $\dfrac{16}{29} = 0.55$
(4) $\dfrac{16}{22.4} = 0.71$

가스용 폴리에틸렌관을 지하에 매설시 로케이팅와이어를 설치하는 목적을 쓰시오.

해설 & 답 Explanation & Answer

배관의 매설위치를 지상에서 탐지 및 관의 유지관리를 위하여

LPG 저장탱크의 안전밸브를 쓰고 방출구 위치는 지상에서 몇 m 이상 떨어져 설치하는지 쓰시오.

해설 & 답 Explanation & Answer

① 스프링식 안전밸브
② 5m 이상

Question 11

LPG 용기에 대한 다음 물음에 답하시오.
(1) 적색으로 된 밸브의 명칭을 쓰시오.
(2) 이 용기의 구조와 사용원리를 쓰시오.

해설 & 답

(1) 사이펀 용기
(2) 액화석유가스의 기체와 액체를 공급할 수 있도록 제조된 용기로서 기화기만 설치되어 있는 시설에만 사용할 수 있는 용기이다. 용기내부에는 가운데 부분에 부착된 밸브(적색 핸들밸브)와 연결된 작은관이 용기아래 부분까지 연결되어 있어 용기 내부의 압력에 의해 사이펀 작용으로 내부의 LPG 액체가 공급된다.

※ 기능장 실기 문제는 수험생분들의 이야기를 토대로 만들기 때문에 문제가 상이할 수 있음을 알려드립니다.

Question 09

정압기실에 설치하는 가스누출경보기에 대한 내용이다. 물음에 답하시오.

(1) 검지부 설치제외 장소 4가지를 쓰시오.
(2) 검지부의 수는 바닥면 둘레 몇 m에 대하여 1개 이상의 비율로 설치하는가?

해설 & 답

(1) ① 주위온도 또는 복사열에 의한 온도가 40℃ 이상이 되는 곳
② 설비 등에 가려져 누출가스의 유통이 원활하지 못한 곳
③ 차량 그 밖의 작업 등으로 인하여 경보기가 파손될 우려가 있는 곳
④ 기름, 증기, 물방울이 섞인 연기 등이 직접 접촉될 우려가 있는 곳

(2) 20m

Question 10

다음 물음에 답하시오.

(1) 통풍구의 크기는 1m²마다 (①)의 비율로 계산한 면적 이상
(2) 배기통의 가로길이는 (②)m 이하일 것
(3) 배기통의 굴곡부수는 (③)개소 이내일 것
(4) 가스보일러의 배기통을 접합하는 방법 3가지를 쓰시오.

해설 & 답

(1) ① 300cm² 이상
(2) ② 5
(3) ③ 4
(4) 나사식, 플랜지식, 리브식

단기완성 가스기능장 필기+실기

Best partner, Best service

1판 24쇄 발행	2010년 5월 20일
개정2판 발행	2011년 3월 5일
개정3판 발행	2012년 3월 20일
개정4판 발행	2013년 2월 10일
개정5판 발행	2014년 3월 20일
개정6판 발행	2015년 1월 20일
개정7판 발행	2016년 1월 20일
개정8판 발행	2017년 2월 10일
개정9판 발행	2018년 2월 10일
개정10판 발행	2019년 4월 1일
개정11판 발행	2021년 1월 20일
개정12판 발행	2022년 2월 25일
개정13판 발행	2023년 3월 20일
개정14판 발행	2024년 2월 15일
개정15판 발행	2025년 2월 10일

한국산업인력공단

자격명	
종목명	
시행일	

필기 (과目, 과목), 실기 종목, 실기 사용 용지

지은이 ■ 최기곤
펴낸이 ■ 홍석기
펴낸곳 ■ 세진북스

주소 ■ (우)10207 경기도 고양시 일산서구 강송길 56 (구산동 145-1)
전화 ■ 031-924-3092
팩스 ■ 031-924-3093
홈페이지 ■ http://www.sejinbooks.kr

출판등록 ■ 제 315-2008-042호(2008.12.9)
ISBN ■ 979-11-5745-700-7 13570

정가 ■ **40,000**원

■ 이 책의 출판권은 도서출판 세진북스가 가지고 있습니다.
■ 이 책의 일부 또는 전부에 대한 무단 복제와 전재를 금합니다.

세진북스

세진북스는 당신과
그리고 우리의 미래가 있습니다.